LE

RÈGNE VÉGÉTAL

—

TEXTES

Paris — Imprimerie de P.-A. BOURDIER et Cᵉ, rue des Poitevins, 6.

LE
RÈGNE VÉGÉTAL

TRAITÉ DE BOTANIQUE GÉNÉRALE, FLORE MÉDICALE ET USUELLE

HORTICULTURE THÉORIQUE ET PRATIQUE

(PLANTES POTAGÈRES, ARBRES FRUITIERS, VÉGÉTAUX D'ORNEMENT)

PLANTES AGRICOLES ET FORESTIÈRES

HISTOIRE BIOGRAPHIQUE ET BIBLIOGRAPHIQUE DE LA BOTANIQUE

PAR MM.

O. REVEIL
docteur en médecine,
pharmacien en chef des hôpitaux,
professeur agrégé à la Faculté de médecine de Paris
et à l'École supérieure de pharmacie,
membre de plusieurs Sociétés savantes, etc.

A. DUPUIS
professeur d'histoire naturelle,
ancien professeur de botanique et de sylviculture
à l'Institut agronomique de Grignon,
membre de plusieurs Académies
et Sociétés savantes, etc.

FR. GÉRARD
botaniste - micrographe,
membre de plusieurs Sociétés savantes, l'un des
collaborateurs du Dictionnaire
d'histoire naturelle,

F. HÉRINCQ
botaniste attaché au Muséum d'histoire naturelle,
rédacteur en chef de l'Horticulteur français,
membre de plusieurs Sociétés
savantes, etc.

ET D'APRÈS LES TRAVAUX DES PLUS ÉMINENTS BOTANISTES FRANÇAIS ET ÉTRANGERS

formant (avec l'Histoire de la Botanique)

Dix-sept beaux volumes

dont neuf volumes grand in-8° jésus de textes

ET HUIT ATLAS PETIT IN-QUARTO DE PLANCHES GRAVÉES

Les Atlas renfermant (avec des textes descriptifs en regard)

PLUS DE 5000 DESSINS DE PLANTES OU DE DÉTAILS BOTANIQUES

FINEMENT COLORIÉS

TEXTES

ÉDITÉ PAR L. GUÉRIN

DÉPÔT ET VENTE

A LA LIBRAIRIE DES SCIENCES NATURELLES ET DES ARTS ILLUSTRÉS

De Théodore MORGAND, libraire-éditeur

RUE BONAPARTE, 5

Réserve de tous droits.

HORTICULTURE

JARDIN POTAGER

ET

JARDIN FRUITIER

TEXTE

Paris — Imprimerie de P.-A. BOURDIER et Cᵉ, rue des Poitevins, 6.

HORTICULTURE

JARDIN POTAGER

ET

JARDIN FRUITIER

PAR MM.

F. HÉRINCQ

botaniste attaché au Muséum d'histoire naturelle,
rédacteur en chef de l'Horticulteur français,
auteur de nombreux ouvrages d'horticulture,
membre de plusieurs Sociétés
savantes, etc.

FR. GÉRARD

botaniste - micrographe,
l'un des principaux collaborateurs du Dictionnaire
universel d'histoire naturelle,
collaborateur de la plupart des Journaux et des Revues
horticoles et agricoles.

et d'après les plus savants écrits français et étrangers sur la matière

OUVRAGE DONNANT

DES NOTIONS GÉNÉRALES SUR LA CULTURE DU JARDIN POTAGER

ET DU JARDIN FRUITIER

ET DES NOTIONS PARTICULIÈRES SUR CHAQUE PLANTE

TEXTE

ÉDITÉ PAR L. GUÉRIN

DÉPÔT ET VENTE

A LA LIBRAIRIE DES SCIENCES NATURELLES ET DES ARTS ILLUSTRÉS

De Théodore **MORGAND**, libraire-éditeur

RUE BONAPARTE, 5

AVERTISSEMENT DE L'ÉDITEUR.

Nous avons cru pouvoir, sans inconvénient et même avec avantage pour le lecteur et l'horticulteur, réunir sous la même couverture, le **Traité de culture des plantes potagères** et le **Traité de culture des plantes fruitières**, en un mot tout ce qui constitue le jardinage économique proprement dit.

Les auteurs, hommes d'une science reconnue, ont fait précéder ces Traités, de Notions générales qui sont applicables à tous deux; puis, en tête de chacun ils ont mis des Notions plus immédiatement spéciales à l'un et à l'autre. Ainsi, dans les Notions générales préliminaires, ils parlent non-seulement de la nature, des amendements, des engrais du sol, de l'art de féconder celui-ci, des moyens de multiplier les plantes et des divers modes de multiplication, de la conservation et de l'entretien des végétaux, mais encore des essais de météorologie applicables à la culture, des maladies des végétaux cultivés et des moyens d'y remédier, des animaux nuisibles ou utiles à la culture, etc. Toutes ces

choses sont, en général, non-seulement du domaine de l'horticulture potagère et de l'horticulture fruitière, mais encore
de celui de l'horticulture d'ornement, et même peuvent
s'étendre à toute la grande culture, agriculture et sylviculture. Les lecteurs du **Règne végétal** sauront bien trouver ici,
pour l'appliquer à toute autre partie de l'ouvrage, quand
besoin sera, des notions utiles à la grande culture, de même
qu'ils puiseront dans *l'horticulture des végétaux d'ornement*, et réciproquement dans *l'horticulture potagère et fruitière*, ce qui peut être rapporté à l'une aussi utilement qu'à
l'autre. Enfin, quand il s'agira de certains végétaux exotiques ou extraordinairement cultivés dans nos jardins et dans
nos serres, ils en trouveront, non-seulement les propriétés
sanitaires, utilitaires ou nuisibles, mais encore l'habitat, la
culture et tous les détails botaniques dans la belle et savante
Flore médicale, usuelle et industrielle qui tient une place si
importante dans ce grand **Règne végétal** dont toutes les parties peuvent s'unir l'une à l'autre, pour former un vaste ensemble, quoique chacune d'elles présente, dans sa spécialité,
un tout complet.

Pour en revenir aux deux divisions principales de ce volume
et de leur atlas (le **Jardin potager** et le **Jardin fruitier**), les
auteurs, après leurs *notions générales*, ont donc donné des
notions particulières à l'une et à l'autre de ces divisions, à
la suite de chacune desquelles notions particulières, ils sont
entrés dans le corps même du sujet, sous une forme à la
fois théorique et pratique. Il ne faut pas perdre de vue que ce
n'est point un *Bon Jardinier*, ou tout autre ouvrage annuel du
même genre, qu'ils ont voulu faire, mais que ce serait plutôt,
si nous pouvions qualifier ainsi une œuvre de cette nature et se reliant à un ensemble d'une importance telle
que peut l'avoir un **Règne végétal**, une sorte de *Bon Jar-*

dinier perpétuel, point de départ de tous les autres, où les éléments, les principes fondamentaux de la science horticole, et non les fantaisies passagères, sont rappelés et affirmés avec l'autorité de la science, d'une manière constante et durable. Les deux volumes et les deux atlas horticoles du **Règne végétal** sont, à vrai dire, une introduction vaste et détaillée pour tous les autres livres et pour les revues ou journaux périodiques consacrés à l'horticulture.

A l'appui de ces principes fondamentaux, nous avons donné, pour cette partie comme pour les autres, de magnifiques atlas de planches coloriées, avec des textes explicatifs en regard, non pas certainement dans l'unique but de flatter les yeux, mais pour servir à l'instruction du lecteur, au double point de vue horticole et botanique. L'art et l'exactitude se sont donné la main pour communiquer à ces figures un attrait et une utilité qui n'ont, Dieu merci, aucun rapport avec les planches de ces livres à végétaux d'étrennes, où la forme et le coloris fantastiques des figures marchent, à de bien rares exceptions près, de pair avec l'inanité des textes, quoique ces textes soient, en général, des plagiats uniquement déguisés par des erreurs de copistes ignorants. Le salut de ces livres contre les poursuites en contrefaçon est dans la sottise même des copistes qui les font et dans la bonne foi des éditeurs qui les acceptent comme des œuvres originales, originales seulement par les lourdes bévues qu'on y introduit. *Così va il mondo, così è l'ignoranza della gente al pro degli editori confidenti;* ou, comme diraient les Anglais : *thus goes the world; such is the public ignorance, and all for the greater benefit of confident publishers.*

HORTICULTURE

THÉORIQUE ET PRATIQUE

HORTICULTURE POTAGÈRE ET FRUITIÈRE

NOTIONS GÉNÉRALES

D'HORTICULTURE POTAGÈRE ET FRUITIÈRE.

L'horticulture se compose de plusieurs parties dont chacune exige des connaissances particulières, mais qui rentrent toutes néanmoins dans le cadre de certains principes généraux, ne différant entre eux que par des nuances assez légères pour qui sait bien observer. C'est pourquoi, bien que nous placions également des notions préliminaires en tête de l'horticulture fruitière et de l'horticulture d'ornement, on pourra encore puiser dans ces notions plus générales des renseignements utiles à la fois à toutes les divisions horticoles.

La culture des végétaux n'est pas, à justement parler, une science, car une science suppose des principes immuables, des règles établies sous forme d'axiomes; c'est tout simplement un art fondé sur l'observation, et encore sur l'observation locale. Le climat, le sol, l'exposition plus ou moins abritée, les mille accidents qui donnent à chaque localité un caractère particulier, les influences météorologiques qui modifient l'influence de chaque année, sont autant de causes variables faites pour exercer la sagacité de l'horticulteur. Chaque région a ses particularités, qui ne se reproduisent identiquement en nulle autre, et qui impriment à la végétation un caractère particulier à chaque contrée. Nous pourrions en citer une quantité d'exemples, et montrer que l'art de l'horticulteur ne dispose pas d'une manière absolue de la nature végétale; qu'il ne fait que mettre en œuvre les circonstances climatériques plus ou moins avantageuses; en un mot, qu'il ne fait que profiter des modifications physiologiques de l'organisme végétal.

Climat. — Le *climat* n'étant pas à la disposition du propriétaire d'un jardin, il ne lui reste plus qu'à étudier le parti qu'il peut logiquement tirer de celui-ci : pour cela, il n'a qu'à consulter d'abord les jardiniers expérimentés de la localité qu'il habite, et ensuite, s'il est tant soit peu botaniste, la *Flore locale*, qui lui donne, par sa nature, l'idée de la richesse du sol, et, par les deux époques si importantes et trop négligées de la feuillaison et de l'effeuillaison, de la floraison et de la maturation, les notions les plus précises sur la nature du climat.

Sol. — Il en est de même du *sol :* on n'est pas, dans la plupart des circonstances, maître de choisir le sol qui convient à telle ou telle culture ; il faut l'accepter tel qu'il est, le plus souvent sans qu'il soit possible de le modifier par des amendements ou quelquefois même de lui donner la quantité nécessaire d'engrais. La nature du sol, en l'absence d'amendements et d'engrais suffisants, exige une observation attentive, et, dans cette circonstance encore, demande qu'on étudie les productions qui lui conviennent le mieux. L'observation est d'autant plus importante que l'expérience montre que les variétés d'une même espèce d'arbres fruitiers ne réussissent pas également bien dans le même sol. Dans les terrains peu profonds, les arbres à racines pivotantes meurent très-promptement. Il y a des localités où la culture du pommier et celle du poirier sont impossibles ; les terrains qui conviennent aux variétés de pêches à peau duveteuse ne conviennent pas aux brugnons. C'est donc encore à l'expérience à faire connaître quelles sont les cultures les plus propres au sol du jardin qu'on possède.

En se conformant à ces préceptes, on tirera de son jardin le meilleur parti possible, et les produits en seront beaux et savoureux, tandis qu'en voulant faire indistinctement des cultures de toutes sortes dans un sol qui en repousse un certain nombre, on n'aura que des produits médiocres, quelquefois nuls, et, de plus, les ennuis inséparables de l'insuccès.

Amendements. — Il faut faire observer toutefois que, dans la culture des jardins où l'on opère sur une étendue restreinte, la modification du sol est plus praticable que dans l'agriculture : on a toujours à sa disposition, dans ce domaine si limité, des *amendements* et des *engrais* qui permettent d'élargir le cercle des cultures propres au climat.

Dans presque tous les pays, les amendements existent en quantités assez notables pour permettre de modifier le sol. On entend par *amendements* des substances appartenant au règne minéral et qui modifient d'une manière avantageuse la nature du sol. Suivant les circonstances, l'opération est inverse : il faut allégir une terre trop compacte ou donner du corps à une terre trop sablonneuse. On croit généralement que le *sable* est l'amendement des terrains argileux, et l'*argile* celui des terrains sablonneux. C'est une erreur : le sable ne se combine pas avec l'argile ; il passe à travers la couche labourable, et loin de faire corps avec elle, il pénètre tout entier dans le sous-sol sans avoir produit de résultats. L'argile, mêlée aux terres sablonneuses, est d'un effet meilleur ; mais ce qui rend l'emploi de ce moyen impraticable, c'est la quantité considérable qu'il faut de ces amendements pour obtenir un résultat satisfaisant. Dans les localités où la *marne* est abondante, on peut l'employer avec succès pour l'amélioration du sol. Il faut se servir de la *marne calcaire* pour les sols argileux, et de la *marne argileuse*, ainsi que de l'*argile marneuse*, pour améliorer les terrains graveleux et sablonneux ; on doit toutefois faire observer que les dépenses sont assez considérables pour que le plus souvent ce moyen soit rejeté.

Sur le bord de la mer on peut employer le *falun*, qui est une espèce de marne renfermant une grande quantité de coquilles, et dont l'effet est à peu près celui de la marne proprement dite. Il est rare de trouver du falun loin du littoral, quoique la Touraine, les environs de Vienne en Autriche, etc., etc., en possèdent.

Le limon marin appelé *tangue*, mélange de coquilles, de sable et de matières animales et végétales en état de décomposition, est un amendement excellent, qui joue le rôle à la fois d'amendement et d'engrais.

Dans nos villes les *plâtras* servent aussi d'amendement et d'engrais, et sont assez avantageux à employer dans les terres compactes. Il y a même, dans les endroits dont le nivellement a eu lieu par remblai, des espaces assez considérables qui ne sont composés que de plâtras, ce qui ne les empêche pas de faire d'excellents jardins au bout d'un certain nombre d'années.

Les *boues* des villes, et, à leur défaut, celles des routes très-fréquentées, forment aussi amendement et engrais.

Les *cendres*, la *chaux*, le *plâtre* sont des stimulants plutôt que des amendements ; ils s'emploient rarement dans les jardins.

Les *engrais* sont destinés à rendre au sol épuisé la fertilité dont il a été dépouillé par une production trop abondante ; ils sont préférables quand ils résultent de la combinaison des matières animales et végétales ; les *fumiers* sont, de tous les engrais, ceux qui conviennent le mieux. Les uns sont chauds, par exemple, les fumiers de cheval, d'âne, de mouton, la colombine ou la fiente de pigeon et de poule ; d'autres sont froids, par exemple, les fumiers de vache et de bœuf.

Les *fumiers* ou *engrais purement végétaux* peuvent avoir une certaine utilité ; mais ils ne restituent pas au sol tous les principes fertilisants dont il a besoin ; c'est pourquoi il faut y préférer les engrais mixtes, végétaux et animaux.

Le *fumier* doit être enterré après sa fermentation, surtout dans les jardins. Ce qui donne à l'horticulture toute sa supériorité sur la grande culture, c'est l'emploi abondant des fumiers ; ceux-ci modifient le sol primitif et en font un sol artificiel où l'on obtient, en petite culture surtout, à peu près tout ce qu'on veut, avec de fréquents arrosements. Il faut cependant faire observer que, dans les terres fortes ou compactes, froides et pénétrées d'humidité, on ne doit employer que des fumiers non consommés, faisant la fonction d'amendements. La décomposition plus lente des fumiers neufs fait qu'il faut s'attendre à une action moins rapide, et par conséquent plus durable. C'est en hiver et à la fin de l'automne qu'il convient d'étendre le fumier; on l'enterre le plus tôt possible, pour que son action se fasse sentir dès que les plantes seront entrées dans leur période de végétation.

Le fumier étant l'agent indispensable de fertilisation, il faut. dans les jardins potagers surtout, en mettre tous les ans et le plus que l'on peut; on doit toutefois faire remarquer que les végétaux de la famille des Liliacées, ou, en d'autres termès, les plantes bulbeuses, ne réussissent pas bien dans un sol trop récemment fumé : il faut qu'il ait été fumé de l'année précédente.

Les vieilles couches et le terreau de feuilles non encore consommées sont employés à être étendus sur le sol, plutôt comme couverture que comme engrais; cependant ces débris ne sont pas dépourvus d'une certaine action fertilisante, et contribuent à la nutrition des végétaux. Leurs principaux avantages sont de servir d'écran contre l'action directe des rayons solaires et d'empêcher la terre de se dessécher par suite de l'évaporation. On donne le nom de *paillis* aux débris de couches qu'on étend sur le sol; le paillis est un excellent moyen dont on ne peut trop recommander l'usage.

Labours et défoncements. — Nous ne parlerons que sommairement des *labours*, car on en apprendra plus en voyant une seule fois un jardinier défoncer ou bêcher, qu'en lisant des pages entières sur la pratique de cette opération manuelle.

Nous nous bornerons à dire que le *défoncement* a lieu dans les terrains neufs ou épuisés lorsqu'on veut faire disparaître la couche supérieure, couverte de mauvaises herbes dans le premier cas, et de terre sans fertilité dans le second. Les défoncements sont indispensables quand on veut planter des arbres.

Les *labours* qui se font à la bêche dans les jardins, ont lieu nonseulement tous les ans avant que les gelées ne s'opposent à tout travail, mais encore chaque fois qu'on veut faire succéder une culture à une autre. en y ajoutant, suivant le besoin, des engrais qui seront d'autant plus consommés qu'ils devront agir plus rapidement. Lorsque les mauvaises herbes couvrent le sol, il faut les arracher et les brûler, ou ne les employer qu'après leur entière consommation, parce que les graines, qui y sont mêlées en grande proportion, germent et couvrent la terre d'une multitude de végétaux inutiles, épuisant celle-ci et nécessitant des sarclages fréquents.

Sarclage. — Les plantes qui couvrent spontanément le sol de nos jardins et se mêlent à nos cultures d'une manière si incommode, ne sont pas les mêmes que celles qui viennent dans les terres neuves non encore remuées. Elles sont attachées au sol par des racines moins profondes ; mais elles n'en sont pas moins nuisibles, et il importe de les arracher, opération appelée *sarclage*, avant la maturité de leurs graines, hormis celles qui repoussent soit par les racines, soit par les boutures. Quand on a eu cette précaution, on n'a plus à craindre qu'elles reparaissent avec une égale abondance. Il faut cependant dire que les fumiers sont toujours mêlés en telle proportion à ces parasites incommodes, qu'on ne doit jamais se flatter d'être affranchi de la minutieuse opération du sarclage. Ajoutons que les sarclages se font plus facilement après la pluie, ou, dans les temps secs, après un léger arrosement.

Binage. — Une autre opération, qui n'est qu'un labour en petit et qui a comme lui pour effet d'ameublir le sol et de le rendre accessible à l'action des grands agents de la végétation, l'air, la lumière et l'eau, est le *binage*, si absolument nécessaire aux plantes potagères, et si utile aux végétaux d'ornement. Il consiste à remuer le sol autour des plantes en végétation, au moyen d'un instrument qu'on appelle une *binette*. Souvent les deux opérations du sarclage et du binage se confondent, et l'on arrache les mauvaises herbes en remuant le sol.

Instruments de jardinage. — En donnant, avec un texte en regard, la figure des principaux *instruments de jardinage* (pl. LV de l'atlas) propres à la culture des jardins, nous avons voulu éviter ici à nos lecteurs les ennuis d'une description ; nous nous bornerons à dire qu'il est inutile de multiplier sans nécessité le nombre des instruments dont on fait usage, et qu'il faut, pour les plus importants surtout, tels que la bêche, la pioche, le rateau, les binettes, les sécateurs, les serpettes, etc., ne prendre que des instruments de première qualité et d'une taille qui rende sérieuse l'opération à laquelle on se livre. Les outils en miniature, véritables jouets d'enfants, ne sont jamais propres à une culture de produit et servent seulement à faire du jardinage un agréable passe-temps.

Arrosements. — Les *arrosements* sont, en horticulture, une opération de la plus haute importance. Les eaux pluviales sont supérieures aux eaux stagnantes, les eaux stagnantes aux eaux courantes, et ces dernières aux eaux de puits. En un mot, les eaux conviennent d'autant mieux aux arrosements, qu'elles sont plus mêlées d'air ou de substances organiques, en état de division infinie, qu'elles se putréfient plus facilement et sont plus privées de sels calcaires. Ce qui revient à dire que, chaque fois qu'on se sert d'une eau crue, dans laquelle le savon se dissout avec peine, il faut la laisser reposer, pour que les sels se déposent et qu'elle subisse l'action des agents extérieurs. La quantité des arrosements dépend de la sécheresse de la saison et de la nature du sol; mais, dans la culture potagère, ils doivent être plus fréquents que dans la culture ornementale; le but qu'on se propose, en cultivant des plantes utiles, c'est d'obtenir le plus promptement possible les produits les plus beaux.

Les moments de la journée où il convient d'arroser dépendent de la saison. Au printemps et à l'automne les nuits sont froides, et les arrosements du soir nuiraient à la végétation : c'est pourquoi il faut arroser le matin; en été, on doit de préférence faire l'arrosement dans l'après-midi. En général, il faut éviter d'arroser au milieu de la journée, quand le soleil est dans toute sa force, parce que la rapidité de l'évaporation nuit en partie au bienfait de l'opération. On a érigé en précepte de n'arroser les gros légumes, qui ont besoin d'une végétation assez lente pour acquérir tout leur volume, qu'avec de l'eau à une basse température, c'est-à-dire avec l'eau telle qu'elle sort du puits, sans lui laisser le temps de s'échauffer. Le froid, en ralentissant leur croissance, leur permet de se développer normalement; tandis que, si l'on employait des eaux tièdes, comme celles qui sont depuis quelques heures exposées à l'action de la chaleur ambiante, ces légumes s'emporteraient en feuilles et donneraient prématurément des produits sans valeur.

Il faut bien se pénétrer de ce principe, c'est que la chaleur et

l'eau sont, avec la lumière, les agents essentiels de la végétation :
on ne doit donc pas craindre de les appeler à son secours quand on
veut obtenir des produits horticoles en abondance. Ceci s'applique
surtout aux herbes potagères, qui sont toutes plus ou moins artificielles, c'est-à-dire qui sont des végétaux hypertrophiés ou démesurément développés par la culture ; et encore ceux qui pomment ou
produisent des feuilles en abondance doivent-ils être surveillés pour
qu'ils acquièrent leur développement normal, et ceux qui donnent
des graines pour qu'ils n'acquièrent pas une exubérance de feuillage, aux dépens des semences qui sont le but de leur culture. Pour
exprimer en peu de mots la loi en vertu de laquelle se développe la
nature végétale, il faut dire que l'équilibre le plus parfait doit ré-
gner entre toutes les parties d'un végétal pour qu'il se développe
normalement, que l'hypertrophie d'un organe entraîne l'atrophie
d'un autre, et que, dans le cas où c'est l'organe hypertrophié qui est
le produit recherché, il faut empêcher les autres appareils de croître outre mesure. Il faut diriger les arbres fruitiers, de manière à
favoriser le développement floral aux dépens du bois et du feuillage ;
par la même raison il ne faut pas faire produire aux végétaux d'ornement des feuilles aux dépens de la fleur.

Comme on le voit, les opérations fondamentales de l'horticulture
sont de pur empirisme, mais d'empirisme rationnel, qui n'admet
que des règles générales et qui demande à être modifié suivant les
circonstances.

Il y a dans le jardinage quatre parties distinctes :

1° Les **travaux généraux**, applicables à toute espèce de culture ;

2° La **culture potagère**, qui a ses exigences particulières et réclame une activité et une surveillance de tous les instants ;

3° Le **jardin fruitier**, qui a également ses exigences particulières,
et dont les principes fondamentaux sont un balancement constant
entre le bois et le fruit ;

4° Le **jardin d'agrément ou d'ornement**, dont le but est la succession non interrompue des fleurs, et qui, pour en arriver là, demande
des soins, des repiquages, des multiplications incessantes et des
remaniements, ayant pour objet de ne jamais laisser les plates-

bandes veuves de fleurs. Nous n'aurons à nous en occuper que très-incidemment dans ces notions générales, puisque cette partie de l'horticulture a son atlas et ses textes spéciaux.

Commençons par les études et les travaux qui sont à peu près applicables à toutes les espèces de culture.

DE LA MULTIPLICATION DES PLANTES.

DES COUCHES, DES RÉCHAUDS, DES ADOS, DE LA CULTURE GÉOTHERMIQUE ET DU DRAINAGE.

La culture de pleine terre n'est praticable que pour les plantes placées sous le climat convenable et y accomplissant leur cycle de végétation dans le cours d'une seule saison ; car, ce qui rend tant de végétaux impropres à la culture, c'est plutôt l'humidité de l'automne et du printemps, les alternatives de gelée et de dégel que l'intensité du froid. Le plus simple abri défend du froid le plus rigoureux, tandis que les couvertures les plus épaisses n'empêchent pas les plantes délicates de succomber à une température qui ne descend quelquefois pas à deux degrés au-dessous du point de congélation, mais qui oscille sans cesse entre le froid humide et le froid sec.

Voici, en peu de mots, comment se passe ce phénomène qui fera comprendre pourquoi des végétaux, vigoureux en apparence, ne peuvent supporter un froid quelquefois très-peu intense. La végétation a beau être suspendue par l'hiver, il y a néanmoins encore dans l'organisme un mouvement vital insensible, ou plutôt une plante est toujours si disposée à rentrer en activité, que deux jours de beau temps et quelques jours d'un soleil tiède font grossir les bourgeons, et que le travail de la vie reprend son cours. Lors même qu'il y a une torpeur qu'on pourrait comparer à l'hibernation des animaux, les fluides nourriciers, quoique stagnants, n'en existent pas moins dans les tissus, et ils sont soumis, comme tous les corps fluides, à l'action des agents extérieurs. Turgescents et mobiles quand il fait chaud, ils se condensent par le froid ; mais en se congelant, ils augmentent de volume, ils déchirent les mailles des tissus qui les recèlent, et qui, dans cet état, repassent à l'état inerte. Dès que la température s'élève, ces tissus lacérés, devenus impropres à la vie, tombent en pourriture. Les plantes rustiques, qui bravent la rigueur des hivers, ne sont pas composées de tissus lâches, mais denses ; et les mailles en sont trop petites pour que la congélation des sucs séveux y puisse produire le déchirement de tissus résistants.

Couches. — Les plantes qui ont besoin d'une plus longue période de végétation que celle que leur accorderait notre climat, exigent des soins différents des plantes de pleine terre ; c'est pourquoi on a imaginé les *couches* et les moyens artificiels de conservation. Quelque modeste que soit un jardin, il faut toujours une petite couche pour semer des légumes précoces ou des fleurs.

Nous ne parlerons pas longuement des *couches de primeurs*, qui ne diffèrent des autres que parce qu'elles sont élevées plus tôt, les principes de construction des divers genres de couche étant invariablement les mêmes.

Théorie de la couche. — Le principe sur lequel est établie la couche, est le développement de la chaleur produite par la fermentation de matières organiques végétales ou végéto-animales humides ; il n'est donc pas nécessaire que ce soit du fumier, bien que ce mélange des produits végétaux et des détritus animaux hautement fermentescibles soit le meilleur élément producteur du calorique. Des feuilles sèches, de la paille hachée, des balles d'avoine, des herbes des champs, produiront la chaleur par leur amoncellement et par leur arrosement soit avec de l'eau pure, soit avec des urines ou des eaux saturées de matières animales, soit avec des solutions alcalines ou ammoniacales ; mais quelles que soient les matières employées, elles ne vaudront jamais le fumier.

Principes généraux de la couche. — 1° Les couches doivent être à l'exposition la plus chaude, c'est-à-dire au sud, et abritées contre les vents du nord ; 2° elles seront d'autant plus épaisses que l'époque à laquelle on les établira sera plus froide : ce qui a lieu pour les couches d'hiver, qui se font à partir de la fin d'octobre jusqu'en avril ; 3° sur une terre froide et pénétrée d'humidité, elles seront plus épaisses que sur une terre sèche et perméable à la chaleur ;

4° plus elles seront étroites, plus elles seront épaisses ; cependant il ne faut guère s'éloigner de certaines règles générales, consacrées par l'usage et d'après lesquelles on leur donne au moins un mètre de largeur : car la largeur normale est 1ᵐ30 ; 5° il faut employer de préférence du fumier de cheval neuf ; mais comme une couche montée avec ce fumier seul serait trop chaude et brûlerait les jeunes plantes, on le mélange soit de débris de couches anciennes, ou, quand ceux-ci manquent, de fumier de feuilles ; par ce moyen, la fermentation est moins active, et la chaleur a plus de durée ; les *couches chaudes* exigent du fumier plus neuf, les *couches tièdes* du fumier plus consommé ; 6° les *réchauds*, dont on flanque les couches qui commencent à se refroidir, doivent se composer de fumier neuf seulement, parce qu'ils sont destinés à transmettre la chaleur et doivent arriver à la plus haute température possible ; 7° les sentiers qu'on laisse entre les couches, quand on a plusieurs de celles-ci, doivent être également remplis de fumier.

On voit que le but qu'on se propose en établissant des couches, est d'obtenir pendant le temps le plus long possible une chaleur capable de suppléer la température de l'atmosphère. La théorie une fois bien établie, nous allons énumérer les principales conditions à observer dans la construction d'une couche.

Pratique de la couche. — Pour monter une couche, on commence par mélanger les fumiers le plus également possible, soin qu'on aura pareillement en disposant les lits de fumier les uns au-dessus des autres. On établit sa couche, qui est disposée sur un terrain creusé dans toute son étendue d'environ 20 centimètres, par strates ou lits successifs, en allant toujours à reculons, pour avoir devant soi le travail qui progresse. A chaque lit, on nivelle, on foule, afin d'obtenir une surface régulière ; on mouille au besoin plus ou moins, suivant l'état du fumier, et l'on a soin que la répartition ait lieu avec une telle égalité, que la couche, qui doit représenter un solide d'une parfaite régularité, soit composée, dans tous ses points, d'éléments semblables. Quand la couche est terminée, on remplit les sentiers ; puis on place les coffres, espèces d'encadrements de bois qui se posent sur les bords supérieurs de la couche et descendent avec elle, à mesure qu'elle s'affaisse ; on charge sa couche de terreau, pour pouvoir faire les semis, et l'on pose les panneaux ou châssis de verre, qu'on laisse fermés pendant quelques jours, pour donner à la fermentation la possibilité de s'établir. La première fermentation est tumultueuse, et la chaleur est telle, que, si l'on n'y prenait garde, on brûlerait les semis que l'on confierait à la terre et les plantes qu'on voudrait abriter ; il faut donc attendre que la plus forte chaleur soit passée, que la couche ait jeté *son feu ;* si la chaleur ne diminuait pas assez vite, on ferait quelques arrosements autour de la couche pour la refroidir.

Couche sourde. — Il y a une autre sorte de couche qu'on appelle *couche sourde,* qui s'établit plus tard, vers la fin de mars et dans tout le courant d'avril. Elle se fait dans une tranchée de 1 mètre au plus de largeur, et de 35 à 40 centimètres de profondeur, avec les mêmes matériaux que les précédentes, et la saillie au-dessus du sol ne doit être que de 30 ou 40 centimètres. Cette sorte de couche n'est pas plane ; elle est légèrement renflée au centre ; on la charge de terreau ou de bonne terre, et on recouvre le tout de fumier long pour entretenir la chaleur.

Réchauds. — La durée de la chaleur des couches est de deux à trois mois et dépend surtout de l'époque de l'année où elles ont été établies : plus la température est basse, moins la durée de la chaleur est grande ; c'est pourquoi, pendant tout l'hiver, et dans les premiers jours du printemps, on est obligé d'avoir recours à certains moyens de ranimer la chaleur qui s'éteint sans faire une couche nouvelle. C'est ce qu'on appelle des *réchauds.* Cette opération consiste à remplir de fumier neuf ou propre à la fermentation les sentiers qui longent les couches, et à les remanier ou renouveler en partie tous les huit ou quinze jours. Quand le temps est mauvais et la température basse, on couvre les réchauds pour en conserver la chaleur.

Du thermosiphon. — Un moyen non pas plus économique, mais plus commode, et qui est applicable d'un bout à l'autre de l'année, est le procédé de chauffage connu sous le nom de *thermosiphon.* C'est un appareil à circulation d'eau chaude, qui peut aussi bien servir à chauffer une serre qu'une simple bâche, et évite le dispendieux emploi du fumier, tant comme acquisition que comme main-d'œuvre. C'est sur une couche de terreau assez mince, autour de laquelle circulent les conduits du thermosiphon, que l'on fait les semis. On comprend que c'est une construction permanente et non mobile comme celle des couches, bien que la disposition ingénieuse de l'appareil permette son déplacement sans grand embarras. La facilité de régler la chaleur est un avantage qui donne au thermosiphon une grande supériorité sur le moyen assez primitif des couches. On doit cependant dire, pour la justification de ce dernier moyen, que, comme on n'a pas toujours besoin d'un appareil permanent, et que, le secours de la chaleur artificielle n'étant plus nécessaire quand les semis de printemps sont terminés, l'on aura longtemps encore besoin des couches de fumier qui s'établissent où l'on veut, et dont les débris fournissent un excellent moyen de couvrir les semis ou les plantes que l'on doit protéger contre le hâle, en conservant l'humidité des arrosements [1].

Ados. — Un moyen plus économique encore que les couches d'obtenir des produits prématurés, est celui des *ados*. Ce sont des plates-bandes en pente d'une inclinaison de 20° à 25°, à une exposition chaude, que l'on charge de terre et de terreau mêlés, et sur lesquelles on fait des semis ou repique de jeunes plants qu'on recouvre d'une cloche.

Culture Géothermique. — Par une sorte d'extension du système

---

[1] M. Delaire, directeur du jardin botanique d'Orléans, a été l'applicateur d'un appareil calorifère dont le système diffère essentiellement de ceux en usage, et a même sur le thermosiphon une grande supériorité, à cause de l'avantage réel qu'il a de verser dans le local à échauffer, de l'air pur, qui s'est chargé de calorique non plus en passant à travers des tuyaux incandescents, mais en traversant des chambres de chaleur voisines du foyer. Pour restituer à l'air qui s'échappe par les bouches calorifères la vapeur dont la caléfaction l'a dépouillé, des bassinages dont l'évaporation est permanente suffisent, et l'on n'a pas besoin de faire arriver dans l'espace échauffé de la vapeur d'eau. Il ne faut pas une longue explication pour comprendre que ce système est applicable de mille manières toutes excellentes ; qu'il suffit de s'en tenir au principe qui consiste à ne pas dessécher l'air ni à le décomposer, en le faisant circuler dans des tubes métalliques chauffés au rouge. Il ne faut pas même que l'air soit en contact avec du fer, quand il est échauffé à une haute température, car il se décompose en partie, et devient irrespirable pour les hommes et les végétaux.

des ados, le savant M. Charles Naudin a imaginé un nouveau mode
de culture, qu'il a appelé *géothermique*, pour les arbres et les arbustes exotiques demi-rustiques, comme les plantes d'Orangerie,
lesquelles désormais, au lieu d'être tenues en pots ou en caisses,
et mises en serres pendant l'hiver, peuvent être cultivées en pleine
terre à l'aide d'abris mobiles. Dans ce système, les pots et les caisses sont remplacés par un sol plus ou moins étendu, isolé du terrain environnant par un fossé muré, de quelques centimètres de
large, et rempli de corps mauvais conducteurs du calorique, tels que
du charbon de bois, de la paille, de la mousse, etc., ou simplement
même vide, l'air étant par lui-même un corps isolant. Des tuyaux de
thermosiphon, ou la cheminée d'un poêle, circulant horizontalement dans l'épaisseur de la parcelle des terrains isolés, communiquent à ceux-ci le degré de chaleur requis pour le succès de la
culture. Quant aux abris temporaires, ils consistent en nattes, et
surtout en tissus grossiers de laine ou de bourre, soutenus par une
légère charpente de bois dont les pièces peuvent se monter et se
démonter à volonté. Ces tissus doivent être eux-mêmes recouverts
d'une toile cirée qui les défende de l'humidité. Aux premiers froids
de l'hiver, cette sorte de tente est dressée sur les massifs. On la
tient incomplétement close, tant que la température de l'air se
maintient au-dessus de zéro ; mais on la ferme hermétiquement
dans les temps de gelée. On ne fait toutefois usage de la chaleur
artificielle que dans le cas où la température intérieure de la tente
s'abaisse au point de devenir inquiétante pour la santé des plantes,
et encore ne doit-on chauffer que tout juste autant que cela est
nécessaire pour écarter la gelée, afin de ne pas exciter à contre-
temps la végétation ; car le repos hivernal est, pour toutes les plantes, une des premières conditions de santé et de bien-être. Au retour
du printemps, c'est-à-dire dès le milieu ou la fin de mars, quand
le soleil a déjà de la force, on fait fonctionner l'appareil de chauffage,
d'abord faiblement, puis de plus en plus fort, de manière à amener,
au bout de quelques jours, la température de la terre à 15, 16 ou
18 degrés centigrades. Les plantes entrent alors immédiatement en
végétation ; on les découvre au fur et à mesure pendant le jour,

pour qu'elles jouissent de la chaleur du soleil, sauf à les découvrir la nuit si l'on est menacé de gelée. Enfin, on enlève toutes les pièces de la tente quand les gelées printannières ne sont plus à craindre, ce qui , sous le climat de Paris, a lieu dans la première quinzaine de mai seulement. Nous n'avons cru pouvoir mieux faire que d'emprunter à M. Naudin lui-même (*Manuel de l'amateur des jardins*), l'exposé de son ingénieuse théorie.

Drainage. — Bien que plus spécial à l'agriculture, le *drainage*, mot emprunté à la langue anglaise et qui signifie desséchement à l'aide de petites coupures, de saignées pratiquées dans le terrain pour l'écoulement des eaux, est un des moyens dont peut user l'horticulteur, non-seulement pour assécher les terres imbibées d'eaux stagnantes, mais pour élever, par cette opération même , la température du sol dont il dispose, l'eau stagnante ayant entre autres effets fâcheux, celui de refroidir sensiblement la terre. Au moyen de petites rigoles profondes de $0^m,50$ ou 1 mètre, rapprochées d'autant plus les unes des autres que le sol est plus imbibé d'eau, et desquelles on dirige les pentes vers une fosse d'écoulement, ou mieux encore au moyen de tuyaux en terre cuite, nommés *drains*, que l'on place bout à bout, que l'on recouvre de terre, et qui fonctionnent avec une parfaite régularité, on obtient un accroissement de chaleur du sol de 2, 3, et même 4 degrés et plus, ce qui a sur les plantes en culture une action très-favorable, surtout dans les contrées humides et septentrionales. Le *drainage* cesse d'être utile dans les pays méridionaux où la chaleur et la sécheresse sont les caractères dominants.

DES SEMIS.

L'opération qui doit précéder tout semis est l'ameublissement du sol par le labour ou par une division qui le rend perméable à tous les agents extérieurs.

Principes généraux. — Les principes généraux des semis sont en petit nombre, et ils n'exigent, pour être retenus ou pratiqués, aucun effort de mémoire ou des connaissances préliminaires étendues.

1° On fait les semis à des époques calculées de manière à ce que la plante, dont la durée de la végétation est connue, puisse parcourir cette durée avant que l'hiver ne vienne en suspendre le cours.

2° Ce qui détermine l'époque des semis, c'est le plus ou moins de rapidité de la germination ; c'est-à-dire qu'on peut semer pendant un plus long temps les plantes dont la germination est rapide. Cependant, en général, on ne peut guère semer les plantes potagères plus tard qu'au mois de juillet. Certaines plantes d'origine étrangère, quoique parfaitement naturalisées chez nous, telles que les Haricots, ont conservé une susceptibilité qui empêche de les semer trop tôt, parce que l'humidité est assez grande encore pour qu'ils pourrissent avant de sortir de terre.

Il y a des semis de printemps pour les légumes et les fleurs annuelles ; des semis d'automne pour les légumes qui peuvent passer l'hiver, pour les plantes vivaces et surtout pour les arbres ; certaines espèces même doivent être semées aussitôt après la maturité des semences.

3° Dans les terres chaudes on sème de très-bonne heure ; dans les terres chaudes et sèches, on sème tôt, et l'on enterre assez profondément pour ne pas exposer les jeunes plants à l'action destructive du hâle ; dans les terres humides et froides, on sème plus tard et l'on enterre moins les graines, qui pourriraient si elles étaient trop recouvertes.

4° Les graines doivent être d'autant moins recouvertes qu'elles sont plus fines ; celles qui sont d'une extrême ténuité, comme les Raiponces, ne doivent pas être recouvertes.

5° On doit plus ou moins fouler le sol après le semis pour mettre les graines en contact avec la terre et en faciliter la germination.

Pratique. — Les semis sont de trois sortes : *à la volée*, *en lignes* ou *rayons*, et *en fossettes* ou *pochets*.

Semis à la volée. — Le *semis à la volée*, plus rapide comme opération, n'est bon, dans la petite culture, que quand on a des étendues de terrain assez considérables à ensemencer. C'est, à proprement parler, un mode de semis qui n'intéresse que la grande culture.

Il consiste à remplir la main droite de graines qu'on répand sur le sol par un mouvement vif et saccadé d'avant en arrière, en ouvrant légèrement les doigts pour répartir également la semence. Quand les graines sont fines, on y mêle de la terre ou du sable pour éviter de les répandre en trop grande quantité, c'est-à-dire de semer *dru*. Quoi qu'on fasse, on emploie une quantité de graines triple ou quadruple de celle qu'on répandrait par le semis en rayons ; cela cause une perte d'argent et de temps, parce qu'il faut éclaircir le plant qui s'étiolerait s'il était trop pressé.

Si l'on sème à la volée, il faut, après le semis, herser le terrain avec la fourche ou le râteau, le fouler légèrement pour recouvrir les graines, étendre quelquefois un peu de terreau de fumier, et, si la saison l'exige, donner de légers bassinages pour activer la germination.

Semis en lignes. — Le *semis en lignes* est une opération plus longue, mais plus rationnelle ; il se fait en traçant à la binette ou avec le manche d'un râteau des lignes tirées au cordeau, profondes d'environ 4 à 5 centimètres, dont la distance varie suivant la nature du semis. On répand les graines dans le fond des sillons, puis on les recouvre en rabattant en partie la terre avec le dos du râteau. Lorsque les graines sont levées et que le plant est sorti de terre, on achève de remplir les sillons en nivelant le sol. C'est le mode de semis le plus avantageux, en ce qu'il facilite les opérations subséquentes.

Semis en fossettes. — Le *semis en fossettes* s'applique aux plantes qui se cultivent en touffes. On fait avec la binette des trous disposés en échiquier, au fond desquels on dépose plusieurs graines ; on les recouvre avec la terre des fossettes de la ligne voisine, et quand les plants sont assez élevés, on égalise le sol.

Semis sur couches. — Nous ne dirons que quelques mots du *semis sur couche*, qui ne diffère en rien des précédents ; nous ajouterons seulement qu'il faut éviter de semer à une température de plus de

14° à 15° centigrades, et que les semis y réussissent toujours mieux, parce qu'on peut, à volonté, diriger les agents de la végétation. C'est d'octobre en mars que les couches sont utiles, et de novembre en avril qu'on emploie les réchauds.

DU REPIQUAGE.

L'opération qui, pour les plantes non semées en place, suit immédiatement le semis, c'est le *repiquage*, lequel consiste à enlever une plante qui a acquis une certaine force et à la planter dans un autre lieu, pour qu'elle y parcoure toute sa période de végétation.

Principes généraux : — 1° Ne pas lever des plants trop vieux ou trop forts, parce que la reprise en serait plus difficile, et que les produits en seraient moins beaux ;

2° Les plants qui reprennent difficilement racine doivent être préalablement mis en pépinière, opération qui consiste à les replanter très-près l'un de l'autre pour en faciliter la reprise ; ce système de repiquage provisoire a pour résultat de déterminer la production d'une grande quantité de petites racines qui rendent la reprise assurée lors de la plantation définitive ; il faut bien observer que les petites racines appelées *chevelu* sont celles qui servent à l'absorption de la plante, tandis que les grosses racines ne servent qu'à la fixer dans le sol ; les arbres, même les plus gros, ne vivent que par leurs chevelus ou extrémités radiculaires ;

3° Le repiquage doit avoir lieu en terre meuble ; on étend ensuite sur le sol une bonne couche de paillis pour maintenir l'eau des arrosements ;

4° On doit, le plus qu'on peut, choisir un temps couvert pour faire ses repiquages ; la fin du jour est le moment le plus favorable.

Pratique. — L'opération du repiquage, dont l'agent direct est le plantoir, se fait en pratiquant dans le sol ameubli un trou naturellement conique, par suite de la forme de l'instrument ; on y pose son plant, après en avoir tronqué, aussi nettement qu'on le peut, l'extrémité radiculaire, on rabat la terre autour des racines, en ayant soin de laisser le moins de vide possible ; et, pour déterminer un contact plus intime, on soulève doucement le plant afin de tasser la terre dans le trou. Quand on a des repiquages considérables, il faut arroser au fur et à mesure du travail pour ne pas laisser les plants se dessécher.

DES DIVERS AUTRES MODES DE MULTIPLICATION.

Les semences ne sont pas le seul mode de multiplication des plantes, car les végétaux ont des organes doués d'une vitalité persistante répandue dans toutes leurs parties ; souvent même une seule feuille suffit pour donner naissance à un être nouveau. Tantôt ce sont des oignons, d'autres fois des tubercules, des œilletons, des bulbilles, qui offrent des moyens naturels de reproduction ; la séparation des racines est un autre moyen plus artificiel ; les marcottes et les boutures le sont davantage encore, et peuvent, à juste titre, être considérées comme une opération qui se rattache d'une manière plus intime aux secrets de l'art de l'horticulture.

Multiplication par oignons, caïeux, bulbilles. — Les végétaux de certaines familles se reproduisent par des *oignons*, qu'il faut choisir sains, planter en terre non récemment fumée, et garantir de la pourriture en évitant l'excès d'humidité. Quand les oignons ont parcouru une certaine période, qui est de trois années, il se forme autour de la partie qui émet les racines, et qu'on appelle le *plateau*, de petits oignons, appelés *caïeux*, qui servent à la multiplication. Il leur faut de trois à quatre années pour qu'ils donnent leurs fleurs. On les plante de bonne heure, c'est-à-dire au moins un mois avant les gros oignons, pour éviter leur dessèchement, qui est en général très-rapide. Certaines plantes, telles que la Rocambole, le Lis bulbifère, etc., portent, au lieu de graines et aussi à l'aisselle des feuilles, de petits oignons qu'on désigne sous le nom de *bulbilles*, ou *petits bulbes*, et qui se traitent comme les caïeux. Les plantes bulbeuses se multiplient par la semence aussi bien que par les caïeux ou les bulbilles, mais elles sont plus longtemps à donner leurs produits. Pour faire comprendre le phénomène de la production bulbifère, nous ferons observer que l'oignon, communément regardé comme une racine ou un tubercule, est une tige raccourcie ; que l'espèce de tige qui porte les fleurs est tout simplement un pédoncule, et que les caïeux sont des œilletons.

Multiplication par tiges souterraines, tubercules, griffes, pattes. — Certaines plantes produisent ou des *tiges souterraines*, comme les Sceaux de Salomon, les Primevères. D'autres produisent des *tubercules*, espèces de bourgeons souterrains qui peuvent être détachés de la plante et servent à sa reproduction : la Pomme de terre, les Topinambours, en un mot les vrais tubercules, ont des yeux multipliés et peuvent être coupés en morceaux ; d'autres, au contraire, comme les Dahlias et les Pivoines herbacées, n'ont de bourgeon qu'au sommet : ce sont des *racines tuberculeuses ;* il faut donc diviser ces derniers de manière à laisser à chacun de ces *faux* tubercules une portion du *collet*, qui est le point de départ de la tige, pour ne pas supprimer l'œil terminal. On reconnaît les tubercules à bourgeons multiples, aux enfoncements dans lesquels sont nichés les *yeux* qui doivent produire des tiges nouvelles, et l'on peut les diviser en autant de parties qu'il y a d'*yeux*. Les Renoncules ont des racines tuberculeuses, comme le *Dahlia*, mais qui prennent le nom de *griffes*. De même pour les Anémones ; leurs racines, nommées *pattes*, exigent aussi, lors de leur séparation, qu'on ait soin d'y laisser un *œil* si l'on veut leur voir produire une nouvelle plante. Mais ces dernières distinctions trouvent mieux leur place dans l'*Horticulture florale*. (Végétaux d'ornement.)

Multiplication par division des racines. — La plupart des plantes vivaces se multiplient par la *division des racines :* il se forme, à la base de la plante, un amas toujours croissant de nouveaux yeux, chaque œil étant susceptible de produire une tige, et lors de la séparation, qui a lieu à l'automne ou au printemps, on enlève à la fois un morceau de la souche avec un œil qui donnera une tige. Les yeux de la circonférence sont plus jeunes et plus vigoureux que ceux du centre, la plupart du temps dépourvus de vitalité.

Multiplication par coulants, filets ou stolons. — D'autres plantes comme les Fraisiers, se reproduisent par *coulants*, *filets* ou *stolons* : c'est-à-dire qu'il s'échappe du pied mère des ramifications grêles, rampantes, nommées *filets*, qui s'enracinent à chaque nœud, et dont la séparation donne naissance à une plante nouvelle.

Multiplication par œilletons ou rejetons. — Les *œilletons* ou *rejetons* sont des bourgeons qui se développent autour de certaines plantes, telles que les Artichauts, et qu'on peut séparer des vieux pieds, en ayant soin de les enlever avec une portion de racine. Comme ils sont en général très-tendres et se flétrissent facilement, on les plante sur-le-champ pour ne pas les laisser flétrir, car, dans ce dernier état, leur reprise deviendrait incertaine.

DES MARCOTTES ET DES BOUTURES (pl. LIII).

Les moyens de multiplication artificiels sont de deux sortes : les *marcottes* et les *boutures*, qui, les unes et les autres, exigent une certaine habileté pratique pour aboutir au succès.

Marcottes en général. — Les *marcottes* sont des branches que l'on enfonce dans le sol, ou que l'on met dans un pot sans les détacher d'abord de la plante mère, mais qu'on n'en sépare qu'après la production des racines. Le seul soin à prendre, c'est d'entretenir l'humidité du sol.

Il y a plusieurs sortes de marcottes : les *marcottes simples* (pl. LIII, fig. 3), qui se pratiquent à l'égard des végétaux reprenant facilement racine, tels que le Groseillier. L'opération consiste à coucher une branche effeuillée et ébourgeonnée, à sa partie enterrée, dans une tranchée faite dans le sol, en en faisant sortir l'extrémité, pour ne pas interrompre le mouvement vital. Le plus souvent on maintient la branche en terre au moyen d'un crochet.

Dans les végétaux qui ont la tige articulée, ou trop rigide ou trop fragile pour pouvoir être abaissée et enterrée, on procède autrement : on fait entrer la branche dont on veut faire une marcotte, dans un pot fendu sur le côté et rempli de terre, qu'on soutient en l'air au moyen d'un support et qu'on entretient dans un état d'humidité modérée, pour faciliter l'émission des racines sans avoir à redouter la pourriture.

Marcottes par incision (pl. LIII, fig. 4). — Elles ne diffèrent des précédentes qu'en ce qu'on incise la branche de manière à former une languette, c'est-à-dire qu'on l'entaille de bas en haut, obliquement, jusqu'à la moelle, de telle sorte que la partie séparée forme un angle aigu avec le corps de la branche. Cette opération, qui participe de la bouture, exige quelques soins de plus que celle-ci. On supprime les feuilles de la sommité du rameau marcotté pour ralentir la végétation. Pour maintenir la terre dans un état d'humidité et éviter les transitions si nuisibles de sécheresse et d'excès d'humidité, on couvre le sol d'une couche de paillis et l'on donne un bassinage.

Marcottes par strangulation (pl. LIII, fig. 5). — Elles sont une modification de la marcotte simple, dont elles diffèrent en ce qu'on entoure d'un fil de fer, de manière cependant à ne pas couper l'écorce, la partie qui est enterrée pour faciliter l'émission des racines au-dessus du point ligaturé.

Marcottes par cépée (pl. LIII, fig. 6). — Elles sont plus compliquées : elles consistent à couper au printemps, au ras du sol, un arbre ou un arbuste qu'on veut multiplier, et à recouvrir de terre la section de la souche. Il ne tarde pas à sortir du collet des rejetons qui bientôt s'enracinent et qu'on enlève au fur et à mesure.

Marcottes par racines (pl. LIII, fig. 7). — Elles se pratiquent en incisant une racine mise à nu et en laissant la plaie à l'air libre. La séve ne tarde pas à produire, au point où la section a eu lieu, un bourrelet qui émet bientôt des bourgeons parmi lesquels on choisit le plus vigoureux, que l'on conserve en retranchant les autres. A l'automne, on le détache de l'arbre producteur, en coupant la racine.

Boutures en général. — Les *boutures* sont plus savantes que les marcottes : elles reposent sur ce principe, que toutes les parties cellulaires d'une plante en végétation, même une simple feuille, sont susceptibles de donner naissance à une plante nouvelle ; mais il s'en faut de beaucoup que tous les végétaux reprennent avec une égale facilité : les uns, tels que ceux de texture molle et herbacée, et entre autres les Oxalis, les Dahlias, etc., reprennent avec une facilité merveilleuse; car il ne faut que quelques jours pour qu'une branche mise en terre produise des racines, et les feuilles se flétrissent à peine, tandis que d'autres exigent des soins très-minutieux qui ne sont pas toujours à la portée du simple amateur, et réclament le concours de cloches et de châssis.

Boutures à l'air libre. — Les *boutures* les plus simples sont celles dites à l'*air libre* (pl. LIII, fig. 4) : ce sont celles qui réussissent le plus facilement et qui s'appliquent au plus grand nombre de végétaux ligneux. Voici comment on procède : au mois de janvier on détache des rameaux de l'année précédente dont le bois est suffisamment parfait (ce qu'on appelle bois *aoûté*), et on les coupe en morceaux de 15 à 20 centimètres de long ; la longueur dépend, en général, de la distance des *yeux*, en ayant soin de pratiquer la section bien nettement et au-dessous d'un œil. On enterre ces parties de rameaux dans du sable ou de la terre légèrement humide et pulvérulente, à une exposition ou dans un lieu où la gelée ne soit pas à craindre. A la fin du mois de février, et pendant tout le courant de mars, on plante ces tronçons dans une terre bien préparée et dans une situation ombragée, en laissant sortir une couple de bourgeons. On couvre le terrain d'un lit de détritus de couche, et l'on entretient l'humidité par de légers bassinages. Tel est le procédé des *boutures à l'air libre*.

Boutures forcées. — Les *boutures forcées* (pl. LIII, fig. 2), se font sous cloches et sous châssis, sur couche ou dans les serres, soit dans la terre même qui couvre la couche, soit dans des terrines remplies de terreau auquel on mêle de la terre de bruyère, soit enfin dans des bâches de serres remplies de sable fin et tenu constamment humide. Ce mode de multiplication, qui s'applique plus particulièrement aux plantes d'ornement et aux plantes de serres, ne réussissant que difficilement en pleine terre, peut être pratiqué durant toute l'année, et préférablement durant les mois de février et de mars. Le reste de l'opération est absolument semblable à celle du bouturage à l'air libre ; mais il faut défendre les boutures contre l'action du soleil, en ombrageant, avec des paillassons ou des toiles, les cloches ou les châssis ; le soir, on remet ces couvertures dans un but différent : celui de garantir les plantes de la fraîcheur des nuits. On aura soin d'entretenir la terre en état constant d'humidité au moyen de bassinages modérés, mais dispensés avec intelligence. Tant que les boutures ne sont pas reprises, ce qu'on reconnaît au mouvement de végétation qui se manifeste par la production de nouveaux organes, on s'abstient de leur donner de l'air, afin d'y concentrer la vie et de provoquer l'émission de bourgeons ; mais dès que les feuilles commencent à pousser, indice certain de la production des racines, on donne un peu d'air pendant les heures les plus tièdes de la journée, en soulevant les cloches ou les châssis, ce qui imprime plus d'activité à la végétation. Pour ralentir l'évolution anormale des boutures, on préserve les bourgeons qui se développent avec trop de vigueur, et l'on relève les boutures avec leur motte ; on les repique séparément dans des pots qu'on enfonce dans le terreau de la couche ; dès ce moment les jeunes plantes n'ont plus besoin que des soins communs à tous les végétaux. Lorsqu'elles ont acquis assez de force, on les plante en pleine terre, ou on les rempote en pots plus grands.

Boutures aquatiques. — Il y a une autre espèce de bouture qui peut être de quelque intérêt, quoiqu'elle soit rarement mise en pratique : c'est celle qui se fait dans de l'eau, soit à l'air libre, soit sous une enveloppe protectrice. On peut appeler ces boutures, *boutures aquatiques :* elles consistent à prendre un rameau propre à être bouturé, c'est-à-dire bien *aoûté*, et à le mettre dans de l'eau pure. Il ne tarde pas à se développer, à la base de la partie immergée, des racines qui atteignent en peu de temps une longueur considérable, et propagent la vie dans les bourgeons supérieurs. On a fait ainsi avec succès des boutures d'arbrisseaux à fruits, tels que les Groseilliers, les Framboisiers. Ce moyen, qui ne présente aucun avantage pour un horticulteur, est curieux pour un amateur.

Boutures d'été, ou boutures à froid. — Ce *bouturage*, qui a lieu vers la fin de l'été, et que nous notons seulement ici pour mémoire parce qu'il appartient à l'horticulture d'ornement, diffère du bouturage de printemps en ce qu'on n'a plus besoin de couche. On met les boutures dans des pots qu'on place sous châssis froid, ou en pleine terre, en couvrant d'une cloche, et qu'on soustrait à l'action du soleil ; le mieux est de choisir un terrain exposé au nord. Vers la fin de la saison, les boutures sont reprises, et on les met dans des pots séparés. Pendant l'hiver, les jeunes plantes acquièrent de la force, et au printemps on a des végétaux capables de porter des fleurs.

Divers autres genres de bouturage. — Il y a certains végétaux qui reprennent par la division des racines coupées en tronçons et qui peuvent être bouturés, soit à l'air libre, soit sur couche ; mais ce mode de multiplication ne diffère en rien des boutures ordinaires.

Ce qui prouve la puissance de vitalité des organismes appartenant au règne végétal, c'est, comme on l'a déjà indiqué, que l'on est parvenu, par le moyen du bouturage étouffé, à reproduire des plantes, non plus par des tronçons de tiges munies de bourgeons, mais simplement de feuilles et même de sections de feuilles. Il ne faut pas perdre ceci de vue : c'est que la plus petite partie complète d'un végétal est le type réduit du végétal lui-même ; toutes les autres parties sont la répétition de l'acte primitif. Ces genres de bouturages, rappelés ici pour mémoire seulement, ont plus naturellement leur place dans l'horticulture florale. (Voyez VÉGÉTAUX D'ORNEMENT.)

Préparation d'un sol favorable au bouturage. — Les boutures se font avec une grande facilité dans de la terre mêlée de charbon de bois réduit en poussier, à la proportion d'un tiers. La reprise est plus rapide, et les racines y sont plus fortes. On rétablit la santé des plantes en les mettant dans une terre de cette composition. Les insectes parasites, nés de l'épuisement des végétaux et qui sont presque toujours un signe de débilité, disparaissent, et l'application de ce moyen à des végétaux atteints de pourriture a complétement réussi : leur guérison a été rapide et durable.

DE LA GREFFE (pl. LIV).

La *greffe* a, comme on le sait, pour objet de transporter sur un tronc sauvage, ou sur une plante de peu de valeur, un fruit meilleur ou une fleur plus belle.

Théorie. — L'opération de la *greffe* est fondée sur la propriété dont jouissent les tissus vivants, ayant affinité de structure, de pouvoir être transportés d'un individu sur un autre, l'un considéré comme agent passif de nutrition, et l'autre comme agent actif de reproduction. C'est une substitution qui n'exige pour condition première que l'affinité des tissus et des êtres à associer. La vie distincte et séparée devient une et identique. Les tissus doivent, pour condition première, être en pleine végétation ; car on ne grefferait pas un rameau mort sur un arbre vigoureux, et réciproquement ; le sujet sur lequel on applique la greffe doit donc être dans un état de santé qui lui permette de transmettre à la plante qu'on lui confie une portion de la surabondance de vie dont il est pourvu. L'union de la greffe a lieu, d'une part, par les faisceaux radiculaires qui partent de la base des yeux du greffon, ou rameau greffé, se prolongent sur le sujet, entre le bois et l'écorce, dans cette partie de la tige nommée *cambium* ; et, d'autre part, par les rayons médullaires du sujet, qui se prolongent dans les mailles des faisceaux vasculaires descendant de la greffe et formant des sortes de clavettes. Ces rayons médullaires étant gorgés de séve, fournissent, aux faisceaux radiculaires descendants de la greffe, le suc nourricier qui pénètre les membranes des nouveaux tissus en passant d'une cellule à l'autre, et c'est ainsi que s'établit entre les deux individus une vie commune qui, en se perpétuant, donne à l'arbre, ou au sujet devenu le centre de vie de l'être nouveau, les qualités de l'arbre qui a fourni la greffe. On comprend alors qu'il soit indispensable d'observer certaines conditions.

Principes généraux. — 1° La mise en contact aussi immédiat que possible de la partie de la tige et de la greffe nommée *cambium*, pour établir le contact intime des tissus nouveaux.

2° Choisir des végétaux ayant entre eux un certain degré d'affinité ; c'est-à-dire que, de variété à variété, de race à race, d'espèce à espèce, la greffe réussit toujours ; de genre à genre, elle ne réussit que quand ce sont des genres voisins ou des familles très-naturelles ; ainsi le Camellia et le Thé se greffent parfaitement l'un sur l'autre; mais de famille à famille, la greffe ne réussit pas : ce sont des contes que ces fabuleuses greffes de Rosiers sur Houx, etc.

3° Il faut ne prendre que des sujets vigoureux et encore en sève; car si la vie ne circulait pas, il n'y aurait pas de transmission vitale possible.

4° Les deux époques de l'année propres à greffer en plein air, sont le mois d'avril, au moment où la vie s'éveille, et le mois d'août, avant que la séve cesse de circuler. Dans les serres on peut greffer durant toute l'année.

5° On doit apporter beaucoup de soin à la pratique manuelle, et soustraire la greffe aux influences extérieures qui en empêcheraient la reprise. La cire dont on se sert pour cela se compose de 2 parties de poix, 2 parties de cire jaune, et 1 partie de suif, fondues ensemble.

Pratique. — Nous nous bornerons à citer les principales espèces de greffes, toutes les autres n'étant, en général, que des modifications d'une seule même opération.

Greffe en écusson. — Cette greffe est une des plus usitées, et c'est la plus facile à pratiquer; elle a lieu à deux époques : l'une, au moment où l'évolution végétale commence : c'est la *greffe à œil poussant*, et on la pratique de mai en juillet; elle donne des résultats immédiats; l'autre, qui a lieu d'août en septembre, se pratique seulement quand la séve a perdu de son activité : c'est la *greffe à œil dormant*; elle ne fait plus que reprendre sans pousser, et son évolution, suspendue par l'hiver, a lieu au printemps suivant. C'est cette seconde greffe qui est pratiquée pour les arbres à fruits à noyaux. Quel que soit le mode adopté, l'opération est la même; l'époque seule et les circonstances diffèrent. (Pl. LIV, fig. 1, 1 *a*, 1 *b*, 1 *c*, *d*.)

Quand on veut greffer un sujet, on le prépare en supprimant une partie de ses branches, pour ne pas priver la greffe d'une séve qui serait employée ailleurs. On enlève sur le sujet qu'on veut multiplier ou reproduire, un *œil* sain et vigoureux; on commence par couper la feuille, en laissant toutefois le pétiole, qui n'est plus qu'un moyen de préhension; car la partie importante est l'*œil*, souvent imperceptible, placé à son aisselle. On enlève ensuite, avec la lame du greffoir, l'*écusson* composé de l'*œil*, de l'écorce et d'une faible portion de bois, parce qu'il faut conserver la racine du *bourgeon*, c'est-à-dire le *mamelon cellulaire* d'où naissent les fibres radiculaires qui descendent dans le *cambium* pour y puiser les sucs nourriciers. On dégage ensuite avec soin le bois superflu, de manière à mettre ce mamelon presque à nu. Cette opération est délicate, parce qu'il faut se garder d'enlever la *racine de l'œil*, ce qu'on reconnaîtrait au vide qui en résulterait dans l'écusson. On fait ensuite au sujet sur lequel on veut appliquer l'écusson une fente en forme de T, qui coupe l'écorce entièrement jusqu'à l'aubier. On soulève doucement la partie que le greffoir a fendue; on en écarte les deux bords supérieurs, en glissant sous l'écorce la spatule du greffoir; puis on introduit l'*écusson* dans toute sa longueur, on rapproche les bords de l'écorce, et on ligature avec de la laine, sans comprimer l'*œil de la greffe* (ce qui en empêcherait le développement), mais, toutefois, en exerçant à la fois sur la greffe et le sujet une pression qui établisse entre les parties un contact intime.

Dix à douze jours après cette opération, la greffe est *soudée*, ce qu'on reconnaît à la flétrissure du pétiole qui ne tarde pas à tomber. Lorsque le bourgeon de l'écusson a atteint quelques centimètres de longueur, on rabat le sujet à une hauteur arbitraire au-dessus de la greffe, pour le faire jouir de tout le bénéfice de la séve, et on supprime tous les *gourmands* qui tenteraient de se développer sur le sujet greffé; puis, lorsque le bourgeon de la greffe a pris un certain développement et qu'au-dessous de lui on voit apparaître d'autres bourgeons, on pince l'extrémité du bourgeon primitif pour favoriser le développement des bourgeons secondaires. L'année suivante seulement, on rabat la tige au-dessus de la naissance de la greffe.

Greffe en fente. — Elle se pratique également au printemps; à l'automne, elle exige quelques précautions sur lesquelles il est bon d'insister, et de l'observation rigoureuse desquelles dépend son succès. Ce que l'on a dit de la greffe à écusson, quant aux conditions dans lesquelles doivent se trouver le sujet et la greffe, est applicable à toutes les autres greffes. La *greffe en fente de prin-*

temps peut s'appeler *à œil poussant*, car elle se développe aussitôt. Pour enlever le *greffon* du sujet qu'on veut multiplier, il faut devancer le moment où la séve reprend son activité; les bourgeons doivent avoir encore des écailles protectrices qui les défendent du froid; il est même bon de couper les greffes d'avance, à l'automne, en bois aoûté, et les enterrer dans un lieu sec pour ne pas laisser se développer les bourgeons. Vers la mi-avril, on dispose le sujet à greffer en coupant la tige horizontalement; puis on la fend dans tout son diamètre quand le sujet est petit, et seulement dans une moitié, ou moins encore, quand il est plus fort. L'entaille doit être assez profonde pour pouvoir y insérer la greffe. On coupe ensuite la greffe de manière à lui laisser quelques bourgeons; on taille la partie inférieure, qui doit être insérée dans le sujet, à double biseau ou en coin, en réservant extérieurement une partie intacte qui ait conservé son écorce. On écarte ensuite doucement, avec la spatule du greffoir, la fente du sujet; on y introduit la greffe, l'écorce en dehors, de manière que le *cambium* coïncide de la manière la plus parfaite avec celui du sujet; on ligature le bout avec de la laine douce, et l'on enduit l'extrémité du sujet avec de la cire à greffer. (Pl. LIV, fig. 2, 2 *a*, 2 *b*, 2 *c*.)

On ne pratique pas seulement cette greffe sur des végétaux ligneux : elle peut être également pratiquée sur des plantes herbacées.

Greffe par approche. — Cette greffe est peut-être la plus simple et la plus ancienne; c'est même celle qui se pratique journellement dans les bois, où le rapprochement de deux sujets de même espèce finit par les unir assez intimement pour n'en plus faire qu'un seul. Nous ferons remarquer ici la nécessité impérieuse de l'identité des espèces pour qu'une greffe réussisse : souvent le Chèvrefeuille, ou un végétal volubile semblable, s'enroule autour d'un jeune sujet qu'il étreint de telle sorte que ses circonvolutions s'y incrustent profondément. Quel que soit l'âge de l'arbre, jamais une soudure n'a lieu entre ces deux plantes. Souvent l'arbre étranglé forme entre les replis du Chèvrefeuille d'énormes bourrelets; que l'on coupe l'arbre, et le Chèvrefeuille se détache sans avoir laissé autre chose qu'une profonde empreinte. Dans la *greffe en approche naturelle*, au contraire, les écorces disparaissent sous la pression réciproque, et la soudure a lieu dans toute la longueur des parties en contact. Dans la *greffe par approche artificielle*, on enlève sur chacun des deux sujets un lambeau d'écorce et on les rapproche plaie contre plaie, en maintenant le contact par une ligature. On n'en sèvre la greffe que quand la reprise est certaine, et l'on supprime la tête du sujet greffé le plus bas possible, pour que la greffe soit réellement dominante et que l'arbre n'ait pas une figure disgracieuse et difforme : il faut, pour cela, beaucoup d'attention et une certaine délicatesse manuelle qui exige de la pratique. On établit des haies impénétrables en en greffant entre elles les branches de manière à former une espèce de réseau vivant que rien ne peut détacher. (Pl. LIV, fig. 3, 3 *a*, 3 *b*.)

Greffe en placage. — C'est une variété de la greffe en écusson, à cette différence près qu'on ne réserve pas l'écorce du sujet à greffer. On pratique sur le sujet une entaille superficielle d'une figure quelconque; on en détache toute l'écorce de manière à mettre l'aubier à nu; puis on applique en plaque sur la surface dénudée un bourgeon enlevé comme l'écusson et coupé exactement sur le modèle de l'entaille. On se sert de ce mode de greffe, non-seulement pour les Camellias et certaines plantes d'ornement, mais encore pour les arbres à fruits, tels que les Poiriers. Nous donnons, dans l'atlas, des modèles de greffes de ce dernier genre. (Pl. LIV, fig. 4, 4 *a*, 4 *b*, 4 *c*, 4 *d*.) La greffe en placage réussit mieux quand on l'étouffe sous cloche.

Greffe en anneau. — Elle convient surtout aux arbres dont le bois est dur, et on l'applique particulièrement au Noyer. C'est encore une espèce de placage ou d'écusson, qui exige, pour condition première, que les diamètres soient le plus égaux possible. Pour pratiquer cette greffe, on enlève à l'arbre, qu'on veut multiplier, un anneau d'écorce portant un bourgeon, et on le détache avec soin en le fendant d'un côté, à l'opposé de l'œil. On enlève ensuite au sujet à greffer une bande circulaire de même hauteur que la *bande-greffe*, qui est appliquée sur la partie ainsi dénudée, et on ligature, en observant les mêmes précautions que pour la greffe en écusson. Quand la reprise de la greffe est assurée, on rabat la tête du sujet. Ce mode de greffe, qui est d'une application facile, réussit parfaitement et est d'une extrême propreté. (Pl. LIV, fig. 5, 5 *a*, 5 *b*, 5 *c*, 5 *d*.)

Greffe Herbacée. — Elle s'applique à tous les végétaux ligneux à l'état herbacé, ou même purement herbacés; on la pratique surtout pour la multiplication des arbres verts. Ce n'est qu'une greffe en fente, faite un peu plus tard et exigeant les précautions qui résultent de la susceptibilité des végétaux; c'est-à-dire qu'il faut garantir ceux-ci contre le soleil et l'action desséchante de l'air; et pour cela on les enveloppe d'une feuille de papier, qu'on n'enlève qu'après la reprise, laquelle a communément lieu dans le courant de la quinzaine qui suit l'opération.

Greffe en fente bouture (Pl. LIV, fig. 7). Ce mode de multiplication est particulier à la Vigne. Il est employé pour changer la production de Vignes vigoureuses. On prépare des sarments avec talon, d'une longueur variable. Un peu au-dessus de la section inférieure, on enlève l'écorce et une faible portion de bois de manière à former une cicatrice allongée de 2 à 3 centimètres de longueur; puis on pratique une entaille de bas en haut, et parallèle à la cicatrice en faisant pénétrer l'instrument jusque près de la moelle, mais sans détacher l'esquille qui en résulte, et formant comme une languette. La greffe étant ainsi préparée, on déchausse le cep qu'on veut greffer; on le rabat un peu au-dessous du niveau du sol, non pas horizontalement, mais très-obliquement, pour obtenir un long biseau. Ensuite on fend le cep, comme pour la greffe en fente, au milieu de ce biseau, et dans cette fente on introduit la languette latérale de la greffe; on recouvre de cire et l'opération se termine par le rapprochement de la terre autour de la souche. La greffe ne tarde pas à se souder; en même temps elle émet, du talon, des racines comme une bouture, et le nouveau sujet, se nourrissant à la fois et par la souche et par les racines de la bouture, se développe avec une telle vigueur que souvent il fructifie la même année de l'opération, et toujours sûrement la deuxième. Comme la greffe en fente ordinaire, celle-ci se fait en avril, avant le développement des yeux.

Greffes de bourgeons à fleurs ou à fruits (Pl. LIV, fig. 6). — On pratique ce genre de greffes, qui a pour objet de faire produire immédiatement des fleurs et des fruits à des sauvageons, depuis quelques années seulement, quoique l'Anglais Knight eût depuis assez longtemps démontré la possibilité de greffer les bourgeons du Rosier cultivé sur le Rosier sauvage, et de faire produire de la sorte à celui-ci, au bout de quelques jours, des roses aussi belles, sinon plus belles que sur le sujet en culture. Il était dès lors naturel que l'on cherchât à appliquer cette greffe aux arbres fruitiers, et c'est ce qu'ont en effet tenté avec succès divers horticulteurs, et plus particulièrement M. Luizet, d'Écully, près de Lyon, dont elle a même pris le nom. concurremment avec celui de *greffe mixte*, que lui a donné M. Carrière, parce qu'elle tient à la fois des greffes par scions et des greffes en écusson.

Elle peut se faire, en effet, de plusieurs manières : en approche, en fente, en couronne, en navette, mais elle est surtout recommandée en écusson. Toutefois, dans la circonstance, le bourgeon à fruit étant souvent placé à l'extrémité du rameau. l'écusson ne doit pas être toujours celui de la pratique ordinaire. Dans le cas où le rameau à *fleurs* est d'une certaine longueur, on le détache de préférence au niveau de la branche à laquelle il appartient, et l'on en taille la base en biseau allongé d'un seul côté, comme dans la greffe en placage, en ayant soin de conserver au biseau le plus d'écorce possible, mais peu de bois; on pratique une incision en T sur le point de la branche où l'on veut greffer, et, après avoir soulevé les bords de la plaie avec la spatule du greffoir, on insère le rameau, on ligature, ou l'on recouvre de mastic. Si, au contraire, le rameau est tellement court qu'il puisse être considéré comme nul, on détachera et l'on greffera le bourgeon comme l'on ferait avec un écusson ordinaire. Du reste, c'est à l'intelligence de l'horticulteur de discerner le genre de greffe qu'il devra préférer pour placer sur telle ou telle partie des arbres les bourgeons fructifères, et de juger quand il pourra, au moyen de la greffe en fente, insérer un rameau tout entier couvert de bourgeons à fruits. Les greffes Luizet se font au printemps ou à l'automne. Dans le premier cas, elles donnent des résultats la même année. Dans le second cas, qui paraît être le meilleur, elles procurent des fleurs ou des fruits l'année suivante.

Par ce nouveau genre de greffes, on obtient : la production immédiate de fruits sur des arbres qui, en raison de leur jeunesse ou de leur débilité, n'en pourraient donner qu'après de nombreuses années d'attente ; la possibilité de faire pousser des fruits sur les branches gourmandes d'arbres sujets à la taille, branches qui, condamnées à une stérilité constante ou temporaire, n'en épuisent pas moins les branches fructifères en prenant toute la séve de l'arbre ; le moyen d'avoir des fruits sur des branches dépourvues par elles-mêmes de bourgeons fruitiers ; enfin la faculté d'utiliser les bourgeons à fruits d'arbres vieux ou souffrants, bourgeons qui ne sauraient être alimentés suffisamment sur le pied qui les porte, mais qui, transportés sur un arbre plus vigoureux, donnent des fruits superbes.

Telles sont les principales espèces de greffes, qui reposent toutes sur un seul et même principe, et exigent, outre l'observation des conditions physiologiques de succès, une habitude que la pratique ne tarde pas à faire acquérir.

DE LA CULTURE FORCÉE DES LÉGUMES ET DES ARBRES FRUITIERS.

La culture forcée est une opération artificielle par laquelle on obtient des productions végétales, bien avant l'époque fixée par la nature. Cette opération consiste simplement à soumettre les plantes à une température constante plus élevée que la température extérieure. Il ne faut cependant pas croire que, plus on donne de chaleur à un végétal et plus on le soustrait aux agents extérieurs, plus sa croissance est rapide et ses produits en fruits ou en fleurs sont beaux et abondants. Il faut consulter les besoins propres à chaque végétal, et proportionner les soins qu'on lui donne à ses exigences spéciales. En lui donnant à la fois un excès de chaleur et d'abri, le végétal s'étiole ou donne des productions anormales. S'il ne perd pas ses qualités dans cette atmosphère étouffée, il devient si délicat que le moindre courant d'air, la plus légère variation dans la température le fait périr ; une goutte d'eau tache ses feuilles, en un mot, on en a fait un être absolument artificiel. On a cessé de cultiver exclusivement les melons sous cloches ; au printemps, un abri de papier huilé suffit pour les défendre dans leur enfance contre les intempéries de cette saison capricieuse, et, dès qu'ils ont acquis assez de force pour résister à des variations incessantes, on enlève ces frêles abris, et les produits sont plus savoureux que ceux venus sous cloches ou sous châssis. Combien de végétaux réussiraient en pleine terre, sous notre climat, si l'on osait les laisser braver nos saisons ! Mais le préjugé existe encore, et l'on perd bien des plantes rustiques en les étiolant sous des abris inutiles.

Papier huilé. — Les plus simples des abris sont de simples *couvertures de papier huilé* pour les végétaux, dans la première enfance ; on applique le papier sur deux petits osiers courbés en arc, et on le maintient avec des pierres ; il simule alors parfaitement une bâche de voiture.

Serre mobile. — De simples panneaux vitrés, dressés devant des arbres en espaliers, peuvent constituer une *serre à forcer*. Il suffit d'établir une sorte de coffre avec des piquets plantés à 1^m,50 environ du mur, et sur lesquels on cloue une planche large de 30 à 35 centimètres. Des montants en bois, appuyés en bas sur les piquets et en haut sur le mur, au-dessous du chaperon, forment la charpente de cette serre improvisée ; ils sont placés à une distance qui doit être égale à la largeur des panneaux vitrés, et fixés au mur et aux piquets, au moyen de gros clous ou d'entailles ; ces montants supportent les panneaux. Aux deux extrémités de ce toit vitré, on construit des cloisons en planches en laissant à l'une d'elles une ouverture pour établir la porte. On peut se contenter, comme mode de chauffage, de dresser en dehors et tout autour de la serre un réchaud de fumier neuf de cheval, et de couvrir pendant la nuit et les grands froids avec des paillassons. En établissant cette serre au commencement de décembre, on peut gagner une avance de trois semaines à un mois sur la maturité naturelle du fruit. Mais, comme souvent on veut gagner plus de temps encore, on établit un appareil de chauffage, poêle ou thermosiphon, dont les tuyaux circulent sur le devant de la serre. Le poêle est plus économique, mais il exige une grande surveillance, car il produit, à certains moments, des coups de chaleur qui grillent toutes les plantes. Le thermosiphon est d'un usage plus commode, en ce qu'il permet de mieux régler la température.

Ce simple abri convient aux arbres plantés le long des murs en espalier, Vignes, Pêchers, Pruniers, Abricotiers, etc. On l'enlève chaque année pour le dresser devant d'autres arbres, et laisser reposer ceux qui ont été forcés.

Bâche à forcer. — La *bâche à forcer* est une sorte de grand coffre que l'on construit avec des planches clouées sur des piquets plus ou moins hauts, suivant la hauteur des plantes à forcer. Elle peut être mobile ou fixe. Pour la culture des Vignes en contre-espaliers, M. Gontier, l'habile primeuriste de Montrouge, a fait construire des panneaux en planches les uns hauts de 1^m20, pour former le derrière du coffre, et les autres de 30 centimètres pour le devant. Au moment du forçage, il fiche en terre, derrière le contre-espalier de Vigne, de gros piquets équarris qui, après avoir été solidement enfoncés, doivent avoir 1^m20 de hauteur au-dessus du sol; et, à 1^m10 en avant, sont implantés de plus petits pieux faisant saillie de 0^m30 seulement.

Tous ces piquets sont reliés entre eux au sommet par des barres de bois qui forment ainsi le cadre de coffre; on ajuste ensuite sur tous les côtés les panneaux en planches; le dessus est naturellement couvert par des panneaux vitrés. Des réchauds en fumier sont construits tout autour jusqu'au sommet du coffre, et un appareil de chauffage mobile peut, à la rigueur, être établi à l'un des bouts; dans ce cas, on fait circuler les tuyaux le long de la paroi du devant.

Les *bâches à forcer les fraisiers* peuvent se construire de même, mais en donnant plus de hauteur à la paroi de devant, et de manière à obtenir une pente très-douce des châssis vitrés, afin que les plantes soient le plus près possible du verre. Dans les bâches du potager impérial de Versailles, consacrées à la culture forcée du Fraisier, les pots sont placés sur un gradin mobile, qu'on élève ou qu'on abaisse à volonté, pour que les Fraisiers touchent presque constamment les vitres et jouissent ainsi de la plus grande somme de lumière possible.

Ces bâches sont chauffées au thermosiphon, dont les tuyaux, distants l'un de l'autre de 30 à 40 centimètres, occupent cette fois le milieu du coffre.

La véritable serre à forcer, la grande serre construite, ne diffère en rien de la serre chaude destinée aux plantes exotiques. Le mode de chauffage est le même; la distribution de la chaleur seule varie.

En effet, dans une serre à forcer, le degré de chaleur à entretenir n'est pas toujours le même : il dépend de la phase végétative des plantes. Ainsi, au début du forçage, il faut une chaleur douce, comme celle que reçoit la plante au moment où elle commence à pousser à l'air libre, mais chaleur soutenue, et point d'air. On donne de l'air seulement à l'époque de la foliaison, pendant laquelle la température doit en même temps être plus élevée; la moyenne est de 20 à 25 degrés le jour et de 15 à 20 la nuit. Pour favoriser cette première végétation, on bassine et seringue les feuilles ; mais il faut cesser ces bassinages aussitôt qu'apparaissent les boutons à fleurs : trop d'humidité atmosphérique les ferait couler; à ce moment l'air de la serre doit être plutôt sec qu'humide et la ventilation bien établie, pour favoriser la fécondation. Mais, dès que le fruit est noué, on doit recommencer les bassinages, pour donner à l'air une certaine somme d'humidité qui permette aux fruits d'acquérir un plus beau développement.

Toiles à claire-voie. — Les *toiles à claire-voie*, en brisant le rayonnement solaire, empêchent les arbres à fruits de geler lors de leur floraison : tels sont les Amandiers, les Pêchers et, en général, les arbres en espaliers à floraison précoce. Ce n'est pas le froid qui fait souffrir ces fleurs : si la température s'élevait doucement, on n'aurait rien à redouter ; les fluides, condensés par le froid, reprendraient peu à peu leur état normal, et la vie circulerait librement dans les tissus ; mais la chaleur brusque et pénétrante des rayons solaires agit sur les tissus amollis comme le ferait un fer brûlant, et les désorganise.

Paillassons. — Ce que fait la toile la plus simple, le *paillasson* le fait mieux encore. Il sert, non-seulement à abriter directement les végétaux, tantôt en les garantissant comme un mur contre les vents contraires, tantôt en leur servant de couverture ; mais encore à couvrir les cloches, les châssis, les vitraux des serres, et il joue un grand rôle dans l'horticulture. Aujourd'hui, on a sinon abandonné, du moins diminué l'importance du paillasson à cause de sa fragilité : il se pourrit facilement et se détériore de telle sorte que, quelle que soit la modicité de son prix, il cause des dépenses assez considérables.

Claies articulées. — On a cherché, pour les vitraux des bâches et des serres, à remplacer le paillasson par des claies articulées, composées avec de petites lattes en treillage, unies par du fil de fer. Elles se font aussi avec des morceaux de bois à treillage et ont l'avantage de laisser pénétrer plus de lumière que ne le font les paillassons, qui projettent une ombre opaque et froide. La construction de ces claies, auxquelles on donne plus de durée en les couvrant d'une couche de couleur à l'huile, ne choque pas l'œil comme les paillassons et dure plus longtemps.

Ombrage des vitraux. — On ombre aussi les vitraux en les couvrant d'une *couche de blanc d'Espagne*, délayé dans de l'eau, ou de *lait de chaux* ; mais ce badigeonnage économique est malpropre et coûte assez de main-d'œuvre quand on veut le faire disparaître. De bonnes toiles, rendues imperméables par un vernis quelconque, peuvent encore parfaitement servir à cet usage ; mais il faut éviter l'emploi des huiles siccatives et lithargyrées, parce que, si elles étaient accumulées en certaine quantité, elles s'échaufferaient et seraient susceptibles de prendre feu spontanément, par suite de l'avidité pour l'oxygène des substances employées. Un des meilleurs enduits est le caoutchouc fondu dans l'huile essentielle de térébenthine, ou bien tout simplement l'immersion de la toile dans un bain de savon, puis dans un bain d'alun. Ce procédé rend les tissus suffisamment imperméables pour une saison, et il a l'avantage de ne coûter presque rien. On a encore employé avec succès l'amidon additionné d'indigo. C'est un enduit très-propre et très-solide ; le marc de bière, également coloré par l'indigo, a été essayé avec succès en Belgique.

Cloches. — Les plus simples des abris sont les *cloches*. On comprend assez bien leur usage pour n'avoir pas besoin de s'étendre longuement sur ce sujet. Les cloches, placées sur des végétaux dont la racine est plongée dans le terreau d'une couche, y concentrent la chaleur et en favorisent la végétation. On les emploie aussi pour forcer les boutures. Le seul soin qu'exigent les cloches, dispendieuses à cause de leur fragilité, est un lavage fait deux fois dans le cours d'une année, pour en détacher les matières terreuses qui les rendent opaques. Lorsqu'on n'en a plus besoin, il faut les rentrer dans la resserre et les empiler l'une sur l'autre en mettant entre chacune d'elles un peu de paille afin d'éviter un contact immédiat qui aurait la casse pour résultat.

Châssis. — Les *châssis*, dont il a été fait mention en parlant des couches, sont des sortes de petites serres qui permettent d'entreprendre des cultures impossibles sous cloches dont le moindre inconvénient est de faire perdre une quantité considérable de terrain. Ils sont le plus communément posés avec leurs coffres sur des couches, pour la culture des légumes de primeurs : haricots, pois, salades, carottes, etc. On divise le châssis en deux parties : le *coffre*, ou caisse longue, et les *panneaux*, cadres vitrés, qui forment la toiture et reposent sur le coffre. On fait ordinairement les panneaux en bois de chêne ; mais il est préférable d'employer l'acacia, dont le bois est incorruptible. On est aujourd'hui revenu du préjugé qui avait dans le principe fait rejeter le fer. Ce métal joint à la solidité l'avantage de ne pas répandre dans le châssis une ombre préjudiciable et d'avoir une légèreté et une élégance que ne comporte pas le bois. Il faut recouvrir les coffres et les panneaux, que ces derniers soient en bois ou en fer, d'une bonne couche de peinture à l'huile ou de quelques enduits hydrofuges comme ceux dont les bitumes font la base, pour en assurer la durée.

ESSAIS DE MÉTÉOROLOGIE APPLIQUÉE A L'AGRICULTURE ET A L'HORTICULTURE. — PRONOSTICS.

PROVERBES AGRICOLES ET HORTICOLES.

Nous n'avons sur cet objet que des indications vagues, et tout ce que nous pouvons faire, à l'exception de quelques observations générales qui ont un certain degré de certitude, ne va guère plus loin qu'un pronostic s'étendant à une journée. Faisons néanmoins observer que les marins, les bergers et les vieux habitants des campagnes ont acquis un tact assez sûr pour qu'à l'inspection du ciel, et à certains signes qui leur sont familiers, ils reconnaissent les variations prochaines du temps ; mais ces pronostications empiriques manquent de certitude et ne sont pas de longue portée, tandis que le but que se propose la science, c'est d'étendre ses pronostics à toute une saison, sinon à une année tout entière. Le savant Lamarck, à qui l'on ne peut reprocher qu'une tendance à la généralisation qui trop souvent précédait l'expérience, a publié pendant plusieurs années des observations météorologiques fondées sur un certain nombre de principes scientifiques et qui devaient, selon lui, servir de guide à l'agriculteur, au navigateur, en un mot à tous ceux à qui il importe de connaître à date fixe quel sera l'état du ciel. Il pensait, avec Toaldo, que l'atmosphère qui enveloppe notre globe peut être comparée à la mer ; qu'elle est soumise à l'influence de la lune, comme l'est l'océan, ainsi qu'à l'action du soleil ; que les différences dans la position de la terre, par rapport à ces deux astres, exerçaient sur cette mer aérienne des mouvements généraux et particuliers qui pouvaient être prédits comme le sont les marées : car il ne voyait dans les courants que des marées de l'atmosphère. Parti de ce principe, Lamarck groupa les phénomènes météorologiques, et chercha s'il n'y avait pas périodicité dans leur reproduction. Si on peut lui objecter les erreurs dans lesquelles il est tombé, on ne peut au moins lui reprocher d'avoir raisonné illogiquement. Depuis l'époque déjà éloignée où cessèrent de paraître ses annuaires météorologiques, il ne fut plus fait de travaux dans cette direction, jusqu'à ces dernières années où, avec moins d'autorité, M. Mathieu (de la Drôme) a entrepris de ranimer ce genre d'observations d'ailleurs fort hypothétiques. On en est, nonobstant ces essais, réduit encore à certaines observations générales connues sous le nom de *pronostics*.

Avant d'énumérer ces pronostics, disons, d'après François Arago, quelques mots du phénomène vulgairement connu sous le nom de *lune rousse*.

Lune rousse. — « On croit généralement, surtout près de Paris, a écrit l'illustre astronome, que la lune, dans certains mois, a une grande influence sur les phénomènes de la végétation. Les savants ne se sont-ils pas trop hâtés de ranger cette opinion parmi les préjugés populaires qui ne méritent aucun examen?

« Les jardiniers donnent le nom de *lune rousse* à une lune qui commence en avril, devient pleine soit à la fin de ce mois, soit plus ordinairement dans le courant de mai : suivant eux, la lumière de la lune, dans les mois d'avril et de mai, exerce une fâcheuse action sur les jeunes pousses des plantes. Ils assurent avoir observé que la nuit, quand le ciel est serein, les feuilles, les bourgeons, exposés à cette lumière, roussissent, c'est-à-dire se gèlent, quoique le thermomètre, dans l'atmosphère, se maintienne à plusieurs degrés au-dessus de zéro. Ils ajoutent encore que, si un ciel couvert arrête les rayons de l'astre et les empêche d'arriver jusqu'aux plantes, les mêmes effets n'ont plus lieu sous des circonstances de température d'ailleurs parfaitement pareilles. Ces phénomènes semblent indiquer que la lumière de notre satellite est douée d'une certaine vertu frigorifique : cependant, en dirigeant les plus larges lentilles, les plus grands réflecteurs vers la lune, et plaçant ensuite à leur foyer des thermomètres très-délicats, on n'a jamais rien aperçu qui puisse justifier une aussi singulière conclusion. Aussi, dans l'esprit des physiciens, la *lune rousse* se trouve maintenant reléguée parmi les préjugés populaires, tandis que les agriculteurs restent encore convaincus de l'exactitude de leurs observations. Une belle découverte faite par Wells permettra, je crois, de concilier ces deux opinions en apparence si contradictoires.

« Personne, avant Wells, n'avait imaginé que les corps terrestres, sauf le cas d'une évaporation prompte, pussent acquérir la nuit une température différente de celle de l'atmosphère dont ils sont entourés. Ce fait important est aujourd'hui constaté. Si l'on place en plein air de petites masses de coton, d'édredon, etc., etc., on trouve souvent que leur température est de 6, de 7 et même de 8 degrés centigrades au-dessous de l'atmosphère de la température ambiante. Les végétaux sont dans le même cas. Il ne faut donc pas juger du froid qu'une plante a éprouvé la nuit, par les seules indications d'un thermomètre suspendu dans l'atmosphère : la plante peut être fortement gelée, quoique l'air se soit constamment maintenu à plusieurs degrés au-dessus de zéro.

« Ces différences de température entre les corps solides et l'atmosphère, ne s'élèvent à 6, 7 ou 8 degrés du thermomètre centésimal que par un temps parfaitement serein ; si le ciel est couvert, la différence disparaît tout à fait ou devient insensible.

« Est-il maintenant nécessaire que je fasse ressortir la liaison de ces phénomènes avec les opinions des agriculteurs sur la *lune rousse* ?

« Dans les nuits des mois d'avril et de mai, la température de l'atmosphère n'est souvent que de 4, de 5 ou de 6 degrés centigrades au-dessus de zéro. Quand cela arrive, les plantes exposées à la lumière de la lune, c'est-à-dire à un ciel serein, peuvent se geler, nonobstant l'indication du thermomètre. Si la lune, au contraire, ne brille pas, si le ciel est couvert, la température des plantes ne descendant pas au-dessous de celle de l'atmosphère, il n'y aura pas de gelée, à moins que le thermomètre n'ait marqué zéro. Il est donc vrai, comme les jardiniers le prétendent, qu'avec des circonstances thermométriques toutes pareilles, une plante pourra être gelée ou ne l'être pas, suivant que la lune sera visible ou cachée derrière des nuages ; s'ils se trompent, c'est seulement dans les conclusions : c'est en attribuant l'effet à la lumière de l'astre. La lumière lunaire n'est ici que l'indice d'une atmosphère sereine : c'est par suite de la pureté du ciel que la congélation nocturne des plantes s'opère : la lune n'y contribue aucunement; qu'elle soit couchée ou sur l'horizon, le phénomène a également lieu. L'observation des jardiniers était incomplète : c'est à tort qu'on la supposait fausse. » (Arago, *Astronomie populaire*, t. III, pp. 498-500.)

Pronostics et proverbes sur le temps. — Avant de parler des instruments de physique qui constituent les meilleurs éléments d'appréciation des phénomènes produits par les agents météorologiques, disons quelques mots des pronostics fondés sur des données résultant d'observations naturelles. Nous ne parlerons pas de la Saint-Urbain, de la Saint-Médard, de la Saint-Barnabé, parce que les pronostics établis sur les accidents météorologiques de ces anniversaires sont dépourvus de certitude. Cependant, on peut dire que les pluies abondantes à certaines époques, comme par exemple à la mi-mai et dans les premiers jours du mois de juin, menacent d'avoir de la durée, parce qu'à cette époque le soleil a déjà acquis de la force, que l'abondance des pluies donne naissance à de nombreux orages formés par l'évaporation, et que cet échange constant entre la terre et l'atmosphère suffit pour prolonger la durée et la fréquence des orages.

Les principaux proverbes justifiés par l'expérience sont les suivants :

Si avant la Saint-Martin (11 novembre) la glace porte une oie, elle ne tardera pas à fondre; c'est-à-dire que l'hiver précoce annonce une cessation rapide du froid.

Noël vert et Pâques blanches n'est pas moins exact. Si l'hiver ne vient tôt, il vient tard.

Avant la Chandeleur, quand l'alouette chantera, tout après elle se taira. C'est-à-dire que, lorsque les premiers jours de février sont beaux et chauds, il faut craindre du froid pour plus tard.

Mars sec, avril humide, mai frais, remplissent la cave et le grenier.

La poussière de mars vaut de l'or. Neige de mars fait mal au blé.

Quand le tonnerre gronde de bonne heure, la famine vient tard; c'est-à-dire que les chaleurs du printemps annoncent une bonne année.

Sécheresse d'avril ne vaut rien; avril est assez malin pour amener de la neige. Ces proverbes indiquent la crainte des gelées nocturnes.

Saint Georges et saint Marc nous menacent de bien des maux. Saint Pancrace et saint Servat ont également la réputation d'amener des gelées tardives.

Mai frais et juillet humide remplissent granges et tonneaux.

Année solaire, c'est-à-dire chaude, année salutaire.

Année boueuse et humide, année ruineuse.

Quand la terre est sèche, l'eau est pauvre : ce qui signifie que la chaleur donne du blé et peu de poissons.

Autant de brouillards en mars, autant d'orages en été. C'est un proverbe des plus exacts. Plus la terre émet de vapeurs, plus les orages menacent.

Ce qu'août n'a pu cuire, septembre ne le fait pas rôtir; ce qui s'applique aux vignes, dont les produits sont d'autant meilleurs que le mois d'août a été plus chaud.

Saint Gal (16 octobre) ramène le bétail devant les étables; ce qui veut dire que l'humidité de cette époque est si grande que les pâturages sont malsains et qu'il faut en retirer les bestiaux.

N'ayons pas trop de dédain pour les proverbes : s'ils ne sont pas tous de la plus rigoureuse exactitude, ils sont au moins fondés sur des observations qui ne manquent pas toujours de justesse [1].

[1] Voici l'explication que J.-A.-C. Peltier a donnée des deux proverbes : *Grand vent amène grande pluie*, et *Petite pluie abat grand vent :*

« La vapeur aqueuse, transparente ou opaque, est formée par la réunion de particules ténues à de grandes distances et indépendantes les unes des autres; lorsque ces particules sont électrisées, elles se repoussent toutes, et la masse entière occupe un volume plus considérable.

« Il résulte de là que toute cause qui enlève à une masse de vapeurs électrisées une portion de son électricité amène, d'une manière indirecte, le rapprochement des particules de vapeur entre elles, par suite une condensation plus considérable, et enfin, s'il y a lieu, la précipitation d'une plus ou moins grande quantité de vapeur d'eau sous forme de pluie.

« Cet effet est très-manifeste dans les orages. Toujours on voit la pluie redoubler après une forte décharge électrique ; c'est que cette décharge a diminué la répulsion des particules de vapeur entre elles et a amené la condensation, et par suite la précipitation d'une partie. Cet effet n'est pas moins manifeste dans une autre circonstance remarquable. Chacun connaît le proverbe que *Grand vent amène grande pluie*; ce proverbe est fondé, et voici comment :

Après les proverbes fondés sur pronostics généraux, viennent les pronostics particuliers, qui se rapportent à des variations atmosphériques plus prochaines, et par conséquent présentant plus de certitude.

Pronostics météorologiques. — Lorsque les étoiles perdent une partie de leur lumière sans qu'aucun nuage ne paraisse s'être interposé, c'est un signe de prochain orage.

Les halos et tous les cercles qui se montrent, soit autour du soleil, soit autour de la lune, sont en général des signes de pluie.

Quand les nuages s'accumulent à l'ouest au moment où le soleil

« Lorsque l'air contient un assez grand nombre de masses vaporeuses fortement électrisées, ces masses peuvent ne donner naissance à aucune chute d'eau, si la répulsion de leurs particules est assez forte pour empêcher leur précipitation; mais voici alors ce qui arrive souvent : l'air pur est un composé de substances isolantes, et ne peut servir à la conduction électrique ; chacun de ses atomes ne peut agir qu'en prenant au contact des vapeurs une portion de leur électricité libre. Ces atomes repoussés ensuite, comme tout corps isolé, fuient le corps électrique, ainsi que le démontre l'expérience de Volta avec des balles de sureau. L'air ainsi repoussé, après s'être chargé d'électricité, vient la déposer sur le sol et y reprendre sa neutralité. Étant devenu attirable de nouveau par le nuage, il s'y recharge une seconde fois, il en est repoussé, et vient encore déposer sur le sol sa charge électrique, pour recommencer une troisième fois, une dixième fois, etc., etc., faisant ainsi partie d'un tourbillonnement atmosphérique entre le globe et la nue orageuse.

« Lorsque cette espèce de va-et-vient de l'air a déchargé les masses de vapeurs transparentes ou opaques qui se trouvaient dans l'atmosphère d'une portion de leur électricité, ces vapeurs, moins repoussées entre elles, se rapprochent, se condensent et se précipitent, au moins en partie, donnant alors naissance à des chutes d'eau plus ou moins considérables, et dont l'abondance dépend sans doute de la quantité de vapeur contenue dans l'atmosphère, mais aussi du nombre de décharges électriques partielles que le va-et-vient de l'air a fait subir aux masses de vapeurs, et par suite du vent qui en est résulté.

« On dit encore, d'une manière proverbiale, que *Petite pluie abat grand vent*. Ce fait est également vrai et très-facile à expliquer.

« Les nuages qui donnent de violentes rafales de vent sont toujours des nuages fortement chargés d'électricité résineuse. Or, ce sont les répulsions électriques qui amènent ces bourrasques. Toutes les causes qui peuvent diminuer la charge électrique des nuages auront donc pour effet de diminuer en même temps l'intensité des coups de vent. Mais la pluie, en tombant, emporte une quantité notable de l'électricité des nuages; de plus, elle rend l'air sous-jacent meilleur conducteur, et par conséquent facilite l'écoulement de l'électricité des nuages dans le sol. Une pluie, même médiocre, peut donc en définitive produire une grande diminution dans la tension électrique d'un nuage, et par conséquent dans la violence des bourrasques et rafales qui accompagnent sa marche. »

se couche, et qu'ils se colorent d'une teinte rougeâtre, on peut croire à du vent et à de la sécheresse.

Après la pluie, les nuages qui s'abaissent sur le sol et courent le long des champs indiquent le beau temps.

Le brouillard qui survient pendant le mauvais temps indique la présence du beau temps.

Le brouillard qui se forme pendant le beau temps et demeure avec une certaine persistance est un indice de mauvais temps.

L'horizon dépourvu de nuages, sans qu'il règne aucun vent, si ce n'est celui du nord, est le signe d'un beau temps.

Les changements fréquents qui ont lieu dans la direction des vents annoncent la tempête.

Lorsque le vent s'élève pendant le jour, il est de plus longue durée que celui qui s'élève pendant la nuit.

Les petits nuages blancs qui passent entre la terre et le soleil, et s'y colorent de diverses couleurs, annoncent la pluie.

Sous notre latitude, les vents du sud-ouest et d'ouest annoncent la pluie ; le vent du nord, le froid sec, et le vent d'est, le beau temps.

Quand la gelée commence par un vent de nord-est, elle est de longue durée et cause des ravages considérables.

En hiver, l'abondance de la neige annonce une année fertile ; celle de la pluie, une mauvaise année.

Le printemps chaud promet des fruits en abondance ; le printemps froid, des récoltes tardives.

Pronostics tirés des animaux. — Les cris des corbeaux, pendant la durée du mauvais temps, annoncent sa prochaine cessation.

Les canards annoncent l'orage quand ils volent en criant et en plongeant dans l'eau.

Les poules qui se roulent dans la poussière avec plus de persistance que de coutume annoncent la pluie.

Les pigeons rentrant tard au colombier indiquent aussi le mauvais temps.

Les abeilles pronostiquent la pluie quand elles ne s'éloignent pas de leur ruche, ou quand elles y rentrent de meilleure heure.

Les hirondelles qui volent et rasent la surface de l'eau, ou qui volent très-près du sol, présagent le mauvais temps.

A l'approche d'un orage, les abeilles sont disposées à attaquer ceux qui approchent de leurs ruches, et les mouches piquent avec plus d'opiniâtreté que de coutume.

Quand le temps est à la pluie, les grenouilles coassent plus tard qu'à l'ordinaire.

On peut regarder comme un indice certain de pluie l'apparition des crapauds qui sortent de leurs trous; celle des limaces, limaçons et lombrics; l'activité avec laquelle les taupes fouillent le sol, celle des fourmis qui rentrent leurs larves, les chats qui se passent la patte derrière les oreilles, etc.

Pronostics tirés de phénomènes physiques. — Il y a certitude de pluie quand la suie se détache du tuyau de la cheminée et tombe dans le foyer ;

Signe de vent et de froid, quand les charbons incandescents sont plus ardents qu'à l'ordinaire et que la flamme est agitée.

La flamme droite et tranquille est, au contraire, un indice de beau temps.

Pronostics tirés des animaux. — M. Quatremère d'Isjonval, membre de l'Académie des sciences, dit Bers dans sa *Flore insecto-logique*, observa attentivement les *Araignées*, pendant huit années, et il affirme que l'on peut tirer de leurs travaux les pronostics les plus sûrs [1].

Les *Épeires diadèmes,* si communes dans nos jardins, pronosti-quent le beau temps quand elles se rassemblent en grand nombre, entreprennent de larges toiles et travaillent pendant la nuit.

Le temps sera beau et durable quand elles étendent au loin les fils principaux de leurs toiles.

---

[1] Quatremère d'Isjonval, dont le plus beau titre scientifique est d'avoir découvert les sels triples, mais dont les expériences furent souvent marquées au coin de l'ex-centricité, a publié, sous le titre d'*Aranéologie* (1795-1797), un livre curieux sur le travail des araignées et sur le rapport de ce travail avec les variations du temps; il ajouta à ce livre un *Calendrier aranéologique.*

Il est variable quand elles ne travaillent que peu et n'entreprennent pas de grands travaux.

Si elles suspendent leurs travaux ou ne tissent que de petits fils, on peut s'attendre à de la pluie.

On peut présager du vent quand elles ne fabriquent que les rayons de leurs toiles, ou qu'après les avoir déchirées, elles se retirent dans leurs trous.

Les *Tégénaires* indiquent un temps serein quand elles travaillent même pendant la nuit et montrent la tête en étendant leurs pattes. Lorsqu'au contraire elles ne montrent que la partie postérieure de leur corps, elles présagent la pluie.

En hiver, les *Araignées* que le froid fait rentrer dans les maisons indiquent du froid quand elles travaillent; un froid vif et continu, quand elles fabriquent plusieurs toiles ou cherchent à déposséder leurs congénères. Ces pronostics devancent le froid souvent même de quinze jours.

DES INSTRUMENTS MÉTÉOROLOGIQUES NÉCESSAIRES
A L'HORTICULTEUR (Pl. LVI).

Les instruments météorologiques dont l'horticulteur doit se pourvoir sont : 1° le *Baromètre*, qui sert à indiquer les variations qu'éprouve la pression de l'atmosphère; 2° le *Thermomètre*, qui sert à apprécier la température des corps; 3° l'*Hygromètre*, qui sert à faire reconnaître le degré d'humidité de l'air, c'est-à-dire à mesurer la force élastique de la vapeur d'eau que celui-ci renferme. C'est sur les indications fournies par ces instruments, les plus exacts qui aient été inventés jusqu'à présent, que l'on doit, dans la pratique, appuyer ses observations. Nous allons entrer dans quelques détails sur chacun d'eux.

Du baromètre. — Le mot *baromètre* (tiré du grec *baros*, poids, *métron*, mesure) signifie *mesure de la pesanteur*, parce qu'en effet l'instrument mesure la pression exercée par l'atmosphère dans le lieu où il est placé. C'est à l'immortel Galilée qu'est due la première idée de la pesanteur de l'air, phénomène qu'en 1643, un an après avoir fermé les yeux à son maître, Torricelli démontra, en plongeant dans une cuvette de mercure l'extrémité inférieure d'un tube de verre d'environ 1 mètre de hauteur, qu'il avait complétement rempli du même métal et dont l'extrémité supérieure était bouchée. Ce liquide, qui est treize fois et demie environ plus dense que l'eau, ne descendit, dans le tube, qu'à une hauteur telle que la différence du niveau supérieur au niveau dans la cuvette fut de $0^m,76$, ou d'environ treize fois et demie moindre que la hauteur de la colonne d'eau qui fait équilibre au poids de l'atmosphère. L'appareil de Torricelli, encore aujourd'hui en usage, n'était autre que le *baromètre* auquel on a donné différentes formes, le faisant soit à siphon, soit à cadran, tantôt à cuvette fixe, tantôt à cuvette mobile.

Baromètre à siphon. — Il emprunte son nom à sa forme. Il n'a pas de cuvette, ou plutôt le tube lui-même en tient lieu. Ce tube est recourbé en **U** par le bas, et présente par conséquent deux branches, mais l'une plus longue que l'autre, quoique de même diamètre. Dans le baromètre à cuvette, l'action capillaire du verre sur le mercure déprime la colonne dans le tube plus fortement que dans la cuvette; mais dans le baromètre à siphon, la dépression est naturellement la même des deux côtés du tube et n'a plus besoin d'être corrigée. On gradue le baromètre à siphon au moyen d'une règle mobile qui porte les divisions et qui fait mouvoir en même temps une petite tige d'ivoire qu'on amène, avant chaque observation, à affleurer la surface du mercure. On peut aussi appliquer une règle fixe, dont le zéro est placé au-dessous ou au-dessus du point que le niveau du mercure peut atteindre dans la branche la plus courte; on obtient la hauteur exacte en retranchant de la hauteur observée dans la branche la plus longue, la différence de hauteur observée entre le zéro fixe sur la tige et le niveau du mercure dans la branche courte, si le zéro est situé au dessous; on ajoute au contraire cette différence si le zéro se trouve placé au-dessus du niveau.

Baromètre portatif à siphon de Gay-Lussac. — Le célèbre

Gay-Lussac a imaginé un baromètre portatif à siphon, qui porte son nom. Les deux branches sont séparées par une portion du tube capillaire dont le diamètre est assez fin pour que l'air ne puisse ni traverser ni déplacer le mercure ; l'extrémité de la branche la plus courte est entièrement fermée, et ne présente, sur le côté, qu'une petite ouverture par où l'air puisse pénétrer, mais sans permettre au mercure de sortir. Pour rendre l'appareil plus portatif, on entoure le tube d'une enveloppe solide ; on peut même envelopper entièrement la plus longue branche, et se borner à observer les variations du mercure dans la plus courte.

Baromètre de Bunten. — Le *baromètre de Bunten*, ainsi appelé du nom de son inventeur, est un perfectionnement du précédent. Il est formé de deux tubes soudés, dont le supérieur, terminé en pointe, s'enfonce un peu au-dessous de la soudure, de manière à laisser autour de la pointe un petit espace circulaire. De cette sorte, les bulles d'air qui restent adhérentes aux parois du tube dans le renversement de l'instrument, au lieu d'arriver par le ballottement jusque dans le vide barométrique, viennent se loger dans l'angle circulaire formé autour de la soudure, et n'abaissent pas par leur force expansive la colonne barométrique, comme cela a lieu dans le baromètre portatif de Gay-Lussac.

Baromètre à cadran. — C'est une variété du baromètre à siphon. Il n'en diffère qu'en ce que, au-dessus de l'orifice de la plus courte branche, se trouve une petite poulie parfaitement mobile, et dont le centre est fixé à celui du cadran derrière lequel est attaché le baromètre. Cette poulie, sur laquelle s'enroule un fil et qui porte un contre-poids à son extrémité, correspond à une aiguille destinée à parcourir les divisions du cadran. Quand le mercure monte ou descend dans la branche courte il fait marcher l'aiguille. Les frottements et les adhérences rendent la marche de cet instrument très-irrégulière et ses indications peu exactes.

Baromètre à cuvette. — Il consiste en un tube de verre long d'environ 1 mètre, fermé par un bout et ouvert par l'autre, qui est verticalement plongé, par son extrémité ouverte, dans une cuvette remplie de mercure, de manière qu'une partie de ce mercure, en vertu du poids de l'atmosphère qui pèse sur la surface du bain, se tient à une certaine hauteur dans le tube.

Pour construire un *baromètre à cuvette*, on a un tube de verre parfaitement droit et bien calibré ; on le fait sécher pour en chasser tout l'air et toute l'humidité ; on y verse du mercure que l'on a préalablement fait bouillir ; on fait encore bouillir ce dernier dans le tube, afin de chasser tout l'air qui aurait pu se mêler avec lui en le versant dans le tube, et on achève de remplir ce tube en plusieurs fois. Cela fait, on ferme l'extrémité du tube avec le doigt et on le plonge dans une cuvette. Il ne reste plus qu'à déterminer la hauteur de la colonne barométrique, hauteur qui est ordinairement à 28 pouces (760 millimètres) au-dessus du niveau de la mer.

Dans le *baromètre à cuvette* ordinaire, les indications ne sont pas fort exactes, parce que le niveau du mercure dans la cuvette, qui est considéré comme fixe, s'abaisse ou s'élève suivant que le mercure monte ou descend dans le tube. Pour remédier autant que possible à cet inconvénient, on donne à la cuvette beaucoup plus de largeur qu'au tube.

Baromètre à cuvette mobile de Fortin. — On a cherché à obvier aux inconvénients qu'ont ces différents genres de baromètre, d'être fort embarrassants à cause de leur longueur, et sujets à se briser dans le plus court transport. Un habile constructeur d'instruments, M. Fortin, a imaginé un baromètre portatif à cuvette mobile, dont la cuvette, recouverte d'un fond en peau, perméable à l'air et imperméable au mercure, qu'une vis fait monter ou descendre à volonté, porte à sa partie supérieure une petite pointe en ivoire au moyen de laquelle on obtient un niveau constant ; le tube de verre est enfermé dans un tube en métal, fendu dans sa longueur afin que l'on puisse apercevoir la colonne de mercure, et portant des divisions. M. Ernst a encore modifié et amélioré cet instrument.

Hypsothermomètre de Walferdin. — Il existe un instrument, portatif aussi, et plus commode encore, dont les données, comparées à celles du baromètre, ont toujours été de la plus parfaite conformité : c'est le *Thermomètre hypsométrique* ou *Hypsothermomètre* de Walferdin, dont le principe repose sur la diminution des températures auxquelles a lieu l'ébullition de l'eau, et partant de la pression atmosphérique à mesure qu'elle s'élève. Comme il fallait, pour obtenir des centièmes de degré, condition indispensable pour la précision, un instrument à tube très-long, et plus long même encore que le baromètre, le problème a été heureusement résolu. M. Walferdin a, pour obtenir de longs degrés sur une tige courte indiquant à la fois le zéro et le point d'ébullition de l'eau, séparé en deux parties la tige du thermomètre hypsométrique au moyen d'une chambre, et donné à chacune des deux parties de l'instrument une échelle arbitraire gravée sur la tige elle-même. La manière de se servir de cet instrument est fort commode. Le calcul des altitudes par le moyen de l'*hypsothermomètre* ne présente pas plus de difficultés que celui qui repose sur l'observation barométrique : on trouve des tables altitudinales hypsométriques dans tous les traités de physique.

Baromètre à eau. — Nous ne parlons que pour mémoire de cet instrument suranné, et néanmoins encore en usage dans quelques départements. Il ne peut indiquer les grands mouvements de l'atmosphère que quand il est soumis à des conditions constantes de température. Nous devons donc avertir ceux qui s'en servent qu'ils n'en tireront aucune indication sérieuse. Il est vrai de dire cependant que M. Walferdin a entrepris de le perfectionner pour pouvoir l'appliquer aux observations maritimes.

Variations du baromètre. — Le baromètre éprouve dans un même lieu des variations plus ou moins considérables. Ainsi, à Paris, il n'est presque pas de jour où il ne varie de plusieurs millimètres. On distingue deux sortes de variations : les variations *horaires*, qui, se reproduisant très-régulièrement à des heures marquées, sont d'une grandeur constante ; et les variations *accidentelles*, qui surviennent irrégulièrement sans qu'on en puisse prévoir ni l'époque ni l'étendue. Dans nos climats, l'heure de midi est celle de la journée où la hauteur du baromètre est très-sensiblement la hauteur moyenne du jour ; en hiver, le *maximum* est à 9 heures du matin, le *minimum* à 3 heures de l'après-midi, et le second *maximum* à 9 heures du soir ; en été, le *maximum* a lieu avant 8 heures du matin, le *minimum* à 4 heures de l'après-midi, et le second *maximum* à 11 heures du soir. La hauteur moyenne du baromètre, à Paris, est de 756 millimètres.

Pronostics tirés du baromètre. — Le mercure oscillant dans le tube, de manière à présenter à des distances rapprochées des élévations et des abaissements appréciables, indique qu'un changement de temps est prochain.

Quand la colonne de mercure est entre le beau temps et la pluie, le moindre mouvement ascendant ou descendant indique, le premier, le beau temps, le second, la pluie et quelquefois le vent : car l'abaissement du mercure n'indique pas toujours de la pluie, mais quelquefois aussi du vent.

Après une pluie longue et continue, le baromètre montant sans oscillations est un indice de beau temps ; c'est le contraire quand il descend avec continuité.

Il arrive quelquefois cependant que, contrairement à l'indication barométrique, il y a du beau temps quoique la colonne de mercure soit très-basse, et de la pluie quoiqu'elle soit très-haute. C'est alors une indication qu'il y a dans l'atmosphère des courants de vents en sens inverse : dans ce cas, le baromètre obéit au courant supérieur, et les phénomènes météorologiques suivent l'influence du courant inférieur. Il faut alors consulter l'*hygromètre*.

Du thermomètre en général. — La dénomination de *thermomètre* (du grec *thermos*, chaud, *métron*, mesure) correspond à celle de *mesureur de chaleur*. L'invention de cet instrument remonte à la fin du seizième siècle, mais il a fallu bien de savantes veilles pour l'amener à l'état où il est aujourd'hui. «A la rigueur, dit Biot, tous les corps pourraient être employés à mesurer la chaleur, puisque tous sont sensibles aux variations de cette chaleur; mais, pour rendre l'instrument exact et commode, il y a un choix à faire entre

eux. Si nous employons un corps solide, par exemple, une barre
métallique, ses dilatations et ses contractions seront trop petites pour
pouvoir être observées. Si nous voulons les apercevoir, il faudra les
agrandir par des rouages et des leviers qui en rendront l'observation
très-minutieuse et même souvent inexacte. Si au contraire nous
employons, pour construire notre thermomètre, une substance
aériforme, par exemple l'air ou quelque autre gaz, les dilatations et
les contractions seront tellement considérables, qu'il deviendra
très incommode de les mesurer, quand les variations de la chaleur
auront quelque étendue. Les variations de volume des liquides, plus
grandes que celles des corps solides, et moindres que celles des gaz,
offrent un moyen terme exempt de ces inconvénients opposés, et
par conséquent nous sommes conduits à chercher notre thermomètre dans cette classe intermédiaire de corps. Il en est un parmi
eux que ses qualités physiques et chimiques rendent éminemment
propre à cet usage : c'est celui que l'on nomme *mercure* ou *vif-argent*,
parce qu'en effet il ressemble à de l'argent qui serait rendu cou-
lant par la chaleur. Le mercure supporte, avant de bouillir et de se
réduire en vapeur, plus de chaleur que tous les autres fluides,
excepté certaines huiles ; et l'on peut aussi, sans qu'il se gèle, l'exposer à des degrés de froid qui solidifieraient tous les autres liquides, excepté certaines liqueurs spiritueuses, comme l'esprit de vin
ou l'éther. En outre, le mercure a l'avantage d'être plus sensible
que tout autre liquide à l'action de la chaleur ; et enfin les variations de son volume, dans l'étendue des phénomènes qu'il est le
plus ordinaire d'observer, sont parfaitement régulières et propor-
tionnelles à celles que les solides et les gaz éprouvent dans des circonstances semblables. Toutes ces propriétés doivent nous porter à
nous servir du mercure dans la construction de nos thermomètres,
préférablement à tout autre corps. » Malgré cette opinion de l'illustre physicien, on emploie fréquemment encore d'autres substances, et particulièrement de l'alcool pour construire des thermomètres. Ce sont même les plus en usage en horticulture, bien que
les thermomètres à mercure conviennent mieux aux observations
délicates. Le choix de l'instrument a donc sa valeur, même en

horticulture, parce que les thermomètres communs sont mal gradués, surtout mal calibrés, et qu'après leur graduation, le zéro se déplace, ce qui détruit toute la certitude des indications. Quant à la théorie du thermomètre, elle est fondée sur la propriété naturelle des corps de se mettre en équilibre avec la température ambiante, et comme la chaleur a pour effet de les dilater et le froid de les condenser, il en résulte que, quand la chaleur agit sur la colonne de mercure ou d'alcool, celle-ci se dilate et le liquide monte dans le tube; tandis que, quand le froid condense ou resserre le liquide, qui jouit de la propriété de ne jamais geler, il descend, et la colonne peut même s'abaisser jusqu'au niveau de la cuvette ou du renflement qui contient le mercure ou l'alcool. Le thermomètre ordinaire se compose d'un tube de verre d'un diamètre très-petit, et portant à son extrémité un renflement en forme de boule ou de cylindre, qui sert de réservoir au liquide.

On sait que le point supérieur, le seul dont nous puissions avoir besoin dans les usages communs, est celui de l'ébullition de l'eau; le point inférieur ou le *zéro* est celui de la glace fondante. Tout ce qui est au-dessus du *zéro* indique donc la chaleur, et tout ce qui est au dessous, le froid. Avec le thermomètre à mercure on peut aller jusqu'à 360 degrés au-dessus de zéro; au-delà le thermomètre entrerait en ébullition. On a marqué sur le thermomètre quelques températures consacrées par des observations constantes et qui servent d'indications générales. Ce sont :

Le *Sénégal*, qui correspond à 50° centigrades ;

La *chaleur humaine*, à 40° ;

Les *bains*, à 32° ;

Les *vers à soie*, ou la température qui convient le mieux à ces insectes, à 25° ;

Les *serres*, à 20° ;

Le *tempéré*, qui est la température des caves d'une certaine profondeur telles que celles de l'Observatoire, à 12° 50 centigrades ou 10° Réaumur ;

Les *Orangers*, ou la température qui convient aux orangeries, à 7°;

Rivières gelées, à — 7° continus.

Ces indications, suffisantes dans les conditions habituelles de la vie, ne le sont plus en *horticulture*. On devrait faire des thermomètres appropriés aux diverses opérations de culture et indiquant les limites extrêmes de chaleur et de froid qui conviennent à chacune d'elles. Ainsi, par exemple, un bon thermomètre à l'usage des horticulteurs devrait porter à droite les 3 échelles Centigrade, Réaumur et Fahrenheit, et à gauche les indications suivantes (on distingue les degrés au-dessus de zéro par le signe +, et les degrés au-dessous par le signe —);

Serre à Orchidées; maximum d'été	+ 30°
— minimum d'hiver	+ 15
Serre chaude; maximum du jour	+ 17
— — de la nuit	+ 15
— minimum	+ 12
Serre à forcer; maximum	+ 35
— minimum	+ 25
Serre à Ananas; maximum	+ 30
— minimum	+ 12
Serre tempérée; maximum	+ 8
— minimum	+ 2
Serre froide; maximum	+ 5
— minimum	0
Sortie des plantes de serre tempérée; minimum	+ 15
— froide; minimum	+ 10
Rentrée des plantes de serre tempérée; minimum	+ 5
— froide; minimum	+ 2
Couches; maximum	+ 30
— minimum	+ 15
Gelée des Lauriers-roses	— 3
— Orangers	— 5
— Oliviers	— 14
— arbres forestiers	— 25

C'est d'après ces principes que nous donnons dans l'Atlas afférent à ce volume le modèle d'un thermomètre à triple échelle et à hygromètre. (Pl. LVI, fig. 2.)

En France, nous avons adopté le *thermomètre centigrade*, imaginé par l'astronome et physicien suédois André Celsius, mort en 1744. C'est l'instrument dans lequel l'intervalle qui sépare le *zéro degré* ou le point de la glace fondante du point d'ébullition de l'eau, est divisé en 100 degrés. Le *thermomètre de Réaumur*, en usage en Italie et en Espagne, n'est divisé qu'en 80 degrés. Le *thermomètre de Fahrenheit*, célèbre physicien de Dantzig, est adopté en Angleterre; le *zéro* est pris dans un mélange de glace et de sel; il correspond à 32 degrés, et le point d'ébullition à 212 degrés.

Pour convertir les degrés du thermomètre centigrade en degrés de Réaumur, il suffit de multiplier les premiers par 4/5 ou 0,8; et pour convertir en degrés centigrades les degrés Réaumur, de multiplier ces derniers par 5/4 ou 1,25. Quant au thermomètre Fahrenheit on peut ramener ses indications à l'échelle centigrade en déduisant d'abord 32, puis en multipliant les degrés restants par 5/9 ou 0,555. Pour transformer les degrés Fahrenheit en degrés Réaumur, on multiplie par 4/9 ou 0,444, après avoir déduit 32.

Pour éviter tous ces calculs, nous donnons ici la conversion de l'échelle du thermomètre centigrade et des deux échelles de Réaumur et de Fahrenheit.

Table de la correspondance des thermomètres de Réaumur et de Fahrenheit avec le thermomètre centigrade.

Centigrades.	Réaumur.	Fahrenheit.	Centigrades.	Réaumur.	Fahrenheit.
100	80	212	86	68,8	186,8
99	79,2	210,2	85	68	185
98	78,4	208,4	84	67,2	183,2
97	77,6	206,6	83	66,4	181,4
96	76,8	204,8	82	65,6	179,6
95	76	203	81	64,8	177,8
94	75,2	201,2	80	64	176
93	74,4	199,4	79	63,2	174,2
92	73,6	197,6	78	62,4	172,4
91	72,8	195,8	77	61,6	170,6
90	72	194	76	60,8	168,8
89	71,2	192,2	75	60	167
88	70,4	190,4	74	59,2	165,2
87	69,6	188,6	73	58,4	163,4

Centigrades.	Réaumur.	Fahrenheit.	Centigrades.	Réaumur.	Fahrenheit.
72	57.6	161.6	30	24	86
71	56.8	159.8	29	23.2	84.2
70	56	158	28	22.4	82.4
69	55.2	156.2	27	21.6	80.6
68	54.4	154.4	26	20.8	78.8
67	53.6	152.6	25	20	75
66	52.8	150.8	24	19.2	75.2
65	52	149	23	18.4	73.4
64	51.2	147.2	22	17.6	71.6
63	50.4	145.4	21	16.8	69.8
62	49.6	143.6	20	16	68
61	48.8	141.8	19	15.2	66.2
60	48	140	18	14.4	64.4
59	47.2	138.2	17	13.6	62.6
58	46.4	136.4	16	12.8	60.8
57	45.6	134.6	15	12	59
56	44.8	132.8	14	11.2	57.2
55	44	131	13	10.4	55.4
54	43.2	129.2	12	9.6	53.6
53	42.4	127.4	11	8.8	51.8
52	41.6	125.6	10	8	50
51	40.8	123.8	9	7.2	48.2
50	40	122	8	6.4	46.4
49	39.2	120.2	7	5.6	44.6
48	38.4	118.4	6	4.8	42.8
47	37.6	116.6	5	4	41
46	36.8	114.8	4	3.2	39.2
45	36	113	3	2.4	37.4
44	35.2	111.2	2	1.6	35.6
43	34.4	109.4	1	0.8	33.8
42	33.6	107.6	0	0	32
41	32.8	105.8	1	0.8	30.2
40	32	104	2	1.6	28.4
39	31.2	102.2	3	2.4	26.6
38	30.4	100.4	4	3.2	24.8
37	29.6	98.6	5	4	23
36	28.8	96.8	6	4.8	21.2
35	28	95	7	5.6	19.4
34	27.2	93.2	8	6.4	17.6
33	26.4	91.4	9	7.2	15.8
32	25.6	89.6	10	8	14
31	24.8	87.9			

Exposition du thermomètre. — Il reste à parler de l'exposition du thermomètre. C'est un point essentiel, car il n'y a pas, à proprement parler, de température absolue, et, dans un lieu clos surtout, la température peut varier de plusieurs degrés. A l'extérieur, les objets ambiants exercent encore leur influence sur la marche de cet instrument. Pour avoir la température moyenne du lieu, il faut exposer son thermomètre de manière à le soustraire à toutes les influences ambiantes.

A l'extérieur, le thermomètre sera fixé par le côté à un pieu, puis placé à l'ombre et loin de tous les murs, pour éviter le rayonnement, et également loin des courants chauds ou froids qui pourraient agir sur le liquide thermométrique.

A l'intérieur, le mieux est aussi de ne pas le placer au fond de la serre, le long des murs, non plus que le long des vitraux. Il doit être suspendu vers le milieu de la serre, également loin de ses deux extrémités, pour connaître la température cherchée, c'est-à-dire celle qui convient le mieux à la nature des végétaux que l'on y cultive.

Voici maintenant des instruments, ou peu connus, ou d'invention récente, qui peuvent être d'un grand secours dans l'observation usuelle :

Thermomètre horizontal à minima de Rutherford. — Le *thermomètre horizontal à minima* de Rutherford (pl. LVI, fig. 1), oublié pendant longtemps, est un instrument d'une utilité d'autant plus grande qu'il peut remplacer le thermomètre ordinaire quand on le met dans la position verticale ; et il sert à indiquer le plus grand abaissement de la température à un moment donné quand on le place horizontalement.

Cet instrument se compose d'un tube rempli d'alcool, dans la partie graduée duquel se trouve un petit indicateur d'émail de couleur obscure, ayant la forme d'un pilon à deux renflements, qui suit le liquide dans son abaissement et conserve sa position quoique l'alcool s'élève, parce qu'il oppose au liquide ascendant un poids trop considérable pour remonter. On se sert de cet instrument en faisant, par un mouvement de bascule qui redresse brusquement la partie du thermomètre opposée à la cuvette, revenir l'index au niveau de l'extrémité supérieure de la colonne d'alcool. On le place horizontalement, en lui donnant cependant une inclinaison légère ; c'est-à-dire de manière à ce que la boule du thermomètre soit plus basse de quelques degrés que la partie supérieure. Le liquide en se condensant entraîne l'index, qui descend ainsi jusqu'au minimum de température. Quand la température s'élève, l'alcool se dilate, remonte, et laisse l'index au minimum de la température à laquelle l'instrument a été exposé. M. Walferdin s'est occupé de réhabiliter cet instrument utile, en lui faisant subir quelques modifications indispensables. Il a reconnu qu'il ne fallait pas que ce thermomètre fût mis dans une position *absolument* horizontale, parce que l'alcool, vaporisé par l'élévation de la température, vient se condenser à l'extrémité supérieure du tube, ce qui ne permet plus à la colonne inférieure, raccourcie de la quantité vaporisée, d'indiquer la température avec exactitude. En l'inclinant, il favorise la chute de l'alcool qui s'est condensé en haut du tube, et, pour rendre cette action plus rapide, il coude l'extrémité du tube de manière à donner à cette partie l'inclinaison la plus grande. On n'a pas besoin d'une longue démonstration pour faire comprendre jusqu'à quel point ce thermomètre est commode. Il indiquera constamment, et avec plus de précision que ne le ferait une observation nocturne, le plus grand abaissement de la température, soit en plein air, soit dans une orangerie ou une serre : ce qui déterminera à prendre les précautions que réclame l'intensité du froid ou permettra, au contraire, de ne pas insister sur des précautions inutiles, et cela sans se déplacer, en consultant son thermomètre à une heure quelconque de la journée, l'index conservant, comme on l'a dit, la position où l'a fait descendre le plus grand abaissement de la température. Dans le jour on le redresse, et il sert alors comme thermomètre vertical.

Thermomètre à maxima de Walferdin. — Le *thermomètre à maxima* de M. Walferdin est d'un emploi aussi facile que le *thermomètre à minima* et indique, avec une précision qui n'est jamais en défaut, le maximum de la température. Le tube est terminé, à sa partie supérieure, par une chambre conique qui permet de déplacer le niveau du mercure : on ne fait redescendre la petite quantité de mercure reçue dans cette chambre qu'après avoir interrompu la colonne par une petite bulle d'air sec interposée ; il en résulte que, quand l'instrument placé horizontalement est exposé à une température quelconque, s'il y a accroissement de température, le liquide thermométrique se dilate et chasse la colonne supérieure, qui se trouve portée au maximum de température auquel l'instrument a été exposé. Quand la température s'abaisse, la colonne inférieure redescend, tandis que la colonne supérieure reste à la place où elle a été poussée. On comprend alors que, quel que soit l'abaissement du mercure, la colonne supérieure conserve sa position et indique alors le plus haut degré où s'est élevée la température. La manœuvre est aussi simple que celle du thermomètre *à minima*. Il suffit, après la notation, de redresser l'instrument pour que la colonne supérieure, toujours séparée par la bulle d'air interposée, se replace dans la normale.

De l'hygromètre ou hygroscope. — Un instrument dont on ne fait aucun usage dans l'horticulture, et qui serait cependant d'une haute utilité surtout dans les serres, est l'*hygromètre*. On connaît les *capucins*, dont le capuchon se relève quand le temps menace de pluie, et s'abaisse en laissant leur tête nue lorsque le beau reparaît. Ce sont de simples hygromètres fondés sur la propriété dont jouissent certaines substances organiques, et à un très-haut degré les cordes à boyau, de se dérouler quand le temps est humide et de se resserrer quand il est sec. Malheureusement, cet instrument tout primitif n'est pas susceptible de graduations. On se sert aussi, pour connaître le degré d'humidité de l'atmosphère, des larges rubans de *Laminaria saccharina*. Cette algue est très-hygrométrique et jouit de la propriété de s'allonger en s'amollissant, quand il fait humide, et de se raccourcir en se contractant quand il fait sec. Les aigrettes de *Stipa pennata* sont dans le même cas.

Hygromètre à cheveu. — L'instrument fondé sur le même principe, et le moins inexact, est l'*hygromètre à cheveu* de Saussure. On l'établit en faisant bouillir, pendant vingt-cinq à trente minutes, dans de l'eau contenant un centième de carbonate de soude, un paquet, de la grosseur d'une plume à écrire, de cheveux très-doux que l'on lave, puis que l'on fait sécher. On prend un des cheveux préparés de la sorte, on le fixe par une de ses extrémités, on le tend verticalement, et l'on roule une ou deux fois son autre extrémité autour d'un axe horizontal. A cet axe est attachée une aiguille

mobile dont la pointe correspond à un cercle gradué. Bien entendu
que le cheveu est maintenu dans sa position verticale à l'aide d'un
contre-poids de 15 centigrammes ou 3 grains, suspendus à l'aide
d'un fil de soie roulé également autour de l'axe. Tout étant ainsi
disposé et l'instrument étant abandonné à lui-même, à l'air libre,
le cheveu absorbe l'humidité, s'allonge, l'axe est mis en mouvement par la pesanteur du contre-poids et l'aiguille marche peu ou
beaucoup, suivant qu'il y a plus ou moins d'humidité absorbée. On
sait que les cheveux bien préparés se dilatent ou s'allongent de $\frac{1}{76}$
de leur longueur totale, depuis la sécheresse extrême jusqu'à l'humidité extrême, tandis que non dépouillés de leur matière grasse, ils
ne se dilatent que de $\frac{1}{2000}$, et encore d'une manière peu régulière.
Saussure détermine l'extrême humidité en plaçant l'hygromètre
sous une cloche de verre qui plonge dans l'eau et dont il mouille
les parois. Au bout d'une heure le cheveu est arrivé à l'humidité
extrême; car dans cet état de choses il faut admettre que l'air a
été complétement saturé. Le point où l'aiguille s'arrête a été noté
et détermine ensuite la sécheresse extrême en plaçant l'instrument
sous une autre cloche parfaitement sèche, avec du carbonate de
potasse déposé sous une plaque de tôle de fer qui a été d'abord
chauffée jusqu'au rouge, puis refroidie assez pour ne pas briser la
cloche. Au bout de trois jours, si toutes les conditions ont été remplies, l'hygromètre est fixé. Le point où il s'est arrêté est marqué
zéro; c'est le point de la sécheresse extrême. L'intervalle est ensuite
divisé en 100 parties égales ou degrés.

Cet instrument indique avec une précision relative le degré de
saturation de l'atmosphère, et est d'une observation facile. Il importe d'autant plus de l'introduire dans notre horticulture, qu'il
peut donner pour les serres le point de dessiccation de l'air qui nécessite des bassinages. Cette opération ne serait plus arbitraire,
mais raisonnée. Les horticulteurs sont tellement convaincus de la
nécessité de maintenir dans leurs serres la saturation de l'atmosphère à un état d'équilibre, qu'ils savent que la privation, plutôt
que l'excès, engendre des maladies qui font périr les végétaux les
plus vigoureux.

L'*hygromètre* n'indique pas la quantité absolue d'humidité, mais la quantité purement relative : ainsi, quand il marque 80, l'air contient de 60 à 70 pour cent d'eau. M. August, de Berlin, a vérifié avec soin la graduation de l'*hygromètre* et y a fait d'importantes corrections; mais pour l'usage de l'horticulteur, cette précision n'est pas nécessaire, et l'on peut se contenter des indications relatives. On saura seulement que cet instrument indique toujours un excès qui n'existe pas. Nous nous bornerons donc à indiquer la correction des principaux degrés de saturation :

Hygromètre de Saussure.	Vérification par M. August.	Hygromètre de Saussure.	Vérification par M. August.
100	100	40	23
80	71	30	16
70	56	20	16
60	41	10	4
50	31	5	2

L'*hygromètre à cheveu*, malgré les modifications qu'ont voulu y apporter Daniel Wilson, Deluc et M. Babinet, comme tous les instruments destinés à indiquer le degré de saturation de l'atmosphère, présente un vice jusqu'à présent irrémédiable : c'est qu'il n'est pas *comparable;* on entend par cette expression que deux hygromètres construits avec des cheveux appartenant à une même personne, préparés en même temps et soumis à une même influence, ne donnent pas les mêmes indications (pl. LVI, fig. 4).

Il faut donc, si l'on veut avoir quelque chose de plus précis qu'une simple indication approximative, recourir à un instrument plus parfait. Le seul qui remplisse actuellement cette indication est le *psychromètre* de M. Walferdin, comparable au moyen de son *thermomètre différentiel.*

Du pronosticon. — Un instrument, de date encore assez récente, indique d'une manière très-précise, au moins pour la journée, les changements du temps, surtout lorsque le thermomètre est au-dessus de 15 degrés; c'est le *pronosticon* (pl. LVI, fig. 3). Voici comment il se construit : on prend un long verre cylindrique, arrondi par en bas; on y verse 90 grammes d'alcool rectifié, marquant environ 40 degrés, et l'on y ajoute 4 grammes de camphre,

2 d'azotate de potasse et 2 d'ammoniaque. On ferme bien hermétiquement le goulot par un bouchon et une vessie, et l'on suspend le cylindre dans un endroit où le soleil ne puisse donner. Le précipité, qui diminue par la chaleur et augmente par la fraîcheur de la nuit, sert à pronostiquer le temps. Dans un temps humide, le précipité tombe au fond en flocons informes, qui s'épaississent comme des nuages; quand le ciel commence à s'éclaircir, il se forme des cristaux étoilés, qui se précipitent au fond en forme de broussailles. Par un ciel serein, on aperçoit en haut des cristaux imitant les plumes, qui s'abaissent et se disposent sur le fond comme des forêts de sapins. Ces derniers cristaux n'ont ordinairement que 2 centimètres de longueur. Si cette longueur augmente deux ou trois fois, c'est une preuve qu'il y aura des orages le soir; on assure même que, vingt ou vingt-quatre heures avant les fortes tempêtes, tout le mélange s'agite dans le tube et se roule avec violence.

De la direction des vents. — L'observation de la direction des vents, au moyen d'un bonne girouette, complète l'ensemble des indications météorologiques nécessaires à l'horticulteur. Il est important de connaître la direction des vents, puisque, suivant les localités, ils ont des propriétés particulières.

Il ne faut pas se contenter des quatre points cardinaux : Nord. Est, Sud, Ouest; mais observer les huit espèces de vents principales : ainsi Nord (N.), Nord-Est (N. E.), Est (E.), Sud-Est (S. E.), Sud (S.), Sud-Ouest (S. O.), Ouest (O.), Nord-Ouest (N. O.), car chacun d'eux a ses propriétés caractéristiques, et influe d'une manière très-sensible sur la température. C'est ainsi que le soleil a beau avoir de la force, quand le vent souffle avec violence, il abaisse la température en favorisant l'évaporation, et il dessèche les corps organiques au moyen de ce phénomène bien connu sous le nom de *hâle,* qui est si préjudiciable aux végétaux. Ce sont les vents chauds et secs, tels que ceux d'E. et de N. qui ont les propriétés les plus desséchantes.

Ainsi, sous le climat de Paris, en hiver, la direction des vents est S. 48° O., et en été N. 88° O.

Voici, au reste, pour les vents qui influent beaucoup sur la température, les lois le mieux confirmées par l'expérience :

En *hiver*, la direction du vent est plus australe, c'est-à-dire que le vent se dirige plus régulièrement vers le Sud que pendant le reste de l'année, et c'est dans le mois de janvier qu'il a son *maximum* de force.

Au *printemps*, les vents d'Est sont les plus communs ; ils règnent, suivant les localités, en mars ou en avril.

En *été*, les vents soufflent de l'Ouest, et c'est au mois de juillet qu'ils atteignent leur *maximum*. Les vents du Nord sont aussi plus communs.

En *automne*, les vents d'Ouest font place à ceux du Sud, qui soufflent surtout en octobre.

A Paris, la fréquence des diverses espèces de vents est disposée dans l'ordre suivant ; en prenant 1 pour le nombre total des vents, les fractions indiqueront leur présence :

Vents d'ouest	0,190	Vents de nord-est	0.106
— de sud-ouest . . .	0.181	— de nord-ouest. . .	0.094
— du sud	0.173	— de sud-est.	0.65
— du nord.	0.127	— d'est	0.64

Telles sont les indications météorologiques qui doivent trouver place dans un traité de culture, et l'on ne saurait trop répéter que ces connaissances, faciles à acquérir, intéressent aussi à un très-haut degré les opérations de l'horticulteur.

Indications nécessaires pour l'envoi de plantes exotiques. — Avant de terminer ce chapitre, nous donnerons aux collecteurs qui se chargent d'enrichir notre horticulture de végétaux exotiques, le conseil de ne jamais envoyer de plantes destinées à être cultivées dans nos serres sans y joindre les trois indications suivantes :

1° L'*altitude*, qu'on déterminera d'autant plus facilement qu'on se sera muni d'un bon baromètre : c'est l'instrument hypsométrique le plus sûr, mais non pas le plus commode ; il faut pour cela noter la hauteur exacte, prise au point le plus bas du lieu où l'on se trouve et à l'élévation altitudinale où l'on s'arrête, avec l'indication de la saison, de l'heure du jour et de la température ; des tables de

réduction indiqueront les hauteurs correspondantes; l'appareil hypsométrique de M. Walferdin remplace avantageusement le baromètre, et la manœuvre en est facile;

2° La *température*, qu'un bon thermomètre indiquera; il faut
la déterminer au lever du soleil, à midi et le soir; c'est à l'époque
de la floraison que ces indications doivent être prises. mais il faudrait également indiquer l'époque de la suspension de la vie végétale et celle de son réveil;

3° Le *degré d'humidité de l'atmosphère* aux trois époques de la
journée où se font les observations thermométriques : il importe de
connaître le degré de saturation de l'atmosphère pour servir de
guide dans la culture.

Ces indications, qui n'ont pas besoin d'une précision mathéma-
tique, mais qui peuvent osciller entre certains extrêmes, sont de la
plus haute importance quand on veut réussir à cultiver les végétaux exotiques.

Variations dans les phases de la vie végétale en Europe. — Rappelons ici, pour l'époque comparée de feuillaison, de floraison, de
fructification et d'effeuillaison des végétaux, une loi formulée par
M. Quetelet, et qui facilite la détermination de ces différentes
phases de la vie végétale, pour toute l'Europe.

Pour la *latitude*, Bruxelles pris pour point de départ, il faut
compter pour ces divers phénomènes *quatre jours* d'avance ou de
retard par degré, suivant qu'on se dirige vers le Sud ou le Nord.
C'est ainsi que, Paris étant à 3 degrés de Bruxelles, telle plante qui
fleurit sous cette latitude le 12 mars, doit fleurir à Paris près de
douze jours plus tôt.

Pour les *altitudes*, il faut compter également quatre jours de retard par 100 mètres d'élévation au-dessus de Bruxelles, placé à
60 mètres environ au-dessus du niveau de la mer.

Nous conseillerons aux horticulteurs, amis de la science, de faire
des observations précises sur les époques de feuillaison et de floraison des végétaux les plus communs. qui diffèrent entre elles de
vingt à trente jours; quelques-uns même, comme les *Lonicera*,
présentent quarante à cinquante jours de différence. Ces observa-

tions ne sont pas sans intérêt : elles doivent servir de guide dans les opérations des jardins, car de la précocité de certaines apparitions végétales on peut déduire l'époque des évolutions ultérieures.

Quelques exemples des précocités et des retards extrêmes suffiront pour montrer l'intérêt de ces observations. C'est aux excellents travaux de M. Quetelet que ces données sont empruntées :

Feuillaison.

Noms des plantes.	Moyenne de 10 années.	La plus précoce.	La plus tardive
Marronnier d'Inde	6 avril.	27 mars.	27 avril.
Épine-vinette	22 mars.	26 février.	14 avril.
Noisetier avelinier	24 mars.	2 mars.	16 avril.
Peuplier d'Italie	14 avril.	1er avril.	29 avril.
Prunellier	1er avril.	1er mars.	23 avril.
Rosier à cent feuilles	6 avril.	1er mars.	21 avril.
Tilleul	7 avril.	18 mars.	22 avril.
Orme	14 avril.	29 mars.	29 avril.
Vigne	25 avril.	14 avril.	14 mai.

Floraison.

Noms des plantes.	Moyenne de 10 années.	La plus précoce.	La plus tardive
Marronnier d'Inde	3 mai.	23 avril.	16 mai.
Épine-vinette	4 mai.	18 avril.	20 mai.
Noisetier avelinier	11 février.	14 janvier.	17 mars.
Peuplier d'Italie	23 mars.	28 février.	18 avril.
Prunellier	16 avril.	2 mars.	30 avril.
Rosier à cent feuilles	29 mai.	11 mai.	28 juin.
Tilleul	9 juin.	15 mai.	17 juin.
Orme	18 mars.	4 février.	7 avril.
Vigne	23 juin.	16 juin.	6 juillet.

DES MALADIES DES VÉGÉTAUX CULTIVÉS.

Les végétaux soumis par l'homme à une éducation artificielle, éducation qui est une véritable domestication, perdent une partie des avantages physiques dont ils jouissaient à l'état sauvage. Nous ne leur avons pas, il est vrai, donné l'hospitalité dans nos jardins, pour qu'ils conservent leurs qualités agrestes. Aux uns nous demandons des fruits savoureux et abondants, et nous supprimons impitoyablement le développement exagéré de leurs branches et de leur feuillage, pour concentrer toute l'activité de la plante dans la production de la fleur et du fruit ; aux légumes nous demandons des graines comestibles, des feuilles larges et charnues, des racines succulentes, et, pour obtenir ce que la plante peut nous fournir, nous lui donnons une terre meuble dont l'épuisement est réparé par des engrais dispensés d'une main généreuse. Nous distribuons aux végétaux utiles les arrosements avec une libéralité peu commune, la chaleur leur est conservée avec un soin minutieux, on les défend contre le moindre vent glacé, à chaque instant la terre est remuée pour que les agents de la végétation puissent percer le sol avec plus de facilité ; les insectes sont impitoyablement chassés de la plante que la nature leur avait assignée pour domicile exclusif ; en un mot, nous les tenons en chartre privée, et nous ne leur laissons aucune liberté de se développer comme il conviendrait à leur organisation primitive. Nous faisons pour elles et avec plus de puissance encore ce que nous avons fait pour nos animaux domestiques. Ces soins, dispensés avec un égoïsme qui contrarie sans cesse la disposition naturelle de la plante, ne peuvent qu'engendrer des maladies, puisque toutes viennent de ce que les tissus poussés à produire avec exubérance contractent des maladies qui tiennent à des conditions d'existence antiphysiologiques, et les prédisposent à des phénomènes pathologiques qui causent trop souvent leur mort ; en un mot, nous les constituons en un état tératologique que la culture a fait passer à l'état normal. Les végétaux cultivés sont plus délicats, parce que leurs tissus sont plus gorgés de sucs aqueux : ce qui les met dans un état anormal, puisant ses causes dans les alternatives de chaleur et de froid qui leur sont bien plus funestes qu'aux végétaux accomplissant librement leur période de vie et n'étant pas contraints de vivre à une époque où il faudrait mourir, et de mourir au moment où la vie est développée en eux dans toute sa plénitude.

Les maladies sont de deux sortes : les unes externes, les autres internes.

Les maladies externes sont le plus souvent le résultat de chocs et d'accidents fortuits, ou bien encore de la présence des parasites végétaux ou animaux qui, en s'établissant sur un tissu, le détruisent en attaquant la vitalité dans tous les points où ils végètent.

Quelques-uns sont purement passagers : ce sont les parasites qui, s'ils ne sont pas trop nombreux, ne font pas périr la plante et peuvent facilement être détruits. Les maladies internes sont des altérations pathologiques qui résultent presque toujours des influences ambiantes agissant sur des tissus ne présentant aucune sorte de résistance et obéissant à toutes les causes de destruction.

Entretenir les plantes en bonne santé par des soins dispensés avec intelligence; supprimer, par ablation, les parties malades qui tenteraient de propager le mal, telles que les lésions et la pourriture; chasser et détruire les insectes qui causent aussi des altérations pénétrant profondément l'organisme; détruire les parasites végétaux quand ils ne sont pas trop abondants pour cela : tels sont les principaux soins hygiéniques qu'on puisse donner aux végétaux; c'est pourquoi tous les traités de pathologie végétale sont purement théoriques et trop souvent inutiles quand une plantation devient malade, et les soins, quelque intelligemment dispensés qu'ils soient, sont infructueux, s'ils embrassent un trop grand nombre de sujets. Des transplantations faites à propos, des arrosements augmentés en cas d'atrophie, diminués quand il y a hypertrophie ou excès de développement, quelques arrosements stimulants lorsque la plante est atteinte de langueur et que les tissus se décolorent : voilà ce qui doit être fait pour guérir les plantes malades. Le grand soin de l'horticulteur, chez qui les végétaux ont un aspect si différent de ce qu'on les voit chez les amateurs, est de maintenir l'équilibre végétal par une observation attentive des besoins de la plante, qu'il met dans les conditions les plus semblables possible à celles de l'état de nature, autant que cette similitude de condition peut être obtenue. Seulement ne perdons pas de vue que les maladies des Pommes de terre, des Betteraves, de la Vigne, sont autant le résultat de l'éducation que nous leur avons donnée que celui des phénomènes intangibles provenant des causes extérieures; nous les avons forcées à produire le décuple de ce qu'elles donnaient à l'état sauvage, et, en augmentant les produits, nous en avons fait des végétaux presque valétudinaires qui redoutent toutes les influences. Le développement parasitique, qui a été considéré comme une cause, est purement un effet qui, en augmentant, devient cause à son tour; mais le mal est dans notre système d'éducation végétale, fondé sur nos besoins; nous portons la peine d'avoir arraché les végétaux à leur état naturel, pour les forcer de produire avec exubérance, ce à quoi la nature ne les avait pas destinés.

A ces généralités nous ferons succéder quelques considérations pratiques sur les maladies les plus communes à nos végétaux cultivés, qui font des ravages quelquefois si grands, que des contrées entières sont réduites à la mendicité par suite de l'anéantissement de leurs récoltes, que des industries s'éteignent faute de produits, et cela souvent pour n'avoir pas employé à temps des moyens simples et peu dispendieux qui auraient mis un terme à ces fléaux. Quelques indications plus précises sur la cause des maladies des plantes serviront de guide aux horticulteurs, afin qu'ils ne s'égarent pas dans de fausses théories.

La cause première des maladies est multiple, nous le répétons. Quelquefois ce sont les agents ambiants, ces grands conservateurs de la vie végétale, qui amènent des altérations pathologiques. Les pluies abondantes, en ramollissant les tissus, sont des causes de pourriture; l'abaissement de la température qui les accompagne empêche la floraison, et parfois une aspersion intempestive, en détruisant le pollen, empêche la fécondation; la sécheresse produit des résultats identiques par des causes inverses; les vents ébranlent les végétaux sur leur base et empêchent les racines de remplir leurs fonctions physiologiques, ou bien renversent les plantes sur le sol et les livrent à toutes les causes de destruction en les amoncelant de manière à déterminer une fermentation désorganisatrice; l'électricité qui sature l'atmosphère joue dans les phénomènes de la vie un rôle mystérieux que nous ne pouvons encore apprécier, et qui cependant est nécessaire à l'équilibre des fonctions organiques. Quand ces diverses actions, réunies ou isolées, ont amené des modifications chimiques dans les tissus et les fluides stagnants ou circulants, il se forme des combinaisons morbides qui sont des agents de mort.

Ainsi la température, l'hygrométricité de l'air, la lumière, l'électricité, sont les quatre agents qui concourent à l'équilibre vital quand ils sont répartis dans certaines proportions ; mais qui, l'équilibre rompu, deviennent des causes de désorganisation.

Les causes mécaniques sont innombrables, et peuvent être prévenues ou réparées.

Les *parasites* animaux et végétaux sont, après les agents pondérables et impondérables, les causes les plus fécondes de phénomènes pathologiques. C'est d'eux à présent que nous allons nous occuper.

Pour bien comprendre les effets du parasitisme végétal, il faut se pénétrer de cette vérité : c'est qu'à l'état sauvage les végétaux ont beau croître dans les conditions les plus propres à leur nature, ils n'en sont pas moins affectés de *maladies parasitiques* qui les font souvent périr.

Une liste des principaux genres de Cryptogames qui attaquent les végétaux fera comprendre comment et pourquoi les plantes agricoles et horticoles deviennent le siége de maladies nombreuses, causées en grand nombre par des végétaux amenant souvent à leur suite des parasites animaux, qui les épuisent et finissent par les tuer.

Le *Viscum album* (le Gui) retarde la croissance des arbres en détournant la séve à son profit, et, s'il est implanté sur les arbres fruitiers, il en diminue les produits.

La *Cuscuta* anéantit quelquefois des champs entiers de lin, dont elle absorbe les sucs et qu'elle étouffe sous le lacis serré de ses tiges filamenteuses.

L'*Orobanche à fleurs bleues*, dont les suçoirs pénètrent dans les racines du Chanvre, affaiblissent cette plante, quoique ne l'épuisant pas entièrement.

Mais ce sont surtout, parmi les Cryptogames, des Champignons microscopiques qui sont les parasites les plus funestes aux végétaux.

L'*Erineum* attaque le Noyer, la Vigne, le Tilleul, le Houx, les Ronces.

Le *Cladosporium foliorum* croît sur les feuilles du Chou.

Le genre *Exosporium* affecte les feuilles et les tiges desséchées.

Le *Cephalotrichum* ou *Periconia* attaque les plantes sèches, entre autres, les Malvacées.

L'*Oïdium*, qui est en possession d'une si triste célébrité et dont la variété *Tuckeri* joue un si grand rôle, vient en général sur les fruits en décomposition; telle est la variété *Laxum*, qui croît sur les Abricots, la variété *Fructigena* qui croît sur les Poires et les Pêches. L'*Erisyphoïdes* est connu sous le nom de *Blanc;* nous en reparlerons toute à l'heure.

Le *Fusisporium sulphureum*, qu'on croit être la cause de la maladie de la Pomme de terre, se développe sur ce tubercule sous forme de taches jaunes. Le *Fusisporium aurantiacum* croît sur les Cucurbitacées.

Le *Penicilium roseum* croît sur la fane des Pommes de terre.

Le *Tubercularia*, entre autres la variété *vulgaris*, ne vient que sur les branches déjà frappées de mort. Le Groseillier est souvent attaqué par ce parasite, qui indique un état de maladie voisin de la mort.

Le *Diderma difforme* croît sur les tiges sèches de la Pomme de terre.

Le *Sclerotium clavus*, ou *Ergot*, est trop connu pour qu'on en parle longuement; il attaque les Céréales. Le *Sclerotium brassicæ* vient sur les Choux qui s'altèrent; le *Sclerotium varium* vient sur les nervures des Choux conservés en terre.

Le *Rhizoctonia* attaque les Crocus.

L'*Erysiphe* ou *Erysibe* attaque le Noisetier, l'Épine-vinette, les Pois cultivés, dont les feuilles paraissent alors couvertes d'une poussière blanche.

L'*Æcidium* attaque les feuilles des Poiriers, des Pommiers, de l'Épine-vinette, des Crucifères, des Légumineuses, des Groseilliers. sur la surface inférieure desquelles il forme des taches orangées. Il envahit souvent la plante au point d'en empêcher la végétation.

L'*Uredo* est le parasite de la Betterave, des Chicorées, des Pois et des Haricots, du Céleri, de l'Ail, des Poireaux, du Framboisier, de la Pimprenelle, des Rosiers, des Œillets, etc. La poussière n'en est pas orangée comme celle des *Æcidium* : elle est brune ou d'un roux obscur. On en connaît soixante et dix espèces.

Les *Puccinia* attaquent les feuilles de l'Ail cultivé, de l'Asperge, du Céleri, de la Fève, du Prunier, du Groseillier, et, parmi les plantes d'ornement, les Violettes, les Anémones, le Jasmin, etc. ; elles forment des taches d'un brun noir et faciles à reconnaître. L'abondance de ce cryptogame est une cause de mort pour les plantes.

Le *Dothidea brassicæ* vient sur les feuilles languissantes du Chou; la *Ribesia*, sur les branches mortes du Groseillier.

Les *Sphæria*, ne croissant que sur les branches mortes, ne présentent aucun danger. Leur apparence est presque toujours semblable : ce sont des taches noires, souvent confluentes, faciles à reconnaître. Le nombre des espèces est considérable.

Il vient encore, dans nos serres, des Agarics de diverses espèces, et dans la tannée un parasite des plus dangereux : l'*Æthalium flavum*.

Tous ces végétaux sont plus ou moins abondants; mais ils sont toujours l'indice d'un état de langueur qui a dû donner originairement naissance à ces parasites et qui en entretient la multiplication par sa persistance.

Les végétaux utiles sont soumis à des influences plus préjudiciables encore : ils ne croissent pas dans des conditions normales, ils sont imposés au sol qui les nourrit, abreuvés d'eau, poussés à la turgescence par des engrais dispensés d'une main généreuse, et obligés de ne donner que des produits anormaux, des feuilles épaisses et tendres, quand elles sont naturellement minces et coriaces, des fruits ou des racines énormes. En un mot, nous les avons rendus aussi accessibles à la maladie que nous l'avons fait pour les animaux soumis à l'empire de l'homme, et il en est de même de l'homme dès qu'il renonce à la vie naturelle. Le nombre des maladies se multiplie parce que les conditions d'existence ont changé; il faut donc, comme premier principe, entretenir les plantes dans le plus parfait état de santé et combattre ensuite, si l'on peut, les maladies qui les attaquent [1]. Nous parlerons seulement des plus communes.

La fonte. — C'est une maladie commune à la Carotte, à la Mâche.

[1] M. le docteur Léveillé s'exprime dans les termes suivants dans sa lettre sur les maladies des cerises (*Revue horticole* de 1852) :

« M. Schleiden, dans un ouvrage très-remarquable sur les maladies des plantes, fait remarquer que les végétaux que nous cultivons sont plus souvent malades que ceux qui vivent à l'état sauvage, ou plutôt sans culture. En effet, nous créons en quelque sorte le sol dans lequel les premiers doivent puiser les éléments de leur nutrition, tandis que les seconds, au contraire, choisissent le terrain qui leur convient. Les graines germent ou ne germent pas dans le lieu où elles ont été déposées : si le sol est bon, elles vivent ; s'il est mauvais, elles meurent. D'où il résulte naturellement que les plantes que nous trouvons sont toujours dans les circonstances les plus favorables à leur existence et généralement bien portantes.

« Ce simple énoncé est la clef de toute la théorie ; on comprend tout de suite pourquoi un terrain s'épuise quand on y cultive, pendant de longues années, la même espèce de plante, et pourquoi, par le fumier qu'on lui fournit tous les ans, il se sature des mêmes principes ; les uns, il est vrai, sont bons ; les autres mauvais ; mais les plantes sont dans la nécessité de les absorber indifféremment, parce qu'elles n'en trouvent pas d'autres.

« Tantôt ce sont les phosphates qui dominent, tantôt ce sont les alcalins. Ces principes réagissent chacun à leur manière sur les éléments primitifs, sur la protéine, sur les sucs renfermés dans les cellules ; la vitalité est frappée à sa source même, les sucs sont altérés, les produits immédiats ne se forment pas, les cellules mêmes finissent par se désagréger, et les plantes sont atteintes d'une maladie constitutionnelle : alors elles languissent, pourrissent ou deviennent la proie des insectes et des végétaux parasites inférieurs.

« Cette théorie est peut-être trop généralisée, mais elle est conforme du reste à celle que professent MM. Liebig et Boussingault : elle satisfait pleinement l'esprit ; plus tard, quand elle sera bien comprise, il sera toujours facile d'en éliminer ce qu'elle peut avoir de trop absolu. Ce qui paraîtra singulier, c'est de voir qu'en même temps que M. Schleiden, et sous l'influence des mêmes idées, M. Delafond, professeur à l'École vétérinaire d'Alfort, observait un effet presque identique sur les chevaux nourris avec le foin provenant des prairies artificielles, par conséquent avec le Trèfle, le Sainfoin et la Luzerne. Le cheval en liberté, comme les plantes à l'état sauvage, choisit les aliments qui lui conviennent : les uns, comme les Graminées, lui donnent de la fibrine ; les autres, comme le Trèfle, le Sainfoin, la Luzerne, lui donnent de l'albumine. Dans nos écuries, nourris seulement avec ces Légumineuses, son sang s'altère ; il abonde en eau, en albumine, ne contient presque pas de fibrine ; le nombre des globules sanguins est considérablement diminué ; il en résulte une entérite aiguë ou chronique qui enlève un nombre considérable de chevaux. M. Delafond a fait ces observations dans les départements d'Eure-et-Loir, de Seine-et-Oise, de la Marne, de Seine-et-Marne et de l'Aisne. Ce qui donne de la force aux prévisions du professeur d'Alfort, c'est que l'on n'observe cette maladie que depuis une trentaine d'années, et que cette époque coïncide avec celle de l'établissement des prairies artificielles dans ces départements. »

à la Chicorée, à l'Oignon, au Poireau, aux Laitues et aux Romaines, aux griffes d'Asperges et à la Poirée. C'est une indication que le terrain ne leur convient pas. Elle est encore due à une mauvaise qualité du terreau, à l'absence de soleil ou d'eau, ou à leur excès, en un mot à des conditions de nutrition incompatibles avec les besoins de la plante. Il faut enlever les végétaux qu'on commence à voir dépérir et les repiquer dans un autre terrain, et surtout éviter de semer ou de planter des végétaux dans l'endroit qui vient d'être ravagé par cette maladie, parce que tout ce qu'on y mettrait périrait.

Le chancre. — Cette maladie qui attaque les Asperges, les Choux et les Choux-fleurs, les Melons et en général les Cucurbitacées délicates, et les Tomates, ne peut guère être guérie que par l'excision de la partie chancreuse, si cette opération est praticable, ou par l'application au sol d'une sorte de drainage ou de desséchement, car le chancre est toujours le résultat d'un excès d'humidité, soit pluviale, soit provenant des arrosements.

Quand ce sont les arbres qui sont atteints de cette grave et dangereuse maladie, il est plus facile de la guérir si l'on s'y prend à temps. Dans les végétaux ligneux, le *chancre* est rarement spontané ; il vient de blessures causées par la dent des animaux ou par quelques chocs extérieurs, quelquefois aussi il a sa source dans les ravages intérieurs de certains insectes. Il faut, en principe, soustraire la partie dénudée à l'action de l'air et empêcher l'écoulement de la séve, et dans le cas où il y aurait déjà un état assez avancé de décomposition du tissu ligneux, nettoyer la plaie et atteindre jusqu'au tissu vivant. On a beaucoup vanté, au commencement du siècle, le mortier ou mastic de Forsyth, enduit à base calcaire qui adhérait assez fortement à l'arbre pour lui permettre de réorganiser ses tissus sans craindre les influences météorologiques et atmosphériques. Sans connaître la composition du mastic de Forsyth, nous dirons que tous les mastics appelés *luts* par les chimistes peuvent parfaitement le remplacer, surtout celui des alchimistes, composé de chaux et d'albumine, qui est indestructible. Nous ne conseillerons pas le fameux *onguent de Saint-Fiacre*, composé de terre grasse et de fiente de vache, parce qu'il a l'inconvénient de se gercer et d'être délayé par les pluies. Les meilleurs mastics sont ceux qui ont pour base les cires et les résines. On a indiqué (*Annales forestières de* 1844) un mastic réputé excellent, et qui se compose de :

Sédiment d'huile	330 grammes.
Cire jaune	330 —
Suif	170 —
Goudron	170 —

Le tout-fondu ensemble et épaissi jusqu'à consistance de mortier, avec quelques poignées de suie en écailles bien tamisée. On applique ce mastic sur la plaie, après l'avoir nettoyée.

Quelquefois on ferme la plaie des arbres chancreux avec du plâtre ou du ciment romain. Le mastic composé de chaux pulvérisée et de caséum, ou fromage blanc, est tout aussi bon.

Il faut avoir soin de ne pas étêter ou ébrancher les arbres qui ont éprouvé des lésions textulaires graves, parce qu'ils n'auraient pas la force de régénérer les tissus détruits.

La jaunisse. — Elle attaque de préférence les plantes à feuilles minces, telles que les Épinards, le Cerfeuil, parmi les plantes potagères. Cette maladie est une véritable chlorose : c'est un dépérissement causé par une mauvaise élaboration des sucs nourriciers. Elle attaque encore les arbres et arbustes à fruits et les végétaux d'ornement. On a proposé pour les guérir des arrosements stimulants d'eau légèrement additionnée de sels métalliques. La jaunisse est le plus souvent, pour les plantes potagères, l'effet de la sécheresse ; il leur faut une exposition ombrée et des arrosements suffisants. Dans ces conditions, il n'y aura pas à craindre la destruction complète de toute une récolte. Quant aux arbres, les arrosements stimulants de guano, de colombine, d'urate, etc., sont les meilleurs moyens. Le sulfate de fer dosé avec prudence, 4 grammes par litre de liquide, est un bon moyen à employer pour les végétaux d'ornement ; mais il ne faut pratiquer ces arrosements qu'avec une extrême prudence, car on tuerait infailliblement la plante qu'on soumettrait à ce régime avec continuité.

La gomme. — C'est une extravasion de sucs propres commune à nos arbres fruitiers, surtout à nos Pruniers. C'est quelquefois le résultat d'une taille faite à contre-temps, et qui devient, faute de cicatrisation, une sorte de bouche par laquelle s'échappe la séve, et c'est surtout au printemps et à l'automne que la gomme apparaît ; les blessures produisent le même effet ; d'autres fois c'est un fait purement physiologique dont la cause est inconnue. Il faut souvent aussi regarder la gomme comme une espèce de pléthore, dont l'incision longitudinale est le meilleur mode de traitement. L'ablation de la branche affectée de la gomme est le meilleur moyen ; mais quand il y a une accumulation sous-jacente qui ne peut se faire jour par suite de la résistance de l'écorce, on lui donne jour comme à un abcès par une large entaille, pour empêcher que cette gomme, s'acidifiant au contact de l'air, ne devienne la cause de chancres incurables si l'on n'y porte prompt remède.

La rouille. — La *rouille*, due à la présence d'un *Æcidium*, se manifeste par des taches rougeâtres analogues par leur structure avec le blanc : elle est funeste aux Laitues et aux Romaines, à l'Oseille, à la Poirée et à certains arbres à fruits, surtout au Pêcher. Dans les premières, elle s'attache au-dessous des feuilles, les crispe et les fait périr en empêchant la séve de circuler. On l'attribue à l'influence des pluies ; elle ne peut être guérie que par un changement de temps, qui fait disparaître la cause qui l'a produite. Dans les Pêchers elle fait tomber les feuilles et détruit l'équilibre de la végétation, en faisant pousser les bourgeons à contre-saison. On n'a pas de moyen de la détruire, non plus que le *rouge*, dû principalement à des circonstances atmosphériques particulières, et qui attaque certaines espèces de Pêches, telles que la Pêche Royale et l'Admirable ou Belle de Vitry, qui ont entre elles de grands rapports.

Le blanc. — Le *blanc* ou *meunier*, appelé encore la *lèpre*, est une moisissure blanchâtre produite par les filaments de l'*Oïdium erysiphoïdes ;* il attaque les Romaines et les Laitues, les Mâches, les Choux-fleurs et les arbres à fruits en espalier, surtout les Pêchers, qui sont les plus délicats de tous ceux que nous cultivons. Cette maladie fait périr les végétaux auxquels elle s'attaque, et, malgré des opinions contraires, quelques personnes la regardent comme contagieuse par attouchement, parce que autrement elle ne paraît pas s'étendre à distance. On n'a pas, jusqu'à ce jour, employé contre cette maladie d'autre moyen que l'ablation des parties attaquées; mais on est fondé à croire que les moyens employés contre les parasites végétaux, et que nous indiquerons en parlant de la maladie de la Vigne, pourraient servir à combattre le *blanc* avec succès.

C'est pendant le mois de juin que le *blanc* attaque le Pêcher. Quelquefois le mal se prolonge jusqu'en août. Après avoir attaqué les bourgeons, il gagne les rameaux et se propage jusqu'aux fruits, qu'il tache et rend amers.

Les horticulteurs de Montreuil ne connaissent, pour combattre le mal et en arrêter les progrès, d'autre moyen que d'asperger les parties attaquées avec une pompe à jet continu. L'eau détache cette espèce d'*Oïdium*, et souvent l'arbre en est complétement délivré.

On assure qu'un seul bassinage fait au printemps, en avril, avec un liquide composé de : urine, 4 litres; colombine, 1 litre, qu'on laisse fermenter pendant deux jours, en y ajoutant un demi-litre d'eau, dans laquelle on a fait mariner des tiges et des feuilles d'Aconit, suffit pour délivrer complétement du *blanc* le Pêcher qui en est le plus attaqué.

L'oïdium. — Comme nous pensons que la maladie de la Vigne a un principe commun, et comme nous sommes tenté de croire à l'identité de l'*Oïdium Tuckeri* et de l'*Oïdium erysiphoides*, nous ne séparerons pas ces deux affections. Ce qui manque encore à la connaissance de ces maladies, c'est l'appréciation des moyens de propagation contagieuse de ces Cryptogames léthifères. Il faudrait s'assurer de ce fait : savoir si, les sporules de l'*Oïdium Tuckeri* tombant sur un autre végétal et l'envahissant, comme cela a lieu très-souvent, il ne se métamorphose pas suivant la nature du nouveau milieu dans lequel il se trouve, et s'il n'y a pas une altération des caractères du type spécifique quand les conditions d'existence sont changées. On a vu des cordons de Vignes couverts d'*Oïdium* complétement contagionner plusieurs centaines de pieds de Bourrache qui se trouvaient au-dessous. Des Groseilliers, qui se trouvaient également sous ces cordons, furent aussi attaqués par l'*Oïdium*.

La maladie de la Vigne est une des plus désastreuses, à cause des préjudices considérables qu'elle cause à nos populations viticoles. Dès la fin de mai, les feuilles de Vigne, qui devraient être d'un vert vif et gai, deviennent jaunâtres, cloquées, marbrées ; les rameaux herbacés se couvrent de globules transparents qui ressemblent à de petits Lycoperdons ; ils ont tous un empatement et sont remplis de petits globules qui sont sans doute des sporules. A mesure que les parties herbacées deviennent ligneuses, ces parasites s'atrophient et noircissent sans abandonner leur place, et bientôt il se forme sur la branche où ils ont vécu une tache noire présentant au microscope une altération semblable à celle qu'on remarque dans la Pomme de terre. C'est une sorte de désorganisation textulaire, non par perte de substance, mais par induration. Le fait positif quant au développement de l'*Oïdium*, c'est que de la mi-juin à la mi-juillet l'envahissement est complet et les feuilles sont couvertes d'une épaisse poussière blanche ayant une odeur de moisi très-intense. Quand la maladie a profondément pénétré dans l'organisme de la Vigne, elle a porté partout une atteinte mortelle à la vie : le bois est sec et cassant, le canal médullaire est vide, ou la moelle est noire, ce qui se reconnaît à la taille, et sur presque tous les points on remarque une altération textulaire profonde. On assure que, pendant l'évolution du mal, il s'opère une décomposition des éléments ternaires qui entrent dans la composition des organes des végétaux, et qu'ils disparaissent complétement, ce qui explique la suspension de la vie.

Les moyens employés pour remédier au mal sont aussi nombreux que variés. Nous n'indiquerons que ceux qui ont paru avoir quelque efficacité. Le lavage et le grattage du cep paraissent être sans utilité, parce que la maladie attaque exclusivement les parties herbacées et ne se développe qu'après leur évolution. Ce qui doit consoler les propriétaires de Vignes, sans les rendre plus insouciants pour cela, c'est qu'on a remarqué que la maladie est en décroissance, et l'on a lieu d'espérer qu'elle disparaîtra comme elle est venue, sans qu'on puisse apprécier les causes qui l'ont produite et celles qui en ont amené la disparition. Certes, ce sont des influences non pas internes mais externes, non pas vivantes mais désorganisantes, telles que les agents météorologiques, qui ont causé le mal qui a envahi une partie des plantes cultivées. Des variations brusques de température, l'interruption de l'ordre régulier des saisons, une humidité prolongée pendant au moins sept à huit mois de l'année, ont sans doute été les causes prochaines d'une maladie devenue cause à son tour. Un fait irréfutable, c'est que le froid est mortel pour les *Oïdium* et que l'abaissement de la température les fait complétement périr ; il ne faut qu'un froid de 2 à 3 degrés continus pour les tuer tous. Une chaleur sèche de 35 à 40 degrés produit le même effet : ils ne peuvent prospérer qu'entre 0° et $+ 28°$ à 30°. C'est pourquoi l'*Oïdium* fait ses plus grands ravages entre la mi-juillet et la fin d'août : car il trouve pendant cette période les deux conditions de chaleur et d'humidité nécessaires à son existence.

Le premier et le plus puissant de tous les prophylactiques est de favoriser par tous les moyens possibles la végétation de la Vigne : car les plantes vigoureuses résistent sans peine aux plus graves invasions ; c'est pourquoi nous voyons dans nos jardins les Potirons résister à la plupart des maladies qui attaquent et font périr les Melons. C'est que dans ces végétaux la puissance vitale, cette combinaison des forces qui résistent à la mort, suffit pour triompher des causes de destruction. C'est ainsi qu'on a vu des ceps au pied desquels on avait mis un compost fertilisant demeurer parfaitement sains : la suie, le chlorure de sodium (sel de cuisine), les urines, les cendres, produisent le même effet.

M. Roboüam cite l'expérience de M. Allez, de Coulommiers, qui avait couvert les plates-bandes de ses espaliers d'une couche de dix à quinze centimètres de tannée dans le but de sauver ses Pêchers, infectés tous les ans du *blanc* ou *meunier*. Les Vignes qui étaient la proie de l'*Oïdium* ont été sauvées par ce moyen, et cet horticulteur eut à l'automne des Pêches et des Raisins magnifiques, tandis que partout où la tannée manquait on reconnaissait un état de souffrance et une végétation chétive. Le même moyen a rétabli des Poiriers et des Pommiers malades ; ce qui prouve que, chaque fois qu'il est possible de donner aux arbres plus de vigueur, l'*Oïdium* disparaît. Nous rappellerons cependant que le tan produit dans les serres le Cryptogame connu sous le nom d'*Æthalium flavum*, qui est mortel pour les végétaux et se multiplie avec la plus déplorable rapidité. Il reste à savoir si à l'air libre il en est de même.

La fleur de soufre a été préconisée à l'état pulvérulent ; elle sert à saupoudrer la Vigne. Il faut en couvrir toutes les parties atteintes de l'*Oïdium*, car si on laisse échapper la moindre surface malade, l'infection ne tarde pas à recommencer ses ravages. On peut employer, pour lancer le soufre avec plus d'économie, un soufflet qui disperse la poudre en poussière plus ténue et la fait plus fortement adhérer aux feuilles, ou des boîtes à houppe avec lesquelles l'opération se fait plus rapidement.

On a prétendu que ce moyen était infaillible, mais il est probable qu'il n'agit que comme le font les poudres absorbantes ; c'est pourquoi on a proposé la poussière de charbon, qui jouit, à un plus haut degré que le soufre, de la propriété de se charger de l'humidité des corps avec lesquels on la met en contact. Ce moyen, s'il produisait les mêmes résultats, serait plus économique que le soufre.

Ces essais de soufrage, bons pour les treilles de nos jardins, sont d'une difficile application à la grande culture viticole. Le vigneron a peine à les entreprendre, surtout quand, à la dépense du soufre, il faut ajouter une main-d'œuvre longue et plusieurs opérations successives ; car, pour obtenir du succès, il faut soufrer quatre fois au moins, c'est-à-dire tant qu'on voit le mal reparaître.

On paraît aussi avoir obtenu de bons résultats avec le plâtre, la cendre et même la poussière des routes. Mais il faut avoir soin de mouiller avant de les répandre, et leur action n'est pas plus durable que celle du poussier de charbon.

On a proposé des liquides de différentes sortes, dans lesquels entraient le soufre, la chaux, des alcalis, etc. De tous ces moyens, l'eau de chaux chaude a présenté les meilleurs résultats ; mais ce moyen n'est applicable que pour de petites étendues. Le fait est qu'une simple immersion dans cette eau suffit pour détruire complétement l'*Oïdium*. L'eau tiède peut réussir également, mais son effet est de courte durée. Ces moyens ne sont donc applicables, nous le répétons, que sur une échelle fort restreinte.

L'*époussetage*, proposé par M. Guérin-Méneville, a réussi ; mais on comprend que ce moyen demande à être répété et ne présente que des avantages limités.

Les vapeurs acides, sulfureuses, etc., peuvent avoir des résultats satisfaisants; mais elles ne sont applicables qu'en petit et demandent, pour être dispensées dans les proportions convenables, une main habile.

M. Bouchardat a conseillé le provignage comme un moyen de garantir la Vigne du fléau, et en effet les jeunes provins ne sont pas atteints de l'*Oïdium*.

M. Roboüam a cru avoir résolu le problème : il a remarqué que tous les ceps qui rampent sur le sol, et dont les feuilles et les fruits reposent sur un terrain herbu, sont complétement affranchis de cette maladie. Sa méthode a paru confirmée par des expériences faites sur plusieurs points de la France, aussi bien qu'en Italie. Le plus sage, comme le dit M. Bouchardat, est de recourir, à défaut d'un remède certain, à des moyens prophylactiques qui ont pour eux la sanction de l'expérience. Il faut donc que les sarments courent sur une terre herbue, sans pour cela que l'herbe envahisse le sol et étouffe le raisin.

Les observations faites par M. Roboüam prouvent qu'il n'y a presque jamais identité entre la chaleur et l'humidité à la surface de la terre et à 1 mètre au-dessus du sol. Près de la terre les variations ne sont pas aussi brusques que celles qui se passent dans l'atmosphère à une certaine hauteur :

6 heures du matin, température à la surface de la terre.	$+ 2° 1/2$
Hygromètre.	$53°$
10 heures du matin, thermomètre	$+ 10°$
Hygromètre.	$43°$
6 heures du matin, température à 1 mètre au-dessus du sol.	$- 1/2°$
Hygromètre.	$50°$
10 heures du matin, thermomètre	$+ 20°$
Hygromètre.	$45°$

Cette observation, qui parait assez naturelle, mérite d'être répétée : on y trouvera peut-être l'explication de certains phénomènes de culture dont on ne s'est pas rendu compte jusqu'à ce jour.

Gangrène. — La maladie des Pommes de terre est aussi grave au moins, dans les résultats, que celle de la Vigne : le Cryptogame qui attaque ce précieux tubercule est le *Botrytis infestans*, qui en envahit le feuillage ; il semblerait que les fanes ont été frappées d'une gelée très-intense, tant elles sont flétries. L'altération gagne alors le tubercule qui, quelquefois, arraché à l'état sain, ne tarde pas à devenir malade. Une fois en cet état, il se produit des Cryptogames d'autres genres, entre autres des *Fusisporium* et le *Fusidium sulphureum*, qui ne sont que le résultat de l'altération des tubercules ; dès que le mal est établi, les insectes s'en mêlent et l'on ne peut plus sans dégoût, quoique sans dangers, faire usage de ces tubercules, qui sont d'une digestion pénible ou difficile.

Quelles sont les causes de ce mal? C'est ce que nul n'a encore pu expliquer, et la science est muette à cet égard : les cryptogamistes l'ont vu uniquement dans la présence du *Botrytis infestans* ; les entomologistes ont revendiqué la part des insectes dans cette œuvre de destruction. Mais les végétaux et les animaux ne sont que des causes secondaires; il y a une cause première qu'il faut chercher en dehors et dans les circonstances purement atmosphériques ou ambiantes. On peut croire que nos Pommes de terre, forcées à la production par une culture qu'on pourrait appeler *irrationnelle*, sont devenues plus accessibles à l'action des agents ambiants, dont le mode d'action est inappréciable par nos instruments; nous savons seulement que la constitution du climat de notre pays a changé, et que l'influence qui a modifié le genre de vie de la Pomme de terre est la même que celle à laquelle on peut attribuer la maladie des Betteraves, de la Vigne, des Patates, des Tomates, des Haricots, etc.

M. Payen a reconnu que la maladie qui a attaqué les Patates est la même que celle des Pommes de terre. Comme pour ces dernières, quand on faisait cuire les tubercules, ils devenaient immangeables dans les parties attaquées.

Il en est de même de Tomates cultivées dans le voisinage de Pommes de terre malades, et qui ont été atteintes du même mal.

Il s'agit donc, non de combattre une influence extérieure, ce que nous ne pouvons faire, mais de chercher les moyens de se soustraire à cette influence.

Indiquer les moyens inutilement essayés, c'est dire dans quelle direction il faut faire ses recherches.

Le chaulage et l'immersion dans le lait de chaux ne sont pas des moyens proposables, car le *Botrytis infestans* n'est pas à la surface des tubercules, et les *Fusisporium* et les *Fusidium* n'attaquent pas les tiges.

Les semis n'ont amené aucun résultat : on a eu beau faire venir les semences de contrées que la maladie avait respectées jusqu'à ce jour, elles n'en ont pas moins donné des tubercules malades.

La plantation dans les terrains fumés ou non fumés a eu un même résultat.

On avait cru remarquer que les Pommes de terre hâtives, dites Pommes de terre Marjolin ou Kidney, n'étaient pas malades, et qu'il fallait avoir recours à la production printanière. Mais aujourd'hui les variétés hâtives ne sont pas plus épargnées que les variétés tardives.

Le seul moyen qui semble avoir réussi, quand on récolte des Pommes de terre ou toute autre racine que la maladie a envahies, est de ne les pas mettre dans une cave, mais dans un endroit sec où elles n'ont rien à redouter du froid.

On pourrait essayer les moyens indiqués pour la Vigne, les bassinages avec des eaux saturées de matières actives, ou l'emploi de substances pulvérulentes, dont l'effet paraît assuré. Dans ce cas, on recommandera la poussière de charbon, qui tuera infailliblement, en absorbant son eau de végétation, le *Botrytis infestans*.

Au reste, nous le répétons, nous en sommes aux conjectures, et le *Botrytis infestans* n'est pas la cause du mal, dont il reste encore à chercher l'origine : il n'en est que l'effet. C'est donc dans l'étude des meilleurs ou des moins mauvaises conditions de culture qu'il faut chercher le remède, en se pénétrant bien de cette vérité : c'est que les terres sablonneuses et maigres conviennent mieux à la Pomme de terre que les sols gras et humides.

Quant à l'emploi du tubercule malade, outre le procédé de conservation suffisamment expérimenté en Allemagne, où la maladie a sévi peut-être plus encore que partout ailleurs, c'est qu'on peut sans peine extraire de ces tubercules altérés la fécule qu'ils contiennent, et donner la pulpe aux bestiaux, qui n'en sont nullement incommodés.

Les Betteraves et autres racines attaquées de la même maladie ne peuvent guère être soumises à aucune sorte de traitement, si ce n'est le repiquage dans un autre terrain, tant que la racine n'est pas trop volumineuse, ou bien l'arrosement avec des liquides stimulants ou les liquides composés que nous avons signalés pour l'*Oïdium* de la Vigne.

Maladie des fruits rouges à noyau. — M. le docteur Léveillé a signalé une maladie qui attaque les Merises, les Cerises anglaises et surtout les Bigarreaux. Ces fruits sont tachés comme s'ils avaient été frappés de la grêle. Jusqu'à ce moment les fruits aigres n'ont pas été attaqués; mais les fruits doux et sucrés ont pourri ou séché à moitié sur les arbres, ce qui a causé aux propriétaires un préjudice considérable. Aux débuts du mal, la Cerise porte un ou plusieurs points obscurs entourés d'une auréole rosée; peu de temps après la tache s'agrandit, l'auréole s'efface, et au centre de cette tache, qui est une véritable désorganisation du tissu, on trouve une sorte de *nucleus* endurci, ce qui rapproche cette maladie de celle des Pommes de terre. Le pédoncule ne tarde pas à se dessécher, la maladie gagne les branches de l'arbre, s'étend au canal médullaire et chemine souterrainement, car à l'extérieur aucun symptôme ne trahit la présence du mal. Il apparaît bien quelques taches dues au *mycelium* d'un Cryptogame indéterminé, mais il est effet et non cause. Nous ne répéterons pas ce que nous avons dit comme cause générale de la maladie des végétaux; nous croyons seulement qu'en déposant au pied de l'arbre des engrais très-divisés, dont les principes seront dissous par des arrosements abondants, on en ranimera la vitalité, et on lui donnera assez de force pour triompher des influences ambiantes.

La cloque. — La *cloque* est une maladie qui semble due à de brusques et soudaines transitions de température. C'est au printemps, et surtout en automne, ces deux époques de l'année où les variations atmosphériques sont le plus considérables, qu'elle fait son apparition. On voit quelquefois, dans le courant d'une journée, la température varier de — 1° à + 30° centigrades. Il en résulte une perturbation inévitable dans la circulation ; la séve, stagnante à une basse température, s'épanche dans les tissus distendus par une turgescence instantanée, et l'état morbide suit de près cette mauvaise condition physiologique, qui fait le plus souvent périr les arbres qui en sont atteints. Les feuilles se gonflent, se crispent et perdent leur couleur ; les bourgeons cessent de se développer et augmentent de volume ; il apparaît alors un Cryptogame qui envahit les parties malades, et, comme dans la plupart des cas, ce n'est qu'un effet et non une cause. Quand l'équilibre de la température est rétabli, la circulation reprend son cours normal, et la crise se termine par la mort de quelques bourgeons. On rabat à la seconde séve les parties mortes, et avant l'arrière-saison les nouveaux bourgeons ont eu le temps d'acquérir leur développement.

Certaines variétés de Rosiers telles que : *Microphylle, Aimée Vibert, Hyménée,* sont très-sujettes à la *cloque*. Le *Gardener's Magazine* indique, comme un moyen de rétablir ceux qui ont souffert de cette maladie, l'arrosement avec de l'eau dans laquelle on a fait dissoudre une petite quantité d'azotate de potasse (sel de nitre). On croit qu'en bassinant le feuillage avec ce liquide on pourrait également apporter remède au mal.

Quant au soufre en poudre, qui a été indiqué comme un moyen curatif, il est sans effet. S'il détruit le Cryptogame qui s'est établi à la surface du feuillage, il ne remédie pas au mal, qui a une source essentiellement atmosphérique. En un mot, c'est à l'étiologie qu'il faut demander l'origine d'une maladie, avant d'employer empiriquement des moyens qui sont presque toujours dépourvus d'efficacité.

Pourriture. — La *pourriture*, de nature différente du chancre, attaque parfois les plantes bulbeuses alimentaires ou ornementales.

Cette maladie est due le plus souvent à un excès d'humidité, à un sol compacte et humide ou trop chargé d'engrais : car il faut à ces végétaux une terre légère, sablonneuse, fumée de l'année précédente. La contexture molle et aqueuse des plantes bulbeuses fait facilement comprendre comment elles sont accessibles à la pourriture. Les Tubéreuses se pourrissent plus facilement encore que les Jacinthes et les Tulipes ; les Lis, les Amaryllis et tous les Oignons à fleurs qui doivent rester en terre toute l'année sont également très-susceptibles de pourriture. On peut, en général, regarder comme perdus les bulbes attaqués par ce mal, qui ne cède pas toujours à l'excision de la partie malade, quoique ce soit le meilleur moyen. On déchausse l'Oignon sans découvrir les racines, on enlève la partie pourrie, on couvre la plaie de sable sec et on recouvre de terre. On a sauvé par ce moyen des Oignons d'un grand prix. Les racines charnues ne pourrissent que quand on les laisse dans une terre trop pénétrée d'eau ou que, après les avoir arrachées, on les met dans une cave humide. Il faut, en général, à tous les végétaux charnus une terre légère, et à l'époque où la période de la végétation est accomplie, des arrosements ou une humidité moyenne. Les tiges herbacées et les plantes charnues, comme les *Rochea*, les *Cactus*, les *Crassula*, pourrissent aussi facilement. On les guérit fort bien par l'excision de la partie malade, en couvrant la plaie de l'onguent que nous avons indiqué ; il suffit pour empêcher l'action désorganisatrice de l'air ambiant, et la cicatrisation est parfaite. La pourriture diffère du chancre, en ce que ce dernier est sec et la première humide et d'une difficulté de guérison plus grande que celle du chancre. Pour prévenir la pourriture qui envahit trop souvent les plantations d'Oignons à fleurs et fait le désespoir des horticulteurs, il faut, en les levant de terre pour les rentrer, ne pas enlever toute la hampe et les racines, mais les laisser se flétrir complétement d'elles-mêmes : une ablation dans le vif prédispose à la pourriture. C'est sous le plateau, c'est-à-dire à la partie inférieure de la Jacinthe, que la pourriture se déclare. Quelquefois il suffit, pour les en guérir, de les essuyer avec un linge rude et de les tenir jusqu'à la plantation dans un endroit sec.

La chlorose. — Cette maladie, de nature essentiellement asthénique, indique un état de souffrance générale, une mauvaise assimilation des éléments de nutrition, en un mot un état semblable à l'anémie chez l'homme.

Les dissolutions ferreuses, sulfate ou perchlorure de fer, dans la proportion de 1 à 2 grammes par litre d'eau pour les immersions de la plante même et 8 grammes pour les arrosements, ont été employées avec succès par M. Gris, pharmacien de Châtillon-sur-Seine, pour guérir les végétaux chlorotiques, tant herbacés que ligneux, et les résultats, quoique contradictoires quelquefois, ont, en général, été satisfaisants : la végétation a été plus vigoureuse et les produits légumineux et crucifères surtout, supérieurs à ceux des plantes de même sorte cultivées concurremment sans stimulant. C'est ainsi que des Choux-Fleurs arrosés avec une dissolution ferreuse ont donné en poids brut 10 kil. 300 gr., et ceux cultivés sans stimulants 4 kil. 780 gr. Ce moyen mérite d'être expérimenté.

Le miélat. — Cette maladie apparaît à la surface des végétaux sous forme de manne sucrée, et la transsudation a lieu tant par la tige que par les feuilles, les fleurs et les fruits. Elle forme à la surface des organes qu'elle recouvre une sorte de vernis qui s'oppose à la transpiration ou à l'exhalation, et les affaiblit par la privation d'une partie de la substance élaborée. Les arbres à fruits et les Rosiers sont surtout atteints de cette maladie, due à la végétation des plantes délicates qui viennent dans un terrain sec, et elle se montre surtout dans les années de sécheresse. L'effet de cette sécrétion anormale est de diminuer l'activité vitale des plantes, d'empêcher les fruits de grossir et de les faire tomber avant le temps. Le *miélat* attire sur les plantes qui en sont atteintes les pucerons, les fourmis et les guêpes. On a essayé pour le détruire la chaux, le soufre, sans le moindre succès. Les arrosements abondants et les bassinages paraissent être les meilleurs moyens. Un horticulteur anglais dit qu'il a remarqué que l'apparition du *miélat* sur les Rosiers coïncidait avec une pourriture des racines qui en avait ralenti la végétation. Il a guéri ces arbustes en retranchant la partie chancreuse, et en développant en eux l'énergie vitale par des irrigations stimulantes.

La fumagine. — C'est une végétation cryptogamique, de couleur fuligineuse, qui s'attaque surtout aux Pêchers en espalier, aux Abricotiers, aux Orangers, ainsi qu'aux végétaux d'orangerie. Cette maladie, dont le Cryptogame n'est que la production anormale, est attribuée à l'exposition ombragée où se trouvent les arbres, ainsi qu'à l'humidité qui en amollit les tissus. On s'en délivre facilement par un simple lavage, et en changeant l'exposition à laquelle les arbres ont souffert de cette maladie, qui ne produit le parasitisme que quand elle est arrivée à son plus haut période.

La coulure. — Cette maladie assez commune est le résultat de la continuité de la pluie et d'un abaissement subit de la température. Elle attaque surtout les arbres faibles et languissants, dont elle fait avorter les fruits, faute de fécondation, ou plutôt même faute de nutrition. C'est pourquoi, quand on voit les arbres atteints de cette maladie, il faut les ranimer par tous les moyens au pouvoir de la science horticole.

La bruissure ou bruine. — Elle résulte de l'action continue du vent : comme tous les courants d'air doués d'une grande rapidité, elle dessèche les végétaux en diminuant la masse des fluides circulants. C'est à la fois une question d'influence météorologique et d'exposition. On n'a pas d'autres moyens de soustraire les arbres à cette action destructive que de les ranimer par des stimulants liquides, qui réparent les pertes successives qu'ils éprouvent par suite de l'agitation de l'atmosphère et de ses qualités desséchantes, et par des bassinages généraux avec une pompe à main. Ce moyen suffit souvent pour remédier au mal, qu'il faut prendre à son début.

La gelée. — Elle est une cause réelle de maladie ; elle fait périr les bourgeons à feuilles ou à fruit, et cause la chute des fleurs des arbres fruitiers. Cet effet est produit par l'action du soleil sur ces frêles organes quand ils sont couverts de givre. On peut prévenir le mal en seringuant les arbres avant que le soleil en ait fait fondre la glace. Un autre moyen, qui peut être employé en même temps ou même seul, consiste à mettre l'arbre qu'on veut préserver sous le vent d'un feu de paille, de foin ou de copeaux humides produisant beaucoup de fumée. Il faut pratiquer cette opération avant le lever du soleil. C'est un moyen applicable en grand aussi bien qu'en petit, et qui préserve parfaitement les végétaux des effets désastreux de la *gelée blanche*.

Les Lichens et les Mousses. — Ce sont des végétaux pseudoparasites, surtout les premiers, qui ne portent qu'un assez mince préjudice à la végétation quand ils ne sont pas trop abondants. Les arbres forestiers, les arbres fruitiers en plaine, entre autres les Pommiers à cidre, sont couverts de la base au sommet de *Lichens* qu'on ne prend jamais, à grand tort, la peine d'enlever, et qui s'opposent à la mise en rapport de l'arbre avec l'air ambiant. Les *Mousses*, à l'égal des Lichens, deviennent nuisibles si elles se multiplient avec excès, et sont le fléau des Pommiers. On enlève Mousses et Lichens avec l'instrument appelé *émoussoir*, qui n'est qu'une sorte de raclette à bords non tranchants, ou bien on enduit les arbres avec du lait de chaux, ce qui fait disparaître tous les parasites qui s'étaient établis sur leur écorce. Quant aux Mousses qui forment au pied des arbres de brillantes pelotes d'émeraudes, elles doivent être conservées, parce qu'elles entretiennent la fraîcheur. Il n'est rien même plus facile que de faire croître ce paillis naturel, utile dans les années sèches.

Le Gui. — Ce parasite des Pommiers et des Peupliers doit être détruit avec soin au moyen d'un ciseau belge, sorte de fermoir à douille dont se servent les élagueurs. Si l'on néglige ce soin, le *Gui* se développe avec vigueur, et ne tarde pas à appauvrir la végétation des arbres sur lesquels il s'est établi.

De l'influence des infiltrations du gaz hydrogène sur les arbres. — La maladie produite par l'*infiltration du gaz dans le sol* est le résultat d'un empoisonnement véritable. Il faut donc s'assurer, lorsqu'on plante des arbres le long de chemins parcourus par des tuyaux destinés à conduire le gaz d'un point à un autre, s'il n'y a pas de fuite qui, en saturant le sol, lui donne des qualités délétères. Cette remarque, faite bien des fois, a malheureusement été confirmée par l'expérience, et le seul moyen à opposer aux fuites inévitables des conduits de gaz serait d'établir de chaque côté des travaux de maçonnerie dont les éléments seraient la brique, pour empêcher la saturation de la terre par un gaz impropre à la vie.

De la mutilation, ou de l'étêtement. — Les véritables horticulteurs se sont, avec raison, élevés contre l'habitude d'*étêter les arbres* qu'on plante, ce qui ne l'a pas empêchée de prévaloir. Cependant il est une loi imprescriptible qui exige que pour réussir on mette en équilibre les branches et les racines de l'arbre que l'on plante. Le préjugé l'a emporté, et l'on cause, faute de nutrition, un *étiolement* qui ne tarde pas à porter ses fruits. L'arbre végète misérablement pendant quelques années, et l'on est obligé de l'abattre à une époque où il devrait avoir acquis un développement capable de faire espérer pour l'avenir des résultats productifs. Outre l'*étiolement* il y a la *carie* qui s'établit sur les plaies faites par la serpe. L'*étêtement* est donc une méthode vicieuse à laquelle il faut renoncer.

DES ENGRAIS SUSCEPTIBLES DE PRÉVENIR ET D'ARRÊTER

LES MALADIES.

Ayant considéré les maladies des végétaux dues aux influences ambiantes comme des affections asthéniques qui, en affaiblissant leur énergie vitale, les livrent aux parasites, devenus à leur tour des causes réelles et actives de destruction, nous croyons devoir indiquer les meilleurs engrais qui conviennent aux grands végétaux, aux arbres à fruits surtout, et qui en augmentent la vigueur.

Le *sel*, répandu au pied d'un arbre en assez grande quantité pour être visible, est réputé un des meilleurs et des plus énergiques stimulants. Comme le sel gris est cher, on peut le remplacer par le sel qui a servi à conserver la morue. L'effet en est le même.

Le *compost*, regardé pendant longtemps comme le remède souverain à tous les maux du Règne végétal, a perdu une partie de sa réputation et est au-dessous de ce qu'on en espérait.

Sa composition est la suivante :

> Terre franche et terreau de couches, mêlés ensemble
> par parties égales, étant pris pour. 1

On y ajoute :

> Fumier de vache gras. 1/10
> Poudrette 1/20
> Colombine 1/40
> Marc de raisin 1/40
> Crottin de mouton. 1/20
> Terre de gazon 1/5

On mêle le tout ensemble, on en fait un amas en forme de cône, qu'on recouvre de terreau ; chaque année on le remanie, on le passe à la claie, et, au bout de trois ans, on l'emploie. C'est ce compost qui forme le fond de la terre à orangers de Versailles.

Le *fumier animal* a près de trois fois autant de vertu.

Les *urines*, humaines surtout, et fermentées, ont une valeur quadruple.

Le *guano* paraît avoir une valeur à peu près égale. On a surtout confirmé sa supériorité sur le noir animal, les cendres et même la poudrette.

On voit que nos connaissances en étiologie pathologique végétale sont bien bornées ; notre thérapeutique l'est plus encore : nous en sommes réduits à l'empirisme, et souvent même à l'empirisme le plus grossier. La véritable prophylactique, l'hygiène végétale, est le principal moyen auquel il faut recourir pour prévenir l'invasion du mal. Tout le secret consiste à mettre les végétaux dans des conditions le plus semblables à celles qu'ils occupent dans leur état naturel, et à ne pas les développer anormalement avec excès. C'est une étude à faire qui exige quelque pratique et de bons conseils, mais dont le succès est immanquable. Le choix des variétés qui s'accommodent le mieux du sol qu'on peut leur donner est une des conditions essentielles de succès.

Quant à ces fléaux que des circonstances climatériques incompréhensibles nous envoient, il faut étudier leur *étiologie*, la combattre autant que le permet la faiblesse de nos moyens, puis attendre que, comme il les amène, le temps les remporte.

DES INSECTES ET DES ANIMAUX NUISIBLES.

Nous croyons devoir nous étendre, dans l'intérêt des horticulteurs et des amateurs de jardinage, sur un sujet d'une importance d'autant moins contestable qu'on voit souvent en quelques jours l'espoir d'une récolte anéanti, des plantes rares ou précieuses, élevées avec soin, détruites par des animaux qui ne peuvent que trop facilement se soustraire à nos recherches. Nous pensons donc rendre un service en reprenant ce sujet et en lui donnant une forme à la fois vulgaire et scientifique ; car notre but est de familiariser les horticulteurs avec la science et de leur prouver qu'elle n'est pas aussi stérile que beaucoup d'entre eux le pensent. Qu'ils ne s'effrayent pas de la *nomenclature entomologique* : elle n'est pas plus barbare que celle des végétaux, et nous ne doutons pas qu'ayant appris qu'au petit nombre d'insectes, connus d'eux seulement par leurs noms vulgaires, ils en peuvent ajouter plusieurs centaines d'autres, dont ils n'avaient aucune idée, ils ne prennent goût à une étude si susceptible d'avoir des résultats profitables à l'horticulture [1].

On a beaucoup écrit sur cette matière et donné des procédés ou

[1] Pour donner une idée de la multiplicité des insectes qui vivent aux dépens de certains de nos arbres, nous énumérerons ceux dont notre Poirier commun est la demeure habituelle, soit dans le tronc, soit à la surface des feuilles, soit dans les fleurs et le fruit :

COLÉOPTÈRES.

Capnodis tenebrosa, qui se trouve aussi sur l'Aubépine. *
Agrilus viridis, aussi sur la Vigne.
Hololepta depressa, sous l'écorce.
Osmoderma eremita, aussi sur le Saule.
Mecinus pyrastri, sous l'écorce.
Anthonomus pyri, aussi sur le Sorbier.
Phyllobius calcaratus, qui ronge les bourgeons.
Phyllobius pyri, de même.

Bitoma crenata, sous l'écorce.
Scolytus pyri (Eccoptogaster), aussi sur le Sorbier.
Scolytus pyri, idem.
Platypus cylindricus, sous l'écorce.
Sylvanus unidentatus, idem.
Leiopus nebulosus, idem.
Saperda scalaris, idem.

HÉMIPTÈRES.

Pamphilus pyri dévore les feuilles.
Tingis pyri (tigre des Jardiniers), idem.
Capsus pyri, aussi sur l'Érable.

Phytocoris magnicornis, sur les feuilles.
Aphis pyri, aussi sur le Cornouiller.
Kermes pyri, aussi sur la Vigne.

trop compliqués ou impraticables en grand. Les substances qu'on emploie ne sont souvent applicables qu'à des doses élevées pour être efficaces, et dans cet état elles tuent les végétaux qu'on cherche à sauver. Nous allons entrer en matière par des indications générales, sans cependant prémunir d'une manière absolue le lecteur contre les recettes spéciales ; mais nous dirons que, dans la plupart des cas, le meilleur moyen, celui qu'emploient les horticulteurs soigneux, est une recherche minutieuse des insectes, qu'on détruit en les écrasant au fur et à mesure de leur apparition. Il faut surtout s'appliquer à détruire les insectes parfaits avant leur accouplement ; car si on leur laisse le temps de déposer leurs œufs, toute destruction ultérieure serait inutile. Il faut faire une chasse impitoyable à tous les insectes, sans en excepter les *hyménoptères*, tels que les *Fourmis*, les *Guêpes*, les *Bourdons*, qui ne sont pas préjudiciables aux fleurs, mais qui dévorent les fruits mûrs. En écrasant ou noyant les insectes avant qu'ils aient pu se reproduire, on les em-

LÉPIDOPTÈRES.

Vanessa Polychloros, aussi sur le Cerisier.	*Himera pennaria*, sur le Rosier.
Papilio podalyrius.	*Ennomos lunaria*, sur le Tilleul.
Arctia lubricipeda.	*Ennomos alniaria*, idem.
Liparis Chrysorrhœa, aussi sur le Myrte.	*Acidalia brumata*, sur le Prunellier.
Liparis auriflua, idem.	*Melanthia fluctuaria*.
Dasychira pudibunda, aussi sur le Noyer.	*Eupithecia rectangularia*, aussi sur le Tama-
Lasiocampa quercifolia.	risc.
Bombyx quercus, aussi sur le Mûrier.	*Crocallis elinguaria*, sur l'Ajonc.
Pœcilocampa populi, sur le Peuplier.	*Argyrotosa holmiana*.
Eriogaster everia, sur le Tilleul.	*Carpocapsa pomonana*.
Clisiocampa acustria, sur le Pommier.	*Glyphipteryx bergstrœssella*.
Attacus pyri, sur l'Oranger.	*Lithocolletis pomonella*, aussi sur l'Érable.
Zeuzera œsculi, sur le Marronnier.	*Yponomeuta cognatella*, sur le Fusain.
Lophopteryx camelina.	*Yponomeuta evonymella*, idem.
Diloba cœruleocephala, sur le Prunier.	*Elachista serratella*, aussi sur le Cerisier.
Mecoptera satellita.	*Tinea augustella*, sur la Clématite.
Orthosia munda, sur le Cerisier.	*Œcophora cinctella*, sur l'Olivier.
Cynœdia ambusta.	*Cheinomophila gelatella*.

DIPTÈRES.

Cecidomyia pyri.

Voilà cinquante-sept espèces d'insectes pour une seule espèce d'arbre, dont une vingtaine lui sont absolument propres. C'est une preuve de la nécessité de la vigilance inépuisable de l'*horticulteur*, et de l'étude que celui-ci doit faire des animaux nuisibles et de ceux qui sont ses auxiliaires, pour protéger les uns et détruire impitoyablement les autres.

pêche de déposer des milliers d'œufs dont les dégâts ne seraient apparents qu'à une époque où il ne serait plus possible de s'y opposer.

Comme on ne peut tuer tous les insectes qui nuisent aux végétaux de nos jardins, il faut chercher leurs œufs et les détruire. On connaît déjà l'*échenillage*, par le moyen duquel on fait disparaître les œufs de la *Chenille processionnaire*, cette ennemie de nos arbres à fruits; mais combien d'autres ennemis n'avons-nous pas qui ne sont pas si connus et qui nous échappent par les formes multiples sous lesquelles ils se cachent. Quelques mots sur les diverses apparences des œufs des insectes nuisibles seront d'un grand secours pour en faciliter la destruction.

Le *Liparis chrysorrhea* dépose sur les feuilles des haies et des arbres à fruits des masses velues et roussâtres dans lesquelles sont renfermés ses œufs. Les petites Chenilles qui en sortent filent en commun, et, pour se défendre contre le froid, font des nids blancs très-visibles en hiver sur les arbres à fruits.

Le *Bombyx lanuginosus* dépose, en spirale, autour des rameaux, des nids velus et grisâtres, très-apparents quand les arbres sont dépouillés, et qui peuvent alors être détruits.

La *Clisiocampa neustria* forme autour des branches des arbres fruitiers des anneaux composés d'œufs lisses recouverts d'un enduit grisâtre, sous la protection duquel ils passent l'hiver.

L'*Acridium* (*Criquet*) dépose ses œufs dans la profondeur du sol et quelquefois aussi, sous forme de masses brunâtres, agglomérées le long de la tige des végétaux.

La *Lygæa militaris*, si connue sous le nom de *Punaise des Choux*, ne pond que douze œufs, disposés alternativement sur deux lignes parallèles dont une des extrémités passe l'autre.

La *Pentatoma grisea* pond également douze œufs globuleux, d'un vert doré, qui sont réunis en masse.

Les *Hémérobes* ont leurs œufs portés sur de longs filets, fixés à la surface inférieure des feuilles, et qui ressemblent plutôt à un végétal cryptogame qu'à un œuf d'insecte.

Les *Tenthrèdes* pondent leurs œufs sur des feuilles ou les jeunes

pousses des végétaux, sous l'épiderme desquels la femelle les insinue.
Ils augmentent de volume après leur ponte.

Le *Culex pipiens* (*Cousin*) dépose, dans les eaux, des masses
d'œufs en forme de barque et rendus insubmersibles par l'enduit
visqueux qui les unit.

L'*Epeira diadema*, comme toutes les espèces d'Araignées, enveloppe ses œufs dans une sphère de soie, nid doux et chaud où les
jeunes Araignées bravent l'intempérie des saisons.

Voici, au reste, une série de moyens généraux de destruction
proposés à diverses époques et dans différents pays. On peut les essayer; car, s'ils ne sont pas absolument bons, on ne peut pas dire
qu'ils soient tous dépourvus d'efficacité.

On a préconisé les vapeurs qui se dégagent du soufre, en un mot
le gaz acide sulfureux. Ce procédé, qui n'est pas applicable en grand
à moins de frais considérables, et peut avoir des conséquences funestes pour le végétal auquel on l'applique, consiste à recouvrir d'un
abri quelconque, cloche, tonneau, tente de toile, la plante attaquée,
et à y faire brûler des bandes de papier trempées dans du soufre
fondu. On laisse pendant un quart d'heure la plante en rapport avec
l'acide sulfureux, et au bout de ce temps les insectes sont morts. On
peut cependant avoir recours à la fumée de foin ou d'herbes humides, ou bien encore à celle de plantes âcres et aromatiques, et, si
les végétaux sont petits et peu nombreux, aux fumigations de tabac
ou de soufre, au moyen de l'appareil appelé *fumigateur*. C'est un
excellent moyen contre les Pucerons.

On a proposé pour la destruction des Chenilles un moyen qui est
infaillible, à ce qu'on assure : il consiste à pendre aux végétaux
attaqués par ces larves, des chiffons de laine ou des morceaux de
drap. Pendant la nuit, elles s'y réfugient, sans doute pour se soustraire à l'action du froid, et chaque matin on va visiter ces piéges,
toujours garnis de Chenilles. On affirme encore que les branches
d'Aune les éloignent par leur odeur.

Un moyen employé avec succès, suivant le *Gardener's Magazine*,
consiste à former un liquide épais, composé de soufre, chaux vive
en poudre, tabac, de chacun égale quantité ; on délaye le tout dans

un mélange d'eau de savon et d'urine, jusqu'à consistance de peinture épaisse. Quand les arbres sont taillés et dépalissés, on les enduit dans toutes leurs parties d'une couche de cette composition. Les arbres sont préservés, dit-on, d'insectes pour longtemps. S'il reste de cette composition, on la met dans un vase, en versant dessus assez d'urine pour en couvrir la surface.

On propose, pour les plantes de serre, un procédé qui serait d'un emploi commode s'il était positif qu'il conduisit à la destruction des insectes dont elles sont infestées. On prend des feuilles de Laurier-Cerise; on les pile et on les place entre les pots, ou, quand la serre est grande, on en jonche les sentiers, on en met partout et on ferme hermétiquement la serre pendant dix ou douze heures. Au bout de ce temps, tous les insectes sont morts. Il est évident que ce sont les émanations hydrocyaniques qui produisent cet effet: mais on objecte à ce moyen qu'il n'a pas d'action sur les œufs et exige que l'opération soit répétée chaque fois qu'une nouvelle éclosion a lieu. D'un autre côté, les émanations ne peuvent-elles pas être préjudiciables à la santé des jardiniers qui entreront dans la serre après que l'atmosphère aura été saturée des principes délétères du Laurier-Cerise, qui sert, comme on le sait, à préparer l'acide hydrocyanique médicinal? De plus, les Lauriers-Cerises, quoique répandus, ne sont pas si communs qu'on puisse s'en procurer autant et aussi souvent qu'on en aurait besoin; il en faut plus de 2 décalitres pour une serre de 6 mètres 50 centim. de long sur 4 mètres de large.

On a essayé les *essences de térébenthine* et de *schiste* battues avec un jaune d'œuf pour les rendre miscibles à l'eau en toute proportion. L'effet a été immédiat : les *insectes,* et surtout les *Fausses Cochenilles,* périrent sur-le-champ, et furent en un instant dépouillées de leur duvet; les œufs, recouverts de l'enduit destructeur, ne tardèrent pas à périr. L'inconvénient est que les végétaux supportent difficilement ce traitement : il est vrai que l'expérience a été faite sur un *Catasetum* et un *Hura,* deux plantes aussi délicates l'une que l'autre; mais il faut dire que les feuilles tachées par les essences tombèrent quelques jours après. Les plantes à feuilles coriaces souffrent parfaitement ces lotions. Il faut donc trouver un liquide qu'on prépare en assez grande quantité pour n'avoir besoin que d'immerger dedans le végétal, sans l'enduire ou le frictionner feuille par feuille. Nous dirons que chaque fois qu'on peut, sans danger pour la plante, employer l'*essence de térébenthine*, comme cela a lieu pour les nids de Guêpes et les fourmilières, on doit s'en servir : ce moyen est infaillible.

Une eau amidonnée d'une façon assez épaisse et dans laquelle on avait fait fondre du sulfure de potasse, à la dose de 3 grammes pour 1 litre, a bien réussi ; elle a en partie tué les grosses Cochenilles ; deux jours après la préparation s'est en allée en écailles. Le feuillage n'a pas souffert la moindre altération, et cet enduit ne l'a pas souillé. Le plus simple bassinage suffit pour faire tomber ces écailles légères. Il n'est pas besoin de laver les plantes avec une éponge, sauf les parties trop chargées de Cochenilles : il suffit d'immerger les plantes dans le liquide, en l'agitant pour le faire adhérer partout. Ce liquide, essayé par M. Rivière, se compose de :

Amidon.	30 grammes.
Eau.	4 litres.
Sulfure de potasse.	12 grammes.

On fait fondre le sulfure de potasse dans le liquide, quand il est refroidi. Le prix de ce liquide est de 10 centimes le litre.

On doit ajouter à ces moyens celui plus lent, mais toujours infaillible, du soufre en poudre, qui s'applique après un bassinage : c'est celui qui réussit le mieux ; mais il est long et souille désagréablement le feuillage des végétaux. Le Tabac produit un résultat semblable ; seulement il est fort dispendieux. Le liquide à chercher doit servir à des immersions, et ne pas nuire aux plantes les plus délicates. Nous terminerons en disant que les acides et les alcalis, même faibles, les huiles essentielles, l'alcool et les huiles grasses sont incompatibles avec les végétaux ; qu'il en est de même des sels toxiques, qui empoisonnent les plantes.

DES INSECTES.

PREMIER ORDRE : HYMÉNOPTÈRES.

Ces insectes, reconnaissables à leurs quatre ailes membraneuses parcourues par de nombreuses nervures sans réticulations, et dont les Abeilles, les Guêpes, les Bourdons et les Fourmis sont les types, méritent notre attention à un double égard. Les uns sont nuisibles et d'autres, utiles, en ce qu'ils nous viennent en aide dans la destruction des autres insectes ennemis de nos jardins.

Hyménoptères nuisibles. — Les *hyménoptères*, même les plus utiles, sont quelquefois nuisibles, aux époques surtout où l'aridité de la saison a fait disparaître les fleurs; la nourriture leur manquant, ils se jettent sur tous les fruits. Les *Abeilles* sont dans ce cas : elles couvrent les espaliers et y font des dégâts considérables; il en est de même des *Guêpes*, qui n'ont pas, comme les Abeilles, une utilité qui mérite nos égards. On les détruit en suspendant aux arbres et aux treilles de petites bouteilles remplies d'eau sucrée ou miellée, dans lesquelles elles viennent se noyer. Chaque fois qu'on rencontre un nid de Guêpes, on le détruit en l'inondant d'eau bouillante, après avoir bouché préalablement pendant la nuit, époque où elles sont toutes rentrées, leur nid avec du mastic, ou en y versant de l'essence de térébenthine.

Les *Fourmis* sont de tous les hyménoptères les plus incommodes et les plus industrieux. Elles nuisent de toutes les façons : d'abord par les vides qu'elles font au pied des arbres, vides qui entraînent la mort des jeunes racines, par l'acidité dont elles imprègnent tout le sol, et par le mouvement résultant de leur activité qui déplace incessamment les molécules de la terre et empêche les racines de remplir leurs fonctions; plus tard, en attaquant, par légions innombrables, les fleurs, les feuilles et les fruits. La petitesse des Fourmis empêche qu'on ne les détruise par une simple opération manuelle ou par des bassinages. On les fait périr, dans leur nid, en arrosant celui-ci d'eau bouillante dans laquelle on a fait fondre de la potasse jusqu'à alcalinité, ou du savon noir qui agit à la manière des corps gras. Les *larves*, qu'on appelle communément les *œufs*, seront détruites ou désorganisées, et le peu qui échappera périra faute de soins. La plupart des Fourmis seront noyées, et celles qui pourront se soustraire à la destruction iront du moins s'établir ailleurs. Si la fourmilière est assez loin des végétaux pour qu'on n'ait pas à craindre l'action du liquide d'arrosement sur les plantes, on pourra augmenter la quantité de potasse, ou, mieux encore, arroser la terre d'acide muriatique étendu. L'essence de térébenthine est un excellent moyen de destruction. Voilà pour les nids de Fourmis.

On empêche ces insectes de monter aux arbres en les entourant d'un bourrelet de laine cordée ou bien de goudron liquide. Comme les espaliers ne peuvent être garantis par ce moyen, on y suspend des bouteilles d'eau miellée dans lesquelles elles trouvent la mort.

Les arbustes cultivés dans des caisses ou des pots sont parfaitement préservés de l'incommodité des Fourmis au moyen de godets remplis d'eau, formant un bassin autour des pieds des caisses ou de la base des pots.

M. Pépin, chef de l'école de botanique au Jardin des Plantes de Paris, a dit avoir observé que, si l'on jetait au milieu d'une fourmilière une poignée de feuilles de Tomates, les Fourmis ne tardaient pas à disparaître pour ne plus revenir. La Tomate est une plante dont la culture est assez facile et dont les produits sont assez agréables, pour qu'on en ait toujours quelques pieds dans son jardin. Un journal de Berlin, la *Gazette de Spener,* a recommandé ce moyen comme infaillible.

Un autre horticulteur dit s'être parfaitement délivré des Fourmis en arrosant les fourmilières à plusieurs reprises, pendant deux jours, avec de l'eau dans laquelle il avait fait dissoudre du sulfure de potasse dans la proportion de 50 grammes pour 25 litres d'eau. Cet arrosement, loin d'avoir nui aux végétaux auxquels il a été appliqué, en a, au contraire, activé la végétation. Le sulfure de potasse, ou foie de soufre, est une substance d'un très-bas prix. Les 30 grammes coûtent 10 centimes au détail, et l'emploi de ce moyen jouit d'une parfaite innocuité quand la dose n'excède pas 2 à 3 grammes par litre d'eau. Cette expérience, indiquée d'une manière fautive, puisqu'elle signalait le sulfate de potassium comme la substance employée, a été rectifiée, et le succès du moyen employé a été confirmé par des expériences nouvelles.

On recommande seulement de ne pas se servir, pour ce liquide, d'arrosoirs de cuivre : il faut employer des arrosoirs de zinc, sur lesquels le sulfure de potasse n'a aucune action.

Ce moyen peut être employé, et avec le même succès, pour d'autres insectes. Le dosage seul doit varier.

Les autres *hyménoptères nuisibles* sont :

La *Mégachile centunculaire* et celle du Poirier, qui attaquent les feuilles de nos Rosiers, de nos Lilas et de nos Poiriers, pour en garnir le nid de leur progéniture. Les *Anthocopes* qui, dans le même but, coupent les pétales de nos fleurs, ne sont pas assez directement nuisibles pour être l'objet d'une poursuite spéciale ; elles peuvent au reste être détruites par les mêmes moyens que les Abeilles et les Guêpes.

Il y a aussi des *Xylophages* parmi les hyménoptères : ce sont les *Sirex*, qui s'attaquent aux arbres résineux.

On désigne sous le nom de *Fausses Chenilles* les larves des *Tenthrédines*, qui sont, contrairement aux lois morphologiques propres aux hyménoptères, munies d'organes de locomotion, tandis que les autres en sont privées. Ces insectes sont phyllophages. — Tels sont :

La *Lyda du Poirier*, qui dévore les feuilles de cet arbre, et celles du Rosier ;

Le *Cladie difforme*, qui ronge les feuilles du Rosier du Bengale ;

Le *Némate du Groseillier* qui fait de si grands ravages dans les plantations, que, dès le commencement de la saison, il les a complétement dépouillées de leurs feuilles ; d'autres espèces du même genre qui attaquent l'Oseille de nos jardins et le Cerisier, l'*Emphyte* du Groseillier, ennemi de cet arbrisseau ;

Le *Crypte fourchu* qui dévore le feuillage des Framboisiers ;

L'*Athalie du Rosier à cent feuilles* qui cause souvent des ravages irréparables ; l'*Athalie du Rosier*, qui est une autre espèce, et vit aux dépens de l'arbrisseau auquel il s'attache ;

L'*Hylotome* de la Rose, plus connu, qui est un des ennemis les plus redoutables des Rosiers et fait le désespoir des jardiniers ; la *larve de l'Épine-vinette*, qui dévore les feuilles de ces arbrisseaux.

On peut ajouter aux hyménoptères ennemis des Rosiers : le *Pamphile cynosbate*, qui attaque aussi le Poirier ; les *Tenthrèdes* du Groseillier, qui vivent de la moelle des rameaux ; le *Dolère de l'Églantier*, qui ronge le feuillage, et le *Cynips* de la Rose, l'auteur de ces excroissances chevelues connues sous le nom de *Bédégar*.

Le *Pamphile* du Poirier réunit en paquet, au moyen de ses fils de soie, les feuilles de cet arbre, et les dévore après.

Le *Tenthrède du Cerisier* vit aux dépens de l'arbre, à l'état de larve. Le *Tenthrède* rustique s'attaque aux Chèvrefeuilles. Les végétaux de ce genre sont également dévorés par les *Tenthrèdes du Groseillier* ; il en est de même du Troène, qui nourrit le *Tenthrède agréable*.

Pour ne pas prolonger cette nomenclature, nous nous bornerons à dire que ce sont les tribus des *Cynips* et des *Tenthrèdes* qui fournissent le plus d'ennemis de nos végétaux utiles et d'ornement.

On peut appliquer à tous ces insectes les moyens généraux indiqués au commencement de ce chapitre.

Hyménoptères utiles. — Le plus souvent ceux-ci vivent, à l'état adulte, du suc des fleurs ; mais leurs larves ne se nourrissent que de proie vivante.

Certains hyménoptères, qui élèvent leurs larves de cette sorte, placent près d'elles un insecte qu'ils ont piqué de manière à ne pas causer sa mort, mais de façon à le plonger dans une sorte de léthargie ; et les jeunes larves trouvent, dans cette provision si ingénieusement préparée, de quoi arriver jusqu'à l'époque où elles subiront leur transformation.

Nous citerons les principales espèces d'hyménoptères dont les larves sont carnassières, ainsi que les insectes qui servent de nourriture à ces dernières :

Le *Discælie à ceinture* emporte, dans le lieu où il dépose ses œufs, des Chenilles vivantes de la Pyrale de la Vigne.

L'*Odynère épineuse* s'attaque au Phytomène variable, espèce de Charançon.

L'*Odynère crassicorne* nourrit ses petits avec les larves de la Chrysomèle du Peuplier ;

L'*Odynère pariétine* nourrit les siens avec des larves de Pyrales ou de Papillons de nuit.

Les *Crabros* sont dans le même cas : ce sont des Pyrales, des Pucerons, des Diptères, qu'ils prennent pour nourrir leurs petits.

Les *Diodontes* et les *Pemphrédons* sont des ennemis mortels des Pucerons.

Le *Spilomène troglodyte* réunit quelquefois autour de sa larve plus de 10 à 40 larves de Thrips.

Le *Goryte à moustache* emporte dans son nid la larve assez grosse d'un hémiptère appelé Aphrophore écumante, qui vit sur les Saules.

La *Cercéris des sables* n'emporte pas des larves, mais bien des insectes les plus durs, tels que des Charançons, dont on trouve quelquefois jusqu'à une douzaine dans son nid.

Les *Oxybèles* et les *Bembex* vivent de Mouches ;

Les *Astates*, de larves de Pentatomes.

Les *Pompiles* attaquent les Araignées.

Les *Sphex* se nourrissent d'Acridiens ou Sauterelles, dont les dégâts sont connus.

L'*Ammophile des sables* détruit un nombre considérable de larves de Papillons nocturnes.

Le *Scolie des jardins* nourrit ses larves avec celles d'un ennemi presque aussi redoutable que le Hanneton, l'Orycte nasicorne.

Parmi les *Chrysis*, ces charmants petits hyménoptères qui ont l'abdomen brillant comme des rubis, il en est, tels que les *Cleptes*, qui détruisent les larves de la Tenthrède du Groseillier, tandis que d'autres déposent leurs œufs dans le nid des hyménoptères dont nous venons de parler et en font mourir les larves, soit en se nourrissant de la provision amassée pour ces dernières, soit en les attaquant elles-mêmes.

Les *Chalcidiens*, les *Proctrupiens* et les *Ichneumoniens* nous viennent en aide, non pas en plaçant près de leurs œufs les larves d'autres insectes, mais en déposant leur œuf lui-même sous la peau de la victime qu'ils ont choisie.

Les plus intéressants pour nous sont :

La *Chalcis petite*, qui détruit par ce moyen un nombre considérable de Pyrales ;

Les *Ptéromales*, qui attaquent non-seulement les Pyrales, mais aussi les Chenilles de Papillons de jour ;

Les *Eucyrtes*, qu'on devrait chercher à multiplier dans nos serres, détruisent les hémiptères si nuisibles des genres Cochenille et Kermès ;

L'*Eulophe* des Pyrales, qui est l'ennemi naturel de cette peste de nos Vignes ; le *Béthyle fourmi*, qui en agit de même ;

Le *Céraphron de Charpentier*, qui vit aux dépens du Puceron des Fèves ;

Le *Platigaster*, qui limite les ravages que font dans nos céréales les larves des Cécidomyes ;

Les *Téléas*, qui détruisent un grand nombre de larves de Papillons nocturnes ;

L'*Hybrizon*, qui attaque les Pucerons, surtout ceux du Rosier ;

Les *Bracons*, qui déposent leurs œufs dans le corps des larves des Ptines, rongeurs de nos bois ouvrés, et dans celui des Charançons ;

Les *Microgasters*, qui attaquent de préférence la Chenille du Chou ; la nature, toujours prévoyante, les a chargés d'établir une sage pondération et de mettre des bornes à leur multiplication ; sur 200 Chenilles de Piéride, à peine en trouve-t-on une dizaine qui arrivent à effectuer leur transformation ; le reste est la proie des *Microgasters*, dont les différentes espèces détruisent aussi les larves d'autres Lépidoptères ;

Le *Rhitigaster irrorator*, qui est parasite de l'*Acronycta Psi* ;

Le *Blacus*, qui est le destructeur des Otiorrhynques et des Barynotes, et qui appartient au groupe des Charançons ;

Les *Ophions*, qui vivent en parasites sur les chenilles des Papillons nocturnes ;

Les *Pimplas*, les *Cryptes*, qui sont également des ennemis redoutables des larves des Lépidoptères;

Les *Ichneumons*, qui attaquent toutes sortes de larves.

DEUXIÈME ORDRE : COLÉOPTÈRES.

Le seul caractère que nous assignerons à ces insectes pour les faire reconnaître, est l'existence d'ailes antérieures cornées ou élytres, tandis que les ailes postérieures ou inférieures sont papyracées et repliées sous les élytres sans jamais être croisées. Leurs mâchoires sont distinctes, bien conformées et propres à la mastication.

Nous trouverons dans cet ordre, comme dans les hyménoptères, des insectes nuisibles et d'autres utiles.

Coléoptères nuisibles. — La *Cétoine dorée* est un insecte innocent sans doute à l'état de larve, car elle se trouve dans les fourmilières; elle est nuisible seulement à l'état adulte : on la rencontre sur les Pivoines et surtout sur les Roses, où elle brille comme une pierre précieuse.

La *Cétoine hérissée* recherche surtout les fleurs des Abricotiers.

Au milieu de l'été on trouve encore, sur les Rosiers, la *Trichie à bandes*, qui affectionne particulièrement ces arbustes. Sa larve est perfide pour le bois, dans lequel elle vit, et qu'elle fouille à la manière des Termites. Les constructions rustiques sont souvent attaquées par cet insecte, qui en cause la ruine au moment où l'on s'y attend le moins. Ce sont les bois de mauvaise qualité employés à ces constructions qui en recèlent le plus : car la *Trichie* n'attaque pas les bois sains et durs. On la trouve à tous les états dans ceux qui sont mauvais, depuis la larve jusqu'à l'insecte parfait.

L'*Hoplie farineuse* est un parasite des fleurs; elle fait son apparition au mois de juin.

De tous les coléoptères, le plus commun et le plus nuisible est le *Hanneton*.

Comme il faut, pour tenter la destruction d'un insecte avec quelque chance de succès, connaître ses habitudes, la durée de sa vie, sous son triple état, l'époque de l'accouplement et de la ponte, etc., nous ferons en quelques mots l'histoire de l'évolution du *Hanneton*.

Le *Hanneton* s'accouple à la fin d'avril et dans les premiers jours de mai. L'accouplement, qui est répété trois fois, a lieu quelques jours après qu'il est sorti de terre. Après chaque fécondation, la femelle s'enfonce dans la terre et y dépose, à une profondeur de 5 à 6 centimètres, une vingtaine d'œufs. Après la dernière ponte, la femelle reste dans la terre et y meurt. Le mâle tombe peu de temps après de l'arbre sur lequel il a vécu, et va s'enterrer dans le sol pour y achever de mourir. La durée de sa vie a été de 10 à 15 jours. Son activité est nocturne, depuis le crépuscule jusqu'à minuit. A partir de ce moment, il tombe dans un engourdissement léthargique et reste plongé dans cette torpeur jusqu'au lever du soleil. Les œufs, déposés en terre depuis la fin d'avril jusqu'au milieu de mai, éclosent au bout de quelques semaines, et les ravages du *Ver blanc* commencent à l'automne, mais jamais plus tard que le mois d'octobre.

Le *Ver blanc* pénètre plus profondément dans le sol pour y préparer son quartier d'hiver. Au printemps, les *Vers blancs*, réunis en famille pendant la première année, montent à la couche supérieure du sol et recommencent à manger. Ils se réunissent en groupe autour des racines des végétaux et se creusent des galeries qui ne sont jamais distantes de plus de 30 centimètres de la plante dont ils se nourrissent. Quand la sécheresse est grande, ils plongent; après une pluie, ils remontent; si la pluie continue, ils redescendent. Dès la seconde année, les *Vers blancs* cessent de vivre en société et se dispersent dans les champs, où ils attaquent indistinctement tous les végétaux. Quand ils ont dévoré les petites racines, ils rongent les grosses, puis quittent la plante épuisée pour en attaquer une autre. Dès le mois de septembre, le *Ver blanc* s'enfonce pour son hivernage, et cette fois il plonge dans le sol à une profondeur qui est de plus d'un mètre; ce qui le fait échapper à la rigueur du froid. Pendant cette seconde année, le *Ver blanc* est plus redoutable qu'à aucune autre époque, quoique le nombre en ait été réduit des

7/10ᵉˢ par la mort. Il commence ses ravages au mois d'avril. En juin, il est parvenu à son maximum, et sa voracité dure jusqu'en août. Cette période, la plus importante de sa vie, est celle où il atteint son plus grand développement. Au printemps de la troisième année, le *Ver blanc* remonte vers la couche supérieure du sol ; mais il mange moins, parce que l'époque de sa transformation approche et qu'il lui faut moins d'aliments. A la fin de juillet, il redescend dans le sol, à une profondeur de 60 à 120 centimètres, et se change en chrysalide. Au bout de 28 à 56 jours, temps pendant la durée duquel il ne prend aucune nourriture, il subit sa troisième et dernière métamorphose.

Les arbres sur lesquels le *Hanneton* se jette de préférence sont les Chênes et les Hêtres, pour lesquels il abandonne les arbres fruitiers.

Il est facile de comprendre, d'après ce qui précède, que le *Ver blanc* n'est un ennemi dangereux que parce qu'on ne fait pas au *Hanneton* une chasse assez sérieuse. C'est pourquoi on doit d'autant plus redouter les ravages du *Ver blanc* que l'année a été plus abondante en *Hannetons*.

Outre la chasse, le plus sûr de tous les moyens, qui devrait être imposée aux habitants des campagnes comme l'*échenillage*, il faut répandre sur les champs, avant l'époque où cet insecte va paraître, c'est-à-dire à la mi-avril, des engrais à odeur fétide, tels que la poudrette liquéfiée, l'urine étendue d'eau, les résidus infects de certaines fabriques. Ces odeurs repoussent le *Hanneton* et l'empêchent de pondre dans le sol recouvert de ces substances préservatives.

On a également recommandé la suie comme un bon moyen ; mais on ne peut l'employer que sur de petites surfaces, car cette substance n'est pas assez abondante pour suffire à saupoudrer des champs entiers.

Les moyens employés contre le *Hanneton* peuvent l'être contre le *Ver blanc* pendant la première année de sa vie, car dans leur seconde il est plus difficile de s'opposer à ses ravages, et la profondeur à laquelle il plonge le met à l'abri des agents extérieurs.

Ces indications sont empruntées à un travail qui fut publié par ordre du gouvernement de Zurich.

L'auteur a fait les remarques suivantes, qui sont d'un haut intérêt :

1° C'est que les *Vers blancs* se rassemblent de préférence dans les champs occupés par des végétaux qui gardent la terre depuis le printemps jusqu'à l'automne, tels que les prairies, les Trèfles, Luzernes, etc. ;

2° Le *Hanneton* épargne les champs complétement dépouillés à l'époque de la ponte ;

3° Les *Vers blancs* périssent dans les champs dépouillés pendant la seconde moitié de l'été et tout l'automne, comme les champs de Froment.

Dans les jardins potagers, les arrosements avec des engrais fétides ne sont pas toujours possibles ; l'emploi de la suie l'est plus : car on peut s'en procurer en quantité assez considérable pour un espace restreint.

On a remarqué que les *Vers blancs* recherchent particulièrement certaines plantes, et entre autres la Laitue et les Fraisiers : c'est pourquoi on recommande d'offrir à ces larves les plantes sur lesquelles elles se jettent de préférence, pour épargner celles qu'on veut soustraire à leur voracité.

On a cru (car sous ce rapport tout est encore incertitude) que les terrains dans lesquels on cultivait ou même on avait cultivé des Crucifères, telles que Colza, Chou, Radis, Cresson alénois, ne recélaient pas autant de *Vers blancs* que ceux où l'on avait fait d'autres cultures. Pâquet prétendait même que des feuilles de Chou enterrées au pied d'un arbre, ou étendues simplement sur le sol en guise de paillis, éloignaient les *Vers blancs* ou les empêchaient de dévorer les racines des plantes.

Pour donner une idée de l'effrayante multiplication de ces ennemis de nos récoltes, nous donnerons quelques chiffres d'un haut enseignement en économie agricole. Dans une année abondante en *Hannetons*, le gouvernement de Zurich fit ramasser ces insectes, et il en fut recueilli 17,376 viertels, ce qui représente environ 153 millions de *Hannetons*. En admettant qu'il y eût moitié femelles et que la moyenne de la ponte fût de 30 œufs, au lieu de 60, nombre habituel, on trouve que cette chasse a prévenu la naissance de 2 milliards 295 millions de larves. Maintenant, la quantité de nourriture étant pendant les trois années de la vie souterraine du *Ver blanc* d'environ 1,000 grammes, leurs ravages auraient été de 20 millions de quintaux métriques de substance végétale.

On doit détruire le *Hanneton* qu'on ramasse, en le jetant dans de l'eau bouillante. Quant à sa valeur comme engrais, il est prudent de ne pas le répandre sur les champs, parce qu'il ne manquerait pas de produire des larves de Diptères également nuisibles aux végétaux.

Le plus grand ennemi du *Ver blanc* est la Taupe. Les ennemis du *Hanneton* sont le Hérisson, la Chauve-souris, les Engoulevents, les Pies-grièches, les Corbeaux, la plupart des oiseaux insectivores.

Les animaux domestiques, tels que les Porcs, les Poules, les Canards, sont avides de *Vers blancs* et de *Hannetons*, quoique ce ne soit pas toujours sans danger pour eux.

Le *Hanneton* a encore pour ennemi un des plus beaux insectes de nos pays, le Carabe doré, qui lui fait une chasse impitoyable et lui dévore les intestins, qu'il défile en les lui arrachant du corps. Le Carabe est donc un insecte à ménager.

Les autres espèces de *Hannetons* ne sont pas moins nuisibles : le *Hanneton du Marronnier d'Inde* et le *Hanneton foulon* sont les ennemis de nos arbres. Ce dernier a fait parfois des ravages considérables dans certaines localités.

Un des fléaux de nos cultures, peu connu et cependant parfois très-nuisible, c'est l'*Anisoplie des jardins,* petit *Hanneton* d'un vert cuivré. On assure que sa larve est un des ennemis de nos Choux. Ce qui est positif, c'est qu'il dévore, à l'état adulte, les feuilles des Rosiers.

L'*Euchlore de la Vigne* fait des ravages considérables dans nos vignobles et mérite d'être mentionné pour le salut de nos treilles; il faut donc le suivre dans son évolution et le détruire surtout à l'état adulte, car nous ne connaissons pas l'histoire évolutive de ces parasites incommodes, comme nous connaissons celle du *Hanneton* et de l'*Oryctes*, et nous en sommes réduits à les détruire quand nous apercevons leurs ravages.

Le *Rhinocéros* ou *Moine* (*Scarabæus nasicornis, Oryctes nasicornis*), est un coléoptère qui n'est nuisible qu'à l'état de larve. C'est le *Vergus* ou la *Chenille de terre* des horticulteurs, qui fait des ravages considérables dans les potagers et coupe en une seule nuit la tigelle des Pois quand elle est à 2 centimètres de longueur. C'est en septembre que le *Rhinocéros* sort de terre : il vit de 50 à 60 jours, mais à l'état parfait il ne cause aucun dégât; il ne semble avoir subi cette transformation dernière que pour la perpétuation de sa race. Les femelles, une fois fécondées, recherchent les endroits où se trouvent des déjections animales et y pondent leurs œufs. Quand les larves sont écloses, elles cheminent entre deux terres et commencent leurs dégâts. Le seul moyen à employer contre ces insectes est de les chasser à l'état parfait et de les détruire, ou bien d'établir de petits tas de crottin de cheval, de fiente de vache ou de terreau, dans le but d'offrir aux *Rhinocéros* femelles un lieu commode pour la ponte. On les remue chaque matin, et l'on y trouve ces insectes, qu'on écrase à mesure; on rétablit ensuite les tas, et l'on continue à les visiter chaque jour pendant la durée de la fécondation. Vers le milieu de l'automne, époque où la ponte est terminée, on transporte les fumiers dans la basse-cour, où la volaille recherche jusqu'à la dernière larve et détruit jusqu'au plus petit œuf.

Les *Lèthres*, communs en Hongrie et dans la partie méridionale de la Russie, sont des ennemis fort dangereux de la Vigne, dont ils dévorent les jeunes bourgeons. On ne les connaît pas en France.

Les *Bousiers*, les *Aphrodies*, les *Coprophages*, les *Ontophages*, quoique vivant, dans les fumiers et les terreaux, de matières végétales et de déjections, n'en sont pas moins nuisibles aux jeunes végétaux, qu'ils empêchent de prospérer en renversant sans cesse le sol dans lequel ils croissent.

Le *Passale interrompu* est un des parasites de la Patate; comme la culture de cette plante se répand, il est bon de connaître un de ses ennemis.

Le *Platycère caraboïde* est commun dans les environs de Paris, et s'attaque à nos arbres au commencement du printemps; il ronge les feuilles naissantes et les bourgeons.

La *Lagrée velue* se rencontre sur les fleurs, aux dépens desquelles elle vit, et elle est très-commune dans notre pays; il en est de même de l'*Anthique floral*.

La *Cystite soufrée* attaque plusieurs plantes potagères.

Le *Mylabre de la Chicorée* est un insecte à propriétés vésicantes qui s'attaque à ce légume et y fait de fréquents ravages.

Les *Staphylins*, quoique carnivores, se trouvent dans certaines fleurs, dont ils dévorent les pétales avant leur épanouissement. Les OEillets de collection en recèlent une espèce presque microscopique, dont les ravages font le désespoir des amateurs.

La *Cantharide médicinale* est commune sur les Frênes de nos jardins et sur les Lilas.

Les *Élaters*, plus connus sous les noms de *Taupin*, *Maréchal*, *Bonjour*, sont des insectes très-destructeurs. Leurs larves font souvent des ravages assez considérables parmi les plantes de nos jardins, ravages que l'on peut prévenir en établissant dans le voisinage, ou même seulement en bordure, des Marguerites, dont ils sont friands. Ils abandonneront alors les plantes sur lesquelles ils s'étaient jetés pour ne plus attaquer que les Marguerites. Celles-ci sont des plantes rustiques qui ne redoutent pas la voracité de ces frêles ennemis et n'en continuent pas moins de végéter. Les Navets sont souvent détruits par les *Taupins*. Quand on a affaire à des végétaux cultivés en grand, il est préférable de faire fouir autour des plantes attaquées et de recueillir les *Taupins*.

L'*Agrile du Poirier* passe ses premiers états dans les branches de cet arbre.

Les *Lucanes* ou *Cerfs-volants* et les *Sinodendrons cylindriques* taillent, à l'aide de leurs fortes mandibules, les tiges printanières des arbres. Il faut chasser l'insecte *parfait*, le seul état dans lequel il soit possible de l'atteindre, quoiqu'il nuise aussi bien à l'état de larve.

Le *Bruche du Pois* est l'ennemi de ce légume. D'autres espèces du même genre attaquent les Lentilles et les Fèves de marais; si elles n'empêchent pas ces graines de germer, tout au moins elles en dévorent un tiers de la substance. Il faut mettre le plus vite qu'on le peut un terme à ce parasitisme. Comme on sait que *les Bruches* infestent constamment les graines en question, il faut faire périr ces insectes dans leur premier âge, en soumettant la semence qu'on veut délivrer à une température de 70 degrés. Cette chaleur ne dessèche pas l'embryon du végétal et tue la larve ou l'insecte qui a établi sa demeure dans les semences.

L'*Apodère du Noisetier* dépose ses œufs dans le pétiole des feuilles de cet arbrisseau. Les larves ne pouvant vivre que dans des feuilles flétries, mais non desséchées, la femelle fait aux pétioles des feuilles une entaille dans laquelle elle dépose un œuf. La feuille ne tarde pas à jaunir et à se tordre sur elle-même, sans que la vie s'y éteigne entièrement, et elle conserve sa vitalité jusqu'à l'éclosion de la larve; car tout dans la nature est calculé pour certains buts cachés qui ne manquent jamais de s'accomplir.

Les *Attelabes* ont les mêmes mœurs que les *Apodères,* et font des dégâts analogues.

Les *Rhynchites* attaquent la Vigne, dont ils coupent les feuilles, ainsi que les Poiriers et les Pommiers. On les connaît sous les noms vulgaires de *Bèche* et de *Lisette*. Comme les feuilles auxquelles ces insectes ont confié leur progéniture sont flétries, on n'a qu'à les enlever, et l'on fait périr l'animal en enlevant la partie du végétal qu'il a choisie pour demeure.

Les *Thylacites* sont les ennemis du Noisetier, dont ils dévorent les feuilles et les bourgeons.

Les *Phyllobies*, parmi lesquelles la *Phyllobie argentée*, sont très-nuisibles aux végétaux.

Les *Charançons* du genre *Anthonome* attaquent la fleur et le fruit des Pommiers et des Poiriers.

Le *Phytobie à quatre tubercules* ronge les feuilles de nos Groseilliers.

L'*Otiorrhynque noir* ronge pendant le jour le feuillage du Citronnier et passe la nuit au pied de l'arbre.

L'*Obérée à pupilles* ronge dans son premier état les feuilles des Chèvrefeuilles au point de les faire périr.

Les *Balanines* sont les ennemis de nos Noyers, dont ils dévorent le fruit.

La tribu tout entière des *Scolytes* est le fléau des arbres forestiers et de ceux des jardins, surtout le *Scolyte destructeur;* le *Pygmée* ne les épargne pas davantage.

Les *Cérambycins* sont dans le même cas : ils sont représentés chez nous par les *Prions*, les *Ægosomes*, dont le scabricorne détruit les Tilleuls; le *Capricorne héros*, cet ennemi de nos Chênes; les *Saperdes*, les *Rhagies*, etc. En un mot, tous les *Capricornes* doivent être détruits à l'état adulte, car les larves se dérobent à toutes les recherches en se cachant dans la profondeur du bois de nos arbres.

Le *Nyphone saperdoïde* vit dans les troncs des Grenadiers.

Le genre *Orsodacne*, de la famille si nombreuse des *Chrysomèles*, attaque nos Cerisiers.

Le *Criocère du Lis* est le destructeur de cette belle plante, et les autres espèces du même genre sont les fléaux des plantes bulbeuses.

Le *Léma* est le parasite spécial de l'Asperge, sur laquelle il vit dans tous ses états; cette plante a encore pour ennemi le *Léma à douze points*.

La *Casside verte* détruit les Artichauts; le *Cryptocéphale soyeux* attaque les plantes de la famille des Composées, comme les Salsifis, etc.

L'*Eumolpe de la Vigne* est un des nombreux parasites de cet utile arbuste, dont il dévore le feuillage. Il faut le chasser à l'état adulte.

La *Chrysomèle ensanglantée* est commune sur les Crucifères; celle du Navet s'attaque à la plupart des plantes potagères.

Le *Cryptocéphale à douze points* dévore les bourgeons des Cornouillers.

L'*Altise bleue* (*Tique*, *Puceron noir*) est trop connue de nos jardiniers, dont elle est l'ennemi le plus terrible. Elle fait fondre les cotylédons des végétaux par ses succions répétées, et fait périr avec eux les plantes qu'ils étaient chargés de nourrir. On indique un moyen facile de détruire cet insecte, qui cause des ravages presque incalculables dans les semis des Crucifères, et anéantit souvent des planches entières de Choux. On met de distance en distance, dans les planches de ce légume, des cloches de verre qui sont soulevées d'un côté de 1 à 2 centimètres au-dessus du sol, pour permettre aux insectes de s'y introduire. Le soir, après les ravages de la journée, les *Altises* cherchent un refuge sous les cloches. Comme ils ne les quitteront qu'au jour, on va de grand matin les visiter; on les renverse, et l'*Altise*, ne pouvant monter le long des parois lisses des cloches, retombe au fond. On verse alors, dans la cloche, de l'eau dans laquelle on a mis de l'huile, et les insectes sont tués immédiatement.

L'*Alticoléracée* s'attaque aussi à la Vigne, et dépose ses œufs sur les jeunes feuilles. Les larves vivent du parenchyme de la feuille, et tout le cep paraît avoir été desséché par le feu. Le remède paraîtra étrange; mais on a constaté qu'en les chassant on prolonge leur présence, tandis qu'en leur livrant la Vigne une année, elles ne reviennent plus. On croit que, quand elles sont abondantes, elles attirent des ennemis qui les détruisent.

Nous insisterons, en terminant le paragraphe relatif aux coléoptères nuisibles, sur la nécessité de rechercher les larves et de détruire les adultes, en rappelant que les mêmes insectes attaquent des végétaux de presque tous les genres indistinctement. C'est ainsi que nous avons vu, parmi les hyménoptères, les *Tenthrèdes*, qui se trouvent sur le Chèvrefeuille, le Lilas, le Cerisier, être réunis sur le Groseillier; il en est de même de certaines espèces ou de certains groupes qui attaquent les végétaux les plus différents.

Les *Agriles* attaquent la Vigne, les Rosacées, les Framboisiers, les Néfliers, etc.

Les familles nuisibles qu'il faut connaître sont les *Scarabéides*, les *Élatérides*, les *Bostrichides*, les *Curculionides*, les *Scolytides*, les *Cérambycides* et les *Chrysomélides*.

Coléoptères utiles. — Le nombre des coléoptères carnassiers est très-considérable; ils appartiennent à certaines tribus essentiellement composées d'insectes créophages. On a beau dire que les *Lucanes*, ou *Cerfs-volants*, attaquent dans certaines circonstances les insectes vivants, le bien qu'ils peuvent faire ne balance pas le mal qu'ils ont produit à l'état de larves. Aussi peut-on les détruire sans scrupules.

Parmi les *Silphes,* on peut citer celui à quatre points, dont la larve, qui se tient sur les arbres, fait une chasse active aux chenilles. Les insectes de cette tribu, vivant au reste de détritus animaux et végétaux, ne sont pas nuisibles. Il faut ajouter toutefois qu'on a constaté des ravages considérables causés par des larves de *Silphes* nées dans des débris animaux, et qui, n'ayant pas de nourriture, se sont jetées sur des Betteraves et en ont dévoré les feuilles.

Les *Staphylins* sont en partie carnivores; c'est ainsi que la larve du *Xantholin ponctué* et les *Leptariens* vivent aux dépens d'autres insectes. La larve du *Staphylin odorant* est fort agile et d'une voracité sans égale. Elle attaque tous les insectes et ne ménage pas même ceux de sa propre espèce.

La larve du *Philonthe bronzé* vit dans le fumier sous les détritus des végétaux, et dévore les larves des diptères.

Les *Hétérotops*, les *Quédies,* vivent de la même manière.

La grande tribu des *Carabiques* est presque exclusivement carnassière : les insectes compris sous cette dénomination commune vivent de proie vivante, tant à l'état de larve que d'insecte parfait.

Le *Calosome sycophante* se nourrit surtout de Chenilles; et sa larve, qui est très-vorace, détruit un grand nombre de Chenilles processionnaires.

Le *Carabe doré*, si commun dans nos champs et nos jardins, est un de nos plus utiles auxiliaires; il faut donc le ménager, car il fait sa nourriture des insectes nuisibles, tant à l'état de larve que d'insecte parfait.

Les *Cicindèles* sont, parmi les Carabiques de nos pays, un des plus agiles et des plus élégants destructeurs d'insectes. La larve est constamment en embuscade comme celle du *Fourmi-lion* et dévore les insectes qui tombent dans le piége qu'elle leur a tendu.

Quelques genres de la tribu des *Cantharidiens* vivent aux dépens de certains *Hyménoptères*.

Les larves des *Lampyres* attaquent tous les insectes qu'elles trouvent dans la terre ou dans le bois, et même les petits mollusques. La larve du *Téléphore brun* et celle du *Téléphore livide* vivent d'insectes et de vers.

Le *Drile jaune* mérite d'être signalé, parce qu'il détruit les Limaçons.

Les larves du *Clairon-fourmi* vivent aux dépens de celles des Curculioniens ou Charançons. Le *Clairon-fourmi* mériterait d'être étudié dans le but de savoir s'il ne pourrait pas nous délivrer des ennemis de nos récoltes appartenant à la nombreuse tribu des Charançons.

Le *Trichode des Abeilles* est parasite des Guêpes.

L'*Opilos mou* se nourrit, dans son état de larve, de celles des espèces lignivores.

Les *Coccinelles* sont, pour la plupart, carnassières sous leurs deux états. La Coccinelle commune dévore une quantité prodigieuse de Pucerons et mérite d'être respectée.

TROISIÈME ORDRE : ORTHOPTÈRES.

Les caractères distinctifs des insectes *orthoptères* sont dans les ailes : les ailes antérieures ou supérieures, auxquelles on donne encore le nom d'élytres, sont à demi coriaces et croisent l'une sur l'autre dans l'état de repos, tandis que les secondes sont pliées dans le sens longitudinal. Les appareils masticatoires sont semblables à ceux des coléoptères. Sous le rapport des métamorphoses, ils ne subissent que des changements incomplets. L'*Orthoptère*, à sa naissance, ressemble à l'adulte, et il n'en diffère que par la taille et par l'absence d'ailes. Ce n'est qu'après cinq changements de peau successifs que ses ailes apparaissent, et dans cet état de transition il prend le nom de *Nymphe*. C'est après une dernière mue que les ailes sont formées, et l'*Orthoptère* est alors devenu insecte parfait.

Cet ordre est herbivore ou omnivore, et cause souvent d'immenses ravages.

Orthoptères nuisibles. — Les *Forficules*, improprement appelés *Perce-oreilles*, sont des insectes voraces, à habitudes nocturnes, qui s'attaquent à tous les végétaux, et sont les plus dangereux ennemis de nos Œillets, dont ils percent le bouton et mangent la fleur avant son développement. On les détruit en mettant, dans le voisinage des végétaux qu'ils dévorent, des pots de terre ou des sabots de porc renversés. Dès le matin, les *Forficules* s'y réfugient, et l'on en peut, par ce moyen, détruire un très-grand nombre ; des botillons de paille font le même effet : en un mot, tout ce qui leur offre un abri peut leur être funeste.

Les *Blattes* ou *Kakerlacs*, communs au nord et au centre de l'Europe, mais surtout dans l'Europe méridionale, sont des insectes omnivores assez agiles pour qu'on ne sache comment s'en délivrer. On ne peut les détruire qu'en les recherchant à l'état adulte pour les écraser, ou en offrant à leur voracité des substances empoisonnées.

Les *Sauterelles* proprement dites, ou *Locustes*, dont l'espèce la plus répandue en Europe est la grande *Sauterelle verte*, sont des insectes phytophages d'une grande voracité, mais plus répandus dans les champs que dans les jardins.

L'*Éphippiger des Vignes* vit aux dépens de ces arbustes; mais il n'est pas assez répandu pour causer de grands ravages. On peut plutôt le détruire à l'état adulte qu'à l'état de larve. Il faut cependant le chasser pour l'empêcher de se multiplier, car il ferait des ravages, quelquefois considérables; il s'attaque au Mûrier comme à la Vigne.

Le *Grillon champêtre*, quoique assez commun, a on ne sait trop quel genre de vie. On est assez porté à le croire carnassier, mais on n'en est pas sûr; il ne fait pas de grands dégâts. Le *Gryllus Cisti* ronge le feuillage des Cistes.

L'*Acanthie transparent*, commun dans le midi de l'Europe, dépose ses œufs dans la tige des végétaux herbacés, en perçant avec sa tarière leur parenchyme jusqu'à la moelle.

La *Taupe-Grillon*, plus connue sous le nom de *Courtilière*, ressemble assez à une Écrevisse. Les pattes sont larges et très-propres à fouir. C'est dans les terrains meubles, mais surtout dans les couches, que cet insecte fait le plus de dégâts. La nourriture de la *Taupe-Grillon* consiste en végétaux et en insectes. Bien qu'on ait prétendu qu'elle était exclusivement créophage, il est positif qu'elle s'accommode fort bien des végétaux tendres, et qu'elle ne les coupe pas seulement pour se frayer un passage. Sa fécondité est extraordinaire. Les femelles des *Taupes-Grillons* établissent leur nid dans les terres fermes et y déposent jusqu'à trois cents œufs. On pense que la durée de leur évolution est de trois ans. Ce sont des insectes assez nuisibles pour qu'on leur fasse une chasse active. On sait qu'ils s'accouplent pendant la nuit, vers le milieu de l'été, et que le mâle fait entendre un chant assez distinct pour appeler la femelle : c'est un indice que le moment est venu de rechercher les œufs. Ceux-ci sont déposés dans la galerie circulaire qui se trouve au bas du trou vertical pratiqué par l'insecte, et non dans les galeries qu'il creuse dans toutes les directions ; on peut en fouillant mettre les œufs à nu et les détruire. Pour tuer l'insecte, on se borne à verser dans ses galeries de l'eau sur laquelle nage de l'huile. La *Courtilière* remonte et est bientôt suffoquée ; l'essence de térébenthine vaut encore mieux ; l'eau de savon noir réussit également bien.

Les *Criquets* ne font pas dans nos jardins d'assez grands ravages pour qu'on s'en occupe ici ; seulement, dans les régions et les années où ils se jettent sur les récoltes, les jardins en sont aussi bien ravagés. Le seul moyen à employer contre eux est de détruire les adultes et de rechercher leurs œufs, qui sont réunis, au nombre d'un cent, dans une masse agglutinante.

Orthoptères utiles. — Les *Mantes*, habitantes de l'Europe méridionale, sont carnassières, et ne se tiennent sur les buissons que comme dans une embuscade, pour guetter au passage les insectes qui passent près d'elles.

QUATRIÈME ORDRE : THYSANOPTÈRES.

Les *Thysanoptères*, insectes aplatis comme les Hémiptères, diffèrent toutefois de ceux-ci par la structure de leur bouche, et se rapprochent des orthoptères ; comme ces derniers, ils subissent des métamorphoses incomplètes et ne passent à l'état adulte qu'après plusieurs mues.

Les *Thrips* et les *Œlothrips* se trouvent sur les Graminées; ils infestent souvent les végétaux de nos serres chaudes, et attaquent les Oliviers. On les détruit, comme les autres insectes, par des lotions et des bassinages, ainsi que par des fumigations. On peut essayer les moyens généraux qui ont été précédemment indiqués.

CINQUIÈME ORDRE : NÉVROPTÈRES.

On distingue les *Névroptères* à leurs ailes larges, membraneuses, parcourues par un grand nombre de petites nervures brodant le tissu transparent de l'aile de nombreuses aréoles. Leur bouche est formée pour la manducation et armée de fortes mâchoires. Les *Névroptères* subissent des métamorphoses incomplètes; la nymphe, qui ressemble à la larve, est douée de mouvement dans quelques groupes, et l'insecte en sort en fendant la peau qui le retient prisonnier. D'autres ont des larves immobiles. On remarque, en général, d'assez grandes différences parmi ces insectes.

Névroptères nuisibles. — A peu d'exceptions près, les *Névroptères* sont carnassiers; cependant les *Termites* font d'étonnants ravages dans les bois de construction, surtout le *Termite lucifuge;* les *Psoques* sont dans le même cas : ils rongent surtout le papier.

Névroptères utiles. — Les *Libellules*, les *Æschnes*, les *Agrions*, sont carnassiers dans tous leurs états.

Les *Fourmis-lions*, très-communs dans nos pays, tendent des piéges aux autres insectes en se cachant au fond d'un trou en entonnoir, dans lequel tombent les insectes qui passent sur le plan incliné de ce trou. Dès qu'une victime est tombée dans le piége, la larve du *Fourmi-lion* la saisit avec ses pinces et en suce toutes les parties liquides.

Les *Hémérobes* attaquent, à l'état de larve, les Pucerons, au milieu desquels ils vivent, et en détruisent un grand nombre.

SIXIÈME ORDRE : HÉMIPTÈRES.

Les *Hémiptères* ont une bouche en suçoir et des ailes semi-co-riaces et semi-membraneuses. Leurs métamorphoses sont incomplètes : dans leur jeune âge ils ressemblent aux adultes, dont ils ne diffèrent que par la privation d'ailes. La plupart vivent du suc des végétaux.

Hémiptères nuisibles. — Nous ne parlerons pas des vraies *Cochenilles*, qui sont l'objet de soins particuliers et que l'on recherche dans les arts et la teinture.

Les *Aphis*, ou *Pucerons*, sont les plus dangereux ennemis des végétaux ; malgré l'exiguïté de leur taille, les ravages qu'ils exercent sont considérables. Tantôt ils épuisent les plantes par leurs succions, tantôt ils détournent la séve et amènent, par des extravasions, des excroissances qui nuisent au développement du végétal. La fécondité de ces insectes est telle, qu'une seule femelle peut, dans le cours d'une année, devenir la souche de 200,000 individus.

Le plus dangereux et le plus commun est le *Puceron du Rosier*, qui attaque non-seulement ces arbrisseaux, mais encore un nombre considérable de végétaux tendres.

Le *Dryophile* attaque le Cornouiller, la Vigne, le Fusain, le Nerprun, l'Oranger, le Noyer, le Poirier, le Pêcher auquel il cause la cloque, le Pommier, le Cerisier, le Laurier-Rose, le Sureau, etc.

Il ne faut pas croire que, malgré un air de ressemblance qui rapproche ces petits êtres les uns des autres, ce ne soit qu'une seule et même espèce ; suivant les plantes sur lesquelles ils vivent, ils affectent une forme particulière, sans que pour cela néanmoins leur aspect général soit changé. On doit donc seulement dire que le *Puceron* est l'ennemi de tous nos végétaux cultivés, d'ornement ou d'utilité, et que les naturalistes, l'œil armé d'une loupe, ont constaté chez les divers parasites de ce genre établis sur des plantes différentes, des dissemblances plus ou moins grandes, qui les ont déterminés à leur donner des noms particuliers. C'est ainsi que, bien que le *Puceron dryophile* paraisse la souche de ces myriades d'insectes

qui nuisent à nos jouissances par leur parasitisme, on a donné les
noms :

<blockquote>
d'*Apis caprifolii* à celui des Chèvrefeuilles,
— *loniceræ* à celui du Lonicera,
— *sambuci* à celui du Sureau, etc.
</blockquote>

Le *Puceron des Hêtres* est remarquable par la longue fourrure
blanche qui le couvre.

Le *Puceron des Groseilliers* se multiplie dans de telles proportions, qu'il fait recroqueviller toutes les feuilles de cet arbrisseau ;
il ajoute à ses propres dégâts ceux causés par les Fourmis qu'il
attire.

Voici un moyen indiqué comme infaillible pour les détruire. On
prend du papier non collé, on le trempe dans une solution d'azotate
de potasse (salpêtre), puis on y fait adhérer du tabac ; on le roule
ensuite sur un mandrin, de manière à en faire un cylindre, on en
colle les bords et on le laisse sécher. Quand on veut s'en servir,
on attache ce cylindre par un de ses bouts à la plante couverte de
Pucerons, on met le feu à la partie inférieure, et le papier, en
brûlant, laisse échapper, souvent pendant très-longtemps, une
fumée, plus persistante qu'épaisse, qui suffoque les *Pucerons*. Nous
conseillerons de tremper le papier dans une solution de poudre à
tirer, de mettre à l'intérieur, en l'y faisant adhérer par un léger ami-
donnage, du soufre en poudre, et d'en faire des cylindres qu'on
tiendrait en réserve et qui ne peuvent manquer leur effet. Ils coû-
teraient moins cher que le cylindre au tabac. On assure qu'en sau-
poudrant d'Ichthyoguano (espèce d'engrais) les végétaux chargés de
Pucerons, on les en délivre.

Le *Puceron lanigère* cause d'immenses dégâts dans les plantations
de Pommiers. La destruction de cet insecte est d'autant plus difficile, qu'il est recouvert d'une espèce de duvet, lequel le rend imperméable, et empêche l'eau des bassinages et celle des pluies
d'agir sur lui. Le brossage à l'eau de chaux est le meilleur moyen.
D'après M. Raspail, une dissolution d'Aloès dans de l'eau, employée en lotions ou en bassinages, suffirait pour faire périr tous
ces insectes.

Le Tamarisc et la Clématite sont la proie d'un *Coccus* particulier (*Gallinsecte*), qui attaque aussi le Tulipier, le Myrte, le Buis, le Pêcher et le Prunier.

Le *Coccus Vitis* compose son nid d'une masse cotonneuse sécrétée par la femelle, qui repose dessus et couvre de son corps les œufs destinés à régénérer l'espèce. Quand une treille est attaquée par ce *Gallinsecte*, elle dépérit; le Raisin se dessèche, et la mort ne tarde pas à la frapper. On n'a d'autre moyen de s'en préserver que d'enlever, par l'épamprement, les feuilles sur lesquelles l'insecte s'est établi, opération un peu longue peut-être, mais dont le profit compense amplement les frais.

La *Cochenille de l'Oranger* est un insecte fort nuisible, qui attire aussi les Fourmis sur l'arbre qu'elle habite.

Le *Kermès de la Vigne* attaque également l'Oranger, le Néflier, le Poirier et le Prunier.

L'*Aspidiote de la Rose* est un Gallinsecte qui diffère des Cochenilles par le duvet blanc et laineux dont son corps est couvert. Il vit sur le tronc de l'arbuste, qui en est quelquefois si infesté qu'on le croirait chargé de moisissure. C'est encore une espèce d'*Aspidiote* qui détruit les végétaux que nous élevons dans nos serres.

La *Psylle du Buis* s'attaque aux jeunes feuilles de ce végétal, lesquelles, comme on le sait, sont appliquées l'une contre l'autre; il les force à s'arrondir en demi-sphère, servant de berceau à une génération nombreuse. La *Psylle de l'Olivier* se développe dans la fleur, dont elle tire la séve et fait avorter le fruit. Elle se cache sous une enveloppe cotonneuse. La *Psylle du Figuier* détermine la formation des galles qui se développent sur la nervure principale des feuilles. On trouve cet insecte sur le Laurier-Rose, dont il est un des plus redoutables ennemis, et sur le Laurier-franc.

La *Cochenille du Saule* est aussi celle du Tamarisc. Cet insecte, qui envahit les jeunes branches, et cause les plaies cancéreuses qui couvrent le tronc de ces arbres, est un fléau des plus destructeurs. Les liquides indiqués dans le préambule de ce chapitre peuvent suffire pour qu'on se débarrasse de ces parasites voraces. On dit aussi avoir employé l'eau de chaux avec succès.

Les individus du genre *Ledra*, entre autres l'*Aurita*, vivent sur le Noisetier.

La *Penthimia atra*, petit insecte d'un noir profond, vit en parasite sur la Vigne et joint ses dégâts à ceux des autres ennemis de ce végétal.

La *Miris du Tilleul* vit sur le tronc de cet arbre, ainsi que sur le Peuplier et sur le Coudrier.

Le *Thrips de l'Ortie* attaque la Vigne.

Les *Tingis*, connus sous le nom de *Tigres*, vivent sur nos végétaux, et entre autres sur le Poirier, dont le *Tingis Pyri* est un des parasites.

Les *Lygées* sont essentiellement phytophages : elles couvrent le plus souvent les plantes d'une manière incommode, et c'est dans nos potagers qu'elles sont le plus communes, surtout la *Lygée militaire*, qui attaque nos Choux et nos autres légumes. Le *Lygœus nassatus* est un des ennemis du Rosier ; il pique les tiges herbacées, les fait recoquiller et en fait avorter les fleurs.

Le *Pentatome orné* est un parasite de nos Choux. Les autres espèces, connues sous le nom général de *Punaises de bois*, vivent sur les végétaux, dont elles pompent le suc au moyen de leur longue trompe.

L'*Arade* vit sous l'écorce du Bouleau.

La *Cigale Hématode* est commune sur les Vignes du Midi.

La *Réduve annulée* suce la séve de l'Orme.

Le *Blastophage du Sycomore* détruit les bourgeons de cet Érable, tandis que le *Capse rose*, qui épuise, par ses succions répétées, le parenchyme des feuilles de l'Érable commun, se trouve aussi sur le Poirier.

Le *Phytocoris à grandes cornes* vit sur le Poirier ; il pompe le suc des feuilles de cet arbre.

La *Scutellaire variée de noir* vit dans les fleurs du Pommier.

La *Tettigonie du Rosier* se nourrit de la séve de cet arbrisseau et lui fait beaucoup de tort.

L'*Aphrophore écumante* se trouve à la fois sur le Rosier et sur le charmant arbuste du Japon qu'on appelle Weigelia; elle s'attaque également au Saule.

La *Cercope ensanglantée* se trouve sur le Saule.

Hémiptères utiles. — Les *Nèpes* et tous les individus de la même tribu sont carnassiers et ne vivent que de proie. Les *Réduves* ont des mœurs semblables; tels sont les *Pirates*, dont le type est le *Pirate stridule*, le *Prostemma guttula*, les *Nabis* et les *Phymates*.

SEPTIÈME ORDRE : LÉPIDOPTÈRES.

Dire que les *Lépidoptères* forment la grande famille connue sous le nom de *Papillons*, c'est en donner une description suffisante.

Leurs métamorphoses sont complètes. A l'état de larves ou de chenilles, les *Lépidoptères* dévorent les végétaux; ils sont souvent si multipliés, qu'on peut les considérer comme les plus redoutables ennemis de nos jardins.

Les femelles déposent leurs œufs sur les plantes qui doivent servir de nourriture à leurs chenilles. Dans la plupart des circonstances, ces œufs sont disposés par plaques et adhèrent au végétal par une substance glutineuse; d'autres les enveloppent d'une espèce de coton qui les met à l'abri des intempéries des saisons et les protége, lors de l'éclosion, contre les chances de destruction.

Nos potagers et nos fruitiers sont le théâtre des ravages des *Lépidoptères;* c'est donc à ces redoutables adversaires de nos récoltes qu'il faut faire une chasse active, infatigable.

Les larves sont détruites par les arrosements faits avec des dissolutions de suie, de substances sulfureuses ou alcalines, et par les fumigations, quand elles vivent isolées; lorsqu'elles sont réunies, en masse, comme les *Chenilles processionnaires*, on en détruit un grand nombre par l'échenillage.

Les *Papillons* doivent être poursuivis à outrance, sans égard pour leurs brillantes couleurs et leurs gracieuses allures. Ce sont des ennemis que nous devons détruire sans merci, parce que leur innocence à l'état adulte, où ils ne vivent que du miel qu'ils puisent dans le nectaire des fleurs, n'empêche pas leur ravage à l'état de larve, et ces larves sont les véritables ennemis de nos plantes.

Lépidoptères nuisibles. — On en trouve dans toutes les classes de *Papillons*.

Papillons diurnes. — Le *Machaon*, cet élégant porte-queue, est très-commun chez nous. Sa chenille, verte avec des taches jaunes, dévore les feuilles des Carottes.

Le *Piéride du Chou*, ce Papillon blanc si commun dans nos jardins, dont la chenille velue est jaunâtre, avec trois bandes noires, vit aux dépens de nos Choux. On sait que ces Crucifères à feuilles compactes recèlent dans leurs replis cet ennemi dangereux.

La *Leucophasie de la Moutarde* s'attaque à cette Crucifère.

Les *Vanesses*, dont le *Paon de jour* est le plus beau représentant indigène et dont la chenille est noire et pointillée, vit sur le Cerisier.

L'*Argynne Euphrosyne*, dont la chenille anguleuse est garnie, sur le dos, de deux rangées de tubercules, vit sur l'Oranger.

Le petit *Sylvain*, à chenille verte, garnie d'épines charnues et rameuses, vit sur le Chèvrefeuille.

Le *Syrichte de la Mauve* dévore les Malvacées.

L'*Hespérie Actæon*, dont la larve est très-reconnaissable, en ce qu'elle a la tête un peu fendue, se transforme dans une feuille d'Oranger roulée.

La *Tortue dumicole*, dont la chenille est couverte de points tuberculeux surmontés chacun d'un poil, roule en cornet les feuilles du Lierre dont elle se nourrit. Elle s'y métamorphose sans former de coque, et se borne à tapisser de soie l'intérieur de sa demeure.

Papillons crépusculaires. — Dans la famille des *Zygènes*, on doit citer le *Procris de la vigne*, dont la larve concourt à la destruction de nos vignobles.

Les *Zygènes de la Filipendule*, dont la Chenille, jaune verdâtre, est marquée de quatre rangées de taches noires, vit aussi sur les Légumineuses.

Le Laurier-Rose a pour parasite une espèce de *Déiléphile*, appelée le *Sphinx du Laurier-Rose*.

Une espèce du même genre, le *Déiléphile Elpénor*, attaque la Vigne.

Le *Sphinx du Troëne* attaque à la fois cet arbuste et les Lilas. Sa chenille est d'un vert tendre avec des bandes violettes.

La *Sésie tipuliforme* vit à l'état de larve dans l'intérieur de la tige des Groseilliers, où elle se métamorphose.

La *Déiléphile Célério* et le *Procris ampélophage* font des ravages parfois considérables. Le dernier est commun dans l'Italie septentrionale.

L'*Achérontie Atropos* ou *Sphinx à tête de mort* se trouve dans nos plantations de Pommes de terre.

La larve du *Smérinthe du Tilleul* vit principalement sur les Ormes.

Papillons nocturnes. — Les *Bombyx* ne prennent aucune nourriture à l'état parfait; mais leurs larves, souvent fort grosses, ne sont pas moins voraces que celles des autres lépidoptères. On peut facilement en détruire un grand nombre en mettant des femelles dans une cage à barreaux écartés; elles ne manquent pas d'attirer les mâles, qui viennent, conduits nous ne savons trop par quelles émanations, de distances considérables.

Le *Grand Paon de nuit* (*Attacus pavonia major*), le plus grand Papillon de nos pays, vit sur les Ormes et les Érables. La chenille, qui est fort grosse, est d'un beau vert et garnie de tubercules étoilés d'un bleu tendre.

Les *Bombyx processionnaires*, dont les larves sont si communes et si dévastatrices, sont très-voraces. On leur a donné le nom de *processionnaires*, parce que, dès que l'une de ces chenilles se déplace, toutes les autres la suivent. Elles sont communes sur le Chêne.

Le *Bombyx-livrée*, dont la Chenille est rayée de bandes bleues et rouges, est très-commun dans nos pays et vit sur nos arbres fruitiers, de même que le *Lasiocampe feuille morte*, dont la chenille grise et velue porte un double collier bleu.

L'espèce la plus commune, celle qui a provoqué la loi sur l'*échenillage*, est le *Liparis* ou *Bombyx cul-brun*. Sa chenille velue, de couleur obscure avec des taches rougeâtres, vit sur les arbres fruitiers, dont elle dévore les bourgeons et les feuilles. Il présente cette particularité, que ses œufs pondus à la fin de l'été éclosent presque aussitôt; les larves passent l'hiver à l'abri du tissu de soie dont elles s'enveloppent. Il faut les détruire avant leur dispersion; car, dès que la végétation commence, elles se séparent et vont vivre chacune séparément sur l'arbre qui leur a prêté son abri.

La *Zeuzère du Marronnier d'Inde* vit à l'état de chenille dans l'intérieur du tronc de cet arbre, et se transforme dans le bois où elle a vécu.

L'*Attacus du Charme*, qui vit en société dans son jeune âge, se transforme dans des coques d'un tissu très-solide, et est un des parasites de l'Oranger.

Le *Dasychère pudibond*, dont la chenille est reconnaissable aux deux vésicules rétractiles qu'elle porte à l'extrémité du dos, vit en parasite sur les Noyers.

L'*Orgie antique* à chenille velue est l'ennemie de nos Rosiers.

Les *Limacodes* dévorent, à l'état de larves, les racines des plantes.

Les *Hépiales* sont également radicivores, et la plus commune est une ennemie du Houblon.

Le *Dilobe à tête bleue* vit sur l'Aubépine.

Les *Triphènes* vivent aux dépens des Crucifères et sont communes dans les jardins. La *Brassicaire* ou l'*Omicron nébuleux*, dont le véritable nom est *Hadène des champs*, vit à l'état de larve sur nos Choux. Cette chenille est d'un vert obscur avec des taches noires.

La *Leucanie pâle* est parasite de l'Oseille.

La *Chariclée du Pied d'alouette* vit à l'état de larve sur la plante dont elle porte le nom.

On a donné aux chenilles de certains lépidoptères le nom de chenilles *arpenteuses* et de *géomètres,* à cause de leur démarche singulière, parce que, quand elles veulent avancer, elles fixent les pattes antérieures, rapprochent les pattes postérieures de manière à former de leur corps une sorte d'anneau, et renouvellent cette manœuvre chaque fois qu'elles veulent se porter en avant.

La *Geometra certata* vit, à l'état de chenille, sur l'Épine-Vinette.

La *Boarmie jardinière* vit sur le Tulipier. Quand elle est au repos, elle se dresse en restant tenue par la queue seulement, ce qui lui donne l'apparence d'une branche sèche.

L'*Aspidie d'Udmann* vit en société sous sa première forme. Ses larves réunissent en paquets les feuilles du Rosier et s'en nourrissent. Elles se métamorphosent dans un tissu commun composé de mousse et de feuilles sèches.

Les espèces du genre *Ennomos* vivent sur nos arbres fruitiers et sur les Tilleuls.

Le type du genre *Xérène* vit sur le Groseillier, ainsi que l'*Halia wavaria* et l'*Acidalie hastée*.

Les *Pyrales*, si communes partout et qu'on voit voltiger le soir autour des lumières, sont connues sous le nom de *Tordeuses*, parce que la plupart de leurs chenilles roulent en cornet les feuilles dont elles veulent se faire un abri. La plus nuisible est celle de la Vigne ; elle cause des dégâts considérables à l'état de larve, mais est facile à détruire quand on connaît quelque peu ses mœurs. La femelle dépose ses œufs par plaques à la surface des feuilles vers le mois d'août, et c'est surtout dans cet état qu'il faut la surprendre ; car quand elle est éclose, elle fait des ravages incalculables. Elle réunit non plus en cornet, mais en paquets informes, au moyen de ses fils, les feuilles et les grappes, et anéantit ainsi l'espoir de la récolte. Il faut donc, quand on s'aperçoit de la présence de la *Pyrale,* en rechercher les œufs avec soin. Quant à l'insecte parfait, on peut en détruire des quantités considérables au moyen de feux allumés le soir et à la flamme desquels il vient se brûler.

L'*Argyresthie* et le *Microptéryx* sont des *Tinéites* qui s'attaquent aux feuilles du Cornouiller, et y passent leur vie jusqu'à leur métamorphose.

La *Teigne de la Clématite* vit et se métamorphose dans un fourreau fusiforme ; elle est nue, a les pattes très-courtes, et le premier anneau couvert d'une plaque cornée.

L'*Incurvaria capitella* est un des nombreux parasites du Groseillier.

La *Lyonnétie du Marronnier d'Inde* vit à l'état de larve en minant, et rongeant, entre les deux surfaces, le parenchyme de la feuille du Tilleul.

On pense que c'est à la *Teigne de la Vigne* qu'on croit devoir attribuer la pourriture de cet arbuste.

Le *Cochylis roserana* est parfois aussi nuisible que la Pyrale.

Les feuilles de l'Érable sont souvent minées par la larve de la *Gracillaire hémidactylelle*, qu'elle roule sur elles-mêmes.

L'*Yponomeute padella,* commune sur les arbres de la famille des Rosacées, enveloppe de ses fils de soie les feuilles et les tiges, et fait des ravages considérables dans les plantations de Pommiers et de Poiriers.

Il n'y a pas dans cet ordre un seul insecte qui soit utile pour la destruction des lépidoptères phytophages. Tous sont de dangereux parasites ; c'est pourquoi il faut les détruire dans tous les états où on les rencontre, mais s'adresser de préférence aux *Papillons,* puis aux œufs.

Nous ne nous étendrons pas davantage sur le chapitre des Lépidoptères ; nous en avons cité un assez grand nombre pour prouver que tous sont nuisibles, mais que c'est dans les *Nocturnes* que les végétaux rencontrent le plus d'ennemis.

Le feu et la flamme, auxquels se brûlent les *Nocturnes* et les *Crépusculaires*, la chasse attentive, l'éducation ou la protection d'insectes et d'oiseaux qui sont leurs ennemis, sont les moyens d'arrêter les ravages de ces insectes. Quand il y a un trop grand nombre de plantes attaquées pour qu'elles puissent être traitées, il faut enlever les parties qui recèlent les larves ou les chrysalides et les brûler ; mais la chasse, on ne saurait trop le répéter, est le meilleur moyen.

HUITIÈME ORDRE : APHANIPTÈRES.

Il n'y a dans cet ordre, dont la *Puce commune* est le type, que des parasites des animaux.

NEUVIÈME ORDRE : STRÉSIPTÈRES.

Ce sont des parasites de certains hyménoptères.

DIXIÈME ORDRE : DIPTÈRES.

La *Mouche commune* est le type de cet ordre, qui a pour caractères : une bouche en suçoir composée de mandibules et de mâchoires, deux ailes seulement et les ailes postérieures souvent représentées par deux petits appendices rudimentaires qu'on désigne sous le nom de balanciers,, et qui ne sont que ces mêmes ailes réduites à cet état par atrophie. Les larves des diptères sont entièrement *apodes*, ou sans pattes, et connues communément sous le nom d'*Asticots*. Les métamorphoses des diptères sont complètes.

Diptères nuisibles. — Les *Tipules* sont phytophages, et celle du Chou est un des parasites les plus communs de cette Crucifère. Leurs larves vivent en rongeant les racines de certains végétaux. Le *Cténophore à antennes pectinées* ronge, à l'état de larve, le bois des Noyers.

Les *Cécidomyes* produisent sur les plantes qu'elles habitent des excroissances dues à l'extravasion des sucs végétaux, et déposent leurs œufs sur le végétal où elles ont élu domicile. On en trouve sur les Groseilliers, les Tilleuls, les Érables et les Rosiers, dont elles roulent les feuilles : on en rencontre quelquefois jusqu'à cinq ou six dans une seule feuille ; il en est de même de la *Cécidomye du Poirier* et de celle du Pommier ; les Saules et les Peupliers en nourrissent plusieurs espèces.

Le *Téphrite de Meigen* se développe dans le fruit de l'Épine-Vinette et le *Téphrite antique* dans celui de l'Aubépine. L'*Urophore des Cerisiers* se nourrit de la pulpe de la Cerise.

La *Siphonelle des Noix* vit dans l'intérieur du fruit.

La *Phytomyse obscure* vit en mineuse dans l'épaisseur du parenchyme des feuilles du Chèvrefeuille.

A la tribu carnassière des *Syrphes* appartient le genre *Mérodon*, dont une espèce, le *Clavipes*, dévore à l'état de larve le bulbe des Narcisses.

La larve de l'*Ortalis du Cerisier* vit de la pulpe des Cerises; suivant Réaumur, ce serait de l'amande seulement. Le *Dacus de l'Olivier* se nourrit de la chair de l'Olive et détruit des récoltes entières.

La destruction des diptères à l'état parfait, l'ablation des feuilles qui portent des galles et des excroissances ou que les *Cécidomyes* ont roulées, tels sont les moyens de détruire ces insectes, qui font souvent des ravages assez grands pour qu'il soit utile d'en diminuer le nombre. Les liquides sucrés et empoisonnés par l'arsenic sont d'excellents moyens à employer. On peut aussi en faire périr un grand nombre en allumant le soir des feux clairs, à la flamme desquels ils viennent se brûler.

Diptères utiles. — L'*Asile crabroniforme*, si commun chez nous, attaque les chenilles et une foule d'autres insectes, qu'il tue par une succion prolongée.

La *Volucelle bombylans* dépose ses œufs dans les nids des Bourdons, et les larves qui en sortent détruisent celles de ces hyménoptères.

Les larves des *Syrphes* sont très-voraces; elles dévorent les Pucerons et les chenilles, sans dédaigner les autres insectes.

Le *Psammorycter vermilio* a des mœurs semblables à celles des *Myrméléons*, et prend au passage les insectes qui tombent dans les piéges qu'il leur tend.

Les *Conops* vivent aux dépens des Bourdons, dans l'abdomen desquels ils subissent leurs métamorphoses. Une fois à l'état adulte, ils se nourrissent du suc des fleurs.

Les *Tachines* passent la première époque de leur vie dans le corps de certaines chenilles, et s'y transforment en nymphes. Les *Némorées* et les *Myobies* ont des habitudes analogues.

L'*Ocyptère bicolore* est parasite du Pentatome gris.

Tels sont les principaux insectes qui sont, ou le fléau de nos jardins, ou les auxiliaires que la nature a créés pour mettre un terme aux déprédations des espèces nuisibles.

Ces indications sommaires sont destinées à faire connaître le double rôle des insectes, et à faire cesser l'indifférence avec laquelle on voit certaines espèces parasites voltiger autour de nos plantations, ou l'empressement que l'on met à détruire sans nécessité des auxiliaires qu'on devrait respecter.

ARANÉIDES.

La *Grise*, cet ennemi des Pêchers, n'est autre que l'*Acarus telarius*, qui vit en familles nombreuses, non-seulement sur les Pêchers, mais encore sur les OEillets, les Dahlias, les Rosiers, les Melons, les Haricots, les Radis, les Carottes. Il épuise le suc des feuilles et les fait tomber, après les avoir privées de leur séve ; ou, quand elles résistent, il les couvre d'une manière si complète, qu'on les croirait saupoudrées de craie. Ces agglomérations filamenteuses sont des fils sécrétés par l'*Acarus telarius*, qui se tient au milieu de ce feutrage protecteur. Dans les années sèches, l'*Acarus telarius* fait des ravages terribles : on a profité de cette indication pour asperger abondamment les végétaux atteints par cet insecte ; mais ce moyen n'agit pas toujours suffisamment pour faire disparaître le mal. Le meilleur moyen est de saupoudrer les végétaux attaqués avec de la suie, de manière à les en couvrir entièrement. Les propriétés caustiques de la suie et son odeur exaltée délivrent complétement de leurs dangereux parasites les arbres qui en sont couverts. Au bout de peu de jours, l'*Acarus* et le tissu feutré au milieu duquel il est établi s'enlèvent par écailles et ne tardent pas à tomber.

Les *Araignées coureuses*, de la famille des *Faucheurs*, qui pompent le suc des jeunes plantes, sont éloignées ou détruites par le même moyen.

DES MOLLUSQUES.

De tous les êtres de cette classe, il n'y a que les *Gastéropodes* qui soient nuisibles ; mais, quelque grands que soient leurs ravages, ils

sont faciles à détruire quand on leur fait une chasse active : cependant les petites espèces, telles que certaines *Limaces,* échappent plus facilement à l'œil à cause de leur petitesse.

Le genre *Hélice, Limaçon* ou *Escargot,* est représenté dans nos
cultures par plusieurs espèces également nuisibles : l'*Escargot des
Vignes* (*Helix pomatia*), à coquille jaunâtre et très-grosse ; la *Jardinière* ou *Hélice chagrinée* (*H. aspera*), dont la coquille est grise et
rugueuse ; la *Livrée* (*H. nemoralis*), jaune, à bandes brunes ou noires ; toutes ces espèces peuvent être mangées sans inconvénient
quand on est sûr qu'elles ne se sont pas nourries de plantes vénéneuses.

Les *Limaces,* privées de test, sont également nuisibles, mais
moins toutefois que les *Escargots,* parce qu'elles vivent plus loin de
nous.

On a remarqué que ces mollusques adoptent certains végétaux
sous lesquels ils se réfugient, et dont ils dévorent le feuillage, d'un
bout à l'autre de l'année. Ils ne sont pas éloignés par ceux à odeur
forte ou repoussante, tels que les Tagètes, les Millefeuilles, ou ceux
dont les sucs sont délétères, comme certains Champignons vénéneux ; et ils recherchent les plantes vireuses de la famille des Solanées, des Renonculacées et des Ombellifères, les Rutacées, les
Labiées, les Composées, les Papilionacées, les Crassulacées, les Liliacées, les Narcissées.

L'observation que nous venons de consigner ici doit mettre les
amateurs d'*Escargots* en garde contre de graves accidents qui prouvent qu'on ne peut pas impunément manger toutes les espèces, ou
qu'avant de les ramasser, il faut s'assurer s'il n'y aurait pas dans le
voisinage de végétaux vénéneux.

Les plantes les plus communes au pied desquelles on est toujours sûr de trouver des *Limaçons* sont :

Lis blanc,	Acanthe,
Lis superbe,	Sauge,
Lis du Japon,	Jusquiame,
Lis (surtout les bulbeuses),	Tabac,
Persicaire d'Orient,	Datura.

Nous ne donnerons pas plus d'étendue à cette liste et nous nous bornerons à rappeler que les végétaux vénéneux, les Champignons même les plus délétères, ne sont pas à l'abri de la voracité de ces mollusques.

Exclusivement phytophages, ils font de grands dégâts dans les potagers, où ils dévorent les salades et les herbes tendres, et dans les vergers, dont ils attaquent les fruits. On les éloigne en répandant sur le sol, autour des végétaux qu'on veut leur soustraire, de la cendre, de la suie, du sel, de la potasse ou de la chaux pulvérisée.

La nudité de la surface sur laquelle ils rampent, l'irritabilité des tissus de tous les êtres de cette classe, les rendent plus faciles à éloigner ; mais, néanmoins, le meilleur de tous les moyens est la recherche qu'on en fait après les pluies : on en détruit plus par cette chasse que par tous les agents employés pour s'en délivrer.

Un des meilleurs moyens employés pour protéger les plantes contre la voracité des *Limaçons*, est d'offrir à ceux-ci des Laitues et des végétaux tendres, sur lesquels ils se jettent de préférence.

On peut encore, pour les attirer, leur offrir l'abri de pierres disposées de manière à présenter le plus grand nombre possible de cavités obscures ; ils y chercheront un refuge et finiront par y déposer leurs œufs. Quand on voudra faire une chasse productive, on enlèvera les pierres qui seront couvertes de Limaçons à tous les degrés de développement, et qu'on détruira par l'eau ou en les écrasant.

Le petit coléoptère appelé *Drile* est un ennemi du *Limaçon némoral*, auquel on peut l'opposer.

Un amateur anglais a préconisé l'emploi d'un cône de zinc, frangé au sommet et dont les dentures sont rabattues de manière à former comme un cheval de frise. Le bord supérieur est garni d'une lame de cuivre soudée en trois points ou attachée par quelques goupilles. Ce cône de zinc, auquel on donne une longueur et une hauteur arbitraires, est placé autour de l'arbre ou de la plante qu'on veut préserver de la voracité des *Limaces* ou de tout autre Mollusque. Lorsque ces animaux, dont le corps est nu et humide, arrivent au point de contact des deux métaux, ils reçoivent une dé-

charge électrique qui les force à rebrousser chemin. Loudon essaya
ce procédé et en confirma la réalité, ce qui donne du poids à cette
découverte. Si ce moyen a l'efficacité qu'on assure, il serait applicable à plus d'une espèce d'insectes, bien qu'il faille l'intermédiaire
d'un corps mouillé. Ce n'est, au reste, qu'un moyen d'amateur,
inapplicable en grand.

DES BATRACIENS ET DES SAURIENS.

Parmi les Batraciens, la *Grenouille* est des plus utiles à conserver, quoique sa destruction dans un but alimentaire soit assez
considérable. Loin de nuire, cet animal est un actif chasseur, et
par conséquent un des auxiliaires de l'homme. Les *Grenouilles*
vivent d'insectes de toutes sortes et sont très-friandes de Limaçons, sans être arrêtées par le test, qui se dissout parfaitement dans
leur estomac.

Le *Crapaud* est dans le même cas : il ne se nourrit que d'insectes, et l'on doit lui pardonner sa laideur en faveur des services
qu'il ne cesse de rendre à nos cultures. On a tort de le croire mal-
faisant. La liqueur amère du Crapaud brun ne provoque aucun
accident. Il faut reléguer parmi les fables ce qu'on dit de cet
animal.

Le *Lézard* est également un petit et intrépide chasseur de *Mouches;* il en fait une grande et utile consommation.

Les *Salamandres*, et en un mot tous les êtres de la classe des
Reptiles, sont exclusivement insectivores ou plutôt carnivores, et
l'on ne peut trop les respecter, car ils servent sans nuire.

DES OISEAUX.

La classe des Oiseaux présente, comme celle des autres êtres or-
ganisés, des catégories très-distinctes: les uns sont nuisibles absolument, c'est-à-dire qu'ils font incessamment des dégâts sans
compenser par des services le préjudice qu'ils causent aux jardins;
d'autres sont à la fois nuisibles et utiles, c'est-à-dire qu'ils sont en

même temps granivores et insectivores; il en est qui sont purement insectivores. Il faut donc détruire les premiers, sans pitié pour leur plumage ou leur chant; il faut tolérer les seconds et les protéger aux époques où ils nous rendent des services, et entourer de la protection la plus efficace les troisièmes, qui sont toujours utiles.

Oiseaux nuisibles. — Les *Passereaux* et tous les *oiseaux coniros-tres*, vivant de semences et de fruits, sont les plus redoutables ennemis des récoltes de céréales et du produit des vergers; ils sont à la fois voraces et intrépides, et l'on ne peut s'en débarrasser que par une chasse active faite à l'automne pour les *Moineaux* et les *Gros-Becs;* car, au printemps, les détruire serait une erreur préjudiciable. Les *Moineaux* nourrissent leurs petits de chenilles, dont ils font une destruction considérable. Les *Grives* mangent nos Raisins; les *Merles* détruisent nos semences; les *Loriots*, nos Cerises et nos fruits mûrs; les *Alouettes*, les grains répandus dans nos champs. Les *Bouvreuils*, si connus sous le nom de *Coupe-bourgeons*, font des ravages incalculables dans les pays où le Pommier est cultivé. Il faut donc les empêcher d'accomplir leur œuvre de destruction. Plus tard, ils rentrent dans la classe des insecti-granivores, et demandent à être épargnés en raison des services qu'ils rendent.

Les Gallinacés, *Poules, Dindons, Perdrix* et *Cailles*, les *Colombins* ou *Pigeons,* sont également des ennemis de nos semailles et de nos récoltes; mais d'autre part ils sont d'une utilité si grande à l'alimentation par eux-mêmes, que nous ne devons pas chercher à en éteindre les races.

On détruit ces oiseaux au fusil, au piége, et en employant les appâts empoisonnés qui en font périr un grand nombre; mais seulement quand la terre est couverte, car, tant qu'ils peuvent choisir leur nourriture, ils ne s'approchent des appâts qu'avec défiance. L'arsenic, la noix vomique, dans la dissolution desquels on met infuser des graines ou de la mie de pain, et la pâte phosphorée surtout, sont les plus efficaces poisons. On en voit rester sur la place, après ingestion de ces substances, qu'il n'est pas d'ailleurs sans danger d'employer.

Oiseaux utiles. — Les oiseaux utiles méritent une attention particulière : parmi les Passereaux, les *Becs-fins*, tels que les *Fauvettes*, les *Rouges-gorges*, les *Rossignols*, les *Lavandières*, les *Bergeronnettes*; parmi les Grimpeurs, les *Coucous*, et parmi les Fissirostres, les *Hirondelles* et les *Engoulevents*, ne vivent que d'insectes, dont ils font une immense consommation, surtout les *Coucous*, qui ne se nourrissent que de chenilles velues. La vie de ces oiseaux doit être respectée, car ils rendent de grands services; et s'ils disparaissaient, soit par la destruction résultant du plaisir de la chasse, soit par une autre cause, telle que le déboisement, les récoltes seraient dévorées par les insectes. Il faut donc non-seulement respecter ces oiseaux, mais encore faciliter leur multiplication et détruire leurs ennemis. Il faut aussi empêcher les enfants, surtout ceux des campagnes, d'enlever les nids et de faire mourir les petits des oiseaux.

DES MAMMIFÈRES.

Mammifères nuisibles. — Nos jardins ne sont habités que par un petit nombre de mammifères : ce sont surtout ceux qui viennent, à l'époque de la maturité des fruits, visiter nos espaliers et nos vergers.

Le *Lérot*, le *Rat*, la *Souris*, le *Campagnol*, la *Taupe*, sont à peu près les seuls que nous ayons à redouter.

Le *Lérot* attaque nos fruits mûrs et fait souvent de grands ravages dans nos vergers, qui sont sa résidence habituelle. C'est un joli petit animal, à habitudes nocturnes, qui passe l'hiver dans un état de léthargie qu'on appelle *hibernation*. On le prend au piége, on le tue au moyen de fruits empoisonnés avec de la noix vomique, ou bien on l'assomme le soir à la lumière pendant qu'il cherche sa nourriture.

Le *Rat* et la *Souris* nuisent plus aux récoltes rentrées dans la serre à légumes que les animaux qui font le plus de dégâts. On emploie contre eux : la souricière ou la ratière, qu'on amorce avec du lard, du fromage ou des noix rôties, la mort aux rats, les appâts mêlés à du verre pilé et de l'arsenic. On a inventé plusieurs sortes de piéges qui ne sont pas si avantageux que les appâts empoisonnés. Nous ne conseillons pas les Chats, qui font dans les jardins des ravages incalculables.

Le *Campagnol* se jette sur les jardins voisins des bois, et outre les ravages résultant de sa nourriture, il y ajoute en fouillant le sol, dans lequel il creuse sans cesse de nouveaux trous. On emploie contre lui les mêmes moyens que contre les Souris.

La *Taupe*, quoique insectivore et vivant surtout de Vers de terre et de larves d'insectes, parmi lesquels il faut compter les Vers blancs, compense ses services par ses ravages, en creusant des galeries qui bouleversent les semis et les plantations, en coupant les racines qui se trouvent dans la direction de ses galeries, et en arrachant les plantes dont elle garnit son nid. Quand la faim la presse, elle mange aussi des végétaux ; son organisation lui permet même de se nourrir de certaines plantes vénéneuses sans en être incommodée, entre autres de Colchique. Ce n'est que dans les grands jardins, et surtout dans les vergers, que la *Taupe* apparaît et exerce son industrie destructrice, et l'on a surtout à la redouter quand les jardins sont fermés par une haie. On prend les *Taupes* au piége, en l'amorçant avec des Noix qu'on a mis tremper dans des substances vénéneuses ou tout simplement dans de la lessive. On peut les forcer à abandonner leurs galeries en y versant des huiles essentielles à odeur pénétrante, telles que l'huile essentielle de schiste, celle de térébenthine ou des eaux sulfureuses. Le plus sûr moyen, si le jardin est grand et si les taupinières sont nombreuses, est d'avoir recours à un habile taupier : il vous en délivrera plus sûrement que ne le font les piéges et les appâts.

Mammifères utiles. La *Chauve-Souris* est un animal insectivore, dont l'hibernation ou le sommeil d'hiver correspond à la disparition des insectes. Comme ses habitudes sont nocturnes, elle ne chasse que les insectes qui volent le soir, et ce sont les Phalènes et autres lépidoptères qui sont l'objet de ses poursuites. C'est donc un animal digne de notre protection, et que nos paysans ont tort de détruire, en les clouant comme des êtres malfaisants à la porte de leurs demeures.

Le *Hérisson*, trop connu pour être décrit, mérite nos égards, et devrait être à l'abri des persécutions : il pourrait être élevé dans nos jardins, où il serait d'autant moins gênant qu'il passe le jour caché dans les coins obscurs, et ne paraît que du crépuscule au lever du soleil. Il ne fait aucun mal à nos herbes potagères, mange à l'occasion des fruits tombés et des racines de Chiendent, mais chasse avec persévérance les Souris, les insectes, les Limaçons, les larves des Hannetons. Dans les pays où la Vipère abonde, le Hérisson peut rendre de grands services, car il ne redoute pas les morsures de ce dangereux reptile et l'attaque hardiment. Dans les maisons, il chasse les Souris et dévore les Criquets, les Blattes et autres insectes incommodes.

Les *Musaraignes* sont trop peu répandues dans nos jardins pour qu'il soit utile de faire autre chose que de les mentionner.

Il serait à désirer que nous pussions introduire dans nos pays le *Myrmecobius* de l'Australie septentrionale ; il nous délivrerait des Fourmis qui infestent nos jardins et nos bois. Nous ne parlons pas des *Myrmécophages*, qui sont trop gros et ne pourraient trouver dans nos pays une nourriture assez abondante pour leur appétit.

FIN DES NOTIONS GÉNÉRALES D'HORTICULTURE POTAGÈRE ET FRUITIÈRE.

HORTICULTURE

THÉORIQUE ET PRATIQUE

LE JARDIN POTAGER.

LE JARDIN POTAGER.

NOTIONS PRÉLIMINAIRES

POUR

LA DISPOSITION ET LA SUCCESSION DES CULTURES DU JARDIN POTAGER.

Disposition du jardin.

Bien que, faute d'espace, on soit souvent obligé de réunir dans un même lieu le potager, le verger et le jardin à fleurs, nous devons parler de la disposition propre à chaque partie, comme si elle devait toujours être distincte.

Les légumes croissent mieux lorsqu'ils ne sont pas ombragés par des arbres de toutes sortes garnissant les plates-bandes, et quand des cordons de vignes ne leur disputent pas la nourriture qu'ils réclament pour eux seuls. Il y a désaccord, contradiction même, entre les nécessités du potager et celles du jardin fruitier. A l'un il faut des labours profonds et complets, que le jardin fruitier redoute d'autant plus, qu'il craint pour les racines de ses arbres des lésions dangereuses. En un mot, quand on le peut, il faut séparer ces deux genres de culture.

Le potager doit être divisé en planches aussi multipliées que l'exigent la variété et l'abondance des cultures. On ne consacrera une portion de planche, à chaque légume, que si l'on ne peut faire autrement. Il y a dans la culture potagère un assolement, une rotation de culture qui doit être disposée de telle sorte que la même planche ne produise pas deux fois de suite le même légume ; et l'on aura soin de faire succéder les semis et les repiquages des plantes élevées en pépinière de telle sorte aussi, que la terre, constamment remuée, rajeunie sans cesse par des engrais nouveaux, substitue sans interruption un produit à un autre, en un mot, que jamais le sol ne repose.

La largeur à donner aux planches, qui sont des parallélogrammes de longueur arbitraire, quoique communément elles aient de 15 à 20 mètres, est de 1^m 30, avec une distance de 35 centimètres entre chacune d'elles.

Les allées pratiquées autour des carrés principaux auront au moins 60 centimètres de largeur, et elles seront bordées d'herbes à fourniture, telles que Persil, Cerfeuil, Pimprenelle, Sarriette, Thym, etc.

On donnera à l'allée centrale une largeur plus grande : elle aura au moins 2 mètres, et celle qui fera le tour du jardin n'en aura que 1,40.

On réservera un emplacement particulier pour les couches et les châssis ; d'autres planches seront exclusivement consacrées à la culture des plantes élevées en pépinière.

Près de l'emplacement où seront déposés les fumiers, on pratiquera un trou où l'on jettera les sarclures et tous les débris végétaux destinés à servir d'engrais après leur conversion en terreau.

Si l'on ne peut avoir un bassin au centre du potager, on disposera, le long des planches qui bordent la grande allée, des tonneaux qui recevront l'eau d'une pompe ou d'un puits, pour éviter la peine de faire un long voyage chaque fois qu'on remplira ses arrosoirs.

De la succession des cultures.

Pour donner un exemple de ce qu'il faut entendre par la succession des cultures, nous présenterons le tableau de la production de six planches dans le cours d'une seule saison.

1er *Exemple*.

Février. On sème de la Carotte tardive et on contre-sème des Radis.

Mai. Après la récolte de la Carotte et des Radis, on plante de la Chicorée demi-fine qui a été semée sur couche.

Fin de juin. On repique dans la Chicorée quatre rangs de Céleri turc semé en mai.

2e *Exemple*.

Quatre récoltes successives.

Février. On plante des Choux cœur-de-bœuf semés en septembre, et l'on contre-sème, dans la même planche, des Épinards.

1re *quinzaine de juin*. Les Épinards et les Choux étant consommés, on repique quatre rangs de Romaine semée à la mi-mai.

2e *quinzaine de juin*. On repique dans la Romaine trois rangs de Poirée à cardes.

3e *Exemple*.

Cinq récoltes successives.

Février. On repique des Pois Michaux de Hollande qui ont été semés sur couche en janvier ou février.

Mars. Dans la 1re quinzaine, on sème des Radis roses.

Juin. On repique quatre rangs d'Escarole semée sur couche dans les premiers jours de mai, et plus tard on contre-plante des Choux-Raves, semés vers la fin de mai.

Août. On sème des Épinards de Hollande.

4e *Exemple*.

Deux récoltes.

Février. On plante des Pommes de terre hâtives.

Juin. On sème en place de la Chicorée de Meaux.

5° *Exemple.*

Cinq récoltes.

Juin. On plante quatre rangs de Laitue qui a été semée dans la 1ʳᵉ quinzaine de mai.

Juillet. On contre-plante, dans la planche de Laitue, de la Chicorée ou de l'Escarole semée dans les premiers jours de juin, et, de chaque côté de la planche, on repique un rang de Choux de Vaugirard semés vers la mi-juin.

Octobre. On repique de l'Oignon blanc semé dans la 2ᵉ quinzaine d'août, et l'on contre-sème de la Mâche.

6° *Exemple.*

Trois récoltes.

Mars. On plante de la Laitue rouge qui a été semée vers la mi-octobre, et l'on contre-plante des Choux-fleurs semés dans la 1ʳᵉ quinzaine de septembre.

Juillet. On sème de la Raiponce.

Nous ne multiplierons pas davantage les exemples : les précédents suffisent pour démontrer la possibilité de tirer de la terre un parti constant sans la laisser reposer un moment. On voit que les récoltes se succèdent sans interruption ; qu'elles sont d'au moins deux sortes de légumes, et vont jusqu'à quatre et cinq. On peut obtenir encore plus de produits ; mais il faut pour cela une grande connaissance de la succession des plantes horticoles, c'est-à-dire de la durée exacte du temps nécessaire pour que chacune d'elles arrive à donner ses produits [1]. L'art de l'horticulteur maraîcher consiste donc à

---

[1] En voici un exemple : après avoir préparé le terrain et planté ses Asperges, c'est-à-dire à la fin d'octobre, on place ses coffres, et l'on y plante de la Chicorée demi-fine.

En novembre, décembre, janvier ou février, on remplit les sentiers et le bord des planches avec du bon fumier de cheval bien mélangé. Quand on est arrivé à la hauteur des coffres, on pose les panneaux, et l'on remet du fumier dans les sentiers, de manière à ce qu'ils soient plus élevés que les panneaux.

disposer ses semis et ses repiquages de telle sorte qu'une récolte succède immédiatement à une autre, et que, tandis qu'une récolte mûrit ou se consomme, il y en ait une seconde qui se prépare. Les semis faits en pépinière ont pour but de tenir toujours prêtes des plantes en voie de développement, afin de profiter du moindre emplacement pour lui confier un végétal nouveau.

Vingt ou vingt-cinq jours après on commence à récolter ses Asperges, puis ses Chicorées; on plante ensuite de la Laitue gotte et deux rangs de Choux-fleurs.

Lorsque les Choux-fleurs sont récoltés, on enlève les coffres et l'on remet dans les sentiers la terre qu'on en avait tirée; puis, quand les planches sont rétablies dans leur état primitif, on plante de la Chicorée; après on sème du Cerfeuil et des Mâches; ce qui fait sept récoltes dans le cours d'une seule saison.

CALENDRIER

DU JARDIN POTAGER.

JANVIER.

31 jours. — Les jours croissent de 1 heure 6 minutes.
Vents dominants : S. S. O.

COUCHES.

Il faut soigner les couches, faire des réchauds, donner de l'air aux plantes cultivées sous châssis, quand le temps le permet ; chauffer les Asperges et les Ananas.

On fait des meules à Champignons.

Semis.

Concombres.	Choux hâtifs.	Laitue à couper.
Chicorée fine.	Persil.	— crêpe.
Chicorée sauvage.	Pois hâtifs.	— gotte.
Haricots à manger en	Fèves.	Romaine.
vert. (On continue	Poireau.	Cresson alénois.
jusqu'en mars.)	Céleri (jusqu'en mars).	Carottes.
Choux d'York et au-	Choux-fleurs (à la fin	Radis.
tres.	du mois).	Melons.

Plantations.

Pommes de terre Kidney.	Persil.	Estragon.
Haricot nain de Hollande.	Laitue hâtive sous cloches.	Oseille.

PLEINE TERRE.

Sur ados à bonne exposition :

Plantations.

Romaine verte.   Choux-fleurs.

Semis.

Parmi la Romaine :	Carotte hâtive.	Oignon.
Fèves de marais.	Poireau.	

Produits.

COUCHES.

Laitue à couper.	Persil.	Oseille.
Cerfeuil.	Pourpier.	Estragon.
Radis.	Cresson alénois.	Asperges vertes.

PLEINE TERRE.

Choux de Bruxelles.		Scorsonères.
— de Milan.	Protégés par une	Chervis.
— cabus.	couverture.	Mâches.
— à grosses côtes.		Raiponces.
Poireaux.		Persil.
Ciboule.		Oseille.
Salsifis.		

SERRE A LÉGUMES.

Choux-fleurs.	Courges.	Navets.
Céleri-Rave.	Cardons.	Betteraves.
— ordinaire.	Carottes.	Pommes de terre.
Barbe-de-capucin.	Chervis.	Oignons.
Chicorée frisée.	Panais.	Salsifis.
Potirons.		

FÉVRIER.

28 à 29 jours. — Les jours croissent de 1 heure 36 minutes.
Vents dominants : S. O.

COUCHES.

On réchauffe les couches anciennes, et l'on en élève d'autres. On détruit celles faites en décembre, et l'on en mêle les fumiers non consommés à du fumier neuf pour en faire de nouvelles.

Semis.

Chicorée fine.	Haricots nains.	Melons à châssis.
Chicorée sauvage.	Fèves.	Concombres.
Radis roses.	Carottes hâtives.	Aubergines (à la fin
Choux-fleurs.	Céleri-Rave.	du mois).
Laitues pommées.	Choux rouges.	Artichauts.
Romaine	Choux de Milan et ca-	
Pois à châssis.	bus.	

Plantations.

Laitue gotte.	⎫	Concombres.
— crèpe.	⎬ Peu de chaleur.	Fraisiers à forcer.
Romaine.	⎭	Choux-fleurs précoces.
Melon cantaloup hâtif.		Asperges.

PLEINE TERRE.

Semis.

Carotte hâtive.	Panais.	Chicorée sauvage.
Radis.	Poireau.	Salsifis.
Choux cœur-de-bœuf.	Laitue gotte.	Oignons jaunes (à la
Choux d'York.	Épinards.	fin du mois).
Ciboule (jusq. mars).	Cerfeuil.	Artichauts (mi-février
Pimprenelle.	Fèves naines.	jusqu'à la fin de
Persil (jusqu'en août).	Fèves de marais.	mars).
Oseille.	Scorsonères.	

Plantations.

Pois Michaux.	Sarriette.	Poireau (semé en sep-
Pomme de terre hâtive.	Topinambours (ainsi	tembre en pleine
Ail.	qu'en mars).	terre, ou sur couche
Échalotes.	Crambé (semé en mars	à la mi-décembre).
Thym.	précédent).	

Où butte le Crambé, et l'on donne de l'air aux Artichauts et au Céleri.

Produits.

COUCHES.

Radis.	Estragon.	Crambé.
Laitue à couper.	Asperges vertes.	Cerfeuil.
— crèpe.	— blanches.	Oseille.
Persil.		

PLEINE TERRE.

Choux cabus.	Mâches.	Persil.
— de Bruxelles.	Épinards.	Céleri.
— de Milan.	Oseille.	Raipouce.
— à grosses côtes.		

SERRE A LÉGUMES.

Choux-fleurs.	Barbe de capucin.	Pommes de terre.
Céleri.	Cardons.	Navets et autres ra-
Chicorée.	Potirons.	cines.
Escarole.	Oignons.	

MARS.

31 jours. — Les jours croissent de 1 heure 50 minutes.
Vents dominants : S. O. et O.

COUCHES.

Les surveiller attentivement; les ombrer le jour et les couvrir la nuit, pour préserver les plantes de l'action du froid.

Semis.

Chicorée sauvage.
Concombres.
Baselle.
Melons à châssis.

Tétragone.
Tomates et Piments (à la fin du mois).

Basilic.
Coqueret.
Potirons et Courges.

Plantations.

Laitues gottes sous cloches. Melons. Patates (on bouture les).

PLEINE TERRE.

On enlève la couverture des Artichauts.

Semis.

Radis roses.
Oignon blanc.
Choux quintal.
— de Milan.
— verts.
Pour les produits d'hiver, jusqu'en mai.
Laitues-Romaines.
Panais.
Betterave (de la mi-mars jusqu'à la mi-mai).
Céleri à couper.
Epinards (tous les mois jusqu'à la fin d'octobre).

Pois.
Fèves.
Chicorée sauvage.
Pimprenelle.
Bourrache.
Corne de cerf.
Cerfeuil (jusqu'en septembre).
Persil.
Pois ridé.
Poireau.
Carotte demi-longue.
Angélique (en août ou juillet).

Arroche (semis successifs jusqu'en sept.).
Chervis.
Cresson alénois (semé ensuite tous les 15 jours jusqu'à la mi-août).
Cresson vivace.
Pissenlit.
Lentilles.
Marjolaine.
Menthe.
Oseille-Epinard.
Rhubarbe.
Sarriette.

Plantations.

Chou marin.
Romaine blonde.
Souchet comestible.

Laitue rouge.
Choux-fleurs.
Asperges.

Pommes de terre.
Ail.

Produits.

COUCHES.

Asperges.
Radis.
Raves.
Persil.
Oseille.

Cerfeuil.
Laitues pommées.
Carottes (semées en automne).

Pois hâtifs.
Haricots.
Choux-fleurs (semés en automne).

PLEINE TERRE.

Oseille.
Épinards.
Chicorée sauvage.
Poirée.

Laitue-Passion.
Cerfeuil.
Persil.

Crambé (blanchi).
Navets (pour les pousses tendres).
Choux (Idem).

SERRE A LÉGUMES.

(Il y reste peu de chose.)

Carottes.
Navets.
Betteraves.

Pommes de terre.
Oignons.

Choux-Raves.
Céleri-Rave.

AVRIL.

30 jours. — Les jours croissent de 1 heure 42 minutes.

Vents dominants : E. et N. E.

C'est dans les premiers jours de ce mois que les arrosements commencent.

COUCHES.

Semis.

Melons à cloches.
Concombres.
Cornichons.

Potiron jaune.
Haricot flageolet.
Cardons.

A l'air libre : Chicorée fine, Choux-fleurs.

Plantations.

Melons (semés le mois précédent).   Aubergines.   Patates.

PLEINE TERRE.

Semis.

Choux-fleurs tendres
(depuis la mi-avril
jusqu'à la mi-mai).
Choux de Bruxelles.
— de Milan.
— de Poméranie.
Oignon blanc.
Pois.
Fèves.
Artichauts (en place).
Lentilles.
Carottes.
Radis.
Raves.
Épinards.
Tétragone.

Laitues.
Romaines.
Céleri à couper.
— Rave.
Nigelle.
Enothère bisannuelle.
Potirons et Courges
(en place).
Cornichons (mai et
juin).
Concombres (jusqu'à
la mi-mai).
Chenillette (en place).
Capucine.
Persil.
Cerfeuil.

Chicorées (jusqu'en
juillet et le mois sui-
vant).
Chicorée sauvage.
Pimprenelle.
Oseille.
Cresson alénois.
Crambé (jusq. mai).
Sarriette.
Basilic.
Thym.
Raifort sauvage.
A la fin du mois :
Haricots flageolets.
— bagnolets.
Les Cucurbitacées.

Plantations.

Choux de Milan.
— quintal.
Artichauts (on œille-
tonne les).

Céleri (semé sur cou-
che).
Estragon.
Oxalis (mi-avril).

Ciboules.
Potirons et Courges (de
la fin d'avril à la mi-
mai).

Produits.

COUCHES.

Laitues.
Chicorée frisée.

Choux-fleurs.
Pois.

Haricots.

PLEINE TERRE.

Asperges.
Laitue-Passion.
Choux d'York.
Choux-fleurs.
Crambé.

Brocolis.
Pois.
Fèves.
Oseille.
Persil.

Cerfeuil.
Oignon blanc.
Choux (pour les pousses
tendres).
Navets (Idem).

MAI.

31 jours. — Les jours croissent de 1 heure 18 minutes.
Vents dominants : N. E., S. O.

COUCHES.

Semis.

Cornichons.   Chicorée fine (à l'air libre).
Melons.   Escarole (Idem).

Plantations.

Melons (jusqu'à la fin du mois).   Patates.

PLEINE TERRE.

Semis.

Betteraves.	Oignons	Poirée.
Choux-Raves.	Oseille.	Pourpier.
Choux-fleurs.	Épinards.	Persil.
Choux de Milan.	Pois.	Cresson.
Céleri turc.	Fèves.	Haricots nains et à rames
Radis roses.	Laitue.	(1re quinzaine).
Radis noirs.	Romaine.	Chicorée toujours blanche.
Carottes.	Scolyme (mi-mai jus-	Cardons de Tours.
Artichauts.	qu'à la fin de juin).	Maïs à poulets.

Plantations.

Chicorée demi-fine et	Choux de Bruxelles.	Pommes de terre.
fine.	Choux de Poméranie.	Basilic (exposition chaude).
Romaine blonde.	Choux-fleurs.	Coqueret.
Céleri-Rave.	Tomates.	Tétragone (semée sur cou-
Potirons.	Oxalis crenata.	che).

Produits.

COUCHES.

Chicorée fine d'Ita-	Choux-fleurs.	Haricots.
lie.	Melons.	Concombres.

PLEINE TERRE.

Asperges.	Choux-fleurs.	Artichauts.
Pois.	Brocolis.	Oseille.
Fèves.	Crambé.	Persil.
Laitues.	Raves.	Cerfeuil.
Choux d'York.	Radis.	Estragon.
— cœur-de-bœuf.	Céleri à couper.	Pimprenelle.
— pain-de-sucre.	Poirée à cardes.	Civette.
Navets hâtifs.		

JUIN.

30 jours. — Les jours croissent de 18 minutes du 1er au 21, et décroissent de 4 minutes
du 21 au 30.

Vents dominants : S. O., O. S. O., O.

COUCHES.

Les couches ne sont plus nécessaires dans ce mois, si ce n'est
pour certaines plantes, comme les Patates, qu'on ne doit pas replanter plus tard que la fin de juin.

PLEINE TERRE.

La plupart des végétaux dont la production est prompte doivent
être semés très-souvent, pour n'en pas manquer, et à l'exposition
du nord, pour qu'ils ne montent pas trop vite. Les arrosements
doivent être abondants.

Semis.

Chicorée de Meaux (pour l'arrière-saison).	Carottes.	Raves (semis fréquents).
Escarole.	Navets (à partir du 15).	Radis roses.
Choux de Vaugirard.	Oignon blanc.	— noirs.
— de Milan.	Céleri turc.	A semer tous les 8 ou
— Raves.	Cerfeuil (semer tous les 8 jours).	10 jours, pour en prolonger la produc-
— Navets.	Fraisiers.	tion :
Choux-fleurs.	Épinards (semer tous les 8 jours).	Pois.
Laitues (en semer tous les 8 jours).	Cresson alénois.	Haricots.
Romaine.	Oseille.	Fèves.

Plantations.

Laitues (à l'ombre).	Choux d'York.	Escarole.
Romaines (Idem).	Choux-Raves.	Concombres.
Choux de Milan.	Poirée à cardes.	Citrouilles.
— de Bruxelles.	Céleri.	Potirons.
— verts.	Poireaux.	Tomates.

Produits.

COUCHES.

Aubergines.   Concombres.   Tomates.

PLEINE TERRE.

Abondance partout.

Toutes les fournitures.	Choux cœur-de-bœuf.	Fèves de marais.
Asperges (on cesse de les couper vers le 20).	Choux cabus blanc.	Laitues.
	Oignon blanc.	Romaines.
Artichauts.	Épinards (bientôt remplacés par la Tétragone).	Chicorée fine d'été.
Pois.		Raiponce (fin du mois).
Céleri blanc.		
Choux-fleurs (pour l'automne).	Haricots.	

JUILLET.

31 jours. — Les jours décroissent de 1 heure.

Vents dominants : O., O. S. O., S. O.

Il faut, dans ce mois, faire attention à l'apparition si funeste du Puceron.

On arrache l'ail quand les tiges en sont flétries.

COUCHES.

Elles ne sont plus nécessaires, bien qu'on puisse encore y planter, à l'air libre, des Choux-fleurs, de la Chicorée et de l'Escarole.

PLEINE TERRE.

Les arrosements doivent être copieux.

Semis.

Choux de Milan.	Radis.	Cerfeuil.
Choux verts (jusqu'en août).	Chicorée.	Pourpier doré.
	Escarole.	Ciboule (à partir du 15).
Carottes.	Romaine.	
Navets.	Raiponce.	

Plantations.

Chicorée.
Escarole.
Romaine. } Semés dans les premiers jours de juin.
Laitue.
Choux-fleurs.

Choux de Vaugirard, semés dans la 2ᵉ quinzaine de juin.

Produits.

PLEINE TERRE.

Tous les légumes.
Pommes de terre hâtives.
Tétragone pour remplacer l'Épinard.

AOUT.

31 jours. — Les jours décroissent de 1 heure 38 minutes.
Vents dominants : O., O. S. O., S. O.

COUCHES.

On plante des Choux-fleurs sur les couches à Melons ; on fait des meules à Champignons.

PLEINE TERRE.

Semis.

1re quinzaine. Mâches (jusqu'à la fin d'octobre).
    Épinards de Hollande.
    Navets.
2e quinzaine. Oignon blanc.
    Romaine rouge d'hiver.
    Laitue-Passion.
    Cerfeuil.
    Choux d'York.
     — cœur-de-bœuf.
     — pain-de-sucre.
     — d'hiver et cabus.

Produits.

Tous ceux de la saison, si l'on a soin de maintenir la terre humide.

Maturité des Melons de la dernière saison.

SEPTEMBRE.

30 jours. — Les jours décroissent de 1 heure 46 minutes.
Vents dominants : S. O., O. S. O., N. E.

COUCHES.

Plantations.

Dans la 2ᵉ quinzaine.

Laitue gotte (semée dans la 1ʳᵉ quinzaine).
Chicorée fine (à froid).

PLEINE TERRE.

Sur les ados ou côtières.

Semis.

Radis roses.

Plantations.

Laitue-Passion (semée dans la 2ᵉ quinzaine d'août).
Romaine rouge d'hiver (Idem).

Dans les planches.

Semis.

Choux-fleurs.	Perce-pierre.	Mâches.
Choux d'York.	Rhubarbe.	Carotte hâtive.
— cœur-de-bœuf.	Chervis.	Arroche (dernier se-
Épinards.	Pimprenelle.	mis).
Poireau long.	Cerfeuil.	Bourrache.

Plantations.

Fraisier des Alpes.
— Keen's Seedling.
Angélique.
Oseille-Épinard, éclats.

On fait les meules à Champignons; on butte les Cardons, le Céleri et les Poirées à Cardes, pour les faire blanchir.

Produits.

Tous les légumes en abondance.

———

OCTOBRE.

31 jours. — Les jours décroissent de 1 heure 47 minutes.
Vents dominants : S. O., O. S. O., O.

Les premières gelées blanches étant à craindre dans ce mois, il faut surveiller les opérations horticoles. C'est en octobre qu'on établit les premières couches.

COUCHES.

On chauffe les Asperges vertes.

Semis.

1re quinzaine. Laitue petite noire.
            Romaine verte maraîchère.
2e quinzaine. Laitue rouge.
      —   gotte.
      —   Romaine blonde maraîchère.
      —   —   grise maraîchère.

Plantations.

Chicorée fine. ⎫
Choux-fleurs. ⎭ Semés dans les premiers jours de septembre.

PLEINE TERRE.

Semis.

1re quinzaine. Épinards.
2e quinzaine. Oignon blanc et jaune.
            Cerfeuil.
            Mâches.
            Carottes.
            Cresson Alénois.
            Asperges.

Plantations.

Pommes de terre (pour récolte précoce).
Fraisiers.
Oignon blanc.
Choux cabus (semés en août).
Choux d'York (en pépinière).

On coupe les vieilles Asperges ; on fait blanchir le Céleri et les Cardons ; on arrache les Souchets comestibles.

Produits.

Tous les légumes, excepté les Pois et les Fèves. Ceux qui sont le plus abondants, ou qu'on commence à récolter, sont :

Chicorée frisée.	Choux-fleurs.	Artichauts.
Céleri.	Cardons.	Choux de Bruxelles.
Oignon Patate.		

NOVEMBRE.

30 jours. — Les jours décroissent de 1 heure 24 minutes.

Vents dominants : S. O., O. S. O., N. E.

COUCHES.

On chauffe les Asperges vertes ; on commence à chauffer les Asperges blanches. C'est le moment des couches à primeurs.

Semis.

Laitue Georges.	Laitue crêpe.	Choux-fleurs.
— à couper.	Romaine.	Radis.
— gotte.		

Plantations.

Romaines vertes.

On sème des Pois michaux en pleine terre, mais sous châssis.

PLEINE TERRE.

Plantations.

Choux cabus.
— d'York
Laitue de la passion.
— brune d'hiver.

On arrache et rentre en serre tous les légumes qui souffriraient de la gelée ; on met en jauge les Choux pommés ; on coupe les têtes des Choux-fleurs, et on les suspend avec des ficelles dans un cellier ou dans une cave très-saine.

Produits.

COUCHES.

Asperges forcées.

On peut aussi conserver en pleine terre une grande partie des légumes de la saison, surtout les racines.

PLEINE TERRE.

Oignons.	Cardons.	Chicorée.
Choux-fleurs.	Escarole.	Céleri.
Choux de Bruxelles.	Pommes de terre.	

On récolte les Betteraves et les Chervis, et l'on commence à faire la Barbe de capucin.

DÉCEMBRE.

31 jours. — Les jours décroissent de 21 minutes du 1ᵉʳ au 22, et croissent de 5 minutes du 22 au 31.

Vents dominants : S. O., O., O. S. O., N. E.

COUCHES.

On continue de chauffer les Asperges. On met des panneaux sur toutes les couches à primeurs, et l'on fait les réchauds et couvertures.

Semis.

1ʳᵉ quinzaine. Radis hâtifs.
             Raves hâtives.
2ᵉ quinzaine. Poireau.
             Carotte courte hâtive.
             Haricots.
             Pois michaux.
             Fèves de marais.
             Concombres (on continue jusqu'en mars).

Plantations.

Laitue petite noire.
Pois (semés dans les premiers jours de novembre).
Oseille.

PLEINE TERRE.

Plantations.

Choux d'York et cabus (semés en août).

Mettre en jauge les Brocolis; couvrir le Persil; donner pendant le jour de l'air aux Artichauts chaque fois que le temps le permet; terreauter la Civette.

Produits.

COUCHES.

Radis.	Persil.	Cerfeuil.
Laitue à couper.	Estragon.	Asperges.

PLEINE TERRE.

Choux de Bruxelles.	Scorsonères.	Épinards.
— de Milan.	Mâches.	Cerfeuil.
— à grosses côtes.	Raiponces.	Persil.
Salsifis.		

SERRE A LÉGUMES.

Carottes.	Chicorée.	Céleri.
Navets.	Barbe de capucin.	Cardons.
Betteraves.	Escarole.	Choux-fleurs.
Panais.	Choux.	

PLANTES POTAGÈRES.

CULTURE PARTICULIÈRE A CHAQUE PLANTE.

ORDRE ADOPTÉ.

Pour ne pas séparer les plantes qui ont des affinités soit naturelles, soit comestibles, nous croyons pouvoir sans inconvénient substituer à l'ordre alphabétique général (que l'on trouvera d'ailleurs établi au moyen d'une table) des divisions fondées sur ces mêmes affinités. Ainsi, nous établissons dans les légumes dix sections qui formeront pour nous autant de chapitres, et qui sont :

1° Plantes à racines alimentaires.

2° Plantes à tubercules alimentaires.

3° Plantes à bulbes alimentaires.

4° Plantes légumières à bourgeons, à inflorescences et autres parties alimentaires.

5° Herbes potagères.

6° Plantes pour salades.

7° Gousses et graines légumières.

8° Plantes condimentaires.

9° Cryptogames alimentaires.

10° Fruits légumiers.

L'ordre alphabétique n'est employé que par section ou chapitre.

On conçoit que cette distribution est dépourvue de toute préten-
tion scientifique, et que l'on a seulement voulu , autant que possible, réunir les plantes par similitude d'emploi. Nous indiquons
d'ailleurs la famille à laquelle chaque plante appartient.

CHAPITRE PREMIER.

PLANTES A RACINES ALIMENTAIRES.

Arracacha comestible.

Arracacha esculenta, D. C. — *Conium arracacha*, Hook. (*Ombellifères*.)
Vivace.

Cette plante à racine a été préconisée comme succédanée de la
Pomme de terre, parce qu'en effet, dans son pays natal, l'Amérique
du Sud, elle est cultivée comme végétal alimentaire; mais, malgré
de nombreux essais, on n'a pu encore parvenir à l'introduire dans
la culture en Europe. Nous croyons qu'il faut attribuer cet insuccès au mauvais mode de culture appliqué par les expérimentateurs.
On s'est attaché surtout à la production de la graine pour la propagation, et cette production est très-difficile, même dans le pays
de l'*Arracacha;* cette plante ne peut se multiplier que par boutures
de section du collet de la racine.

Voici, au reste, ce qui en a été dit par De Candolle, d'après M. Var-
gas, médecin à Caraccas :

« Les colons espagnols lui donnent le nom d'*Apio,* à cause de sa
ressemblance avec l'Ache et le Céleri ; le collet de la racine donne
naissance à quelques tiges et à des feuilles grandes, munies d'un
pétiole creux et divisés en segments nombreux. Les racines sont
divisées en plusieurs branches épaisses qui, lorsque le terrain leur
est favorable, acquièrent la grosseur d'une forte corne de vache.
Cette racine s'accommode comme les Pommes de terre ; elle est

extrêmement agréable au goût, plutôt compacte que farineuse ; elle
est si délicate, qu'elle exige très-peu de cuisson ; sa digestion est
facile, et l'on en recommande l'emploi aux convalescents et aux personnes dont l'estomac est débile. Réduite en pulpe, cette racine
entre dans la composition de quelques liqueurs fermentées que l'on
regarde comme stomachiques. Dans plusieurs parties de la Colombie,
l'emploi de cet aliment est aussi universel que celui des Pommes
de terre en Angleterre.

« L'Arracacha exige un terrain noir, meuble et profond, qui se
prête au développement de sa racine. Pour la propager, on coupe la
racine [1] en pièces de manière à laisser à chacune d'elles un œil ou
bourgeon, et on les plante dans autant de creux séparés. Après trois
ou quatre mois de végétation, les racines sont assez développées
pour servir à l'usage de la cuisine ; si on les laisse plus longtemps
en terre, ces racines acquièrent une immense dimension sans rien
perdre de leur saveur. La couleur en est blanche, jaune et pourpre ;
mais toutes ces variétés sont de même qualité ; la plus estimée est
celle que l'on trouve à Lipacon, village à dix lieues au nord de
Santa-Fé de Bogota.

« Comme les Pommes de terre, les Arracachas ne peuvent vivre
dans les lieux trop chauds ; elles y poussent trop en tiges, et les
racines deviennent insipides. Dans les pays tempérés elles réussissent
mieux, et mieux encore dans les parties les plus froides de la Colombie, où la chaleur moyenne est de 58 à 60 degrés de Fahrenheit
(environ 12° de Réaumur ou 15° C.) ; c'est là que la racine prend le
plus de développement et acquiert la saveur la plus délicieuse,
circonstance très-importante pour l'Europe, où nous pouvons ainsi
espérer de voir se naturaliser un jour ce légume précieux. Une
racine qui, dans le pays natal de la Pomme de terre, peut rivaliser
avec elle, mérite toute notre attention. Cette naturalisation pourrait
devenir spécialement importante pour l'Italie et l'Espagne ; car l'on
sait que, dans les parties chaudes de l'Europe, la Pomme de terre
réussit moins bien que dans les parties froides ou tempérées. »

---

[1] C'est-à-dire le collet de la racine.

Betterave (Pl. I, fig. 1 et 2).

Beta vulgaris, Lin. (*Atriplicées-Cyclolobées*.) — Bisannuelle.

Pleine terre. — *Semis*. On sème la graine de Betterave de la fin de mars au commencement de mai, soit en lignes, soit à la volée, en terre meuble et profonde amendée par des fumiers bien consommés ou fumiers de l'année précédente.

On arrache les plants superflus quand ils ont cinq à six feuilles, en ayant soin de laisser entre ceux qui restent au moins 30 centimètres de distance : le volume de l'espèce semée détermine l'écartement à laisser entre les plants. Quand il y a des places vides, on les remplit par des plants qu'on repique à distance, et quelquefois même on sème ses Betteraves en pépinière, et on les met en place quand la racine est déjà formée.

Culture. La culture se borne à des binages répétés et des arrosements quand la terre est trop sèche.

Récolte. A la fin d'octobre ou au commencement de novembre.

Les feuilles tendres, qui font d'excellents Épinards, peuvent être récoltées successivement depuis le mois de septembre jusqu'au moment de la récolte des racines. Il faut avoir soin de ne pas les enlever toutes, car on nuirait au développement de la racine.

Conservation. On rentre les Betteraves, dont les feuilles ont été coupées, soit dans la serre à légumes, soit dans un cellier ou dans une cave sèche.

La durée de leur conservation va jusqu'en mai.

Durée de la faculté germinative des graines. Cinq à six ans.

VARIÉTÉS.

Jaune ronde précoce.	Rouge de Bassano (excellente qualité).
Rouge ronde précoce.	Rouge de Castelnaudary. (Id.)
Jaune de Castelnaudary (chair fine).	Grosse rouge ordinaire.
Rouge foncée de Whyte.	Jaune globe.

Carotte (Pl. I, fig. 3 et 4).

Daucus carota, Lin. (*Ombellifères-Daucinées*.) — Bisannuelle.

Culture forcée. C'est dans le mois de décembre que les premiers semis de Carottes ont lieu. On les fait sur une couche à 15°, chargée de 15 centimètres de terreau et garnie d'un châssis. Le seul soin qu'exige cette culture est de maintenir la température de la couche par des réchauds, et celle de l'intérieur des châssis en couvrant ceux-ci de paillassons quand le froid est rigoureux. La culture est, au reste, la même que pour la pleine terre.

Récolte. Dans le courant d'avril. Dès le mois de mars on peut enlever les panneaux ; mais alors on ne récolte qu'en mai.

Cultures intercalaires. On peut semer, parmi les Carottes, de la Laitue petite noire et des Radis roses.

PLEINE TERRE. — *Semis*. On commence à semer dans le courant de février, et l'on continue jusqu'en juillet pour la seule Carotte courte hâtive ; car les autres variétés ne peuvent pas être semées plus tard que le mois d'avril. Le semis a lieu dans une terre bien préparée, soit en ligne, soit à la volée. Après le semis l'on foule le sol et l'on terreaute la planche.

Le semis à la volée, et même le semis en ligne ayant pour effet de donner une trop grande quantité de plants, on éclaircit pour ne laisser que le nombre de plants nécessaires au développement complet de la racine.

Culture. Des sarclages et quelques binages pour les semis en ligne ; les arrosements ne doivent être donnés que quand la terre commence à perdre sa fraîcheur ; car, par excès d'arrosement, on développerait le feuillage, et les racines en souffriraient.

Récolte. En novembre ou décembre ; on peut néanmoins les laisser en place, en les abritant par de la litière contre les froids rigoureux.

Conservation. On rentre les Carottes dans la serre à légumes, et l'on en coupe le collet pour les empêcher de pousser. C'est dans le sable sec, et par lits alternatifs de racines et de sable, qu'on les conserve le plus longtemps. On peut avoir, par ce moyen, des Carottes jusqu'en mars, époque où depuis longtemps déjà on a les Carottes cultivées sur couche.

Production de la graine. Les Carottes qu'on destine à produire des graines doivent être choisies parmi les plus belles et les plus franches, c'est-à-dire parmi celles qui ont les qualités les plus caractéristiques. On ne les étête pas ; mais on se borne à couper les feuilles au-dessus du collet, et on les enterre dans des jauges où elles sont à l'abri du froid.

A partir du mois de février et jusqu'en mars, on les met en place, à 60 centimètres de distance, pour les laisser monter en graine.

Durée de la faculté germinative des graines. Trois à quatre ans. Il faut préférer, pour faire des porte-graines, les racines venues de graines de deux ans, parce qu'elles produisent des semences qui donnent naissance à du plant moins sujet à monter.

VARIÉTÉS CULTIVÉES.

Carotte courte hâtive, ou rouge courte à châssis.	Carotte violette (très-prisée en Amérique).
— — variété semi-longue.	— rouge d'Altringham.
— rouge courte de Hollande.	— blanche des Vosges.
— jaune d'Achicourt.	— rouge à collet vert.
— rouge pâle de Flandre.	— blanche à collet vert.
— — longue.	— — longue ordinaire.
— blanche de Breteuil (de garde).	— — variété transparente.

Céleri-Rave (Pl. II, fig. 1).

Apium graveolens, Lin. (*Ombellifères.*) — Bisannuel.

PLEINE TERRE. — *Semis.* Si l'on veut avoir des produits hâtifs, on sème sur couche en février ; dans le cas contraire, c'est en avril qu'on fait le semis ; il faut pour cela choisir un endroit ombragé.

On repique d'abord les jeunes plants en pépinière, puis en place.

Culture. Tous les soins consistent à donner des arrosements abondants pour faciliter la végétation. Pour favoriser le développement du tubercule, on supprime toutes les grandes feuilles qui tendent à s'emporter.

Récolte. On arrache le Céleri-Rave au mois de novembre.

Conservation. On conserve les racines de ce Céleri en jauge, en ayant soin de les couvrir pour les garantir de la gelée ; ou bien on les rentre dans la serre à légumes, en en supprimant les feuilles. Elles se conservent jusqu'au mois de mars.

Durée de la faculté germinative des graines. Trois ou quatre ans.

Cerfeuil tubéreux ou **bulbeux**.

Chærophyllum tuberosum. (Ombellifères-Scandicinées.) — Annuel.

Cette plante, qui n'est pas un tubercule, mais bien une racine, malgré les qualifications de tubéreuse et de bulbeuse qu'on lui a données, est de beaucoup supérieure au Chervis, au Panais et même au Salsifis; elle a été introduite depuis peu d'années dans la culture, abandonnée, et ensuite reprise. La racine est petite, féculeuse et légèrement sucrée; elle fournit un mets très-délicat.

Pleine terre.—*Semis.* On sème en septembre et octobre en terre douce, point trop dru, en raison de la difficulté de l'éclaircissage.

Culture. La jeune plante n'exige guère que des sarclages.

Récolte. Elle se fait en juillet. Les racines sont mises, comme les Pommes de terre, dans un lieu sec et obscur. Celles que l'on destine à produire des graines sont replantées au printemps, ou, mieux peut-être, à l'automne, et à distances assez grandes.

Observation. Le *Cerfeuil de Prescott* (*Chærophyllum Prescotti*) est une espèce à racine plus grosse, mais ramifiée; il possède toutes les qualités du cerfeuil bulbeux, demande les mêmes soins de culture, et il a l'avantage de pouvoir être semé au printemps.

Chervis (Pl. III, fig. 2).

Sium sisarum, Lin. (*Ombellifères.*) — Vivace.

Pleine terre. — *Semis.* Soit au mois d'avril, soit en septembre, en terre meuble.

On peut aussi multiplier le Chervis par éclats; mais le mode de multiplication le plus usité est par le semis, quoiqu'on assure que les plantes depuis longtemps multipliées par éclats soient moins sujettes que les autres à présenter une mèche centrale ligneuse.

Culture. La culture en est facile : il ne faut à cette plante que des façons et des arrosements multipliés.

Récolte. On commence à récolter les Chervis en novembre, et l'on continue pendant l'hiver en les garantissant par une couverture de litière.

Durée de la faculté germinative des graines. Quatre à cinq ans.

Observation. Cette racine, d'une saveur douce et sucrée, atteint le volume d'une grosse Raiponce. Elle est ligneuse quand elle vieillit. Cette plante, originaire de la Chine, est plutôt propre aux départements du Centre et du Midi qu'au climat parisien.

Chou-Navet.

Brassica oleracea; var. Napo-Brassica, Lin. (*Crucifères-Brassicées.*) — Bisannuel.

Pleine terre. — *Semis*. Le semis a lieu de la mi–mai en juin, en place, et la culture est celle du Chou–Rave dont il est question ci-après et dont le Chou-Navet diffère en ce que la racine, au lieu d'être sur la terre, comme celle du Chou-Rave, est souterraine. Il lui faut aussi des arrosements abondants.

Récolte. A la même époque que les Choux-Raves; mais on peut, pour ceux-ci, attendre qu'ils soient complétement formés.

Conservation. Les Choux–Navets étant très-rustiques, on peut se dispenser de les rentrer dans la serre à légumes, et ne les récolter qu'au fur et à mesure des besoins.

VARIÉTÉS.

Chou-Navet hâtif.
—   ordinaire, Turnep ou de Laponie.
—   Rutabaga ou Navet de Suède (meilleurs).

Chou-Rave (Pl. X, fig. 1).

Brassica gongyloides. (*Crucifères-Brassicées.*) — Bisannuel.

Pleine terre. — *Semis*. On sème de la fin de février en juin. Les jeunes plants, élevés en pépinière, sont mis en place quand ils ont quelques feuilles.

Culture. Des binages et de fréquents arrosements sont les seuls soins qu'ils exigent.

Récolte. On peut récolter le Chou–Rave en juillet et septembre, époque où il n'a pas atteint sa grosseur; mais il est alors très-tendre.

Les Choux–Raves sont bons à récolter en novembre.

Conservation. Les Choux–Raves ne craignent pas la gelée; ils peuvent rester en terre après avoir été dépouillés de leurs feuilles et couverts de litière ; ou bien on les rentre dans la serre à légumes, et ils se conservent jusqu'à la fin de février, et même jusqu'en mars.

Durée de la faculté germinative des graines. Celle des autres Choux.

VARIÉTÉS.

Chou-Rave nain hâtif.
—   blanc de Siam.
—   à feuilles découpées, etc.

Observations. Ce Chou, que l'on ne cultive pas depuis bien long-temps en France, est un excellent légume, dont la saveur participe de celle du Navet et du Chou. La partie que l'on mange n'est pas précisément la racine ; c'est le collet ou la portion inférieure de la tige fortement renflée au-dessus du sol. Il mérite d'être cultivé, surtout à cause de sa longue conservation. Le Chou-Rave à feuilles découpées ou à feuilles d'Artichaut, qui nous est venu d'Alle-magne, est remarquable par l'élégance de ses feuilles.

Œnothère bisannuelle.

(Œnothera biennis, Lin. (Onagrariées.) — Bisannuel.

Les racines de cette plante, connue sous les noms d'*Onagre,* d'*Herbe aux ânes* et de *Jambon des jardiniers,* ont une saveur douce et agréable, et peuvent entrer dans la culture, ne fût-ce que pour la variété. On les mange crues ou cuites, soit en salade, soit en plat, et c'est surtout dans quelques parties de l'Allemagne qu'on en fait usage. Elles sont nourrissantes et d'une digestion facile. Après le mois d'avril, les racines deviennent dures et fibreuses, on les abandonne.

PLEINE TERRE. — *Semis.* Les graines, fines et d'une germina-tion facile, se sèment en avril assez clair, dans une terre grasse et fraîche, et plutôt légère que sèche.

Culture. Lorsque le jeune plant, qui est fort rustique, a quelques feuilles, on le repique à 40 centimètres de distance, soit en lignes, soit en quinconce, et tous les soins se bornent à des sarclages et des arrosements si la terre est trop sèche, car l'Onagre est une plante rustique, qui n'exige pas beaucoup de soins.

Récolte et conservation. On arrache les racines à la fin d'octobre, en ayant soin de couper les feuilles qui garnissent le collet, excepté celles du cœur.

On rentre dans la serre à légumes les racines arrachées, à moins qu'on ne préfère ne les récolter qu'à mesure du besoin. Il faut les consommer avant la fin de mars, car, dès qu'elles commencent à végéter, elles deviennent dures et ligneuses.

Durée de la faculté germinative des graines. Deux à trois ans.

Navet (Pl. IV, fig. 1 à 5).

Brassica napus, L. (*Crucifères-Brassicées.*) — Bisannuel.

Pleine terre. — *Semis.* Les Navets se sèment depuis la mi-mai jusqu'au commencement de septembre, en terre sablonneuse ; première condition pour qu'ils acquièrent les qualités recherchées dans ce légume : une chair à la fois tendre, cassante et sucrée.

Culture. Tous les soins consistent à éclaircir le semis, à sarcler, et à donner des arrosements dans les temps trop secs.

Récolte. Depuis le mois d'avril ou mai jusqu'au mois de novembre, époque où on les arrache pour les mettre dans la serre à légumes.

Conservation. Dans un lieu sec, on a des Navets jusqu'en mars et avril, époque où paraissent les nouveaux, semés à l'automne.

Durée de la faculté germinative de la graine. Deux à trois ans.

VARIÉTÉS.

Navets tendres.
- blanc plat hâtif (rond très-précoce).
- rouge plat hâtif.   (Idem.)
- des Vertus (long et blanc).
- des Sablons (demi-rond, blanc).
- rose du Palatinat (rond, à collet rose).

Navets demi-tendres.
- jaune de Hollande (rond).
- — d'Écosse (rond, dur à la gelée).
- — de Finlande,   (Idem.)
- gris de Morigny (oblong, un des meilleurs).

Navets secs, à chair fine et serrée, ne se délayant pas à la cuisson.
- de Freneuse (jaunâtre, demi-long).
- de Meaux (blanc, allongé).
- de Teltau (le plus petit de tous).

Plantation pour graine. On choisit les Navets les plus francs qu'on met en terre au mois de mars, et ils donnent leur produit en juin.

Observations. Outre la racine elle-même, qui est très-recherchée à cause de sa saveur sucrée, on peut aussi manger les pousses des Navets, qu'on fait blanchir, et qui se préparent comme les Asperges, ou servent à assaisonner les viandes.

Panais long (Pl. III, fig. 4).

Pastinaca sativa, Lin. (*Ombellifères.*) — Bisannuel.

La racine longue, simple, d'une saveur sucrée et très-aromatique, donne du goût aux potages.

Pleine terre. — *Semis.* De préférence en février; on peut néanmoins semer jusqu'en juillet.

Culture. La même que celle de la Carotte.

Durée de la faculté germinative de la graine. Une seule année.

Observation. Il existe une variété en forme de toupie, et qui est connue sous le nom de *Panais rond de Metz;* ce panais est plus hâtif et convient mieux aux terres qui ont peu de fond. La graine n'est bonne que pour un an.

Avec le Panais sauvage (*Pastinaca sylvestris,* Mill.), on a obtenu un bon légume, préférable, selon quelques auteurs, au Panais des jardiniers. Le froid n'arrête pas le végétation du Panais sauvage, que l'on sème en août et que l'on récolte en mai de l'année suivante.

Radis, Rave, Raifort cultivé (Pl. II, fig. 2, 4, 5).

Raphanus sativus, Lin.; *Raphanus sativus radicula,* D. C.; *Raphanus sativus oblongus.* (*Crucifères-Orthoplocées.*) — Annuel.

Le Raifort cultivé (*Raphanus sativus*), si commun aujourd'hui dans toute l'Europe et qui s'est même à peu près naturalisé en Espagne et ailleurs, est originaire de la Chine et du Japon. Il n'est pas certain que les formes nombreuses réunies par les botanistes sous la dénomination de Raifort cultivé, ne constituent qu'une seule espèce, et ne soient que de simples races et variétés. D'habiles horticulteurs assurent avoir reconnu en elles une grande fixité, qui, si elle était parfaitement constatée, obligerait à les distinguer spécifiquement. D'autres, au contraire, ont dit les avoir vues se fondre et passer l'une dans l'autre par l'effet de la culture. De Candolle distingue, dans l'espèce, les deux races suivantes : RADIS (*Raphanus sativus radicula*), caractérisé par une racine plus ou moins charnue, blanche, jaune, rosée, violette ou rouge ; et RAIFORT NOIR (*Raphanus sativus niger*), dont Mérot a fait une espèce séparée, qui se distingue par une racine généralement plus volumineuse, d'un tissu plus compact et plus dur, de saveur âcre et très-piquante, généralement noire à l'extérieur. Ce dernier, à cause de son âcreté même, et de sa dureté, est moins recherché que le précédent, dont la Rave (*Raphanus sativus oblongus*) n'est qu'une variété.

CULTURE FORCÉE DU RADIS. — *Semis*. On sème sur couche et sous châssis, de décembre à la première quinzaine de mars; et, à moins d'hivers exceptionnels, vers cette dernière époque, on peut enlever les panneaux. On donne des bassinages fréquents pour avoir des Radis précoces et tendres. Comme le Radis occupe peu de place et demande à être souvent renouvelé, on le sème ordinairement parmi d'autres plantes et par petites quantités.

Récolte. Trois semaines après le semis.

PLEINE TERRE. — *Semis*. Il a lieu en place et généralement parmi d'autres plantes, depuis le printemps jusqu'à la fin des beaux jours. On sème peu à la fois. Pour obtenir, dans les terres légères, des radis bien ronds, il faut fortement piétiner le sol avant de semer.

Culture. Elle est facile. On garantit, par le choix de l'exposition, contre l'ardeur du soleil, et l'on arrose copieusement, surtout dans les chaleurs, pour avoir des radis tendres. La culture de la Rave est la même que celle du Radis.

Durée de la faculté germinative des graines. Quatre à cinq ans.

VARIÉTÉS.

Radis blanc hâtif.	Radis violet ordinaire.
— blanc ordinaire.	— gros blancs d'Augsbourg.
— demi-long blanc.	— gros violet d'hiver.
— — écarlate.	— jaune hâtif.

12

Radis demi-long rose.
— gris d'été.
— jaune d'été.
— rose hâtif.
— rose ordinaire.
— violet hâtif.

Radis noir d'hiver, ou Raifort cultivé.
— rose d'hiver de Chine (chair ferme, saveur franchement piquante).
— blanc de Chine.
— violet de Chine.

Rave blanche.
— violette hâtive (culture de primeur, sur couche).
— rose ou saumonée (pleine terre).
— rouge longue.
— tortillée du Mans.

Raifort sauvage (Pl. II, fig. 3).

Cochlearia armorica, Lin. (*Crucifères*.) — Vivace.

Cette grande et forte plante vivace, que l'on appelle aussi *Moutarde d'Allemagne* et *Moutarde de Capucin*, se cultive quelquefois dans les jardins à cause de sa racine dont on se sert, dans certains pays, en guise de moutarde, pour assaisonner le bouilli. On râpe cette racine et on délaye la pulpe avec du vinaigre. C'est un condiment de haute saveur et qui ne convient ni à tout le monde, ni à tous les estomacs. A titre de condiment, il aurait aussi bien trouvé sa place dans notre section X^e que dans celle-ci.

PLEINE TERRE. — *Plantation*. On plante au printemps des tronçons de racines, en terre fraîche et ombragée.

Raiponce (Pl. I, fig. 4).

Campanula rapunculus, Lin. (*Campanulacées*.) — Vivace.

PLEINE TERRE. — *Semis*. A la fin de juin ou dans le courant de juillet, en terre bien ameublie. La petite graine brune et luisante de cette plante étant aussi fine que le plus fin sablon, il faut, pour la répandre avec plus de facilité, la mêler à une grande quantité de terre sèche bien tamisée, ou de sable. Il ne faut pas l'enterrer au râteau ; on la couvre simplement d'une légère couche de terreau et on la bassine au moins deux fois par jour.

Culture. Les soins communs aux plantes des jardins doivent être donnés aux Raiponces. On fait souvent de cette racine un objet de culture intercalaire, et on la sème alors parmi les Radis, les Oignons, les Laitues, etc.

Récolte. Au fur et à mesure des besoins, de février en avril.

Durée de la faculté germinative des graines. Une à deux années.

VARIÉTÉS CULTIVÉES. — Il existe deux variétés de Raiponce, l'une velue, l'autre glabre, mais on n'en fait pas l'objet de cultures distinctes.

Salsifis blanc (Pl. 3, fig. 1).

Tragopogon porrifolium, Lin. (*Composées-Chicoracées*.) — Bisannuel.

PLEINE TERRE. — *Semis*. La graine de Salsifis ou Cercifis blanc, qui a, sur le noir ou Scorsonère, l'avantage de donner son produit la première année, se sème à la volée, et mieux en lignes, depuis la mi-février jusqu'en avril, en terre douce, profondément labourée, et qui n'ait pas été trop récemment fumée.

Culture. On arrose assez copieusement, si la terre est sèche, pour faire lever les graines; on éclaircit le plant, puis l'on bine et sarcle jusqu'à la récolte des racines.

Récolte. Depuis le mois d'octobre jusqu'au printemps avant que la plante monte à graine.

Conservation. Les Salsifis doivent être couverts pendant les gelées; on les met en jauge vers la fin de novembre.

Durée de la faculté germinative des graines. Une seule année.

Scolyme d'Espagne.

Scolymus hispanicus, Lin. (*Composées-Chicoracées*.) — Vivace ou trisannuel.

PLEINE TERRE. — *Semis*. Le Scolyme d'Espagne, succédané assez peu avantageux du Salsifis et qui a l'inconvénient d'être ligneux, au moins lorsqu'il n'est pas soigneusement cultivé, ayant, par ses feuilles, presque l'aspect du Chardon, se sème en terre saine, douce et profonde, par lignes distantes entre elles de 40 à 50 centimètres; on laisse 25 centimètres entre les plants après en avoir opéré l'éclaircissement. Le Scolyme ayant une grande tendance à monter, ce qui rend l'axe ligneux et cordé, il convient de le semer tardivement de la mi-mai à la fin de juin, en ayant soin de n'employer que des graines d'individus n'ayant pas monté la première année.

Culture. Dans le Midi, particulièrement dans la Provence et le Languedoc, où on le nomme *Cardouille*, le Scolyme ne se cultive pas ; il croît dans les champs naturellement ; mais, depuis un certain nombre d'années, on s'occupe d'améliorer sa racine par la culture, et divers horticulteurs ont démontré, par de bons résultats, qu'on pouvait l'obtenir tendre et charnu dans toute son épaisseur. Du reste la culture est la même que celle du Salsifis, avec lequel le Scolyme a, par sa saveur, beaucoup de rapports.

Récolte. Dans le Midi on ramasse le Scolyme, à l'état sauvage, dans les champs ; on fend la racine longitudinalement pour en retrancher l'axe central, ordinairement ligneux, et l'on vend, par petites bottes, les parties corticales. La récolte se fait généralement en novembre.

Conservation. — Quoique cette plante soit rustique, elle ne supporte pas toujours les gelées d'une manière égale. Il est donc prudent d'arracher les racines et de les ensabler dans la serre aux légumes, ou tout au moins de les couvrir sur place avec de la grande litière.

Scorsonère d'Espagne, ou Salsifis noir (Pl. III, fig. 5).

Scorzonera hispanica, Lin. (*Composées-Chicoracées.*) — Bisannuelle.

PLEINE TERRE. — *Semis*. De février en avril, ou à la fin de juillet et en août, à la volée, ou mieux en rayons.

Culture. Cette plante, qui diffère du Salsifis proprement dit en ce que sa racine est noire, et en ce qu'elle ne donne généralement ses produits alimentaires que la seconde année, se cultive néanmoins de la même manière.

Récolte. On récolte les racines depuis le mois d'octobre jusqu'au printemps. Quelques personnes récoltent aussi les feuilles, les font blanchir et les mangent en salade comme de la Chicorée sauvage.

Durée de la faculté germinative des graines. Un an, ou deux ans au plus.

CHAPITRE II.

PLANTES A TUBERCULES ALIMENTAIRES.

Capucine tubéreuse (Pl. VII, fig. 3).

Tropæolum tuberosum, Ruiz et Pavon. (*Tropæolées.*) — Vivace.

La Capucine, comme boutons de fleurs, et graines encore vertes, trouvera sa place ailleurs. Mais la Capucine tubéreuse appartient essentiellement à ce chapitre. Cette espèce, originaire de l'Amérique du Sud, est entrée dans cette contrée comme plante alimentaire, pour son tubercule qui a la forme d'une petite Poire, et qui est d'un jaune franc avec marbrures d'un rouge vif au bord du renflement qui protége chaque bourgeon. L'apparence de ce tubercule la fait plus rechercher que sa peu agréable saveur. Il plaît à l'œil plus qu'au goût. On le confit au vinaigre. Il est regrettable qu'on n'en puisse pas tirer un meilleur parti, car il est peu de plantes plus productives : un seul tubercule, du poids d'environ 25 à 30 grammes, peut, dans le cours d'une saison, donner une production de 1 à 2 kilogrammes.

Pleine terre. — *Plantation*. La Capucine tubéreuse se plante au mois d'avril, en pleine terre, à une exposition chaude.

Culture. Des binages, quelques arrosements.

Récolte et Conservation. On arrache les tubercules de cette plante au mois de novembre, et l'on se borne à les mettre dans l'endroit le plus sec de la serre aux légumes, comme l'exigent, du reste, toutes les racines tubéreuses, et tous les tubercules.

Caladium comestible.

Caladium esculentum, Vent. *Colocasia esculenta*, Schott. (*Aroïdées.*) — Vivace.

Cette plante, à rhizome tubéreux, de la grosseur du bras, originaire de l'Amérique méridionale, porte aussi les noms de Chou caraïbe, Colocasse, Gouet comestible, Tallo, Taro, Toya, Tayo. Elle n'est encore cultivée en Europe qu'au point de vue de l'ornementation des jardins. On crut longtemps que la serre chaude lui était indispensable, mais dès les premiers essais qui furent faits à l'air libre, on s'assura qu'elle ne manquait pas de rusticité. On en fait aujourd'hui d'agréables massifs dans les jardins publics de Paris. Un jour viendra peut-être où l'on tirera parti, sinon dans le nord, au moins dans le midi de la France, du rhizome tubéreux du Caladium comestible qui est cultivé dans toute l'Amérique, dans l'Océanie, pays où les habitants en tirent, pour leur alimentation, une fécule abondante.

Gesse tubéreuse (Pl. VII, fig. 5).

Lathyrus tuberosus. (*Légumineuses-Papilionacées.*) — Vivace.

Cette plante, connue aussi sous les noms d'*Arnote*, *Gland de terre*, *Mégusson*, *Macusson*, *Marcusson*, a de longs rhizomes traçants qui, de distance en distance, portent des renflements ou tubercules ovales de la grosseur du pouce, à écorce noire et rude. Dans les départements du centre de la France, on mange, après les avoir fait cuire sous la cendre, ces tubercules qui ont à peu près le goût de la Châtaigne. Quelques personnes en ont recommandé la culture comme pouvant être d'un produit utile.

Pleine terre. — *Semis.* L'automne paraît l'époque indiquée par la nature : car la Gesse tubéreuse répand ses graines presque aussitôt après leur maturité, et la jeune plante, si elle a eu le temps de se développer, passe l'hiver en terre et brave le froid. On peut cependant aussi la semer au mois de mars; mais ses racines ne sont pas si grosses que celles semées d'automne.

Plantation. Quand on arrache les racines venues à l'état sauvage, on peut destiner les plus grosses à la consommation et réserver les

plus petites pour la reproduction. C'est à la sortie des froids, à la
fin de février ou au commencement de mars, qu'on peut planter la
racine de la Gesse tubéreuse.

Culture. Il faut à cette plante des terres fraîches plutôt que légères. Elle y végète plus vigoureusement et donne des produits plus
abondants. Elle ne demande que des arrosements, quand la sécheresse est trop grande; car autrement elle n'exige aucun soin. Un
des inconvénients que présente cette plante, c'est d'avoir des tiges
longues et grêles, qui traînent sur le sol et ne peuvent se soutenir à
moins de trouver d'autres plantes pour appui.

Un autre inconvénient non moins grand, et auquel on ne peut
porter remède qu'en cultivant cette plante pendant une année en
pépinière, c'est qu'elle ne donne ses racines comestibles qu'au bout
de deux ans. M. Masson dit pourtant avoir obtenu des racines très-
grosses dans le cours d'une année.

Récolte. Au mois d'octobre on arrache les racines; on ne récolte
que les plus grosses, que l'on conserve pour l'usage, et l'on met de
côté les petites racines pour les planter au printemps, à moins
qu'on ne préfère les laisser en terre où elles ont végété.

Conservation. Dans la serre à légumes, dans un endroit sec, ou
mieux dans du sable.

Durée de la faculté germinative des graines. Trois ans.

Glycine tubéreuse ou **Glycine apios** (Pl. VII, fig. 4).

Apios tuberosa. (Légumineuses-Papilionacées.) — Vivace.

Cette plante, comme la Gesse tubéreuse, produit de longues tiges
ou des coulants souterrains qui se renflent, de distance en distance, en un assez grand nombre de tubercules et qui atteignent,
dès la première année, jusqu'au volume d'un œuf de poule. Ces
tubercules sont très-féculents; ils ont une saveur que l'on pourrait
comparer à celle du Topinambour. Toutefois ils finissent par laisser
sur le palais et à l'arrière-bouche une sorte de happement désagréable qui est dû à la présence d'un suc laiteux analogue au caoutchouc. Dans une terre de jardin riche, le produit de cette plante a
été, en moyenne, au bout d'une année, de 600 à 700 grammes par

plante. Dans une terre plus maigre, il s'est réduit, au bout de deux ans, à un tubercule du poids de 30 à 40 grammes par plante. On multiplie la Glycine tubéreuse par tronçons plutôt que par graines. Elle a eu un moment de vogue, mais entre autres obstacles à son adoption, il faut compter la difficulté de l'arrachage, car les coulants s'étendent quelquefois jusqu'à plusieurs mètres de la plante mère ; en outre les tubercules doivent rester jusqu'à deux ans, et quelquefois plus, en terre, avant de donner un produit raisonnable.

Igname du Japon ou de la Chine (Pl. V, fig. 4).

Dioscorea Batatas, Dne ; *D. Japonica*, Lin. (*Dioscorées.*) — Vivace.

Ce tubercule proposé pour remplacer la Pomme de terre a été, depuis peu d'années, importé de la Chine en France. L'Igname de la Chine ou du Japon n'acquiert pas le volume de l'Igname ailé, mais il en a toutes les qualités alimentaires. On sait que les Ignames servent en Asie à nourrir des populations entières. Leur saveur, peu sensible, est presque semblable à celle de la Pomme de terre ; la chair en est un peu plus sèche, mais le goût en est agréable ; la quantité des fécules est de 20 pour 100.

Multiplication et culture. — La multiplication est facile et des plus simples. Elle consiste à mettre les tubercules coupés par fragments moyens et de préférence leurs têtes, en végétation, sur couche, dans de petits ou même dans de grands pots, au mois d'avril, et à disposer les plants en place, dans une terre douce et riche, dès qu'on n'a plus les gelées à craindre. L'Igname du Japon paraît aimer les arrosements. Quoique ce soit une plante grimpante, elle peut à la rigueur se passer de tuteurs, si l'on a soin de soulever, de temps à autre, les tiges qui rampent sur le sol, afin de les empêcher de prendre racine. La récolte se fait le plus tard possible, les tubercules grossissant surtout en automne. On peut multiplier rapidement, par *bulbilles* qui se développent naturellement à l'aisselle des feuilles, et au moyen du bouturage des tiges ; dans ce cas, on coupe celles-ci, vers le mois de juillet, en autant de morceaux qu'elles portent de feuilles, et on place les boutures près à près, sous cloche à froid, dans de la terre de bruyère ou dans une terre sablonneuse et légère, en ayant soin que le bourgeon placé à l'aisselle de chaque feuille, soit enterré d'un demi-centimètre. La feuille doit être en général laissée entière. Au bout de cinq à six semaines, les boutures ont pris racine et présentent à l'aisselle de chaque feuille un tubercule de la grosseur d'une noisette, lequel grossit peu durant le reste de la saison. Alors on cesse les arrosements pour qu'il s'*aoûte*, et il donne au printemps suivant des plants aussi forts que ceux qui proviennent d'éclats de racine. Par ce moyen, chaque plante peut procurer plusieurs centaines de sujets. On peut aussi faire les boutures tout à fait à l'air libre dans un lieu suffisamment abrité. Dans ce cas, on ne coupe pas les tiges par tronçons; on les enterre horizontalement presque à fleur de terre, de telle sorte que le limbe des feuilles s'étale à la surface du sol tenu constamment frais à l'aide de bassinages.

Récolte et conservation. — Depuis quelques années on récolte de la graine d'Igname en Algérie et même en France, ce qui donne lieu d'espérer que l'on obtiendra un jour, dans nos pays, une modification heureuse de cette longue racine tuberculeuse, par le moyen du semis; car jusqu'à présent (1865), cette plante n'a pu être encore cultivée en grand à cause de la profondeur (plus d'un mètre) à laquelle pénètrent ses racines, qui offrent la plus grande difficulté d'extraction du sol par leur forme en massue, c'est-à-dire très-renflée à la base et très-amincie au collet; elle est restée classée parmi les bons légumes de deuxième ordre.

Oxalide crénelée.

Oxalis crenata, Jacq. (*Oxalidées.*) — Vivace.

D'après M. Alcide d'Orbigny, les Américains du Chili et du Pérou nomment *Oca* cette plante à tubercules alimentaires, qui est originaire de leurs contrées, et préfèrent ses produits à ceux de la Pomme de terre. L'Oxalide crénelée, exportée du Pérou en Angleterre, vers 1829, puis répandue sur le continent européen, donne une grande quantité de tubercules, gros comme des noix et même comme de petits œufs de poule, d'un jaune agréable à l'œil, possédant une chair ferme, peu féculente et légèrement acide. Une variété blanche se produit spontanément dans les plantations, et certains pieds donnent des tubercules blancs qui se perpétuent sous la même couleur, quoique provenant originairement de tubercules jaunes. Du reste la qualité alimentaire ne varie pas sensiblement.

L'*Oxalide*, ou *Oca rouge* (*Oxalis purpurea*, Willd.), envoyée en 1830 par M. Bourcier, consul de France à Quito, au Jardin des Plantes de Paris, produit des tubercules dont la peau est d'un rouge carminé (Pl. V, fig. 1), et qui sont préférées, pour leur saveur, dans le Pérou, à ceux de l'Oxalide crénelée. Il en est de même de l'Oxalide tubéreuse (*Oxalis tuberosa*, Sar.), très-recherchée en Amérique, à cause de ses tubercules de 15 millimètres environ de diamètre sur 7 à 8 centimètres de longueur, tortueux, revêtus d'une pellicule mince, et qui ont le goût de la Châtaigne ; on les mange bouillis ou frits.

PLEINE TERRE. — *Plantation*. L'Oxalide crénelée fleurit en Europe, mais elle n'a pas encore donné de graines à l'époque où nous écrivons (1865). On la reproduit, en conséquence, par plantation de tubercules. On peut avancer ces tubercules sur couche en mars, pour mettre en place au commencement de mai ou pour les planter à demeure vers la mi-avril ; on peut aussi faire des plantations par boutures qui reprennent très-facilement. Pour le bouturage, on se borne à casser une branche qu'on repique en terre, et la bouture reprend sans même souvent que les feuilles se soient flétries.

L'*Oxalide crénelée* demande une terre douce, légère et bien fumée avec des engrais consommés. Cette plante acquiert, par le tallage, un développement assez considérable ; on n'en met pas plus d'un pied par mètre carré si on la cultive pour ses tubercules. Si, au contraire, on la cultive pour ses feuilles et ses tiges succulentes qui remplacent parfaitement l'Oseille et ont, avec un peu plus d'acidité, plus de finesse de goût, il faut en mettre de 4 à 6 par mètre. Au Pérou, on mange ces feuilles en salade.

Culture. Pour obtenir de cette plante tous les produits possibles, il faut commencer à butter les tiges nombreuses qui naissent du tubercule, dès qu'elles ont atteint de 8 à 10 centimètres de lon-

gueur ; on butte d'abord au centre, en les écartant, pour les forcer à prendre une direction horizontale ; puis, à mesure qu'elles
s'allongent, on les recharge modérément de nouvelle terre, et l'on
continue régulièrement jusqu'en septembre, époque où les tubercules se forment tout le long de la partie enterrée.

Récolte et conservation. On arrache les Oxalis le plus tard possible, quand la gelée en a détruit les tiges ; car, tant que celles-ci
conservent une apparence de vie, les tubercules grossissent. Ils
acquièrent même encore du volume quand on les enterre dans le
sable avec les tiges à demi desséchées qui les ont produits. On peut
aussi, à cette époque, couper les fanes et couvrir les touffes de
feuilles sèches ; les tubercules se conservent et profitent même
sous cette couverture. Les mulots sont très-avides de cette plante,
et il faut la garder de leur voisinage.

Observations. Un agriculteur de Rochefort-en-terre (Morbihan),
M. Bellemain, a exposé dans un rapport adressé au ministre de
l'agriculture et du commerce, en 1845, qu'il avait reconnu qu'on
pouvait retirer, par hectare, de cette plante tuberculeuse, un produit alimentaire de 60 à 80 quintaux, qu'il la considérait comme
supérieure à la Pomme de terre et que sa fécule n'était pas inférieure à l'Arrow-root ; que ses tiges et ses feuilles étaient d'une
abondance telle, que, par hectare, on pouvait en retirer 280 hectolitres d'une boisson saine et agréable, incorruptible, stomachique,
antiputride, et pouvait être livrée au commerce au prix de cinq
centimes le litre. Dans une lettre, en date de 1846, M. Bellemain
ajoutait que des expériences lui avaient, en outre, appris que le
tubercule de l'Oxalide crénelée pouvait être utilement employé à la
panification, et que, mélangé avec moitié de farine, il donnait un
pain substantiel, d'une saveur agréable et gardant sa fraîcheur plusieurs jours. Malheureusement il résulte d'expériences plus récentes
que celles de M. Bellemain, que l'*Oxalide crénelée*, au moins sous
le climat de Paris, ne peut être avantageusement cultivée dans la
petite culture, et moins encore dans la grande, en raison du petit
volume des tubercules et des soins minutieux qui seraient nécessaires ; ces tubercules ne se formant qu'en octobre, et les gelées,

même légères, étant funestes aux feuilles et aux tiges. Mais ce qu'on peut affirmer, c'est que ces feuilles et ces tiges ne le cèdent en rien à l'Oseille, sur laquelle elles ont l'avantage d'un plus grand produit et d'une conservation parfaite d'une saison à l'autre. Il faut seulement avoir soin de les hacher assez menu quand on veut les conserver.

Patate douce, ou Batate comestible.

Convolvulus batatas, Lin. *(Convolvulacées.)* — Vivace.

Cette plante, originaire de l'Indoustan, mais qui est cultivée aujourd'hui dans toutes les contrées intertropicales, et que l'on essaye, depuis un certain temps, d'introduire dans les cultures des parties méridionales de l'Europe et même dans le sud et le sud-ouest de la France, est pour les pays chauds, sous le rapport de la consommation, ce que la Pomme de terre est pour les pays froids et tempérés. La racine tubéreuse de la Patate varie de couleur; on en possède des variétés rouges ou violacées, jaunes et blanches; l'une de ces dernières, connue sous le nom de *Batate igname,* donne des tubercules d'un volume très-considérable, et qu'on a vu peser jusqu'à 4 kilogrammes. Le seul défaut que l'on trouve en elle, comme plante alimentaire, consiste dans la saveur sucrée de son tubercule féculent, saveur à laquelle elle doit le nom vulgaire de Patate douce, par opposition au nom de Patate proprement dite qu'on donne souvent à la Pomme de terre dans nos départements méridionaux. Ce défaut, si c'en est un, est facile à corriger par la préparation culinaire. M. de Gasparin fit connaître, en 1845, à la Société centrale d'agriculture, le succès qu'il venait d'obtenir, pour la culture de cette plante, dans le département de Vaucluse. Ses champs de Patates lui avaient donné une moyenne de 1 kilogramme de tubercules par plante, ce qui, à raison de 25,000 pieds par hectare, élevait le produit à 250 quintaux métriques, quantité supérieure à ce que la Pomme de terre semble pouvoir donner sous notre climat. M. Vallet, de Villeneuve, a fait, près de Fréjus, de grandes plantations de plusieurs variétés avec un succès complet. De ce nombre sont la *rose de Malaga* et la *blanche de l'Ile-de-France.*

cultivées également à Toulon où l'on a obtenu des fleurs et même des graines, ce que l'on avait cru longtemps très-difficile même sous notre climat le plus méridional. La Patate igname a également fleuri, jusqu'aux environs de Paris, et MM. Sageret, Robert et Vallet, à Paris, M. Reynier, dans le midi de la France, ont obtenu des graines et des produits par semis de plusieurs variétés, parmi lesquelles la Patate ovoïde, voisine de l'Igname, mais beaucoup plus courte. La Patate violette, ou plutôt rouge foncé, introduite de la Nouvelle-Orléans en France, en 1836, par MM. Gontier et Chevet, a donné des tubercules précieux, gros, allongés, d'une pâte moins fine peut-être que la rouge ancienne, mais d'une meilleure conservation. La Patate est plus productive que la Pomme de terre. Elle est utile non-seulement pour ses tubercules, mais encore pour ses fanes, qui peuvent servir de nourriture aux bestiaux. Ses feuilles, cueillies tous les quinze jours, peuvent même remplacer avantageusement les Épinards. La production de graines des Patates est très-importante, parce que c'est le moyen d'obtenir des variétés, ou meilleures ou plus hâtives.

MULTIPLICATION. — *Semis*. Quand on entreprend de multiplier la Patate de graines, c'est sur couche et sous châssis, au mois de mars, qu'a lieu le semis. Quand les plants ont acquis la force suffisante, ils sont traités comme il sera dit de ceux provenant de tubercules.

C'est au moyen des tubercules, en effet, que sous notre climat on multiplie le plus ordinairement la Patate. Cette multiplication est accompagnée de circonstances préliminaires qu'il faut étudier avec soin, si l'on veut obtenir du succès.

Préparation et Plantation des boutures. Culture. Au mois de janvier, on choisit parmi les tubercules mis en réserve ceux qui sont le mieux conservés. On les dépose sur une couche chaude et sous un châssis pour en réveiller la végétation, et on les recouvre d'une couche de terre d'environ 6 centimètres dès que l'on s'aperçoit que les yeux se préparent à émettre des bourgeons. A mesure que les jeunes pousses se développent, c'est-à-dire quand elles ont 6 à 8 centimètres, on les enlève et on les repique dans des pots qu'on enfonce dans la couche et que l'on recouvre d'une cloche pour faciliter la reprise. On attend ainsi que les boutures soient enracinées, et, dès qu'elles le sont, on les emploie à la reproduction des Patates. Dès les premiers jours de février, on a préparé une couche de 60 centimètres environ de hauteur, composée de moitié feuilles et moitié fumier, qu'on charge d'environ 25 centimètres de bonne terre, en ayant soin que le sol ne soit pas à plus de 10 à 15 centimètres du verre des châssis. Dès que la couche a acquis la chaleur convenable, c'est-à-dire 25 degrés centigrades, on plante ses Patates sur deux rangs, distants l'un de l'autre d'environ 50 centimètres, et l'on étend bien les racines des jeunes plantes pour n'avoir pas de Patates contournées. On entretient la chaleur par des réchauds et l'on prévient, à l'aide de couvertures, l'abaissement de la température par suite de la froideur des nuits. On soulève les panneaux pour donner de l'air chaque fois que le temps le permet, et l'on donne des bassinages aussi souvent que l'exige la sécheresse du sol. Chaque fois que l'on s'aperçoit qu'en grossissant les tubercules sortent de terre, on les recouvre pour qu'ils ne subissent pas l'action de l'air extérieur.

La culture mixte ou culture sur couche sourde ne diffère du mode précédent qu'en ce qu'elle est intermédiaire de la culture forcée et de celle en pleine terre. On plante ses Patates en avril seulement, et on les couvre d'une cloche, qu'on enlève dès que les tiges ont pris trop de volume pour pouvoir être contenues sous le verre.

Pour la plantation en pleine terre, on pratique, dans le courant d'avril ou au commencement de mai, à une distance de 50 centimètres en tous sens, des trous profonds de 30 centimètres, au fond desquels on met un lit de fumier de 10 à 15 centimètres, et qu'on recharge de bonne terre. On plante dans chaque trou trois boutures enracinées, distantes entre elles d'environ 10 centimètres. On les bassine et on les recouvre d'une cloche. Le reste de la culture est semblable à celle des Patates élevées sur couche.

M. Reynier, qui a obtenu, dans le midi de la France, des produits remarquables, recommande de mettre les Patates en végétation, à la

fin de février, dans un local modérément chauffé, celui même où
on les a conservées l'hiver. Il dit qu'on doit placer horizontalement,
dans des terrines pleines de terreau, celles qui commencent à végéter, les autres dans des corbeilles garnies de mousse humectée.
Du 12 au 15 avril, elles sont couvertes de jets nombreux et allongés. Un peu avant cette époque, on a disposé au pied d'un mur, au
midi, des coffres pleins de terreau jusqu'à la hauteur de 20 à
22 centimètres, dont les châssis sont couverts en calicot huilé, ce
que M. Reynier préfère aux châssis vitrés. Par une matinée douce,
on y transporte les Patates germées, qui sont plantées avec précaution dans le terreau, à 7 ou 8 centimètres l'une de l'autre, et recouvertes d'au moins 5 centimètres, quelle que soit la longueur des
jets. Pendant quarante-huit heures on tient les châssis fermés et
couverts de paillassons ; par la suite, on les ferme la nuit et on les
ouvre le jour. Au commencement de mai, les jets ont produit des
racines à leur base et des feuilles au dehors ; pour achever de les
consolider, on enlève les coffres trois ou quatre jours avant la plantation. Le terrain a été préparé à l'avance pour celle-ci par un
bêchage profond avant ou pendant l'hiver ; on lui donne alors une
nouvelle façon. Lorsqu'il est disposé, on relève les Patates une à
une avec soin ; on fait choix des germes les meilleurs et les plus
chevelus ; on les enlève en les cernant et en découpant à leur base
une petite portion du tubercule, du diamètre d'une pièce d'un franc.
On supprime alors les feuilles, moins les deux supérieures, en coupant les pétioles à 1 centimètre environ de longueur, et on éborgne
les yeux qui se trouvent à la base de la tige. Les plants ainsi préparés sont plantés, couchés, dans des fossettes, à la profondeur de
8 à 10 centimètres, l'extrémité seule et les deux feuilles conservées
restant hors de terre et maintenues dans une position à peu près
verticale. Quand on est forcé d'employer des jets n'ayant que peu
ou n'ayant point de chevelu à leur base, on les repique à la cheville
comme des plants de choux. Dans une plantation de 17 ares, faite
par ce procédé, M. Reynier a obtenu 3,232 kilogrammes de Patates, tandis que, dans le même terrain et à côté, une étendue
semblable n'a donné que 2,862 kilogrammes de Pommes de terre.

Mais la méthode la plus simple paraît être celle qu'emploient MM. Thorburn auprès de New-York. La voici. Dans le courant d'avril ou au commencement de mai, on prépare une couche de l'épaisseur de 30 centimètres avec du fumier de cheval ; on la couvre de 8 centimètres de terre sur laquelle on place ses Patates, que l'on recouvre de 10 centimètres de nouvelle terre. Lorsque les jets produits par les tubercules ont atteint 8 centimètres au-dessus du sol, on les détache avec la main, et on les transplante, comme du plant de Chou, dans une terre douce et riche, à bonne exposition, par rangs distants l'un de l'autre de 1 mètre 30 centimètres, les plants à 30 centimètres sur le rang. On sarcle jusqu'à ce que les pousses couvrent le sol ; ensuite on abandonne la plantation à elle-même. Si la couche est faite de bonne heure en avril, les premiers jets seront bons à planter au commencement de mai ; elle donnera une seconde et une troisième provision de jets susceptibles de fournir de bonnes Patates, pourvu qu'on ne les emploie pas plus tard que la fin de juin. Quatre litres de Patates plantées de cette manière sur une couche de 1 mètre 30 centimètres carrés, peuvent donner une succession de jets dont le produit s'élèvera jusqu'à 17 hectolitres.

On a conseillé aussi la culture de la Patate sur des buttes en forme de grosses taupinières d'une hauteur de 70 à 80 centimètres, ou sur des ados formés par la terre des bords de la planche, qu'on ramène au centre en formant un dos d'âne, sur le sommet duquel on plante des boutures. Pour assurer la reprise de celles-ci, on les garantit de l'action du soleil, et dès qu'elles peuvent résister à toutes les influences ambiantes, on se borne à les arroser. Dans une terre légère et sèche, on a quelquefois réussi en plantant en planches labourées. On a remarqué que des Patates cultivées dans la terre meuble n'avaient donné que des tubercules longs et minces, tandis que celles qui s'étaient trouvées en contact avec un sous-sol ferme et résistant, avaient donné des tubercules volumineux.

Au commencement de ce siècle, dans les environs de Paris, on plantait les Patates dans de grands pots ou dans des caisses de 40 centimètres en tous sens, en ne mettant qu'un seul pied dans chacune ; on remplissait ces pots ou ces caisses de bonne terre et on plongeait les Patates en motte avec tous leurs jets dans une couche en les entourant de fumier chaud. Depuis on a cultivé les Patates à froid, dans les mêmes localités, en mettant dans chaque pot une bouture enracinée. M. Pépin, en cultivant par ce procédé, a obtenu, de six touffes, 25 kilogrammes de tubercules. Aujourd'hui les maraîchers de Paris emploient un petit plant provenant de boutures qui sont faites une à une dans de petits pots, et que l'on plante en motte. Il faut avoir soin, au moment de planter, comme on l'a déjà indiqué plus haut, de dérouler ou mieux de couper les racines qui se sont enroulées au fond du pot et qui sans cela grossiraient sous la forme contournée qu'elles avaient prise dans les pots et qui ne donneraient ainsi que des produits défectueux.

Récolte et conservation. Les premières Patates se récoltent en juillet et en août. On arrache d'abord les plus grosses, puis on recouvre pour favoriser le développement des tubercules qui n'ont pas encore pris tout leur accroissement. On continue les bassinages pour soutenir la végétation, et on ne les abandonne qu'en septembre, époque où les tubercules n'ont plus à se développer, mais seulement à mûrir. La véritable récolte se fait en octobre, autant que possible par un temps sec et beau, et l'on doit y apporter le soin le plus minutieux ; car les tubercules qui ont été blessés pourrissent très-promptement. Il importe, après les avoir arrachés, de les laisser pendant quelques jours à l'air libre et au soleil ; puis on les rentre dans un lieu sec dont la température soit la plus constante possible. On dépose dans des caisses ou mieux encore dans des jarres de terre cuite, lit par lit, sur du sable très-sec, ou entre des couches de mousse parfaitement sèche aussi, les tubercules que l'on destine à la reproduction, en ayant bien soin qu'ils ne se touchent pas l'un l'autre. On a proposé diverses méthodes de conservation ; mais quelle que soit celle qu'on adopte, que ce soit du sable sec, de la mousse, du fumier, le problème consiste à empêcher l'humidité d'atteindre les tubercules. Les uns placent les jarres où les tubercules sont déposés près de l'âtre des cheminées

de cuisine, d'autres recommandent le poussier de charbon, qui est
hautement hygrométrique, et qui, selon eux, conviendrait mieux
que le sable et surtout que le fumier. M. Mabire, jardinier de feu
le comte Molé, à Champlâtreux, préparait, au mois d'octobre, une
couche épaisse, formée de fumier de cheval et de feuilles bien sèches,
haute de 50 à 60 centim. ; il y posait tout de suite des coffres, que
l'on remplissait de terreau sec ou d'un mélange de terre de bruyère
et de terreau, en ayant soin de leur donner une forte inclinaison
du côté du soleil ; puis il couvrait de châssis pour éviter l'humidité des pluies. A l'époque de l'arrachage, fait par un temps sec, il
faisait ressuyer quelques heures les tubercules, puis il plaçait tout
de suite ceux destinés à être conservés, sur le terreau de la couche,
en les rangeant près les uns des autres, mais sans qu'ils eussent de
contact entre eux, et il les disposait de manière à ce que leur longueur fût dans le sens de la pente de la couche ; puis il tamisait
par dessus 8 à 10 centimètres de terreau bien sec. Les tubercules
poussaient l'hiver dans cet état ; les soins qu'ils demandaient,
consistaient à préserver les châssis de la gelée par des réchauds modérés et des paillassons pendant la nuit. Au contraire, les panneaux
restaient découverts pendant le jour, et l'on profitait de toutes les
belles journées pour donner de l'air. Si, malgré ces précautions, il
se manifestait de l'humidité dans la couche, un jour de beau
soleil, on retirait le terreau placé sur les Patates, sans les déranger,
à moins qu'il n'y en eût de gâtées ; puis on les laissait sécher au
soleil sous le verre, après quoi, on les recouvrait de nouveau de
terreau bien sec. M. Mabire avait ainsi conservé des tubercules
encore parfaitement propres à la végétation au bout de la deuxième
année. M. Souchet, jardinier du château de Fontainebleau, a conservé les tubercules de Patates, en laissant quelques touffes en
place, en les couvrant d'un coffre avec ses panneaux dès la mi-
septembre, afin de les préserver de la pluie et de l'humidité, en
supprimant progressivement une partie des feuilles et des tiges à
mesure que la végétation se ralentissait, enfin en garantissant les
tubercules de l'humidité et de la gelée pendant l'hiver. M. Reynier,
de son côté, a imaginé et employé avec succès une disposition de

magasin pour conserver en grand les Patates pendant les mauvais jours, et chaque année, pour ainsi dire, quelques procédés nouveaux sont mis en œuvre pour obtenir une plus sûre et plus facile conservation de ce précieux tubercule que l'on cultiverait davantage, si l'on n'éprouvait pas tant de difficultés à le tenir en réserve.

VARIÉTÉS CULTIVÉES.

Patate rouge.
— blanche de Paris.
— jaune. } Les plus vantées par M. Barbot.
— rose Robert ou de Malaga. }
— rouge de Malaga.
— blanche de l'Île-de-France.
— violette à grosses racines, de facile conservation.
— Igname, belle et grosse variété qui acquiert un volume considérable, mais qui n'est pas très-délicate.
— ovoïde, voisine de l'Igname.
— de Waal, originaire du Guatemala, introduite d'abord en France comme plante d'ornement, mais donnant un tubercule blanc, volumineux, excellent et d'une conservation facile.

Pomme de terre (Pl. VI, fig. 1 à 5).

Solanum tuberosum, Lin. (*Solanées.*) — Vivace.

Nous ne ferons mention dans ce volume que de la culture horticole de la Pomme de terre, et que des variétés de choix que l'on recherche pour les jardins. Le reste appartient aux plantes agricoles où l'article de cette solanée est très-développé.

CULTURE FORCÉE. — *Plantation, Culture et Récolte.* En janvier on plante sur une couche chaude les tubercules de la Kidney, de la Naine hâtive et de la Fine hâtive, variétés qui conviennent le mieux pour la culture forcée, et l'on en entretient la chaleur par des réchauds, en ayant soin de couvrir les panneaux avec des paillassons pendant la nuit, et en donnant de l'air pendant le jour.

Vers la fin de mars, ou au plus tard vers le 15 avril, on commence à obtenir à chaque pied quelques tubercules bons à cueillir, et, pour prolonger la production, on fouille chaque touffe ; on en enlève les tubercules les plus gros, on recouvre et l'on bassine. Pendant plus d'un mois, les tubercules qui n'avaient pas acquis leur volume, grossissent successivement, et on les récolte à mesure qu'ils sont arrivés à maturité.

Les maraîchers des environs de Paris obtiennent vers le 15 avril par la culture des forcées, des Pommes de terre qui, en qualité de primeurs, se vendent fort cher, quoique d'une qualité médiocre en raison même de leur précocité. Pour cela on met en végétation, à la fin de décembre, les tubercules destinés à être plantés, et quand ils sont suffisamment poussés et enracinés, on les plante à demeure sur une couche chaude, garnie d'un mélange de parties égales de terreau et de bonne terre de jardin. On place les tubercules au fond d'un rayon profond de 12 à 14 centimètres, mais on ne les recouvre d'abord que de 4 à 5 centimètres de terre bien meuble. On met ordinairement quatre rangs par châssis et six plantes par rang. Au besoin, les espaces entre les rangs peuvent, au commencement de la végétation, être occupés par des Radis, de petites Laitues ou d'autres plantes ; mais il faut enlever ces plantes quand les tiges de la Pomme de terre ont pris de la force ; on achève alors de combler les rayons. On arrose modérément d'abord, puis plus abondamment à mesure que les plantes prennent de la force, et l'on donne de l'air toutes les fois que le temps le permet. Après les quinze premiers jours, il n'est pas nécessaire que la couche soit maintenue très-chaude ; il suffit d'une température douce, assez uniforme pour que les plantes n'éprouvent pas de temps d'arrêt dans leur végétation. La récolte se fait comme il a été dit plus haut. Les maraîcher emploient de préférence la Kidney ou Marjolin pour cet usage.

Voici la méthode qui est suivie dans le comté de Lancastre (Angleterre). Au commencement de février on place les Pommes de terre dans un local chaud, et on les couvre d'une couverture de laine, que l'on retire au commencement de mars pour faire prendre de la vigueur aux nouvelles pousses. Vers la fin de ce mois, on les transplante en pleine terre, en ayant soin de recouvrir de 5 centimètres de terre les pousses nouvelles, qui, si elles ont déjà 5 centimètres de longueur quand on les transplante, doivent donner des Pommes de terre bonnes pour la table un mois et demi à deux mois plus tard.

Pleine terre. — *Plantation.* C'est à la fin de février ou dans la première quinzaine de mars qu'on plante les Pommes de terre dans un sol sablonneux et léger, fumé avec des engrais consommés, à une distance de 40 centimètres en tous sens. On peut planter des tubercules entiers, des morceaux de tubercules, pourvu qu'ils soient garnis de plusieurs bourgeons, et, si l'on ne peut faire autrement, des boutures faites sur couche, en plantant de gros tubercules au mois de mars et en en détachant les bourgeons dès qu'ils ont acquis 30 centimètres de longueur. On les met en pleine terre, en les enterrant jusqu'à ce qu'il ne paraisse plus extérieurement que l'extrémité de la bouture.

On laissera 40 à 50 centimètres entre chaque touffe, pour donner à la plante le moyen de se développer avec plus de vigueur, et lui laisser l'espace nécessaire pour qu'elle puisse nourrir ses tubercules. On recouvrira de quelques centimètres de terre.

Culture. Des binages et des sarclages fréquents. Quant au buttage, cette opération est aujourd'hui regardée par quelques auteurs comme inutile. Cependant la pratique démontre que les Pommes de terre buttées donnent un plus grand nombre de tubercules que celles qui ne l'ont pas été.

Récolte. Au mois d'octobre, quand les tiges sont flétries.

Conservation. Dans une cave sèche ou dans un lieu sec et sain, où les Pommes de terre soient à l'abri du froid et de la lumière, qui les fait verdir.

Culture hibernale des Pommes de terre. Plusieurs expériences tentées par des horticulteurs distingués, ont montré qu'il était possible de faire deux récoltes de Pommes de terre la même année sur le même terrain. Depuis la maladie des Pommes de terre, on s'est spécialement occupé de ces essais dans le terrain de la Société impériale d'horticulture. Dans les premiers jours de septembre 1845, époque à laquelle le jardin commençait à se dégarnir, on planta, dans un carré, des Pommes de terre de l'année ; elles furent cinq à six semaines à lever. Au milieu de novembre on les butta ; et lorsque les gelées vinrent, on les couvrit, les unes de cloches qui furent entourées de feuilles, les autres de feuilles seulement. Au mois de mai, on les arracha, et toutes furent assez grosses et bonnes à manger. Il fut remarqué que parmi ces Pommes de terre, qui avaient passé l'hiver en pleine terre, pas une n'était malade. Ensuite on exécuta une seconde plantation avec des tubercules récoltés en 1845; on les récolta au mois d'août. Si l'on s'était servi de tubercules de l'année, la plantation aurait été plus tardive de cinq semaines environ. Enfin, le 25 août, il fut fait une troisième plantation avec des tubercules récoltés au printemps; ils levèrent quelque temps après. En les buttant au mois d'octobre, on remarqua qu'il n'y avait encore aucun tubercule de formé; cependant, avant de les couvrir, vers le 10 novembre, ils furent examinés et l'on en trouva de la grosseur du doigt. Lorsque les fortes gelées furent venues, on mit une seconde couche de feuilles, et à la fin de décembre les tubercules étaient d'une belle grosseur : ils avaient acquis tout leur volume sans végétation extérieure, pour ainsi dire.

De la régénération des Pommes de terre par le semis. — Quelle que soit la cause de ce phénomène, il est certain que la Pomme de terre dégénère parfois; en cette occurrence, le meilleur procédé à suivre pour lui restituer ses qualités premières consiste à la reproduire par semis. Cette pratique régénère, dit-on, le tubercule, l'améliore, le rend plus vigoureux. Pour recueillir de bonnes graines, on supprime tous les fruits sur un pied de Pomme de terre, à l'exception de deux ou trois qu'on laisse arriver à une entière maturité. On prend la précaution de ne pas cultiver d'autres variétés dans le voisinage de celles dont on veut récolter la graine, car s'il y avait mélange de poussière pollinique pendant la floraison, le produit de la graine serait une espèce bâtarde. On reconnaît la maturité de la graine au ramollissement de la baie, et dans les espèces tardives, au desséchement de la tige; en un mot, l'époque la plus favorable pour les recueillir est celle de la récolte des tubercules. On dépose ces baies à la cave et on les abandonne à elles-mêmes jusqu'à ce qu'elles commencent à pourrir. On les presse entre les doigts au-dessus d'un vase contenant de l'eau tiède; celui-ci reçoit la graine, qu'on lave à plusieurs reprises, afin de la débarrasser de la matière gluante qui y adhère. Cette manipulation est

des plus essentielles; car si le mucilage n'est pas parfaitement enlevé, il sèche et forme sur la graine une couche solide qui retarde un
peu la germination. Quand les graines ont subi cette opération, on
les fait sécher et on les conserve; chaque baie donne au-delà de
100 graines. Vers la mi-avril ou au commencement de mai de l'année suivante, on sème ces graines en raies distancées de $0^m,10$, sur
un sol bien ameubli, qui a été fumé en automne; dix jours après, la
graine lève. Il est essentiel de sarcler soigneusement le semis, et c'est
pour ce motif que la disposition en raies est recommandée. Aussitôt que les plants sont parvenus à la hauteur de $0^m,10$ à $0^m,15$,
on procède au repiquage, et on place les pieds à $0^m,15$ les uns des
autres, dans des rangs distants de $0^m,50$. La première année, les
tubercules n'atteignent pas leur entier développement; ils sont
aqueux et non comestibles. Quelques-uns acquièrent le volume
d'un œuf de poule, mais presque tous restent petits et ne dépassent
pas le volume d'une Noisette. Ces petits tubercules, aussi bien que
les gros, sont conservés pour être replantés, l'année suivante;
ils donnent, la seconde année, une Pomme de terre arrivée à sa
perfection.

On aura surtout soin de leur conservation, et l'on veillera à ce
que les Pommes de terre ne germent pas avant d'être confiées à la
terre.

Observations. Nous devons faire observer que si, chez nous, on ne
mange que les tubercules de la Pomme de terre, en Suède et dans
d'autres pays les sommités des tiges, quand on les a fait bouillir,
sont regardées comme un mets très-délicat.

VARIÉTÉS A CULTIVER DANS LES JARDINS POTAGERS.

Pomme de terre de Jeancé, demi-tardive, productive, de bonne qualité; tubercule jaune,
      rond, à chair jaune.
   —   de Kidney hâtive ou Marjolin, jaune longue, précoce, d'excellente qualité.
   —   naine hâtive, même qualité que la précédente.
   —   Truffe d'août, rouge, ronde, précoce.
   —   fine hâtive, jaune, ronde, précoce.
   —   de Descroizile, petite, rouge, longue, d'excellente garde.
   —   de Châtaigne Sainville, jaune, oblongue, petite; mais une des meilleures
      connues.

Pomme de terre de Vitelotte, rouge, longue, yeux fortement entaillés, recherchée en cuisine
　　　　à cause de sa solidité dans les ragoûts.
— 　　violette, ronde et de qualité très-recommandable.
— 　　tardive d'Irlande, rouge, ronde, ne poussant que fort tard.
— 　　Blanchard, très-précoce et productive.
— 　　de Comice d'Amiens, jaune, ronde, hâtive.
— 　　de Shaw, ronde, jaune, bonne qualité.
— 　　de Segonzac, plus productive que la Shaw, mais un peu moins hâtive.
— 　　jaune longue de Hollande, lisse et aplatie.
— 　　rouge longue de Hollande.

Psoralée comestible ou **Picotiane** (Pl. V, fig. 5).

Psoralea esculenta, Pursh. (*Légumineuses-Papilionacées*.) — Vivace.

Pursh a décrit le premier cette plante originaire de l'Amérique
septentrionale, et dont le tubercule très-féculent fournit, pendant
l'hiver, un aliment sain et assez abondant dans les contrées où il est
indigène. M. Lamarre-Picot (de qui elle a pris le nom de Picotiane) l'introduisit dans la culture en 1846 ; deux ans après, il fut
envoyé par le gouvernement français en Amérique afin d'en rapporter une quantité de tubercules assez considérable pour faire des
essais en grand. Mais les résultats ne répondirent pas aux espérances. La reproduction par tubercules ne paraît pas possible, par la
raison qu'on n'obtient pas ainsi une quantité plus grande de produits que celle qu'on a employée. Le bouturage des tiges, proposé
par feu Gaudichaud, est de pure horticulture, au moins quant
à présent. Ce ne serait donc que par le semis, voie très-lente et
très-difficile, que l'on pourrait espérer obtenir des résultats fruc-
tueux La Psoralée exige au moins cinq à six années pour acquérir
un volume comestible. Les Indiens de l'Amérique du Nord en font
usage quand ils sont privés d'autre nourriture, et les tubercules
qu'ils mangent ne proviennent pas de plantes cultivées, mais de
plantes sauvages qui ont pu croître à loisir et dont l'âge n'est pas
connu. Ce tubercule qui acquiert la grosseur d'un œuf, est riche
en fécule ; mais il a le désavantage d'avoir une saveur aromatique ;
la farine qu'on en retire est blanche, mais trop savoureuse pour entrer dans l'usage habituel. Le pain qu'on a essayé de faire avec
cette farine avait un goût de Mélilot trop prononcé pour pouvoir
être accepté. Malgré tout ce qu'on a pu dire à son avantage, la

Psoralée ne saurait, à aucun titre, remplacer la Pomme de terre, ni pour la saveur, ni pour le volume, ni pour la rapidité des produits.

Souchet comestible (Pl. VII, fig. 1).

Cyperus esculentus, Lin. (*Cypéracées.*) — Vivace.

Cette espèce, qui porte vulgairement le nom d'*Amande de terre*, croît spontanément dans le midi de l'Europe, en Orient, dans l'Afrique méridionale et septentrionale, et on la cultive assez souvent comme plante alimentaire, à cause de ses tubercules ovoïdes qui sont très-féculents, ont le volume d'une Noisette et une saveur analogue à celle de la Châtaigne. On les mange ordinairement cuits; on peut aussi les manger crus, et ils servent aussi à préparer une émulsion, une sorte d'orgeat très-agréable.

PLEINE TERRE. — *Plantation*. En mars, peu profondément, dans une terre bien ameublie, légère et humide, à distance de 25 centimètres pour permettre aux pieds de taller. Il faut faire tremper les tubercules vingt-quatre heures dans l'eau avant de les planter, et en mettre au moins quatre par chaque trou.

Culture. Des arrosements, des binages et des sarclages.

Récolte. On arrache les tubercules en octobre.

Conservation. En lieu sec jusqu'à l'année suivante.

Terre-Noix, ou Carvi à bulbe de Châtaigne.

Carum bulbocastanum, De Cand. (*Ombellifères-amminées.*) — Bisannuelle ou vivace.

Le *Carum bulbocastanum*, ainsi appelé parce que sa racine tubéreuse, arrondie, de la grosseur d'une Noix et grisâtre, a un goût analogue à celui de la Châtaigne, quoique moins fin, se nomme vulgairement Terre-Noix. Il croît dans les lieux humides et possède une saveur aromatique dans toutes ses parties, ce qui est commun aux végétaux de cette famille. On fait cuire la racine tubéreuse sous la cendre ou dans de l'eau, et on l'assaisonne de diverses manières pour la manger. Un des inconvénients qu'elle présente, c'est qu'il lui faut deux ou trois ans pour arriver à une grosseur comestible. En outre elle n'est pas divisible comme le tubercule de la Pomme de terre. Il faut donc se borner à recueillir les racines tubéreuses des plantes que l'on a ou trouvées ou semées, et les conserver jusqu'au printemps dans la serre aux légumes. On ne sait pas du reste quelles qualités acquerrait ce végétal s'il était bien cultivé.

Topinambour, ou **Hélianthe tubéreux** (Pl. V, fig. 2).

Helianthus tuberosus, Lin. (*Composées*.) — Vivace.

L'Hélianthe tubéreux, vulgairement nommé Topinambour, Poire de terre, etc., est originaire du Brésil et a acquis une certaine importance en Europe depuis qu'on a reconnu les avantages alimentaires que présente sa culture. En effet, le caractère le plus important de cette espèce consiste dans ses rhizomes tubéreux et un peu féculents, qui fournissent un aliment abondant, soit pour l'homme, soit pour les bestiaux. Ses feuilles mêmes peuvent être une bonne nourriture pour les animaux, et ses tiges desséchées fournissent un assez bon combustible dans les campagnes. L'Hélianthe tubéreux n'était guère cultivé que dans les jardins, lorsque Ivart en préconisa la culture en grand pour la nourriture des bestiaux et particulièrement des troupeaux. M. Dujonchay contribua ensuite à la mettre en faveur. Les tubercules de Topinambour présentent, entre autres avantages, leur abondance et la propriété qu'ils ont de braver les gelées. Cependant, quand on en fait l'aliment principal des moutons, ils peuvent amener des inconvénients auxquels du reste on remédie facilement par l'addition d'une petite quantité de sel, ou d'une substance tonique quelconque. La meilleure manière d'en faire pour les animaux un aliment parfaitement sain est de les combiner par moitié avec une nourriture sèche.

Si le Topinambour contenait de la fécule autant que la Pomme de terre, il serait, en raison de l'abondance de ses produits, de sa rusticité et de la facilité de la conservation de ses tubercules, supérieur peut-être à cette précieuse solanée, mais sa saveur est assez semblable au réceptacle de l'Artichaut, avec plus de douceur fade et d'insipidité, ce qui en limite l'usage. Un de ses autres inconvénients est de se multiplier dans les jardins d'une manière telle qu'il est presque impossible de l'en extirper quand une fois on l'y a introduit. Les tubercules qui échappent à l'arrachage se détruisent difficilement, et le terrain où l'on a cultivé des Topinambours peut en rester garni pour ainsi dire indéfiniment; aussi, en général, consacre-t-on à cette plante un coin spécial et écarté.

PLEINE TERRE. — *Plantation et culture.* On plante les Topinambours de février en mars, en terre plutôt forte que légère, et on les abandonne à eux-mêmes, en se bornant à quelques sarclages et à une seule façon lorsque la terre est trop compacte. Par le *semis*, on a obtenu plusieurs variétés, dont quelques-unes à tubercules jaunes ou d'un blanc jaunâtre.

Récolte. Les tubercules résistant au plus grand froid, on peut n'en faire la récolte qu'au fur et à mesure des besoins. Cependant, comme ce n'est guère qu'au mois d'octobre que les tubercules sont formés, ce n'est qu'à cette époque qu'on la commence.

Ulluque, ou Ulluco tubéreux (Pl. V, fig. 3).

Ullucus tuberosus, Caldas. (*Portulacées.*) — Vivace.

Par suite de la maladie qui a ravagé les champs de Pomme de terre et des disettes qui en ont été la conséquence, les agronomes et les botanistes ont porté leur attention sur les plantes tubéreuses susceptibles de remplacer, au besoin, ce précieux végétal. La Glycine tubéreuse, la Picotiane et l'Ulluque tubéreux sont de ce nombre, avec l'Igname. L'Ulluque, originaire du Pérou et de la Bolivie où on le cultive en grand à cause de son tubercule qui constitue un aliment estimé des indigènes, a été introduit en Europe en 1848, époque de laquelle datent les premiers essais de culture qu'on en fit en France. Malheureusement ces essais n'ont pas eu, sous notre climat, les résultats espérés, quoique la hauteur à laquelle sont situées les terres consacrées à cette culture dans l'Amérique du Sud, soit d'une rigueur assez grande pour qu'on en ait pu inférer que l'Ulluque supporterait sans peine le froid de nos hivers. Malgré cela, même le buttage, le bouturage et le marcottage des tiges, tous les soins de l'horticulture, en un mot, une touffe d'Ulluque n'a jamais produit chez nous plus d'un quart de ce qu'on aurait obtenu d'une touffe de Pomme de terre dans des conditions identiques. De plus, les tubercules de l'Olluque ne semblent pas pouvoir acquérir, sous notre climat, la maturité suffisante pour devenir féculents. Peu mangeables pour l'Européen, ils ne sont que d'une très-médiocre alimentation pour les animaux. L'Ulluque a besoin, pour se développer, de la température à la fois humide et chaude de l'automne ; de sorte que les plantations qu'on en fait en août ou septembre, donnent un produit presque égal à celles faites au printemps. Les conditions de végétation de l'Ulluque sont à peu près les mêmes que celles de l'Oxalide crénelée qui lui est préférable par la quantité de son produit et par la qualité de ses tubercules.

Pleine terre. — *Plantation.* A la mi-mars, ou si l'on veut, en août et septembre, on peut mettre en terre les tubercules de cette plante. On en fait, si on le préfère, des marcottes et des boutures, qui reprennent assez promptement. Les branches qui traînent sur le sol s'enracinent naturellement.

Culture. Il faut à l'Ulluque une terre meuble, de l'air, de l'espace et une humidité mêlée de chaleur.

Récolte et conservation. Les tubercules ovoïdes et aplatis, quelquefois cylindriques, de l'Ulluque, se récoltent à l'automne. Ils se conservent dans un lieu sec.

CHAPITRE III.

PLANTES A BULBES ALIMENTAIRES [1].

***

Ail commun (Pl. VIII, fig. 5).

Allium sativum, Lin. (*Liliacées*.) — Vivace.

Cette plante paraît être originaire des sables de la Sicile et est indigène du midi de l'Europe. On la cultive pour ses bulbes, nommés têtes ou gousses, à odeur et à saveur très-fortes, mais qui ne plaisent pas également à tout le monde. C'est surtout dans le Midi qu'on la recherche, malgré l'odeur nauséabonde qu'elle laisse dans la bouche ; dans le Centre et dans le Nord on en accepte un aperçu comme condiment de quelques viandes, telles que le gigot de mouton, mais on paraît en redouter l'infection pour la bouche. Il est vrai de dire que l'Ail du Midi est plus doux que celui que l'on cultive dans le Nord. L'Ail ne donne presque jamais de graines dans les contrées septentrionales, où l'on est en conséquence obligé de le multiplier par caïeux. On aurait au reste peu d'avantages à le multiplier par semis, car il lui faudrait trois années pour arriver à grosseur comestible.

Les Aulx, à l'état de bulbes, entrent dans beaucoup de mets et d'assaisonnements ; leurs feuilles hachées se mangent en salade au printemps. Sur les bords de la Loire, on pile le bulbe et quelquefois les feuilles pour les mêler au fromage frais. En Orient, on les réduit en poudre pour s'en servir comme de poivre moulu. Addi-

[1] Toutes ces plantes appartiennent à la famille des Liliacées et au genre Ail.

tionné à la colle de farine, l'Ail donne à celle-ci une plus grande force d'adhésion.

Plantation. En février et mars, on plante les bulbes ou gousses de l'Ail, à 15 centimètres de distance, soit en bordures, soit en planches. Pour avoir des produits plus hâtifs, on peut planter en octobre.

Culture. L'Ail préfère une terre forte, sans trop d'humidité, à une terre très-légère. Le fumier qui lui convient le mieux est celui de cheval. Il faut, pour faire tourner les bulbes, arrêter la séve, qui se porterait dans la tige, tordre les feuilles et la hampe, et les lier. Les Aulx n'exigent aucun soin et sont assez robustes pour résister à toutes les températures.

Récolte et conservation. Dès que la tige est entièrement fanée, on arrache les bulbes ; on les laisse quelque temps à l'air libre pour les ressuyer, puis on en fait des bottes que l'on suspend en lieu sec.

Ail d'Espagne, ou Rocambole.

Allium scorodoprasum, Lin. (*Liliacées.*) — Vivace.

Cette espèce qui croît à l'état sauvage en Grèce, en Italie, en Espagne, en Portugal, etc., a pour caractère particulier de porter, au lieu de graines, entre les fleurs, des bulbilles qui peuvent servir à sa reproduction ; mais on n'emploie pas ce moyen de multiplication parce qu'il est trop lent. On multiplie par caïeux comme pour l'ail commun. La culture est d'ailleurs la même. Les Génois, qui cultivent beaucoup la Rocambole, en importent de grandes quantités en Provence, sous le nom d'*Ail rouge*. Il est plus doux que l'Ail commun.

Ail d'Orient.

Allium ampeloprasum, Lin. (*Liliacées.*) — Vivace.

Cette espèce, dont la patrie paraît être aussi le midi de l'Europe et particulièrement la péninsule Ibérique, produit un bulbe qui se divise en caïeux, plus gros que ceux de l'Ail commun ; il possède une saveur et une odeur moins âcres et plus agréables, ce qui mériterait de le faire rechercher des palais délicats.

Ciboule commune.

Allium fistulosum, Lin. (*Liliacées*.) — Vivace, cultivée comme bisannuelle.

PLEINE TERRE. — *Semis*. On sème cette plante, qui appartient au genre Ail, à deux époques, selon les produits hâtifs ou tardifs qu'on en veut tirer. Dans le premier cas, le semis se fait en février ou mars, pour mettre en place, par deux plants ensemble, dans le courant d'avril ou de mai, en laissant entre chaque touffe une distance de 15 à 16 centimètres. Dans le second cas, on sème dans le courant de juillet, et l'on repique en septembre.

Culture. Celle de l'Ail, comme soins généraux. Terre légère et substantielle.

Récolte et conservation. La récolte commence deux mois après la plantation. Laisser en terre et relever au fur et à mesure des besoins.

Durée de la faculté germinative des graines. Deux ans et plus, en laissant les graines dans leur enveloppe.

VARIÉTÉS.

Ciboule blanche hâtive. (Elle se traite aussi comme vivace ; on lui laisse, dans ce cas, former de grosses touffes que l'on met en éclats selon les besoins ; elle est d'une longue durée.)

— vivace, dite Ciboule de Saint-Jacques. (Elle comporte elle-même plusieurs variétés ; on la multiplie d'éclats que l'on plante, de préférence, en bordure, au printemps et à l'automne ; elle a les mêmes propriétés que la ciboule commune.)

Civette ou Ciboulette (Pl. VIII, fig. 4).

Allium schœnoprasum, Lin. (*Liliacées*.) — Vivace.

PLEINE TERRE. — *Plantation*. Cette plante vivace, que l'on nomme aussi *Appétit,* et qui appartient au genre Ail, se multiplie de caïeux que l'on sépare en mars.

Culture. Il faut à la Civette une bonne terre, une bonne exposition et des arrosements dans les temps secs. On la cultive quelquefois en planches, mais plus généralement en bordures.

Récolte. On récolte au fur et à mesure des besoins.

Échalote (Pl. VIII, fig. 3).

Allium ascalonicum, Lin. (*Liliacées*.) — Vivace.

PLEINE TERRE. — *Plantation et culture*. C'est par les bulbes et non par les graines que l'on multiplie cette plante réputée originaire des montagnes de la Syrie, et qui appartient au genre Ail. On choisit pour cela des bulbes de moyenne grosseur, et même les petits moins profitables dans le ménage, dont le plant est au moins aussi favorable que celui des gros. L'Échalote demande une terre plutôt sèche qu'humide, légère et pas trop récemment fumée. On plante en bordures ou en planches à 10 centimètres de distance, dans la première quinzaine de mars. Si l'on veut avoir une récolte hâtive, c'est-à-dire dès le mois de juin, on plante les Échalotes au mois d'octobre, mais pas plus tard que dans les premiers jours de novembre. Cette plante n'exige d'ailleurs d'autres soins que ceux communs à la plupart des végétaux des jardins.

Récolte et conservation. Quand les feuilles sont fanées, on arrache les bulbes, qu'on laisse ressuyer pendant quelques jours a l'air libre, et on les entre dans la serre, où ils doivent être tenus au sec. C'est vers la fin de juillet et dans les premiers jours d'août qu'a lieu la récolte des bulbes mis en terre au printemps, et c'est dans les premiers jours de juin que se fait celle des produits de la plantation d'automne.

VARIÉTÉS.

Grosse échalote (peu cultivée, mais d'un volume double au moins de celui de l'espèce type).
— d'Alençon (variété plus volumineuse encore que celle de l'espèce précédente, mais plus lente à se former).
Échalote de Jersey (variété plus précoce, qui se multiplie de graines. Les bulbes sont d'une conservation difficile. Elle est répandue dans le nord, et on la connait en Écosse sous le nom d'Échalote de Russie. Elle se multiplie de graines. Sa culture est la même que celle de l'échalote ordinaire.)

Ognon, ou Oignon commun (Pl. VIII, fig. 1 et 2).

Allium cepa, Lin. (*Liliacées*.) — Vivace, cultivé comme bisannuel.

Les Oignons appartiennent au genre Ail. Ils forment une des plus importantes branches de la culture potagère. Leurs nombreuses variétés se modifient sous l'influence du sol et du climat.

Culture forcée. — Les Oignons blancs (*blanc de Nocera*, très-petit, *blanc gros* et *blanc hâtif*) sont les seuls, particulièrement le hâtif, qui se cultivent en primeurs. On les sème sur couche et sous panneau, en janvier et février. Les soins qu'ils exigent ne diffèrent pas de ceux des autres primeurs.

Pleine terre. — *Semis et culture.* L'Oignon blanc se sème à la mi-février et dans la première quinzaine de mars, *en place* et *en pépinière*. Dans le nord, on pratique surtout le semis en place ; à Paris et dans le midi de la France, on sème généralement en pépinière, pour établir ensuite ses carrés par le repiquage. Cette dernière méthode est bonne dans les terres fortes. L'Oignon rouge pâle et ses variétés se sèment à la fin de janvier ; mais le mois de février est celui qui convient le mieux pour sa culture ; on peut pourtant aussi semer au mois d'août, mais alors il est à craindre qu'au printemps suivant une partie ne monte à graine.

L'Oignon ne réussit bien que dans une terre légère et fumée de l'année précédente. Le fumier de mouton est fort estimé pour l'Oignon ; le marc de raisin, ou enfoui, ou répandu sur le semis à la place de terreau, est aussi d'un excellent usage. On prépare la terre à l'automne ou au commencement de l'hiver, et on lui donne une seconde façon quinze jours avant le semis pour qu'elle puisse se tasser. Les semis faits en terre trop creuse ne réussissent pas ; c'est pourquoi dans les terres naturellement meubles, on piétine les planches ou, s'il s'agit de culture en grand, on passe le rouleau avant et après le semis, lequel se fait à la volée. Après avoir foulé le sol, on recouvre la graine d'une couche de terreau, et, si le temps est trop sec, on arrose légèrement pour favoriser la germination.

Après la levée des graines, on éclaircit le plant pour laisser entre chaque Oignon la place nécessaire à son développement, et l'on regarnit les endroits où il est trop clair. Le plant que l'on éclaircit peut servir à replanter ou être employé comme Ciboule quand il est assez fort. Les sarclages, les binages, des arrosements sans excès sont les soins qu'exige l'Oignon. Quand le bulbe commence à se former, on brise, sans les arracher, mais en les couchant sur la

terre, toutes les feuilles qui composent la fane, afin d'arrêter la séve
au profit de l'Oignon.

Pour la culture en pépinière et par transplantation, l'Oignon
blanc se sème dans les premiers jours d'août, pour être repiqué
dans le courant d'octobre, lorsqu'on possède des terres légères. On
sème à la fin d'octobre, pour repiquer en mars, dans les terres fortes.
La distance à laisser entre les plants est de 10 à 12 centimètres.
Quand le froid est rigoureux, on couvre le plant avec de la litière.
L'Oignon, arrivé à demi-grosseur, est bon à consommer dès le mois
de mai, si ce n'est même d'avril, et successivement durant tout
l'été.

Les Oignons destinés à produire de la graine se plantent eu février et mars.

Sous le nom de *culture à la baguette*, M. de la Boëssière a mis
en pratique un procédé qui appartient d'ailleurs au *semis en place*,
auquel on a adapté quelques modifications. Voici ce procédé décrit
par son auteur.

Du 15 juillet au 15 août, on sème en rayons tracés le long d'un
cordeau, au moyen d'une baguette, dans un terrain bien préparé, que
l'on piétine, afin de resserrer la terre dans le fond du rayon, et de
donner à ce rayon le moins de profondeur possible, la beauté de la
plante dépendant surtout, lors de son grand développement, de son
affleurement au sol. On met 22 centimètres d'intervalle entre les
rayons, afin de pouvoir butter les plantes avant les grandes gelées.
On sème plutôt dru que clair, parce que l'hiver, s'il est rude, en
détruit une partie. On remplit les rayons de terreau ; enfin on arrose
pour faire lever, si le temps est sec. Les grandes gelées passées, on
abat la terre qui a servi à butter, on éclaircit les rangs, on sarcle
en grattant peu profondément la terre avec de petites paroires à
main. Cette méthode, suivant M. de la Boëssière est la moins dispendieuse de toutes, malgré les soins qu'elle réclame tout d'abord.
Il est bien vrai qu'une partie des Oignons ainsi obtenus monte au
printemps ; mais l'auteur du procédé y trouve en quelque sorte un
avantage, en ce que dans son terrain, défavorable à la culture de
la graine, ces Oignons montés en produisent néanmoins de plus

belle et de plus grosse que les Oignons replantés en vue d'en obtenir. M. de Vilmorin fait observer que cette pratique est contraire à ce que l'expérience a démontré pour la conservation des espèces potagères, et que des Oignons ainsi récoltés pendant plusieurs générations perdraient leur aptitude à tourner et dégénéreraient en Ciboule. Tout au plus, dit ce dernier horticulteur, pourrait-on alterner, récolter une année de cette manière, une autre année sur des Oignons replantés, comme font en Angleterre quelques habiles cultivateurs pour les Navets. M. de Vilmorin considère que la méthode de M. de la Boëssière n'est bien applicable qu'à la production des Oignons d'été et d'automne.

Parmi les autres méthodes proposées pour la culture de l'Oignon est celle de semer l'Oignon très-dru en mars et en avril, en employant 60 grammes de graine par mètre carré. On obtient à l'automne des Oignons gros seulement comme de petites Noisettes ; on les conserve l'hiver en lieu sain, et en février ou mars on plante ces petits bulbes à 10 centimètres de distance l'un de l'autre. MM. Lebrun et Nouvellon, de Meung-sur-Loire (Loiret), ont obtenu ainsi, autrefois, des récoltes considérables de gros et beaux Oignons. Mais le difficile est, surtout dans les étés pluvieux, d'avoir, par ce moyen, des bulbes en assez grand nombre et de la grosseur indiquée pour la plantation.

Cette méthode se rapproche de celle qu'on emploie pour obtenir des Oignons à confire. On sème épais et l'on n'arrose que fort peu. La variété la plus favorable pour cet usage, quoique toutes les autres y soient plus ou moins propres, est l'Oignon blanc hâtif.

Récolte et conservation. Les Oignons blancs se récoltent à la fin d'avril et dans les premiers jours de mai. Ceux de couleur se récoltent à la fin d'août et dans les premiers jours de septembre. On les laisse se ressuyer sur le sol où ils achèvent de mûrir ; puis on en forme des bottes qu'on suspend au grenier ou dans l'endroit le plus sec de la serre aux légumes. Le seul soin à prendre est de les préserver de la pourriture et de les étendre, si l'on craint qu'ils ne subissent l'influence de l'humidité. En prenant ces précautions, on peut garder des Oignons jusqu'au commencement de juin, époque où les Oignons blancs ont donné leur produits. Du reste, lorsque le bulbe d'Oignon est bien aoûté, qu'on a choisi une bonne variété de conserve, et qu'on a eu soin de le mettre dans un endroit sec, à l'abri de l'humidité, on peut toujours garder l'Oignon jusqu'à ce qu'une récolte nouvelle vienne remplacer celle qui est épuisée.

Durée de la faculté germinative des graines. Deux ans.

VARIÉTÉS CULTIVÉES.

Oignon blanc gros (estimé pour sa douceur et sa bonne qualité).
— blanc hâtif (doux aussi et recherché pour sa précocité).
— blanc de Florence (très-petit et qui ne s'est jamais maintenu franc sous le climat de la France en général).
— blanc de Nocera (également très-petit et peut-être le même que celui de Florence, très-hâtif, tournant presque aussi promptement qu'un Radis; mais tendant, sous notre climat, à grossir et à perdre de sa précocité).
— rouge pâle ou de Niort (le plus ordinaire en France, et qui, dans beaucoup de localités, est d'excellente qualité).
— jaune ou blond, des Vertus, près Paris, et de Cambrai (gros, excellent et de très-bonne garde).
— rouge foncé (plus piquant, large et plat, très-recherché dans quelques pays).
— jaune d'Espagne (de couleur soufrée, large, d'une chair tendre, doux et sucré dans son pays d'origine, mais prenant sous les climats plus froids une saveur piquante).
— poire ou pyriforme (rougeâtre, à chair grossière, à saveur forte, mais de garde parfaite).
— furiforme ou corne-de-bœuf (de forme analogue à l'Oignon pyriforme, mais beaucoup plus allongé, tournant difficilement, sujet à dégénérer, peu digne d'être recherché, si ce n'est pour la curiosité).
— de Madère, romain ou de Bellegarde (gros Oignon du midi de l'Europe, rouge pâle, obrond, quoique sujet à s'allonger, très-doux, mais perdant ses qualités dans le Nord où il réussit difficilement).
— de Danvers (belle race américaine très-hâtive, à bulbe sphérique, à collet fin, de bonne garde).
— double tige (rougeâtre, très-plat, hâtif, à petites feuilles).
— James (de couleur blonde, de forme allongée, très-estimé en Angleterre pour sa bonne conservation).
— globe (sous-variété de l'Oignon James, un peu moins blond, remarquable par sa beauté, mais difficile à conserver sous sa forme globuleuse).
— d'Égypte ou bulbifère (variété intéressante qui fournit à l'extrémité de la hampe peu de fleurs et un grand nombre de petits bulbes, au lieu de graines, sans que celui qui est en terre cesse de grossir; il possède, par sa nature, le double avantage que quelques horticulteurs ont essayé d'obtenir, celui de la sûreté de la récolte et de l'économie de la culture; il offre en outre deux genres de multiplication, en terre par les caïeux et hors de terre par les bulbilles; mais sa chair est grossière et il pourrit très aisément s'il n'est pas dans un lieu sec et froid, ou du moins non chauffé. Ces caïeux se plantent en février et mars à 30 centimètres de distance sur tous les sens. Les bulbilles ou rocamboles se plantent de mars en avril, à 15 ou 20 centimètres entre rangs, et à 8 à 12 centimètres sur le rang, selon leur grosseur.)
— patate ou souterrain (qui ne donne ni graines, ni bulbilles, mais se multipliant, comme les Tulipes et les Oignons à fleur, par les caïeux qui se forment autour de la

plante mère. C'est un bon Oignon, qui se garde très-longtemps. On le plante de préférence après l'hiver, quand on a pu le conserver jusque-là ; dans le cas contraire, c'est-à-dire où il pousse, on le plante pendant ou même avant l'hiver. On distance de 30 à 40 centimètres. On butte à deux reprises, très-légèrement la première, davantage la seconde. Sa conservation exige une température très-sèche et froide. Comme moyen de conservation indiqué, on coupe la tige à 3 centimètres au-dessus du collet, on fend ce reste en quatre jusqu'à la base, sans attaquer le bulbe et on laisse sécher ainsi.)

Porreau ou **Poireau** (Pl. IX, fig. 3.)

Allium porrum, Lin. (*Liliacées.*) — Bisannuel.

Cette plante, originaire des contrées méridionales de l'Europe, et qui forme une section du genre Ail, croît spontanément dans les départements du midi de la France, comme dans la péninsule ibérique. On la cultive, de temps immémorial, dans les jardins pour l'usage culinaire, afin de relever le goût des potages, des bouillons, des sauces et de certains mets, par l'emploi de ses bulbes cylindriques et de ses feuilles.

Culture forcée. — *Semis*. A la mi-décembre, on sème sur couche et sous châssis. On abrite le plant contre la gelée, et au mois de février on le met en place ; au mois de juillet il est bon à consommer.

Pleine terre. — *Semis*. On peut, si l'on n'a pas de couches, semer les Porreaux au commencement de septembre. Pour obtenir des produits précoces, on relève le plant en février et on le met en place ; mais il arrive souvent que le Porreau monte à graine, ce qui empêche d'avoir recours à ce moyen et lui fait préférer le semis sur couche.

On sème en général les Porreaux en février et mars, et pour les produits tardifs en juillet.

Culture. Dès que le plant a acquis la grosseur d'un tuyau de plume, ce qui a ordinairement lieu en avril, on le déplante et on le repique en terre substantielle, fumée de l'année précédente, à 15 centimètres de distance, et à une profondeur de 10 centimètres, en ayant soin, avant la plantation, de couper la racine et l'extrémité des feuilles. Les soins se bornent à des sarclages et à des arrosements dans les temps secs. Une pratique destinée à faire grossir les Porreaux, et que l'expérience, bien que contraire à la théorie, a consacrée, consiste à en couper les feuilles plusieurs fois. Quand on voit que les Porreaux semés à l'automne ont une tendance à monter, on les arrache et on les replante très-près les uns des autres pour en ralentir la végétation.

Les Porreaux destinés à porter graine sont plantés en mars; il faut avoir soin de ne choisir que les sujets les plus vigoureux.

Récolte et conservation. On récolte en juin pour les semis d'automne, en septembre pour ceux du printemps. On laisse les Porreaux en terre et on les arrache au fur et à mesure du besoin, parce qu'ils ne supportent pas, comme les autres végétaux de cette famille, une longue sortie de terre.

Durée de la faculté germinative des graines. Deux ans. Il faut conserver les graines dans leur enveloppe.

VARIÉTÉS CULTIVÉES.

Porreau long ordinaire (propre au semis de pleine terre).
— gros court (à racine moins longue et plus grosse que le précédent; cultivé dans le Midi, mais sensible au froid et, sous le climat parisien, propre seulement au semis de couches ou de printemps).
— gros court de Rouen (rustique et, en Normandie, atteignant parfois la grosseur du bras).
— jaune de Poitou (remarquable par son feuillage d'un vert très-blond et par sa grosseur presque égale à celle du précédent; il est adopté par les maraîchers de Paris pour la culture ou primeur sur couche).

CHAPITRE IV.

PLANTES LÉGUMIÈRES A BOURGEONS, A INFLORESCENCES ET AUTRES PARTIES ALIMENTAIRES.

—————

Artichaut (Pl. X, fig. 1 et 5).

Cynara scolymus, Lin. (*Composées-Cynarées.*) — Vivace.

L'Artichaut est généralement accepté comme originaire du midi de l'Europe. Quelques auteurs lui assignent l'Éthiopie comme pays d'origine, et ajoutent que, de là, il se serait répandu dans l'Égypte, dans la Barbarie, en Syrie, en Grèce, en Espagne, en Italie, en France, etc. On le trouve tellement vivace, il trace sous terre avec tant de vigueur dans les jardins qui bordent le Nil, qu'on a beaucoup de peine à l'en extirper. Phlégon, surnommé Trollien (de Trolles, en Lydie, sa ville natale), médecin et philosophe du deuxième siècle après J.-C., désigne cette plante sous le nom grec d'*artutika* (ἀρτυτικα), dont les Italiens ont fait *artichiocco,* et les Français *artichaut.* M. de Theis fait dériver le nom de deux mots celtiques, *art,* épine, et *chaulx,* chou épineux. Si l'origine du nom d'Artichaut est fort obscure, celle de *Cynara scolymus* ne l'est pas moins. Ces deux mots paraissent avoir été associés à tort par Dioscoride, et ont même donné lieu à un autre genre de confusion. On a cru, et c'était une erreur, qu'on mangeait les racines et le réceptacle d'une seule et même plante. On cultive dans quelques provinces méridionales, dit M. Decaisne, le *Scolymus hispanicus* pour ses racines, mais ses réceptacles n'ont jamais servi à la nourriture de l'homme, pas plus que les racines de Cardon ou d'Artichaut n'ont été employées comme légumes. Le *Cynara* et le *Scolymus* sont donc deux genres essentiellement distincts, et l'épithète de *scolymus* ajoutée au nom de *cynara* servait seulement à indiquer la ressemblance entre les feuilles et le port de ces deux plantes. Quant au nom de *cynara*, il provient, suivant Columelle, qui nous a laissé une description excellente de l'Artichaut ou du Cardon, de la coutume où l'on était de le fumer avec de la cendre, coutume encore recommandée au seizième siècle, mais dans un autre but, par Charles Étienne, médecin et célèbre imprimeur, né en 1504, mort en 1564, dans son livre *De re rustica*, où il est dit que « la cendre de Figuier, répandue autour des plantes, est très-propre à écarter les rats et les souris, qui causent de grands dommages aux artichautières. » On ne saurait dire précisément à quelle époque la culture de l'Artichaut s'est introduite en France. Vincent de Beauvais, savant dominicain, ami de saint Louis, qui, dans son *Speculum naturale*, nous a laissé des détails sur les plantes alimentaires le plus généralement cultivées au treizième siècle, ne parle pas de l'Artichaut. Charles Étienne, déjà cité, n'en indique qu'une seule espèce, tandis que l'illustre médecin-botaniste Jean Bauhin, qui vivait au seizième siècle, et le non moins célèbre médecin-botaniste Mathias Lobel, qui florissait vers la même époque, décrivent plusieurs des espèces que nous cultivons encore à présent. On a prétendu que l'Artichaut n'était qu'une race obtenue du Cardon par la culture, mais ce n'est qu'une induction tirée de ce que cette dernière plante aurait seulement été trouvée à l'état sauvage.

CULTURE FORCÉE DE L'ARTICHAUT. — Dans le courant de novembre, on relève en mottes les Artichauts qui étaient en pleine terre, et on les plante dans un coffre sous lequel on a soin d'entretenir la chaleur au moyen de réchauds de fumier. On met également ces plantes à l'abri de la gelée, en couvrant les panneaux pendant la nuit. Lorsque le temps est beau, on leur donne de l'air pendant la journée. On obtient, dans le centre et dans le nord de la France, par la culture forcée, des Artichauts bons à manger en avril; mais l'Algérie et même le midi de la France, sans moyens factices, donnent des Artichauts beaucoup plus tôt.

On peut substituer à la méthode ci-dessus indiquée celle, plus simple, qui consiste à pratiquer autour de la planche dont on veut forcer les produits, des fosses de la largeur des sentiers, dans lesquelles on met du fumier neuf. On dispose ensuite, de distance en distance, soit des cerceaux fichés en terre par les deux bouts, soit un léger bâtis, qui permettent de poser sur la planche des paillassons ou d'autre abris susceptibles de défendre les Artichauts contre la gelée et le mauvais temps. On couvre en même temps le sol de fumier chaud pour activer la végétation, et l'on remanie les fumiers tous les quinze jours, en y ajoutant chaque fois du fumier neuf. Par cette méthode, on n'obtient pas des produits aussi précoces; néanmoins on a des Artichauts à la fin de mai.

PLEINE TERRE. — *Semis*. On use peu de ce mode de reproduction; il n'a guère lieu que dans les cas où les anciennes plantes ont péri par accident, comme dans des hivers exceptionnels, par exemple, car l'Artichaut redoute les fortes gelées des climats septentrionaux. On sème sur couche en février et mars, ou en pleine terre en avril et dans la première quinzaine de mai; mais comme les Artichauts ne reproduisent pas leur espèce, et qu'il se trouve dans les semis plus des deux tiers des Artichauts qui retournent au type sauvage, et ont les écailles munies d'épines, on préfère avoir recours à la plantation des œilletons.

Plantation. La multiplication par œilletons est la plus généralement en usage. On enlève au mois d'avril les œilletons qui se forment autour des vieux pieds, et on les plante dans une terre douce et meuble, bien amendée, bien humide et suffisamment préparée par des labours, à une exposition chaude, après avoir rabattu les feuilles. Dans une plantation faite en avril, la plupart des œilletons donnent des fruits à l'automne de la même année.

Culture. Les soins à donner aux Artichauts, qu'ils soient jeunes comme ceux venus d'œilletons, ou vieux comme les grosses touffes qui ont déjà donné plusieurs récoltes, consistent à n'épargner ni les binages ni les arrosements. Si ces soins sont dispensés avec intelligence et si la saison est favorable, on a en automne des Artichauts venus des œilletons plantés au printemps, et les produits seront très-abondants au printemps suivant.

Au mois de novembre on coupe les tiges qui ont produit, ainsi que les grandes feuilles, et l'on relève le tout autour de chaque pied pour le mettre à l'abri de la gelée; puis on couvre de feuilles sèches et de litières.

Vers la mi-mars, dès que le temps a perdu toute rigueur, on détruit les buttes des Artichauts, et on donne à ceux-ci un labour profond.

Lorsqu'on enlève les œilletons des Artichauts, on a soin de leur en laisser deux ou trois seulement pour ne point épuiser la touffe mère.

Une plantation d'Artichauts demande à être renouvelée tous les trois ans, car la durée des produits n'étant que de quatre années, pour qu'ils soient à la fois beaux et abondants, et pour n'éprouver aucune interruption dans la récolte, il faut s'y prendre une année d'avance. Les cultivateurs des environs de Paris plantent des œilletons chaque année, pour avoir des produits qui succèdent à ceux fournis par les vieux pieds, lesquels fructifient ordinairement en mai et en juin.

Récolte et conservation. Dans le centre et dans le nord de la France on commence à cueillir les Artichauts en mai et en juin, et l'on continue jusqu'en septembre. Les petits sont destinés à être mangés crus, et l'on a raison de les enlever pour permettre à ceux qui restent d'acquérir plus de développement. Nous avons déjà dit que dans le Midi la récolte était plus hâtive.

On ne peut conserver les Artichauts que quelques jours; encore est-on obligé de plonger l'extrémité de la tige dans l'eau pour les maintenir à l'état de fraîcheur.

VARIÉTÉS CULTIVÉES.

Artichaut gros vert ou commun (*Cynara scolymus viridis*; le meilleur, le plus cultivé et le plus estimé à Paris).
— de Laon (sous-variété du précédent, plus gros, à écailles larges et ouvertes). (Pl. X, fig. 5.)
— de Bretagne ou Gros-Camus (autre sous-variété de l'Artichaut commun, d'un vert plus pâle, à tête large, plus aplatie que dans les précédents, à écailles obtuses et très-peu ouvertes, un peu plus précoce que l'Artichaut commun, mais moins charnu; on ne le cultive guère aux environs de Paris). (Pl. X, fig. 1.)

Artichaut de Provence (à tête allongée, moins charnu, mais plus hâtif que ceux ci-dessus ;
        ne convenant guère qu'aux climats méridionaux, parce qu'il est très-sensible à la
        gelée. On le cultive avec succès dans le midi de la France, d'où il est importé à
        Paris comme primeur).

—   violet (*Cynara scolymus vio'acea* ; hâtif, peu gros, excellent à la poivrade, moins
        bon cuit, à tête allongée, à écailles d'une teinte violette à la pointe).

—   rouge (*Cynara scolymus rubra* ; moins gros que l'Artichaut violet, en forme de
        pomme, à écailles extérieures d'un rouge pourpre ; bon à la poivrade).

—   blanc (*Cynara scolymus albo* ; espèce délicate, et par cela même peu cultivée ; elle
        vient dans le Midi).

—   sucré (*Cynara scolymus italica* ; provenant des environs de Gênes ; fruit petit, d'un
        vert pâle, chair d'un jaune foncé, goût fin, sucré, bon cru seulement).

Observations. On a proposé de fendre la tige de l'Artichaut en quatre, et d'introduire dans les parties entr'ouvertes de petits bâtons pour forcer la séve à tourner exclusivement au profit du fruit. Ce moyen ne paraît pas avoir obtenu le résultat annoncé.

On a également conseillé de couvrir les Artichauts d'un épais tissu de laine noire, afin d'en étioler les feuilles, ou, pour être plus correct, les écailles involucrales, et de les rendre plus tendres. L'expérience n'a pas répondu à la théorie.

D'après M. Audot, on apporte sur les marchés d'Italie un produit particulier d'Artichaut, qu'on obtient après avoir courbé la plante à angle droit en réunissant les pétioles des feuilles, et la masse charnue qui en résulte, connue dans le pays sous le nom de *Gobbo*, nom qui est celui des *Cardons d'Artichaut*, se mange crue et est d'un goût excellent. Il y a là une erreur sans doute, car on ne peut courber à angle droit la tige vigoureuse de l'Artichaut, dont les feuilles se brisent si aisément. Voici, du reste, ce que dit Targioni Tozzetti dans ses *Istruzioni botaniche*, t. III, p. 151 : « Quand la plante commence à vieillir et à perdre sa vigueur, on coupe les sommités des feuilles, on les attache et on les courbe sous terre, où en s'étiolant (*insugandosi*) et en blanchissant elles perdent leur goût amer, deviennent douces et se mangent avec la racine pendant l'hiver sous le nom de *Gobbi*, ainsi que les jeunes pousses qu'on appelle *Carducci*. » De son côté, le *Jardinier français* indique avec précision l'opération au moyen de laquelle on prépare les *Gobbi* ou Cardes d'Artichaut. « Pour tirer, dit-il, des Cardes d'Artichaut, vous vous servirez des vieux pieds que vous voulez ruiner. Les premières têtes étant cueillies, vous rognerez les plantes à demi-pied près de terre, et couperez la tige le plus bas que vous pourrez. Les œilletons pousseront de très-grande force, et, étant à trois pieds de haut ou environ, vous les lierez avec des brins de foarre (paille longue), sans les serrer beaucoup, puis vous les entourerez de grand fumier, cela les fera blanchir. Vous les pourrez laisser jusqu'aux grandes gelées, que vous les cueillerez et serrerez dedans la cave ou autre lieu exempt de froid. Vous cueillerez de jour à autre ce que vous en aurez besoin, commençant par les plus grandes, et laissant les autres, qui s'enfonceront en peu de temps, ayant toute la nourriture de la plante. »

Asperges (Pl. X, fig. 3 et 4).

Asparagus officinalis, Lin. (*Liliacées-Asparagées.*) — Vivace.

Les Asperges sont des plantes vivaces, quelquefois des arbustes ou des arbrisseaux sarmenteux et grimpants assez souvent munis d'épines. On compte environ une cinquantaine d'espèces du genre Asperge. Aucune d'elles ne croît spontanément en Amérique. Près des deux tiers ont été trouvés au cap de Bonne-Espérance ; huit croissent à l'état indigène dans les diverses parties de l'Europe méridionale, et les autres, soit dans les îles Canaries, soit dans les îles de la mer des Indes, soit au nord de l'Asie. Succulente sous notre climat tempéré, l'Asperge devient ligneuse dans les pays chauds. Sur les diverses espèces connues, celle qui a pour habitat principal l'Europe centrale et méridionale, est seule comestible. Les autres sont de vrais buissons.

La racine de l'Asperge commune, appelée *griffe*, produit chaque année des tiges nouvelles dont on mange le bourgeon ou la jeune pousse, appelée aussi turion.

CULTURE FORCÉE DE L'ASPERGE. — MM. Lenormand, Marie et Loisel ont donné d'excellentes notions sur la manière de forcer les Asperges.

Voici le procédé indiqué par M. Lenormand :

Au mois de mars, on fait des couches de médiocre épaisseur, sur lesquelles on plante les Asperges. Ces couches, établies dans des tranchées de 1^m30 de largeur sur 30 centimètres de profondeur, et qui offrent une saillie de 10 à 15 centimètres au-dessus du sol, sont chargées de 15 centimètres de terre.

Sur ces couches on place des coffres, et on plante par châssis seize griffes d'Asperges d'un an de semence. Pendant l'été, on enlève les rameaux. Au mois de février de l'année suivante, on laboure les sentiers qui se trouvent exhaussés, parce que la couche a tassé, et l'on emploie cette terre à rechausser les griffes d'Asperges. Dans le courant de l'année, les Asperges acquièrent une bonne grosseur, et l'on peut, au bout de deux années de plantation, commencer à chauffer les Asperges, en les laissant reposer une année sur trois.

Cette méthode, au moment où elle fut rendue publique, en 1847, parut d'autant plus avantageuse, qu'auparavant il fallait attendre trois à quatre ans pour obtenir une première récolte, et que l'on ne pouvait chauffer les Asperges que tous les deux ans. A cet avantage s'ajoutait celui de n'avoir pas besoin de renouveler ses plantations aussi souvent.

Dans ce système, on conseillait de mettre de cent quatre-vingt-douze à deux cent quarante griffes d'Asperges par chaque planche. On faisait aussi observer que la terre devait être plus meuble, et que c'était une des conditions indispensables du succès.

M. Marie crut devoir ajouter quelques indications à celles de M. Lenormand, en même temps que des moyens de multiplier les cultures sur le même terrain. Voici comment il s'exprime :

« Vers la fin d'octobre on étend un lit de terreau sur les Asperges ; on enlève la terre des sentiers à 30 ou 40 centimètres de profondeur ; on creuse également une tranchée de même largeur et de même profondeur au bout des planches, puis on dépose sur les Asperges la terre qu'on a tirée. On place les coffres sur les planches ; et, après avoir bien divisé la terre dont on les a chargés, on l'étend uniformément, de manière à les élever d'environ 33 centimètres. Lorsque le terrain est ainsi préparé, on plante de la chicorée demi-fine. En novembre, décembre, janvier ou février, on remplit les sentiers et les bords des planches avec du bon fumier de cheval, bien mélangé, et on le foule comme on fait pour une couche ; quand on est arrivé à la hauteur des coffres, on pose les panneaux et on remet du fumier dans les sentiers, de manière qu'ils soient plus élevés que les panneaux. Quel que soit l'état de la température, on ne donne point d'air aux Asperges, qui végètent mieux sous l'influence d'une atmosphère chaude et humide ; pendant la nuit et par le mauvais temps on couvre les panneaux avec des paillassons, afin d'y concentrer la chaleur. On remanie les réchauds de fumier tous les dix ou quinze jours, en ajoutant chaque fois plus ou moins de fumier neuf, suivant l'état de la température, enfin de manière à obtenir sous les panneaux une chaleur qui ne doit pas être de moins de 15°, et qu'il est inutile d'élever à plus de 25°. Les Asperges sont généralement en état d'être coupées vingt ou vingt-cinq jours après qu'on a commencé à les forcer. Lorsqu'elles sont bonnes à récolter, on les coupe tous les deux ou trois jours, ce qui dure pendant deux mois environ ; après quoi, on les laisse monter en graine, afin de ne pas épuiser le plant. Après la récolte des Asperges, on plante de la Laitue gotte et deux rangs de Choux-fleurs. Lorsque les Choux-fleurs sont récoltés, on enlève les coffres, puis le fumier des sentiers, et l'on remet la terre qu'on en avait tirée. Quand les planches sont rétablies dans leur état primitif, on y plante de la Chicorée. Après la Chicorée on sème le Cerfeuil ; après la récolte du Cerfeuil, des Mâches. On laisse reposer les Asperges une année sur trois, ce qui paraît suffisant, les Asperges étant de la plus grande beauté, malgré les nombreuses récoltes de légumes faites sur le même terrain. »

On force les Asperges *sur place* en enlevant la terre des sentiers à une profondeur de 60 centimètres, et en la remplaçant par du fumier neuf bien tassé. On a soin de recharger les Asperges avec la terre des sentiers, pour donner aux bourgeons, la seule partie recherchée de la plante, un peu plus de longueur. On place des châssis sur les planches ; on remplit les coffres de fumier chaud, qu'on enlève dès que l'on s'aperçoit que les Asperges commencent à pousser. On entretient la chaleur des réchauds en en renouvelant le fumier, et en couvrant les châssis avec des paillassons. Vers le mois d'avril on enlève le fumier des sentiers, et l'on y remet la terre qu'on en avait tirée. On laisse le plant reposer une année, et l'on chauffe de nouveau la seconde année.

Voici maintenant ce que dit de la culture forcée des Asperges le *Nouveau jardinier illustré* (1865) :

« On force les Asperges sur place, ou bien on plante sur couche des griffes toutes venues, selon que l'on veut avoir des *Asperges blanches*, ainsi appelées parce qu'elles ont peu de couleur, ou des *Asperges vertes* connues sous le nom d'*Asperges aux petits pois*.

« Pour forcer sur place, on plante plusieurs années d'avance des Asperges que l'on dispose par planches de 1m33 de largeur, entre chacune desquelles on laisse un sentier de 80 centimètres, de manière que plus tard chaque planche d'Asperges puisse recevoir un coffre semblable à ceux que l'on emploie pour cultiver les melons.

« Au lieu de fumer le terrain destiné aux Asperges forcées, comme on le fait ordinairement, les maraîchers de Paris enlèvent 40 à 50 centimètres de terre dans chaque planche qu'ils remplacent par une couche de 20 à 30 centimètres de bon fumier de cheval. Dans les terres humides, on ajoute au fumier de cheval une partie de gadoue (boue de Paris), et, dans les terres sèches, on remplace la gadoue par du fumier de vache. Ces fumiers doivent être bien mélangés et bien foulés ; après quoi, on rapporte 15 à 20 centimètres de terre de bonne qualité que l'on étend bien également sur le tout.

« Comme dans les cultures de pleine terre, on plante sur couche des Asperges d'un an de semis que l'on dispose de manière qu'elles se trouvent à 33 centimètres les unes des autres dans un sens et à 40 dans l'autre.

« La plantation terminée, on achève de remplir les planches avec de la terre que l'on foule bien également. On passe le râteau, on étend un bon paillis de fumier consommé, puis on plante des salades entre les lignes d'Asperges, ou bien on sème des carottes, des haricots ou toute autre plante dont les racines pénètrent peu profondément dans le sol. De plus, on plante un rang de Choux ou de Choux-fleurs sur le bord de chaque planche.

« Loin de nuire aux Asperges, les binages et les arrosements que ces plantes exigent leur sont tellement favorables qu'elles font souvent en un an autant de progrès qu'elles en feraient en deux ans par les procédés ordinaires.

« Après la floraison des Asperges, on supprime les graines, qui fatiguent toujours un peu la plante; puis, en octobre ou en novembre, on coupe toutes les tiges au niveau du sol; on donne un léger binage, on recharge les planches avec de la bonne terre, puis on étend, comme après la plantation, un bon paillis de fumier consommé, opération qu'il est bon de renouveler chaque année. Dès la deuxième pousse, on pourrait commencer la récolte des Asperges cultivées sur couche; mais il vaut mieux cependant attendre la troisième : les produits en seront plus beaux.

« On commence ordinairement à forcer les Asperges dans les premiers jours de novembre, puis on continue successivement jusqu'en février; ce qui a lieu de la manière suivante : après avoir placé les coffres sur les Asperges que l'on veut forcer, on étend un lit de bonne terre sur chaque planche; on creuse les sentiers d'environ 50 centimètres, ce qui sert à recharger les Asperges; après quoi on remplace la terre des sentiers par un réchaud de fumier neuf; avant de placer les châssis, on étend sur les planches d'Asperges un bon lit de fumier semblable à celui avec lequel on remplit les sentiers, afin d'activer la végétation le plus possible. Seulement, comme le fumier pourrait être une cause d'embarras au moment de la récolte, on doit l'enlever aussitôt que les Asperges commencent à sortir de terre.

« Quel que soit l'état de la température, on ne donne pas d'air aux Asperges forcées. Pendant la nuit et par le mauvais temps, on couvre les châssis avec de bons paillassons; puis on remanie les réchauds tous les dix ou quinze jours, en ajoutant chaque fois plus ou moins de fumier neuf, suivant l'état de la température, de manière à obtenir sous les châssis 15° à 25° de chaleur.

« Les Asperges forcées sont ordinairement bonnes à couper, vingt ou vingt-cinq jours après qu'on aura commencé l'opération ; arrivé à ce point, on peut couper tous les deux ou trois jours, jusqu'à ce que les Asperges soient épuisées.

« Quelque temps après la récolte, on enlève les coffres et les châssis, puis on vide les sentiers que l'on remplit aussitôt après avec la terre qui avait été déposée sur les Asperges.

« Ordinairement on ne force chaque année que la moitié des planches d'Asperges que l'on possède, afin que les mêmes plants ne soient pas forcés deux années de suite.

« Pour avoir des Asperges vertes, on force sur couche, dans le courant d'octobre et successivement jusqu'au printemps, des plants d'Asperges de quatre à cinq ans, que l'on arrache au fur et à mesure des besoins. Pour n'en pas manquer, on peut, à l'approche des gelées, couvrir sur place ou rentrer dans la serre à légumes ce que l'on suppose avoir besoin de plant pendant toute la durée de l'hiver. Quelle que soit l'époque à laquelle on veut commencer à forcer les Asperges, on prépare une bonne couche de 60 à 80 centimètres d'épaisseur, composée de fumier neuf, de fumier recuit et de fumier de vache, le tout mélangé par parties égales.

« Une fois la couche élevée à la hauteur indiquée, on pose les coffres, on charge la couche de quelques centimètres de terreau, puis on remplit les sentiers, mais à moitié seulement, afin de ne pas déterminer une trop forte chaleur. Lorsque la couche a jeté son premier feu on prend les griffes d'Asperges que l'on veut forcer, et sans rien retrancher de la longueur des racines, on les place sur la couche, les unes à côté des autres, en commençant par le haut du coffre et en continuant ainsi jusqu'à ce qu'il soit complétement rempli. Quelques jours après on coule du terreau entre les griffes d'Asperges, de manière à les recouvrir légèrement, puis on achève de remplir les sentiers, que l'on élève alors jusqu'à la hauteur des châssis, en ayant soin toutefois de surveiller la fermentation de la couche, car s'il arrivait qu'elle donnât plus de 25 degrés de chaleur il faudrait diminuer la hauteur des réchauds. Dans le cas où l'effet contraire se produirait, il conviendrait de remanier les réchauds, afin de ranimer la chaleur de la couche qu'il ne faut pas laisser descendre au-dessous de 20 degrés. Pendant la nuit on couvre les châssis avec de bons paillassons, afin de concentrer la chaleur ; puis, lorsque les Asperges commencent à pousser, on leur donne un peu d'air pendant le jour, à moins que la température ne soit trop défavorable.

« Au bout de douze à quinze jours, les Asperges forcées sur couche commencent à produire ; elles donnent pendant trois mois environ. Après quoi on les réforme, pour faire place aux plantes que la saison permet de cultiver. »

PLEINE TERRE. — *Semis*. On sème en place, soit en octobre, soit depuis le 15 février, si le temps est beau, jusqu'à la fin de mars, mieux en lignes ou en rayons qu'à la volée, à une distance de 25 centimètres, en recouvrant les graines d'environ 2 centimètres de terre. Il faut que la terre soit meuble et légère plutôt que forte ; l'emploi du terreau est de nécessité première.

Culture des griffes élevées en pépinière. Après la levée de la graine on donne des arrosements proportionnés à la sécheresse du sol, et l'on n'épargne ni les sarclages ni les binages.

Plantation. C'est au bout d'une année qu'il faut employer les griffes d'Asperges ; toutefois on peut les laisser en pépinière pendant deux années ; mais il vaut mieux employer du plant d'un an.

De toutes les méthodes adoptées pour la plantation des Asperges, comme aucune n'est absolument supérieure aux autres, il vaut mieux se contenter de la plus simple. On n'a pas besoin de creuser dans le sol des fosses dont on a diversement amendé la terre ; on peut cultiver l'Asperge à plat, en labourant le sol très-profondément, et en n'épargnant ni les labours ni les façons. On recharge successivement les planches, et l'on obtient ainsi des ados ou des buttes, au lieu de planches en contre-bas.

Le principe sur lequel sont d'accord tous les praticiens est de ne pas adopter la méthode du semis en place, à cause de l'inégalité des produits ; tandis qu'en faisant des plantations avec des griffes choisies, on a des Asperges d'une égalité aussi parfaite que possible.

On voit qu'il est indifférent de faire des fosses, de cultiver à plat ou de faire des buttes; la seule condition à observer, c'est d'avoir des terres douces, profondes, bien amendées et bien ameublies, ne conservant pas une humidité qui nuirait au développement de l'Asperge.

On met dans une planche un nombre d'Asperges qui varie suivant les jardiniers, mais qui n'est pas moins de cent quatre-vingts et n'excède pas deux cent cinquante. On les plante sur deux ou trois rangs; la distance à observer entre elles est de 40 centimètres en tous sens.

C'est au mois de mars que se fait ordinairement la plantation; elle peut être continuée jusqu'à la mi-avril. On a soin de choisir des griffes bien saines, de grosseur aussi égale que possible. On les établit sur le sol en petit monticule sur lequel on étale la racine de l'Asperge, et on recouvre le tout de 10 centimètres de terre. Si l'on veut les planter au rez du sol, on dépose la griffe dans une fossette ayant à son centre un petit mamelon sur lequel reposent les racines. Quelle que soit la méthode adoptée, il faut toujours recharger la planche pour recouvrir le plant.

Culture. Des binages, des sarclages et des arrosements quand le temps est sec, tels sont les soins qu'exige cette plante.

Au commencement de novembre on coupe les tiges desséchées.

En mars, on bine et recharge d'environ 5 centimètres de terreau.

Pendant trois ans on continue les mêmes soins, et dès la quatrième année on commence à récolter. Une plantation d'Asperges bien conduite dure de douze à quinze années.

Les soins annuels sont ceux indiqués plus haut : chaque année on coupe les vieilles tiges et l'on donne une façon, puis au printemps on donne encore une façon et l'on recharge les planches. Il faut fumer tous les trois ans, à la fin de l'hiver si le fumier est consommé, et au commencement s'il est plus neuf, afin d'entretenir la beauté des produits.

Récolte et conservation. Les Asperges forcées commencent à donner en janvier, tant vertes que blanches, et les produits continuent jusqu'en avril, époque où commencent à paraître les Asperges de

pleine terre, qui sont communes en mai, et ne produisent pas au-
delà de la mi-juin.

On ne conserve ces légumes que peu de jours, parce qu'ils dur-
cissent dès qu'ils sont cueillis trop longtemps d'avance. Il faut donc
les récolter au fur et à mesure des besoins.

VARIÉTÉS CULTIVÉES.

Asperge verte ou commune. (Pl. X, fig. 3.)
—   grosse violette ou de Hollande (dont l'extrémité est violette ou légèrement rou-
    geâtre, et à laquelle se rapportent les sous-variétés qui suivent). (Pl. X, fig. 4.)
—   violette de Vendôme.
—   — de Besançon.
—   — de Marchiennes.
—   — de Gand.
—   — de Pologne.
—   — d'Ulm (un peu plus violette et plus précoce).

Cardon (Pl. XVIII, fig. 4).

Cynara cardunculus Lin. (*Composées.*) — Vivace ou bisannuel.

Cette plante que plusieurs auteurs ont considérée comme une
simple variété de l'Artichaut sauvage, mais qui néanmoins paraît
être une espèce distincte, est originaire du bassin méditerranéen.
On la trouve à l'état sauvage dans les plaines incultes du midi de
l'Espagne, du Portugal, dans les pays dits barbaresques ou mieux
berberesques, des Berbères indigènes de l'Afrique septentrionale,
dans l'île de Candie, etc. On mange les côtes des feuilles et la
racine du Cardon cultivé. On indique en Sicile et aux environs
de Montpellier une plante congénère qui porte le nom de *Cardon-
netta* ou *Cardonnette*.

PLEINE TERRE. — *Semis*. Le Cardon se multiplie de graines semées en avril sur couche, ou mieux immédiatement en place, en
mai, dans des fossettes remplies de terreau et distantes entre elles
d'environ 80 centimètres à 1ᵐ. On met dans chaque fossette deux
ou trois graines, et quand elles sont levées, on supprime les pieds
les plus faibles et on laisse seulement les plus vigoureux. Cette
plante exige, pour donner de beaux produits, une terre à la fois
douce et profonde. Si l'on craint les ravages des vers blancs ou des

courtilières, on peut semer en pot, pour regarnir les places vides.

Culture. Binages, sarclages, arrosements copieux pendant l'été. Les Cardons faisant peu de progrès pendant les premiers mois de leur végétation, on peut, pour utiliser le terrain. contre-planter dans les planches quelques rangs de Romaines ou de Chicorées, que l'on récoltera avant l'époque où les Cardons occuperont tout l'espace. A Tours, les jardiniers maraîchers sèment alternativement une planche de Cardons et une planche de salades ou d'autres légumes devant être distraits du terrain vers le mois de septembre; et, au moment de faire blanchir les Cardons, ils les buttent comme le Céleri, avec de la terre prise dans les planches intermédiaires. En thèse générale, vers le mois de septembre, lorsque les Cardons sont assez forts pour qu'on les fasse blanchir, on les empaille en réunissant les feuilles au moyen de liens de paille sans les trop comprimer ; on enveloppe ensuite toute la plante avec de la grande litière, que l'on maintient avec trois liens de paille, de manière à ne laisser sortir que l'extrémité des plus longues feuilles ; puis on butte la terre autour du pied, de telle sorte que la plante ne soit pas ébranlée par le vent ; pour empêcher les feuilles de pourrir, on n'empaille les Cardons qu'au fur et à mesure des besoins. Au bout de quinze jours ou trois semaines d'empaillement, les côtes des Cardons sont blanches et susceptibles d'être consommées.

Récolte et conservation. Vers la mi-novembre, et plus tard si le temps est doux, on arrache les Cardons avec la terre attachée à leurs racines; on les dispose l'un près de l'autre dans la serre à légumes; ils y blanchissent sans avoir besoin d'être empaillés. Ils exigent de fréquentes visites, parce que leurs feuilles sont sujettes à la pourriture, et que si on ne les enlevait, elles ne tarderaient pas à communiquer leur altération à toute la plante.

On peut avec de la surveillance, et si la serre à légumes est saine, conserver des Cardons jusqu'à la fin de mars.

Durée de la faculté germinative des graines. Cinq à six ans et même dix ans. Pour avoir la graine excellente, il convient de laisser vieillir le pied.

VARIÉTÉS CULTIVÉES.

Cardon de Tours épineux (ainsi nommé de ce qu'autrefois la culture en était limitée aux environs de Tours). (Il est armé de toutes parts d'aiguillons très-pointus ; sa côte, légèrement concave, est pleine, un peu rougeâtre ; et, comme la plante monte peu, elle est plus tendre, plus délicate à manger ; c'est le meilleur et le plus charnu des Cardons. Les maraîchers de Paris en ont des pieds aussi bons et aussi beaux que ceux de Tours, si réputés au seizième et au dix-septième siècle ; mais ils évitent de les trop multiplier, parce que leurs piquants en rendent l'approche difficile et désagréable.)

— plein sans épines. (Il est absolument dépourvu d'épines. Ses nervures sont très-épaisses et légèrement concaves. Cette variété, connue depuis les dernières années du dix-huitième siècle, paraît provenir de la précédente ; elle fut due à des semis intelligents. Elle possède les qualités et la succulence des meilleurs Cardons de Tours.)

— d'Espagne. (Il s'élève à la hauteur de 2 à 4 mètres. Ses feuilles sont très-peu épineuses, d'un vert d'eau, divisées en lanières découpées ; la côte ou nervure médiane, large de trois doigts, est épaisse, charnue, ouverte en gouttière. Il produit beaucoup. Il n'a été introduit dans nos jardins que depuis le milieu du dix-septième siècle.)

Observations. Le Cardon que l'on abandonne à lui-même est dur, d'une saveur acerbe, et reprend bientôt ses épines. Outre la côte des Cardons, on mange encore la racine au gras ou au maigre, et surtout au jus dans les entremets. La fleur a la vertu de faire cailler le lait aussi bien et aussi promptement que la présure.

Céleri.

Apium dulce T. *Apium graveolens* Lin. (*Ombellifères*.) — Bisannuel.

Le Céleri, comme sa sous-variété, décrite dans le premier chapitre du *Jardin potager*, parmi les *Racines alimentaires*, est regardé généralement, ainsi que le Persil (*Apium petroselinum*), comme une variété de l'Ache (*Apium*), améliorée par la culture. Les Italiens passent pour avoir été les premiers à tirer l'Ache des lieux humides et marécageux, et à la transformer en plante potagère. « La culture lui a fait perdre sa saveur désagréable ; et, en introduisant dans son tissu une séve surabondante, dit M. Thiébaut de Berneaud, elle nous a procuré plusieurs sous-variétés, que l'on peut réduire à quatre, savoir : 1° le *Céleri long* ou *tendre*, que d'autres appellent *Grand Céleri*, dont la couleur est d'un vert clair, qui est très-sujet à la rouille, et qu'un brouillard, auquel succède un soleil ardent, suffit pour endommager ; 2° le *Céleri court*, ou vert foncé, à la racine dure, qui est hâtif et peu sensible à la gelée ;

3° le *Céleri branchu*, qui tire son nom de sa forme, qui est peu élevé, d'une couleur foncée, à tiges nombreuses, doux, parfumé, d'une odeur forte ; 4° le *Céleri-rave*, dont les feuilles sont couchées à terre horizontalement et circulairement, dont la racine est semblable à celle du Navet, et qui est très-délicat, très-parfumé, surtout quand il est cuit. Le Céleri cultivé, ajoute le même auteur, est une plante saine, agréable, alimentaire ; on en mange les côtes et les racines ; en Angleterre les graines sont employées comme condiment. Le Céleri sauvage, au contraire, est plus que suspect pour l'homme ; il a souvent amené de graves dangers ; les chevaux n'y touchent point ; les chèvres, les moutons et quelquefois les vaches le mangent sans inconvénient. » Le Céleri, comme l'Ache, est une plante indigène de nos climats.

Culture forcée et pleine terre. — *Semis, culture, buttage et récolte.* On sème, au mois de février, sur couche si l'on veut des produits précoces ; on sème, en pleine terre, d'avril en juin, en ayant soin de ne recouvrir la graine que légèrement et de donner de copieux arrosements ; on éclaircit le plant s'il est trop serré. Au mois d'avril on repique le Céleri semé sur couche, en mettant entre chaque pied une distance d'environ 25 centimètres ; le Céleri semé en pleine terre ne se plante qu'après ; pour celui semé en juin, c'est-à-dire deux mois après le semis ordinaire, il ne faut pas épargner les arrosements, tant pour faciliter la reprise du plant que pour favoriser le développement du végétal. Lorsque le Céleri est assez fort pour être blanchi, on le lève en mottes et on le place debout dans une tranchée qu'on remplit de terre, de telle sorte qu'il soit enterré jusqu'aux feuilles. Quinze jours environ après le buttage, le Céleri est bon à récolter ; il faut seulement, pour en prolonger le produit, ne le butter qu'au fur et à mesure du besoin. Aux gelées, on couvre le Céleri de litière ; de cette façon on le conserve jusqu'en février.

Durée de la faculté germinative des graines. Quatre années.

VARIÉTÉS CULTIVÉES.

Céleri court hâtif (recommandé pour sa précocité).
 —   turc (variété préférée par les maraîchers de Paris).

Céleri plein blanc (plus grand, mais plus tardif que le précédent).
— violet de Tours (qui diffère du précédent par la couleur des côtes).
— rouge (variété anglaise à côtes d'un beau rouge).
— à couper (variété ne donnant que des feuilles).

Chou (Pl. XI).

Brassica oleracea Lin. (*Crucifères-Brassicées.*) — Bisannuel, trisannuel, presque vivace dans quelques variétés.

Le nom de Chou vient de *Caulis*, expression par laquelle les Latins désignaient les légumes et herbes potagères de toutes sortes. Ce nom est devenu pour les peuples d'origine étrusque, tels que les Romains, les Toscans et les Napolitains, le *Cavolo*, qui fait *Kohl* en allemand et *Chou* en français. Les Anglais en ont fait leur mot *Cabbage*, de *Cabus* qui sert à désigner le Chou pommé et qui est venu lui-même de *Capuccio* ayant en toscan la même signification. Les Celtes l'appelaient, dit-on, *Cavl*. La souche primordiale du Chou existe encore à l'état sauvage (*Brassica oleracea sylvestris*), sur toutes les côtes maritimes de l'Europe et particulièrement de la France. La culture a fait subir au Chou de nombreuses métamorphoses.

Il y a plusieurs races ou variétés fort différentes issues de la souche primitive connue sous le nom de Chou sauvage. On les a divisées en plusieurs groupes, que nous disposerons dans l'ordre de perfectionnement du type.

1. Choux verts ou **non pommés.** (*Brassica oleracea acephala et costata.*)

Le Chou vert (*Brassica viridis*), ainsi appelé à cause de la couleur glauque que son feuillage conserve toujours, prend des noms différents en raison de sa taille et du pays où on le cultive en grand. Dans l'ouest de la France, où les terres lui sont propices, on l'a vu s'élever jusqu'à 2 mètres de haut; il prend alors le nom de *Chou-cavalier* ou de *Chou-caulier*. Il résiste au froid, se conserve en plein champ durant tout l'hiver; il doit sa propriété de braver les gelées à l'espèce de toit que forment ses grandes et larges feuilles, qui couvrent entièrement le sol, et entretiennent au pied de la plante une température moyenne toujours égale.

PLEINE TERRE. — *Semis, culture* et *récolte*. Les variétés de jardin destinées à paraître sur nos tables se sèment en pépinière dans le courant de mai et de juin. On les repique en juillet et août à 60 ou 80 centimètres de distance, suivant la variété, et on leur donne des arrosements proportionnés à la sécheresse de la saison, ce qui ne dure pas longtemps, car les pluies de septembre viennent bientôt dispenser de ce soin. Ces Choux sont moins délicats que leurs congénères et n'exigent d'autres soins que quelques binages. Non‑seulement ils bravent les gelées, mais il faut même qu'ils en aient subi l'effet pour être bons à manger ; avant cette époque ils sont coriaces.

VARIÉTÉS CULTIVÉES.

Chou cavalier, Chou caulier, Chou à vache, Chou en arbre (qui s'élève à 2 mètres et plus, sur une seule tige ; ses feuilles sont grandes, unies ou faiblement cloquées, très-bonnes à manger : on l'emploie beaucoup pour la nourriture des bestiaux).

— moellier (sous-variété du précédent, dont la tige augmente en grosseur depuis le milieu jusqu'en haut).

— moellier à tige rouge (très-belle variété, résistant bien à l'hiver).

— de Lannilis blond (variété fort estimée en Bretagne).

— caulet de Flandre (ne différant du chou cavalier que par la couleur rouge des pétioles et des tiges).

— vert branchu de Poitou (moins élevé que le cavalier, mais formant une touffe).

— vivace de Daubenton (considérable et très-productif, distingué du précédent par ses ramifications inférieures, qui s'allongent et s'inclinent jusqu'à terre, où elles s'enracinent quelquefois naturellement).

— à faucher (sans tige, émettant de sa souche des feuilles nombreuses, divisées dans leur partie intérieure et assez semblables à celles du Colza).

Grand Chou frisé vert du nord.

Chou frangé ou frisé d'Écosse.

— grand frisé rouge.

— frisé nain.

— palmier (ainsi nommé à cause de ses feuilles longues, étroites, cloquées, vert foncé, réunies au sommet d'une tige élevée ; il est remarquable par son port et l'élégante disposition de ses feuilles).

— frisé de Naples (à tige basse et renflée, à feuilles planes au milieu et frangées sur les bords : il vient d'Italie comme le précédent, auquel il le dispute en élégance ; il est délicat comme lui et passe difficilement l'hiver).

— à grosse côte, vert.

— à grosse côte, blond.

— à grosse côte, à bord frangé, ou Chou fraisé. (Ces trois dernières variétés sont d'excellents légumes d'hiver, mais le vert, dur au froid, a besoin de fortes gelées pour acquérir toute sa qualité.)

2 **Choux de Milan** ou **pommés frisés**. (*Brassica oleracea bullata.*)

PLEINE TERRE. — *Semis, culture, récolte.* On sème depuis la fin de février jusque dans la première quinzaine de juin ; il faut excepter le *Chou à jets de Bruxelles*, qui se sème en mai. On repique les Choux de Milan environ deux mois après les semis. Les soins à leur donner sont ceux qu'on apporte pour les précédents. Les premiers Choux de Milan se cueillent à la fin de juin et les derniers en octobre, c'est-à-dire environ quatre mois après le semis. Les premiers Choux à jets se cueillent en octobre, et ils donnent jusqu'au mois de février.

VARIÉTÉS CULTIVÉES.

Chou de Milan très-hâtif d'Ulm (à tige un peu haute, prompt à pommer, peu gros, excellent).
— court ou nain (très-trapu, vert très-foncé, assez prompt à pommer, tendre et bon).
— ordinaire ou gros Chou-Milan.
— à tête longue (à pomme pointue, peu grosse, mais tendre et excellente).
— doré (à feuille vert blond, devenant tout à fait jaune en hiver ; sa pomme est peu serrée et fort tendre).
— des Vertus ou Chou pommé frisé d'Allemagne (le plus gros de sa race et comparable sous ce rapport aux plus gros Choux-cabus ; la race cultivée aux Vertus près Paris, se modifie chaque année en raison des progrès horticoles).
— de Norwége (très-glauque, moins cloqué que le Milan ordinaire ; il résiste bien à l'hiver).
— Pancalier de Touraine (bas de pied, vert très-foncé, à côtes assez fortes).
— Pancalier hâtif ou Chou Joulin (très-hâtif, à pomme petite, à pied court).
— de Bruxelles, Chou à jets, Chou rosette (que l'on peut placer ici comme appartenant plus au Chou-Milan qu'à aucune autre race ; à tige de 0m70 à 1m, produisant à l'aisselle des feuilles de petites pommes frisées, tendres et fort estimées, que l'on cueille au fur et à mesure qu'elles grossissent : par des semis successifs de la mi-avril à la mi-juin, on jouit de cet excellent légume depuis l'automne jusqu'à la fin de l'hiver ; il résiste aux gelées mieux qu'aucun des Choux-Milan. Pl. XI, fig. 2).

3. **Choux cabus** ou **pommés**. (*Brassica oleracea capitata.*)

Le Chou cabus est celui qui est le plus cultivé et le plus en usage pour la nourriture de l'homme ; son nom actuel est une dégénération de celui de *caput,* qu'il portait encore au quinzième siècle, époque où, pour prévenir sa perte dans nos jardins, on tirait annuellement de la graine de l'Italie et de l'Espagne, plus particulièrement des villes de Savone et de Tortose. Ce Chou a la tige

courte, les feuilles larges, épaisses, ramassées au sommet de cette
tige, s'embrassant les unes les autres, se comprimant avec force
pour former une pomme dont l'intérieur étiolé fournit un mets de
facile digestion et d'une saveur sucrée très-agréable. Selon que
cette masse est plus ou moins grosse, qu'elle forme une sphère, un
ovale, un cône plus ou moins allongé, qu'elle représente un cœur
de bœuf, qu'elle est déprimée, aplatie ou ellipsoïde, qu'elle affecte
la couleur verte, blanche, rouge ou dorée, qu'elle se montre hâtive
ou tardive, la plante prend chez les maraîchers et les horticulteurs
des noms différents. On la cultive aussi dans les champs, et on
l'emploie à la nourriture des bestiaux. Champier (Symphorien),
échevin de Lyon, sa patrie, médecin du duc de Lorraine, auteur de
plusieurs ouvrages de botanique, mort en 1539, nous apprend,
dans son *Hortus gallicus*, qu'au seizième siècle on vantait beaucoup
les Choux énormes des environs de Senlis. Aujourd'hui les plus
gros Choux nous viennent de l'Allemagne et des départements du
Haut et du Bas-Rhin.

Pleine terre. — *Semis, culture, récolte, conservation*. Si l'on
est pris au dépourvu et si la place manque, on sème ses Choux
sur couche au mois de février. Les Choux hâtifs se sèment en
pleine terre, dans les derniers jours du mois d'août ou dans les
premiers jours de septembre, à l'exception de deux variétés plus
hâtives : le *Chou de Poméranie*, qui, ne passant pas l'hiver, demande à être semé en avril ou en mai, et le *Chou de Vaugirard*,
qui se sème au plus tard en juin. Les variétés tardives peuvent
également être semées dans le cours de février et jusque dans le
mois de mars. Dans le courant d'octobre, pour les espèces semées
en août, c'est-à-dire environ un mois après le semis, on repique
les Choux en pépinière, et on ne les met définitivement en place
que vers la fin de novembre. Ils sont assez robustes pour supporter nos hivers ordinaires ; ils souffrent toutefois quand le
froid est trop rigoureux, et il faut leur donner alors une couverture. Suivant leur précocité, les Choux sont récoltés depuis le
mois de mai jusqu'en septembre et octobre, et jusqu'en novembre pour les espèces tardives. Les espèces tendres, comme le

Chou de Poméranie, peuvent être récoltées en juillet et dans le courant du mois d'août. On arrache au mois de novembre les grosses espèces et on les met en jauge, en ayant soin de les couvrir quand le froid est rigoureux. On peut aussi les entrer dans la serre à légumes, et l'on conserve ainsi les Choux jusqu'en avril et même jusqu'en mai.

VARIÉTÉS ET SOUS-VARIÉTÉS CULTIVÉES.

Les sous-variétés sont indiquées par des italiques.

Chou d'York (pomme petite, allongée ; précoce et estimé).
— — *nain hâtif (plus bas de pied, à pomme un peu plus courte, plus précoce de quelques jours).*
— — *Cabbage presque aussi précoce que le précédent, pomme plus allongée).*
— — *gros d'York (sa tête plus volumineuse se forme moins vite).*
Chou hâtif en pain de sucre (à feuilles d'un vert un peu blond, capuchonnées; pomme allongée ; tendre est très-bon).
Chou cœur-de-bœuf.
— — *petit (formant sa pomme presque aussitôt que le gros Chou d'York).*
— — *gros (ces deux sous-variétés sont bonnes et très-cultivées).*
Chou cabus blanc ou Chou pommé (ses sous-variétés sont nombreuses).
— — *de Saint-Denis ou Chou blanc de Bonneuil (à pied très-court, à feuille très-glauque, pomme grosse, d'ordinaire aplatie, quelquefois ronde).*
— — *cabus d'Alsace, deuxième saison (à pied un peu élevé, à feuilles détachées, arrondies, légèrement capuchonnées ; à tête grosse, arrondie, parfois plate, et très-prompte à se former).*
— — *conique de Poméranie (à pomme régulièrement conique, très-pleine et dure jusqu'au sommet, assez souvent surmontée d'une espèce de cornet formé par l'extrémité des feuilles).*
— — *pointu de Winnigstadt (voisin du précédent, plus petit et plus trapu, très-bon).*
— — *Quintal, ou gros Chou d'Allemagne ou d'Alsace (à tige très-courte, très-grosse ; à feuilles larges, légèrement festonnées, d'un vert plus clair que dans les espèces précédentes ; à pomme énorme dans les terrains riches et frais : on cite de ces Choux qui pèsent jusqu'à 40 kilogrammes ; on les cultive particulièrement en Allemagne et en Alsace où on les emploie à faire de la choucroûte).*
— — *de Hollande à pied court (très-bonne espèce).*
— — *Joannet (voisin du précédent, plus hâtif, excellente variété).*
— — *Joannet tardif (sous-variété plus tardive, également très-bonne).*
— — *gros cabus de Hollande ou Chou cauve (tenant le milieu entre le Quintal et le Chou de Saint-Denis).*
— — *de Baculan (nom d'un faubourg de Bordeaux ; à feuille vert foncé, à pomme forte et prompte à se former, en grande estime à Bordeaux et dans tout le Sud-Ouest).*
— — *de Vaugirard ou pommé d'hiver (très-tardif, mûrissant vers la fin de l'hiver, quand les autres Choux cabus sont épuisés).*
— — *vert glacé (de l'Amérique septentrionale ; à feuilles d'un vert vif et comme vernies ; résistant bien à l'hiver ; tenant le milieu entre les Choux cabus et les Choux verts).*
Chou pommé rouge.
— — *gros.*
— — *petit ou Chou noirâtre d'Utrecht (ces Choux sont fort estimés dans le nord, où on les mange en salade ; on les mange aussi confits au vinaigre comme les cornichons, en coupant leurs feuilles en petites lanières).*

4. **Choux-brocolis** (*Brassica oleracea botrytis*. Pl. XI, fig. 5).

Le Chou-brocoli, apporté d'Italie en France dans le dix-septième siècle, est une variété mitoyenne entre le Chou-fleur et le Chou-cavalier. En février, la maîtresse-branche fournit une pomme violette moins serrée que celle du Chou-fleur, quelquefois blanche ou d'un jaune très-foncé, tendre, excellente à manger et émanant un parfum agréable. Outre ce jet principal, le Chou-brocoli donne une infinité de petits jets charnus que l'on cueille avec soin et qui forment un mets délicat. On sert le Chou-brocoli cuit, chaud ou froid, en salade, dans le potage, apprêté à la sauce blanche, à l'huile, etc. Il est fort recherché en Italie.

PLEINE TERRE. — *Semis, culture, récolte*. On sème en mai et juin, à bonne exposition et en terre meuble et bien fumée. On repique le plant quand il est assez fort, à distance de 80 centimètres, parce qu'il faut plus d'espace qu'à d'autres à ces Choux qui n'ont pas une pomme serrée comme celle des Choux-fleurs. Les arrosements doivent être fréquents, et il ne faut pas épargner les binages et les sarclages. On butte les Choux-brocolis pour les préserver du froid, et on les couvre de litière ou de feuilles. Les premiers sont bons à cueillir à la fin de novembre, et les plus tardifs ne peuvent l'être qu'en mars et avril.

VARIÉTÉS CULTIVÉES.

Chou-brocoli ordinaire.
—   violet nain hâtif.
—   blanc.
—   vert pommé.

5. **Choux-fleurs** (*Brassica oleracea botrytis*. Pl. XI, fig. 4).

Le Chou-fleur, originaire du Levant, fut apporté en France dans les premières années du dix-septième siècle. Son organisation est singulière : il a la tige basse, les feuilles oblongues, avec côtes blanches très-prononcées; les pédoncules floraux, réunis au sommet de la tige ou des maîtresses-branches, forment des faisceaux épais, disposés en corymbe, ne portant que des rudiments de fleurs avortées, et offrant des têtes où la séve s'accumule et les convertit en une masse charnue, épaisse, tendre, mamelonnée ou grenue, blanche, que l'on mange avec plaisir.

CULTURE FORCÉE. — *Semis, culture, récolte.* Le semis a lieu en pleine terre dans le mois de septembre pour repiquer sur couche, ou bien en février et mars sur couche, pour repiquer en pleine terre. En octobre on repique les premiers Choux-fleurs en pépinière, et si l'on craint que le froid ne nuise au plant, on pose dessus soit des panneaux, soit des cloches; il ne faut cependant pas trop pousser la végétation, et les soins qu'on donne doivent être proportionnés à la rigueur du froid. Si les gelées reviennent, on cesse d'aérer ses plants, on entoure même les cloches de litière pour empêcher le froid de pénétrer, et l'on couvre les châssis avec des paillassons; on ne découvre que quand le temps est beau, et dans ce cas seulement on donne de l'air aux plants en soulevant les cloches ou les panneaux. Dans le courant de décembre, on met en place une partie de ses plants, et l'on peut continuer la culture, soit sous cloche, soit sous panneaux; mais les panneaux sont toujours préférables, parce que la culture est plus facile. On ne met pas plus de six Choux-fleurs par panneau et d'un par cloche. On couvre la nuit pour garantir du froid, on arrose seulement quand le besoin d'eau se fait sentir, et l'on donne de l'air lorsque la température est douce. On a soin d'élever les coffres quand les Choux-fleurs ont atteint assez d'élévation pour toucher au verre des châssis. Dans le courant de mars on enlève les panneaux, si toutefois la température le permet, et on laisse les Choux-fleurs se développer à l'air libre. On récolte les Choux-fleurs, de culture forcée, en avril et mai. On les coupe au fur et à mesure du besoin.

PLEINE TERRE. — *Plantation.* On peut repiquer au mois de mars les plants qui n'ont eu d'autre abri que les cloches ou les panneaux, mais qui sont restés en terre froide. C'est aussi à cette époque qu'on met en place les Choux-fleurs semés sur couche en février et mars, mais il faut que le plant ait été repiqué sur couche.

Récolte. Les Choux-fleurs cultivés de cette manière commencent à donner leurs produits vers la fin de mai, et ils continuent jusqu'en juillet. Les seconds sont un peu plus tardifs; ils ne commencent à produire qu'au mois de juin.

Semis. C'est en juin que se sèment les derniers Choux-fleurs.

Culture. La culture est la même que des autres Choux; car les semis de cette époque donnent de beaux produits sans donner beaucoup de peine. On met les plants en place quand ils sont assez forts sans les faire passer par la pépinière, et on ne leur épargne pas les arrosements copieux, surtout jusqu'à l'époque où les Choux-fleurs commencent à former leur pomme.

Récolte. On récolte depuis la fin d'août jusqu'au mois de novembre. Un horticulteur anglais a prétendu que, lorsque l'on coupait la tête des Choux-fleurs, si l'on en laissait une petite partie, grosse seulement comme une Noisette, on obtenait une seconde récolte, et que les Choux-fleurs de cette récolte étaient aussi beaux que ceux de la première.

Conservation. Si l'on a soin de ne couper les Choux-fleurs que quand le temps est sec, et si on les dégage, en les laissant pendant quelques jours à l'air, d'une humidité surabondante qui les ferait périr, on peut les conserver dans une serre à légumes jusqu'au mois de mars, plus tard même encore. On peut aussi, faute d'espace, au lieu de les déposer sur des tablettes, position qui d'ailleurs leur convient parfaitement, les pendre par la tige; dans cette situation, ils acquièrent en séchant une certaine dureté, qui exige qu'on mette dans l'eau l'extrémité de leur tige, après avoir eu soin de la rafraîchir par une section; ils se pénètrent doucement d'eau et ne tardent pas à reprendre leur fraîcheur primitive.

Durée de la faculté germinative des graines. De cinq à six ans.

VARIÉTÉS.

Chou-fleur tendre ou hâtif (délicat, d'une grosseur moyenne, précoce, prompt à monter en
        graine; ses semences sont très-estimées comme peu susceptibles de dégénérer).
—   demi-dur (qui a la tête grosse, bien garnie, et qui devient verdâtre à la cuisson).
—   dur d'Angleterre (il a, comme le suivant, le grain serré; il est d'un beau blanc qui
        ne s'altère pas en cuisant; il est d'un grand produit, mais il ne réussit pas également bien partout).
—   dur de Hollande.

Chou marin, Crambé maritime (Pl. XI, fig. 3).

Crambe maritima Lin. (*Crucifères.*) — Vivace.

Cette plante, indigène de nos climats, à feuilles ovales, sinuées, lisses, d'un vert glauque, à tige de 1ᵐ,30, à fleurs blanches, odorantes, en grappes rameuses, mérite d'être cultivée pour ses feuilles qui, naissantes et blanchies, sont bonnes à manger en raison de leur saveur agréable, et peuvent prendre place sur nos marchés auprès des légumes précoces. On multiplie le Chou marin de graines ou de bouturage.

PLEINE TERRE. — *Semis* et *bouturage*. Le semis a lieu au printemps ou mieux en automne, immédiatement en place. A défaut de graines, on prend du plant d'un an, ou l'on fait des boutures de racines. Quand on use du semis, ce qui est préférable, on met toujours plusieurs graines ensemble, afin de choisir plus tard le plant le meilleur.

Culture. Le Chou marin est rustique et d'une culture facile, pourvu qu'on lui donne un terrain sablonneux et bien fumé ; il est susceptible de produire aussi longtemps que les Asperges. On le cultive en lignes espacées de manière à ce que les plantes se trouvent à 1ᵐ,60 dans un sens, et à 50 centimètres dans l'autre. Après avoir éclairci les semis, on donne quelques binages ; à l'automne on enlève les feuilles mortes et l'on étend sur le sol un lit de fumier à demi consommé. On peut commencer à butter vers la fin de décembre, à la manière des Artichauts.

Récolte. Au printemps, quand on aperçoit des fissures, on commence la récolte, en coupant sur le collet de la racine les bourgeons qui ont plus de 10 centimètres de longueur. Si l'on veut, on butte de nouveau, en vue d'obtenir une seconde récolte ; mais celle-ci est en général peu abondante. On détruit ensuite les buttes et l'on égalise le sol.

CULTURE FORCÉE. — Si l'on veut avoir des Choux-marins de bonne heure, on place dessus des coffres dans le courant de décembre, et, après avoir butté ses plantes, on les couvre de panneaux pleins destinés à intercepter la lumière. On entoure ces coffres de fumier chaud, qu'on remanie de temps à autre. Pendant la nuit, on couvre avec des paillassons ou de la litière, et l'on procède à la récolte hâtive. On peut forcer les Choux-marins plusieurs années de suite, comme les Asperges.

Durée de la faculté germinative des graines. Trois ans.

Fenouil (Pl. XXII, fig. 4 et 5).

Fœniculum officinale All. *Anethum fœniculum* Lin. (*Ombellifères-séselinées.*)
Bisannuel ou vivace, cultivé dans les jardins comme annuel.

Cette plante, indigène des régions chaudes et tempérées de l'Europe, est aussi appelée Aneth et Anis doux. On la trouve dans les lieux secs. Ses graines, employées dans les ratafias, tombent et se sèment d'elles-mêmes si on ne les cueille pas avant leur maturité. Cultivée dans les jardins et quelquefois dans les vignes, elle a produit plusieurs variétés, dont une surtout, très-répandue en Italie, est connue, en France, sous les noms de Fenouil doux ou sucré, et d'Anis de Paris. A Naples, dans les États-Romains, et en général dans toute l'Italie, on fait un usage si ordinaire du Fenouil, que, chez le riche comme chez le pauvre, il n'est pas une table où l'on n'en trouve de janvier jusqu'en juin. On le mange soit cru comme les Artichauts à la poivrade, soit cuit au gratin et au macaroni, ou comme garniture des diverses espèces de viandes, ou enfin à la sauce blanche et au jus. La plante a une racine peu volumineuse d'où sortent des pétioles comme ceux du Céleri, mais qui forment une agglomération plus arrondie, c'est-à-dire que la partie qui blanchit est plus courte. Cette partie est tendre, assez savoureuse, plus douce que le Céleri.

PLEINE TERRE. — *Semis* et *culture.* Le Fenouil doux se propage de graines que l'on tire en général d'Italie chaque année, les graines que l'on récolte dans nos jardins dégénérant promptement. Le semis se fait à la volée ou en pépinière, en février dans le Midi, de mars en juin à Paris, en tout temps dans une partie de l'Italie. On replante à environ 0ᵐ20 de distance. Le Fenouil aime les terres

franches légères et les sablonneuses, pourvu qu'elles soient bien
amendées. Les soins se bornent à de fréquents binages et à des arrosements copieux durant la sécheresse. Quand le Fenouil est assez
fort on le butte et on le fait blanchir comme le Céleri.

Houblon.

Humulus lupulus Lin. (*Urticées-Cannabinées.*) — Vivace.

Les jeunes bourgeons de cette plante ont une saveur très-agréable et peuvent être mangés comme des Asperges, avant d'être sortis
naturellement de terre. On peut même les butter pour en retarder
la végétation; car une fois qu'ils ont pris l'air, ils ont un goût peu
agréable.

Le Houblon, plante vigoureuse et rustique, se reproduit par la
séparation des pieds, qui se fait en mars. Il est très-longuement et
plus en sa place traité du Houblon dans la *Flore agricole* et dans
la *Flore médicale, usuelle* et *industrielle,* qui font partie du *Règne
végétal.*

Poirée ou Bette commune (Pl. XII, fig. 1), et Poirée à cardes ou Bette à cardes (Pl. XVIII, fig. 5).

Beta vulgaris Lin. (*Atriplicées-Cyclolobées.*) — Bisannuelle.

Cette plante, indigène de nos contrées, est cultivée pour l'usage
culinaire, pour ses feuilles que l'on mange cuites et qui servent
à corriger l'acidité de l'Oseille, et pour les pétioles de ces mêmes
feuilles que l'on mange aussi sous le nom de Cardes. La variété Poirée
à cardes ou Bette à cardes est généralement adoptée, parce que ses
pétioles, plus tendres et plus larges, cuites à l'eau salée, sont bonnes
à la sauce blanche. La Poirée à cardes blanche est la plus cultivée.

Pleine terre. — *Semis, culture* et *récolte.* La Poirée blonde se
sème depuis avril jusqu'en juillet, en rayons espacés d'environ
30 centimètres. Aussitôt que les graines sont levées, on éclaircit le
plant de manière à ce qu'il se trouve à 4 ou 5 centimètres de distance sur la ligne. Des arrosements abondants sont nécessaires dans
les temps de sécheresse. On peut commencer à couper la Poirée

six semaines environ après le semis. Pour en avoir en hiver, on place des coffres et des châssis sur des planches disposées à cet effet. On enlève la terre des sentiers, puis on entoure les coffres d'un réchaud de fumier ; on donne de l'air autant que possible, et pendant la nuit on couvre les châssis avec des paillassons.

La Poirée à cardes se sème au mois de juin, en pépinière. Quand le plant est assez fort, on le repique à 40 centimètres de distance dans un sens, et à 50 centimètres dans l'autre, pour laisser l'espace nécessaire au développement des cardes, et l'on arrose abondamment dans les temps secs, pour les obtenir grosses et tendres. Pendant les gelées, on couvre les plantes de litière. Au printemps, on enlève la litière et l'on supprime les feuilles endommagées. Vers la fin d'avril ou au commencement de mai, on récolte les premières Poirées à cardes. Dans les marais de Lyon, on les butte comme les Artichauts.

VARIÉTÉS CULTIVÉES.

Poirée commune (qui ne sert guère qu'à corriger l'acidité de l'Oseille, à laquelle on la mêle).	Poirée à cardes blanches.
— blonde.	— à cardes rouges.
	— à cardes jaunes.
	— à feuilles frisées.

Durée de la faculté germinative des graines. Cinq à neuf ans.

Observations. Il est traité plus longuement des Bettes ou Poirées dans la *Flore médicale du XIX⁰ siècle*, et dans la *Flore agricole*, qui font partie du *Règne végétal.*

Rhubarbe (Pl. XII, fig. 3).

Rheum Lin. (*Polygonées.*) — Vivace.

La Rhubarbe est originaire des parties moyennes de l'Asie. Les pétioles de ses larges feuilles, douées d'une acidité agréable, servent à faire des tartes dans lesquelles elles tiennent lieu, tant bien que mal, des fruits rouges ; on en fait des confitures et des conserves. On emploie beaucoup en Angleterre les côtes de la Rhubarbe ondulée (*Rheum undulatum*), qui a une variété nommée Rhubarbe tartrée (*Rheum tartreum*), dont on a fait beaucoup de bruit en la présentant comme un nouveau légume. On peut se servir des feuilles de la **Rhubarbe groseille** (*Rheum ribes*, pl. XII, fig. 3) pour remplacer l'Oseille dans les potages. On n'en prend qu'un petit morceau et l'on a soin de passer au tamis, parce que le tissu de la feuille est grossier et parsemé de fibres dures. Avec la Rhubarbe du Népaul (*Rheum australe*) dont les feuilles sont plus grandes, les pétioles plus gros, plus longs, plus estimés que ceux des autres espèces on a fait des confitures et un sirop excellents.

PLEINE TERRE. — *Semis*. On sème les Rhubarbes en août, c'est-à-dire aussitôt après la maturité des graines, en terre meuble et bien fumée.

PLANTATION. — On peut multiplier par la séparation des pieds, en ayant soin que chaque éclat soit pourvu d'un bourgeon pour en faciliter la reprise. Il faut avoir soin de laisser entre chaque plante au moins 1 mètre de distance, à cause du développement extraordinaire que prend la Rhubarbe.

Culture et *récolte*. Chaque année, au printemps, on donne un binage et l'on coupe les vieilles feuilles pour donner aux jeunes la possibilité de se développer. On commence à récolter les feuilles à la fin du mois de mai, parce qu'alors elles sont plus tendres.

VARIÉTÉS CULTIVÉES.

Rhubarbe commune.	Rhubarbe du Népaul.
— ondulée.	— Myatt's Linnæus.
— tartrée (sous-variété de la précédente).	— Royal Albert.
— groseille (espèce du Liban et de la Perse, remarquable par la pulpe rougeâtre qui distingue ses fruits).	— Victoria.
	— Elford hybride.
	— Mittchels.

Durée de la faculté germinative des graines. Un à deux ans.

Observations. Voir pour plus amples renseignements la *Flore médicale du XIX⁰ siècle*, dans le *Règne végétal*.

CHAPITRE V.

HERBES POTAGÈRES.

Alléluia, Surelle, Oseille à trois feuilles, Oseille de bûcheron, Pain à coucou.

Oxalis acetosella Lin. (*Oxalidées.*) — Vivace.

Cette petite Oxalidée, nommée vulgairement Alléluia, parce qu'elle fleurit vers Pâques, est commune dans les lieux humides et se trouve dans toute l'Europe septentrionale, dans les bois à l'exposition du nord, et principalement dans les montagnes de la Suisse et de l'Allemagne. C'est d'elle surtout que l'on extrait le sel d'Oseille. Ses feuilles peuvent être mangées comme celles de l'Oseille, auxquelles quelques personnes les préfèrent; mais comme elles possèdent une bien plus grande acidité et comme elles ont une action puissante sur les dents, il convient en général de ne les manger qu'unies à de la laitue. Autrefois on en préparait, dans les pharmacies, un sirop et des conserves contre les maladies inflammatoires putrides. L'Alleluia est plus petit que l'Oxalis crénelé, qui a sur lui l'avantage de donner, outre des feuilles plus larges et plus abondantes, des tubercules comestibles. Aussi l'Alléluia n'est-il guère cultivé.

Amarante (Pl. XVIII, fig. 3).

Amarantus Lin, (*Amarantacées.*) — Annuelle.

Les feuilles de cette plante dont les variétés embellissent nos jardins, sont susceptibles d'être mangées comme Épinards, quand elles sont jeunes. L'Amarante de Chine (*Amarantus sinensis*), dont la semence ressemble à celle de l'Amarante tricolore (*Amarantus tricolor*, Lin.), est excellente et très-productive. Elle n'exige aucun soin particulier de culture.

PLEINE TERRE. — *Semis* et *culture*. On sème l'Amarante, en place ou en pépinière, dans le courant d'avril, pour repiquer en place dans le courant de mai. Cette plante demande une terre substantielle, mais meuble et fraîche.

Ansérine ou Chénopode.

Chenopodium Lin. (*Chenopodiées-Kochiées.*) — Annuel.

Les Ansérines ou Chénopodes (ce dernier nom vient du grec χήν, oie, ποῦς, pied, parce que certaines espèces ont des feuilles palmées, d'où leur est venu aussi le nom de *Pattes d'oie*), sont toutes comestibles, quoiqu'on en compte plus de soixante espèces. Elles sont répandues dans les parties tempérées des deux hémisphères, et plusieurs se trouvent sur les côtes de la Nouvelle-Hollande. En général, elles n'affectent pas de sol particulier, croissent partout, particulièrement dans les décombres, les champs cultivés, le long des chemins, les endroits arides ; quelques-unes se plaisent sur les bords de la mer, dans les marais salins, etc. Néanmoins elles s'accommodent fort bien de la culture. On cite parmi les espèces qui méritent de tenir place dans les jardins, l'Ansérine Bon-Henri (*Chenopodium bonus Henricus*), et l'Ansérine blanche (*Chenopodium album*).

PLEINE TERRE. — *Semis* et *culture*. L'Ansérine Bon-Henri, plante annuelle et robuste, qui croît le long de nos chemins et qui a des feuilles en fer de lance plus charnues que celles des Épinards, dont, comme plusieurs de ses congénères, elle peut être regardée comme un succédané, se sème en ligne ou en quinconce, à une distance de 30 centimètres en tout sens, dans la première quinzaine de mars, en bonne terre, autant que possible, quoiqu'elle soit peu difficile sur le choix du sol. Quelques binages, des sarclages et des arrosements sont utiles pour empêcher les feuilles de devenir coriaces.

Récolte. On récolte pendant toute la saison. La formation des graines n'empêche pas la plante de fournir encore abondamment des feuilles comestibles. Cette plante est susceptible d'acquérir, par la culture, un développement double de celui que nous lui connaissons à l'état sauvage ; les feuilles en deviendraient plus douces et plus tendres. On conseille de les blanchir avant de les faire cuire.

Observations. L'Ansérine blanche (*Chenopodium album*), qui a une variété dite *verte,* à cause de la coloration plus foncée de son feuillage, a les feuilles larges, blanchâtres, d'un tissu mince ; elle peut remplacer l'Épinard et le Bon-Henri. La graine est grosse et amère, et ne se distingue que par son abondance.

Arroche des jardins, Belle-Dame, Bonne-Dame, Toute-Bonne, Follette, Soutenelle (Pl. XII, fig. 4 et 5).

Atriplex hortensis Lin. (*Atriplicées.*) — Annuelle.

Les feuilles triangulaires et dentées de cette herbe, originaire de Tatarie asiatique, ou, pour moins circonscrire, d'Asie, ont des qualités assez analogues à celles des feuilles d'Épinard. On peut les mêler à l'Oseille pour en tempérer l'acidité. Les graines passent pour avoir des qualités émétiques et purgatives. On les mange même seules, préparées comme les Épinards.

PLEINE TERRE. — *Semis* et *culture.* On sème l'Arroche vers la fin de mars ou au commencement d'avril, et successivement jusqu'en septembre. Pour la culture, les précautions les plus vulgaires suffisent. On éclaircit le plant et on donne quelques arrosements dans la sécheresse. Quoique d'origine asiatique, l'Arroche se reproduit spontanément dans le voisinage des jardins ; elle se ressème d'elle-même.

VARIÉTÉS CULTIVÉES.

Arroche blonde ou blanche (Pl. XII, fig. 4).
— rouge (Pl. XII, fig. 5).

Barbarée, Herbe de barbe, Herbe aux charpentiers, Julienne jaune, Roudolle (Pl. XIII, fig. 3).

Barbarea vulgaris Rob. Brown. *Erysium barbareum* Lin. (*Crucifères.*)
Bisannuelle et même vivace.

Cette plante se plaît dans les terrains sablonneux et humides. Toutes ses parties ont une saveur piquante, assez semblable à celle du Cresson, dont elle peut être considérée comme un succédané. Elle forme des touffes denses et chargées de feuilles lobées d'un vert luisant. Les feuilles et les racines sont fort en vogue dans la médecine populaire, à titre de remède détersif, vulnéraire et dépuratif. Les jeunes feuilles sont susceptibles d'être mangées crues ou cuites ; elles ont à peu près la saveur du Cresson.

PLEINE TERRE. — *Semis* et *culture*. Il suffit de semer les graines aussitôt après leur maturité, ou bien au printemps, si l'on a eu soin d'épier le moment où la silique s'entr'ouvre pour en laisser échapper les semences. La culture est facile, cette plante se contentant des soins les plus vulgaires et étant assez robuste pour résister à l'envahissement de tous les parasites. Il lui faut toutefois une terre légère et humide, ce qui nécessite des arrosements.

Observations. M. Spach (*Dictionnaire universel d'histoire naturelle*, dirigé par Ch. d'Orbigny, tome II, p. 461), dit qu'une variété de la Barbarée commune, à fleurs doubles, est très-recherchée comme plante d'ornement, et que le B. *præcox*, R. Br., *Erysimum præcox*, Sm., qui croît dans les mêmes localités, mais beaucoup moins communément, se cultive comme salade, sous le nom de *Roquette des jardins*. (Voir au mot Roquette, *Brassica esuca* Lin.).

Baselle (Pl. XIV, fig. 1 et 2).

Basella Lin. (*Chénopodiées.*) — Bisannuelle, cultivée comme annuelle.

Cette plante, originaire des Indes orientales et de la Chine, à feuilles ovales, larges, charnues, est un bon succédané des Épinards. Aux Indes et en Chine on mange crues ou cuites les feuilles de la Baselle rouge, appelée aussi Épinard rouge du Malabar (Pl. XIV, fig. 2), et de la Baselle blanche, appelée pareillement

Épinard blanc du Malabar (Pl. XIV, fig. 1). L'une et l'autre sont à tiges grimpantes. Les baies fournissent un suc d'un très-beau pourpre, mais dont on ne paraît pas encore avoir su tirer parti. On a apporté de Chine une variété très-belle, dont les feuilles grandes comme celles de la laitue, rondes, un peu en coquille, sont très-épaisses et charnues. La Baselle est un excellent Épinard d'été.

COUCHE et PLEINE TERRE. — *Semis* et *culture*. Comme la Baselle est une plante originaire d'un climat plus chaud que le nôtre, il faut la semer sur couche et sous châssis en mars, et quand on n'a plus de gelées à craindre, on repique le plant en pleine terre et contre un mur treillagé, exposé au soleil, le long duquel peuvent grimper les longues tiges de la plante.

Durée de la faculté germinative. Trois ans.

Bourrache.

Borrago officinalis Lin. (*Borraginées-Borragées*.) — Annuelle.

Cette plante, indigène de l'Europe centrale et méridionale, du nord de l'Afrique, des Indes orientales, etc., est cultivée comme herbe potagère en Espagne, où, dans certaines localités, elle est même le seul légume vert. Elle est visqueuse et insipide, et ne possède pas une saveur qui convienne à nos palais accoutumés à des plantes sapides. On emploie ses jolies fleurs bleues, quelquefois blanches ou rosées, disposées en grappes lâches, ramifiées, pour orner les salades concurremment avec les fleurs de Capucine et d'autres fournitures. Comme usage sanitaire, il est question de cette plante dans la *Flore médicale du XIXe siècle*.

PLEINE TERRE. — *Semis* et *culture*. La Bourrache croît à peu près dans tous les terrains, mais elle préfère les lieux exposés au soleil. On peut même, quand on en a introduit un seul pied dans un potager, s'abstenir de la semer ; les graines une fois mûres se sèment d'elles-mêmes, et la récolte en est d'autant plus difficile, qu'elles s'échappent seules du calice au fond duquel elles sont réunies par quatre, et qu'il faudrait guetter le moment de leur maturité pour les recueillir, si c'était utile. On relève les jeunes plants, qu'on met en place et qui n'exigent que des bassinages.

Épinard (Pl. IX, fig. 5).

Spinacea oleracea Lin. (*Chénopodées.*) — Annuel.

Cette herbe, originaire de l'Asie septentrionale, est très-recherchée pour la table où elle se mange cuite et accommodée de diverses manières. Ses feuilles sont hastées ou ovales et oblongues, selon les variétés.

PLEINE TERRE. — *Semis.* On sème en ligne ou à la volée, depuis le mois de mars jusqu'à la fin d'octobre, en ayant soin de renouveler fréquemment les semis pour obtenir une succession non interrompue de produits. Quand la chaleur est forte, il faut semer à une exposition ombrée pour empêcher les Épinards de monter.

Culture. L'Épinard est une plante rustique comme toutes les Chénopodées ; il n'exige d'autre soin que des arrosements abondants en été, pour l'empêcher de monter en graine, ce qui est un de ses plus grands inconvénients. Il participe, au reste, des soins donnés aux plantes parmi lesquelles on le sème, car on le mêle souvent en culture dérobée à des végétaux d'une venue plus lente et dont il garnit utilement les intervalles. Autrement, on le sème dans des planches qui, sans lui, resteraient inoccupées pendant quelques semaines.

Récolte. Quand les Épinards sont en état d'être mangés, on les coupe à quelques centimètres au-dessus de terre ; aussitôt après, on arrose, si le temps est sec, pour favoriser le développement des nouvelles feuilles. Quand celles-ci sont grandes, on les cueille, mais, cette fois, une à une, en ayant soin de ménager les petites feuilles intérieures, de manière à réserver les récoltes à venir. Durant l'été, les Épinards sont ordinairement bons à couper un mois après le semis ; mais comme, pendant les chaleurs, ils montent en graine presque aussitôt après la première cueillette, on les arrache, et l'on prépare le terrain de manière à y mettre d'autres légumes.

Durée de la faculté germinative des graines. Trois et même cinq ans.

VARIÉTÉS CULTIVÉES.

Épinard ordinaire.
— de Hollande ou Épinard rond (à larges feuilles, à graine ronde).

Épinard d'Angleterre (que les maraîchers de Paris regardent comme résistant mieux à la chaleur que le précédent; sa graine est piquante).
— de Flandres (à très larges feuilles, le plus beau et le plus productif de tous).
— d'Esquermes ou à feuilles de Laitue (qui produit de très-larges feuilles, quand il est
suffisamment espacé; les feuilles sont épaisses, d'un vert foncé, et s'étendent en
une touffe arrondie qui a l'aspect d'une Scarole).
— blond à feuilles d'Oseille (différent du précédent par la forme et la couleur de ses
feuilles, presque entières, un peu cloquées, rappelant celles de l'Oseille; il se recommande pour sa lenteur à monter).

Morelle noire (Pl. XVI, fig. 1).

Solanum nigrum Lin. (*Solanées.*) — Annuelle.

Cette plante, indigène de l'Europe et de l'Amérique, et que l'on
trouve en abondance dans les lieux cultivés, comme dans les décombres et aux bords des chemins, n'est guère cultivée que dans
les jardins botaniques, où l'on s'en occupe à cause de ses usages
médicinaux (voir l'article Morelle, dans la *Flore médicale du
XIXᵉ siècle*). On l'a longtemps considérée comme une mauvaise
herbe, et on a cherché à l'extirper des jardins et des lieux cultivés.
Ses baies noires, regardées en général par les paysans comme un
poison subtil, sont d'une parfaite innocuité. Quoique appartenant à
la famille des Solanées, elle n'est point malfaisante; ses feuilles, au
contraire, pourraient être employées à la manière des Épinards.
Dans les pays tropicaux, entre autres aux îles de la Réunion (Bourbon) et Maurice (île de France), où cette plante est connue sous le
nom de *Brède*, aux Antilles, où on la nomme *Laman*, elle est cultivée comme légume. Beaucoup de créoles qui viennent en Europe,
la recherchent et la mangent avec plaisir sous nos climats, aussi
bien que sous le leur, sans en éprouver d'inconvénient. La rusticité
et l'abondance des produits de ce végétal, devraient en encourager
la culture parmi nous, ce serait pour le jardinage une ressource
pendant l'été.

Pleine terre. — *Semis* et *culture*. On sème en place en mars,
avril et mai, assez clair pour laisser à la plante, qui forme un petit
buisson, un emplacement suffisant pour qu'elle prenne tout son développement. Des graines reçues de l'île de la Réunion ont produit
des plantes semblables à la Morelle noire de France, mais toutefois
beaucoup plus grandes, plus vigoureuses et à plus larges feuilles.

Moutarde sauvage ou Sauve (Pl. XV, fig. 4).

Sinapis arvensis Lin. (*Crucifères.*) — Annuelle.

Nous ne mentionnons ici cette plante, qui appartient plus naturellement à la *Flore médicale* et à la *Flore agricole* du *Règne végétal*, que pour ses feuilles larges et glabres qui pourraient être un bon succédané des Épinards. Elle est très-commune dans les champs, les jachères et les vignes d'une grande partie de l'Europe.

Ortie dioïque (Pl. XII, fig. 2).

Urtica dioica Lin. (*Urticées.*) — Vivace.

Les jeunes pousses de l'Ortie dioïque, ou Grande-Ortie, se mangent dans plusieurs pays. On les fait bouillir dans l'eau et on les accommode en guise d'Épinards. En Russie, on fait des sommités de la plante une sorte de potage d'une saveur douce et agréable, qui se rapproche, dit-on, de celle du potage aux Haricots verts. On peut employer à cet usage les feuilles de toute la plante; les jeunes feuilles toutefois sont préférables.

Oseille (Pl. IX, fig. 4).

Rumex acetosa Lin. (*Polygonées.*) — Vivace.

Cette plante commune en Europe, où elle croît naturellement dans les bois et dans les prés, est cultivée dans les jardins pour ses feuilles que l'on mange cuites.

Pleine terre. — *Semis*. De mars en juillet, à la volée ou en rayons espacés de 25 centimètres. On recouvre légèrement la graine, on la charge d'un peu de terreau, et l'on donne de fréquents bassinages pour faciliter la germination.

Plantation. L'Oseille, étant une plante vivace, se multiplie aussi bien d'éclats que de graines. On fait les plantations aux mêmes époques que le semis.

Culture. L'Oseille se cultive indistinctement en planches et en bordures. Ce dernier moyen est même le plus employé dans les jardins. Tous les soins se bornent à de fréquents arrosements. Vers la fin d'octobre, époque où la plante cesse de produire, on donne un binage et l'on couvre les planches de fumier à demi consommé.

CULTURE FORCÉE. On peut, pour avoir des produits d'un bout à l'autre de l'année, cultiver l'Oseille sur couche. A cet effet, on relève les touffes d'Oseille, on les met en jauge et on les plante sur couche et sous châssis, depuis la fin de novembre. On obtient ainsi des produits jusqu'en mars, époque où l'on commence à avoir de l'Oseille nouvelle. On peut aussi forcer sur place, en posant des coffres sur des planches et en établissant des réchauds de fumier dans les sentiers dont on a enlevé la terre. La culture forcée de cette plante ne convient qu'aux maraîchers. Les particuliers, qui conservent l'Oseille cuite pour l'hiver, attendent patiemment les produits du printemps.

Durée de la faculté germinative des graines. Trois ans.

Observations. Voir dans la *Flore médicale du XIX° siècle*, à l'article Oseille, les inconvénients qui résultent d'un usage trop fréquent de cette plante.

VARIÉTÉS CULTIVÉES.

Oseille commune.
— large de Belleville (moins acide que l'Oseille commune, et généralement cultivée à Paris).
— de Frévent.
— vierge (à feuilles plus larges ; plus blonde, et moins acide que l'Oseille commune ; elle ne se multiplie que d'éclats).
— à feuilles cloquées (belle race, qui se multiplie aussi d'éclats).

Oxalide crénelée (Pl. III, fig. 1, et pl. XVIII, fig. 2).

Nous avons donné, dans le chapitre des *Tubercules alimentaires,* des détails sur cette plante, qui est aussi recommandée pour ses feuilles, qui, cuites, ne le cèdent en rien à celles de l'Oseille. (Voir p. 185 à 189.)

Patience des jardins, Oseille-Épinard, Épinard immortel.

Rumex patientia Lin. (*Polygonées.*) — Vivace.

Cette plante, répandue dans les diverses régions de l'Europe, et qui croît naturellement dans les lieux humides, les prairies, les bois, a été de tout temps préconisée pour ses vertus médicales; elle ne mérite pas moins de l'être pour ses qualités potagères. Sa saveur est plus douce que celle des autres Oseilles, et ses feuilles remplacent volontiers celles des Épinards. A ces avantages, elle en joint deux autres : celui d'être très-précoce et celui de donner des produits plus abondants que ceux des plantes qu'elle remplace. On peut cueillir l'Oseille-Épinard huit à dix jours avant les espèces les plus hâtives, ce qui est très-avantageux à la fin de l'hiver, quand on manque encore de verdure nouvelle. Toutefois le volume, la voracité de la plante, la force et la hauteur de ses tiges, la facilité avec laquelle les graines se répandent et se ressèment d'elles-mêmes, présentent quelques inconvénients pour les petits jardins. On aura soin dans ce cas de ne laisser monter à graine que deux ou trois pieds. On assure avoir fait avec les côtes des feuilles de la Patience d'excellentes confitures. Cette plante tient une place, comme toutes les Oseilles, dans la *Flore médicale du XIXe siècle*.

PLEINE TERRE. — *Semis* et *culture*. On peut multiplier cette plante de graines semées au printemps ou à l'automne, ou par la séparation des pieds. Si l'on sème immédiatement en place, il faut que ce soit très-clair. Si l'on a semé en pépinière, on repique le plant en planche ou en bordure, à une assez grande distance pour que les feuilles puissent prendre tout leur développement. La Patience n'est pas difficile sur la qualité du terrain, et ne demande que les soins les plus vulgaires.

Pavot (Pl. XIV, fig. 13).

Papaver somniferum Lin. (*Papavéracées.*) — Annuel.

Cette plante, originaire de l'Orient, qui tient une si grande place dans les *Flores médicales* et *agricoles*, et même *ornementales*, du *Règne végétal*, n'est pas tout à fait à repousser du *Jardin potager*, car elle n'est pas dépourvue de qualités alimentaires. On peut sans crainte en employer les feuilles en Épinards à tous les degrés de développement, après les avoir blanchies, et le mets qui en résulte a une saveur onctueuse et délicate, supérieure à celle des Épinards ordinaires. Si on ne les blanchit pas, elles conservent un certain degré d'amertume, et alors elles ont du rapport avec la Chicorée. En Turquie, en Perse, en Égypte, en Italie, on mange les graines de Pavot recouvertes de sucre, on les fait entrer dans certaines pâtisseries, entre autres dans les nougats, et même dans le pain. Ces graines, auxquelles on avait attribué des propriétés narcotiques, n'exercent aucune action nuisible sur l'économie animale. Broyées et exprimées, elles fournissent une huile douce susceptible d'être mangée, qui sert malheureusement à frauder sur l'huile d'Olive.

PLEINE TERRE. — *Semis, culture, récolte.* On sème en mars, assez clair, en lignes, à 15 centimètres de distance, en terre légère et substantielle. Des sarclages, quelques binages, des arrosements abondants, voilà les soins demandés. On peut commencer à récolter les feuilles quand elles ont acquis une longueur de 15 à 20 centimètres, et continuer jusqu'à ce que la plante montre sa fleur. Les jeunes tiges sont aussi tendres que les feuilles.

Durée de la faculté germinative des graines. De trois à cinq ans.

Petsaï ou Chou de la Chine.

Brassica sinensis. Brassica petsai. (Crucifères.) — Annuel.

Cette plante, qui existait depuis longtemps dans nos jardins de botanique au point de vue scientifique seulement, fut réintroduite en France comme plante potagère, en 1837, par les abbés Voisin et Tesson. Son accroissement est si rapide qu'il est souvent très-difficile de l'empêcher de monter, ce qui en a fort ralenti la culture en France. Cependant c'est un légume agréable, d'une saveur moins forte que le Chou, et qui se rapprocherait un peu, à plus de sapidité près, de la Laitue-romaine, à laquelle, par ses feuilles blondes, à nervures larges et blanches, le Petsaï ressemble plutôt, au premier aspect, qu'à un Chou. Ses produits sont très-rapides. Il ne tient la terre que deux mois et demi au plus, et acquiert un poids de 3 à 4 kilogrammes.

PLEINE TERRE. — *Semis, culture, récolte, conservation.* On sème en mars et avril, ou dans le courant d'août, en terre meuble et douce. On évite de semer dans le courant de l'été, parce que le Petsaï monterait à graine avant d'avoir pommé. La culture est celle des Choux. On récolte de mai en juin ce qui a été semé au printemps ; on récolte en octobre ce qui a été semé en août. Le Petsaï n'est pas de longue garde.

Durée de la faculté germinative des graines. Huit à dix ans.

Phytolaque ou Raisin d'Amérique (Pl. XVI, fig. 3).

Phytolacca decandra Lin. (*Phytolacées.*) — Vivace.

Les feuilles de cette plante originaire de l'Amérique et qui est aujourd'hui un des ornements de nos jardins floraux, sont susceptibles de servir de nourriture à la place d'Épinards ; on en peut même manger les bourgeons. Toutefois elle occupe beaucoup trop de place comparativement à son produit.

Pleine terre. — *Semis, plantation, culture.* On sème dès que les graines sont mûres ; on repique en planche et l'on plante à demeure au printemps. On multiplie aussi d'éclats de racines. Il faut à cette plante rustique une terre ordinaire, mais profonde. Un binage à l'automne et un au printemps suffisent. Il ne faut pas cueillir les feuilles trop près de la tige.

Quinoa.

Chenopodium quinoa Willd. (*Chénopodiées.*) — Annuel.

Cette plante, originaire du Pérou et particulièrement des plateaux élevés des Cordillères, était, à ce qu'on dit, la seule graine farineuse employée comme aliment dans ces contrées, à l'époque de la conquête de l'Amérique par les Espagnols. Aujourd'hui encore, le Quinoa est au Pérou un objet considérable de culture et de consommation, une véritable providence. On le mange en gâteaux, en gruau, en potage, en légume, en autres mets, en assaisonnement de viandes ; on en brûle les graines, et l'on en boit l'infusion en guise de café ; on en fait, par la fermentation avec le Millet, une bière excellente ; il sert de nourriture à la volaille, que, par sa graine échauffante, il excite à la ponte ; enfin, et c'est à ce titre que nous

le plaçons dans ce chapitre, *il fournit par ses feuilles un légume*
analogue à l'Épinard. Les variétés du Quinoa sont nombreuses ; on
les reconnaît à la couleur des graines rouges, noires, blanches. Il
paraît que les graines blanches produisent plus généralement les
plantes comestibles, et que les autres donnent plutôt des plantes
d'usage médicinal. Les feuilles sont aussi de couleurs variées : tantôt d'un vert pâle, d'un vert foncé, tantôt brunes, rouges, etc.

PLEINE TERRE. — *Semis*. On sème en avril, à la volée, quand les
fortes gelées ne sont plus à craindre, dans un sol bien ameubli. Le
semis se fait assez dru pour que les plantes s'étiolent mutuellement
si l'on veut des graines, et on laisse monter sans repiquer, seulement on éclaircit; si l'on veut des feuilles on laisse plus d'espace.

Culture et *récolte*. Arrosements fréquents et quelques binages
pour obtenir des feuilles larges et tendres. En juin et juillet, les
plantes sont hautes, les feuilles abondantes, les branches latérales
nombreuses. En juin commence la récolte des feuilles.

Tétragone étalée ou cornue, Épinard de la Nouvelle-Zélande

(Pl. XVI, fig. 2).

Tetragona expansa Lin (*Ficoïdées*.) — Annuelle.

Cette plante, originaire des iles de la mer du Sud, reconnue par
le célèbre navigateur Cook pour un bon légume et un excellent anti-
scorbutique, fut introduite en Europe, en 1772, par le grand natu-
raliste anglais J. Banks. On mange les feuilles et les jeunes pousses
de la Tétragone comme Épinard d'été, et elle a avec cette dernière
plante une telle analogie de qualités que c'est à s'y méprendre.
Plus il fait chaud plus elle produit, ce qui est un avantage sur l'É-
pinard qui, par la chaleur, monte très-vite à graine. La plante est
rampante, et lorsqu'elle est développée elle couvre le terrain à plusieurs mètres autour d'elle.

PLEINE TERRE. — *Semis, culture* et *récolte*. On sème sur couche
en mars, après avoir fait tremper les graines qui, sans cette précaution, seraient trop longtemps sans lever, à cause de leur enveloppe épaisse. Quand on ne craint plus les gelées, on repique le

17

plant en pleine terre à environ 60 centimètres de distance en tous sens. Dans les terres légères, on peut semer en avril immédiatement en place. Dès que les tiges commencent à couvrir le sol, on coupe les feuilles et l'extrémité des jeunes pousses. Les feuilles enlevées pour la consommation sont bientôt remplacées par d'autres.

Durée de la faculté germinative des graines. Deux ans.

Ulluque (Pl. V, fig. 3, et pl. XVIII, fig. 1).

Cette plante, dont on a entrepris la culture à cause de ses tubercules (voir p. 203 et 204), fournit en outre des feuilles qui, selon M. Masson, jardinier de la Société d'horticulture de Paris, peuvent être utilement employées pour remplacer l'Épinard.

CHAPITRE VI.

'PLANTES POUR SALADES'.

Astragale en hameçon (Pl. XV, fig. 1).
Astragalus hamosus. (*Légumineuses.*) — Annuel.

La petite silique en fuseau, blanchâtre, arquée, du fruit de cette
plante ressemble assez bien à un ver, et, dans le temps des jeux
innocents de la table, on la mêlait aux fournitures des salades pour
jouir de la surprise des personnes ingénues qui, faute de connaître
le tour, s'exclamaient en croyant qu'on leur servait quelque mal-
propreté peu appétissante. Comme les livres essentiellement pratiques en fait de jardinage assurent que cette plaisanterie se pratique encore pour la Chenillette, nous mentionnons ici, au même
titre, l'Astragale.

PLEINE TERRE. — *Semis, culture, récolte.* Après avoir extrait les
graines des fruits, on sème en place, en avril et mai. Les soins sont
nuls. On récolte, en juillet et août, avant la maturité complète des
fruits.

Barbe-de-capucin.

La Chicorée sauvage, sous le nom de Barbe-de-capucin, est
employée comme salade (voir page 262).

Capucine (Pl. XXIV, fig. 8).
Tropæolum Lin. (*Tropéolées.*) — Annuelle.

La grande Capucine (*Tropæolum majus*) et sa variété à fleur brune

---

[1] Plusieurs végétaux de ce chapitre, tels que l'Astragale, la Chenillette, le Cresson, la Perce-pierre, etc., pourraient aussi bien appartenir au chapitre des *Plantes
condimentaires*, et *vice versâ* plusieurs végétaux placés à ce dernier chapitre pourraient être classés dans celui des *Plantes pour salades*. Il y a, surtout quand l'usage
est complexe, une limite difficile à déterminer. Enfin, dans le chapitre des *Bulbes
alimentaires*, on trouvera diverses plantes dont on use comme fournitures de salades.

sont originaires du Pérou. La petite Capucine (*Tropæolum minus*) et les autres espèces sont indigènes du Mexique, du Venezuela, de la Colombie, du Chili, etc. Sous les climats d'où elle tire son origine, la Capucine est une plante vivace, mais en Europe où elle a été acclimatée, elle ne se cultive que comme annuelle. Toutes les parties de la Capucine peuvent être mangées avec de la salade comme assaisonnement et ornement; les fleurs qui se cueillent pendant toute la durée de la saison, sont surtout recherchées pour cet usage. Les feuilles mêlées à des herbes douces, car elles sont plus piquantes que celles du Cresson, font une salade agréable; les graines, qui se forment successivement, se confisent dans du vinaigre lorsqu'elles sont très-jeunes et tendres; on prépare aussi les boutons des fleurs de la même manière; on préfère généralement pour faire confire la Capucine de petite espèce qui fleurit plus abondamment et peut se passer d'appui.

Pleine terre. — *Semis*. On sème, en avril, en pleine terre et en place, au pied d'un mur ou d'un treillage.

Culture. Les soins se bornent à quelques arrosements. Cette plante est assez vigoureuse pour résister à toutes les influences ambiantes.

VARIÉTÉS CULTIVÉES.

Capucine grande (c'est celle qui fournit le plus de feuilles, mais qui donne le moins de fleurs).
— brune (variété élégante, dont les fleurs cramoisies peuvent se mêler agréablement à celles de la variété à fleurs orangées).
— petite (qui fleurit abondamment, et n'a pas besoin d'appui).

Cardamine des prés ou Cresson des prés.

Cardamine pratensis Lin. (*Crucifères-Arabidées*.) — Vivace.

Les feuilles de cette élégante Crucifère, indigène de nos climats, et qui pourrait aussi bien prendre place dans les jardins potagers que dans les jardins d'ornement, ont tout à fait la saveur du Cresson de fontaine dont elles possèdent toutes les propriétés antiscorbutiques. On peut les manger en salades et en Épinards. Les fleurs aussi sont susceptibles d'être accommodées en salade. Comme la plante est vivace, elle donne plusieurs coupes si elle est placée dans des conditions convenables.

Pleine terre. — *Semis* et *plantation*. On sème, en mars, dans

une terre meuble et humide, en place ou en pépinière. On propage
aussi par boutures et éclats de pieds.

Céleri.

On emploie les côtes et les racines du Céleri en salade (voir pour
la culture page 230).

Chenille ou Chenillette (Pl. XV, fig. 2).

Scorpiurus vermiculatus Lin. (*Papilionacées.*) — Annuelle.

Cette plante, indigène de nos climats, tire son nom de la forme
de ses fruits qui sont de petites siliques cylindriques, hérissées, un
peu contournées, ressemblant assez bien à des chenilles vertes, que
l'on mettait dans les salades pour surprendre ceux qui ne les con-
naissaient pas. Nous la mentionnons ainsi que son usage ingénu et
partriarcal, comme nous avons mentionné l'Astragale, comme
nous mentionnerons laLupiline turbinée.

PLEINE TERRE. — *Semis* et *culture*. Après avoir extrait les graines
des fruits, on sème en place, en avril et mai, en terre légère de
préférence; on distance les plantes de 0^m,30 les unes des autres.
Les soins sont nuls. On récolte, en juillet et août, avant la maturité complète des fruits.

Chicorée endive (Pl. XVIII, fig. 5, et pl. XIX, fig. 1, 4 et 5).

Cichorium endiva ou *endivia* Lin., mieux *indivia*. (*Composées-Chicoracées.*)
Annuelle.

La Chicorée endive, ou mieux indive, parce qu'elle serait originaire de l'Inde selon plusieurs auteurs, du Japon et de la Chine
selon d'autres, quoique Forskael lui donne pour origine l'Arabie
et que bien des botanistes la fassent indigène des contrées de l'Orient
en général, ne paraît avoir été introduite dans les jardins potagers
de l'Europe que vers l'an 1548. Les anciens la distinguaient de la
Chicorée sauvage, qu'ils appelaient *Seris*. La Chicorée endive se divise
en deux races principales : la Chicorée frisée (*Cichorium endivia
crispa*, Pl. XIX, fig. 1), et la Scarole ou Escarole (*Cichorium endivia latifolia*, Pl. XVII, fig. 5) qui paraît avoir été obtenue, par la

culture, en Hollande. Ces deux races se subdivisent elles-mêmes en variétés.

Pleine terre. — *Semis*. On sème en juillet, en pleine terre, à une exposition ombragée, bien qu'il soit préférable de semer sur couche, mais en se dispensant de panneaux.

Culture. Quand le plant est assez fort pour être repiqué, on couvre de paillis la planche où l'on se propose de faire sa plantation; on plante à 0ᵐ,40 de distance, et l'on donne un arrosement copieux pour faciliter la reprise. A partir de ce moment, jusqu'à ce que les Chicorées soient bonnes à lier, on se borne à des sarclages et à des bassinages. Au moment où les Chicorées ont acquis assez de développement pour être liées, on redresse les feuilles et on les lie avec un brin de jonc pour en faire blanchir le cœur. Dès lors, on n'arrose plus avec l'arrosoir à pomme, pour ne pas imprégner les plantes d'une humidité qui les ferait pourrir; on se borne à les arroser au pied. Il ne faut lier les Chicorées que successivement et au fur et à mesure des besoins. Lorsqu'il gèle, on les couvre de paillassons qu'on relève si le temps le permet.

Récolte et *conservation*. Pendant la belle saison on récolte les Chicoreés à mesure qu'elles arrivent à point; mais dès que les gelées sont devenues assez fortes pour les menacer, on les arrache et on les entre dans la serre à légumes, ou on les enterre à demi dans le sable. Elles peuvent rester ainsi jusqu'en février.

Durée de la faculté germinative des graines. Cinq ans au moins.

Culture forcée a froid. — *Semis, culture, récolte*. En septembre, on sème sous cloche et à froid. Dans les premiers jours d'octobre on repique le plant sous cloche, et à la fin du même mois on le plante en terre froide sous châssis. On donne de l'air aussi souvent que le permet la température, et, pendant la nuit, on couvre de panneaux pour garantir le jeune plant de l'action de la gelée. On récolte en janvier et février.

Culture forcée a chaud. — *Semis, culture, récolte*. En janvier et février on sème sur une couche à 25 degrés, recouverte de panneaux. Quinze jours après le semis on repique en pépinière, et quinze jours plus tard on met en place sur une couche moins chaude.

On commence à récolter vers la fin d'avril et successivement.

Culture mixte. — *Semis* et *culture*. Depuis le mois d'avril jusqu'en juin on sème les Chicorées sur couche; mais on les repique directement en pleine terre, et cela à partir de la mi-mars; on les couvre encore après cette opération, soit de cloches, soit de panneaux.

VARIÉTÉS CULTIVÉES DE L'ENDIVE FRISÉE OU CHICORÉE FRISÉE.

Chicorée de Meaux (autrefois la seule cultivée en pleine terre; elle l'est moins aujourd'hui, parce qu'elle se garnit assez lentement et qu'elle est sujette à monter quand on la sème avant le mois de juin; néanmoins, elle convient tout particulièrement pour les semis d'automne : à Bonneuil, on sème la Chicorée de Meaux en juin et juillet à la volée, après la récolte des Oignons jaunes, des Choux et des Pommes de terre hâtives; toute la culture consiste à en éclaircir le plant, à donner quelques binages, puis à lier les Chicorées quand elles sont suffisamment garnies).

— fine d'été ou d'Italie (variété hâtive spécialement consacrée à la culture forcée et aux semis de première saison; elle est aussi employée en automne : elle se garnit plus promptement et plus pleinement que celle de Meaux; on la sème sur couche, mais à l'air libre, en avril et mai).

— corne-de-cerf ou fine de Rouen (finement découpée, mais plus verte que la précédente; elle a le cœur bien fourni, jaune et tendre; mais elle monte promptement et est de peu de garde : les jardiniers de Rouen la préfèrent, dit-on, aux autres Chicorées; on la sème sur couche, à l'air libre, en avril et mai).

— mousse (variété de la précédente, à feuilles extrêmement fines et frisées, obtenue, en 1847, par M. Jacquin).

— toujours blanche (blonde, demi-pleine, appropriée surtout au climat du midi).

— endive de Russie (fort amère, à feuilles crépues, se cultivant comme la Chicorée de Meaux et ayant sur elle l'avantage de passer l'hiver : il y en a une autre variété qui ressemble à la Chicorée corne-de-cerf.

VARIÉTÉS DE SCAROLES OU ESCAROLES.

Scarole ordinaire.

— à feuilles rondes (plus prompte à se faire; dans sa perfection elle a le cœur très-fourni et presque pommé; elle est la seule cultivée dans les marais).

— blonde ou à feuilles de Laitue (jaunâtre en naissant; belle et bonne variété, mais un peu plus délicate que les autres, plus sujette à se tacher et à se détériorer par l'humidité).

Observations. La culture des deux races de Chicorées endives (Chicorée frisée et Scarole) est la même.

Chicorée sauvage.

Cichorium intybus Lin. (*Composées- Chicoracées.*) — Vivace.

Les feuilles naissantes de cette plante indigène de nos climats, procurent une salade analogue à celle que l'on obtient de la *petite Laitue,* un peu amère, mais très-saine. Elles font aussi un accompagnement excellent pour le bœuf et les autres viandes; pour cela on les hache en lanières étroites et on les assaisonne. La Chicorée sauvage fournit la salade blanche d'hiver, appelée *Barbe-de-capucin*, dont il sera parlé. Les feuilles de Chicorée entrent dans la composition des sucs d'herbes; la racine de chicorée torréfiée est employée dans certaines contrées pour être mêlée au café ou même pour le remplacer, quoiqu'elle n'ait rien de commun avec lui, si ce n'est de teindre en noir l'eau bouillante et de lui donner un peu d'amertume. On peut voir plus au long les usages et les propriétés de la Chicorée sauvage dans la *Flore médicale* et dans la *Flore agricole*, qui font partie du *Règne végétal*.

PLEINE TERRE. — *Semis*. On sème depuis le mois d'avril et successivement jusqu'en septembre, en bordures ou en planches, par rayons. Dans les marais de Viroflay, près Versailles, on sème la Chicorée sauvage à la volée vers la fin du mois de mai ou au commencement de juin, pour la couper en automne.

Culture et *récolte*. On donne des bassinages abondants pour attendrir les feuilles et les empêcher d'acquérir une amertume désagréable. Dès que les feuilles ont de 15 à 18 centimètres et une couleur vert tendre, on les cueille. Quand elles sont devenues d'un vert foncé, elles ne sont plus bonnes pour salades.

La Chicorée sauvage qu'on sème à la fin de mai à Viroflay se coupe, comme on l'a dit, en automne; puis, en février, on la couvre d'environ 3 centimètres de terreau de feuilles ou, à défaut, avec de la terre prise dans les sentiers. Dix à douze jours après, on la coupe entre deux terres; on fait ordinairement deux ou trois cueillettes; après quoi, on la laisse reposer pour recommencer l'année suivante.

CULTURE FORCÉE. — *Semis* et *culture*. Pour avoir promptement de la Chicorée sauvage, on peut semer, en février et mars, sur couche et sous châssis. Les semis qu'on fait à cette époque doivent être assez épais et rester couverts de paillassons jusqu'à ce que les graines soient bien levées. On ne leur donne pas d'air, afin que la Chicorée soit plus tendre. On les bassine au besoin, ce qui, à cette époque de l'année, ne doit se faire que dans la matinée. Traitée de

la sorte, la Chicorée sauvage peut être coupée douze ou quinze jours
après le semis. Aussitôt la seconde coupe finie, on emploie les
châssis à un autre usage, ou bien on charge la couche de nouveau
terreau ; puis on fait un second semis sur la même couche.

On peut aussi semer de la Chicorée sauvage sur *ados*. Dans ce
cas on sème également en février et mars ; on couvre le semis avec
de la litière que l'on enlève aussitôt que les graines ont germé ;
après quoi on place immédiatement les châssis. On peut à la rigueur se passer de coffres ; on pose alors les châssis sur quatre pots
à fleurs ou autres supports, et l'on entoure le tout d'un réchaud
de fumier. Quant aux soins, ils sont absolument les mêmes que
ceux précédemment indiqués.

CULTURE et RÉCOLTE DE LA CHICORÉE-BARBE-DE-CAPUCIN. — Pour
obtenir les feuilles de Chicorée sauvage longues et étiolées qui paraissent sur nos marchés sous le nom de *Barbe-de-capucin* (Pl. XVII,
fig. 4), on sème un peu clair, en avril et mai, en rayons espacés de
20 centimètres. Dans le courant de l'été, on donne quelques binages,
en ayant soin de ménager les feuilles qui doivent se développer en
toute liberté. Vers le mois d'octobre, on prépare une couche d'environ 40 centimètres d'épaisseur, dont la chaleur doit être de 15 à
20 degrés. Le lieu le plus favorable pour établir cette couche est
une cave basse et privée de lumière. A l'approche des gelées, on
enlève de terre les plantes avec une fourche, de manière à n'en
pas endommager les racines, et on les met en jauge, pour en avoir
successivement à sa disposition. Après en avoir enlevé toutes les
feuilles pourries ou desséchées, on les réunit par bottes ; on les
place debout sur la couche qui a jeté son premier feu ; on bassine
abondamment dans les premiers jours avec l'arrosoir à pomme ; et,
quand les feuilles commencent à pousser, on diminue les arrosements qui, toujours doivent être proportionnels à la chaleur dé-
croissante de la couche. Au bout de quinze à dix-huit jours, la
Chicorée est assez longue pour qu'on puisse en commencer la récolte, qui continue jusqu'au mois d'avril. Seulement, après chaque
récolte, on enlève le fumier le plus consommé, que l'on remplace
par une quantité de fumier neuf, pour entretenir dans la couche le

même degré de chaleur. Quand on a récolté tout ce que portait la couche, on va relever les Chicorées restées en jauge, si elles ont été destinées à l'usage successif, et l'on recommence l'opération. Une couche froide donnerait aussi des résultats, mais plus lents et moins abondants.

VARIÉTÉS DE CHICORÉES SAUVAGES CULTIVÉES.

Chicorée sauvage ordinaire.
— améliorée ou pommée (variété obtenue par M. Jacquin, fort remarquable en ce que, au lieu d'une touffe composée de quelques feuilles écartées, elle forme une sorte de pomme, consistant en plusieurs jets pressés les uns contre les autres, et dont le cœur est fourni et rempli : on la sème en pépinière, de mars à la mi-juin, et on transplante à 40 centimètres de distance).
— à feuilles panachées (sous-variété de la précédente, à feuilles mouchetées de rouge, donnant une très-jolie salade d'hiver, lorsqu'elle est blanchie à la manière de la Barbe-de-capucin).
— sauvage à grosse racine.
— barbe-de-capucin.

Chou rouge.

Les deux variétés de Choux rouges se coupent en lanières minces, comme pour faire de la choncroûte, et se mangent crues et en salade. On les confit aussi au vinaigre (voir pour la culture l'article *Chou*, page 232).

Chou-rave.

Les jeunes racines se font cuire à l'eau et se mangent en salade, comme le Céleri-rave (voir l'article *Chou-rave*, page 173).

Claytonie perfoliée.

Claytonia perfoliata Jacq. (*Portulacées.*) — Annuelle.

Cette petite plante, originaire de Cuba, est une herbe douce, que l'on peut couper plusieurs fois l'été et manger en salade. On l'emploie aussi aux mêmes usages que le Pourpier, et quelquefois comme les Épinards et l'Oseille.

PLEINE TERRE. — *Semis, culture* et *récolte*. On sème en mars et avril, en place et à bonne exposition, dans une terre douce terreautée ; le semis se fait en plein ou en rayons, mais clair, parce que la plante se ramifie beaucoup dès la base. On récolte à la fin de mai et dans le courant de juin, époque où la fleur se détache du centre de la feuille qui est en bouclier.

Cochléaria.

Cochlearia officinalis Lin. (*Crucifères-Alyssinées.*) — Bisannuel.

Le Cochléaria officinal, vulgairement appelé Herbe aux cuillers, est indigène des contrées occidentales tempérées de l'Europe. Il est considéré, de même que le Cochléaria de Bretagne, connu aussi sous les noms de Cranson, de Raifort sauvage ou Grand-Raifort, comme éminemment anti-scorbutique. On peut mêler ses feuilles aux salades, pour leur donner cette dernière propriété ; mais il n'en faut mettre qu'en petite quantité à cause de leur saveur très-piquante. On verra d'ailleurs plus amplement dans la *Flore médicale usuelle et industrielle du XIX* siècle qui fait partie du *Règne végétal*, les usages et les propriétés des Cochléaria.

PLEINE TERRE. — *Semis et culture.* On sème en mars, en place, dans un sol léger et quelque peu humide. La plante demande des binages et des arrosements abondants. On récolte les feuilles pour salade deux mois après le semis.

Corne-de-Cerf ou Plantain.

Plantago coronopus Lin. (*Plantaginées.*) — Annuel.

Les feuilles de cette plante indigène de nos climats peuvent s'employer comme fournitures dans les salades.

PLEINE TERRE. — *Semis, culture* et *récolte.* La graine très-menue se sème en place, en mars, dans une terre légère. Les feuilles, cueillies au fur et à mesure du besoin, se renouvellent longtemps, mais ne sont tendres qu'à la faveur d'arrosements assidus.

Cresson alénois, Passerage cultivée ou Nasitor
(Pl. XXI, fig. 4).

Lepidium sativum Lin. *Thlaspi sativum* Desf. (*Crucifères-Lépidinées.*)
Annuel.

Le Cresson alénois ou des jardins, appelé aussi Nasitor et Passerage cultivée, est originaire de l'Orient ; il est aujourd'hui cultivé dans tous les jardins potagers de l'Europe, et il s'est même naturalisé dans plusieurs localités. Il est le plus souvent employé pour assaisonner les salades et en relever le goût. Il est rare qu'on le mange seul. Comme le Cresson de fontaine, il possède des propriétés anti-scorbutiques. Sa végétation est très-rapide.

PLEINE TERRE ET COUCHE. — *Semis*. Depuis le mois d'avril jusqu'à la fin de l'été, on peut semer en pleine terre, tous les huit à dix jours, en rayons espacés d'environ 25 centimètres, en choisissant une exposition fraîche et ombragée. De janvier à mars, on sème sur couche tous les quinze jours, mais seulement après d'autres cultures et sans qu'il soit nécessaire de remanier les couches.

Culture et *récolte*. Cette plante demande des arrosements fréquents et une exposition ombrée pendant les chaleurs. On sarcle et on éclaircit au besoin. Par les temps chauds et dans les terrains secs, si on néglige d'arroser, le Cresson alénois s'élève peu et son âcreté est beaucoup plus prononcée. On le cueille frais, quand il a atteint 30 centimètres. Comme il monte très-rapidement à graine, il faut le couper avant qu'il montre sa fleur. On retourne la planche et l'on procède sur-le-champ à un autre semis.

VARIÉTÉS CULTIVÉES.

Cresson alénois ordinaire.
—   frisé.
—   doré.

Cresson de fontaine.

Sisymbrium nasturtium Lin. *Nasturtium officinale* R. Br. (*Crucifères-Arabidées.*) — Vivace.

Le Cresson habite surtout les eaux courantes et est indigène de toutes les régions tempérées et méridionales de l'Europe. Il est considéré comme anti-scorbutique. Il se mange soit en salade, soit sous les viandes rôties, et fournit aussi un succédané très-savoureux des Épinards.

CULTURE EN GRAND. — La culture du Cresson, comme plante alimentaire ou condimentaire est très-productive, et l'on a établi dans les environs de Paris des cressonnières qui ont jusqu'à 30 arpents. On place les cressonnières dans le voisinage des sources ou d'un cours d'eau, qu'on fait circuler lentement à travers des fossés creux d'environ 1 mètre, et large de 1 mètre 60 centimètres. Quand on n'a à sa disposition ni sources vives, ni cours d'eau, on peut, lorsque la nature géologique du sol le permet, faire creuser des puits artésiens, qui servent à alimenter les fosses où l'on cultive le Cresson. Les cressonnières de Saint-Léonard, de Saint-Gratien, de Gonesse, de Compiègne, de Senlis et de Pontoise peuvent être citées comme modèles.

La condition première est d'avoir une eau courante qui se renouvelle sans cesse, car le Cresson de fontaine ne croît pas dans les eaux dormantes.

Semis. On peut multiplier de graines au printemps, après avoir bien uni le sol, qui doit être assez humide pour favoriser la germination.

Boutures. Il vaut mieux multiplier le Cresson de boutures plantées au mois d'août. On les enfonce dans le sol humide, à 15 centimètres de distance, en ayant bien soin de laisser couler un petit filet d'eau qui empêche la terre de se dessécher.

Culture et *récolte.* Au bout de très-peu de temps, le Cresson a repris. Dès qu'il commence à pousser, ou le recouvre de fumier de vache bien consommé ; on tasse le tout au moyen d'un râteau composé d'une planche à laquelle on a adapté un manche oblique. Puis on y introduit environ 10 centimètres d'eau. On récolte le Cresson environ toutes les trois semaines dans la belle saison, et tous les deux mois dans la saison froide ; et, pour récolter avec plus de facilité, on pose en travers de la fosse une planche sur laquelle le cueilleur est couché en conservant la liberté de ses mains. Quand on a complétement récolté le Cresson d'une fosse, on en fait sortir l'eau ; on y met une nouvelle quantité de fumier, et l'on recommence cette opération après chaque coupe. On replante les fosses à Cresson tous les ans, après avoir enlevé les vieilles racines qui en tapissent le fond. Il faut avoir soin d'enlever les mauvaises herbes qui viennent se mêler au Cresson, telles que les Lentilles d'eau, le

Beccabunga, les Berles, l'Ache d'eau et le Mouron d'eau, le plus dangereux ennemi des cressonnières. Une cressonnière bien entretenue peut donner douze à quinze coupes dans une année. On coupe le Cresson avec un couteau ou une serpette, et on le porte à l'ombre pour le disposer en bottes. Si on veut le transporter au loin, il faut avoir soin de ranger les bottes circulairement dans un panier, la tête en dedans, les tiges appuyées au panier, de manière à ce qu'il reste un vide au centre : c'est le seul moyen d'empêcher le Cresson de s'échauffer et de jaunir.

Observations. La variété de Cresson cultivée dans les cressonnières ne donne que peu de fleurs, ce qui est un grand avantage pour la vente : les feuilles en sont plus larges et moins âcres que celles de l'espèce ordinaire.

Culture en petit. — Lorsqu'on ne veut pas cultiver le Cresson en grand, et qu'on peut disposer d'un filet d'eau courante, on s'en procure assez pour sa consommation. Si même l'on n'a pas de sources pour humecter constamment la terre, on y substitue des baquets que l'on remplit à moitié de terre, et dans lesquels on sème ou plante.

Semis, plantation, culture, récolte. On sème au printemps, sur les bords des fossés arrosés par une source vive. La graine du Cresson lève au bout de peu de jours, et l'on a bientôt de jeunes plantes. Si c'est dans un baquet, on sème ou plante de même. On obtient plus tôt des produits en prenant des racines ou des tiges dont chaque nœud est pourvu de filets radiculaires, et on les plante sur le bord du fossé. Le Cresson cultivé de cette manière est moins doux que celui des grands cressonnières. Si l'on cultive en baquet, le seul soin à prendre est de renouveler l'eau de temps à autre pour l'empêcher de se corrompre.

Cresson vivace ou Cresson de terre.

Sisymbrium, Erysimum præcox Smith. (*Crucifères-Arabidées.*) — Vivace.

Le Cresson vivace, indigène de nos contrées, a des rapports avec le Cresson de fontaine, qu'il peut remplacer, quoiqu'il ait un goût plus prononcé, lors même qu'on lui a donné d'abondants bassinages.

PLEINE TERRE. — *Semis*. En mars et avril, en lignes et très-clair, dans une terre franche, légère et humide, à l'ombre autant que possible. Du reste cette plante est tellement rustique, qu'il n'y a pas trop à se préoccuper du choix du terrain.

Culture. Des binages, et, si la terre a disposition à se dessécher, il ne faut pas épargner les arrosements. Cette plante, faible la première année, devient par la suite assez productive.

Récolte. Dès que les feuilles sont assez développées, on en fait deux ou trois coupes dans le courant de l'année.

Laitue.

Lactuca sativa Lin. (*Composées-Chicoracées*.) — Bisannuelle.

Cette plante, originaire d'Asie, a donné naissance, par la culture, à deux races ou sections: celle des *Laitues pommées* (*Lactucæ capitatæ*) et celle des *Laitues romaines* ou *Chicons* (*Lactucæ longæ*). La section des Laitues pommées renferme quatre divisions qui, tout en pouvant être soumises à un même système de culture, n'en exigent pas moins, sous le rapport des époques de succession et de semis, un traitement particulier; chacune de ces divisions, qui sont *Laitues de printemps, Laitues d'été, Laitues d'hiver, Laitues à couper,* comprennent elles-mêmes plusieurs variétés. Quant à la section des Laitues romaines ou Chicons, elle se divise, dans ses variétés, en *Romaines d'été* et *Romaines d'hiver*.

Première division des Laitues pommées. — LAITUES DE PRINTEMPS.

PLEINE TERRE. — *Semis*. On sème sur couche en mars, ou en terreau dans une position abritée; ou bien encore, à la même époque, en place, parmi les Oignons, les Radis et les Carottes. Il faut semer clair. Une terre douce et meuble est celle qui convient le mieux aux Laitues.

Culture et récolte des Laitues de printemps. On repique en avril les plants levés sur couche et on laisse les autres en place. Le seul soin qu'exige le repiquage est de ne pas trop fouler autour des racines, ce qui nuirait à la reprise. Quand la terre est sèche, il faut couvrir les planches d'une bonne couche de paillis avant de repiquer, et, pour avoir des plantes tendres et étoffées, il ne faut épargner ni les binages ni les arrosements. On peut cultiver sur couche, sous châssis et sous cloches les variétés de printemps. On récolte les Laitues de printemps au mois de mai.

VARIÉTÉS CULTIVÉES DE LAITUES POMMÉES DE PRINTEMPS.

Laitue gotte ou gau, Laitue d'Oignon (petite, très blonde, à feuilles plissées et cloquées, (Pl. XX, fig. 1), pommant vite et montant de même ; elle convient surtout pour les plantations sur couche, sous cloches et sous châssis ; néanmoins on peut la faire sur terre au printemps ; graine blanche : elle produit deux sous-variétés à graines noires : *à graine noire ordinaire*, aussi hâtive et tenant mieux la pomme ; *à graine noire lente à monter*, tenant encore mieux la pomme et montant difficilement, même en été).

— gotte à bords rouges ou cordon rouge (petite, quoique moins que la précédente, à feuilles d'un vert blond un peu huilé, à dessus de la pomme teint de rouge ; précoce, pommant vite, mais montant de même ; bonne pour le printemps, passant bien aussi l'hiver ; graine blanche).

— dauphine (à feuilles assez lisses, d'un vert un peu blond, légèrement rouge sur la pomme qui est d'une bonne grosseur ; variété essentiellement printanière et pommant facilement ; graine noire).

— Georges (plus grosse et plus rustique que la Laitue gotte ; de même saison que celle-ci ; graine blanche).

— d'Alger (de couleur plus foncée que la Laitue gotte ; variété convenant mieux au semis de pleine terre qu'à la culture forcée ; graine noire).

Deuxième division des Laitues pommées. — LAITUES D'ÉTÉ.

PLEINE TERRE. — *Semis*. On sème, comme pour les précédentes, à partir de mars, soit sur couche, soit sous châssis. Les Laitues d'été ne diffèrent des Laitues de printemps, sous le rapport du semis, qu'en ce qu'on peut prolonger celui-ci jusqu'au mois de juillet. A partir d'avril on n'a plus recours au semis sur couche, et l'on élève directement le plant en pleine terre.

Culture et récolte des Laitues d'été. On repique en place un mois environ après le semis, et l'on observe les mêmes précautions que pour les Laitues printanières. Dans tous les cas, on devra faire une guerre incessante aux vers blancs, également connus sous les noms de mans et de turcs, qui sont très-friands des racines des Laitues, et n'épargner ni les limaces, ni les pucerons, qui attaquent les feuilles des plants. On récolte deux mois après le semis.

VARIÉTÉS CULTIVÉES DES LAITUES POMMÉES D'ÉTÉ.

Laitue blonde de Versailles (ample, à feuilles minces, bosselées, d'un blond blanchâtre ; pomme grosse, un peu haute, bien fournie sans être dure ; excellente pour l'été mais convenant aussi bien aux semis du printemps ; assez prompte à se former et montant lentement ; graine blanche).

— Méterelle (plus verte que la précédente, à pomme plus dense, lente à se former et à monter).

— de Gênes (d'un vert doré, moyenne et légèrement aplatie, se formant vite et tenant bien la pomme).

— hâtive de Simpson (variété américaine très-tendre et cassante, à peu près de même saison que la Laitue de Versailles, mais montant plus vite).

— blonde paresseuse, blonde d'été ou jaune d'été (très-blonde, à feuilles unies, surtout la pomme qui est très bien faite, serrée, un peu plate, d'une belle grosseur ; se maintenant bien en été ; graine blanche).

— blonde de Berlin, ou royale à graine noire (diffère peu de la précédente, sauf par la couleur de la graine).

— blonde trapue (à feuilles étalées, très-travaillées et plissées, à pomme élargie, un peu écrasée, très-serrée, montant difficilement ; graine blanche.

— Batavia blonde ou Silésie (très-grosse, à feuilles ondulées sur les bords, d'un vert un peu doré teint de rouge, à pomme un peu lâche (Pl. XX, fig. 3) ; une des meilleures et des plus volumineuses, mais ayant l'inconvénient de devenir amère quand elle n'est pas abondamment arrosée ; graine blanche).

— de Malte (belle variété de la précédente, vert pâle, uni, tête aplatie, fort tendre ; graine blanche).

— Batavia brune ou Laitue-chou (très-grosse, à feuilles d'un vert obscur, meilleure cuite que crue ; graine blanche).

— chou de Naples (à feuilles d'un vert vif, roide, à pomme très-forte et ronde, ayant la forme d'un chou ; graine blanche).

— Turque ou de Russie (à grandes feuilles presque unies, d'un vert tendre ; pomme très-grosse et très-dure ; une des meilleures variétés d'été ; graine noire).

— impériale (ne diffère de la précédente que par sa graine, qui est blanche).

— grosse brune paresseuse, grosse grise des maraîchers de Paris (à feuilles d'un vert gris, marquées çà et là de taches d'un brun pâle, grandes, arrondies, un peu cloquées ; pomme très-grosse et régulière, un peu rougeâtre au sommet, très-lente à se faire et néanmoins d'une moindre durée que plusieurs des précédentes ; graine noire).

— Palatine, petite brune, jaune verte, rousse, rouge des maraîchers de Paris (variété très-répandue sous ces divers noms, à feuilles presque unies fortement teintées de rouge ; pomme moyenne, mais très-ferme (Pl. XX, fig. 4) ; la plus facile à cultiver, la plus convenable pour les derniers semis de l'été, quoique très-bonne aussi pour les semis de printemps).

— sanguine, flagellée, panachée, à graine blanche (variété remarquable par la couleur de ses feuilles panachées de rouge (Pl. XX, fig. 2) ; pomme moyenne, tendre et fort bonne, montant facilement ; convenant pour le printemps ou la fin de l'été ; graine noire ou blanche ; la variété à graine noire (Pl. XIX, fig. 2), tient mieux sa pomme en été et est plus fortement fouettée de rouge).

Troisième division des Laitues pommées. — LAITUES D'HIVER.

PLEINE TERRE. — *Semis*. On sème depuis la mi-août jusqu'à la mi-septembre.

Culture. On replante durant la dernière quinzaine d'octobre au pied des murs et à l'exposition la plus chaude. Pour garantir les jeunes plantes du froid, on les couvre de paillassons ou de litières qu'on enlève quand le temps le permet.

VARIÉTÉS CULTIVÉES DE LAITUES POMMÉES D'HIVER.

Laitue de la Passion (nommée ainsi de ce qu'elle pomme vers la semaine sainte; d'un blond vert et tacheté; pomme irrégulière (Pl. XX, fig. 5), qui n'est ni belle, ni tendre, comme d'ailleurs toutes les Laitues d'hiver, qui empruntent leur principal mérite de leur rusticité; on peut la cultiver en pleine terre pendant l'hiver; graine blanche).

— morine (un peu plus verte que la Laitue de la Passion, moins étendue en feuilles, aussi grosse en pomme, tenant plus longtemps; graine noire).

— petite crêpe, petite noire, brune d'hiver (petite, à pomme lâche, bonne à forcer sous cloche; graine noire).

Quatrième division des Laitues pommées. — LAITUES A COUPER.

Toutes les laitues, particulièrement celles dont le plant est blond, sont propres à faire de la Laitue à couper; mais on préfère pour cet usage de petites espèces hâtives telles que la petite Crêpe, la Gotte et trois autres dont il va être question.

PLEINE TERRE. — *Semis.* A partir du mois d'avril, on peut semer tous les quinze jours. On récolte à mesure que les Laitues ont de quatre à six feuilles. On verra plus loin ce qui est de la *culture forcée.*

VARIÉTÉS CULTIVÉES DE LAITUES A COUPER.

Laitue gotte.

— petite crêpe.

— chicorée (à feuilles crépues et laciniées imitant la Chicorée).

— Épinard jaune (à feuilles profondément laciniées et donnant plusieurs coupes; elle repousse et peut être coupée plusieurs fois).

— Chicorée anglaise blonde (à profondes découpures, d'une excellente qualité)

Laitues romaines ou Chicons.

Culture. Elle est la même que celle de Laitues pommées, avec cette différence que les Romaines ne se coupent pas jeunes comme les Laitues dites à couper, et qu'il faut, aux variétés maraîchères près, les lier pour favoriser le développement de la pomme.

VARIÉTÉS DE ROMAINES CULTIVÉES.

Romaine alphange blonde, à graine noire (très-grosse, à feuilles épaisses, élargies et blondes, ayant besoin d'être liée).

— alphange, à graine blanche (plus verte; l'une et l'autre sont de fortes plantes, tendres, montant difficilement, ayant besoin d'être liées).

Romaine blonde de Brunoy (se rapprochant de l'alphange, ayant comme elle besoin d'être liée ;
      très-grosse, blonde).
— verte maraîchère (variété hâtive, se coiffant très-bien d'elle-même (Pl. XVII, fig. 3),
      employée pour primeur et pour pleine terre, mais de préférence pour la culture
      forcée ; graine blanche).
— blonde maraîchère (très-bonne, plus grosse que la précédente, pommant sans être
      liée, la plus cultivée à Paris, convenant aussi bien pour les semis de printemps
      que pour les semis d'été ; graine blanche).
— grise maraîchère (se coiffant très-bien d'elle-même).
— brune anglaise (rustique, mais moins grosse que la Romaine blonde maraîchère :
      graine noire).
— verte d'hiver (très rustique, voisine des maraîchères, mais résistant mieux au froid ;
      graine blanche).
— royale verte.
— rouge d'hiver (aussi rustique et de même saison que la Laitue de la Passion ; graine
      noire).
— monstrueuse (belle race, à feuilles rougeâtres, donnant souvent plusieurs têtes).
— de la Madeleine (très-estimée dans le département des Landes, d'où elle nous est
      venue ; blonde, légèrement lavée de rouge ; pomme grosse, tendre, lente à
      monter).
— panachée ou sanguine (très-tendre, d'un gracieux aspect (Pl. XIX, fig. 3), facile à
      monter et demandant de fréquents semis ; graine blanche ou noire).
— panachée améliorée (de huit à dix jours plus tardive que la précédente, à pomme
      plus grosse, plus ferme, se coiffant naturellement).
— à feuilles d'Artichaut (feuilles grandes et longues, fortement découpées, ayant quel-
      que ressemblance avec celles de l'Artichaut ; formant une grosse touffe ; très-
      tendre, d'une excellente saveur, surtout quand elle a été liée ; recommandée
      comme salade tardive).

CULTURE FORCÉE DES LAITUES POMMÉES ET DES ROMAINES. —
Cette culture s'applique à la Laitue petite crêpe. Elle s'étend volontiers aux variétés de printemps et particulièrement à la Laitue
gotte et à la Laitue Georges. On force aussi certaines variétés de
Romaines, spécialement la Romaine verte maraîchère et la Romaine grise maraîchère qui se traitent comme la Laitue petite
crêpe et la Laitue gotte.

Semis, plantation, culture et *récolte pour la culture forcée.* On
sème dans les premiers jours d'octobre sur un ados de terreau et
sous cloche. Dès que le plant a deux feuilles, on le repique sur un
autre ados, et l'on recouvre d'une cloche sans donner d'air. On peut
tous les quinze jours enlever les plants contenus sous les cloches des
ados et échelonner ses repiquages de manière à avoir des produits
jusqu'en février.

Vers la fin de novembre, on établit une couche d'environ 40
centimètres d'épaisseur susceptible de donner une chaleur de 12

à 15 degrés; on la charge de terreau; on place les coffres, et, après avoir étendu le terreau bien également, on plante dans chaque coffre sept rangs de Laitue petite crêpe. Après la plantation, on visite souvent les Laitues et on enlève avec soin toutes les feuilles tachées par l'humidité. Assez ordinairement lorsqu'elles commencent à former leur pomme, on supprime les deux ou trois premières feuilles inférieures, opération qui n'a lieu que pour les Laitues plantées à cette époque. La nuit, pendant les gelées, on couvre les châssis avec des paillassons. Si le froid augmente, on entoure les coffres d'un réchaud de fumier que l'on élève jusqu'à la hauteur des châssis, puis on double les paillassons, en ayant soin de découvrir lorsque la température le permet. Ainsi traitées, ces Laitues sont bonnes à récolter dans le courant de janvier. Après cette récolte, on peut planter des Laitues gottes ou des Romaines vertes maraîchères ou grises maraîchères sur les mêmes couches, de manière à tirer de celles-ci tout le parti possible.

Dans le courant de janvier et de février, on prépare une autre couche de 33 centimètres d'épaisseur, dont la longueur est proportionnée au nombre de cloches que l'on a; on charge la couche de 10 centimètres de terreau; ensuite on dispose les cloches sur trois ou six rangs, en ayant soin, dans ce dernier cas, de laisser un sentier entre le troisième et le quatrième rang pour la circulation; puis on plante quatre Laitues petites crêpes sous chaque cloche et une Romaine maraîchère au milieu. Quand la récolte en est faite, on peut planter sur la même couche une saison de Laitues Georges que l'on cueille vers la fin de mars. Les soins à donner aux Laitues cultivées sous cloches sont les mêmes que ceux indiqués pour la culture sous châssis. Le châssis ne convient pas à toutes les variétés.

Faculté germinative des graines de Laitues. Les graines des diverses Laitues se conservent quatre à cinq ans. Il faut éviter la fécondation croisée si l'on veut conserver des variétés franches. On se procure de la graine bonne et pure en choisissant les plus belles Laitues de chaque variété, qu'on tient éloignées les unes des autres, pour éviter le mélange des poussières fécondantes.

Laitue vivace (Pl. XIII, fig. 4).

Lactuca perennis Lin. (*Composées.*) — Vivace.

Cette plante, qui croît naturellement dans nos contrées, est regardée comme un bon légume dans certaines parties de la France, particulièrement à Montargis où on la nomme Égreville, et à Bourges où on la nomme Chevrille. En avril et mai, les pousses nouvelles, que l'on coupe à plusieurs centimètres au-dessous du sol fournissent une bonne salade. Les feuilles plus développées sont agréables mangées cuites et apprêtées à la manière de la Chicorée. Enfin, dans les ménages de fermes, on les emploie quelquefois, parvenues à tout leur développement, à la place de Choux, pour faire de la soupe au salé. Les pousses blanches et tendres du printemps se récoltent principalement dans les Avoines, et doivent provenir de racines coupées ou enterrées profondément par la charrue, ce qui pourrait servir d'indication pour obtenir de la salade blanche avec Laitue vivace, à moins qu'on ne la fasse pousser en cave comme la Barbe de capucin. Cette plante rustique serait susceptible d'être cultivée avec avantage. M. Vilmorin dit que si on voulait l'essayer en petite salade verte, il faudrait semer épais et en rayons comme la Chicorée sauvage, et que si, au contraire, on voulait l'employer pour la cuisson, il conviendrait de semer clair et de replanter à environ 25 centimètres de distance.

Lupuline en toupie ou Limaçon.

Medicago turbinata All. Willd. (*Légumineuses-Papilionacées.*) — Annuelle.

Même culture et même usage que la Chenillette. La silique enroulée figure assez bien les coquilles d'une petite Hélice. Il en est de même de la Lupuline contournée (*Medicago tornata* Willd.), dont les gousses cylindriques ont la forme d'Escargots. L'une et l'autre sont des Luzernes.

Mâche, Boursette, Doucette, Blanchette (Pl. XVII, fig. 2).

Valeriana locusta Lin. *Valerianella olitoria* Willd. (*Valérianées.*) — Annuelle.

Les feuilles radicales oblongues de cette petite plante indigène de nos contrées, qui est appelée, suivant les pays, de tant de noms différents, fournissent une agréable salade.

PLEINE TERRE. — *Semis*. A partir du milieu d'août, on commence à semer la Mâche à la volée, soit en planches, soit au milieu d'autres plantes. On continue jusqu'à la fin d'octobre, presque toutes les semaines. On recouvre légèrement la graine, et, quand le temps est sec, on donne quelques bassinages. La terre la plus convenable est celle qui est meuble et fumée de l'année précédente.

Culture et récolte. On ne se donne pas la peine d'éclaircir le plant. Comme la Mâche est d'autant meilleure qu'elle est plus tendre, on consomme les plantes provenant des semis, et l'on est amplement fourni de salades. On récolte avant le développement entier de la plante et dès que les feuilles sont assez grandes pour être consommées.

Faculté germinative. De cinq à six ans. On laisse pour graines les pieds les plus forts et l'on surveille attentivement leur maturité, car les graines tombent dès qu'elles sont mûres, et se ressèment d'elles-mêmes.

VARIÉTÉS CULTIVÉES.

Mâche commune.
— ronde (plus étoffée et plus grosse que la commune).
— à grosse graine.
— régence ou d'Italie (*Valeriana coronata*; espèce distincte, plus tardive que la précédente et lui succédant; à feuilles plus larges, un peu blondes, fort estimées; on sème clair; du reste la culture est la même; la graine se conserve au moins six ans).
— d'Alger (*Valeriana cornucopia*; elle mérite également d'être préférée à la Mâche commune).

Moutarde blanche, — et Moutarde noire ou Sénevé.

Sinapis alba Lin., ou *Bonannia officinalis* Presl. — *Sinapis nigra* Lin., ou *Brassica nigra* Koch. (*Crucifères-Brassicées*.) — Annuelle.

La Moutarde blanche, indigène de nos contrées, est cultivée, en Angleterre, pour être mangée en salade avec le Cresson alénois et la petite Laitue à couper. On se sert du jeune plant pour cet usage.

PLEINE TERRE. — *Semis, culture, récolte*. Les jardiniers anglais sèment en lignes, dans des rayons dont le fond est aussi plat que possible; ils recouvrent la graine, dont la durée germinative est de cinq ans, avec un peu de terreau bien consommé; ils arrosent ensuite au besoin. Le débit que les jardiniers anglais ont de cette plante, les engage à en semer pendant toute l'année ; mais, suivant les exigences de la saison, ils sèment sur couche tiède, à bonne exposition ou à l'ombre. Pour l'usage alimentaire on coupe le plant de moutarde blanche avant que les feuilles rugueuses soient développées ; après quoi, on retourne les semis pour faire place à d'autres cultures.

La Moutarde noire (Pl. XV, fig. 5) dont la graine sert à préparer le condiment connu sous le nom de Moutarde, peut, comme la Moutarde blanche, être mangée en salade. Elle préfère une terre douce, légère, un peu fraîche, bien ameublie et modérément fumée. On sème clair et à la volée, au commencement du printemps. On se borne ensuite à des sarclages et à des binages.

Nous avons dit quelques mots de la Moutarde des champs (*Sinapis arvensis*), page 252 de ce volume. Il est amplement traité des diverses Moutardes dans la *Flore médicale du XIX siècle* et dans la *Flore agricole*, qui font partie du *Règne végétal*.

Moutarde de Pékin ou Moutarde de la Chine.

Sinapis Pekinensis. (Crucifères.) — Annuelle.

Cette plante a été apportée de la Chine, en 1837, en même temps que le *Petsaï*. Elle compte parmi les végétaux alimentaires le plus recherchés des Chinois, quoiqu'elle paraisse être douée d'une saveur trop forte pour les palais européens. On la mange cuite ou crue. Elle est d'une croissance très-prompte. Chaque pied, au moment de monter, présente une masse de feuilles larges et tendres, qui peuvent tenir lieu de Cresson alénois si on les cueille jeunes.

PLEINE TERRE. — *Semis* et *culture*. On sème en place et dru, au printemps ou en septembre ; à l'aide d'arrosements on pourrait même semer tout l'été. Pour obtenir la plante dans toute sa venue, il faut, par l'éclaircissage, espacer de 30 à 40 centimètres. La graine est aussi piquante que celle de la Moutarde noire et, de même que celle-ci, pourrait être employée comme condiment.

On a apporté aussi de la Chine la Moutarde à feuilles de Chou, remarquable par ses feuilles très-amples, plissées, ayant du rapport avec celles du Chou. Elle est susceptible d'être mangée cuite. Sa culture est à peu près la même que celle du Petsaï.

Enfin la Chine nous a encore donné la Moutarde laciniée, à feuilles découpées jusqu'à la côte et beaucoup moins grandes que celles de la Moutarde de Pékin. Cette plante peut être cultivée comme petite salade, à l'instar du Cresson alénois.

Perce-pierre, Criste-marine (Pl. X, fig. 12).

Crithmum maritimum Lin. (*Ombellifères.*) — Vivace.

Cette plante, indigène des bords de la mer de nos contrées, que l'on appelle quelquefois par corruption *Passe-pierre*, et qui porte aussi les noms de Criste-marine ou Crête-marine, de Bacile, de Fenouil marin, d'Herbe-Saint-Pierre, donne des feuilles et de jeunes pousses qui, confites au vinaigre, servent d'assaisonnements dans les salades. Le Perce-pierre le plus estimé est celui que l'on recueille là où il vient naturellement. Toutefois, quand on est éloigné de la mer, on le cultive avec succès dans les jardins.

Pleine terre. — *Semis, plantation, culture, récolte* et *conservation*. On sème au mois d'août ou de septembre aussitôt après la maturité de la graine, et, si l'on n'a pas eu le temps ou l'occasion, dans le courant de mars, au levant ou au couchant et même au midi, au pied d'un mur, car la station qui convient le mieux à cette plante est parmi les pierres. On peut aussi multiplier le Perce-pierre en arrachant les jeunes pieds qu'on repique dans une station convenable. On bine et l'on arrose abondamment pendant l'été pour entretenir la terre dans un état constant d'humidité. Durant les grandes gelées, on met une couverture de litière. On cueille les feuilles depuis le mois de juin jusqu'à l'automne, et on les met confire dans le vinaigre.

Picridie cultivée ou Terre crépie (Pl. XIII, fig. 5).

Picridium vulgare H. P. (*Composées-tubuliflores.*) — Annuelle.

Cette plante, indigène des régions méditerranéennes et de l'Europe centrale, est susceptible d'être mangée en petite salade verte, comme la Chicorée sauvage. Elle est douce et agréable, quoique douée d'une

légère saveur de gigot de mouton qui ne laisse pas d'abord que d'é-
tonner. La Picridie cultivée est fort recherchée des Italiens.

PLEINE TERRE. — *Semis, culture, récolte.* On sème par rayons, en
mars, et successivement pendant l'été et l'automne. La Picridie
demande, surtout en été, une exposition demi-ombrée et beaucoup
d'eau.

Pissenlit ou **Dent-de-Lion** (Pl. XVII, fig. 1).
Taraxacum dens leonis. (Composées.) — Vivace.

La culture a sur cette plante, indigène de nos contrées, le don
d'en attendrir les feuilles, naturellement coriaces quand elles ont
acquis tout leur développement, et de lui faire prendre place à côté
de la Chicorée sauvage, sur laquelle elle a l'avantage de ne pas
s'élever à 1 mètre et de rester toujours à fleur de terre. On mange
les feuilles en salade après les avoir fait blanchir.

PLEINE TERRE. — *Semis, plantation, culture.* La multiplication
peut se faire par la graine; mais il est plus simple de faire recueillir
dans les champs de jeunes pieds, qu'on repique à 15 centimètres
les uns des autres en tous sens. Lorsque la terre est substantielle et
qu'on n'épargne pas les arrosements durant la sécheresse, les feuilles
acquièrent un développement double au moins, pour la grandeur
et la quantité, de celles de la plante sauvage. On a toujours soin
de la couper pendant l'été pour qu'elle ne s'épuise pas à donner
des fleurs; puis on la recouvre de 12 à 15 centimètres de vieux
terreau. Dès que les Pissenlits commencent à percer cette couche
de terreau, on les coupe au collet de la racine pour les manger. La
coupe peut s'en faire plusieurs fois.

Pourpier cultivé (Pl. XVI, fig. 4).
Portulaca oleracea Lin. *(Portulacées.)* — Annuel.

Le Pourpier, indigène du midi de la France, est estimé pour ses
qualités douces et rafraîchissantes. Les feuilles et les jeunes pousses
se mangent ordinairement crues, comme fournitures de salade,
mais elles sont également goûtées cuites et assaisonnées au jus, à la
manière de la Laitue.

Pleine terre. — *Semis, culture et récolte.* Le Pourpier craint la moindre gelée et ne peut être semé en pleine terre qu'en mai et successivement jusque dans la première quinzaine d'août. Le semis se fait à la volée, dru si l'on veut faire une seule coupe, clair si l'on veut en faire plusieurs. Le Pourpier semé dru s'élève, ne ramifie pas, et donne une seule coupe abondante. Semé clair, il s'étend et peut donner deux ou trois récoltes. On recouvre la graine d'une légère couche de terreau, et l'on bassine assidûment jusqu'à ce qu'elle soit levée. Pour avoir du Pourpier bien coloré, toujours plus estimé que le Pourpier vert, il faut, pendant l'été, le bassiner cinq à six fois par jour, au moment où le soleil donne. Le Pourpier a beau être peu sensible à la sécheresse, les arrosements le rendent plus tendre. Comme, malgré sa vigueur, il s'épuise promptement, on retourne ordinairement le semis après la première ou la seconde coupe. Le Pourpier d'ailleurs se ressème de lui-même et est même plus beau ainsi qu'après un semis artificiel. On peut donc lui abandonner un bout de planche et l'y laisser se multiplier.

Culture forcée. — *Semis et culture.* On sème le Pourpier sur couche et sous châssis, de janvier en avril, pour primeur. On lui donne des bassinages, une chaleur douce et des couvertures, car, comme on l'a déjà dit, il redoute la gelée.

Faculté germinative des graines. Cinq à six ans.

VARIÉTÉS CULTIVÉES.

Pourpier commun.
—   doré (plus blond, plus estimé, mais qui souvent dégénère et retourne au type vert).
—   doré à larges feuilles.

Raiponce.

Cette plante indigène est cultivée pour ses racines et ses feuilles que l'on mange les unes et les autres en salade; il en a été traité dans le chapitre des *Racines alimentaires* (voir page 178).

Roquette.

Brassica eruca Lin. (*Crucifères.*) — Annuelle.

Cette plante, indigène de nos contrées, fleurit en mai ou juin;

ses fleurs ont l'odeur de celles de l'Oranger. Les jeunes feuilles se mangent en salade.

PLEINE TERRE. — *Semis, culture, récolte.* On sème en mars très-clair, et successivement jusqu'à la fin de l'été. On sarcle, on bine, on arrose, pour diminuer la saveur âcre de la plante, et l'on éclaircit quand le plant est trop serré. On coupe, pour la manger en salade, la Roquette encore jeune, afin qu'elle ait moins d'âcreté.

Durée de la faculté germinative des graines. Cinq à six ans.

Trique-Madame ou Orpin blanc.

Sedum album Lin. (*Crassulacées.*) — Vivace.

Les sommités de cette plante indigène de nos contrées et qui croît abondamment sur les roches, les vieux murs, les toits, sont susceptibles d'être ajoutées aux salades. Dans le cas où l'on en veut faire cet usage on sème au printemps en terre fraîche et sablonneuse, ou encore on multiplie de boutures, qui reprennent très-facilement. Le Trique-Madame ou Orpin blanc ne réclame d'autre soin que des arrosements.

CHAPITRE VII.

GOUSSES ET GRAINES LÉGUMIÈRES.

—

Dolique à onglet, Mongette, Bannette.

Dolichos unguiculatus. (Légumineuses.) — Annuelle.

Les Doliques, genre voisin des Haricots, fournissent, dans les
pays chauds surtout, plusieurs espèces et variétés cultivées pour la
nourriture de l'homme. L'espèce la plus répandue en Europe est le
Dolique à onglet ou à œil noir; il est d'un blanc jaunâtre et a la
peau rude. Sous les noms de Mongette ou de Bannette, il est estimé
et d'un bon produit dans le midi de la France, mais il mûrit difficilement sous le climat de Paris. On peut le semer sur couches
dans les premiers jours d'avril, pour le repiquer en mai, à une
exposition chaude, le long d'un mur bien abrité.

Au Dolique à onglet ajoutons le Dolique Lablab, dont les semences sont également comestibles, et le Dolique à longue gousse ou
Haricot-asperge, dont les siliques minces et longues de près de
40 centimètres, sont excellentes à manger en vert. Ces trois espèces
demandent la même culture. Nous renvoyons à la *Flore agricole*
pour plus amples renseignements.

Fève.

Faba sativa. Faba vulgaris. (Légumineuses.) — Annuelle.

Originaire de l'Égypte selon les uns, de la Perse selon les autres,
la Fève vulgaire et ses variétés sont entrées de tout temps dans l'alimentation de l'homme. A Paris et dans ses environs, on lui donne

le nom de Fève de marais, parce qu'on la sème dans les potagers que l'on y désigne par le mot de marais, comme on a pris l'habitude d'appeler plantes maraîchères toutes les plantes qui sont cultivées dans ces mêmes potagers, et comme on a étendu aux jardiniers qui pratiquent cette culture le nom de maraîchers. Cette dénomination de localité, prise à la lettre, serait funeste aux produits, si l'on en tirait la conséquence que l'on doit semer les Fèves dites de marais dans un sol trop humide et marécageux.

PLEINE TERRE. — *Semis.* On sème les Fèves en février et mars, si l'on veut même jusqu'en mai, en touffes ou en rayons. Quel que soit le mode de semis qu'on adopte, les Fèves doivent être suffisamment espacées pour que l'air circule librement entre elles, sans quoi elles couleraient. La semence de Fève, beaucoup plus grosse que celle des autres plantes, doit être placée à 8 ou 10 centimètres de profondeur.

Culture, récolte, conservation. On donne quelques binages. Dès que les Fèves sont défleuries, on pince l'extrémité des tiges, pour forcer la séve à se porter vers le fruit. Il faut se débarrasser autant que possible du puceron noir, qui fait beaucoup de mal aux Fèves, particulièrement à celles que l'on a semées un peu tard. Pour manger les Fèves en vert, on les cueille vers le mois de juin ou de juillet ; pour les manger en sec, à la fin d'août, époque où les graines ont acquis leur perfection. Comme toutes les graines légumineuses, les Fèves se conservent mieux dans leur gousse ou silique, qu'après avoir été écossées. Blanches, la première année, elles brunissent à mesure qu'elles vieillissent, et finissent par devenir presque noires. C'est même à la couleur de la Fève qu'on reconnaît si elle est nouvelle ou vieille. Il faut conserver les Fèves écossées dans un lieu sec, et ne les garder qu'une année pour l'usage de la table. Si l'on veut éviter le développement des bruches, cet insecte qui dévore nos graines légumineuses, il faut faire passer à un four, dont la chaleur ne soit pas de plus de 70 degrés, et laisser pendant une heure les Fèves qu'on veut en délivrer. Cette température détruit les œufs et sauve la graine, qui a toutefois en partie perdu ses facultés germinatives.

Culture forcée. — On sème les premières Fèves en janvier sous châssis. En février, on repique dans une côtière exposée au midi, en rayons espacés de 35 centimètres. On couvre de litière les jeunes plantes pendant le mauvais temps. On les bine quand elles ont cinq à six feuilles, et, lorsqu'elles végètent avec vigueur, on donne un binage et l'on remplit les rayons, ce qui fait pousser plus vigoureusement encore. Quand les Fèves sont défleuries, on pince les sommités comme il a été dit précédemment pour la culture de pleine terre. Pour les semis de janvier, on prend de préférence la Fève naine hâtive, qui peut être récoltée et mangée en vert dès le mois de mai,

Durée de la faculté germinative des graines. Six ou sept ans, et même plus. Les graines les plus noires sont aussi bonnes que les nouvelles.

VARIÉTÉS CULTIVÉES.

Fève commune ou de marais (la plus productive de toutes).
 — naine hâtive (petite, très-bonne pour primeur).
 — naine rouge (variété plus hâtive encore et encore plus petite).
 — julienne ou petite (plus tardive que la précédente).
 — de Windsor (très-grosse, de forme arrondie, Pl. XXIII, fig. 7).
 — toujours verte (très-productive, mais tardive ; le fruit, mûr et sec, reste vert).
 — à longue cosse (hâtive et produisant beaucoup).
 — violette (elle a une variété à fleurs pourpres très-jolie).

Gesse cultivée, Lentille d'Espagne.

Lathyrus sativus Lin. (*Papilionacées.*) — Annuelle.

Cette légumineuse, indigène de nos climats, appartient essentiellement à la grande culture ; aussi la trouvera-t-on traitée en détail dans la *Flore agricole,* qui fait partie du *Règne végétal.* Quelques personnes l'admettent dans les potagers et font usage de ses semences encore vertes comme de petits Pois ; les semences, quand elles sont mûres, sont bonnes en purée et font un bon potage.

Pleine terre. — *Semis, culture* et *récolte.* On sème en mars et avril ; la culture est celle des petits Pois ; on récolte en septembre.

Gombaud, Gombo, Guiabo ou Ketmie comestible.

Hibiscus esculentus Lin. (*Malvacées-Hibiscées.*) — Annuelle.

Cette plante est indigène de l'Amérique méridionale; on la trouve aussi en Asie et en Afrique. Dans les parties chaudes de ces régions, on fait une grande consommation des fruits de Gombaud, qui sont des capsules coniques ou pyramidales; on en prépare des potages et on en extrait, au moyen de l'eau bouillante, un mucilage abondant que l'on emploie pour donner de la consistance aux aliments liquides. On mange ces fruits cuits au naturel ou assaisonnés d'épices. Aux Antilles, on en fait l'espèce de potage national appelé *calalou*. En Égypte, on croit que l'alimentation par le Gombaud préserve de la pierre. On peut manger les graines vertes comme des petits Pois; sèches et torréfiées, on les a proposées comme succédanées de celles du Café. Cette Malvacée croît bien dans nos départements méridionaux.

CULTURE SUR COUCHE. — *Semis* et *culture*. En février, on sème sur couche chaude; on repique, en mars, sur une autre couche chaude et sous un châssis élevé, ou bien à une autre exposition. Cette plante exige des arrosements abondants et quelques binages.

Haricot (Pl. XXIII, fig. 9 à 17).

Phaseolus Lin. (*Légumineuses.*) — Annuel.

Les plantes qui constituent le genre Haricot sont ligneuses ou herbacées, le plus souvent volubiles, couchées ou presque dressées. Elles croissent naturellement dans les parties tropicales ou sous-tropicales, plus abondamment toutefois en Amérique. La culture et les différences de climat ont fait naître un nombre prodigieux de variétés de cet excellent légume. On mange les gousses avant leur entier développement, la graine verte ou sèche. Dans les variétés sans parchemin, on mange les gousses avec la graine. Les divers Haricots, considérés sous le rapport de leur culture et de leur emploi, présentent des différences assez grandes, auxquelles on doit avoir égard dans le choix des espèces. Les uns sont à *rames*, et leur tige grimpante a besoin, pour se soutenir, de rames de

1^m.50 à 3 mètres de hauteur; d'autres sont *nains;* il en est qui tiennent le milieu entre ces deux premières espèces. Il y a des Haricots spécialement convenables pour être mangés en graine; il y en a qui sont propres à être consommés en petites cosses vertes, ce sont les Haricots verts; une troisième espèce, appelée *mange-tout* ou *sans-parchemin* (dénomination qui s'applique à la cosse et non au grain), est bonne à manger, cosse et grains à la fois, presque jusqu'au point de la maturité. Enfin, il y en a, comme le *Haricot suisse rouge*, qui participent des deux avantages, et peuvent être mangés soit verts, soit secs. La plupart des *mange-tout* sont goûtés en grain. Au reste, on indiquera à l'endroit des *Variétés cultivées* les qualités et les avantages de chacune des espèces de Haricots.

CULTURE FORCÉE. — *Semis, repiquage, mise en place.* On sème de janvier en mars, sur couche et sous châssis. Lorsque les Haricots sont sortis de terre et que les premières feuilles se montrent, on repique en pépinière, toujours sur couche et sous châssis. Huit à dix jours après, on met en place sur une couche ayant de 20 à 25 degrés de chaleur. On en met quatre par coffre, et on laisse entre eux une distance d'environ 15 à 20 centimètres.

Culture et *récolte.* On couvre les châssis avec des paillassons, pendant la nuit, pour ne pas laisser pénétrer le froid; on entretient par des réchauds la chaleur de la couche; on donne de l'air quand la température extérieure le permet, et l'on bassine suivant le besoin, surtout quand les Haricots vont fleurir. Pour donner à la plante plus de force, sans qu'elle occupe plus d'espace, on incline vers le haut du coffre les tiges des Haricots quand ils ont 25 centimètres de hauteur, et on les maintient dans cette position par un poids quelconque, mais mieux par de petites tringles de bois assez pesantes pour les obliger à rester couchés. L'extrémité des tiges ne tarde pas à se redresser, et la végétation continue; la base seule des plantes reste couchée sur le sol. On visite souvent les Haricots, on supprime toutes les grandes feuilles, et l'on a soin d'enlever tout ce qui pourrait donner de l'humidité; on commence à recueillir des Haricots verts, très-fins d'abord, puis successivement plus développés. On peut obtenir deux récoltes en nettoyant avec soin les pieds qui ont produit, et en les laissant reposer pendant quelque temps.

CULTURE AU THERMOSIPHON. — *Semis, culture* et *récolte*. Depuis l'application du thermosiphon au chauffage des serres, on l'a essayé avec succès dans la culture des primeurs. L'emploi en est simple, et il n'exige pas le travail du remaniement des réchauds. Dans ce cas, on peut semer dès la fin de novembre; mais comme à cette époque il y a souvent absence complète de soleil, ce qui est très-défavorable à ce genre de culture, il est préférable de ne commencer l'opération que dans la seconde quinzaine de décembre, lorsque le plant est bon à repiquer. On prépare une couche très-mince, dans le seul but de garantir les Haricots de l'humidité du sol; puis on fait circuler les tuyaux de l'appareil au-dessus de la couche; on entretient une chaleur de 15 à 20 degrés sous les châssis, et comme on peut régler ce chauffage à volonté, on découvre tous les jours sans avoir égard à l'état de la température, et l'on donne de l'air aussi souvent qu'il est nécessaire, ce qui tourne au profit de la plante. On peut commencer la récolte dans la première quinzaine de février.

CULTURE MIXTE. — *Semis, repiquage, culture et récolte*. On sème en avril sur couche et sous panneaux. On repique en pleine terre, sous cloche, ou, si l'on veut, sous panneaux. On ne met que trois Haricots sous chaque cloche. On donne de l'air après la reprise; on enlève les cloches ou les panneaux quand les gelées ne sont plus à craindre, et l'on borne tous les soins à quelques binages et arrosages, ainsi qu'à enlever les feuilles qui jaunissent et nuisent à la plante. Au bout de deux mois environ l'on peut récolter les Haricots venus par ce moyen.

PLEINE TERRE. — *Semis*. Lorsque la terre est chaude et légère, on sème au commencement de mai, et à la fin de ce mois, dans les terres fortes et fraîches. Il ne faut pas semer plus tard les Haricots destinés à être récoltés pour l'hiver. Quant aux Haricots à récolter en vert, on peut les semer jusqu'à la mi-août. On a l'habitude de semer les Haricots en touffe : c'est une méthode vicieuse; on doit préférer le semis en lignes, ce qui permet à ces plantes de se développer davantage, et par conséquent de donner plus de fruits. Les rayons doivent avoir une profondeur de 5 à 6 centimètres, et être distants entre eux d'environ 40 centimètres; les Haricots, semés un à un, sont écartés de 15 à 20 centimètres; après le semis, on les recouvre de 2 centimètres de terre. Si l'on sème en touffes, on ouvre des trous de peu de profondeur, disposés en quinconce, ayant entre eux une distance de 40 centimètres; on met dans chaque trou de cinq à six Haricots, et on les recouvre de 2 centimètres de terre.

Culture. Après le semis, on donne un léger binage pour faciliter la germination; quand les graines sont bien levées et ont quelques feuilles, on les rehausse en remplissant les rayons ou les trous; puis on ne donne plus que quelques légers binages et quelques bassinages; on s'abstient même assez souvent de ces soins. Vers le mois de juin on met des rames aux espèces volubiles; elles doivent avoir au moins 3 mètres pour les grandes espèces, telles que Soissons, Sabre, d'Espagne, etc.

Récolte. Les Haricots verts de pleine terre commencent à donner à la fin de juin, et fournissent abondamment pendant juillet et août. A la fin de ce dernier mois, les Haricots frais apparaissent; ils donnent jusqu'à la fin de septembre, et même jusqu'à la mi-octobre.

Conservation. Les Haricots se conservent mieux dans leurs cosses ou siliques, et on ne les bat qu'au fur et à mesure des besoins; mais ils peuvent aussi être battus, mis dans des sacs et conservés en lieu sec. Ils n'ont pas, comme les autres graines légumineuses, l'inconvénient d'être attaqués par les bruches. On ne peut, pour l'usage de la table, conserver les Haricots au-delà d'une année; passé cette époque, ils deviennent durs et prennent un goût désagréable qui les fait rejeter de l'alimentation.

Durée de la faculté germinative des graines. Six ans au moins, en les conservant dans les gousses.

VARIÉTÉS CULTIVÉES.

Haricots à rames.

Haricot de Soissons (à graine blanche, grosse et plate; il est le plus estimé à l'état sec à Paris; il acquiert dans les terrains de Soissons une finesse de goût et de peau qui le rend supérieur, Pl. XXIII, fig. 15).

Haricot sabre (à graine blanche, comprimée, souvent un peu arquée, de moyenne grosseur ;
peut-être le meilleur de tous ; ses cosses sont d'une longueur et d'une largeur ex-
traordinaires ; jeunes, elles font d'excellents Haricots verts ; parvenues à toute leur
grosseur, elles sont encore tendres et charnues, et peuvent être consommées en cet
état, soit fraîches, étant cossées par morceaux, soit en hiver, après avoir été coupées en lanières et confites au sel ; enfin le grain nouveau ou sec est égal, sinon
supérieur, à celui du Haricot de Soissons : cette variété, montant très-haut, exige
de grandes et fortes rames).

— gigantesque (à demi sans parchemin ; à grain blanc, long, un peu cylindrique, de
grosseur moyenne ; sa dénomination indique assez combien il monte haut).

— Lafayette (analogue au précédent par sa hauteur ; à demi sans parchemin ; cosses
longues disposées par trochets ; produit considérable ; graine fauve clair marbré,
de très-bonne qualité).

— prédome, prudhomme, prodommel (sans parchemin, à cosse pouvant se manger même
à la maturité des graines qui sont ovales, petites, d'un blanc gris ; c'est un *mange-
tout*).

— Prague rouge ou Pois rouge (à parchemin très-mince, à grain rond, rouge violet, tardif, mais très-productif dans les automnes favorables si on a eu soin de le ramer
très-haut ; son grain, à l'état sec, a la peau un peu épaisse, mais est très-farineux,
d'une pâte sèche, ayant un goût de Châtaigne).

— Prague bicolore (ayant les qualités du précédent, mais le grain un peu plus gros :
Pl. XXIII, fig. 15).

— Prague jaspé (il a paru sur nos marchés sous les noms de Haricot du Cap, de Hari-
cot-Châtaigne ; il se mange en frais et en sec ; il a la peau très-fine ; il gonfle
beaucoup ; c'est un des meilleurs, surtout mangé frais ; il est répandu aux environs
de Paris ; Pl. XXIII, fig. 17 : il existe une sous-variété naine).

— beurre à grain noir, cire ou d'Alger (à grain noir, à gousse épaisse, jaunâtre, fort
tendre, pouvant même se manger sec ; c'est un excellent *Mange-tout* qui diffère
des variétés *Prague* par sa précocité).

— beurre à grain blanc (mêmes qualités que le Haricot beurre à grain noir ; cosse
blanche et transparente ; il existe une sous-variété naine).

— Sophie (variété semblable au Prague, à grains blancs et un peu plus grands ; c'est un
excellent *Mange-tout* ; médiocre en sec).

— riz (petite variété qui plaît par la finesse de son grain blanc, oblong et très-menu ;
il charge beaucoup ; il est bon en vert et surtout en grains frais écossés : quelques personnes trouvent ce Haricot excellent en sec, quoiqu'il soit un peu ferme
en cet état, ce qui ne tient peut-être qu'à la qualité plus ou moins favorable des
terrains).

— de Lima (*Phaseolus lunatus* ; à grains très-gros, épais, d'un blanc sale ; à cosse large,
courte, rude, chagrinée comme celle du Haricot d'Espagne. Cette espèce, dont le
produit est considérable, et dont le grain est d'une qualité farineuse, ne mûrit dans
nos pays qu'à une exposition chaude ; aux environs de Paris, on n'obtient la maturité d'une partie des gousses, qu'en l'avançant sur couche dans de petits pots,
pour la planter ensuite en mai : on mange ce Haricot écossé ou en vert. Il rame
très-haut, et peut devenir précieux pour le midi de la France).

— de Sieva (variété du précédent, plus petite et moins tardive).

— du Cap (semblable au Haricot de Lima, et très-productif ; réussit aux environs de
Paris).

— d'Espagne ou écarlate (*Phaseolus coccineus* ; distinct du Haricot commun ; il est excellent frais et produit beaucoup ; la racine en est vivace ; on peut la conserver dans
du sable et la replanter l'année suivante ; le produit, dans ce dernier cas, est plus
précoce. Il y a deux variétés, celle *à fleur écarlate* qui n'est guère cultivée chez nous
que comme plante d'ornement, quoique son grain soit bon à manger ; celle *à fleur
blanche* qui sert aux deux usages ; Pl. XXIII, fig. 16).

Haricot d'Espagne bicolore (variété fort jolie, mais qui, pour l'alimentation, n'est pas préférable aux précédentes; Pl. XXIII, fig. 17).

Haricots nains ou sans rames.

Haricot nain hâtif de Hollande (cosse longue, étroite; grain blanc, petit, un peu comprimé;
excellent en vert).
— flageolet ou nain hâtif de Laon (grain blanc, étroit, longuet, un peu cylindrique,
variété des plus estimées et des plus répandues aux environs de Paris; très-naine,
très-hâtive, propre au châssis, fort employée pour faire des Haricots verts, et assez
bonne comme Haricots secs; Pl. XXII, fig. 11).
— flageolet jaune (très-belles gousses pour cueillir en vert; graine jaune fauve; allongé
cylindrique, très-précoce).
— flageolet rouge (à grain rouge allongé, à cosse longue, arrondie, étroite; très-productif, très-bon en vert).
— de Soissons nain, ou gros-pied (excellent en frais et en sec; cosses et grains analogues au Soissons à rames; presque aussi hâtif que le précédent).
— nain blanc sans parchemin (très-ramifié et fécond).
— sabre-nain (excellent en vert et en sec; cosses fort longues et très-larges; graine
blanche, aplatie, assez petite; les terrains humides lui conviennent peu, à cause de
ses longues cosses, attachées très-bas et traînant à terre où elles sont susceptibles
de pourrir; on en met 2 ou 3 seulement à la touffe qui est très-grosse et très-
ramifiée).
— suisse (qui a plusieurs variétés, dont les principales sont le *Suisse gris* ou *gris de
Bagnolet* (Pl. XXIII, fig. 12), le *Suisse blanc*, le *Suisse rouge*, le *plein de la Flèche*
cultivé surtout dans le département de la Sarthe, le *Ventre-de-biche* et le *Haricot
solitaire*; toutes ces variétés ont beaucoup de rapport les unes avec les autres par
leurs qualités et par la forme allongée de leurs grains; on les recherche comme Haricots verts. Le Bagnolet est d'une culture très-usitée aux environs de Paris, pour être
mangé soit frais, soit sec et conservé pour l'hiver; il est hâtif et ne file pas, inconvénient
auquel sont sujets les Haricots suisses en général. Le Haricot plein de la Flèche a le
même avantage; ses cosses étroites et pleines se succèdent pendant longtemps. Le
Haricot suisse blanc, le rouge, le ventre de biche sont très-bons en sec; le dernier
est meilleur en purée qu'avec sa peau. Le Haricot solitaire, qui est d'un rouge
violet marbré de blanc, se fait remarquer par l'ampleur de sa touffe dont les ramifications forment une sorte de buisson; dans une bonne terre il n'en faut semer
qu'un par trou; il est nain, très-productif, assez bon en vert, meilleur en grain,
soit frais, soit sec).
— jaune noir ou nègre (excellent en vert, hâtif et très-productif).
— noir de Belgique (le plus précoce des Haricots nains; ses gousses, quoique d'une
nuance un peu pâle, sont très-bonnes en vert).
— rouge d'Orléans (à grain rouge, aplati, petit; se mange en sec et reste toujours
ferme; excellent en étuvée; très-productif).
— nain jaune du Canada (le plus nain et un des plus hâtifs, sans parchemin, bon en
vert et en cosse grosse; grain presque rond, d'un jaune pâle, avec une petite auréole
brunâtre autour de l'ombilic; bon en sec; médiocrement productif; Pl. XXIII,
fig. 10).
— de la Chine (variété productive, très-bonne fraîche écossée et sèche; grain assez gros,
arrondi, couleur de soufre pâle; Pl. XXIII, fig. 9).

Lentille (Pl. XXIII, fig. 8).

Ervum lens Lin. *Lens esculenta* Mœnch. *Vicia lens* Coss-Germ.
(*Légumineuses-viciées.*) — Annuelle.

La Lentille, appelée dans quelques localités Arousse ou Aroufle, est indigène du midi de l'Europe, où elle croît naturellement dans les moissons, sur les terrains secs et sablonneux. On la cultive en grand dans les champs et les jardins maraîchers. Elle est riche en fécule. On la mange en purée, en ragoûts, en potages, en salades, etc. La farine de Lentille, mélangée avec un peu de sel marin, de sucre ou de mélasse, constitue ces préparations dépourvues de toutes qualités hygiéniques et médicinales, que des charlatans préconisent et que des gens crédules avalent, sous le nom de *Revalescière*, de *Revalenta*, d'*Ervalenta*, comme une panacée universelle, concurremment avec la graine de Moutarde. Bosc a rappelé que les anciens avaient l'habitude de faire germer les Lentilles avant de les faire cuire, pour développer leur principe sucré.

Pleine terre. — *Semis, culture, récolte, conservation.* On sème en rayons, en mars et avril, dans une terre légère et sablonneuse. Quelques binages et peu d'arrosements suffisent, pour empêcher la plante de s'emporter en tiges aux dépens de la production. La récolte se fait au mois de septembre. On conserve les graines dans les siliques, ce qui en prolonge la conservation d'une année; si l'on a battu, on conserve en sac et en lieu sec. Comme la Lentille est attaquée par les bruches, on peut la faire passer à un four dont la chaleur ne soit pas de plus de 70 degrés, et y laisser pendant une heure les graines que l'on veut délivrer; il est vrai qu'elles perdent ainsi une partie de leurs facultés germinatives.

Durée de la faculté germinative des graines. Six ans.

VARIÉTÉS CULTIVÉES.

Lentille de pays (petite, mais d'abondante production).
— de Gallardon (blonde, large, la meilleure pour la table).
— à la reine, Lentille rouge, Lentillon (*Ervum lens minor*; très-petite, renflée, rougeâtre, très-productive, mais moins délicate que les précédentes).
— à une fleur ou d'Auvergne (*Ervum monanthas* Lin. *Vicia monantha* Coss.-Germ.;

se distingue de la Lentille commune par ses feuilles et folioles linéaires tronquées et échancrées, ses fleurs solitaires à dents calicinales plus courtes ; elle est moyenne, d'un vert obscur, jaspé ; elle a bon goût et est très-productive).

Lotier comestible (Pl. XIII, fig. 2).

Lotus edulis Lin. (*Légumineuses-Papilionacées.*) — Annuel.

Le Lotier comestible vient naturellement dans les parties les plus méridionales de l'Europe et en Égypte. Il donne des légumes tendres, d'une saveur douce qui ressemble à celle des petits Pois, et qui servent d'aliments dans certains pays ; la culture en serait facile aux environs de Paris.

Maïs ou Blé de Turquie (Pl. XXIV, fig. 1).

Zea mais Lin. (*Graminées-Panicées.*) — Annuel.

Nous parlerons ici très-brièvement du Maïs, plante, croit-on généralement, originaire du Paraguay, que l'on retrouvera, dans ce volume, au chapitre des plantes condimentaires, mais dont il est surtout traité très-longuement dans la *Flore agricole* et dans la *Flore médicale, usuelle et industrielle*, qui font partie du *Règne végétal*. Indépendamment du pain que l'on prépare avec le Maïs ou Blé de Turquie, pain qui lève mal et est très-indigeste, on fait avec la farine, délayée dans de l'eau bouillante ou dans du lait salé, des pâtes connues sous les noms de *gaude, polenta, cruchade*, etc. Préalablement torréfiée, cette farine sert à préparer l'*escoton*, le *pastet*, etc., préparations qui changent de nom suivant les pays. En Pensylvanie, on cultive une variété de Maïs, nommée Blé doux, que l'on mange comme les petits Pois. On cueille les épis quand le grain est en lait, ce que l'on reconnaît en pressant sur le grain avec le pouce. On fait encore cuire les épis à la vapeur, et l'on assaisonne de beurre frais avec du sel. On les fait cuire aussi égrenés, mais leur saveur, dit-on, est moins agréable. On pourrait obtenir les mêmes résultats avec la variété de Maïs blanc précoce que l'on cultive dans le midi de la France.

Pois (Pl. XXIII, fig. 1 à 6).

Pisum sativum Lin. (*Légumineuses.*) — Annuel.

Cette plante, à tige naine ou grimpante, à feuilles ailées dont le pétiole se termine par une vrille, à fleurs blanches ou d'un rouge violacé, à gousses plus ou moins nombreuses, une ou deux par maille ou bouquet de fleurs suivant les variétés, à grain rond, nommé Pois, est indigène de l'Europe méridionale. On mange le grain sec ou en vert. Dans les variétés sans parchemin, on mange les gousses avec leurs grains.

CULTURE FORCÉE. — *Semis, repiquage, mise en place, culture et récolte.* On sème les premiers Pois dans les premiers jours de novembre, sur terre, mais sous panneaux. Dix ou quinze jours après le semis on repique le plant en pleine terre et sous panneaux. Dans le courant de décembre, et même dès les premiers jours de novembre, on prépare le terrain destiné à recevoir les Pois de primeur. On creuse le sol à 45 ou 50 centimètres de profondeur sous les panneaux; on rejette la terre dans les sentiers en l'élevant de chaque côté des coffres pour les butter. On dresse le terrain, on trace dans chaque coffre quatre rayons, et l'on repique à la fois trois à quatre plants, distants entre eux de 20 centimètres. Quand les Pois ont une hauteur d'environ 25 centimètres, on les couche comme on a fait pour les Haricots de primeur, et on les maintient dans cette position, soit par des triangles de bois, soit par de la terre; la tige se redresse et ne tarde pas à donner des fleurs. On supprime l'extrémité des tiges au-dessus de la quatrième fleur pour obtenir plus promptement des fruits. On couvre les panneaux toutes les nuits avec des paillassons, pour empêcher un trop grand abaissement de la température. On donne de l'air, chaque fois que le froid n'est pas trop rigoureux, et quelques bassinages. Mais l'eau ne doit être dispensée qu'avec la plus stricte économie, dans la crainte de déterminer une végétation trop exubérante, qui tournerait au profit du feuillage et diminuerait la production des graines. On récolte en avril.

CULTURE MIXTE. — *Semis, mise en place, récolte.* Dans les premiers jours de janvier on sème des Pois sur une couche tiède, soit sous châssis, soit sous cloche. En février on relève le plant et on le repique le long d'un mur, à bonne exposition, dans des rayons peu profonds. La récolte est plus tardive que pour les Pois cultivés sous châssis, mais plus précoce que celle des Pois cultivés en pleine terre.

M. Bellanger de Charonne, procédant autrement, a obtenu des produits plus précoces. En janvier et février, il a semé des Pois hâtifs dans des pots, et mis cinq à six graines dans un godet d'environ 10 centimètres de diamètre. Après le semis il a enfoncé ses pots sur une couche tiède, et les a recouverts soit d'un châssis, soit de cloches. Lorsque les Pois ont eu de 8 à 10 centimètres de hauteur, il les a plantés par petites touffes dans un terrain récemment préparé, à 35 ou 40 centimètres de distance. Il a donné aux Pois cultivés de cette manière les mêmes soins qu'aux Pois cultivés pour primeur. Il a récolté plus de quinze jours avant que l'on ait obtenu des produits de la pleine terre dans la même localité.

L'expérience a prouvé que les Pois repiqués ou plantés sont plus précoces que ceux semés en place : c'est pourquoi il faut avoir recours à ce moyen quand on veut obtenir une récolte plus hâtive.

Pleine terre, culture sur costière. — *Semis, culture, récolte.* On sème dans la seconde quinzaine de novembre, sur une costière exposée au midi, dans des rayons de peu de profondeur, distants entre eux d'environ 25 centimètres, et on recouvre de 2 centimètres de terreau. Quand les Pois ont environ 15 centimètres de hauteur, on leur donne un binage, et l'on remplit les rayons. Si le froid est rigoureux, on couvre les Pois avec de la litière, qu'on enlève chaque fois que la température devient plus douce. Les Pois qui ont souffert de la gelée ne périssent pas pour cela; il suffit, pour les sauver, de les laisser dégeler graduellement. On récolte au mois de mai. Les Pois destinés à être mangés en vert peuvent, à partir de novembre, être semés successivement jusqu'au mois de juillet.

Culture de saison. — *Semis, culture, récolte.* Les Pois destinés à être consommés en sec doivent être semés en mars. Les soins à donner à tous les Pois, qu'ils soient semés sur couche ou en pleine terre, consistent dans des binages, à pincer l'extrémité de la tige des espèces hâtives au-dessus de la quatrième fleur, et à mettre des rames aux espèces qui s'élèvent le plus. On récolte à la fin d'août.

Conservation Les Pois se conservent mieux dans les siliques que par tous les autres moyens, en ne battant que la quantité nécessaire à la consommation. Les graines de Pois de primeur sont exposées à être attaquées par l'insecte nommé bruche des Pois. On a remarqué que les Pois tardifs l'étaient moins, probablement parce que l'insecte avait terminé sa ponte. On parviendrait peut-être à en préserver les Pois destinés pour graine ou pour purée en ne les semant qu'en avril. Du reste, pour empêcher l'éclosion des bruches, il est vrai souvent aux dépens de la germination, l'on soumet les Pois destinés à être consommés à une chaleur de 70 degrés.

Durée de la faculté germinative des graines. Cinq ans au moins.

VARIÉTÉS CULTIVÉES.

Pois à écosser nains.

Pois nain hâtif (très-hâtif et fleurissant très-bas; bon à forcer).
— de Hollande (plus bas, mais moins précoce, également bon à forcer).
— de Bretagne (le plus petit de tous, très-propre à cultiver en bordures).
— vert petit (de qualité excellente).
— vert de Prusse (un des plus féconds).
— très-nain à châssis (variété plus petite encore et plus précoce que le nain hâtif).
— ridé nain ou Pois ridé de Knight nain (sous-variété du ridé à rames décrit plus bas).

Pois à écosser, à rames.

Pois Michaux de Hollande (très-précoce, à semer au printemps seulement et pas à l'automne).
— prince Albert (sous-variété un peu plus petite et moins productive, mais de quelques jours plus précoce).
— ordinaire (c'est la variété cultivée aux environs de Paris et connue sous le nom de Petits Pois; Pl. XXIII, fig. 1).
— de Rueil (un peu plus précoce).
— d'Auvergne (remarquable par la longueur de ses cosses, qui sont très-remplies et contiennent jusqu'à 11 grains).
— de Marly (tardif; de bonne qualité).
— de Clamart ou carré fin (très-tardif; c'est le Pois cultivé à Paris pour l'arrière-saison; Pl. XXIII, fig. 4).
— carré blanc (plus tardif encore).
— gros vert Normand (tardif; renommé pour les purées).

Pois Michaux ridé ou de Knight (très-tardif, grain très-gros, ridé et d'une qualité supérieure;
espèce trouvée par l'horticulteur et physiologiste anglais Knight; Pl. XXIII,
fig. 5).
— ridé à grain vert (variété du précédent).
— Turc ou couronné (plus remarquable par son espèce que par ses qualités; il en existe
deux variétés, l'une à fleur rouge, l'autre à fleur blanche).
— doigt de dame ou *lady's finger* (espèce anglaise, vigoureuse et tardive; remarquable par
la beauté et la grandeur de ses cosses).
— à cosse violette (à cosses d'un beau violet pourpre, à grain très-gros, grisâtre, qui prend
à la cuisson une couleur de café, sans que cela nuise à ses qualités; sa saveur se rapproche de celle de la petite Fève de marais).

Pois sans parchemin ou Mange-tout (Pl. XXIII, fig. 6).

1° *Nains.*

Pois nain hâtif de Hollande (excellente variété venue de Hollande, où on la cultive sous châssis; très-bonne néanmoins pour pleine terre).
— en *éventail* (le plus nain de tous, médiocrement productif).
— nain ordinaire sans parchemin (à siliques fort tendres).
— à la moelle d'Espagne (d'une excellente qualité, mais peu productive).

2° *A rames.*

Pois sans parchemin, blanc à grandes cosses ou Pois corne de bélier (le meilleur et le plus
productif de tous; il est tardif).
— sans parchemin à demi-rames (moins élevé, moins tardif et très-productif).
— sans parchemin à fleurs rouges (à grande cosse crochue comme celle du blanc à rames;
très-élevé et très-tardif).
— géant sans parchemin (à cosses très-grandes; il est très-cultivé dans les environs de
Paris).
— géant sans parchemin à cosse blanche et à fleur rouge (variété curieuse par la couleur blanchâtre des cosses qui persiste depuis le premier développement jusqu'à la
maturité).
— sans parchemin à cosse jaune (analogue au précédent, néanmoins à plante plus haute
et à cosse plus large; cette variété a été obtenue, à Ruffec, du Haricot sans parchemin
ordinaire).

Il existe encore nombre d'autres variétés de Pois, mais qui ne
sont que des modifications insignifiantes de celles que nous avons
énumérées.

Pois chiche, Garvanche (Pl. XXIII, fig. 1 et 2).

Cicer arietinum Lin. (*Légumineuses.*) — Annuel.

Cette plante qui, selon Pline, aurait pris son surnom d'*Arietinum*
de la ressemblance de sa gousse avec la tête du bélier, croît spontanément dans les moissons de l'Espagne, de l'Italie, de l'Asie et
de l'Afrique. Le Pois chiche sert d'aliment aux habitants des pays
voisins de la Méditerranée, comme elle servait jadis aux anciens

Égyptiens et Éthiopiens. On a essayé d'introduire dans le commerce, sous le nom de *Café cézé*, le Pois chiche torréfié et réduit en poudre, quoique cette poudre n'ait aucun rapport avec celle de Café, et n'ait pu servir qu'à des supercheries dignes d'être placées à côté de la *Revalescière* et autres produits d'un charlatanisme éhonté. D'ailleurs, pris pour ce qu'il est, le Pois chiche présente un bon légume sec, très-farineux, renflant beaucoup, et qui forme la base de la purée aux croûtons, si demandée comme potage dans les restaurants de Paris. Cuits entiers, les Pois chiches ne sont pas d'une facile digestion, et il faut une certaine habitude pour leur donner une parfaite cuisson.

CULTURE FORCÉE ET PLEINE TERRE. — *Semis, culture, récolte, conservation.* Pour avoir une récolte assurée de Pois chiches sous les climats du Nord et sous celui de Paris, il faut les semer sur couche en février et les mettre en place au mois de mars, ou bien les semer tout simplement, au printemps, en pleine terre; mais ils réussissent mieux après avoir été repiqués. On récolte à la fin d'août. Dans le Midi, on sème en automne pour récolter l'été suivant. Pour la culture, il suffit de biner et d'avoir soin de pincer l'extrémité des tiges quand a paru la fleur, qui est petite, violette, quelquefois blanche, et que remplace une gousse enflée, rhomboïdale, à deux semences. On conserve en lieu sec. Les bruches n'attaquent pas le Pois chiche.

Durée de la faculté germinative des graines. Quatre ans.

VARIÉTÉ CULTIVÉE. Il existe une variété à fleur rouge et à grain brun, qui est plus hâtive et préférable pour la culture dans le nord de l'Europe.

CHAPITRE VIII.

PLANTES CONDIMENTAIRES [1].

Ail.

Dans le Nord, l'Ail n'est guère employé que comme condiment. Il est traité de cette plante au chapitre des *Bulbes alimentaires* (voir pages 205 et 206).

Angélique (Pl. XV, fig. 3).

Angelica archangelica Lin. *Archangelica officinalis* Hoffm. (*Ombellifères-Angélicées*.) — Bisannuelle ou vivace.

Cette plante qui croît spontanément dans les régions montagneuses de l'Europe centrale et méridionale, surtout dans les lieux boisés, est cultivée en grand dans plusieurs localités, et appartient beaucoup plus à la *Flore médicale* et à la *Flore agricole* qu'à l'*Horticulture*. Aussi ne la mentionnons-nous ici en quelque sorte que pour mémoire. Les tiges de l'Angélique se confisent au sucre. On prépare avec ses graines une liqueur aromatique quand on la mêle aux graines de plantes de la même famille. Dans quelques régions septentrionales, où les légumes frais sont assez rares, on mange les tiges de l'Angélique ; mais cette plante est trop forte de goût, à l'état naturel, pour nos palais.

Pleine terre. — *Semis, culture, récolte.* On sème à l'automne,

---

[1] Nota : Beaucoup de plantes qui servent à l'usage condimentaire sont aussi autrement employées. Nous les rappellerons simplement dans ce chapitre en renvoyant aux pages où il en est traité.

après la maturité des graines, ou encore en mars, en terre humide et bien amendée. On ne couvre que très-légèrement la graine. On arrose abondamment jusqu'à la levée du semis. On laisse grandir le plant sur place et on le repique, soit en septembre, soit en mars, suivant sa force. Il faut biner et arroser fréquemment. On récolte en mai et juin.

Durée de la faculté germinative des graines. Deux à trois ans.

Aneth.

Anethum graveolens Lin. (*Ombellifères-Pemédanées.*) — Annuel.

L'Aneth odorant, appelé aussi Fenouil puant, Fenouil bâtard, et quelquefois à tort Cumin, est originaire de l'Orient; il est aujourd'hui répandu et naturalisé dans le midi de la France et de l'Europe, où on le trouve jusque dans les champs cultivés. L'Aneth est un objet de culture en Orient et dans l'Europe méridionale, mais seulement comme plante condimentaire; il est employé de la sorte dans plusieurs contrées de la Russie. La plante et ses fruits, qui se distinguent par leur forme aplatie, assez semblable à celle de la punaise, exhalent une odeur aromatique analogue à celle du Fenouil, mais qui est moins forte et n'est nullement désagréable, malgré le nom de Fenouil puant qu'on donne parfois à ce végétal. Les fleurs, petites et jaunâtres, font partie des quatre fleurs carminatives, avec la Camomille, le Mélilot et la Matricaire.

PLEINE TERRE. — *Semis, culture, récolte, conservation.* On sème aussitôt après la maturité des graines, les semis de printemps étant sujets à manquer. L'Aneth demande une exposition chaude et une terre bien meuble. On commence la récolte des fruits en août, et on continue au fur et à mesure qu'ils brunissent, toujours par un temps sec; on les enferme dans un sac à l'abri de l'humidité, pour qu'ils conservent leur arome. On récolte les feuilles et les sommités au moment de la floraison; on les dispose en bouquets et en guirlandes, et on les fait sécher dans un courant d'air qui ne soit pas trop chaud.

VARIÉTÉ. — L'Aneth des moissons (*Anethum sagetum* Lin.), espèce également annuelle, qui ne diffère guère de la précédente que par son fruit ovale et moins comprimé.

Anis.

Pampinella anisum Lin. (*Ombellifères-amminées.*) — Annuel.

Cette plante est originaire de la région méditerranéenne, notamment du Levant, de l'Égypte, de l'Espagne et de l'Italie, où elle croît surtout dans les lieux secs et découverts. L'Anis est cultivé en grand dans l'Anjou, la Touraine, le Languedoc, la Gascogne et la Guienne. Ses fruits, à odeur aromatique, sont la base de la célèbre anisette de Bordeaux ; ils entrent dans le vespetro et dans d'autres liqueurs. Ils sont un carminatif populaire. Dans certaines contrées du Nord, on les fait entrer dans la fabrication du pain ; en Angleterre, on en met dans le pain d'épices ; en France, on les recouvre de sucre et, sous cette forme, ils constituent l'Anis couvert ou Anis de Verdun.

Pleine terre. — *Semis, culture, récolte, conservation.* On sème à la volée, en mars, à une exposition chaude et en terre légère et substantielle ; on recouvre peu la graine. On bine et on sarcle deux fois le semis après la levée des jeunes plants, jusqu'à l'époque de la floraison, et l'on éclaircit de manière à laisser 30 centimètres environ de distance entre les pieds. On donne de fréquents bassinages. On cueille les graines d'Anis au mois de septembre, époque de leur maturité. On les étend au soleil pour qu'elles perdent leur eau de végétation, et on les conserve en lieu sec pour l'usage.

Astragale.

Voir aux *Plantes pour salades,* page 259.

Basilic commun, Basilic grand.

Ocimum basilicum Lin. (*Labiées-Ocimoïdées.*) — Annuel.

Le Basilic, originaire des Indes orientales, est aujourd'hui cultivé dans tous les jardins, tant à cause de son odeur agréable, que pour ses feuilles qui sont employées comme condiment dans l'usage culinaire. Le Basilic de Ceylan (*Ocimum gratissimum*) et le Basilique à grandes fleurs (*Ocimum grandiflorum*), qui passe pour être originaire d'Afrique, de même que d'autres espèces, jouissent de propriétés semblables. Le petit Basilic (*Ocimum minimum*) peut être aussi substitué au grand.

Culture forcée. — *Semis, culture, récolte, conservation.* Sous le climat de Paris, on sème sur couche en mars ou en avril, mais après d'autres cultures. On repique sur une vieille couche, puis, dans le courant de mai, quand les gelées ne sont plus à craindre, on relève en motte pour planter en pleine terre, à bonne exposition. Dans les chaleurs, on donne de fréquents arrosements. On coupe les tiges pour les employer soit en vert, soit en sec. Si on veut les conserver, il faut les mettre à l'abri de l'humidité.

VARIÉTÉS CULTIVÉES.

Basilic fin.	Basilic à feuilles de Laitue.
— anisé.	— à feuilles d'Ortie.

Bourrache.

La Bourrache est non-seulement employée comme herbe potagère, mais comme plante condimentaire (voir, pour la culture, page 249).

Câprier (Pl. XXIV, fig. 7).

Capparis spinosa Lin. *Capparis sativa* Pers. (*Capparidées.*) — Vivace.

Cet arbuste, originaire de l'Orient, et qui croît spontanément dans les îles de l'Archipel, sur les côtes de l'Asie Mineure, dans les îles de Chypre et de Crète, en Égypte, etc., a été introduit de temps immémorial dans le midi de la France. On le cultive en grand, comme plante industrielle, dans tout le sud de l'Europe. Les Câpres, qui sont les boutons à fleurs de l'arbrisseau, se préparent au vinaigre pour servir de condiment culinaire, et les fruits, confits dans le même liquide, s'emploient également comme des Cornichons.

Pleine terre. — *Semis, marcottes, culture.* On sème sur couche, à l'automne, aussitôt après la maturité des graines. On multiplie préférablement le Câprier de marcottes par strangulation ; après la reprise on sépare les marcottes et on les met dans des pots à l'ombre sur couche tiède. Ces soins préliminaires accomplis, on plante le Câprier à une exposition chaude, au midi, sur un lit de terre légère dont le sous-sol soit formé de pierrailles, cet arbuste venant naturellement dans les terrains rocailleux. Quand il gèle, on couvre de litière sèche le pied de la plante, à laquelle il faut très-peu d'eau.

Récolte et *conservation*. Le Câprier fleurit en juillet ; mais, pour les usages économiques, on récolte les boutons avant l'épanouissement des fleurs. Ces boutons exhalent une odeur fraîche et possèdent une saveur piquante. On les fait flétrir pendant deux ou trois heures à l'ombre, afin d'empêcher qu'ils ne s'ouvrent, puis on les met dans un vase que l'on remplit de vinaigre ; on les laisse macérer pendant huit jours, on passe, et on les remet dans de nouveau vinaigre durant huit autres jours ; on répète l'opération une troisième fois, puis on les sépare au moyen de cribles percés de plusieurs trous de divers diamètres. Les boutons les plus petits donnent les Câpres les plus fermes, les plus délicates, les plus recherchées. Chaque espèce de Câpre est mise dans des bocaux ou dans des tonneaux avec du vinaigre et du sel. Le docteur Reveil, dans la *Flore médicale du XIXe siècle,* fait remarquer que, comme on recherche les Câpres très-vertes, certains marchands ont l'indignité de les colorer avec du cuivre, fraude criminelle que la loi punit sévèrement. Les fruits, qui ont la forme et la grosseur d'une Olive pointue, se forment vers la fin de juillet ; on les laisse se développer ; lorsqu'ils sont encore verts, on les cueille et on les fait confire dans du vinaigre ; en cet état ils constituent les *Cornichons de Câpre.*

Capucine (Pl. XXIV, fig. 8).

Voir au chapitre des *Plantes pour salades,* page 259. Les fruits et les boutons de la Capucine, confits au vinaigre, sont aussi d'usage condimentaire.

Carvi.

Carum carvi Lin. *Seseli carvi* Lamk. (*Ombellifères-Amminées.*) — Bisannuel.

Le Carvi est une herbe indigène des contrées septentrionales et tempérées de l'Europe ; on le rencontre dans les prairies sèches des pays montagneux, dans les Pyrénées, en Orient, en Norwége, en Islande, etc. Il jouit des mêmes propriétés que l'Anis, le Fenouil, le Cumin, la Coriandre, etc. En Suède et en Allemagne, on assaisonne de ses fruits les potages, les ragoûts, le pain ; ils entrent dans la composition de certains fromages, dans la choucroûte ; les Anglais en mettent dans la pâtisserie, dans les confitures ; on en prépare des liqueurs de table ; on les recouvre de sucre pour en faire de petites dragées. Dans quelques contrées du Nord on cultive le Carvi pour sa racine, que l'on mange comme celle de la Carotte ou du Panais, dont elle a la saveur aromatique.

PLEINE TERRE. — *Semis, culture, récolte.* On sème au mois de mars, à la volée, sur place, en recouvrant légèrement. A cause de sa racine allongée, fusiforme, le Carvi demande un terrain profond et meuble. On bine et on arrose. La récolte se fait un peu avant la maturité des fruits ; on sèche ceux-ci à l'ombre et on les conserve dans un lieu sec et dans des vases fermés. Ils ont une odeur très-forte, analogue à celle du Cumin, mais moins désagréable.

Durée de la faculté germinative des graines. Quatre ans.

Cerfeuil.

Chærophyllum sativum Lam. *Scandix cærefolium* Lin. *Anthriscus cære-folium* Hoffm. (*Ombellifères-Scandicinées.*) — Annuel.

Le Cerfeuil est indigène de nos contrées, où il croît naturellement dans les champs et les haies. On emploie ses feuilles comme assaisonnement.

PLEINE TERRE. — *Semis, culture, récolte.* On sème presque toute l'année, à une exposition chaude au printemps, mais à l'ombre en été, soit à la volée, quand le semis se fait parmi d'autres plantes, soit en rayons espacés de 20 centimètres quand il se fait séparément. Le premier semis, qui a lieu en octobre, se récolte au printemps.

A partir de mars on sème successivement jusqu'en automne. Les soins se bornent à quelques arrosements. On récolte dès que le Cerfeuil a acquis un développement suffisant, ce qui a lieu en général six semaines après le semis. Quand on ne coupe pas trop bas on peut tirer plusieurs récoltes de la même plante.

Durée de la faculté germinative des graines. Trois ans.

VARIÉTÉS CULTIVÉES.

Cerfeuil commun.
 — frisé (très-jolie variété qui se cultive de la même manière que le Cerfeuil commun,
       et qui a sur lui l'avantage de ne pouvoir être confondu avec la Ciguë).

Cerfeuil musqué ou d'Espagne, Fougère musquée
(Pl. XXI, fig. 2).

Myrrhis odorata Scop; *Scandix odorata* Lin. (*Ombellifères.*) — Vivace.

Le Cerfeuil musqué croît naturellement dans les pâturages des montagnes. Il est plus grand que le Cerfeuil commun. Il jouit d'une saveur anisée très-prononcée qui ne convient pas à tout le monde.

PLEINE TERRE. — *Semis, plantation, culture et récolte.* On sème à l'automne, aussitôt après la récolte des graines, qui ne lèvent plus quand elles ont été gardées trop longtemps. Cette plante, forte et rustique, se multiplie également par la séparation des pieds au printemps. On donne à ce Cerfeuil les mêmes soins qu'au précédent. On récolte toute l'année.

NOTA. Il est traité au chapitre des *Racines alimentaires,* page 172 de ce volume, du Cerfeuil bulbeux et du Cerfeuil de Prescott.

Chou-rouge.

Les Choux rouges, coupés en lanières et confits au vinaigre, sont employés comme condiments dans beaucoup de pays (voir pour la culture l'article *Chou,* page 232).

Ciboule commune.

La Ciboule commune est employée comme condiment ou assaisonnement (voir au chapitre des *Bulbes alimentaires,* page 207).

Civette ou Ciboulette.

La Civette ou Ciboulette est employée comme condiment ou assaisonnement (voir au chapitre des *Bulbes alimentaires,* page 207).

Coriandre.

Coriandrum sativum Lin. (*Ombellifères-Coriandrées.*) — Annuelle.

Cette plante, indigène du midi de l'Europe et aujourd'hui naturalisée dans presque toutes les parties de la France, croît de préférence dans les lieux secs. Elle est cultivée non-seulement dans les jardins, mais même en plein champ, pour ses fruits, improprement appelés semences, qui servent à faire des liqueurs de table, ou comme condiment culinaire. Dans certains pays, on en met dans le pain, les pâtisseries, les ragoûts.

PLEINE TERRE. — *Semis, culture.* On sème dans le courant d'avril en terre légère et substantielle, à une exposition chaude. On se borne ensuite à de légers sarclages.

Récolte, conservation. Les fruits sont récoltés aussitôt après leur maturité. On les fait sécher à l'ombre et on les conserve à l'abri de l'humidité.

Cornichon.

Le Cornichon qui, confit au vinaigre, est un condiment très-recherché, fait partie des Concombres (voir au chapitre des *Fruits légumiers*).

Cresson.

Les différents Cressons sont souvent employés comme garnitures de viandes, et à ce titre comme condiments. Ils ont plus naturellement leur place au chapitre des *Plantes pour salades* (voir pages 266 à 270).

Cumin.

Cuminum cyminum Lin. (*Ombellifères-Cuminés.*) — Annuel.

Le Cumin, appelé aussi Faux Aneth et Faux Anis, est originaire d'Orient; il paraît s'être naturalisé dans le midi de la France. Ses fruits, improprement appelés semences, sont d'un usage condimentaire très–répandu, en Angleterre, en Allemagne et en Hollande ; les peuples du nord en mettent dans le pain.

PLEINE TERRE. — *Semis, culture, récolte.* A Malte, on sème vers la fin de mars, sur trois labours ; on sarcle et on éclaircit le jeune semis. Sous nos climats, on sème en avril, en terre chaude et légère. On récolte les fruits un peu avant leur maturité. Leur odeur est forte et leur saveur aromatique.

Echalotte.

Voir au chapitre des *Bulbes alimentaires*, page 208.

Estragon, Dragone, Herbe-Dragon, Fargon, Serpentine.

Artemisia dracunculus Lin. (*Composées.*) — Vivace.

Les feuilles linéaires lancéolées et les jeunes pousses de cette plante que l'on croit originaire de l'Asie septentrionale, sont employées soit pour aromatiser le vinaigre, soit comme condiment, soit comme assaisonnement de salades. La plante a une saveur piquante un peu âcre, mais néanmoins agréable ; son odeur est très-aromatique.

PLEINE TERRE. — *Semis, plantation, culture, récolte.* Dans le midi, on propage l'Estragon, de graines récoltées au commencement de l'été et semées à la fin de l'hiver. Dans le nord, on préfère la multiplication par éclats de pieds, plantés en avril et mai. On distance les plants de 30 centimètres, et l'on choisit une terre franche, légère, fraîche et surtout bien meuble. On peut aussi séparer les touffes en automne et planter en bordure à une bonne exposition. On a soin d'arroser pendant les grandes sécheresses. A l'entrée de l'hiver, du moins sous les climats froids, on couvre les souches avec du terreau et de la litière, après avoir coupé les tiges à rez terre. Pour ne pas manquer d'Estragon durant l'hiver, on peut encore planter, en décembre, des touffes, levées en mottes, dans des coffres placés à bonne exposition. Enfin, ce qui est plus simple, on peut poser des coffres et des châssis sur des planches d'Estragon disposées à cet effet, et, dans un cas comme dans l'autre, on entoure le coffre d'un réchaud de fumier; on couvre pendant la nuit avec des paillassons, et l'on donne de l'air toutes les fois que la température le permet.

Fenouil (Pl. XXII, fig. 4 et 5).

Cette plante, de laquelle il a déjà été question dans le chapitre IV du *Jardin potager*, a droit d'être indiquée dans celui-ci comme étant d'usage condimentaire. Ses fruits, improprement appelés semences, entrent dans la liqueur nommée Vespetro et dans la liqueur des sept graines (voir pour la culture, etc., page 241 de ce volume, et la *Flore médicale du XIXe siècle*, page 43 et suivantes).

Laurier-cerise (Pl. XXII, fig. 2).

Cerasus lauro-cerasus Lois; *Prunus lauro-cerasus* Lin. (*Rosacées-Amygdalées.*)
Vivace.

Cet arbre, originaire, dit-on, des bords de la mer Noire et naturalisé dans les contrées méridionales de l'Europe, est cultivé dans les jardins d'agrément du nord. Dans les contrées un peu plus chaudes, on le plante partout. On fait infuser les feuilles fraîches dans la crème ou le lait, auxquels elles donnent un goût d'amande. A l'automne, les feuilles sont beaucoup moins aromatiques qu'au printemps. Il n'en faut jamais mettre plus d'une par litre de lait, à cause de la subtilité du poison contenu dans cette plante (voir la *Flore médicale du XIXe siècle*, page 216 et suivantes).

PLEINE TERRE. — *Plantation, culture*. On plante à l'automne. Quand on n'a pas de jeunes sujets, on peut multiplier de boutures et de marcottes. Il faut au Laurier-cerise l'exposition du Nord, dans les pays un peu septentrionaux, parce qu'il redoute le soleil après les gelées du printemps, bien qu'il y résiste mieux que le Laurier-d'Apollon ou Laurier franc (*Laurus nobilis*). Sa culture est nulle. On ne se donne pas même la peine de le tailler, si ce n'est pour l'empêcher d'occuper trop de place, car il jette dans toutes les directions ses longues branches et occupe un emplacement en désaccord avec son utilité dans l'art culinaire.

Laurier franc, Laurier d'Apollon, Laurier noble, Laurier sauce.

Laurus nobilis Lin. (*Laurinées.*) — Vivace.

Le Laurier, originaire des bords du bassin méditerranéen, croît assez bien en pleine terre dans le centre et dans l'ouest de la France. Ses feuilles sont très-employées dans l'art culinaire comme condiment, pour aromatiser les viandes et les sauces.

Pleine terre. — *Plantation, semis, culture, récolte, conservation.* Cet arbuste se plante à l'automne et demande une terre substantielle, profonde, une exposition chaude et surtout abritée contre les vents glacés et le soleil levant. Si l'on ne peut avoir de jeunes plantes, on fait des marcottes par incision ou l'on prend des rejetons croissant au pied. Les boutures sont de reprise difficile. On multiplie aussi par graines semées en terrine et sur couche chaude, à l'automne. Pendant l'hiver on rentre les jeunes Lauriers obtenus de semis, dans la serre froide, ou on les dépose sous un châssis. Quelques binages superficiels et beaucoup d'arrosements pendant les grandes chaleurs sont toute la culture nécessaire. On récolte au fur et à mesure du besoin. Pour l'usage des villes on cueille des branches que l'on fait sécher à l'air libre et que l'on conserve dans un endroit sec. Les feuilles gardent longtemps leur saveur aromatique. Ce Laurier ne résiste que difficilement à nos hivers trop rigoureux; aussi quand le froid passe huit degrés, convient-il de donner une couverture à l'arbuste.

Maïs, Blé de Turquie (Pl. XXIV, fig. 1).

Zea Maïs Lin. (*Graminées - Panicées.*) — Annuel.

Cette plante, que l'on croit être originaire du Paraguay et du Pérou, est aujourd'hui généralement cultivée dans l'Europe méridionale et centrale. On confit les jeunes épis au vinaigre comme les Cornichons, et c'est à ce titre qu'il a sa place dans le chapitre des *Plantes condimentaires* du *Jardin potager*, quoiqu'il appartienne avant tout à la grande culture et à la *Flore agricole*. Il en est aussi assez amplement traité dans la *Flore médicale du XIXe siècle*.

Pleine terre. — *Semis, culture, récolte.* On sème de la fin d'avril à la fin de mai, en lignes et en terre riche et bien amendée. Après la levée des graines, on supprime les plantes inutiles, et on laisse environ 60 à 70 centimètres entre chaque pied. On donne deux binages dans le cours de la saison, en buttant les pieds à chaque fois. Au dernier binage, on arrache les drageons sortis des souches, et l'on coupe la tête de la plante après la fécondation. On récolte les jeunes épis dès qu'ils ont atteint 6 à 8 centimètres de longueur et on les met tout entiers à confire dans le vinaigre. Quelques personnes les font frire comme des beignets après les avoir entourés de pâte.

VARIÉTÉS CULTIVÉES.

Maïs à poulets.
— quarantaine (à grains plus gros que le précédent, mais moins précoce).
— jaunes gros.

Durée de la faculté germinative. Deux ans.

Observations. En Pensylvanie on cultive une variété de Maïs, nommée Blé doux, que l'on mange comme les petits Pois. On cueille les épis quand le grain est en lait, ce que l'on reconnaît en pressant sur le grain avec le pouce. On fait ainsi cuire les épis à la vapeur et l'on assaisonne de beurre frais avec du sel. On les fait cuire également égrenés, mais la saveur n'est pas aussi agréable. On pourrait obtenir les mêmes résultats avec la variété de Maïs blanc précoce que l'on cultive dans le midi de la France.

Marjolaine commune, Origan fausse marjolaine, Origan petite marjolaine (Pl. XXII, fig. 1).

Origanum majoranoides Willd et De Cand.; *Majorana crassa* Mœnch; *Majorana vulgaris* Moris. (*Labiées.*) — Vivace.

Dans le midi de la France on cultive cette plante, originaire de l'Afrique septentrionale, pour en aromatiser différents mets ; c'est un condiment de haut goût. Indépendamment de ses propriétés culinaires, elle partage les avantages des autres Marjolaines ou Origans. Ce sont les sommités fleuries qu'on emploie.

PLEINE TERRE. — *Semis, plantation, culture.* On sème en mars sur une plate-bande à bonne exposition, ou en pot. On soigne le plant jusqu'à ce qu'il soit assez fort, puis on le repique en place vers la fin d'avril ou dans le courant de mai. La Marjolaine se multiplie aussi d'éclats au printemps.

Observations. L'*Origanum majoranoïdes* est un peu différent de l'*Origanum majorana* de Linné avec lequel on l'a souvent confondu.

Moutarde noire et Moutarde blanche.

Voir pages 277 et 278 de ce volume.

Nigelle aromatique, Toute-épice.

Nigella sativa Lin. (*Renonculacées-Helleborées.*) — Annuelle.

Cette plante, indigène de nos contrées, donne des graines fortement aromatiques, connues jadis sous le nom de *Quatre Épices,* qui peuvent servir à l'assaisonnement des ragoûts. On en usait beaucoup avant l'introduction des épices des îles Moluques et des Indes orientales. Malgré l'oubli dans lequel on la laisse pour l'usage culinaire, la Nigelle cultivée jouit d'une certaine finesse de parfum qui mériterait d'en relever l'emploi parmi nous. Les Orientaux en font un assez grand usage. Après avoir pulvérisé les graines, ils en saupoudrent le pain et l'introduisent dans les gâteaux pour les rendre plus appétissants.

Pleine terre. — *Semis, culture, récolte.* On sème au printemps, dans une terre légère et substantielle. La culture n'exige aucun soin. On récolte les graines à leur maturité et on les conserve entières pour l'usage; on ne les pulvérise qu'au fur et à mesure du besoin.

Oignon.

Voir au chapitre des *Bulbes alimentaires,* page 208 et suiv.

Passerage à larges feuilles (Pl. XIII, fig. 1).

Lepidium latifolium. (*Crucifères-Lépidinées.*) — Vivace.

Cette plante, indigène de nos climats, qui appartient au genre Nasitor et Cresson alénois, pourrait être admise dans nos cultures si sa racine allongée et vivace n'avait le défaut d'être très-envahissante. Elle possède une odeur forte, une saveur piquante, aromatique dans sa racine et dans ses feuilles, qui rappelle celles réunies de la Moutarde et du Poivre. Le nom que l'on a donné à cette plante indique suffisamment qu'on l'a employée contre la rage; mais l'expérience ne lui accorde pas le mérite de pouvoir guérir cette affreuse maladie. La Passerage aime les lieux ombragés et herbeux au bord des rivières et des chemins, etc. Elle se propage très-facilement de graines et se ressème ensuite d'elle-même. Elle perd sa propriété par la dessiccation; aussi l'emploie-t-on toujours fraîche.

Pavot.

Les graines de Pavot, auxquelles on a longtemps attribué à tort des propriétés narcotiques, n'exercent aucune action nuisible sur l'économie animale; en Turquie, en Perse, en Égypte, en Italie, on les mange recouvertes de sucre, et on les fait entrer comme condiment, dans certaines pâtisseries et même dans le pain (voir p. 254).

Persil (Pl. XXI, fig. 4).

Apium petroselinum Lin. (*Ombellifères*.) — Bisannuel.

Cette plante que l'on dit originaire de Sardaigne, mais qui dans tous les cas est depuis longtemps naturalisée dans l'Europe continentale, fournit des feuilles qui sont peut-être l'assaisonnement le plus habituel dont il soit usé dans l'art culinaire.

PLEINE TERRE. — *Semis, culture.* On sème de février jusqu'en août dans une bonne terre bien meuble, et à partir de septembre, à une exposition chaude et abritée, au pied d'un mur au midi, par exemple, pour avoir du Persil dans les premiers jours du printemps. La graine met ordinairement un mois à lever. On peut abréger la germination de huit jours, par l'immersion des graines pendant vingt-quatre heures avant de les semer. On donne des binages et des arrosements, à l'approche du froid; dans les temps de neige et de gelées, on couvre de litière ou de bons paillassons.

CULTURE FORCÉE. — *Semis, culture.* Le Persil étant exposé à la destruction par les hivers rigoureux, on en sème quelquefois sous châssis. Dans ce cas, en janvier, on place des coffres en bonne exposition. On enlève la terre des sentiers qui entourent ces coffres, et l'on s'en sert pour recharger le sol, de manière à ce que le semis ne soit pas trop distant des vitres. Après avoir préparé le terrain par de bons labours, on sème huit rangs de Persil par coffre ; on pose les châssis et l'on entoure les coffres d'un réchaud de fumier. On bassine au besoin et l'on donne de l'air quand la température le permet. C'est le moyen d'avoir du Persil dans les premiers jours de mars, quelque rigoureux qu'ait été l'hiver.

Plantation. Si l'on n'a besoin que d'une petite quantité de Persil (dit le *Nouveau Jardinier*), on plante, en septembre, quelques racines dans de grands pots à fleurs qu'on rentre dans la mauvaise saison. On trouve dans le commerce des pots de forme allongée qui conviennent tout particulièrement à cet usage; percés de plusieurs rangs de trous, ils peuvent être garnis, de la base au sommet, de racines de Persil placées de manière à ce que les feuilles puissent sortir par chaque trou.

Durée de la faculté germinative des graines. Le Persil ne monte à graines que la seconde année ; la durée germinative de ces graines est de deux ans.

VARIÉTÉS CULTIVÉES.

Persil commun.
— frisé.
— nain très-frisé (variété remarquable par la beauté de ses feuilles et sa lenteur à monter).
— de Naples à grosses côtes ou Persil-Céleri (beaucoup plus grand que les autres ; ses côtes blanchies se mangent'en Italie, cuites comme le Céleri ; mais il est peut-être d'un trop haut goût pour notre pays : si l'on veut en faire ce dernier usage, il faut le semer clair, ou mieux encore le replanter à 30 centimètres de distance en tous sens).

Piment ou **Poivre long** (Pl. XXIV, fig. 3 et 4).

Capsicum annuum Lin. (*Solanées.*) — Annuel.

Le Piment est originaire des Indes orientales. Ses fruits, confits au vinaigre, sont employés en cuisine comme condiment, mais moins en France que dans d'autres pays où les palais sont moins délicats et plus blasés.

Culture forcée et pleine terre. — *Semis, repiquage, culture.* On sème, en février et mars, sur couche et sous châssis, et, lors-

que le plant a quatre ou cinq feuilles, on le repique en pépinière
toujours sur couche, pour le replanter, vers la fin d'avril, ou en mai,
en pleine terre à une exposition chaude.

Récolte, conservation. On récolte les fruits, dans les mois de
juillet et d'août, quand ils sont encore verts et n'ont pas encore
acquis toute leur saveur âcre et chaude, pour les mettre dans le
vinaigre. Le Piment mûr se conserve en bottes et n'est guère employé dans la cuisine française.

Durée de la faculté germinative des graines. Trois ans.

VARIÉTÉS CULTIVÉES.

Piment rouge long (Pl. XXIV, fig. 4).
—   jaune long.
—   cerise (Pl. XXIV, fig. 3).
—   corail.
—   du Chili.
—   gros carré doux (plus tardif que les autres et devant être cultivé sur couche ; souvent
       on le plante après les Melons de première saison).
—   violet.
—   Tomate (fruit jaune, arrondi, toruleux comme la Tomate dont il a emprunté le nom ;
       il est doux et mûrit plus difficilement que le Piment ordinaire).
—   enragé (cette espèce des Antilles est un arbuste qui, chez nous, demande la serre).

Pimprenelle.

Poterium sanguisorba Lin. (*Rosacées.*) — Vivace.

Les feuilles de cette plante indigène de nos contrées sont employées comme assaisonnement, surtout comme fournitures dans les
salades.

PLEINE TERRE. — *Semis, culture, récolte.* On sème au printemps
ou à l'automne, en terre meuble, en plein carré et plus souvent
en bordures, où la plante forme de grosses touffes vigoureuses. On
donne quelques arrosements quand le temps est sec. Trois mois
après le semis du printemps, on commence à cueillir la Pimprenelle, qui ne tarde pas à repousser, et donne plusieurs coupes abondantes.

Durée de la faculté germinative des graines. Trois ans.

VARIÉTÉS CULTIVÉES.

Pimprenelle grande.
—   petite (plus tendre, plus délicate de goût ; c'est celle que l'on cultive de préférence).

Porreau ou Poireau.

Le Porreau, dont il est traité au chapitre des *Bulbes alimentaires,* est une véritable plante condimentaire; car on s'en sert particulièrement pour relever le goût des potages, des bouillons, des sauces, etc. (voir page 213).

Pourpier.

Les feuilles et les jeunes pousses se mangent crues comme assaisonnement (voir page 280).

Quinoa.

Nous avons traité de cette plante, qui est aussi d'usage condimentaire, page 256.

Raifort sauvage.

La racine râpée du Raifort sauvage est quelquefois employée en guise de moutarde, et est un condiment très-répandu en Allemagne et d'autres pays. Nous avons parlé de cette plante au chapitre des *Racines alimentaires* (voir page 178).

Rhubarbe.

La Rhubarbe, dont il a été question au chapitre des *Plantes légumières,* est aussi une plante condimentaire (voir pages 243 et 244).

Romarin (Pl. XXII, fig. 3).

Rosmarinus officinalis Lin. (*Labiées.*) — Vivace.

Cet arbuste est répandu dans les diverses parties de l'Europe méditerranéenne et dans l'Afrique septentrionale; il y croît naturellement sur les coteaux arides et dans les endroits pierreux où il forme un buisson très-rameux et touffu de 1 à 2 mètres de hauteur. C'est une des plantes les plus aromatiques de la famille des Labiées. Nous n'avons pas à nous occuper ici des usages à faire en parfumerie de cette plante. C'est ce qu'on trouvera amplement détaillé dans d'autres parties du *Règne végétal.* Qu'il nous suffise de dire dans ce volume qu'on mêle le Romarin aux aliments, comme plante condimentaire, aussi bien en vert qu'en sec.

Pleine terre. — *Plantation, culture, récolte.* On multiplie, à l'automne ou au printemps, de marcottes, de boutures ou d'éclats. Pour faire croître le Romarin avec plus de vigueur, on ne lui épargne pas les arrosements, et on le tond pour le forcer à se garnir. On le récolte pendant toute l'année.

Variétés. — On possède deux variétés de Romarins à feuilles panachées de blanc et de jaune, plus jolies que le type, mais aussi plus délicates, et que, sous le climat de Paris, on doit tenir en orangerie pendant l'hiver.

Sarriette des jardins et Sarriette vivace.

Satureia hortensis Lin. et *Satureia montana.* (*Labiées.*) — Vivace.

L'espèce type, *Satureia hortensis*, vulgairement Sarriette des jardins, est une herbe qui croît principalement dans l'Europe méridionale. On la cultive comme plante condimentaire. Sa saveur est aromatique et très-agréable. Il en est de même de la Sarriette vivace ou des montagnes (*Satureia montana*) qui est plus rustique. Elles s'emploient, l'une et l'autre, plutôt en vert qu'en sec, ce qui est le contraire du Thym. C'est l'assaisonnement obligé des Fèves mangées en vert. En Allemagne, on mêle la Sarriette à la salade.

Pleine terre. — *Semis, plantation.* Les deux espèces de Sarriette se multiplient aussi bien de graines que d'éclats. On sème au printemps; ensuite la Sarriette se ressème d'elle-même; elle n'exige aucun soin.

Thym commun (Pl. XIV, fig. 4).

Thymus vulgaris Lin. (*Labiées.*) — Vivace.

Le genre Thym se compose de sous-arbrisseaux et de petits arbrisseaux répandus dans toute l'Europe, dans la région méditerranéenne et dans les parties tempérées de l'Asie. Ce genre se compose d'environ cinquante espèces, parmi lesquelles, il est vrai, Bentham en range dix dans la catégorie des espèces douteuses ou imparfaitement connues. On emploie fréquemment en cuisine les feuilles et les branches du Thym.

Pleine terre. — *Semis, plantation, culture, récolte.* Le Thym se multiplie de graines semées au printemps, ou bien, ce qui est plus expéditif, par la séparation des touffes que l'on replante en automne ou au printemps. Cultivé en bordure, le Thym peut être taillé comme le Buis. Cette plante rustique s'accommode de tous les soins, même les moins attentifs. On se borne à relever les vieux pieds quand ils se dégarnissent. Le Thym s'emploie plutôt en sec qu'en vert. On l'arrache, on le fait sécher à l'ombre et on le conserve pour l'usage. Il faut le renouveler tous les ans, car il perd ses feuilles et une partie de son parfum.

CHAPITRE IX.

CRYPTOGAMES ALIMENTAIRES (Pl. XXV)

CULTIVÉS ET NON CULTIVÉS.

Les Cryptogames alimentaires appartiennent tous à la famille des Champignons (*Fungi*), qui a été divisée en plusieurs sous-familles, parmi lesquelles celle des Gastéromycètes, qui comprend les Truffes, et celle des Hyménomycètes, du botaniste Fries, qui comprend les Agarics, les Bolets, les Chanterelles, les Hydnes, les Morilles, etc.

Plusieurs divisions génériques ont été proposées pour les Champignons. Nous nous en tiendrons aux moins compliquées et aux plus généralement acceptées ; ce seront les Agarics, les Amanites, les Bolets, les Chanterelles, les Clavaires, les Helvelles, les Hydnes, les Métrophores, les Morilles, les Truffes.

Agarics en général.

Les Agarics, aussi bien ceux qui sont cultivés que ceux qui ne le sont pas, aussi bien les comestibles que les vénéneux, ont été partagés en groupes ou sections [1]. Ces groupes sont : 1° *Lepiota*, Agaric sans volve, à pédicule muni d'un anneau membraneux, à lames ni nébuleuses, ni fuligineuses, dépourvues de sucs ; on y trouve plu-

---

[1] Certains auteurs considèrent les Amanites comme le premier groupe de ce genre, en ce que ces Champignons ont l'organisation la plus complète ; en effet, outre les organes qui sont communs à toutes les espèces d'Agarics, les Amanites ont une volve ou bourse, dans laquelle le Champignon est contenu avant son développement. Les Amanites comprennent la vraie et la fausse Orange, la première si bonne, la seconde si perfide.

sieurs espèces recherchées comme aliment ; 2° *Cortinaria*, Agaric à chapeau le plus souvent charnu, à lames émarginées ou sinuées à leur extrémité interne, unicolores et enfin couleur de cannelle, à pédicule entouré d'une cortine ou anneau arachnoïde ; on n'y trouve que très-peu de Champignons alimentaires ; 3° *Gymnopus*, Agaric à chapeau charnu entier et convexe, à lames unicolores, marcescentes, à pédicule sans anneau ni cortine ; ce groupe renferme le plus grand nombre de Champignons comestibles, et n'en présente guère de vénéneux, du moins que l'on connaisse ; 4° *Mycena*, Agaric à chapeau le plus souvent membraneux, strié, presque transparent, convexe et persistant, à lames unicolores, se desséchant facilement, à pédicule allongé, fistuleux et nu ; ce groupe ne renferme que de petits Champignons qui ne sauraient être que d'une bien faible ressource alimentaire ; 5° *Coprinus*, Agaric à chapeau membraneux ou à peine charnu, fugace, à lames noires, se liquéfiant, à pédicule blanc, nu ou muni d'un anneau ; groupe duquel presque toutes les espèces ne jouissent d'aucune estime, soit à cause de leur ténuité, soit à cause de leur prompte décomposition ; 6° *Pratella*, Agaric à chapeau charnu ou presque membraneux, persistant, à lames nébuleuses et enfin noires, à pédicule nu ou muni d'un anneau : c'est à ce groupe qu'appartient l'Agaric ou Champignon de couche ; 7° *Lactifluus*, Agaric à chapeau charnu, le plus souvent déprimé au centre, à lames lactescentes : groupe dont les espèces, lorsqu'on les brise, laissent échapper un suc plus ou moins abondant, âcre ou sans saveur ; 8° *Russula*, Agaric à chapeau charnu, le plus souvent aussi déprimé au centre, à lames dépourvues de suc et toutes de la même longueur, à pédicule nu ; ce groupe est l'objet de beaucoup d'incertitudes pour les cryptogamistes ; les uns prétendant que les espèces à lames jaunes peuvent être mangées, et que celles à lames blanches sont vénéneuses ; les autres prétendant le contraire, ce qui n'est pas très-rassurant pour les amateurs de Champignons ; aussi feront-ils bien de s'abstenir ; 9° *Omphalia*, Agaric à chapeau entier, charnu ou membraneux, infundibuliforme ou déprimé au centre, à lames d'inégale longueur, ni succulentes, ni lactescentes, le plus souvent décurrentes ; ce groupe renferme peu d'espèces comestibles, mais point de vénéneuses ; 10° *Pleuropus,* Agarics à chapeau charnu, déprimé, oblique, entier ou dimidié, à pédicule excentrique, latéral ou nul ; on ne trouve dans ce groupe que deux espèces vénéneuses, et l'on y compte un grand nombre d'espèces alimentaires.

Parties diverses et principales des Agarics. Les parties qui composent les Agarics sont : le *mycélium* ou *blanc de Champignon,* filaments d'abord simples, puis plus ou moins ramifiés, résultant de la germination des spores, premier état du développement des corpuscules des Champignons, et servant à ceux-ci de supports et de racines ; la *volve* ou *bourse,* membrane plus ou moins consistante, enveloppe générale, où est contenu le Champignon dans son jeune âge, et qui se déchire par suite de son développement (cet organe ne se rencontre que chez les Amanites) ; le *pédicule, stipe* ou *pied,* partie inférieure et rétrécie, qui supporte le chapeau ; l'*anneau, collerette,* voile partiel, membraneux ou filamenteux qui entoure le pédicule comme d'une manchette ; la *cortine, velum, voile aranéeux* ou *arachnoïde,* membrane généralement assez fugace, unissant les bords du chapeau avec le pédicule, et qui se compose de filaments blancs ou colorés (ce sont les débris persistants de ce *velum* qui constituent l'*anneau* ou *collerette*) ; le *chapeau, chapiteau,* appelé aussi la *table,* partie supérieure arrondie ou dilatée du Champignon, portée par le pédicule (c'est cette partie qui frappe le plus la vue et que l'on mange, elle est formée par l'expansion de la partie supérieure du pédicule, sa face est garnie de *lames* ou *feuillets* qui se dirigent du centre à la circonférence, ou, autrement, parties appendiculaires du chapeau, membraneuses, allongées, disposées en rayon ou en éventail) ; l'*hyménium,* pellicule membraneuse et superficielle sur laquelle reposent immédiatement les organes de la fructification et qui tapisse les deux faces de lames ou feuillets ; les *spores* ou *sporules,* organes reproducteurs d'une ténuité extrême et visibles seulement au microscope, d'une forme ronde ou ovale, de couleurs diverses, blanches, rosées, ochracées, ferrugineuses, noires ou d'un roux pourpre.

Agaric ou **Champignon de couche** (Pl. XXV, fig. 1 à 4).

Agaricus campestris Lin.; *A. edulis* Bull. (*Champignons agaricinés*, groupe
Protella.) — Cultivé comme annuel.

La culture des Champignons de couche a pris depuis longtemps
une extension immense. M. Léveillé faisait remarquer, il y a déjà
un certain nombre d'années, que toutes les catacombes et les anciennes carrières de Paris renferment des couches artificielles, dont
quelques-unes sont si considérables qu'elles ne demandent pas
moins de 50,000 à 60,000 francs de roulement pour leur entretien
et leur exploitation. Dès lors, la quantité de Champignons qu'elles
produisaient était telle, qu'on en amenait par jour de 20,000 à
25,000 maniveaux au carreau de la Halle de Paris, chaque mani-
veau contenant de six à dix individus, et se vendant, suivant la
saison, de 15 à 30 centimes. La quantité et l'exploitation n'ont fait
qu'augmenter depuis l'époque où M. Léveillé écrivait cela, en faisant en outre observer que le Champignon de couche présentait
l'exemple peut-être unique d'une substance alimentaire qui sortait
souvent de Paris au lieu d'y être apportée ; car les maraîchers en
faisaient l'exploitation dans les départements. Dans les carrières,
la culture réussit en toutes saisons ; elle n'a pas toujours le même
succès à l'air libre, où, pendant l'été, les orages peuvent faire
avorter le *blanc*.

Préparation du fumier. Pour réussir dans la culture des Champignons, il faut des connaissances particulières qui la rendent difficile et même souvent impraticable pour les personnes peu habi-
tuées aux opérations horticoles. Les premiers soins doivent se
porter sur la préparation du fumier destiné à monter les meules
ou couches.

Vers le mois de septembre on choisit du fumier bien imprégné
d'urine, mêlé à la plus grande proportion possible de crottin, et
trituré longtemps par le piétinement des chevaux. Le fumier sec, à
pailles longues et pauvre en crottin, doit être repoussé.

On réunit le fumier en tas, et on le laisse fermenter pendant
environ un mois. Au bout de ce temps, on le remue avec une

fourche, et on forme un premier lit ayant environ 1 mètre 30 centimètres de largeur, en ayant soin de retirer les pailles longues et les corps étrangers, et en en mélangeant entièrement toutes les parties pour leur donner plus d'homogénéité. On le foule avec les pieds, on le mouille avec l'arrosoir à pomme, qui répand l'eau plus également, et l'on ajoute successivement plusieurs lits de fumier traités de la même façon, jusqu'à ce qu'on ait obtenu une couche de 60 à 70 centimètres d'épaisseur. On laisse le fumier dans cet état pendant dix jours, on démonte la couche, on la remanie avec le même soin que la première fois, en ayant l'attention de ramener au centre les parties extérieures, le but qu'on se propose par cette opération, à laquelle on ne peut apporter trop de précaution, étant de rendre le fumier égal dans tous les points de la meule. On laisse cette nouvelle couche fermenter encore une dizaine de jours. Pour que le fumier soit arrivé au degré nécessaire de maturité qui le rend propre à la culture des Champignons, il faut qu'il soit onctueux, bien lié, ni trop sec ni trop humide, et n'ait pris qu'une chaleur douce.

Établissement des meules. C'est de septembre en décembre, époque où les chaleurs et les orages ne sont plus à craindre, qu'on établit ses meules, dans une cave obscure, dont la température soit égale, ou dans quelque vieille carrière, si l'on en a près de soi. Si l'on est obligé d'élever les meules à l'air libre, il faut les couvrir de litière pour les garantir de l'action de l'air extérieur; on choisit pour cela un endroit ombragé.

Pour dresser une meule à Champignons, on étend le fumier préparé comme il a été dit plus haut; on lui donne à la base 60 centimètres de largeur, en ayant soin de fouler le fumier à mesure qu'on élève la meule, et on la monte en dos d'âne, de manière à ce qu'elle n'ait pas au sommet plus de 10 centimètres de largeur. Pour que toute la meule ait le degré de consistance nécessaire, on la frappe avec le dos d'une pelle, et l'on enlève soigneusement avec un râteau les pailles qui dépassent.

Lardage. Au bout de huit ou dix jours, lorsque la chaleur de la meule est tombée à 15 degrés, on la larde. Pour faire cette opération, on pratique sur chaque flanc de la meule, à environ 10 centimètres du sol, de petites ouvertures distantes entre elles de 30 centimètres, et l'on met dans chacune un morceau de *blanc*. On presse légèrement pour mettre le *blanc* en contact plus intime avec le fumier. Il faut avoir soin de ne pas larder sa meule pendant qu'elle jette trop de chaleur, parce que le blanc serait brûlé.

Goptage. Si, de six à huit jours après cette opération, on remarque que les filaments s'étendent sur toute la surface du fumier, c'est une preuve que le *blanc* a pris. On couvre alors toute la meule d'une couche de terre légère, imprégnée d'azotate de potasse (salpêtre), si l'on en peut avoir de cette. qualité, et l'on en étend partout une couche d'environ 3 centimètres d'épaisseur; on la fait adhérer à la meule en la frappant doucement avec le dos de la pelle. On donne à cette dernière opération le nom de *goptage*.

Si l'on remarquait que le *blanc* n'a pas pris, on recommencerait à larder la meule en pratiquant de nouveaux trous à côté des anciens.

Soins ultérieurs. On bassine légèrement la meule ainsi préparée pour l'entretenir en état de moiteur, sans trop d'humidité. Si l'on fait cette culture à *l'air libre,* on couvre sa meule d'une chemise de litière longue, de 6 centimètres d'épaisseur, précaution qu'on ne doit négliger en aucun temps, même lorsqu'on a récolté aux deux bouts de la meule, et pendant les gelées on augmente l'épaisseur de la litière.

Quand le nombre des Champignons diminue, il faut songer à former une nouvelle couche, car c'est un signe de l'épuisement de l'ancienne, qu'on arroserait désormais en vain : les éléments de la fermentation n'existant plus, la chaleur n'est plus suffisante pour ce genre de végétation.

Quelquefois, avec l'Agaric de couche, on trouve différentes espèces de Coprins, tels que l'*Agaricus volvaceus* Bulliard, qui croît abondamment sur la tannée des serres chaudes, et le *Fuligo vaporaria* Persoon. Dans ce cas, dit M. Léveillé, il ne faut pas hésiter à détruire les meules et à en faire de nouvelles.

Enfin, dit le même auteur, on rencontre quelques couches qui sont remplies de Scolopendres, d'Iules, de Cloportes et de différentes autres espèces d'insectes. Il faut également en faire le sacrifice, nettoyer parfaitement l'endroit, l'enfumer, et même l'abandonner pendant quelque temps.

On voit assez souvent les Champignons s'allonger, devenir difformes, leurs chapeaux se former avec peine ; ou bien ils se recouvrent d'un duvet blanc, plus ou moins épais. Ces accidents s'observent lorsque l'air n'est pas suffisamment renouvelé, et que les couches sont trop humides. Comme celles-ci sont alors d'un mauvais rapport, il faut les placer dans un lieu mieux aéré et les arroser plus abondamment.

Récolte. Six semaines après que la meule a été lardée de *blanc*, on commence à récolter les premiers Champignons ; puis on remplit de terre la place qu'ils occupaient, on replace avec soin les chemises, et l'on continue pendant toute la durée de la production, qui est de deux à quatre mois.

Conservation du blanc. On obtient du *blanc* propre à la production ultérieure des Champignons en détruisant une meule sur laquelle on n'a fait qu'une seule récolte, qui est pénétrée partout de *mycelium,* et qu'on dépose dans un lieu sec. Le *blanc* placé dans des conditions convenables se conserve pendant deux années.

C'est par ce procédé, qui constitue l'industrie du champignonniste parisien, seul fournisseur des immenses quantités de Champignons qui paraissent chaque jour sur les marchés de la grande cité, qu'on arrive à subvenir à son approvisionnement.

On vend le *blanc* de Champignon comme les graines des plantes. On en a vu qui avait vingt ans de conservation, et qui produisait des Champignons comme s'il eût été récent.

On peut encore, quand les Champignons croissent dans certaines localités, enlever la terre avec le *mycelium* qu'elle renferme, et les transporter dans des circonstances semblables. C'est un moyen qui a parfaitement réussi à M. Léveillé, pour se procurer abondamment et sans avoir la peine de le chercher, le Mousseron ou Champignon muscat (*Agaricus albellus,* De Candolle).

Production de Champignons sans blanc. Un amateur de Champignons a publié un travail intéressant sur la production des Champignons *sans blanc*. Nous citerons les passages les plus importants de ce travail, bien entendu en laissant à l'auteur la responsabilité de ce qu'il avance :

« Les Champignons sont une ressource précieuse dans les ménages, et il n'est guère de maison cultivant un jardin où l'on n'en fasse des couches. Mais il est souvent difficile de se procurer du *blanc* de bonne qualité, et lorsqu'on en trouve, si la couche que l'on a préparée n'est pas en état de le bien recevoir, il en résulte des contrariétés et des non-succès que ne connaissent que trop ceux qui s'occupent de cette culture suivant les différents procédés usités jusqu'à présent.

« Les époques convenables pour faire des couches de Champignons sont, pour en avoir en hiver, le commencement de juillet ; pour en avoir au printemps, le commencement de décembre ; pour en avoir en été, le commencement de mars. En échelonnant ainsi ces trois couches, on pourra manger des Champignons toute l'année.

« Avant de parler de la manière de faire ces couches, il convient de déterminer le lieu où elles doivent être placées. Les personnes qui désirent avoir des Champignons en hiver sont certaines de s'en procurer une bonne provision si elles veulent faire la dépense d'un simple hangar, qui devra être bâti contre un mur ou contre une terrasse exposée au midi. Ce hangar servira d'abri à une fosse de trois pieds de creux sur quatre pieds de large, et aura une longueur proportionnée aux besoins du ménage ; vingt-cinq ou trente pieds de long suffiront pour une nombreuse famille.

« Les matériaux et la façon d'une couche à Champignons étant les mêmes pour l'hiver comme pour l'été dans ces différents lieux, il est seulement nécessaire ici d'expliquer la manière de disposer une fosse chauffée au moyen d'un conduit de cheminée pour la saison d'hiver. Il faut d'abord se procurer à la mi-juin une quantité convenable de litière fraîchement tirée de l'étable. Douze à quinze voitures suffiront pour une couche de trente pieds de long sur quatre pieds de large. On mettra cette litière en tas sous un abri, car il ne faut pas qu'elle mouille. On la laissera ainsi huit à dix jours, pendant lesquels elle jettera son plus grand feu, et alors on pourra en faire usage de la manière suivante : On prendra trois tombereaux de tannée fraiche; on en fera un tas, également à couvert, et on le laissera ainsi pendant douze jours, le tan étant plus long à s'échauffer que toute espèce de fumier. Il faut remarquer ici qu'à raison de cette différence la tannée aura dû être mise en tas quatre jours au moins avant la litière, afin que les deux tas se trouvent, au même moment à peu près, au même degré de chaleur le plus favorable pour la manipulation. On aura aussi l'attention, six jours après que le tan aura été mis en tas, de le bien remuer et retourner, afin que le dehors éprouve le même effet que le dedans, la partie extérieure du tan n'étant pas susceptible de s'échauffer lorsque le tas est exposé à l'air libre. Quand, après cela, la chaleur est descendue à un degré modéré, le tan est bon à employer. Dans l'intervalle de ces deux opérations préparatoires, on aura soigneusement ramassé chaque jour dans l'écurie les crottins de cheval, qu'il faut avoir entiers, secs et dégagés de menue paille, autant que possible. On placera aussi ces crottins sous le hangar, dans l'endroit le plus aéré et le plus sec, où ils seront étendus sur une épaisseur de deux pouces.

« Tout étant ainsi disposé pour faire la couche, on mettra d'abord dans la fosse un lit de fumier bien secoué de deux pieds d'épaisseur. Il devra être étendu également et être bien foulé, mais cela devra se faire sans marcher dessus. On mettra par dessus un lit de tan de quatre pouces ; ensuite un autre lit de fumier, épais seulement d'un pied : puis un second lit de tan de deux pouces, et enfin un lit épais de six pouces du fumier le plus court que l'on aura retiré du tas, en le secouant et le préparant pour l'employer comme il vient d'être dit.

« La couche ainsi faite jettera, au bout de quinze jours, une douce chaleur. Alors on étendra dessus encore deux pouces de tan, et sur le tan un lit de crottins de cheval de quatre pouces d'épaisseur. Ces crottins devront être enlevés et placés avec soin et brisés le moins possible. Par-dessus ce lit de crottins, un pouce du fumier le plus court que l'on aura retiré du tas précédemment secoué et que l'on aura tenu en réserve. Alors la couche se trouvera confectionnée. Elle devra rester dans cet état de cinq à sept semaines, temps pendant lequel elle prendra une chaleur modérée, si aucun contre-temps n'est survenu. Cette chaleur sera précisément celle du lait chaud, et la couche sera propre alors à recevoir avec succès du terreau qui doit finalement produire les Champignons. Ce terreau sera composé de deux parties de fumier bien consommé et passé au crible, et de deux parties de bonne terre franche ou normale, douce et légère, le tout bien mêlé ensemble. Le terreau sera étendu sur une épaisseur de trois pouces et demi; on aura grand soin de ne pas l'arroser avant de l'avoir bien examiné et d'avoir vu paraître dedans les petits filaments blancs, qui ne se développent guère qu'au bout d'environ quatre semaines. On devra alors lui donner un peu d'eau une fois par semaine, et ce sera bon signe quand on s'apercevra qu'il prend aussi une douce chaleur. Trois ou quatre semaines après l'apparition des filaments blancs, les Champignons commenceront à pousser. Il faudra alors rafraîchir souvent la couche en l'arrosant; mais il faut bien se garder de donner trop d'eau à la fois, car l'excès d'humidité détruirait tous les Champignons qui seraient déjà sur le sol, et causerait le plus grand dommage à la couche. Une couche ainsi disposée et bien conduite continuera à produire en abondance pendant huit mois et quelquefois un an, et les Champignons qui en proviendront seront meilleurs et plus gros que ne le sont ceux que l'on trouve dans les champs.

« Lorsque les Champignons paraissent au-dessus de terre, ils sont de couleur blanc pur et ont la forme d'un bouton rond, qui prend promptement celle d'un parasol ou d'un parachute. Le dessous est composé de lames ou feuillets d'un beau rouge pâle, qui prend une teinte noire lorsque le Champignon devient trop vieux pour être agréable à manger. Le Champignon comestible se distingue aisément du Champignon suspect, qui est d'une couleur jaunâtre, pâle et maladive. »

Autres procédés pour obtenir des Champignons. Nous donnerons l'indication de plusieurs autres procédés qui ont pour eux la sanction d'une longue expérience et sont aussi curieux qu'utiles. Ils pourront être essayés par les amateurs de Champignons, et doivent, s'ils sont répétés avec soin, amener des résultats satisfaisants.

Feu M. le baron Joseph Vanderlinden d'Hoogvorst, membre du sénat belge, s'occupa spécialement de la culture du Champignon, et il publia sur ce sujet un opuscule sans nom d'auteur, dont la vente se faisait au profit des hospices de Bruxelles. Il en parut trois éditions, deux françaises et une flamande. Cet opuscule, trop peu connu hors du pays, porte pour titre : «Méthode nouvelle, facile et peu coûteuse de cultiver le Champignon, fondée sur de nombreuses expériences, et propre à toute espèce de localité, sans en excepter l'intérieur des appartements; ouvrage nécessaire à tous ceux qui veulent se procurer à peu de frais, sans beaucoup de soins et dans toutes les saisons, cet intéressant comestible; avec figures. »

M. Ch. Morren, rédacteur des *Annales d'Horticulture de Gand*, qui a connu M. J. d'Hoogvorst, a donné les procédés de celui-ci, et nous avons extrait de son intéressant travail les passages suivants :

« Nous avons eu l'honneur de connaître M. Joseph d'Hoogvorst, et il nous a montré des choses vraiment étonnantes sur ses cultures de Champignons. Nous en rappellerons quelques-unes.

« Il les cultivait dans les caves, dans les appartements, dans les greniers, et, comme il le dit lui-même, *de la cave au grenier.*

« Il les cultivait dans des cavités faites expressément sous terre, dans des silos allongés, et pour obtenir beaucoup de produits il préférait cette dernière méthode.

« Il les cultivait dans la cage de l'escalier de son hôtel, dans un vestibule d'ailleurs richement orné, dans un boudoir où d'élégantes jardinières remplies de plantes fleuries recélaient, au dessous, de précieux dépôts de Champignons en croissance.

« Il les cultivait dans ses écuries, en guise de bibliothèque gastronomique, dans les offices et les cuisines de son hôtel, au-dessous des tables sur lesquelles les officiers les préparaient pour les confier au pot-au-feu. Il les cultivait jusque dans les bottes de ses cuisiniers et de ceux qui voulaient lui confier leur chaussure à cet effet.

« Il suffisait de laisser à M. d'Hoogvorst un balai pour qu'il vous le rendît magnifiquement couvert d'une ample moisson de Champignons en pleine croissance, et nous garantissons que cette merveille horticole faisait venir l'eau à la bouche de plus d'un.

« Un jour, le vicomte V... manifeste quelque léger doute sur les succès de son ami; celui-ci parie de faire croître sous le lit de M. le vicomte, et pendant qu'il dormirait à son aise, une ample provision de Champignons, et cela pendant toute la saison, sans odeur, sans incommodité, sans aucun de ces effets qu'on craindrait de produire dans un hôtel bien tenu. M. le baron d'Hoogvorst avait, au reste, fait l'expérience de faire croître les Champignons sous son lit, et le succès en avait été complet. On ne peut se figurer l'extrème facilité que ce sénateur de Belgique avait apportée à la formation du *mycelium* et à son développement en Champignon.

« Dans son opuscule il donne tous les détails nécessaires pour établir : 1° des couches en meules et en tombe; 2° des couches à Champignons dans les serres de toutes espèces; 3° des couches dans les appartements, les cages d'escaliers, les antichambres et les cuisines; 4° des couches dans les écuries, et enfin, 5° des couches en plein air. Dans un Appendice qu'il publia plus tard, à la suite de l'édition de son opuscule, qui se vend à Bruxelles au Refuge des vieillards, rue des Ursulines, et au profit de cet hospice, on lit de précieux détails sur l'analogie que le baron d'Hoogvorst avait trouvée entre ses couches nouvelles en tombelles et ce qu'il avait vu se faire à Vienne, ville, comme on le sait, où la gastronomie et par conséquent les Champignons sont en grand honneur. Nous recommandons à nos lecteurs de se procurer le livre avec cet Appendice.

« M. d'Hoogvorst éprouvait une grande difficulté de s'expliquer ce fait curieux, en effet, que, lorsqu'une cave, une armoire, un silo, une cavité quelconque a servi à produire des Champignons, il faut attendre de longues années avant que ces singuliers végétaux y reviennent malgré les semis, absolument comme la théorie des assolements prouve qu'une culture ne réussit pas sur le même terrain deux années de suite, ou plus encore. En Angleterre, et notamment dans les domaines royaux de la reine Victoria, cette difficulté a été vaincue. Les caves où se trouvent les couches à Champignons y sont chauffées, comme nos serres chaudes, par des tuyaux à eau chaude, lesquels passent dans le fumier même des couches. Il suffit, le blanc y étant sans cesse en végétation, de chauffer davantage pendant les deux jours qui précèdent celui de la récolte pour obtenir sans cesse, et pendant de longues années, une abondante moisson de Champignons. La chaleur artificielle détruit donc cette eau, quelle qu'elle soit, qui empêche dans nos cultures du continent d'obtenir des Champignons dans le même endroit plusieurs années de suite.

«Voici comment M. d'Hoogvorst préparait son *blanc* de Champignon :

« Il faut faire le *blanc* de Champignon dans un endroit couvert, sec et pas trop aéré : le coin d'une grange, celui d'un hangar, ou même d'une écurie qui ne serait pas pavée de pierres bleues, sont favorables à son développement. Cette espèce de couche doit se faire dans les premiers jours de mai; en voici la composition, que l'on peut réduire à de moindres proportions :

« 56 brouettes de fumier frais de cheval, d'âne ou de mulet;

« 6 brouettes de bonne terre de jardin;

« 1 brouette de cendres de bois fraîches, et qui n'aient pas été lavées;

« 1/2 brouette de colombine fraîchement tirée du colombier. Il en faudrait le double si elle était de l'année précédente.

« On arrosera le tout très-légèrement avec de l'urine de vache ou du jus de fumier; après qu'à l'aide de fourches le mélange aura été bien fait, on le placera, de l'épaisseur d'un pied, le long d'une muraille; la largeur est indéterminée, mais il faut cependant une certaine quantité de fumier réuni pour qu'il s'échauffe légèrement. On tassera fortement avec les pieds, et au bout de dix jours on répétera le tassement, qui doit être continué deux ou trois fois par semaine jusque dans les premiers jours de septembre. Alors on le coupera avec une bonne bêche par carré d'un pied environ, et on le mettra sécher dans un grenier ou toute autre place bien aérée, à l'abri du soleil et surtout de l'humidité. On place ces espèces de briques sur le côté, et on les retourne de temps en temps.

« Ce *blanc* se conserve de dix à douze ans, s'il est placé dans un endroit sec et où il ne gèle pas.

« Il m'est arrivé plusieurs fois de récolter beaucoup de Champignons dans le grenier où je fais sécher le blanc ; il en pousse dans les débris abandonnés qui tombent le long de la muraille et même dans les grandes fentes entre les planches d'un vieux grenier.

« Nous ferons observer qu'un grand nombre d'excellents Champignons qui ne sont pas admis communément dans l'alimentation, parce qu'on se tient toujours en défiance contre ce Cryptogame trompeur, peuvent se semer par le moyen de l'eau ayant reçu les sporules, comme nous l'avons dit plus haut, entre autres l'Agaric exquis que nous avons trouvé chez Mᵐᵉ veuve Desmet, maraîchère de la Cour de Belgique[1]. »

La plupart de nos lecteurs seront bien aises de connaître le moyen qu'employait le mycétophile belge par excellence pour faire pousser les Champignons sous les lits, dans les armoires, sous les tables des cuisines ou au-dessous des jardinières dans les salons.

Nous supposons une jardinière : au dessous on fait faire des tiroirs en bois de sapin peint à l'extérieur ou couvert de plaques d'acajou. Ces tiroirs ont un pied de hauteur (12 pouces de Brabant). On met au fond de la bouse de vache séchée, sans aucun fumier ; on l'arrose d'eau nitrée, et on la foule avec les pieds à l'épaisseur de 4 pouces, en y mêlant un peu de terre jetée à la main. On dépose dessus le blanc de Champignon sans le briser, avec un peu de terre et de la bouse de vache, à 2 pouces de hauteur, et on recouvre le tout d'un pouce de terre. Au bout de six semaines, la couche est en plein rapport, lorsque le salon est chauffé à la chaleur d'un appartement ordinaire. L'odeur de ces préparations est nulle, et des Champignons même de 14 pouces de hauteur au chapeau sont incessamment produits par ce procédé.

Caractères de l'Agaric de couche. M. Dupuis, dans la *Flore médicale du XIXe siècle*, qui fait partie du Règne végétal, les donne

---

[1] Nous devons faire observer que, nonobstant cette opinion, plusieurs essais de ce genre ont été tentés sans le moindre succès.

ainsi : pédicule blanc, glabre, cylindrique, plein, épais, ordinairement aminci à la base; vers la partie supérieure, anneau à bords
déchiquetés; chapeau d'abord sphérique, puis convexe, et, suivant
les variétés, blanc, jaune paille ou d'un brun plus ou moins foncé;
chair blanche, ferme; épiderme se détachant facilement; lames
inégales et recouvertes dans leur jeune âge par une membrane
complète; ces lames sont d'abord blanches ou roses, puis noirâtres; elles n'adhèrent pas au pédicule.

Cette espèce présente une variété toute blanche, appelée *boule de
neige*.

Il faut se garder de confondre l'*Agaricus campestris* avec l'Amanite vénéneuse (*Amanita venenosa* Persoon), qui lui ressemble
assez pour donner lieu à de fréquents accidents. Pour les éviter, il
suffira d'avoir présent à la mémoire que l'Agaric de couche n'a ni
bulbe ni volve à la base de son pédicule, que ses lames sont roussâtres, et qu'enfin son chapeau n'est jamais tacheté de verrues.

De quelques autres Agarics cultivés.

L'Agaric de couche est le seul qui soit toléré sur les marchés de
Paris, dans la crainte des empoisonnements. Mais cela n'empêche
pas que l'on en ait soumis diverses autres espèces à la culture.

Agaric mousseron ou Champignon muscat (*Agaricus albellus* De
Candolle; groupe *Gymnopus*). C'est un des premiers Champignons
qui paraissent au printemps en France. Il croît sur les pelouses
sèches et les lisières des bois. Il est de taille moyenne et d'un
blanc jaunâtre; son pédicule est court, plein, très-épais, légèrement renflé à la base; son chapeau, d'abord sphérique, puis campanulé, est épais et couvert d'une peau très-sèche; ses lames, nombreuses, inégales, étroites, sont pointues aux deux extrémités. Sa
saveur et son odeur sont des plus agréables. Il se sèche très-facilement; et comme dans cet état il conserve son odeur qui rappelle le
musc, il est employé pour la cuisine. Nous avons dit précédemment quel procédé certains horticulteurs employaient pour se procurer en abondance cette espèce de Champignons.

Agaric palomet (*Agaricus palomet* Thore. *A. viridis* Fries; groupe *Gymnopus*). On le mange dans le département des Landes et dans celui des Basses-Pyrénées, sous les noms de Palomet, Palombette ou Blavet; on le nomme encore Iraux-Cher, Crusagne. Au rapport de M. Thore, de Dax, on sème, dans le département des Landes, cette espèce d'Agaric; pour cela on se contente d'arroser la terre d'un bosquet planté de chênes, avec de l'eau dans laquelle on fait bouillir une grande quantité de ces Champignons; la culture n'exige aucun autre soin que d'éloigner du bosquet les chevaux, les porcs et toute espèce de bêtes à cornes, qui sont très-friandes de ce cryptogame; ce moyen ne manque jamais de réussir, dit M. Thore, qui n'explique pas comment l'ébullition ne fait pas mourir les germes des Champignons. Il ne faut pas confondre l'Agaric palomet avec l'Agaric fourchu (*Russula*), qui s'en distingue par sa saveur fade et nauséeuse dans la jeunesse, et plus tard salée et amère.

Agaric atténué (*Agaricus attenuatus* De Candolle; groupe *Lepiota*). Il croit en automne, sur les troncs des Saules. M. Desvaux a signalé ce Champignon, fort connu et fort prisé aux environs de Montpellier sous le nom de Pivoulada, comme susceptible de culture. Ses essais, couronnés de succès, consistaient à enfouir jusqu'à fleur de terre, dans un lieu humide et découvert, des rouelles de Peuplier, de 3 à 4 centimètres d'épaisseur; au printemps, il frottait la face supérieure avec les lames de l'Agaric, et, à l'automne, il obtenait une récolte; dans les années humides, il en faisait jusqu'à neuf. Ce procédé d'ailleurs n'était pas absolument nouveau : les Chinois, de temps immémorial, se procurent différentes espèces de Champignons en plaçant dans de bonne terre et à une exposition convenable des morceaux d'écorces et de bois pourris de Peuplier, d'Orme, de Châtaignier, de Mûrier. Il est probable, dit M. Léveillé, que, par le moyen de cette culture artificielle, on pourrait augmenter le nombre et la quantité de plusieurs espèces comestibles, si l'on portait plus d'attention à leur habitat. Les caractères de l'Agaric Pivoulade sont : pédicule mince à la base, s'élargissant un peu jusqu'au sommet, courbé, blanchâtre, plein, charnu ; anneau brun fauve, rabattu, très-voisin des lames ; chapeau convexe, charnu, sec, blanc sale ou roussâtre ; lames d'un brun fauve sale, inégales, adhérentes au pédicule ; chair blanche.

Agaric napolitain (*Agaricus neapolitanus* Persoon ; groupe *Pratellæ*). Tenore, dans une lettre adressée à Persoon, indique le moyen que l'on emploie pour se procurer ce Champignon, dont on fait une grande consommation à Naples, et qui est fort délicat : on recueille soigneusement tout le marc du café que l'on emploie ; on le fait pourrir dans un pot de terre cuite, non vernissé, on dit même dans une caisse, à l'ombre, dans une cave ou tout autre endroit à température constante, et au bout de cinq à six mois les Champignons paraissent ; ils sont en état d'être mangés et d'un goût agréable. La découverte de cette variété d'Agaric fut due à des religieuses, d'un couvent de Naples, qui la trouvèrent par hasard sur un tas de marc de café jeté à l'écart dans un coin de leur jardin.

Amanites et Agarics alimentaires non cultivés.

Une faible nuance sépare les Amanites des Agarics proprement dits ; bien des auteurs n'en font qu'un même genre dans la famille des Champignons. Toutefois l'Amanite diffère de l'Agaric par une bourse ou *volve* qui enveloppe plus ou moins le Champignon, dans sa jeunesse, et par son pédicule presque toujours bulbeux à sa base ; mais il lui ressemble par le chapeau qui est distinct et soutenu par un pédicule central, lequel est garni en-dessous de feuillets inégaux tapissés par l'hyménium qui porte les graines ou sporules.

Amanite oronge ou **Agaric oronge** (*Amanita aurantiaca* Persoon ; *Agaricus aurantiacus* Bulliard). Oronge vraie. C'est le Champignon dont on fait la plus grande consommation après l'Agaric de couche. Les Romains en étaient très-friands, et le tenaient pour supérieur à tous les autres Champignons ; l'empereur Claude mourut après en avoir mangé ; Agrippine fut accusée d'y avoir mêlé du poison ; peut-être avait-on servi à ce prince de l'Agaric ou Amanite fausse oronge (*Agaricus muscarius*

Linné, *Agaricus pseudo-aurantiacus* Bulliard, *Amanita muscaria* Persoon), qui a le port et les couleurs analogues à l'Oronge vraie. Les caractères de l'Oronge vraie sont : forme et apparence d'abord assez semblables à celles d'un œuf, volve blanche, recouvrant la totalité de l'Oronge, puis se divisant en lobes pour laisser sortir le Champignon; pédicule plein, cylindrique, jaune, avec un collet membraneux et pendant ; chapeau d'un rouge éclatant, convexe, large de quatre à cinq pouces, glabre, lisse, strié et souvent incisé sur son bord; lames jaunes, épaisses et inégales; saveur exquise. Dans la Fausse-Oronge, la volve est incomplète; le chapeau qui est un peu visqueux, a des bords non striés, et le dessus est parsemé de verrues blanchâtres ; en outre le pédicule de la Fausse-Oronge est un peu écailleux et blanc; les lames sont également blanches. La Fausse-Oronge, dit M. Dupuis, est commune, en automne, dans les bois. Son odeur n'est pas désagréable, mais sa saveur est un peu astringente. Elle est très-vénéneuse. Il y en a une variété, dont le chapeau est dépourvu de verrues, que l'on pourrait confondre avec l'Oronge vraie ; mais celle-ci a les lames jaunes et la fausse Oronge les a blanches.

Amanite blanche ou **Agaric blanc** (*Amanita alba* Persoon; *Agaricus ovoïdeus* Bulliard). *Oronge blanche*, *Coquenelle*. Les caractères de cette Amanite sont ceux de l'Oronge tant qu'elle est jeune. Plus tard, sauf les feuillets qui sont roses, elle est blanche dans toutes ses parties. Son pédicule, à peine renflé à sa base, ne présente quelquefois même aucune trace de volve ; son chapeau est à peine strié sur les bords, son anneau est plus lâche.

On trouve cette Amanite, en automne, principalement dans le midi de la France. Elle est aussi recherchée que la véritable Oronge. Bien qu'elle ait quelques rapports avec l'Amanite vénéneuse, il serait difficile de les confondre, car celle-ci a les feuillets blancs, le pédicule très-renflé à la base et une odeur désagréable.

Amanite ou **Agaric solitaire** (*Amanita solitaria* Persoon; *Agaricus procera*, Persoon, *Agaricus solitarius* Bulliard). Cette belle espèce atteint quelquefois plus de 3 décimètres de hauteur. Ses caractères sont : pédicule long, plein, épais, charnu, lisse, à base très-grosse, raboteuse, couverte d'écailles, débris de la volve; anneau membraneux, large, rabattu; volve incomplète; lames larges, inégales, blanches, très-peu adhérentes au chapeau qui est convexe, régulier, blanc sale, couvert de verrues; chair blanche et ferme. Cette espèce croît solitaire, en été, sur les pelouses et dans les bois peu épais.

Amanite ou **Agaric rougeâtre** (*Amanita rubescens; Agaricus rubescens* Persoon), Golmelle, Golmotte. On l'a longtemps confondu avec l'Agaric verruqueux (*Agaricus verrucosus* Bulliard), qui est vénéneux. De cette confusion, il est résulté que les uns, tels que Vittadini et M. Cordier, l'ont présenté comme bon à manger, et les autres, tel que Krombhotz, l'ont donné comme très-dangereux. Les caractères de l'Amanite rougeâtre sont : volve incomplète; pédicule bulbeux à la base, presque cylindrique, long de 12 centimètres environ, ordinairement fistuleux, rougeâtre, ayant à peine à sa base quelques vestiges de volve; anneau large, de même couleur, portant ordinairement l'empreinte des feuillets; chapeau convexe, puis presque plan, large d'un décimètre à peu près, rouge, un peu écailleux; lames nombreuses, inégales, larges, très-blanches; chair cassante, blanche, rougeâtre à la superficie. Sa saveur, d'abord nulle, devient ensuite âcre et un peu salée. On mange beaucoup cette espèce en Lorraine et en Italie. Elle croît solitaire, en été et en automne, dans les parties découvertes des bois. L'Agaric ou Amanite à verrues (*Agaricus verrucosus, Amanita verrucosa*), qui est un objet, souvent funeste, de confusion avec l'Agaric rougeâtre, et qui ressemble aussi à la Fausse-Oronge, croît dans les mêmes localités; mais il a des caractères qui lui sont propres et qui peuvent le faire distinguer. Cette dernière espèce est plus petite dans toutes ses parties; son pédicule, long d'un décimètre, est ordinairement plein, d'un blanc rosé sale; son anneau est mince, blanchâtre, rabattu; son chapeau, large de 8 centimètres, convexe d'abord, puis un peu concave, à bords entiers, non striés, est d'un blanc jaunâtre, mêlé de rose, couvert de petites verrues très-nombreuses, surtout au centre, et généralement pointues; sa chair est blanche, sauf à la superficie où elle est rose ; les lames et les autres caractères sont ceux de l'Amanite rougeâtre.

Amanite ou **Agaric engaîné** (*Amanita vaginata* Persoon ; *Agaricus vaginatus* Bulliard), Coucoumelle jaune ou grise. On le mange en Allemagne, en Italie et à Montpellier, quoique jadis Clusius (de Lécluse) l'ait considéré comme dangereux, ainsi que ses variétés. Caractères : chapeau blanc, gris ou jaune rouge, d'abord globuleux, puis plan, strié sur les bords ; volve complète, grise ou verdâtre ; lames inégales, blanches, non adhérentes au pédicule, qui est nu, glabre, fistuleux, muni, à sa base, d'une gaîne pommée par la volve persistante. Cette espèce croît, en automne, sur la lisière des bois.

Amanite ou **Agaric incarné** (*Amanita incarnata* Persoon ; *Agaricus incarnatus* Batsch). On le mange très-fréquemment en Toscane.

Amanite ou **Agaric à tête lisse** (*Amanita leucocephala* Persoon ; *Agaricus leiocephalus* De Candolle). De couleur générale entièrement blanche, même dans un âge avancé ; odeur agréable, chair ferme, surface sèche et chagrinée ; pédicule épais vers sa base ; chapeau d'environ 2 décimètres de diamètre, d'abord convexe, puis plan, arrondi ; lames nombreuses, non adhérentes au pédicule qui est dépourvu d'anneau ; volve d'une grandeur prononcée. C'est une espèce commune dans le midi de la France ; elle est comestible ; on la trouve sur le marché de Montpellier. L'absence d'anneau et l'odeur agréable la font distinguer de l'Amanite vénéneuse avec laquelle on pourrait la confondre au premier aspect.

Amanite royale ou **Agaric royal** (*Amanita regia ; Agaricus regius* Fries). Espèce commune dans l'Europe méridionale et réputée délicieuse.

Amanite élégante ou **Agaric élégant** (*Amanita speciosa ; Agaricus speciosus* Fries). C'est une des plus belles Amanites. Elle est donnée comme comestible ; néanmoins Fries la suspecte en raison de son odeur nauséabonde.

Agaric élevé ou **Agaric couleuvré** (*Agaricus procerus* Persoon, *Agaricus colubrinus* Bulliard ; groupe Lepiota), Coulemelle, Cor-

melle, Parasol, Poturon, Boutarat, Vertet, etc. Pédicule bulbeux
à sa base, creux dans son centre, recouvert d'écailles brunâtres,
haut de 24 à 32 centimètres ; chapeau couleur bistre, large de 28 à
32 centim., chargé d'écailles imbriquées ; feuillets blancs formant
un bourrelet au sommet du pédicule ; chair tendre et d'un goût
agréable. Il croît, en automne, solitaire dans les bois et sur les pelouses découvertes. Quelques auteurs le présentent comme étant le
plus délicat des Champignons ; c'est incontestablement l'un des
plus beaux et des plus grands. On le mange dans beaucoup de départements de France, à l'exception de son pédicule qui est dur et
coriace. On ne le mange pas, au moins communément, en Allemagne. Dans certains cas, il a été signalé comme vénéneux, mais
Léveillé pense qu'on l'aura confondu avec l'Agaric en bouclier
(*Agaricus clypeolarius* Bulliard), dont le développement également
considérable avait fait illusion. Ce dernier a une odeur pénétrante
et vineuse et une consistance molle.

Agaric excorié (*Agaricus excoriatus* Schæffer ; groupe Lepiota).
Cette espèce qui croît aussi, en automne, dans les bois et quelquefois sur les pelouses, est donnée comme plus tendre et plus délicate
encore que la précédente, par Léveillé, qui dit l'avoir mangée
très-souvent et en grande quantité, sans en avoir éprouvé jamais la
plus légère incommodité. On le donne comme une variété de l'A-
garic élevé.

Agaric à queue (*Agaricus caudicinus* Persoon ; même groupe).
Il croît dans les bois sur les vieux troncs d'arbres. C'est un des
Champignons dont on fait le plus de consommation en Allemagne.

Agaric polymice ou **annulaire** (*Agaricus polymyces* Persoon ;
Agaricus annularius Bulliard ; groupe Lepiota), Agaric Tête de Méduse. Pédicule cylindrique, fauve ou roux ; anneau large en entonnoir ; chapeau convexe, ordinairement strié, fauve ou roux ; lames
larges, inégales, blanches ou jaunes. Il croît en groupes très-nombreux, en automne, dans les forêts. Il exhale par la cuisson une
odeur très-désagréable, sa saveur est styptique. Si nous le mentionnons ici, c'est que quelques cryptogamistes, entre autres Trattinnick et Cordier, le présentent comme alimentaire ; le premier de

ces auteurs dit qu'il est excellent, qu'il a le goût de chair d'a-
gneau, qu'on le vend en quantité considérable sur les marchés de
la capitale de l'Autriche, et qu'il est très-recherché à Prague.
M. Cordier dit en avoir mangé plusieurs fois sans le moindre inconvénient; Persoon au contraire engage à s'en défier et le présente
comme délétère. Expérimenté sur des chiens et des chats, il les
aurait tués. Entre des opinions si divergentes et venant d'hommes
qui font également autorité en botanique cryptogamique, il est très-
prudent de s'abstenir de manger du Champignon en question ; il
est bon aussi de réfléchir aux nuances à peine perceptibles qui séparent souvent les espèces vénéneuses de celles qui ne le sont pas,
et à l'immense danger qu'il y aurait à se laisser prendre aux apparences quand on n'a pas pour soi une expérimentation consommée.

Agaric à écailles (*Agaricus squamosus* Bulliard ; groupe Lepiota).
Ce beau Champignon croît par groupes sur les arbres. Bulliard dit
qu'il a l'odeur et le goût du Champignon comestible. M. Cordier en
a mangé et le donne comme digne de la faveur des gourmets.

Agaric blanc-roussâtre (*Agaricus albo-rufus* Persoon ; groupe
Lepiota). Agaric paillet de Thore. On le trouve dans le département des Landes, au printemps et en automne, par groupes nombreux, au pied des Sureaux. Il est très-prisé de certains amateurs.

Agaric châtaigne (*Agaricus castaneus* Bulliard; groupe Cortinaria). Petite espèce très-jolie, qui croît abondamment, en automne, parmi les mousses et dans les bois. Persoon le donne
comme jouissant d'une saveur très-agréable et comme comestible.
Pédicule mince, cylindrique, plein, blanc marron ; anneau peu
visible ; chapeau campanulé, puis un peu concave, marron, peu
charnu, à bords sinués et déchirés, à lames inégales, étroites, peu
nombreuses, n'atteignant pas le pédicule.

Agaric violet (*Agaricus violaceus* Bulliard ; groupe Lepiota). On le
mange, en Italie, au rapport de Micheli.

Agaric violet-cendré *Agaricus violaceo-cinereus* Persoon ; groupe
Cortinaria). On le mange aussi en Italie.

Agaric à pied fusiforme (*Agaricus fusipes* Bulliard ; groupe Gymnopus). Allioni dit que ce Champignon, très-commun dans les bois, est

comestible. Il a le goût du Champignon de couche, mais il est coriace.

Agaric russule (*Agaricus russula* Persoon ; groupe Gymnopus). Pédicule nu, blanc rosé, spongieux à l'intérieur ; chapeau rose rougeâtre, en général couvert de petites écailles ; lames blanches, épaisses, inégales ; chair ferme et cassante. Il croît dans les bois. Sa saveur est agréable. On le mange en Allemagne, et particulièrement en Autriche. Il ne faut pas le confondre avec l'Agaric émétique ou pectiné (*Agaricus emeticus, A. pectinaceus* Bulliard ; du groupe Russula) qui est le même pour certains auteurs que l'Agaric rosé (*Agaricus roseus* Bul.). Ces deux derniers, qu'ils soient des espèces distinctes ou qu'ils ne forment qu'une même espèce, sont très-dangereux ; ils sont très-communs dans les bois, en été et en automne.

Agaric puant (*Agaricus graveolens* Persoon). Assez rare en France, mais très-commun en Allemagne, où, dit Léveillé, d'après certains auteurs, on le mange communément. Son nom pourtant n'a rien que de repoussant.

Agaric prunule (*Agaricus prunulus* Scop ; groupe Gymnopus). C'est un des meilleurs Champignons comestibles, au rapport de Léveillé. Il se fait remarquer par l'épaisseur de sa chair et par ses lames décurrentes, d'un rouge tendre. Son odeur rappelle celle de la farine.

Agaric tortillé (*Agaricus oreades* Bolton, *Agaricus tortilis* De Candolle ; même groupe). Agaric de Dieppe, Agaric faux-mousseron, Mousseron godaille, Mousseron pied-dur ou d'automne. Couleur jaune-pâle, tirant sur le roux ; pédicule très-grêle, un peu fusiforme ; chapeau convexe, mamelonné au centre, large de 4 à 6 centimètres ; chair assez dure, mais savoureuse ; odeur agréable. On le trouve à la fin de l'été sur les pelouses, dans les pâturages et dans les endroits découverts des bois. Il se sèche et se conserve très-bien. Son pédicule se tourne comme une corde en se desséchant, d'où le surnom de *tortilis* que lui a donné De Candolle. Il est très-agréable après la cuisson. Il a beaucoup de rapport avec l'espèce *Agaricus fœniculaceus* Fries qui sert, comme lui, d'assaisonnement dans quelques pays.

Agaric oreillette (*Agaricus orcella* Bulliard, *Agaricus auricula*

De Cand. ; même groupe). Pédicule court, plein, blanchâtre et cylindrique, chapeau rarement arrondi, grisâtre et roulé sur les bords, feuillets blancs, décurrents sur le pédicule. Il pourrait bien n'être qu'une variété du précédent, soit qu'il porte le nom d'*Agaricus orcella*, soit qu'il porte celui d'*Agaricus auricula*. Ils croissent à la même époque, dans les mêmes endroits, et se ressemblent par le goût et l'odeur. On en trouve en abondance aux environs d'Orléans où on les mange sans défiance.

Agaric anisé ou **odorant** (*Agaricus anisatus* Persoon, *Agaricus odorus* Bull. ; même groupe). Il a une odeur agréable qui rappelle celle de l'Anis, odeur qui disparaît à la cuisson. Il se trouve, en automne, sur les feuilles des bois. Pédicule dilaté au sommet, plein, ordinairement un peu courbé ; chapeau très-large, verdâtre ou bleuâtre, sec ; lames blanches, inégales, décurrentes sur le chapeau.

Agaric nébuleux ou **à chapeau** (*Agaricus nebularis* Batsch, *Agaricus pileolarius* Persoon ; groupe Gymnopus). Ce Champignon, qui croît en abondance dans les bois des environs de Paris, et que Bulliard a présenté comme comestible, doit être rejeté comme dangereux, d'après les expériences de M. Cordier. Pédicule épais, court, plein, renflé à la base, lisse, blanc grisâtre ; chapeau convexe, sec en dessus, gris roux ; lames jaunes, grisâtres, inégales ; chair blanche et ferme.

Agaric ivoire (*Agaricus eburneus* Bulliard ; même groupe). Il est commun dans les bois. Sous le nom de *Gozzolo*, on le mange en Italie.

Agaric colombet (*Agaricus columbetta* Fries ; même groupe). Saveur et odeur peu prononcées. Fries donne ce Champignon comme comestible.

Agaric imbriqué (*Agaricus imbricatus* Fries ; même groupe). Espèce commune dans les environs de Paris et que l'on mangeait autrefois.

Agaric carderel (*Agaricus carderella* Fries ; même groupe). Cette espèce que Batarra a fait connaître, est comestible en Italie.

Agaric ilicin (*Agaricus ilicinus* De Candolle ; même groupe). Cette espèce, qui croît avec assez d'abondance dans le midi de la France, se mange, dit Léveillé, à Montpellier sous le nom de *Pivoulade d'eousse*. On repousse le pédicule comme trop coriace.

Agaric des pelouses (*Agaricus pratensis* Persoon et De Candolle ; *Agaricus ficoides* Bulliard ; même groupe). Il croît en abondance sur les pelouses exposées au soleil, et présente de grandes différences dans son volume. Persoon le donne comme comestible, en raison de sa saveur qui est la même que celle du Champignon de couche. Pédicule court, épais, plein.

Agaric à l'ail (*Agaricus alliatus* Persoon ; même groupe Gymnopus). Cette espèce, très-répandue dans toute l'Allemagne, comme condiment, à cause de son odeur d'Ail, se montre au printemps et en automne.

L'Agaric oignon (*Agaricus cepaceus* Fries ; du groupe Mycena) est aussi quelquefois employé de la même manière, comme ayant une odeur d'Ail.

Agaric succulent (*Agaricus esculentus* Jacquin ; groupe Mycena). Agaric clou. C'est une très-petite espèce que l'on mange en Allemagne, quoique, malgré son nom, elle soit, d'après Trattinick, extrêmement peu délicate.

Agaric poivré (*Agaricus piperatus* Persoon , *Agaricus acris* Bulliard ; groupe Lactifluus ou Lactarius). Pédicule blanc, cylindrique, plein, presque aussi épais que long ; chapeau charnu, d'abord régulier et convexe, puis en entonnoir et sinueux ; lames rougeâtres ou jaunâtres, nombreuses, inégales, souvent bifurquées ; suc blanc, très-âcre. On le mange en Allemagne, en Russie, et même dans certaines parties de la France, après avoir détruit, par la cuisson, le principe âcre qu'il contient. On n'a jamais remarqué qu'il ait causé d'accidents. L'Agaric lathyron, ou Roussette (*Agaricus controversus* Persoon) ne paraît être qu'une variété du précédent, quoiqu'il soit plus âcre encore ; c'est un des plus gros Champignons connus.

Agaric délicieux (*Agaricus deliciosus* Linné ; même groupe). Ainsi nommé probablement par les habitants du Nord, dit Léveillé, parce qu'ils aiment les saveurs fortes. Il croît rarement dans les environs de Paris ; il est très-commun dans le midi de la France. Ses caractères sont : pédicule nu, plein, ferme, épais, jaune ; chapeau réfléchi sur les bords, jaune, fauve ou rouge de brique ; lames d'une teinte pâle, inégales ; suc jaune safrané, douceâtre. Indépendamment des caractères qui lui appartiennent, dit encore Léveillé, ses lames prennent une couleur verte très-foncée quand on les brise. Cette espèce croît dans les bois couverts et montueux. Elle est très-recherchée. On en fait une grande consommation à Montpellier. Dufresnoy, médecin à Valenciennes, dit avoir administré la poudre de cet Agaric à des malades affectés de la phthisie tuberculeuse et en avoir obtenu les plus heureux résultats; mais, outre que l'espèce employée par ce médecin avait le suc blanc, tandis que l'Agaric délicieux a le suc jaune safrané, ce qui fait tout de suite douter de l'identité de l'espèce, M. le docteur Reveil ne croit pas, non plus que presque tous les médecins, à cette propriété de l'Agaric délicieux; aussi n'en a-t-il pas parlé dans notre *Flore médicale*.

Agaric lactaire doré (*Agaricus lactifluus aureus*, Hoffmann; *Agaricus volemus* Fries; même groupe). Agaric vache, Agaric rougeole. Pédicule brun incarnat, nu, velouté; chapeau d'abord globuleux, puis déprimé, brun orangé; lames jaunâtres; suc laiteux, doux. C'est à ce suc abondant qu'il doit le nom d'Agaric vache; il est un des meilleurs Champignons connus; on le recherche beaucoup en Allemagne. Il croît en été dans les friches et sur les pelouses.

Agaric douceâtre (*Agaricus subdulcis* Bulliard; même groupe). C'est l'espèce la plus commune; elle sert d'aliment dans quelques cantons, dit M. de Candolle. Elle a l'odeur du Mélilot bleu, et croît en automne dans les champs et dans les bois. Pédicule cylindrique, d'abord plein, puis creux, glabre, rougeâtre; chapeau de même couleur, concave, à peau sèche; lames inégales, rameuses; suc blanc, doux.

Agaric dysentérique (*Agaricus torminosus* Schæffer; groupe Lactifluus). Schæffer et Paulet, dit Léveillé, regardent cette espèce comme très-dangereuse. Bulliard au contraire dit qu'elle ne l'est pas, et en effet, ajoute Léveillé, dans quelques pays on la mange aussi abondamment que possible, sans que jamais elle cause d'accidents. Fries en a vu manger en Suède au lieu de l'Agaric délicieux, sans qu'il en soit résulté d'inconvénient. Dufresnoy, de Valenciennes, dit l'avoir employée dans le traitement de la phthisie tuberculeuse.

Agaric meurtrier (*Agaricus necator* Bulliard ; groupe Lactifluus).
Agaric Morton, Raffoult, Mouton zoné. Pour plusieurs cryptogamistes il est le même que le précédent. Ses caractères sont : pédicule cylindrique, plein, épais, chapeau d'abord convexe, puis concave, rougeâtre, quelquefois zoné, peluché dans sa jeunesse ; lames
blanches, inégales, celles qui sont entières formant un bourrelet
autour du pédicule ; suc laiteux, âcre, caustique. Il croît dans les
bois à la fin de l'été. « Ce Champignon, dont le nom seul épou-
vante, dit Léveillé, passe pour très-dangereux ; il paraît cependant qu'il n'en est pas ainsi, car Weinmann assure qu'on le mange
en Russie, ce qui a engagé Fries à lui donner un autre nom ; mais
je ne crois pas que le nom de *Turpis* le réhabilite beaucoup dans
l'opinion publique. » Au reste, toutes les espèces qui composent le
groupe Lactifluus sont assez difficiles à distinguer ; de plus les opinions sont extrêmement divisées sur leurs propriétés. Il est donc de
la plus simple prudence de s'en abstenir.

Agaric lacté ou **Alutacé** (*Agaricus lacteus* ou *alutaceus* Persoon ;
groupe Russula). Pédicule plein, ferme, épais, blanc ; chapeau
campanulé, puis presque plan, et à bords sillonnés ; lames jaunes,
larges, égales, souples ; chair ferme et compacte. « Ce Champignon, dit Léveillé, n'est pas très-commun ; il est tout blanc et
sans saveur : on le mange en Allemagne. » M. Dupuis fait remarquer que cette espèce renferme plusieurs variétés, qu'elle croît à
la fin de l'été dans les bois, et qu'il faut bien se garder de confondre avec elle l'Agaric sanguin (*Agaricus sanguineus* Bulliard, *Agaricus ruber* De Candolle), qui s'en distingue par la couleur blanche
des lames, qui a une saveur âcre et caustique, et qui est très-dangereux. Nous avons déjà fait ressortir le péril qu'on rencontre dans
le choix des Agarics du genre Russule, et combien les auteurs
étaient divisés à leur sujet.

Agaric en entonnoir (*Agaricus infundibuliformis* Bulliard ; groupe
Omphalia). Pédicule plein ou fistuleux, blanc, jaunâtre ou gris,
cylindrique ; chapeau rougeâtre, à bords sinués ; lames inégales,
pointues aux deux bouts. Sa saveur et son odeur sont agréables. Il
est comestible et très commun dans les bois, parmi les feuilles.

Agaric virginal, Agaric de Bruyère (*Agaricus virgineus* Persoon ; *Agaricus ericeus* Bulliard , groupe Omphalia). Il croît à la fin de l'été, dans les Bruyères, les friches et les pâturages. Bulliard et M. de Candolle disent qu'on le mange dans plusieurs contrées de la France, où il porte le nom de Petite Oreillette. Les caractères de ce petit Champignon blanc ou roux, sec ou mou, sont : pédicule nu, plein ou fistuleux, plus épais au sommet qu'à la base, chapeau à bords roulés en dessous, quelquefois striés et translucides ; lames nombreuses, inégales.

Agaric Garidel (*Agaricus Garidelli* Persoon ; même groupe). On le dit comestible. Il est probable, dit Léveillé, que si l'on tentait quelques expériences, on augmenterait de beaucoup le nombre des espèces d'Omphalies comestibles, car, dans aucune d'elles, on ne trouve d'odeur, ni de saveur désagréables.

Agaric raboteux (*Agaricus ostreatus* Jacquin ; groupe Pleuropus). Il croît sur les vieux arbres ; il est assez commun, et on le mange, surtout en Allemagne, dit Léveillé.

Agaric de l'Orme (*Agaricus ulmarius* Bulliard ; groupe Pleuropus). Pédicule plein, blanc sale ; chapeau arrondi, convexe, charnu, jaune chamois, quelquefois taché de rouge et de noir ; lames blanches, puis jaunâtres, inégales, larges, échancrées à la base, adhérentes au pédicule ; chair ferme. On le trouve communément, en automne, par groupes composés de cinq à six individus, sur le tronc des arbres, surtout des Ormes. Son odeur et sa saveur sont très-agréables. Il est comestible, et dans le département de la Nièvre on le mange fréquemment. Léveillé en parle avec faveur, comme l'ayant goûté lui-même.

Agaric oreille de Chardon (*Agaricus eryngii* De Candolle ; groupe Pleuropus). Singulier Champignon dont le pédicule est central ou excentrique, blanc, droit, court, plein, cylindrique ; le chapeau arrondi ou irrégulier, à bords roulés en dessous, gris sale, à lames blanches, inégales, décurrentes sur le pédicule. Il croît ordinairement sur les racines du Chardon Roland (*Eryngium campestre*). Il est fort rare dans les environs de Paris. Depuis longtemps on le cite comme un des meilleurs Champignons.

Agaric du Houx (*Agaricus aquifolii* Persoon et Paulet). C'est une espèce assez grande, que l'on dit délicieuse. Ce Champignon est de couleur jaune de bois. Pédicule nu, un peu comprimé, sec, fibreux; chapeau à surface lisse, quelquefois gercée; lames inégales, non décurrentes; chair blanche, parfumée et délicate. Il croît, en automne, sous les buissons de Houx.

Agaric transparent (*Agaricus translucens* De Candolle). Les pauvres le mangent, du côté de Montpellier, sous le nom de Pivoulade du Saule[1].

[1] Nous ne terminerons pas l'article des Agarics et Amanites, sans rappeler les renseignements qui suivent et qui concernent les empoisonnements par les Champignons.

Le docteur Reveil, dans son article *Amanites*, p. 62-64 du t. I de la *Flore médicale du XIX siècle*, qui fait partie du *Règne végétal*, fait les réflexions suivantes :

« L'Oronge vraie est regardée avec juste raison comme un des Champignons les plus délicats ; c'est, dit-il, avec les Bolets, l'aliment recherché du pauvre des campagnes. Mais, comme on confond facilement les Champignons vénéneux avec les Champignons comestibles, il en résulte des empoisonnements presque toujours mortels. »

Puis il ajoute :

« Il y a encore quelques points douteux sur ce sujet. On a dit avec raison qu'il fallait en général se méfier des individus dont l'accroissement était rapide, qui venaient dans les endroits humides et sombres, qui avaient des tiges bulbeuses, qui présentaient un collier ou qui conservaient des fragments de volve sur le chapeau : enfin qu'il fallait regarder comme vénéneux ceux qui noircissaient l'argent, ceux qui avaient une chair coriace ou un tissu très-mou, qui avaient des couleurs éclatantes ou bigarrées, qui se coloraient au contact de l'air, et qui avaient une saveur âcre, brûlante, poivrée, etc.; mais ce sont là des caractères un peu vagues et souvent incertains; il faut toujours se méfier des Champignons, et ne manger que ceux que l'on a vus crus, lorsqu'on a une connaissance pratique de ces végétaux. *Il n'y a pas de contre-poison proprement dit des Champignons*; dès les premiers symptômes, on provoque ou on facilite les vomissements, et on administre l'éther à forte dose : il faut éviter de faire boire de l'eau vinaigrée, comme on le fait trop souvent d'après les préjugés populaires. »

Frédéric Gérard, qui s'était livré pendant plus de dix années à des expériences dans le but de prévenir les empoisonnements par les Champignons, a indiqué le procédé suivant pour enlever le principe toxique à ceux d'entre ces Cryptogames qui sont suspects :

« Pour chaque 500 grammes de Champignons coupés de médiocre grandeur, il faut un litre d'eau acidulée par deux ou trois cuillerées de vinaigre, ou deux cuillerées de sel gris. Dans le cas où l'on n'aurait que de l'eau à sa disposition, il faut la renouveler deux ou trois fois. On laisse les Champignons macérer pendant deux heures entières, puis on les lave à grande eau. Ils sont mis dans l'eau froide, qu'on porte à l'ébullition, et après une demi-heure on les retire, on les lave encore, on les essuie et on les apprête comme mets spécial. Inutile de dire que toutes les eaux qui ont servi à laver les Champignons doivent être jetées. »

Frédéric Gérard met en outre en garde les amateurs contre les moyens indiqués

Bolets comestibles ou **Ceps** (Pl. XXV, fig. 6 et 7).

Le genre Bolet de Linné a été divisé en trois sections : les Bolets proprement dits, les Polypores et les Fistulines. Toutes les espèces de Bolets ont le chapeau charnu, hémisphérique, porté sur un pédicule central, dont la surface est souvent réticulée ou veinée ; une membrane très-mince, de peu de durée, recouvre fréquemment sa partie inférieure, surtout avant le développement du chapeau. Le dessous de ce chapeau est garni, au lieu de *lames,* comme dans les Agarics, de *petits tubes* très-nombreux, placés les uns à côté des autres, et dont l'intérieur est tapissé par la membrane fructifère ou *hymenium.* Des vingt-quatre et quelques espèces connues de Bolets proprement dits un grand nombre sont d'une consistance molle, spongieuse, d'une saveur amère, et par conséquent peu agréables à manger ; d'autres sont dures, coriaces, sans arome. Mais il en est qui sont très-recherchées, surtout dans le midi et dans le sud-ouest de la France et en Italie. Dans ces contrées on les connaît généralement sous les noms vulgaires de *Cep, Cèpe* et *Ceps,* probablement à cause de la forme de leur pédicule qui est renflé comme un Oignon. D'après le docteur Reveil (*Flore médicale du XIXe siècle,* t. I, p. 186 et 187), tous les Bolets peuvent être mangés impunément ; quelques-uns, mais seulement quand ils sont trop vieux, deviennent indigestes.

Les Bolets les plus estimés, soit comme aliment, soit comme assaisonnement, sont :

Bolet bronzé (*Boletus æreus* Bulliard) appelé aussi Ceps noir ou Gendarme noir, à pédicule solide, long, jaune clair, présentant à sa surface une sorte de réseau, à chapeau épais, compacte, glabre, bronzé noirâtre, à tubes presque libres, courts, jaune soufre, à chair blanche ou légèrement jaunâtre, verdissant un peu à l'air ; assez

pour distinguer les Champignons vénéneux. « Ni l'Oignon blanc, ni la cuiller d'argent, qu'on dit noircir au contact du principe délétère, ne sont des indications exactes. Il faut donc, dit-il, préférer mon procédé, si l'on veut éviter le danger, et ne se fier à aucun autre. »

Ajoutons qu'il est encore un moyen meilleur d'éviter ce danger : c'est de ne manger que des Champignons dont on est parfaitement sûr.

rare aux environs de Paris ; croît à terre, dans les bois, pendant l'été ; il est très-recherché.

Bolet comestible (*Boletus edulis* De Candolle ; *B. esculentus* Fries), appelé aussi Cep franc à tête rousse, Gyrolle, Bruguet, Potiron, Forchin (Pl. XXV, fig. 6), à pédicule épais, surtout à la base, marbré de roux et de blanc pâle ; à chapeau épais, fauve, glabre, à tubes très-petits, arrondis, à demi libres, blancs, passant au jaune verdâtre, à chair ferme, épaisse, blanche ou jaunâtre ; ce Bolet vient à terre, dans les bois, pendant tout l'été ; sa saveur est très-agréable et se rapproche de celle de la noisette ; il acquiert souvent des dimensions considérables ; il s'en fait une grande consommation dans le midi et dans le sud-ouest de la France, soit à l'état frais, soit à l'état sec ; dans ce dernier état, il est l'objet d'un commerce assez étendu aux environs de Bordeaux ; le Bolet comestible est à peu près le seul que l'on cultive ; d'après Thore, on le propage dans le département des Landes, en arrosant la terre dans les bois, avec de l'eau dans laquelle on a fait bouillir ce Champignon.

Bolet rude (*Boletus scaber* Bulliard) appelé aussi Roussile ; à pédicule cylindrique, renflé à la base, hérissé de petites pointes noires, rude ; à chapeau charnu, hémisphérique, cendré ou fauve ; à tubes blancs, quelquefois gris, jaunâtres ou carnés ; à chair un peu molle, acidulée, blanche, un peu vineuse quand on l'entame ; se trouve à terre, dans les bois, en automne.

Bolet orange (*Boletus aurantiacus* Bulliard), appelé aussi Girolle rouge ; à pédicule gros, renflé, hérissé de pointes un peu rudes ; à chair blanche, prenant à l'air une teinte légèrement vineuse ; se confond très-souvent et sans inconvénient avec le précédent ; croît, comme lui, à terre, dans les bois, en automne.

Parmi les autres Bolets proprement dits, nous ne parlerons ici que pour mémoire du :

Bolet pernicieux (*Boletus rubeolarius* Bulliard, *B. perniciosus* Roques, *B. luridus* Schœffer), et du **Bolet indigotier** (*Boletus cyanescens* Bulliard), espèces communes dans les bois, en été et en automne, généralement regardées comme vénéneuses, quoiqu'on n'ait pas à produire de cas authentique d'empoisonnements par ces

Champignons, que l'on mange même, à ce qu'il paraît, sans danger, dans certains pays ; ainsi que du **Bolet tubéreux** ou **Ceps franc à tête noire** (*Boletus bovinus* Linné, *B. mitis* Persoon ; Pl. XXV, fig. 7) qui ressemble beaucoup au Bolet comestible, dont on le distingue par sa chair changeante, par son pédicule non marbré et très-renflé à la base ; il acquiert des dimensions considérables et peut servir à la nourriture de l'homme et des bêtes bovines.

Dans la section des Polypores, qui fournit au moins deux cents espèces dont les formes sont très-variées, mais chez lesquelles le pédicule ou le point d'attache est presque toujours latéral, on compte, entre autres, comme comestibles :

Bolet en bouquets (*Boletus frondosus* Schœffer, *Polyporus frondosus* Fries) appelé aussi Poule des bois, Couveuse, etc. Champignon très-rameux, à chapeaux nombreux, sessiles, demi-circulaires, imbriqués, brun-grisâtre, à tubes blanchâtres ; à chair un peu coriace, mais d'odeur et de saveur agréables ; acquérant un volume considérable et un poids de plusieurs kilogrammes ; croissant, en automne, sur les racines du chêne où on le trouve par groupes, dont un seul peut servir à la nourriture de plusieurs personnes.

Bolet du Noyer (*Boletus juglandis* Bulliard, *Polyporus squamosus* Fries) appelé aussi Miellin, Langou, Oreille de Noyer ; à pédicule latéral, gros, ochracé, marbré ; à écailles obscures, noirâtres ; à chapeau de même couleur, charnu, visqueux ; à tubes assez grands, flexueux, plus pâles ; à odeur forte et pénétrante ; à chair blanche, ferme, compacte, d'un goût d'abord salé, ensuite mielleux et fort agréable ; habite surtout le tronc des vieux noyers.

D'autres espèces de la section des Polypores sont bonnes à manger, de ce nombre sont le *Polyporus tuberaster*, le *P. ovinus*, le *P. subsquamosus*, le *P. fungosus*.

Dans la section des Fistulines, la **Fistuline buglossoïde** (*Fistulina buglossoides* Bulliard, *Boletus hepaticus* Schœffer, *Hypodrys hepatica*), appelée aussi Foie de bœuf ou Langue de bœuf, fournit un bon aliment, pourvu qu'on ait soin de choisir de jeunes individus. On la reconnaît à son pédicule court, latéral, quelquefois nul ; à son chapeau arrondi, à face supérieure rouge, gluante,

couverte, dans sa jeunesse, d'aspérités qui disparaissent plus tard ;
à ses tubes isolés, adhérents à la chair, d'abord blancs, puis jaune
roussâtre ; à sa chair mollasse, rosée, veinée de blanc.

Les Bolets, en général, doivent être récoltés jeunes ; trop vieux,
ils sont attaqués par les larves d'insectes, ils deviennent aqueux et
indigestes. Dans le sud-ouest et dans le centre de la France, en
Italie et dans d'autres pays, on les recueille jeunes par un temps
sec ; on les coupe en petits fragments que l'on dispose en chapelets
avec du gros fil, et on les fait sécher au four ou au soleil ; c'est un
excellent aliment pour l'hiver, et un assaisonnement très-recherché ;
par la dessication le principe aromatique se développe, et pour
aromatiser une sauce il faut dix fois moins de Bolets secs qu'il ne
faudrait de Bolets frais.

Chanterelle comestible (Pl. XXV, fig. 5).

Les Chanterelles avaient été, dans le principe, rangées parmi les
Agarics et les Mérules [1] ; le professeur Fries en a fait un genre
particulier, qu'il a divisé en trois sections. Ce genre est caractérisé
par un chapeau ou hyménophore recouvert d'un hyménium sur
une de ses faces, qui présente des plis charnus, épais, rameux,
et à tranche obtuse, et non des lames ; il est dépourvu de volve
et d'anneau.

La **Chanterelle comestible** (*Cantharellus cibarius* Fries, *Agaricus
Cantharellus* Linné, *Merulius Cantharellus* Persoon, Pl. XXV,
fig. 5) est fort commune en été, dans les forêts. Elle est un peu
coriace, et, quand on la mâche crue, elle laisse dans la bouche une
saveur piquante qui dure assez longtemps ; ce n'en est pas moins
une excellente espèce, qui forme la base de la nourriture de certains pays. Sa couleur est d'un chamois variable, ses caractères
sont : pédicule plein, charnu, épais, se dilatant en un chapeau irrégulier, d'abord arrondi et convexe, puis sinueux, en entonnoir et

---

[1] Le genre Merulius créé par Haller est si vaguement caractérisé, dit Léveillé,
que les auteurs y ont introduit un grand nombre d'espèces dont on a formé depuis
de nouveaux genres.

à bords déchiquetés ; la face inférieure marquée de plis bifurqués, décurrents sur le pédicule. Il ne faut pas la confondre avec la Fausse Chanterelle (*Cantharellus nigripes* Persoon) dont le pédicule est plus noir, beaucoup plus long et plus grêle, et le chapeau d'un jaune sale ; cette dernière espèce passe pour vénéneuse.

Clavaire.

Les Clavaires (*Clavariæ*, de *Clava*, massue), genre de Champignons de la famille des Hyménomycètes, sous-ordre des Clavariées-Clavulées, établi par Vaillant, sont des masses ordinairement charnues et fragiles, quelquefois d'une substance coriace, de forme variable, n'offrant rien de semblable au chapeaude]Agarics ou des Bolets. Dans cette masse, qu'on nomme *réceptacle*, dressée, cylindrique, homogène, divisée en rameaux diffus, se confondant avec les pédicules, sont dispersées de petites cavités nommées *conceptacle*, ou *utricule*, dont la paroi interne est tapissée par l'hyménium ; ces utricules sont superficielles et occupent seulement la partie supérieure du réceptacle. Les Clavaires croissent à terre ou sur les troncs d'arbres dans les diverses parties de l'Europe ; elles sont toutes inoffensives et la plupart comestibles. On en compte un grand nombre d'espèces, mais la plus répandue en France est la suivante :

Clavaire coralloïde (*Clavaria coralloides* Linné), vulgairement Barbe de chèvre ou de bouc, Pied de coq, Ganteline, Tripette, Cheveline, Mainotte, Manine jaune. Son tronc, fort épais, se divise en un grand nombre de rameaux glabres, cylindriques, pleins, fragiles, taillés en branches de corail, et dont la surface est comme ondulée. Sa couleur est jaune pâle, pouvant varier du rouge orangé au blanchâtre. On la trouve, en automne, dans les bois. Sa chair est blanche, cassante, ayant une légère odeur de Champignon et une saveur agréable. Il s'en fait une grande consommation dans toutes les parties de l'Europe. Là où elle est abondante, on la conserve pour l'hiver dans du vinaigre après l'avoir fait blanchir. La **Clavaire cendrée** (*Clavaria cinerea* Bulliard) très-commune en

Normandie et en Franche-Comté; espèce de couleur grise, à rameaux serrés, sinueux, presque dentelés sur les bords, et la **Clavaire améthyste** (*Clavaria amethystina*) n'en diffèrent guère que par la couleur. On trouve encore en France les **Clavaires botrydes** et les **Clavaires crépues**, qui croissent sur les troncs de sapin et acquièrent un volume considérable.

Helvelles.

Le genre Helvelle a été établi par Linné, et modifié par Persoon, Fries et Nées. Ces Champignons sont charnus, translucides, colorés en gris, en orangé, en noir; fragiles et stipités; leur chapeau est irrégulier, bombé, lobé et plissé. Les Helvelles sont peu nombreuses, vivent soit à terre dans le gazon, soit sur les arbres morts, où on les trouve au printemps et à l'automne disposées en groupes ou isolées les unes des autres. La plupart des Helvelles sont comestibles. Nous mentionnerons ici :

Helvelle dorée (*Helvella chrysophœa* Persoon) à chapeau étalé, irrégulièrement ondulé, lobé, d'un brun fauve; à stipe blanc, sillonné jusqu'au milieu; elle croît sur les montagnes, sous les Hêtres.

Helvelle mitre (*Helvella mitra* Linné, *Helvella leucophœa* Persoon), Champignon ayant l'apparence et la consistance de la cire; à pédicule très-épais, cannelé, formé à l'intérieur de lames tortueuses; à chapeau ayant deux ou trois lobes réfléchis en haut, et formant une sorte de croissant dont la cavité est en l'air; d'un goût et d'une qualité très-agréables comme plusieurs de ses variétés.

On recherche assez aussi la grande Helvelle (*Helvella grandis*) et l'Helvelle comestible (*Helvella esculenta* Persoon).

On rejette l'Helvelle hérissée (*Helvella hispida* Schœffer) qui a une odeur très-désagréable de punaise.

Hydnes.

Le genre Hydne, l'un des plus singuliers de la famille des Champignons, a pour caractère essentiel, à sa surface inférieure, une membrane fructifère, hérissée de pointes ou d'aiguillons plus ou moins longs, coniques ou comprimés, à l'extrémité desquels se trouvent les organes de la fructification, autrement dit les sporules. Les Hydnes sont très-variables dans leur forme et dans leur texture. Tantôt le chapeau est régulier, arrondi, ordinairement évasé et en forme d'entonnoir, supporté par un pédicule central ou latéral ; tantôt, au contraire, le chapeau manque ou n'est plus distinct ; dans ce cas, le Champignon adhère par toute sa surface au bois sur lequel il croît, et n'est plus qu'une couche mince recouverte par la membrane fructifère ; quelquefois les pointes ou aiguillons s'allongent, deviennent cylindriques, mous, flexibles, et donnent au Champignon l'aspect d'une sorte de barbe implantée sur le tronc des arbres ; d'autres fois, ces mêmes prolongements aiguillonnés, pointus et terminés en houppe, sont tellement roides et allongés, que le Champignon a l'aspect d'un petit Hérisson. Quant à la texture, les Hydnes sont ou durs ou coriaces comme les Polypores qui fournissent l'Amadou (Polypore amadouvier, *Polyporus igniarius* Persoon, *Boletus igniarius* Bulliard), ou charnus et tendres comme la plupart des Clavaires. Les derniers, sains et agréables à manger, sont partagés en deux sections : la première comprenant les Hydnes à chapeau porté sur un pédicule central, comme les *Hydnum imbricatum* et *Hydnum sinuatum ;* la seconde comprenant l'Hydne rameux (*Hydnum ramosum* Bulliard). Aucune des nombreuses espèces d'Hydne n'est malfaisante. On recherche surtout les suivantes :

Hydne sinué (*Hydnum sinuatum* Bulliard, *Hydnum repandum* Bulliard), vulgairement appelé Rignoche, Pied-de-mouton, Barbe-de-vache, ordinairement jaunâtre, ferme et cassant; à pédicule court, gros, plein, rarement central ; à chapeau convexe, à bords minces ; à pointes cylindriques, fragiles, un peu plus foncées que le chapeau ; à chair blanche. Cette espèce, la plus commune du genre, croît à terre, dans les bois, en été et en automne. Elle a un arrière-goût poivré, un peu acerbe, qu'elle perd quand, après l'avoir fait blanchir, on la soumet à une longue cuisson qui la rend délicate et parfumée. Les gens de la campagne mangent ce Champignon sur le gril, avec du beurre frais, du sel, du poivre et des fines herbes.

Hydne Hérisson (*Hydnum erinaceum* Bulliard), appelé aussi Houppe des arbres, à pédicule cylindrique, allongé, courbé, le plus souvent nul; n'ayant point de chapeau, mais ayant une tête charnue, compacte, tendre, blanche d'abord, puis jaunâtre, pendante, terminée par des pointes nombreuses, perpendiculaires. C'est une des plus grandes espèces du genre. Elle croît dans les cicatrices des vieux Chênes. Elle a la saveur du Champignon de couche. Il s'en fait une grande consommation dans les Vosges.

Hydne Tête de Méduse (*Hydnum caput Medusæ* Persoon), passant du blanc au gris, à tronc court, charnu, épais, se terminant en une multitude de divisions simples, grêles et réunies en touffe, verticales d'abord, puis pendantes. Cette espèce croît à la fin de l'été, sur les bois morts. Elle a une saveur fort agréable. Elle est fort recherchée en Italie.

Hydne rameux (*Hydnum ramosum* Bulliard, *Hydnum coralloïdes* Persoon), Champignon très-estimé comme aliment en France et en Allemagne, où il croît dans les grandes forêts sur les Hêtres et les Sapins. Sa tige, très-rameuse, est terminée par des aiguillons cylindriques; sa chair est blanche et d'un goût très-agréable.

Mitrophores.

Genre de Champignons appartenant, comme les Morilles, à la classe des Thécasporés et à la tribu des Champignons en forme de mitre (*Mitrati*). Ils ont les plus grands rapports avec les Morilles auxquelles on les a toujours réunis et avec lesquelles ils croissent au printemps. On en distingue plusieurs espèces; elles sont comestibles. On les vend, sur les marchés, souvent confondus avec les Morilles. Telles sont la **Mitrophore touffue** (*Mitrophora patula* Léveillé, *Morchella patula* Persoon) que, d'après Chevallier, on trouve dans la forêt de Compiègne; elle est assez commune en Allemagne, et on l'offre sur les marchés de Florence avec les Morilles; la **Mitrophore géante** (*Mitrophora gigas* Léveillé, *Morchella gigas* Persoon), qui croît aux environs de Florence, où elle paraît cependant assez rare; la **Mitrophore ondée** (*Mitrophora undosa* Léveillé, *Mor-*

chella undosa Persoon) qui croît aussi aux environs de Florence ; la **Mitrophore semi-libre** (*Mitrophora semi-libera* Léveillé, *Morchella semi-libera* De Candolle) qui croît au printemps dans les endroits sablonneux, avec la Morille ordinaire, et dont la forêt de Sénart, près Paris, fournit quelquefois une grande quantité; mais c'est un mets peu délicat en raison de sa saveur fade et aqueuse ; la **Mitrophore à pédicule crevassé** (*Mitrophora rimosipes* Léveillé, *Morchella rimosipes* De Candolle), espèce assez rare qu'on trouve dans la forêt de Fontainebleau ; la **Mitrophore brune** (*Mitrophora fusca* Léveillé, *Morchella fusca* Persoon) qui a été trouvée une seule fois par Persoon vers les premiers jours d'avril, dans les environs de Paris, sur des morceaux de bois; la **Mitrophore carolinienne** (*Mitrophora caroliniana* Léveillé, *Morchella caroliniana* Bosc) qui se trouve, en Amérique, dans les bois de la Haute-Caroline, où on la mange, quoiqu'elle ait peu d'odeur et point de saveur.

Morilles (Pl. XXV, fig. 8).

Suivant Ménage, le nom de Morille serait dérivé de *Morum, Morucula,* Mûre, ou plutôt du mot celtique ou bas-breton Morillen. Dillenius a formé le nom latin de *Morchella* du mot allemand *Morchel.* Dans les anciens auteurs, les Morilles sont désignées sous les noms de *Boletus, Fungus speciosus, porosus, rugosus, favoginosus, cavernosus, Merulius niger, albus, Fungi præcoces, Spongiolæ, Phallus,* etc. Les Morilles appartiennent à la famille des Champignons en forme de mitre (*Mitrati*). La partie supérieure ou chapeau est charnue, fragile, arrondie, ovoïde ou conique, creuse à l'intérieur, parsemée d'alvéoles polygones, et supportée par un pédicule distinct, également charnu, creux, plus ou moins long, avec lequel elle se continue immédiatement. Les organes de la fructification recouvrent les cavités et les parois des alvéoles; ils consistent dans des thèques allongées, cylindriques, qui renferment huit spores simples, elliptiques et transparentes ; les paraphyses sont peu nombreuses, filiformes et continues. Le *Morchella semi-libera* De Candolle, *Mitra* Linné, et quelques autres espèces, dont le réceptacle est conique ou campanulé, uni ou alvéolé, mais fixé au pédicule à la moitié de sa hauteur, et dont le bord est libre, constituent le genre *Mitrophora* dont il a été parlé précédemment (Léveillé).

Les Morilles apparaissent avec le printemps; sous la latitude de Paris, on ne les voit jamais avant le mois d'avril, et le plus souvent dans la seconde quinzaine, à moins que la saison ne soit chaude et humide; rarement même on en trouve dans le mois de mai; tandis que dans le midi de la France elles commencent en mars. On les rencontre dans presque tous les terrains, mais plus abondamment dans ceux qui sont siliceux, dans les bois, sur les bords des chemins. On pense assez généralement qu'elles croissent plus particulièrement sous les Ormes; c'est une erreur; on en trouve aussi sous les Chênes, les Frênes, les Châtaigniers, etc. On distingue les espèces comestibles suivantes :

Morille comestible ou **commune** (*Morchella esculenta* Persoon), dont la forme est généralement arrondie et qui présente comme variétés : *Morille blanche*, que l'on rencontre quelquefois à Paris chez les marchands de comestibles, où elle est recherchée, quoiqu'elle passe pour être d'un goût fade et aqueux; on l'a vue atteindre dans la Russie méridionale près de 32 centimètres de haut; *Morille blonde*, assez rare dans les environs de Paris, aimant les terrains argileux, et se rencontrant souvent dans les bois, sur les places où l'on a fait du charbon; *Morille ordinaire*, la plus commune de toutes et passant pour la meilleure; *Morille violette*, qui a été trouvée au Mexique; *Morille changeante*, dont la chair, quand on la rompt, prend au contact de l'air la couleur de l'indigo.

Morille délicieuse (*Morchella deliciosa* Fries), dont le chapeau est conique, de couleur jaune, quelquefois un peu livide, à alvéoles longues, parallèles, profondes; à pédicule assez gros, nu et blanc; espèce assez commune en Hongrie, et que Vaillant aurait rencontrée dans le parc de Saint-Maur, près Paris, mais ce qui n'est pas confirmé.

Morille conique (*Morchella conica* Persoon), regardée par le professeur Fries comme une variété de la Morille commune. On la trouve en Allemagne, en Alsace, en Corse, en Valachie, en Moldavie, etc. ; Persoon dit qu'elle est assez rare en France. On la reconnaît facilement à son chapeau assez petit, de forme conique et d'une couleur fuligineuse; le pédicule est creux, blanc, farineux.

Morille perforée (*Morchella foraminulosa* Schweinz.), espèce de l'Amérique septentrionale qui ressemble beaucoup à la Morille comestible.

Morille à gros pied (*Morchella crassipes* Fries), remarquable par sa haute taille; son chapeau est conique, aigu et brun; le pédicule est atténué à sa partie supérieure, trois à quatre fois plus long que le chapeau, et très-renflé à sa partie inférieure; elle a été trouvée, dans les bois de Pontchartrain, par Antoine de Jussieu.

Morille tremelloïde (*Morchella tremelloïdes* Fries), qui n'est probablement qu'une variété de la Morille ordinaire, et qui a été également trouvée, par Antoine de Jussieu, dans les mêmes bois de Pontchartrain.

Morille élevée (*Morchella elata* Fries), grande et belle espèce, à chapeau obtus et conique; à cloisons et alvéoles longitudinales, minces, très-saillantes, et réunies par d'autres cloisons transversales moins prononcées; elle est d'une couleur grise tirant sur le brun; le pédicule a de 5 à 8 centimètres de longueur, et quelquefois plus de 27 millimètres de diamètre; il est creux, fragile, avec quelques lacunes, de couleur jaune ou rosée. Sa saveur est fade, aqueuse, et devient très-fétide en vieillissant. Quelques personnes regardent cette Morille comme dangereuse. Krombholtz, cité par Léveillé à qui nous empruntons ces détails, dit qu'on peut la manger sans crainte.

Morille pubescente (*Morchella pubescens* Persoon), qui est regardée par certains amateurs comme une variété de la Morille comestible, par d'autres, au contraire, comme une espèce différente. En effet, dit Léveillé, son pédicule grêle et pubescent lui imprime un caractère particulier, ainsi que les alvéoles, qui sont beaucoup plus grandes. Elle est commune dans la Suisse, le Jura, la Bohême, où on l'apporte sur les marchés avec la Morille comestible. Elle croît sur la terre, dans les forêts de Pins.

Il faut se défier de la *Morille du loup* ou *du diable* (*Morchella pleopus* Paulet), fort peu connue, que l'on trouve, au printemps, dans la forêt de Fontainebleau, dans les friches et parmi les Bruyères. Elle diffère de la Morille ordinaire par sa forme irrégulière, par son pédicule, qui n'est pas creux, par un vilain aspect et par son odeur. Paulet dit qu'elle a causé des accidents mortels.

« Il y a des gourmands de Morilles, comme il y en a de Truffes, dit Léveillé; aussi rencontre-t-on souvent des personnes qui demandent comment on pourrait parvenir à les cultiver. Je ne connais aucune expérience sur ce sujet. On dit généralement qu'elles sont capricieuses, qu'elles naissent tantôt dans un endroit, tantôt dans un autre; qu'elles sont très-abondantes une année et très-rares une autre; et même qu'elles sont quelquefois plusieurs années sans se montrer. C'est très-vrai; mais comme les Truffes et les Ceps, on peut toujours les trouver à la même époque et dans les mêmes localités, quand les circonstances favorables à leur développement ne changent pas. Que l'on défriche un endroit où elles croissent habituellement, on peut être certain de n'en pas rencontrer l'année suivante; que le mois d'avril soit sec ou pluvieux, elles seront rares et d'un petit volume. Comme leur époque de végétation est fixée, elles ne paraîtront pas dans le mois de mai, quand même les pluies seraient abondantes. Les plus heureux sont ceux qui ont des clos ou des parcs dans lesquels les Morilles viennent naturellement, parce qu'ils savent où aller les chercher, et qu'ils peuvent toujours arriver à temps pour en faire la récolte. » (Léveillé.)

Indépendamment de l'usage où l'on est de faire entrer la Morille dans plusieurs ragoûts, on en fait des plats particuliers qui sont très-estimés. On peut les manger fraîches, grillées et cuites sur un four de campagne. Lavées et séchées, elles peuvent être réduites en poudre et servir à faire des sauces.

Truffe (Pl. XXV, fig. 9, 10, 11, 12, 14).

Tuber. (Thécasporées-Tubéracées.)

Tous les Champignons qui appartiennent à la famille des Tubéracées, sont hypogés, c'est-à-dire qu'ils vivent sous terre ; on les désigne généralement sous le nom de Truffes, que l'on distingue en vraies ou fausses, blanches, grisés, noires. On doit à Micheli, Tournefort et Geoffroy ce que l'on sait d'un peu précis sur ces végétaux. « Depuis leurs travaux, dit Léveillé, les Truffes sont admises au nombre des Champignons, et comme devant former un genre particulier. On peut dire que Linné en les assimilant aux Lycoperdons a commis une erreur qui a été préjudiciable à la science. L'organisation de ces deux genres, malgré leurs analogies apparentes, est tellement différente, qu'ils n'appartiennent pas même à une classe semblable. Plusieurs botanistes, d'un autre côté, ont décrit comme Truffes des êtres qui n'en sont pas : la pierre à Champignons, les *Elaphomyces,* la *Rhizoctonia* et plusieurs espèces de Sclérotes. Il est probable que la Truffe que Magbride a trouvée dans la Caroline, et qui pèse quelquefois 40 livres, appartient à ces derniers, et que, comme le *Tuber regium* de Rumphius, etc., il naît de ces masses compactes des Champignons parfaits. Comment se reproduisent les Truffes ? continue Léveillé ; sur ce point les auteurs ne sont pas d'accord. L'existence manifeste et très-facile à constater d'organes reproducteurs analogues à ceux des autres Champignons, n'autorise pas la supposition qu'elles aient un mode différent de propagation. Personne maintenant (et nous ajouterons, nous, surtout depuis le beau travail de MM. Tulasne, *Histoire et monographie des Champignons hypogés*), n'oserait dire qu'elles sont un vice, un excrément, une lèpre de la terre, ni un conglomérat de celle-ci, comme le voulaient Pline et Mattioli. De la Hyre et Duhamel-du-Monceau croyaient que les vieilles Truffes, probablement comme le *Rhizoctonia croconium,* émettent des filaments qui donnent naissance à de nouveaux individus. Bulliard et Watson, séduits par la ressemblance des spores avec les Truffes mêmes, regardaient celles-ci comme des végétaux vivipares ; Turpin partageait à peu près la même opinion et les désignait par le nom de Truffinelles pour les distinguer des Truffes mères ; ces observateurs croyaient que la Truffe était toute formée dans les sporanges, et qu'elle ne faisait qu'augmenter de volume dans le sein de la terre. Cette dernière opinion, dans l'état actuel de la science, n'est pas admissible. On

sait maintenant pertinemment que toutes les spores des Mucédinées,
des Agarics, des Pézizes, etc., placées dans des circonstances favorables, émettent des prolongements filamenteux, un véritable *mycelium* sur lequel se développent plus tard des Champignons parfaits.
Il est vrai, continue encore Léveillé, que jusqu'à ce jour cette évolution n'a pas été constatée pour les Truffes ; mais pourquoi, ayant
une organisation semblable à celle des autres Champignons, ne se-
raient-elles pas soumises à la même loi? Si on l'ignore, c'est très-
probablement parce que les expériences n'ont pas été assez multipliées et que l'on n'a pas saisi toutes les circonstances qui peuvent
en favoriser la réussite. Que le *mycelium* des Truffes ait été vu ou
non, cela ne prouve rien contre son existence, parce qu'il peut être
mélangé avec de la terre et de la même couleur qu'elle. Mais souvent on a rencontré des Truffes qui n'étaient pas plus grosses que
des pois, et qui déjà étaient libres et dénuées de filaments. Quelques personnes disent que dans le jeune âge elles sont blanches ;
d'autres, au contraire, qu'elles sont rouges. »

Telles étaient les connaissances acquises, au sujet de la reproduction des Truffes, au moment où M. Tulasne, membre de l'Institut,
entreprit l'étude historique et monographique des Champignons
hypogés. Comme ses prédécesseurs, ce savant mycologue ne ren-
contra d'abord rien qui pût être assimilé au *mycelium*. Mais, pendant l'impression de son travail, ayant eu l'occasion d'explorer
plusieurs truffières du Poitou, il fut plus heureux.

« Nous trouvâmes, dit-il, au bout de peu d'instants, plusieurs
de ces Champignons encore entièrement enveloppés de *mycelium*. Le sol argilo-calcaire et rougeâtre de ces truffières renfermait, dans le gisement même des Truffes, de nombreux filets
blancs, cylindriques, bien plus ténus qu'un fil à coudre ordinaire,
et qui n'adhéraient aux particules terreuses que par les extrémités
deliées de leurs rameaux, lesquelles finissaient par se confondre
avec un *mycelium* byssoïde moins apparent. »

Les jeunes Truffes observées par M. Tulasne étaient enveloppées
de toutes parts d'un feutre parfaitement blanc, très-doux, de 1 à
3 millimètres d'épaisseur, et dont les fils constitutifs, semblables

à ceux décrits plus haut, se prolongeaient çà et là autour du Champignon, sous la forme de filets déliés ou celle de flocons mal définis. Ces Truffes ne dépassaient guère le volume d'une noix; leur pulpe à toutes était encore blanchâtre, et les spores commençaient à peine à se montrer dans les sporanges.

Les belles observations de M. Tulasne ne laissent plus le moindre doute quant au mode de reproduction des Truffes : comme tous les Champignons, elles naissent d'un *mycelium* et c'est au milieu de lui qu'elles s'accroissent jusqu'à un certain âge.

Les Truffes, à l'état adulte, sont des masses plus ou moins globuleuses dont la peau nommée *peridium* est charnue ou cartilagineuse, lisse ou rugueuse, ou crevassée, ou relevée de verrues pyramidiformes ou de crêtes sinueuses; la pulpe intérieure ou la chair est charnue, ferme et marbrée. Dans ces Champignons, la fructification est conceptaculaire, c'est-à-dire que les spores, ou germes, sont renfermés dans des cellules spéciales de l'intérieur de la pulpe, et nommées *sporanges, conceptacles* ou *thèques,* et qui produisent, au milieu du tissu stérile incolore, ces marbrures, de couleurs diverses selon les espèces, qu'on observe en coupant une Truffe. Ces sporanges renferment chacune de 1 à 8 spores dont l'intérieur recèle une huile essentielle à laquelle les Truffes doivent leur odeur particulière.

Ces Champignons parcourent, dit-on, leur période de végétation dans l'espace d'une année ou à peu près. On en a trouvé de très-jeunes dans le mois de mai, et d'autres parfaitement sains dans le mois de février de l'année suivante, à l'endroit même où l'on en récoltait habituellement.

« Celles que j'ai trouvées à Orange (c'est ici Léveillé qui parle), et à la même époque, paraissaient avoir acquis tout leur volume, mais elles étaient blanches à l'intérieur, compactes, insipides, presque inodores et sans spores. Si les Truffes, à la même époque, présentent de si grandes différences sous le rapport du volume, on ne peut l'attribuer qu'à l'influence de la latitude et de la température; il en est de même pour qu'elles arrivent à leur état parfait, car celles qui croissent dans le midi de la France sont mûres, pour se servir de l'expression vulgaire, longtemps avant celles que l'on rencontre aux environs de Paris. Lorsque les Truffes sont très-jeunes, leur surface est lisse; ce n'est qu'à une certaine époque qu'elles se couvrent de verrues prismatiques. Ces verrues sont-elles le résultat de la rupture ou des organes particuliers au sommet desquels s'ouvrent les vaisseaux absorbants? On ne sait rien de précis à cet égard, et l'on ne peut rien préjuger, puisqu'il y a des Truffes qui ne présentent pas d'aspérités, et qui n'en vivent pas moins. Le volume qu'elles peuvent acquérir est très-variable; il varie généralement de celui d'une noix à celui d'une pomme ordinaire. Il en est de même pour leur poids : on peut regarder comme de belles Truffes celles qui pèsent 200 à 250 grammes. *Les Truffes de moyenne grosseur, légères en raison de leur volume, élastiques sous la pression du doigt, sont généralement les meilleures.*»

« Les Truffes, dit encore Léveillé, se développent sous la terre à une profondeur de 3 à 8 ou 9 pouces, et jamais elles ne se montrent au dehors. Les terrains meubles, graveleux, converts de taillis, sont ceux qui conviennent le mieux à la Truffe noire ; mais il ne paraît pas certain qu'elle préfère l'ombre d'une espèce d'arbre à celle d'un autre, car on en trouve sous les Chênes, les Châtaigniers, les Charmes, les Coudriers, les Genévriers, les Genêts, les Vignes, les Bruyères ; on en a même rencontré dans des terres labourées et des chemins. On dit qu'elle n'existe jamais sous les Pins ni les arbres à pépins, et que sous les Hêtres, les Ormes, les Érables et les Genévriers, elle est toujours d'une qualité inférieure. Toutes les parties du monde produisent des Truffes, et plusieurs pays en ont des espèces particulières. On en a rencontré en Asie, en Afrique, en Amérique. Elles manquent entièrement dans les contrées froides..... La France et le Piémont sont les pays qui produisent le plus de Truffes noires. Le Dauphiné, la Provence, le Languedoc, le Quercy, mais surtout le Périgord et l'Angoumois, en donnent en abondance. Les autres contrées de la France, comme l'Alsace, la Bourgogne, la Champagne, la Normandie, etc., sont bien moins favorisées. Elles existent dans les environs de Paris ; Vaillant les a signalées dans son *Botanicon parisiense ;* du Petit-Thouars en a trouvé à Vaux-

Praslin, près de Melun ; on en a trouvé à Vincennes dans les terrains calcaires du coteau de Beauté, entre la porte de Saint-Maur et Nogent ; les gardes du bois en ont rencontré souvent sur l'indication de leurs chiens. Trattinnick rapporte, dans son traité des Champignons comestibles, qu'elles étaient si communes autrefois dans le parc de Villetaneuse, près de Saint-Denis, que le propriétaire en avait affermé la récolte, en 1764, moyennant la redevance de 250 livres en argent et 10 livres en Truffes chaque année. M. Bouteille a adressé à l'Académie des sciences des Truffes qu'il a trouvées, dans le mois de février 1842, à Magny (Seine-et-Oise). Elles provenaient d'un petit bois d'un hectare et demi, sur le grand plateau calcaire de Magny. La terre végétale n'a, en cet endroit, que très-peu d'épaisseur, et même elle manque dans quelques endroits ; l'aridité du sol est telle que les arbres de haute futaie ne peuvent y végéter. On y rencontre quelques bouquets de Hêtres, de Charmes, de Coudriers, et le Bouleau qui en forme l'essence est tout rabougri. Elles sont à la profondeur de 2 à 6 centimètres, et il suffit de fouiller légèrement la terre pour les trouver. Ces Truffes, qui appartiennent au *Tuber melanospermum,* sont d'excellente qualité et rivalisent pour le goût et le parfum, au dire de Léveillé, avec les plus fines du Périgord. Celui qui les a le premier découvertes, les envoyait à Orléans d'où elles revenaient à Paris qualifiées de Truffes du Midi ; mais il paraît qu'elles ont diminué d'année en année dans la localité de Magny.

« Quand on se procure des Truffes, il faut choisir celles qui sont le moins terreuses. Ceux qui les récoltent ont l'habitude de détremper de la terre et d'en recouvrir la surface, prétendant qu'elles se conservent mieux. En même temps, ils en réunissent deux ou trois petites et quelquefois huit ou dix, les traversant avec des épines d'arbres ou des branches de genêts, et les incrustent ensuite pour cacher leur supercherie. Le prix que l'on attache à ces Champignons fait qu'on les recherche avec le plus grand soin pour en tirer bénéfice. Dans les pays où il ne forme pas un objet de commerce, on les découvre par hasard plutôt qu'on ne les cherche ; mais en Italie et dans le midi de la France, on ne néglige rien

pour se les procurer. Le moyen le plus simple, en même temps le
plus pénible et le moins lucratif, consiste à piocher et à bécher la
terre. A moins que les Truffes ne soient extrêmement abondantes,
il est douteux qu'un homme soit assez heureux pour en rencontrer
une quantité suffisante qui le récompense de ses peines. Quelques
personnes connaissent les endroits d'une manière instinctive et ne
se trompent presque jamais. Tel était un paysan de Magny-en-
Vexin (Seine-et-Oise) qui en faisait un commerce particulier. C'était
au mois de décembre, pendant la nuit, et principalement quand le
temps était mauvais, qu'il se mettait à leur recherche ; il en récoltait assez pour entretenir sa petite spéculation. Le moyen le plus
sûr pour arriver à la découverte des Truffes est de se servir du
cochon. Cet animal les aime et les recherche naturellement ; seulement il faut le surveiller de près et le récompenser de ses services en lui donnant des glands ou du pain. Il serait peut-être
convenable, pour le maintenir dans l'illusion, de lui donner du
pain dans lequel on ferait entrer les épluchures de Truffes, celles
qui sont de mauvaise qualité ou gâtées. On a dressé, en Angleterre, des chiens à ce genre de recherche ; on s'en sert aussi en
Allemagne et en Piémont. » (Léveillé.)

« Le chien, dit M. Tulasne, n'a pas l'odorat moins fin que le porc,
quand il est dressé ; mais il n'est pas plus désintéressé, et son zèle
doit être entretenu tant par des caresses que par des miettes de
pain et de fromage, qu'un jeûne préalable ne manque pas de lui
faire trouver meilleures encore. Il ne se livre à l'exercice qu'on lui
impose que pour plaire ou obéir à son maître, et il laisse à celui-ci le
soin de creuser la terre là où il lui indique, en grattant légèrement,
la présence de l'objet cherché. » Il fouille cependant dans les terres
meubles. Les Italiens ont des chiens *borboni*, sortes de caniches ou
barbets, tellement bien dressés, que ces animaux chassent et fouillent sans être accompagnés, rapportant exactement, comme le chien
de chasse, les Truffes qu'ils trouvent. En Bourgogne, dit M. Tulasne,
on emploie souvent le chien de berger, et en Angleterre, suivant Bradley, ce sont les braques et les épagneuls ; il ne faut pas, dit Bosi, plus
de huit jours pour faire l'éducation d'un chien, quand il est jeune.

Ceux qui font métier de chercheurs, les *Rabastains*, comme on les appelle dans le Dauphiné, disent qu'il n'y a pas de meilleur moyen que de les incruster de terre ; en cela, ils défendent leurs propres intérêts. On peut les enterrer dans du sable légèrement humide. Quelques personnes les enveloppent dans du papier ciré, d'autres les mettent dans du son, de la sciure de bois ou du Millet : ce moyen est mauvais parce que la fermentation s'établit et que les Truffes se couvrent de moisissures blanches qui hâtent encore leur décomposition. Il vaut mieux se comporter avec elles comme avec les fruits, les placer sur la paille, sur des claies ou dans des paniers à claire-voie, dans un endroit où le soleil ne pénètre pas, les visiter chaque jour, et enlever celles qui se ramollissent ou commencent à se gâter. Mais si l'on veut, pour les besoins culinaires, les avoir sous la main dans toutes les saisons de l'année, on est obligé d'avoir recours aux préparations. La plus simple consiste à les mettre dans une glacière après les avoir nettoyées ; ce moyen, qui a paru bon, ne vaut rien parce que les Truffes gelées deviennent mollasses, et perdent leur saveur et leur odeur. Tous les auteurs s'accordent à dire que, après les avoir épluchées et brossées, on les conserve très-bien dans de l'huile d'olive, et même que cette huile peut être employée quand on veut parfumer un ragoût. Je ferai observer que l'on doit laisser les Truffes pendant trois à quatre jours à l'air, afin qu'elles perdent la plus grande partie de leur eau de végétation, et rejeter toutes celles qui sont pierreuses, véreuses, ramollies, celles qui ne sont pas encore noires ou qui ont une odeur de musc, de bouc ou de vieux fromage. Le vinaigre, la

on du beurre, un peu de vin, du sel et du gros poivre. Il y en a qui ajoutent des anchois et de petits oignons ; c'est l'affaire d'une demi-heure de cuisson. On fait une liaison avec des jaunes d'œufs.

« On composait autrefois un sirop de Truffes : il était formé de Truffes, de Mélèze et de Chardon bénit, bouillis dans de l'eau avec du sucre ; on ajoutait à la décoction un gros d'eau distillée de miel, et demi-once d'esprit de vin par chaque livre de liqueur, et le tout était aromatisé avec un peu d'eau de Mûre. Ce sirop s'administrait, dans les cas de faiblesse, à la dose de deux onces, et chaud. »

La Truffe, sous d'autres formes, a été proposée encore pour d'autres usages médicinaux, mais aujourd'hui elle n'est plus comptée parmi les substances médicamenteuses.

saumure, ne valent rien pour la conservation des Truffes, parce que l'odeur et la saveur disparaissent complétement et très-promptement. Parmentier conseille de réduire les Truffes en poudre après qu'on les a fait dessécher, et d'y ajouter de la cannelle, du girofle et de la graine de nièle odorante. Si cette préparation est recherchée par quelques amateurs, il est probable qu'elle doit cette faveur aux aromates. La méthode d'Appert a encore l'avantage sur tous les moyens de conservation, et elle n'est pas plus coûteuse. On peut même les mettre dans de petites caisses de fer blanc comme celles dont on se sert pour les sardines. Ces caisses, en raison de leur forme, se prêtent mieux que les bouteilles à l'emballage et aux voyages. Il faut toujours se méfier des Truffes préparées à l'huile et au saindoux, parce qu'on n'emploie ordinairement, pour cette préparation, que les plus petites, ou celles qui commencent à s'altérer. Les Truffes séchées et coupées en rondelles ne sont pas dignes de figurer sur les tables ; on ne prépare ainsi que celles qui n'ont pas atteint leur maturité, et alors elles sont insipides, coriaces, indigestes ; celles qui sont bonnes contractent, par la dessiccation, une mauvaise odeur, qu'elles communiquent aux ragoûts dans lesquels on les fait entrer. Il en arrive tous les ans, à la foire de Beaucaire, des quantités considérables préparées de cette façon et qui sont vendues pour tous les pays.

« Il n'y a pas que l'homme qui se nourrisse de Tubéracées ; les animaux les recherchent aussi. Depuis longtemps on dit que les cerfs fouillent la terre pour y trouver la Truffe des cerfs (*Elaphomyces granulatus*). Les Truffes proprement dites, quand elles sont fraîches, servent de pâture aux sangliers, aux chevreuils, aux blaireaux, aux mulots. Bernholz dit qu'elles n'ont pas de plus grand ennemi que l'écureuil. Les limaces rouge et noire des bois les mangent aussi. On trouve dans leur substance, surtout quand elles commencent à se décomposer, des scolopendres, des iules, des larves de tipules, de mouches de différentes espèces, des hannetons solsticial et hortical, le bostriche capucin (Léveillé). »

ESSAIS DE CULTURE DE LA TRUFFE COMESTIBLE. — Il eût été surprenant qu'il ne se fût pas trouvé des personnes désireuses d'appliquer la culture à un Cryptogame aussi recherché que la Truffe, comme on l'applique au Champignon de couche. Depuis longtemps des essais ont été tentés, et, quoique restés sans résultats satisfaisants, il n'est pas douteux qu'ils ne continuent encore. Des expérimentateurs assurent être parvenus à produire quelques Truffes. M. Mérat disait en posséder dans son herbier, qui provenaient de culture. Cicarelli conseille de mélanger des morceaux de Truffes avec de la terre d'où elles proviennent et de les enfouir dans le même endroit en automne, en ayant soin de les arroser de temps en temps avec de l'eau dans laquelle on en aurait fait cuire. Ce procédé, sauf l'arrosement, dit Léveillé, a été bien souvent mis en usage et n'a jamais réussi. Watson assure que les Truffes se reproduisent par plantation au pied des arbres quand elles sont parfaitement mûres. Gouan dit avoir trouvé plusieurs petites Truffes dans un endroit sec où il en avait enterré une grosse qui était en décomposition. Le comte de Borch, Bulliard, Bornholz, ont indiqué le moyen d'établir des Truffières artificielles ; mais les résultats ont été imparfaits. Si ce que rapporte M. Roques dans son *Traité des Champignons* est vrai, il vaut mieux imiter M. de Noé, qui fit nettoyer, dans son parc, un terrain sous des Charmes et des Chênes, et y fit déposer des épluchures et des résidus de Truffes qui furent recouverts de terreau et de feuilles mortes. « L'année suivante on oublia d'examiner si « l'essai avait réussi, mais la seconde année on s'aperçut que le sol « était soulevé dans l'endroit même où l'on avait semé des Truf- « fes ; on fouilla légèrement le terrain, et les Truffes parurent tout « de suite près de la surface de la terre ; elles étaient noires, cha- « grinées et de bon goût. » Comment se fait-il, demande un peu ironiquement Léveillé, qu'après un essai aussi heureux et si peu dispendieux, M. de Noé n'ait pas eu d'imitateurs dans le département du Gers, et que son parc ne se soit pas converti en une riche Truffière ?

On trouve dans un aperçu de végétation du département de la Vienne, par M. Delastre, une note trop riche d'observations, continue Léveillé sur un ton aussi peu convaincu, pour ne pas, malgré sa longueur, être transcrite en entier. Voici cette note dont Léveillé laisse évidemment toute la responsabilité à son auteur :

« L'extension remarquable imprimée en France, depuis environ une vingtaine d'années (ceci s'écrivait vers 1850) à la consommation de la Truffe, avait engagé plusieurs propriétaires du Loudunais à essayer d'en propager la production. Leurs tentatives ont été couronnées de succès. On savait déjà que les Truffes ne se rencontrent que dans les terrains graveleux et de formation calcaire ; qu'elles aiment surtout un sol chaud et aride où la végétation soit peu active, et que leurs propagules ne se propagent bien que dans le voisinage des racines les plus déliées de certains arbres, tels que le Chêne, le Charme et le Noisetier. On avait remarqué aussi qu'à mesure que ces arbres devenaient plus robustes, la récolte des Truffes allait en décroissant, et qu'elle était à peu près nulle lorsque le taillis plus fort pouvait être mis en coupe réglée. On fut donc conduit, tout naturellement, à essayer des semis de Chênes dans les terrains les plus favorables à la Truffe. Ceux désignés sous le nom de *Galluches* y sont plus ou moins propres. Le sol, formé de quelques centimètres d'une terre argilo-ferrugineuse à peu près stérile, contient toujours en grande quantité des fragments roulés de calcaire compacte et de sables fins, mélangés, calcaires et quartzeux. Ils recouvrent un banc puissant de calcaire argilo-marneux, à pâte compacte et sonore qui se fendille naturellement en feuillets déliés et de peu d'épaisseur. Ce calcaire a quelques rapports avec celui qu'on exploite pour la lithographie. Un sol aussi maigre, qui, sur 1,000 parties, en contient environ 500 de calcaire, 325 d'argile et de fer, 150 de sable quartzeux, et 25 tout au plus de terre végétale proprement dite, n'offrait que peu de chances aux semis qui y étaient tentés. On s'inquiéta peu néanmoins des difficultés, puisque tout faisait présumer, avec raison, que le cultivateur se trouverait largement indemnisé par le produit des Truffes, qui ne nécessitent aucuns frais d'exploitation, du retard qu'il pourrait éprouver dans l'aménagement de ses taillis. Ces prévisions se sont complétement réalisées, et aujourd'hui certains propriétaires font des semis réglés de Chênes, calculés de façon à en avoir chaque année quelques portions à exploiter comme Truffières. Il faut ordinairement de six à dix ans pour qu'une Truffière soit en rapport. Elle conserve sa fertilité pendant vingt, trente années, suivant que le Chêne prospère plus ou moins. Lorsque les taillis ont acquis une certaine vigueur, et que leurs rameaux entrelacés ne permettent plus au sol ombragé de recevoir l'influence fécondante du soleil et des variations successives de l'atmosphère, le foyer s'éteint peu à peu; mais le pays y a gagné de voir convertir en bosquets multipliés des plaines désolées, jusque-là complétement incultes. »

Quelques personnes ont eu l'idée de transplanter les Truffes. Pennier de Longchamps, dans sa dissertation sur ce végétal, écrit ce qui suit :

« J'eus la curiosité de transplanter dans une terre sablonneuse une de ces Truffes blanches (c'est-à-dire encore jeunes), et de l'arroser souvent : elle grossit du double; j'ai voulu répéter l'expérience, mais elle ne m'a pas réussi. »

Bradley, l'un des plus célèbres horticulteurs dont s'honore l'Angleterre, dit que si l'on déplace la Truffe de l'endroit où elle a pris naissance, elle ne croît plus et elle tombe en pourriture.

C'est du reste l'opinion des Truffiers, « qui se gardent bien de laisser dans le sol, dit M. Tulasne, les petites Truffes qu'ils ont déplacées; car ils n'espèrent pas qu'elles puissent, après ce déplacement, acquérir un plus gros volume. »

Il ne faut donc pas compter sur la transplantation pour se procurer des Truffes, et quand même on réussirait, le produit très-probablement ne compenserait pas la dépense.

Frédéric Gérard dit « qu'il est positif que la Truffe, malgré sa vie souterraine, ne se reproduit, comme les autres Champignons, que par un *mycelium* répandu dans le sol. »

Voici, au reste, d'après le docteur Lavalle, quels ont été les procédés suivis :

« Au printemps on recueille, dans les bois, de petites Truffes « qu'on enlève avec la terre qui les entoure, et on les transporte « aussi rapidement que possible au lieu de la plantation. On a dû « préparer à l'avance un sol convenablement humide et très-

« riche en terreau, obtenu par la décomposition des feuilles de
« Chêne et de Charme. On y plante, à 8 ou 11 centimètres de pro-
« fondeur, les petites Truffes, qu'on a soin de recouvrir d'une cer-
« taine quantité de la terre où elles ont été récoltées. Si cette plan-
« tation a lieu dans un parc ou dans une forêt, tout est terminé, et
« la Truffière est établie. Si l'on a opéré dans un endroit décou-
« vert, il est indispensable d'y planter de suite de jeunes plants
« de Charme et de Chêne, afin d'ombrager le terrain. Dès la se-
« conde année on peut faire une récolte de Truffes. »

Plus loin, le docteur Lavalle dit :

« Le moyen de reproduire artificiellement des Truffes, consiste-
« rait à remarquer les lieux où existent, dans les bois, ces Cryp-
« togames en abondance, à les laisser en place jusqu'au moment
« des gelées, époque à laquelle le sol de ces endroits serait enlevé
« à 20 ou 25 centimètres de profondeur, et transporté dans un lieu
« où l'on aurait préparé d'avance une couche entièrement com-
« posée de feuilles de Chêne, de Châtaignier ou de Charme. Si l'on
« n'obtenait rien la première année, il ne faudrait pas désespérer
« et l'on s'abstiendrait de toucher au sol jusqu'au prochain au-
« tomne. Le moyen suivant me paraît susceptible de donner de
« bons résultats : laissez pourrir dans une caisse remplie de terre
« des Truffes recueillies très-tard, préparez ensuite une couche avec
« des feuilles de Chêne, de Charme ou de Châtaignier, que vous
« recouvrez de 2 centimètres de la terre prise dans cette caisse.
« On jettera sur le tout 15 à 20 centimètres de terre prise dans le
« lieu où croissaient les Truffes, et l'on tassera fortement. »

« Ces indications assez vagues, ajoute Frédéric Gérard, peuvent
cependant servir de guide : ce qu'il faut d'abord étudier, c'est le
mode de reproduction de ce Cryptogame, qui paraît accomplir dans
le cours d'une année sa période de végétation : car, au printemps,
les Truffes, petites et rougeâtres, prennent, en quelques mois, beaucoup d'accroissement, et leur chair est blanche et marbrée de noir ;
plus tard elles deviennent noires avec quelques lignes blanches et
ont acquis tout leur parfum. Peu de temps après elles pourrissent.
Il faut épier le moment où les spores renfermés dans le *péridium*,

réceptacle membraneux dans lequel sont contenus les organes de
la reproduction, sont propres à la propagation, et en suivre le développement. Une fois ce fait connu, ainsi que le sol qu'elles affectionnent, et qui paraît devoir avant tout être riche en détritus végétaux, on pourra procéder avec plus de sûreté qu'en se livrant à
un empirisme irrationnel. »

VARIÉTÈS PRINCIPALES DE TRUFFES COMESTIBLES.

Truffe comestible, Truffe noire, Rabasse (*Tuber cibarium* Sibth., Bull., Champ., Pers., etc.;
    Tuber melanospermum Vittadini). Irrégulièrement globuleuse noire, hérissée de
    verrues prismatiques plus ou moins saillantes; parenchyme compacte, d'abord
    blanc, puis d'un gris roussâtre, et enfin noirâtre, parsemé de veines blanches
    nombreuses anastomosées, partant de tous les points. C'est la Truffe la plus communé en France; elle doit son mérite à son goût et à son odeur. Quand elle est encore jeune, son parenchyme est blanc; elle constitue alors ce que l'on appelle la
    Truffe blanche, qui est dure, insipide, inodore et indigeste. Mais, dans son état parfait, elle a une odeur *sui generis*, très-diffusible, et qui la fait reconnaître mieux que
    tous les caractères qu'on pourrait lui assigner. Quelques-unes, cependant, sans
    qu'on puisse en apprécier la cause, sentent le bouc, le musc, ou une légère odeur
    d'Ail; quand elles sont vieilles, elles répandent une odeur de vieux fromage, et sont
    très-fétides lorsqu'elles tombent en décomposition (Léveillé).

— d'hiver (*Tuber brumale* Vittadini). On confond souvent cette espèce avec la Truffe
    noire; elle a, en effet, la même forme, et n'en diffère que par des caractères botaniques difficilement appréciables.

— d'été (*Tuber æstivum*). Cette espèce se distingue de la Truffe noire et de la Truffe
    d'hiver par ses spores réticulés, et par la couleur, d'un jaune argileux, de sa chair.
    C'est, paraît-il, d'après M. Tulasne, celle qui s'avance le plus, avec le *Tuber Mesente*
    ricum, vers le nord; on la trouve en Angleterre, en Bohême, et dans le centre de
    l'Allemagne; c'est la seule qu'on rencontre en Normandie

— mésentérique, ou Truffe fourmi. (*Tuber mesentericum* Vittadini) Très-voisine de la Truffe
    d'été; s'en distingue, au dire de M. Tulasne, par la chair, d'un gris fuligineux, et
    par d'abondantes lignes noirâtres et étroites.

— grise, Truffe à l'Ail, Truffe blanche du Piémont (*Tuber griseum* Borch, Persoon;
    T. magnatum Vittadini). Ronde, allongée, aplatie, rarement lobée, à surface lisse et
    de couleur rousse ou gris sale, douce, savonneuse au toucher; parenchyme grisâtre,
    quelquefois rouge, parsemé de veines nombreuses, dirigées dans tous les sens, très-
    fréquemment anastomosées. Cette espèce vit profondément en terre; on ne trouve
    que rarement plusieurs individus ensemble. Elle se plaît particulièrement à l'ombre
    des Saules, des Peupliers, des Chênes; on la rencontre néanmoins quelquefois dans
    les champs, en des lieux découverts. De Candolle dit que la Truffe grise se distingue
    de toutes les autres par son odeur d'Ail. Son volume varie depuis celui d'une Noix à
    celui d'une Pomme ordinaire. Paulet fait observer qu'elle a la chair fine et délicate;
    qu'on la trouve dans quelques cantons de la France méridionale, mais surtout en
    Piémont, où elle est en effet extrêmement commune, et néanmoins toujours à un
    prix élevé. Léveillé dit que, malgré la réputation dont elle jouit, elle n'est pas
    goûtée des amateurs; que beaucoup même la repoussent à cause de son odeur, et
    surtout de ses inconvénients quand on en a mangé; qu'elle est plutôt employée
    comme condiment que comme aliment. Mais il entend sans doute parler des amateurs français; car il est certain que cette odeur qui la fait repousser par beaucoup
    de ceux-ci, la fait, au contraire, rechercher par d'autres.

Truffe blanc de neige, Terfez des Arabes ou Fécule de terre (*Tuber niveum* Desfontaines). Globuleuse ou pyriforme, à surface lisse, entièrement blanche au dehors comme au dedans; d'une grosseur variant entre celle d'une Noix et celle d'une Orange; d'une
saveur très-délicate et très-recherchée. Croît en abondance dans l'Afrique septentrionale, sur la côte des anciens États berberesques, dans les sables des déserts, etc. En
très-grande estime en Afrique, où on la fait cuire dans l'eau et le lait. Paulet l'indique aussi en Amérique; mais il est à croire que c'est une espèce différente.
— musquée (*Tuber moschatum* Bulliard). D'un brun noirâtre en dedans et en dehors
presque ronde ou un peu allongée, lisse à l'état frais, mais se plissant et devenant
raboteuse à la sécheresse; chair d'abord mollasse, répandant une forte odeur de musc.
On la trouve, suivant Bulliard, dans les mêmes parties de la France que la Truffe
noire; elle sert d'aliment.
— rousse (*Tuber rufum*). Globuleuse, presque lisse, intérieurement d'un blanc sale
d'abord, puis roussâtre, avec des veines blanches, grosseur d'une Noix; croît dans les
vignes et les bois montueux près de Vérone, et se recueille en automne; son odeur
et sa saveur sont des plus suaves et la font rechercher en Italie.

Observations. Les Truffes les plus recherchées en France et qui
sont l'objet d'un commerce très–important, appartiennent aux
Tuber melanospermum, brumale, œstivum et *mesentericum.* Les
Truffes maïenques, Truffes de mai et *Truffes blanches* de France,
sont de jeunes Truffes récoltées dans les premiers mois de l'année,
avant la maturité, et chez lesquelles la partie de la pulpe qui doit
renfermer les spores n'est pas encore colorée; toute la chair alors
est à peu près blanche. M. Tulasne pense qu'on doit rapporter ces
Truffes blanches aux *Tuber mesentericum* et *œstivum*, et il est à
peu près certain que les Truffes connues dans le Poitou sous le
nom de *Truffes de la Saint-Jean*, ne sont également que des individus non mûrs de ces deux dernières espèces.

CHAPITRE X.

Arachide ou **Pistache de terre** (Pl. VII, fig. 2).

Arachis hypogœa Lin.; *Arachis Africana* et *A. Asiatica* Lour.; *A. Americana* Tenor. (*Légumineuses.*) — Annuelle.

On ignore la patrie d'origine de cette plante, qui est fréquemment cultivée dans la zone équatoriale, ainsi qu'en Chine et dans les provinces méridionales des États-Unis; elle réussit aussi en Algérie, où elle produit de 2,400 à 3,600 kil. de graines à l'hectare, et dans les parties les plus chaudes du midi de la France. L'Arachide, vulgairement appelée Pistache de terre, présente, dans sa végétation, cette particularité remarquable, que les fruits, après avoir noué, s'enfoncent dans la terre pour y accomplir leur maturation. C'est une herbe annuelle, rameuse, poilue; à feuilles pari-pennées, composées de quatre folioles obovales, entières, obtuses; à stipules adnées, inéquilatérales, acérées; à fleurs petites, jaunes, axillaires, sessiles, ordinairement géminées. Après la fécondation, le pédicule du pistil court dans l'origine, s'allonge peu à peu, et finit par élever l'ovaire au-dessus du tube calicinal, lequel persiste sous forme d'involucre. C'est alors que le jeune fruit se recourbe vers la terre, s'y enfonce et y accomplit sa maturation à plusieurs centimètres au-dessous de la surface. Les gousses de l'Arachide contiennent deux graines grosses comme l'amande des Noisettes dont elles ont la saveur agréable; ces graines fournissent beaucoup d'huile grasse (40 p. 100), pres-

que aussi bonne que l'huile d'Olives, et qui se conserve fort longtemps sans rancir. Toutefois, la difficulté de la culture d'un végétal essentiellement méridional, l'incomplète maturité des semences, ont fait renoncer, plusieurs fois déjà, à l'Arachide comme
plante économique. De nouveaux essais tentés dans les Landes de
la Charente-Inférieure, par M. Letélié, de Marennes, ont donné
pleine satisfaction à cet expérimentateur, qui s'est proposé de
transformer les dunes de ce pays en vastes champs d'Arachide. On
a été jusqu'à dire que l'Arachide pouvait remplacer le Cacao
dans la fabrication du chocolat. Il est possible d'obtenir de cette
plante, au moyen d'une culture intelligente, des fruits parfaitement mûrs qui seront goûtés sur nos tables et qui, au besoin, se
conserveront jusqu'au printemps sans perdre de leurs qualités.

PLEINE TERRE. — *Semis, culture, récolte.* On sème en avril à
bonne exposition, dans une terre douce et légère. On bine le sol
autour des plantes, afin de permettre au fruit, après la floraison,
de pénétrer dans la terre pour y prendre son accroissement. On récolte à la fin de septembre.

Durée de la faculté germinative des graines. Deux à trois ans ;
mais il faut préférer les graines de l'année.

Aubergine ou **Mélongène.**

Solanum melongena (Solanées). — Annuelle.

Plante, originaire de l'Amérique méridionale, à tige rameuse
de 40 centimètres ; à feuilles grandes, ovales, tomenteuses ; à fruit
cylindrique, charnu, violet ou jaunâtre ; à graine plate petite,
réniforme, d'un blanc sale. Elle est cultivée pour son fruit qui
se mange cuit. Dans les parties méridionales de l'Europe et même
de la France, l'Aubergine est d'une culture assez facile ; mais sous
le climat de Paris, elle demande la culture forcée.

CULTURE FORCÉE. — *Semis.* Dans la seconde quinzaine de janvier
ou dans la première de février, on sème les graines d'Aubergine sur
une couche dont la chaleur s'élève de 20 à 25 degrés et sous châssis ;
on protége les châssis pour empêcher le froid de pénétrer.

Repiquage. Au bout de quinze jours, on repique le plant en pépinière sur une autre couche dont la température marque de 15 à 18 degrés. Environ trois semaines après, on le relève pour le repiquer une seconde fois, et on le laisse dans cet état pendant environ un mois ou cinq semaines, en lui donnant de l'air chaque fois que la température extérieure le permet.

Mise en place. Dans la première quinzaine de mars, on met le plant en place, sur une couche qui ne doit pas être de moins de 15 à 20 degrés, et l'on plante quatre Aubergines par panneau. On ne donne pas d'air pendant les premiers jours pour favoriser la reprise des plants ; puis on en donne de plus en plus à mesure que la température extérieure s'échauffe. Vers le mois de mai, on enlève les panneaux, et l'on donne des arrosements proportionnés à l'aridité de la saison.

La Cochenille, qui attaque l'Aubergine, peut être facilement détruite soit avec une brosse douce, soit avec un pinceau.

Récolte. Les Aubergines sont bonnes à cueillir à partir du mois de juillet, et sont en plein rapport dans le courant d'août. Dans tous les cas, il faut attendre que le fruit soit parvenu à son entier développement.

VARIÉTÉS CULTIVÉES.

Aubergine violette longue.
—   violette ronde.
—   blanche oriforme (qualité médiocre).
—   longue de Chine (généralement préférée aux autres variétés).
—   panachée, de la Guadeloupe.

Chayote, Chayolt, Choco, Sechion (Pl. XXVI, fig. 1, 2).

Sicyos edulis Jacquin ; *Sechium edule* Swartz. (*Cucurbitacées.*) — Annuelle.

Cette plante, indigène de toutes les contrées tropicales et sous-tropicales, particulièrement de Cuba et autres Antilles, a des tiges grimpantes, garnies de vrilles. Les feuilles sont amples, alternes, pétiolées, échancrées en cœur à leur base, divisées à leur contour en lobes anguleux, un peu rudes à leurs deux faces ; les angles sont aigus et dentés ; les pétioles sont glabres. Les fleurs mâles, solitaires ou géminées, sont soutenues par des pédoncules axillaires. Le fruit est de la grosseur d'un œuf d'oie, variable dans sa forme, vert et lui-

sant en dehors, charnu, blanchâtre en dedans. Il contient une seule
graine qui est verte, souvent longue de 27 millimètres, située vers le
sommet des fruits, qui s'entr'ouvre, à cette partie, pour livrer
passage à l'embryon. Les fruits de Chayote comptent parmi les
mets favoris des créoles, qui les accommodent de diverses manières ;
les mangent avec le potage, le ragoût, bouillis avec le bœuf. On
en distingue deux variétés principales : la Chayote commune dont
le fruit plus ou moins hérissé de soies molles, atteint de 10 à 13
centimètres de long (Pl. XXVI, fig. 1) ; l'autre, appelée *Chayote
francès*, beaucoup moins commune, dont le fruit lisse est de la
grosseur d'un œuf de poule. Dans les pays où elles croissent naturellement, les Chayotes donnent leurs fruits en décembre. On les
cultive avec succès en Algérie, où elles vivent plusieurs années ;
elles donnent beaucoup de fruits, surtout quand les tiges peuvent
grimper sur les arbres ou sur des tonnelles ; mais en Europe il faut
leur appliquer la culture des Melons de primeur, c'est-à-dire
sur couche et sous châssis, et semer en février ou mars.

Citrouille.

La plus grande confusion règne dans cette partie de la nomenclature des fruits légumiers. Les mots Citrouille, Courge, Concombre, etc., sont souvent employés comme synonymes dans le langage
horticole ; mais pour certains auteurs, chacun de ces noms s'applique à autant de fruits distincts, ou a des séries de fruits. Cette confusion n'est pas née d'hier ; nous la trouvons déjà dans les œuvres
des premiers botanistes qui se sont livrés sérieusement à l'étude des
plantes. Pour Jérôme Bock dit Tragus, la Citrouille est un fruit dont
l'écorce est variable de couleur, verte, parfois parsemée de taches
blanchâtres, avec la chair tantôt rouge et sucrée, tantôt blanche
(*Citrullus : corticis colore variat, qui aliis viret, aliis subcandidis ma-
culis aspersus ; caro aliis rubens et dulcior, aliis candida*). Il est facile
de reconnaître, dans cette description, la ou le Pastèque, ou Melon
d'eau, qui est le *Cucumer* de Césalpin, le *Cucumer*, ou *Cucumis Citrullus* de Léonard Fuchsius, et enfin le *Cucurbita Citrullus* de

Linné, ou *Citrullus sativus* de Necker. Mais ce n'est pas la Courge-Pastèque, à la chair fine et sucrée, qu'on veut désigner, dans le jardinage moderne, par ce mot de Citrouille. Et du reste, la couleur verte de la Courge-Pastèque ne concorde pas avec la signification du mot *Citrullus* qui, au dire de Bauhin, vient de *Citrus* (*citron*) de sa couleur jaune (*Citrullus, à citreo colore dicitur*). Ce nom n'a pas pu, par conséquent, être appliqué primitivement à un fruit vert ou panaché de blanchâtre comme la Courge-Pastèque, mais bien à un fruit de couleur jaune comme le Potiron, et autres espèces de Cucurbitacées qu'on désigne dans le langage ordinaire par le nom générique de *Courge,* et dont la chair ne peut être mangée que cuite. Dès lors le mot Citrouille devient synonyme de Courge : c'est le principe que nous adoptons dans cet ouvrage. Sous la dénomination générale de Courges, nous traiterons des Potirons, Giraumons, Citrouilles, Courges, etc.

Concombre.

Cucumis sativus Lin., *Cucumis vulgaris* Dod. (*Cucurbitacées.*) — Annuel.

On ignore la vraie patrie primitive des Concombres; on peut affirmer seulement qu'ils sont d'origine méridionale; selon quelques auteurs, c'est des parties tropicales et tempérées de l'Asie qu'ils se sont répandus par toute la terre. Dans le genre *Cucumis* les botanistes réunissent le Melon et d'autres espèces entre lesquelles le cultivateur et l'horticulteur ont dû, comme nous le ferons ici, établir des distinctions très-sensibles au point de vue économique. Nous nous occuperons dans cet article du Concombre proprement dit, dont la tige frêle et rameuse porte généralement des fruits allongés, à chair blanche ou verdâtre, aqueuse et d'un goût peu prononcé, qui se mangent cuits, ou confits au vinaigre, rarement crus.

PLEINE TERRE. — *Semis, repiquage, culture.* Même pour la culture de pleine terre, on sème sur couche et sous châssis dans les premiers jours de mai. Ensuite on plante les Concombres en motte à 1ᵐ 33 les uns des autres, le long d'une côtière à bonne exposition. On bassine et sur chaque plante on met une

cloche que l'on garantit par de la litière durant deux à trois jours;
la plante reprise, on supprime la cloche. On pince les tiges des Concombres au-dessus de la deuxième feuille, pour les obliger à donner
des branches latérales ; avant que les branches aient pris leur développement on étend un bon paillis, et un peu plus tard on pince
les nouveaux rameaux au-dessus de la cinquième ou sixième feuille.
Là où les Concombres ne réussissent pas en pleine terre , on fait des
trous suffisamment larges que l'on remplit de fumier chargé ensuite de terre, et l'on met une plante par trou. Quelquefois on
sème immédiatement en place, ce qui a lieu quand la terre a été
convenablement échauffée par le soleil, en mai ou juin ; on a eu
soin préalablement d'enlever la terre à la profondeur d'un fer de
bêche et de la remplacer par du terreau ; quand les graines sont
levées, on laisse par place les deux plants les mieux venus, et l'on
arrache les autres. On a soin de ne laisser d'abord sur chaque pied
que deux fruits à la fois; mais lorsque ceux-ci sont aux deux tiers
de leur développement, on en laisse deux autres. Par cette économie dans l'ordre de la fructification, chaque pied de Concombre
pourra donner successivement, sans s'épuiser, une douzaine au
moins de beaux fruits qui seront d'autant plus gros que l'on aura
pincé les branches qui les supportent au-dessus de ces fruits eux-
mêmes. Ensuite les soins se bornent à des arrosements et à donner
une bonne direction aux branches. Quand le sol est naturellement
humide, la plante a besoin de supports pour que les fruits ne
traînent pas à terre et n'y pourrissent pas. Les premiers Concombres
de pleine terre sont bons à cueillir au mois d'août, et on les récolte
au fur et à mesure de leur maturité.

CULTURE FORCÉE. — *Semis, repiquage, culture*. Le semis se fait
dans la première quinzaine de février, sur couche et sous châssis.
On couvre de paillassons pendant la nuit. Les graines étant bien
levées, on procède au repiquage qui se fait en pépinière sur une
autre couche; on ombre par le soleil, et l'on couvre les châssis de
paillassons durant les nuits. Au bout de quinze jours du repiquage,
on monte une couche de 60 centimètres d'épaisseur, et on la charge
d'à peu près 20 centimètres de terreau. Quand la chaleur est dé-

venue suffisante, on lève les plantes en mottes et l'on en met, en les enfonçant jusqu'aux cotylédons, douze par coffre à trois châssis. On bassine légèrement et l'on replace les châssis. Durant deux ou trois jours, on a soin de donner de l'ombre, aux heures du soleil, pour faciliter la reprise ; durant la nuit, on pose des paillassons sur les châssis. Avant le développement des branches, on étend un bon paillis sur toute la couche, opération qui doit avoir lieu au moment de la journée où la température est la plus douce, pour que le froid ne saisisse pas les Concombres qui sont extrêmement tendres. Les soins sont, sous beaucoup de rapports, les mêmes que pour les Concombres de pleine terre ; mais comme les Concombres de culture forcée sont moins vigoureux que ceux-ci, on taille leurs branches latérales plus court, ce qui a lieu au-dessus de la deuxième ou troisième feuille, et on ne laisse qu'un fruit au lieu de deux, ce qui n'empêche pas que successivement chaque pied convenablement traité ne finisse par donner aussi une douzaine de fruits. On se sert de l'arrosoir à pomme quand les bassinages deviennent utiles, et l'on n'emploie que de l'eau dont la température soit au même degré que celle de l'atmosphère, pour ne point retarder la végétation. Quand le temps est favorable, on a soin de donner de l'air aux plantes. De cette sorte, on récolte des Concombres dans la première quinzaine d'avril et successivement jusqu'en juin.

Il est des pays, comme l'Angleterre, où l'on cultive les Concombres en espalier dans des serres à forcer.

Culture sous cloches. Le semis se fait dans les premiers jours d'avril sur couche et sous châssis, pour le plant être repiqué en pépinière pareillement sur couche et sous châssis. On ombre, aux heures du soleil, le plant repiqué, et, pendant la nuit, on couvre les châssis de paillassons. Après la reprise et quand la température le permet, on donne de l'air. Dans la seconde quinzaine d'avril, on ouvre une tranchée de 65 centimètres de largeur et de 33 centimètres de profondeur ; on prépare ensuite une couche de 50 centimètres d'épaisseur, légèrement bombée et que l'on charge d'à peu près 20 centimètres de terre étendue avec égalité. On range des cloches sur le milieu de la couche, à 1 mètre les unes des autres.

Quand la couche a donné la chaleur nécessaire, on lève les plantes en mottes, on en met une sous chaque cloche, en l'enfonçant jusqu'aux cotylédons. On arrose incontinent; on enveloppe les cloches de litière pendant deux ou trois jours pour aider à la reprise, et on couvre de paillassons pendant la nuit. Quand la reprise est assurée, on donne un peu d'air dans la journée, au moyen d'une crémaillère qui tient la cloche soulevée du côté opposé au vent. Ensuite on opère comme il a été dit précédemment pour la culture sous châssis, etêtant le sujet et le dégageant de sa trop grande quantité de fruits. Toutefois la végétation étant beaucoup plus vigoureuse sous cloche, on taille plus long. On bassine quand il est nécessaire et si la température est favorable, on enlève les cloches. Avec cette culture on récolte des fruits depuis la seconde quinzaine de juin jusqu'à la fin d'août.

VARIÉTÉS CULTIVÉES.

Concombre blanc long.
— blanc hâtif.
— gros blanc de Bonneuil.
— hâtif de Hollande (d'abord blanc, jaunissant promptement, propre au châssis).
— jaune long (variété la plus commune et la plus productive).
— vert long anglais.
— Blackspine (sous-variété anglaise).
— Pike's defiance (sous variété anglaise).
— à bouquet (dont les tiges s'allongent peu et produisent vers leur extrémité quatre à cinq fruits groupés).
— de Russie (variété analogue à la précédente, à fruits très-petits, presque ronds, venant par bouquets, le plus hâtif de tous).
— tardif (que l'on sème jusqu'à la fin de juin).
— vert à Cornichons (qui fera l'objet d'un article à part et dans l'ordre alphabétique de ce chapitre).
— perroquet (d'un vert pâle et inégal, quelquefois jaune et vert par moitié, d'une saveur relevée, souvent trop relevée).

On trouve parfois, dans les cultures d'amateurs, les espèces suivantes, tout à fait différentes de notre Concombre commun :

Concombre serpent (*Cucumis flexuosus*, qui doit son nom à sa forme allongée et flexueuse, auquel on donne plus encore l'air d'un serpent en implantant dans la pulpe, à l'une des extrémités, deux graines d'*Abrus precatorius* qui simulent les yeux flamboyants de ce reptile, et en mettant une langue bifurquée dans une fente pratiquée au fruit; cultivé seulement comme plante d'agrément, le Concombre serpent pourrait servir à faire des Cornichons).
— Conomon ou Concombre du Japon (*Cucumis conomon* Thunberg, fruit de la grosseur de la tête d'un homme, oblong, glabre et marqué de six stries. Cette espèce est cultivée au Japon. La chair du fruit est ferme; mais elle de-

vient fondante par la cuisson, comme nos Potirons : les Japonais l'apprêtent communément avec le marc des Cerises).

Concombre à angles tranchants, ou Paponge, ou Papongaie (*Cucumis acutangulus* Lin., fruit allongé, de la grosseur d'un petit Concombre, relevé de six angles tranchants et terminés par un opercule pointu et caduc : à la maturité, la pulpe se dessèche, devient fibreuse, et l'écorce est solide, presque ligneuse ; mais lorsque le fruit est à moitié mûr, la pulpe en est blanche et juteuse ; alors on en coupe les angles, et on les prépare pour l'alimentation : les Papangais sont très-bonnes, cuites sur la braise et assaisonnées avec de l'huile et du vinaigre ou cuites avec du riz ; cette plante croît naturellement en Chine, au Bengale, en Tartarie).

— Angurié Arada, ou Concombre d'Amérique (*Cucumis anguria* Lin., fruit petit, ovoïde, blanchâtre, hérissé de poils roides comme des épines, et contenant une pulpe très-agréable au goût ; seulement ce Concombre, qui croît naturellement à la Jamaïque, mûrit difficilement chez nous où il est seulement propre à être confit).

— Coloquinte ou Concombre amer, vulgairement appelé Coloquinte (*Cucumis colocyntis* Lin. Voir l'article COLOQUINTE dans la *Flore médicale du XIXe siècle*, t. I, p. 374).

Coqueret comestible, Alkékenge jaune douce.

Physalis pubescens Lin.; *Physalis edulis* Bot. Mag. (*Solanées.*) — Vivace en serre, annuel dans la culture potagère.

L'Alkékenge ou Coqueret est une plante indigène d'Europe (voir la *Flore médicale*, t. I, p. 53 et suiv.); mais l'espèce dont il s'agit ici est originaire de l'Amérique méridionale. Vivace en serre, elle n'est cultivée en pleine terre, sous notre climat, que comme annuelle. Elle donne en abondance des fruits juteux, d'un jaune orangé, de la grosseur d'une petite Cerise, légèrement acides, et couverts par un calice vésiculeux ; ils mûrissent en août.

PLEINE TERRE. — *Semis* et *culture*. On sème, en mars, sur couche, sous cloche ou sous châssis. La mise en place a lieu au mois de mai, à bonne exposition. Quelques binages et des arrosements sont les seuls soins réclamés par cette plante, qui forme des buissons herbacés d'un mètre de haut.

Cornichon.

Cucumis sativus Lin. (*Cucurbitacées.*) — Annuel.

Le Cornichon ne constitue pas une espèce particulière de *Cucumis ;* on donne le nom de Cornichons à tous les jeunes fruits des Concombres, et, en particulier, à ceux du *Concombre vert.*

PLEINE TERRE. — *Semis, culture, récolte.* On sème au commencement de mai, sur couche et sous châssis. Peu de temps après, on repique en pépinière, toujours sur couche et sous châssis ; on laisse la plante en cet état environ un mois. A la fin de mai, on relève le plant en mottes, on le met en pleine terre, à une chaude exposition, en laissant au moins 50 centimètres entre chaque plante. Après la plantation, on arrose, et quand la végétation se fait, on pince la tige primitive au-dessus de la troisième famille. Avant le développement des branches, on étend un paillis. Ensuite, il n'est besoin d'autre chose que d'arroser quand le temps est sec et de bien étaler les branches. On récolte durant les mois de juillet et d'août.

Conservation. On conserve les Cornichons dans le vinaigre, quoique les Israélites en préparent des quantités considérables dans la saumure. Ils y acquièrent une saveur acide, mais ne se gardent que peu de temps. On ne prend pour cela que les Cornichons les plus gros ; tandis que, pour l'usage condimentaire, on les choisit petits et avant que les graines soient formées. Il faut qu'ils soient encore pleins.

Courges.

Cucurbita Maxima, Pepo et *Moschata* Duch. *(Cucurbitacées.)* — Annuelle.

Avant la publication des belles et intéressantes recherches de M. Naudin, sur les caractères spécifiques et les variétés des plantes du genre *Cucurbita,* une confusion inextricable, comme nous l'avons dit à l'article Citrouille, régnait au sujet des fruits de ces cucurbitacées. Duchesne, un contemporain de Willdenow, avait cependant déjà essayé de débrouiller cette nomenclature ; il était parvenu, après un grand nombre d'années de recherches, à reconnaître plusieurs espèces dans le *Cucurbita Pepo* de Linné. Il créa, pour les Courges alimentaires, deux espèces, le *Cucurbita maxima* pour toutes les variétés de Potirons, et le *Cucurbita Pepo* proprement dit, pour les Pépons, Citrouilles, Giraumons, Patissons, etc., qu'il divisa en deux sous-espèces : les *Courges melonées* ou *musquées* (*C. Pepo moschata*) et les *Pépons polymorphes* (*C. Pepo polymorpha*). Les observations de M. Naudin confirment en partie les idées émises par Duchesne, car il admet que toutes les variétés de Courges alimentaires doivent être rapportées aux trois espèces de Duchesne : les *Cucurbita maxima*, *Pepo*, et *moschata*, qui peuvent former, horticulturalement parlant, trois groupes assez distincts.

Premier groupe : Potirons (Cucurbita maxima).

La patrie de cette espèce est aussi inconnue que celle des deux suivantes ; c'est seulement vers le milieu du seizième siècle qu'on vit apparaître en Europe les premiers Potirons. Ce sont des fruits de grande et moyenne dimension ; leur forme typique est celle d'une sphère déprimée, mais elle est parfois allongée, cylindrique ou obovoïde. Le pédoncule est toujours cylindrique ou claviforme, non cannelé ; c'est, dit M. Naudin, un excellent caractère spécifique. La chair des Potirons est fine, généralement d'un jaune vif, quelquefois jaunâtre ou rosé, mais jamais rouge ; les placentas, dans lesquels sont nichées les graines, sont spongieux ou pulpeux, mais non déliquescents ; les graines sont assez grandes, ovales, à rebords souvent saillants.

Les variétés suivantes appartiennent, d'après M. Naudin, à ce premier groupe.

Potiron couronné ou *Turban rouge* (dont le diamètre atteint de 40 à 60 centimètres ; il est couronné par 3 ou 4 lobes arrondis bariolés de rouge et de jaune ; le corps du fruit est rouge ; la chair est fine d'un beau jaune. — Parmi les sous-variétés de Turban, nous citerons les *Petits Turbans rouges et verts*, le *Turban étranglé*).

Turban nouveau du Brésil (fruit vert très-aplati, à chair ferme et à graines couleur café au lait ; il dégénère très-facilement).

Potiron plat petit (très-déprimé, de 30 à 35 centimètres de diamètre, avec une couronne peu saillante au sommet).

— *à œil vert* (de 25 à 30 centimètres de diamètre, presque globuleux ou moyennement déprimé, jaune rosé, avec une cavité profonde au sommet, d'où son nom de *Potiron à œil*).

Courge marron (de 15 à 25 centimètres de diamètre, sphérique ou plus ou moins déprimée, rouge vif, extérieurement ; chair jaune orangé).

— *châtaigne* (de 35 à 45 centimètres de diamètre, très-déprimée, rose avec bandes de couleur plus claire ; chair jaune).

— *de Californie* (très-voisine de la précédente, même forme et même grosseur, rose ou rougeâtre marbrée de vert et à bandes rouge pâle ; chair jaune pâle, ou légèrement rosée).

Potiron maraîcher ou *Gros jaune de Hollande* (atteint jusqu'à 70 et 80 centimètres de diamètre, presque globuleux, mais déprimé aux deux pôles, jaune rosé, très-gercé ; chair jaune orangé, un peu sucrée).

Potiron gros gris (diffère du précédent seulement par la couleur grisâtre ou verdâtre de sa peau).

— *lisse* (sous-variété du Potiron maraîcher à peau non gercée).

— *de Corfou* (sphérique un peu déprimé, gris d'ardoise, finement gercé, atteint les dimensions du *Potiron maraîcher*).

— *grand blanc de Naples* (presque aussi gros que le maraîcher, blanc ; chair jaune pâle ou légèrement rosée, épaisse, sucrée, très-riche en fécule).

— *petit blanc de Constantinople* (de 30 centimètres environ de diamètre, sphérique ou déprimé, très-blanc, à côtes peu saillantes ; chair pâle un peu aqueuse presque insipide, au dire de M. Naudin).

— *musqué* (gros ou moyen, presque sphérique jaune, orangé marbré de vert).

— *pain du pauvre* (de 30 à 40 centimètres de diamètre, en sphéroïde très-déprimé, lisse, à peau couleur chocolat ; chair jaune orangé, ferme, un peu sèche).

Courge de Messine ou *Potiron messinais* (gros fruit ovoïde, à peau rouge pâle, relevé de côtes saillantes comme boursouflées ; chair épaisse, jaune terne et brunâtre, très-aromatique).

Potiron de Farina (de 18 à 25 centimètres de diamètre longitudinal, presque sphérique ou ovoïde, d'un vert noirâtre, avec bandes et marbrures d'un blanc verdâtre ; chair d'un jaune orangé, peu sucrée, dure et sèche).

Courge de l'Ohio (de moyenne grandeur, ovoïde prolongée en pointe. On en connaît deux sous-variétés : la brune et la blanche).

Potiron Malamoco (assez gros, gris verdâtre presque sphérique, avec couronne au sommet, du milieu de laquelle s'élève un petit bec conique).

Courge de Valparaiso (obovoïde, allongée en pointe, longue de 30 centimètres sur 10 à 20 de diamètre transversal, à peau rosée et gercée ; chair jaune orangé, très-fine, sucrée, un peu musquée ; graines jaunes).

Potiron gris de Virginie (oblong-obovoïde, comme tronqué au sommet ; variété tardive).

Deuxième groupe : Pépons (Cucurbita Pepo).

Ce groupe comprend les Courges, vulgairement appelées COURGERONS, CITROUILLES, GIRAUMONS, PATISSONS, COLOQUINELLES, etc. Il est assez difficile de le caractériser, et c'est avec raison que Duchesne avait nommé cette espèce polymorphe (*Cucurbita Pepo polymorpha*). D'après M. Naudin, qui reconnaît lui-même que les caractères distinctifs sont peu marqués, « les feuilles des Pépons sont plus roides que dans les Potirons ; leurs pétioles et le dessous des nervures sont armés de poils roides et piquants ; le pédoncule des fleurs est plus ou moins visiblement prismatique, à cinq angles obtus ; la corolle est d'un jaune un peu plus orangé. Les fruits, dit le savant monographe, sont excessivement variables de forme, mais celle qui domine est un ovoïde renversé ; le pédoncule est cannelé, etc. La chair des Pépons est déliquescente et présente un caractère constant qui la différencie de celle des Potirons et des Courges musquées ; c'est la présence de grosses filandres, dont elle est pour ainsi dire toute composée, et que la cuisson, tout en les attendrissant, ne fait cependant pas disparaître. »

M. Naudin a essayé de définir les différentes races de Pépons ; il en distingue sept, mais quatre seulement nous intéressent ici :

« 1° Les COURGERONS, à fruits sphériques, plus ou moins déprimés, rappelant la forme typique du Potiron. Ces fruits sont de moyenne grosseur, de 20 à 30 centimètres de diamètre transversal. » Les principales variétés de Courgerons sont :

Courgeron de Genève (très-déprimé, lisse, orangé vif à la maturité).
Courge de Maroc (qui a la forme d'un Melon cantaloup, de même grosseur, à côtes plates, et d'une belle teinte orangée à la maturité).

« 2° Les CITROUILLES PROPREMENT DITES sont des fruits lisses ou verruqueux, de forme ovoïde ou obovoïde, ou elliptique. » Telles sont : la *Citrouille grande verruqueuse*, la *Citrouille de Touraine*, la *Citrouille longue d'Espagne*, et la *Citrouille sucrière du Brésil*. D'après les analyses de M. Frémy, le sucre de cette dernière serait de la glucose, c'est-à-dire du sucre non cristallisable.

« 3° Les GIRAUMONS, reconnaissables à leurs fruits allongés, deux fois plus longs que larges, lisses ou verruqueux, quelquefois relevés de grosses cannelures longitudinales, etc. » M. Naudin rapporte aux Giraumons les Courges suivantes, les plus recommandables pour la culture :

Courge des Patagons ou *Giraumon de Patagonie* (par sa grosseur elle tient, dit-il, d'assez près aux Citrouilles ; sa forme est un ovoïde allongé de 40 à 50 centimètres de long, et présente cinq côtes de la grosseur du doigt, quelquefois dix : il y en a trois sous-variétés : la *noire*, la *blanche*, et la *Courge verte de Marseille*).
— *longue d'Italie* ou *Giraumon Coucourzelle* (allongée, un peu renflée en massue au sommet, et de la grosseur de la Courge des Patagons, mais sans côtes).
— *à la moelle* ou *Vegetable marrow* des Anglais (« n'est autre chose, dit M. Naudin, qu'une *Coucourzelle* plus petite et plus molle : peut-être est-ce la même variété que la Courge *zouquette* des Marseillais. » On la mange avant sa maturité, à la manière du Concombre blanc).
— *de Larcana* (allongée, cylindrique, longue de 40 à 50 centimètres; elle dégénère rapidement en se croisant avec les autres variétés de Pépons).
— *de Barbarie* (un des plus gros Giraumons, un peu renflé au sommet, long de 60 à 70 centimètres, voisin de la Courge des Patagons et des Citrouilles).
— *blanche très-allongée* (excellent fruit cueilli avant sa maturité, long de 40 à 50 centim.).
— *Polk* (très-longue, de 30 à 50 centimètres, sur 6 à 8 de diamètre, très-souvent courbée, d'une belle couleur orangé vif, plus propre à l'ornement qu'à l'usage culinaire).
— (*crochue* ou *croock-neck* des Américains ; comme la précédente, dont elle est très-voisine, elle est très-longue et d'une belle couleur orangé).

« 4° Les Patissons forment un groupe très-vaguement défini, dit M. Naudin, et qui n'est bien reconnaissable que dans la variété type, encore est-elle très-polymorphe. Les fruits sont petits ou tout au plus moyens, le plus souvent déprimés, quelquefois à peu près sphériques, avec ou sans côtes, lisses ou plus rarement verruqueux, jamais entourés d'une coque ligneuse. »

Le *Patisson* proprement dit est ce qu'on désigne vulgairement sous les noms d'*Artichaut d'Espagne*, *Bonnet d'électear*, *Arbouse d'Astrakhan*. C'est un fruit très-variable de forme ; la principale est une sorte de cône ayant à sa base huit ou dix lobes arrondis, qui se relèvent quelquefois pour former une couronne ; la couleur est généralement le blanc jaunâtre, soit pur, soit marbré de vert.

Quant aux Courges, Orangines, Barbarines, Coloquinelles, Cougourdettes, qui rentrent, d'après M. Naudin, dans les *Patissons*, ce sont des fruits cultivés plutôt pour l'ornement que pour l'usage alimentaire.

Troisième groupe : **Courges musquées** ou **melonées** (*Cucurbita moschata*).

Les Courges musquées sont ou ovoïdes ou obovoïdes, ou pyriformes, allongées ; mais le caractère essentiel, c'est que la peau est toujours couverte d'une fine poussière cireuse, analogue à ce qu'on appelle la *fleur* dans les Prunes. La chair est filandreuse, mais les filandres se fondent, par la cuisson, en une pulpe d'une saveur plus relevée, dit-on, que celle des Potirons.

Les principales Courges musquées sont :

Courge muscade des Marseillais (à chair rouge, et qui atteint le volume des plus gros Potirons).
— *Berbère* ou *Courge bédouine* (en forme de massue).
— *Courge grande pleine*, *Courge pleine de Naples*, *Porte-manteau* (très-longue, tout à fait cylindrique).

CULTURE DES COURGES.

Pleine terre. — *Semis, repiquage, mise en place, culture.* On sème les Potirons et les Pépons en mars sur couche chaude et sous panneaux, si l'on veut récolter de bonne heure ; à la fin d'avril, si l'on préfère des fruits de garde. On repique toujours sur couche chaude. On met en place, en pleine terre, dans des trous remplis de fumier, recouverts de 15 centimètres de terreau, en ayant soin de faciliter la reprise du plant par des cloches, si la température est basse et si les gelées tardives sont à craindre, ou tout simplement par de la litière. Les *Courges musquées* sont un peu plus délicates; elles demandent plus de chaleur que les Potirons et les Pépons; elles appartiennent plutôt à la culture du midi de l'Europe et des pays chauds; en France, sous le climat de Paris, il faut les semer un peu plus tôt et les cultiver sur couches, comme les Melons.

On donne des arrosements abondants pour obtenir de beaux fruits; on arrête le développement de la tige principale en la pinçant au-dessous du second bourgeon, pour l'obliger à produire des tiges latérales. Lorsque la végétation est bien établie, et que les tiges ont acquis un développement de 1 à 2 mètres, on les couche en terre pour leur faire émettre des racines qui deviennent la source d'une vigueur nouvelle. Après que les fruits sont noués, on arrête le développement ultérieur des branches en les pinçant à deux yeux au-dessous du fruit, et l'on n'en laisse que deux au plus sur chaque pied, un seul même si la plante n'est pas assez vigoureuse pour en porter davantage. A partir de cette époque, on n'a plus d'autre soin à donner que des arrosements.

Récolte et conservation. Vers le mois d'octobre, les Potirons peuvent être cueillis; leur développement est complet, et ils ont acquis toute leur perfection. S'ils ont végété dans des conditions convenables, ils acquièrent un volume énorme, et pèsent jusqu'à 50 ou 60 kilogrammes. Il convient de les laisser quelques jours au soleil, puis de les rentrer dans un lieu sec, aéré, mais à l'abri de la gelée, et il faut éviter qu'ils se touchent. Ils peuvent se garder jusqu'en mars.

Durée de la faculté germinative des graines. Six ou sept ans.

Fraisier (Pl. XXVII, fig. 1 à 7).

Fragaria vesca Lin. (*Rosacées.*) — Vivace.

Cette plante indigène de nos contrées, herbacée, à souche courte donnant naissance à de nombreuses racines fibreuses et chevelues, pourvue de coulants qui servent à sa propagation, à feuilles presque toutes radicales, composées de trois folioles dentées et velues, à fleurs blanches, donne des fruits ovales ou ronds qui comptent parmi les plus délicieux que l'on puisse offrir sur nos tables, aussi bien sur celle du pauvre que sur celle du riche, car on en trouve des quantités et des plus exquises et parfumées, dans les bois et sur les hauteurs alpestres, sans qu'on ait eu besoin de les culti-ver, ce qui ne signifie pas qu'on n'ait pas besoin de culture pour obtenir de plus beaux et plus variés produits.

Les Fraisiers se multiplient de graines ou de filets ou coulants; on les cultive en pleine terre ou en pot, pour la culture forcée.

Culture de pleine terre. Reproduction par semis. — *Semis*. On sème de mai en juin, suivant les espèces, c'est-à-dire aussitôt après la maturité des graines; les semis faits avec des semences nouvelles donnent plus sûrement des produits. On sème au pied d'un mur exposé au nord, ou, à défaut, au couchant; les Frai-siers n'ayant rien tant à redouter, dans leur jeunesse, que l'action directe du soleil. Si l'on n'a qu'une exposition chaude, il faut avoir soin d'entretenir le sol en état permanent de fraîcheur par des bas-sinages répétés.

La terre qui convient le mieux aux Fraisiers est un sol léger, sa-blonneux, amendé par des fumiers bien consommés.

Depuis le moment du semis jusqu'à la levée des graines, qui a lieu au bout d'environ vingt jours, il ne faut pas ménager les bas-sinages.

Premier repiquage. Quand les Fraisiers ont de quatre à cinq feuilles, c'est-à-dire vers la mi-juillet, on repique le plant dans un terrain bien préparé, en mettant dans chaque trou deux plants, pour les Fraisiers des Alpes, et un seul pour les races anglaises. On abrite le plant par du paillis long, et on lui donne de fréquents bassinages. Huit ou dix jours après, quand le plant est repris, on enlève le paillis.

Deuxième repiquage. Dans le courant de septembre, on relève le jeune plant en mottes, et le remet en pépinière dans une terre riche en humus et bien paillée. On laisse entre chaque pied 15 à 20 centi-mètres de distance pour en favoriser la végétation.

Quand le plant est bien repris, on sarcle soigneusement, on épluche chaque touffe, on arrache les filets, les fleurs prématurées et les feuilles flétries. Si le sol n'est pas protégé par un paillis, il faut lui donner un binage. On supprime aussi les plants dégénérés : tels sont, pour les Fraisiers des quatre saisons, ceux qui fleurissent promptement. Pour ces premiers, comme pour les races anglaises, il faut supprimer les pieds qui produisent le plus de coulants.

On ne peut qu'improuver la méthode qui consiste à semer en pots ou en terrine ; jamais on n'a de plants aussi vigoureux que ceux élevés en pleine terre.

Reproduction par coulants et séparation de pieds. — Ce moyen est celui qu'il convient d'employer quand on veut obtenir franches les races qui dégénèrent par le semis. Il faut les choisir sur des pieds bien francs, réservés pour fournir des coulants destinés à la multiplication. On les laisse en place jusqu'à la fin de juillet, époque où on les relève pour les mettre en pépinière.

Les horticulteurs qui cultivent la Fraise des Alpes ne repiquent pas les plants venus directement de semis, mais les filets qu'ils ont produits, parce que les pieds mères s'emportent en feuillage et ne donnent que peu de fruit. On peut substituer à cette méthode le double repiquage ; mais il ne faut procéder à cette double opération que lorsque le plant peut rester six semaines entières avant sa mise en place ; autrement il ne pourrait reprendre et serait tué par le froid. Si le temps manquait, il faudrait se contenter d'un seul repiquage.

On n'a recours à la reproduction par séparation de pieds, qui n'est pas avantageuse, que pour les espèces sans filets.

Mise en place. On met les plants en place depuis la fin du mois d'octobre et jusqu'à la mi-novembre. Les Fraisiers des Alpes doivent avoir entre eux 40 centimètres de distance, et les Fraisiers à gros fruits 60 centimètres. Quand la plantation est terminée, on répand soit du terreau, soit de la terre, entre les touffes, pour les rechausser.

Les Fraisiers sont des plantes assez rustiques pour ne pas exiger

de soins minutieux; on se borne, au printemps, à donner une façon
à la terre, et l'on arrose le matin et le soir : car il faut entretenir les Fraisiers dans un état constant de fraîcheur, sans excès
d'humidité. Les arrosements de jour doivent être préférés à tous les
autres. Toute la culture se borne à des binages et à la suppression
des filets avant qu'ils soient enracinés.

Dès que les fleurs apparaissent, on couvre le sol de paillis pour défendre le jeune fruit du contact du sol et conserver l'humidité des
arrosements.

C'est en planches, et non pas en bordures, qu'il faut cultiver les
Fraisiers, si l'on veut avoir des fruits; les variétés sans filets sont les
seules qu'il soit avantageux de cultiver de cette manière.

Si l'on veut obtenir des produits prolongés, il faut, pour les espèces remontantes, supprimer les premières fleurs, afin d'avoir des
fruits à l'arrière-saison. C'est au mois d'avril et jusqu'en mai que
cette opération a lieu. Les Fraisiers anglais ne portant qu'une fois,
cette opération n'est pas nécessaire.

Une pratique longue, minutieuse, mais qui a de bons résultats,
consiste à supprimer une partie des fleurs des ombelles, afin d'avoir
des fruits plus beaux.

La plantation du printemps a lieu au mois de mars et dans le
courant d'avril ; mais la plantation d'automne vaut mieux. Les Fraisiers anglais ne produisent qu'au bout de deux ans, excepté les variétés British-Queen, Elton, Princesse-Royale et Keen's-Seedling,
qui produisent au bout d'un an.

Renouvellement du plant. Le plant de Fraisier ne doit pas durer
plus de deux années, quand la terre est médiocre, et trois ou quatre
quand elle est de bonne qualité, en ayant soin de le rechausser au
printemps avec de la terre neuve.

Récolte. C'est pendant tout le mois de juin pour les Fraises anglaises, et en juillet pour la Fraise des quatre saisons dont on a supprimé les premières fleurs, qu'a lieu la production des fruits. Il
faut faire la récolte de bonne heure et cueillir les fruits avec soin
pour ne pas déraciner la plante. Il convient, dans l'intérêt de la conservation des fruits, de les cueillir avec leur calice et leur pédicelle.

Conservation. Les Fraises voyagent difficilement et ne se conservent pas au-delà de quelques jours. Il y a cependant certaines espèces qui souffrent plus volontiers le transport : le Comte de Paris est de ce nombre.

CULTURE FORCÉE.

SUR PLACE. — *Chauffage*. Dans le mois de janvier on place des coffres et des panneaux sur la planche de Fraises qu'on veut forcer. On enlève la terre des sentiers qui entourent la planche, en donnant à cette tranchée une profondeur de 30 centimètres, et on la remplit de fumier, d'abord jusqu'au niveau du sol, puis, quinze jours après, jusqu'à la hauteur des panneaux.

On couvre les panneaux pendant la nuit avec des paillassons, et ne donne d'air aux Fraisiers que dans le milieu du jour, et s'il y a du soleil. On ne donne des bassinages que fort tard, et si l'état de la température le permet [1].

Première récolte. Elle a lieu vers la mi-avril, mais plutôt à la fin de ce mois.

Seconde récolte. Les Fraisiers des Alpes qui ont été chauffés n'en fructifient pas moins pendant toute l'année. Les Fraisiers anglais donnent également une seconde récolte ; mais il faut, pour les obliger à produire, les priver d'eau pendant quelque temps dans le but d'arrêter la végétation, et supprimer une partie des feuilles ; quand ils sont fatigués par ce jeûne prolongé, on leur donne une façon et les arrose abondamment pour les faire végéter vigoureusement. Les variétés, traitées par cette méthode, donneront en août une seconde récolte.

SOUS CHASSIS *chauffés au thermosiphon*. Après avoir fatigué les Fraisiers par la privation d'arrosements, vers la fin de septembre on les met dans des pots, qu'on place côte à côte dans un coffre pour

---

[1] Il est impérieusement nécessaire de donner de l'air aux Fraisiers de primeur. M. Gontier, un de nos plus habiles primeuristes, a pour coutume d'ouvrir alternativement, par le haut et par le bas, les châssis sous lesquels il cultive ses Fraisiers de primeur. Il a remarqué que, sans cette précaution, la fécondité ne s'opère qu'imparfaitement : le courant d'air a pour effet d'enlever le pollen des étamines et de le porter sur les ovaires.

les faire reprendre, en ayant soin de supprimer les filets et les fleurs, dont la production fatiguerait inutilement la plante.

En janvier on nettoie les pots, et les met sous coffres et les recouvre de panneaux, qu'on abrite pendant la nuit par des paillassons. On fait circuler dans le coffre les tuyaux d'un thermosiphon pour y maintenir une température de + 12° à 15°.

Tous les soins consistent à donner de l'air, quand le temps le permet, et des bassinages.

Les variétés les plus avantageuses à forcer sont : Keen's-Seedling, Rose Berry, Princesse-Royale, Victoria-Trollop, Marguerite Lebreton, Elton, Comte de Paris et le Fraisier des Quatre-Saisons.

Durée de la faculté germinative des graines. Deux ans.

ESPÈCES ET VARIÉTÉS CULTIVÉES.

PREMIÈRE SECTION. — *Fraisiers des bois ou communs.*

Fraisier des bois (Pl. XXVII, fig. 2. Fraisier type de l'espèce, à fruit petit, rond ou allongé, excellent quand il est venu au soleil. Longtemps on n'a cultivé que cette Fraise dont on allait chercher le plant dans les bois. La Fraise des bois a une variété à fruit blanc ; elle a produit en outre les variétés qui suivent dans la même section).

— petit-hâtif de Fontenay-aux-Roses ou de Bagnolet (plus hâtif que le Fraisier des Alpes, mais de beaucoup inférieur pour le fruit).

— de Montreuil ou Fraisier fressant (à fruits volumineux, lobés ; donnant les produits les plus gros et les plus abondants des variétés nées du Fraisier des bois. Le Fraisier de Montreuil donnait une variété à fruit blanc qui paraît être perdue).

— Buisson ou Fraisier des bois sans filets (variété fort ancienne que l'on a longtemps employée pour faire des bordures ; mais elle a été avantageusement remplacée pour cet usage par le Gaillon ou Fraisier des Alpes sans filets).

Fraisier des Alpes, des Quatre-Saisons ou de tous les mois (Pl. XXVII, fig. 3. Il peut tenir lieu de tous les autres ; donne en abondance depuis avril jusqu'aux gelées en pleine terre, et pendant l'hiver sous châssis ou en serre chaude ; fruit excellent, parfumé. Cette variété est sujette à dégénérer en fruit rond, mais elle se régénère par le semis qui est la meilleure manière de la renouveler).

— à fraise brune ou noire de Gilbert (fruit très-coloré).

— Quatre-Saisons Meudonnaise (dont le produit se prolonge le plus aux environs de Paris).

— des Alpes à fruit blanc (variété qui demande à être multipliée de semences).

— des Alpes sans filets ou de Gaillon (donne toute l'année comme le Fraisier ordinaire des Alpes, et n'en diffère que par l'absence des filets, ce qui le rend propre aux bordures. Il faut renouveler souvent le Fraisier des Alpes sans filets, parce que quand ses touffes sont grosses, son milieu s'étouffe et ne produit rien. Il donne plus en seconde saison et à l'automne qu'au printemps).

— des Alpes sans filets à fruit blanc.

— à feuilles simples ou de Versailles (à fruit allongé, régulier ou difforme, rouge et sapide comme celui du Fraisier des bois. Il y a une sous-variété à fruits blancs).

DEUXIÈME SECTION. — *Fraisiers étoilés.*

Fraisier de Bargemont (Fraisier type de l'espèce. Fruit rond, d'un rouge foncé et très-parfumé. Ce Fraisier fructifie deux fois l'an).

Fraisier Majaufe (de Duchesne).
— vineux de Champagne.
— Craquelin (*F. Collina*, d'Ehrhart).
— Brugnon ou Breslinge de Suède (sous-variété du Craquelin très-productive).
— de Saratoff (sous-variété du Craquelin, également très-productive).

TROISIÈME SECTION. — Fraisiers caprons.

Fraisier capron commun (type de l'espèce. Fruit gros, sphérique, rouge foncé, ou d'un blanc teint de rouge ; peu parfumé en général, sauf dans certains terrains qui lui sont très-favorables).
— capron framboisé (semblable au précédent, mais d'un goût plus fin. Pl. XXVII, fig. 5).
— capron royal (le meilleur des caprons à chair plus savoureuse).
Les caperons dans certaines terres donnent des fruits d'une grosseur considérable ; dans d'autres au contraire ils avortent ou ne donnent que de petits fruits.

QUATRIÈME SECTION. — Fraisiers écarlates.

Fraisier à fruit écarlate ou Fraisier de Virginie (fruit petit, rond ; fertile et précoce. Très-variable en qualité).
— Rose Berry (fruits moyens, arrondis, nombreux, velus ; chair ferme ; moyenne qualité ; un des plus fertiles dans les mauvais terrains).
— Rose Berry noir (supérieur au précédent).
— Black prince de Cuthill (à fruit rouge foncé ; chair fine, ferme, de bonne qualité ; produit successif pendant un mois à six semaines. Ce Fraisier produit dès la première année de la plantation).
— écarlate américain (variété remarquable, très-productive ; fruit oblong, rouge foncé ; chair rose ; tardif).
— écarlate de Wilmot (fruits très-gros, rouge clair, de saveur moyenne, mais abondants et très-tardifs).
— écarlate crête de coq (à fruits gros et crêtés ; chair savoureuse et sucrée).

CINQUIÈME SECTION. — Fraisiers Ananas.

Fraisier Ananas (Type de l'espèce. Fruits gros, arrondis, d'un rouge très-vif, variables dans leur saveur et dans leur parfum).
Fraisier Ananas de Bath (fruits gros, variables dans leur forme, toujours lavés de rose sur fond blanc, restant même tout à fait blancs à l'ombre ; chair succulente, mais peu parfumée).
— — Barne's large White (assez semblable au précédent ; fruits ronds, très-gros, d'un blanc de cire, avec graines roses ; chair ferme, pleine, assez parfumée. Ce Fraisier est productif et très-tardif ; il donne dès la première année de sa plantation).
— — de la Caroline (à fruits ronds, rouge-cocciné ou écarlates, à l'intérieur blancs ou rosés ; très-succulents. Ce Fraisier est très-fertile et celui de tous dont le fruit a le plus de poids).
— — Keen's-Seedling (à fruits ronds, d'un rouge très-foncé, à chair rouge et très-parfumée. Variété très-productive et l'une des meilleures parmi les anglaises. Excellente pour forcer. Très-fertile).
— — Sir Harry (très-semblable au précédent, lui est préféré pour la culture forcée. Ses fruits sont plus gros, plus savoureux encore. Ce Fraisier très-productif a cependant le défaut de s'épuiser vite).
— — Swainstone's-Seedling (à fruits gros, ovales ou cordiformes, d'un rouge écarlate, à graines peu enfoncées ; à chair blanche et très-parfumée. Plante fertile).

Fraisier Ananas Deptford pine (à fruits coniques, d'un rouge clair, à chair blanche et pleine. Variété hâtive, à fruits des plus abondants et des meilleurs).

— — Princesse royale (à fruits coniques, allongés, très-colorés, à chair très-pleine, fondante, mais de saveur peu relevée. Le Fraisier Princesse royale, malgré ce dernier défaut, est fort recherché des maraîchers de Paris, à cause de sa fécondité et de la beauté de ses fruits, et parce qu'il est un des meilleurs à forcer).

— — Comte de Paris (obtenu dans le même semis que le Fraisier précédent, donnant un fruit excellent et de transport facile. Il est de plus très-avantageux pour forcer. Pl. XXVII, fig. 7).

— — Vicomtesse Héricart de Thury (Plante robuste et productive, précoce ; à fruits moins gros que ceux des deux précédents, mais plus savoureux).

— — Victoria Trollop (Plante réussissant bien à l'ombre, à fruits ronds, d'un rouge vif et transparent, à chair blanche, d'exquise saveur dans certains terrains).

— — Élisa Myatt (Plante de moyenne saison, donnant à la fois beaucoup de gros fruits qui se reconnaissent à l'étranglement qu'ils présentent à leur insertion. Variété préférable à toutes pour des conserves ou des confitures).

— — British Queen (à fruits très-gros, d'un rouge obscur, chair rosée, centre creux, très-parfumés).

— — Duchesse de Trévise (à fruits énormes, allongés, avec un étranglement prononcé à la base, d'un rouge clair, à graines saillantes, à chair blanche, fine, juteuse, ayant la saveur du Melon. Ce Fraisier est malheureusement d'un faible rapport).

— — Downton ou Knigt's Seedling (Plante très-vigoureuse, donnant de gros fruits oblongs, d'un rouge très-foncé, à chair ferme et parfumée. Le produit est tardif).

— — Elton (Plante très-productive, à beaux fruits allongés, très-colorés; chair d'un rouge foncé, très-juteuse, parfumée, mais un peu acidulée ; de moyenne saison).

— — prolific Myat (Plante d'un produit tardif, à fruits gros, allongés, aplatis, d'un rouge vif, sauf le bout qui est blanc, à chair creuse, d'un blanc rosé, assez juteuse, d'un goût relevé, mais légèrement acide).

SIXIÈME SECTION. — *Fraisiers du Chili.*

Fraisier commun du Chili (espèce type. Fruits énormes, mais peu savoureux. On le féconde en le mêlant aux Fraisiers ananas, car ses fleurs unisexuelles sont femelles par avortement des étamines. Il a produit les meilleures variétés que l'on connaisse. Le Fraisier du Chili réussit parfaitement à Brest depuis 1712, où il fut apporté par l'ingénieur et voyageur Frezier).

— Hybride de Brest (à fruits gros comme un petit œuf de poule et de bon goût. Ne vient guère que sur la côte d'Or, près de Roscoff. On peut obtenir des produits en tirant des pieds du pays; mais le pied mère, une fois épuisé, dégénère; il demande à être renouvelé en remontant constamment à la source).

— superbe de Wilmot (variété qui, pour le port, paraît tenir le milieu entre le Chilien et l'Ananas ; remarquable par la beauté et la saveur de ses fruits, peu nombreux il est vrai, qui atteignent, par exception, jusqu'à 22 centimètres de circonférence, mais se rencontrent fréquemment d'une circonférence de 12 centimètres).

Observations. Il y a aujourd'hui dans le commerce plus de deux cents variétés de Fraisiers, et l'on en obtient chaque année de nouvelles. Les graines des Elisa, British-Queen, Keens-Seedling ont singulièrement favorisé les horticulteurs pour obtenir d'autres variétés.

Quant à la propriété de remonter qu'on attribue à certaines variétés venues de semences appartenant à des fruits de cette section, c'est une erreur. Elles ne remontent qu'accidentellement. Toutes ces variétés sont unifères. On ne trouve de Fraisiers remontants ou bifères que dans les Fraisiers des bois et des Alpes, et dans le type des Fraisiers étoilés.

Giraumon.

(Voir au mot *Courge*.)

Gourde, Cougourde, Calebasse.

Lagenaria vulgaris Ser.; *Cucurbita lagenaria* Lin.; *Cucurbita latior* Dodon.
(*Cucurbitacées.*) — Annuelle.

Cette plante, originaire des Indes orientales, a une tige longue et grêle, sillonnée, velue, couchée ou grimpante, munie de vrilles latérales; ses fleurs sont blanches; son fruit est une péponide, de forme très-variable (allongée, ventrue, pyriforme, étranglée, en massue, etc.), et dont le péricarpe sec, presque ligneux, contient une pulpe abondante, aqueuse et jaunâtre, qui renferme de nombreuses graines blanches et aplaties. Le nom de Calebasse a été étendu aux fruits du Baobab (*Adansonia digitata*) que l'on appelle Calebasses du Sénégal. Pour distinguer les fruits dont il est question dans cet article on les a nommés *Calebasses* ou *Gourdes d'herbe*. Les nageurs novices font usage des Calebasses sèches et vidées pour se soutenir sur l'eau.

Semis et *Culture*. On multiplie cette plante de graines, semées en avril et mai, sur place, sur couche ou en pépinière. On repique les jeunes plants en motte, et on les arrose fréquemment pendant les grandes chaleurs. La Calebasse demande une exposition chaude, et très-peu de soins. (Voir pour le surplus l'article Calebasse, p̃. 228 et 229 du t. I de la *Flore médicale du XIXe siècle*.)

Macre, Cornuelle, Écharbot, Châtaigne d'eau ou **Truffe d'eau.**

Trapa natans Lin. (*Haloragées.*) — Annuelle.

Cette plante, indigène de l'Europe centrale et méridionale, de l'Afrique, de l'Asie, où elle habite surtout les eaux stagnantes, à racines fibreuses et traçantes, à tige grêle, simple, de longueur variable selon la profondeur de l'eau où elle vit, à feuilles les unes constamment plongées dans l'eau, les autres flottantes et étalées à la surface de l'eau, à fleurs petites et blanchâtres, portées par de courts pédoncules renflés, spongieux. solitaires à l'aisselle des feuilles nageantes, donne un fruit qui est une capsule à enveloppe ligneuse, brune, munie de quatre appendices ou cornes, et renfermant une amande farineuse. Les fleurs apparaissent en juin et juillet. Les fruits sont mûrs à la fin d'octobre et tombent alors au fond de l'eau ; on les mange crus comme des Noisettes, cuits dans l'eau ou sous la cendre comme des Châtaignes ; on les écrase et l'on en fait une bouillie agréable. Dans presque tous les pays de l'Europe, les paysans s'en nourrissent ; ils ont été de tout temps employés dans l'alimentation. On les conserve pendant plusieurs mois en les tenant dans de l'eau. Loin de nuire aux poissons, comme on l'a quelquefois prétendu, la Macre, pendant les ardeurs de l'été, les protége de l'ombre de ses feuilles qui servent en outre de nourriture aux bestiaux, engraissent les porcs, et ont la propriété d'absorber l'air infect des marais.

Les Chinois ont soumis la Macre à une culture réglée. Nous ne nous occupons pas assez de cette plante dans nos eaux stagnantes, où elle utiliserait de vastes emplacements submergés et improductifs, et les assainirait. La culture en est très-simple. Il suffit de jeter dans l'eau quelques fruits aussitôt après leur maturité. Les graines germeront et la plante se propagera aisément. Il faut à la Macre un fond limoneux et 35 centimètres de profondeur d'eau au minimum, et 1 mètre au maximum.

Melon (Pl. XXVI, fig. 3).

Cucumis melo Lin.; *Melo* Blackw. (*Cucurbitacées.*) — Annuel.

Cette plante est originaire des climats chauds de l'Asie. Ses tiges rameuses, rampantes sur terre, sont munies de vrilles ; ses feuilles sont alternes et cordiformes ; ses fleurs jaunes, axillaires, monoïques. On reconnaît ses nombreuses variétés à la forme de son fruit, plus ou moins globuleux, plus ou moins ovale, lisse ou relevé de côtes ; à la couleur de l'écorce unie, réticulée ou verruqueuse, verte, grisâtre ou jaunâtre ; à la teinte de la chair, qui prend toutes les nuances entre le jaune orangé et le blanc, chair dont la consistance est succulente, tendre, fondante, abondante en eau, et dont la saveur, douce, sucrée, est relevée d'un parfum agréable, quelquefois musqué. La chair du Melon est humectante, rafraîchissante, et exquise ; mangée modérément, elle se digère sans peine ; mais elle ne convient pas aux estomacs faibles et délicats. L'excès en devient facilement nuisible ; elle donne des coliques, relâche le ventre, et produit la diarrhée, la dyssenterie. Il convient, en mangeant le Melon, de boire un vin pur et généreux. Les graines de Melon faisaient autrefois partie de ce qu'on appelait les *quatre semences froides majeures ;* on les employait alors pour faire des émulsions ; mais elles sont aujourd'hui tombées en désuétude. On peut retirer de ces graines, par expression, une huile douce, qui, en raison de ses propriétés anodines, était aussi autrefois assez en usage en médecine ; on en fait un sirop analogue à celui d'orgeat (voir l'article Concombre, p. 376 et suiv., du t. I de la *Flore médicale du XIXe siècle*).

CULTURE DES MELONS.

Première saison.

Semis. On sème dans les premiers jours de janvier, si l'on veut avoir des produits très-précoces ; mais le plus ordinairement dans les premiers jours de février. Le semis a lieu en rayons sur une couche ayant au moins + 25° de chaleur, et entourée d'un réchaud pour empêcher l'abaissement de la température. Pour favoriser la germination, on concentre la chaleur en couvrant les panneaux avec des paillassons, et dès que les graines sont levées, on donne chaque jour un peu d'air pour fortifier le plant.

Repiquage. Cette opération a lieu sur une autre couche ne différant de la première que par sa longueur, qui est arbitraire. Quand elle est propre à la culture, on enlève le plant au moment où il n'est apparu que les cotylédons et les premières feuilles, et on repique ces jeunes plantes à dix rangs par coffre, à une distance de 10 à 12 centimètres seulement entre elles. Le repiquage en pots doit être abandonné, comme étant vicieux. On couvre les panneaux pendant quelques jours, pour faciliter la reprise du plant; puis on découvre tous les jours, au milieu de la journée, quand le temps est serein.

Première taille. Pour obliger la plante à n'émettre que le nombre de branches nécessaires au développement du fruit, on commence à tailler les Melons dès qu'ils ont quatre ou cinq feuilles. On les coupe au-dessus du second nœud ; puis on les repique au nombre de deux par panneau, sur une nouvelle couche préparée comme les précédentes, et dont la température n'excède pas +25°. Le plant doit être enlevé en motte et déposé avec précaution dans un trou pratiqué d'avance. On donne un léger bassinage; on ombre et étouffe pendant quelques jours, et on entoure les coffres d'un réchaud. Il faut avoir soin de couvrir pendant la nuit et le mauvais temps, et ne donner d'air que lorsque la température le permet.

Deuxième taille. Lors de la première taille, on a arrêté le développement vertical de l'axe de la plante, et l'on a favorisé le développement des deux bourgeons latéraux qui ont été étalés parallèlement aux côtés du coffre. A la deuxième taille on pince ces jeunes branches au-dessus de la troisième feuille, quelquefois de la quatrième, suivant leur vigueur. On termine cette opération en recouvrant les plantes avec une bonne couche de paillis.

Troisième taille. La seconde taille a arrêté le développement longitudinal des branches latérales au profit de leurs bourgeons axillaires ; on laisse acquérir à ces derniers un développement de 30 centimètres, on les pince au-dessus de la troisième feuille, sans avoir égard aux fleurs qui s'y seraient développées.

Culture. Le moment est venu de donner à ces Melons une direction qui tourne au profit du fruit. Lorsque les fleurs apparaissent, il faut donner un peu d'air, pour favoriser l'acte important de la fécondation. Des jardiniers inexpérimentés suppriment, à ce moment, toutes les fleurs mâles; c'est une grave erreur; il faut bien se garder de les imiter, car sans fleurs mâles il ne peut y avoir formation du fruit. Si le temps ne permet pas l'aérage, nous recommandons de pratiquer, à plusieurs reprises, la fécondation artificielle pour assurer la fructification, qui souvent *coule* ou n'a lieu que tardivement. Lorsque les fruits sont noués, on choisit le mieux fait, quelquefois deux, si l'on préfère le nombre à la grosseur, et l'on pince les rameaux à deux feuilles au-dessus du fruit; on arrête le développement des autres branches de la même façon. A partir de cette époque, on se borne à empêcher, par la disposition donnée aux feuilles de la plante, le fruit d'être frappé par les rayons du soleil, puis à arrêter le développement de branches nouvelles, qu'on pince au-dessus de leurs premières feuilles. On choisit pour ces opérations le moment le plus chaud de la journée. Les arrosements doivent être dispensés avec parcimonie dans les premiers âges du Melon, et jusqu'à ce qu'il soit noué, pour ne pas exciter le développement des feuilles; puis, quand il ne lui reste plus qu'à nourrir son fruit, on l'arrose avec une eau dont la température ne doit pas être trop basse.

Il faut avoir grand soin d'habituer les jeunes plantes à l'action de l'air et du soleil; car, si on les a rendues trop délicates, le premier coup de soleil en brûlera les feuilles. Il ne faut pas négliger de couvrir ses panneaux chaque nuit, et de remanier tous les mois ses réchauds, d'autant plus superficiellement que les plantes ont acquis plus de vigueur.

Emploi du thermosiphon. Si l'on peut disposer d'un thermosiphon, il y a plus d'avantage et moins de peine à recourir à ce moyen, qui permet de régler la température intérieure des châssis et exige une couche moins forte.

Récolte. Les Melons semés en janvier peuvent être récoltés vers le milieu d'avril. Ceux semés dans les premiers jours de février donnent en mai.

Deuxième saison.

Le semis a lieu dans la seconde quinzaine de février, et l'on procede, pour la taille et les soins, de même que pour la première saison, à cette différence près, qu'il faut des couches moins épaisses et des réchauds moins souvent remaniés. Ce n'est que la répétition de la première opération, avec les modifications qu'exige la plus grande élévation de la température.

CULTURE SOUS CLOCHES.

Semis. On sème à la fin de mars, ou dans les premiers jours d'avril, sur couches et sous panneaux.

Culture. Les soins à donner au jeune plant sont les mêmes que pour les Melons de primeur. On les replante sur une couche de 70 centimètres de largeur et de 75 d'épaisseur, établie dans une tranchée de 40 centimètres de profondeur; sa surface, légèrement bombée, est couverte d'un lit de bonne terre mêlée de terreau.

Après la plantation, qui a lieu à 70 centimètres de distance sur un seul rang, on couvre chaque pied d'une cloche, qu'on enveloppe de litière pour favoriser la reprise du plant, et que, pendant la nuit, on couvre avec des paillassons.

Quand le plant est repris, on donne successivement de l'air, et l'on n'enlève les cloches que quand les branches débordent de toutes parts.

Les soins à donner aux Melons sous cloches sont absolument les mêmes que pour les Melons sous châssis.

On peut faire plusieurs saisons de Melons sous cloches et continuer jusqu'à la mi-juin.

Récolte. Environ quatre mois après le semis.

Melons sur buttes.

Préparation des buttes. Dans la première quinzaine de mai, on élève, sur le terrain qu'on destine à recevoir des Melons, des cônes aplatis au sommet, construits avec du fumier à demi consommé, des feuilles ou de la Mousse. Ils ont 50 centimètres de diamètre à la base, 60 de hauteur, et sont distants entre eux d'environ 1 mètre. On dispose par lits les matières qu'on emploie, en ayant soin de les fouler pour éviter tout tassement ultérieur; on couvre le sommet d'un lit de terre mêlée de terreau. Ces buttes, outre l'économie qu'elles présentent sur les autres systèmes de culture, ont l'avantage de se pénétrer plus facilement de la chaleur du soleil qu'un terrain horizontal.

Semis. On fait sur le sommet de chaque cône un trou d'environ 10 centimètres de diamètre, qu'on remplit de terreau fin et dans lequel on sème quatre graines, qu'on recouvre d'une cloche.

Plantation. Il vaut mieux planter sur les buttes des pieds de Melons tout élevés; et, dans ce cas comme dans le précédent, on les recouvre d'une cloche.

Culture. On ne plante sur chaque butte que deux Melons, ou l'on ne laisse que deux des pieds les plus vigoureux de ceux venus de graines.

La taille est semblable en tous points à celle des Melons cultivés par les autres méthodes.

On enlève les cloches quand les branches débordent de toutes parts; on fait précéder cette opération d'un binage, tant des buttes que du terrain environnant, pour le rendre plus perméable à l'influence des agents de la végétation, et l'on couvre le tout d'un paillis destiné à maintenir la fraîcheur des arrosements.

Les soins ultérieurs se bornent à des sarclages et à des arrosements.

Lorsque les branches, qu'on a soin de faire descendre le plus régulièrement possible le long de la butte, sont arrivées à la moitié, on les arrête en les pinçant, pour provoquer le développement de branches latérales qui se chargeront de fleurs et de fruits. Quand les branches latérales auront atteint le bas de la butte, on les arrêtera en en pinçant l'extrémité.

On aura soin de placer un tuileau sous chaque fruit, dès qu'il a atteint la moitié de sa grosseur.

L'inclinaison est si favorable à la production du fruit, qu'une butte peut produire jusqu'à douze Melons.

Récolte. Les premiers Melons sont mûrs à la fin de juillet, et depuis cette époque jusqu'au mois de septembre, on ne cesse d'avoir des fruits.

Culture des Melons en pleine terre.

La culture des Melons en pleine terre se fait dans plusieurs localités de France, particulièrement aux environs de Metz dans la Moselle, de Vic dans la Meurthe, de Honfleur et de Lisieux dans le Calvados, de Bonnétable dans la Sarthe, en Bourgogne, etc. Elle se pratique en pleins champs sur des buttes ou sur un terrain incliné, dans la direction du levant ou du midi. Le Melon y donne des bénéfices considérables. On a calculé que trois pieds de cette plante y rapportaient douze à quinze francs dans les bonnes années. Les arrosements réitérés qui affadissent les Melons brodés sucrins et généralement ceux de première qualité, sont nécessaires dans quelques localités, pour la pousse des Melons cantaloups, à Pézénas, Bédarieux et autres pays secs.

Un horticulteur normand avait établi à Stains, près Paris, une culture de Melons en plein champ qui avait fort bien réussi. Sa méthode était simple et méritait d'être suivie, à cause de l'économie qu'elle présente et de l'abondance des produits.

Il se bornait à pratiquer, dans le terrain destiné à cette culture, des trous remplis de 25 à 30 centimètres de fumier et recouverts de terreau, dans lesquels il semait ou repiquait, aux époques accoutumées, des Melons élevés par les procédés ordinaires. Il n'employait pas les cloches, mais se contentait d'une feuille de papier huilé qui recouvrait deux brins d'Osier courbés en arc et dont les extrémités étaient plantées dans la terre. Ce simple abri suffit pour défendre le jeune plant contre les influences extérieures. Dès qu'il est assez fort pour s'en passer, on le laisse à l'air libre où il végète vigoureusement.

Les diverses opérations qui accompagnent cette culture sont les mêmes que pour les Melons sur buttes et sous châssis. Il ne faut pas laisser plus de trois ou quatre fruits sur chaque pied, si l'on veut qu'ils soient beaux.

Multiplication des Melons par boutures.

Ce moyen, très-rarement employé, l'a cependant été quelquefois, particulièrement par un maraîcher des environs de Paris, dont la grêle avait en quelques instants détruit toutes les Melonnières. La saison étant trop avancée pour qu'il fît des semis, il conçut l'idée de réparer son désastre par des boutures, et, deux mois après la plantation, il obtint une abondante récolte. Il mit cette expérience à profit; et pendant quelques années il ne fit plus de semis que pour former des mères sur lesquelles il coupait assez de boutures pour planter un arpent.

Le bouturage des Melons se fait comme celui de toutes les autres plantes; on en coupe une branche qu'on repique sur une couche tiède; on la couvre d'une cloche, et jusqu'à sa reprise on la défend par une toile ou de la litière contre l'ardeur du soleil. Au bout de huit à dix jours la bouture a repris et végète avec vigueur. On la relève, on la met en place et on la traite comme les plantes de semis.

Cette méthode est applicable à toutes les autres Cucurbitacées.

Maturité des Melons.

On reconnaît qu'un Melon encore attaché à la plante qui l'a produit est mûr, lorsqu'il commence à changer de couleur, et que la tige, qui le porte, présente les signes d'un commencement de dessiccation. A ce moment, le fruit présente un cercle de couleur jaunâtre autour du pédoncule. Le Melon est dit alors *frappé;* mais il ne peut être mangé que deux ou trois jours après. La teinte que prend le Melon, qui mûrit, est jaunâtre, et cette couleur est très-sensible dans certaines variétés à fruits blonds. Le Melon même répand une odeur agréable, et l'ombilic cède facilement à la pression du doigt. Quant à la qualité de fruit, on n'en sait rien, et les plus habiles y sont trompés; le seul moyen d'avoir de bons Melons est de ne cultiver que des variétés de premier mérite.

Conservation. Un Melon encore imparfaitement mûr, mais pourtant déjà *frappé,* achève de mûrir quand on le met dans un lieu frais. Une fois mûr, il faut le déposer dans un lieu sec, où il se conserve depuis quelques jours jusqu'à plusieurs mois. Tels sont les Melons d'hiver, qui peuvent se conserver jusqu'en février.

VARIÉTÉS.

Toutes les variétés connues de Melons peuvent se réduire à trois races principales : 1° MELONS BRODÉS (*Melo reticulatus*), à écorce peu épaisse et couverte d'une espèce de réseau grisâtre qui simule une broderie. Les Melons de cette race passent pour être plus fiévreux que les autres à l'arrière-saison ; 2° MELONS CANTALOUPS (*Melo Cantalupo*), qui tirent leur nom de Cantalupo, maison de campagne des papes à peu de distance de Rome, où ils furent d'abord cultivés ; les côtes en sont très-saillantes ; l'écorce en est épaisse et couverte de verrues ; la chair est fine et douée d'un parfum exquis ; 3° MELONS DE MALTE, ou de MORÉE, ou de CANDIE (*Melo Maltensis*), à peau fine et lisse, à chair blanche ou rouge, ferme et cassante ; c'est à cette race qu'appartiennent les Melons dits d'hiver, parce qu'on peut les conserver dans les fruitiers jusqu'à la fin de janvier.

PREMIÈRE RACE. — *Melons brodés.*

Melon maraîcher (brodé partout, à écorce mince, sans côtes, rond, quelquefois un peu déprimé de l'ombilic au pédoncule ; à chair rouge, très-épaisse, juteuse, mais grossière, de saveur médiocre. Produit beaucoup).
- — de Honfleur (à côtes, brodé, un peu plus délicat de goût que le précédent).
- — de Coulommiers (très-gros, oblong, à côtes bien marquées ; chair ferme et de très-bonne qualité).
- — de Langeais (excellent, de moyenne grosseur ; à chair rouge très-sucrée).
- — sucrin de Tours (à chair rouge, petit, mais d'une qualité exquise ; fond vert foncé, côtes jaune-orange, moins recouvert par la broderie que le Melon maraîcher ; chair rouge, vineuse, ferme et très-sucrée).
- — sucrin de Tours à chair blanche (variété excellente, d'une réussite facile et produisant beaucoup ; fruit oblong, légèrement brodé ; côtes vert tendre ; chair d'un blanc verdâtre, fondante, sucrée).
- — Ananas à chair verte (variété provenant des États-Unis, d'exquise qualité ; fruit petit, rond, brodé, à côtes vert olive ; chair verte, fondante, très-parfumée ; maturité hâtive).

C'est à cette race qu'appartiennent les Melons dits Chaté ou d'Égypte (*Cucumis chaté*) et le Dudaïm (*C. Dudaim*), fruits très-insipides, et qui ne méritent pas la culture.

DEUXIÈME RACE. — *Melons Cantaloups* (Pl. XXVI, fig. 3).

Melon Cantaloup orange (fruit rond, très-petit, côtes jaunes marbrées de vert ; chair rouge un peu trop ferme, mais très-parfumée. C'est le plus hâtif des Melons et par suite on le cultive comme primeur).
- — — de vingt-huit jours (fruit plus gros que le précédent et aussi hâtif ; bonne qualité).
- — — à chair verte.
- — — à chair blanche.
- — — noir des Carmes (fruit rond, légèrement déprimé, de moyenne grosseur ;

     côtes lisses d'un vert noir ; chair rouge, vineuse, fondante, excellente ; maturité hâtive).

Melon Cantaloup gros noir de Hollande.

—   —   du Mogol.

—   —   Prescott à fond blanc (le plus estimé et le plus cultivé des Melons aux environs de Paris ; il est d'une finesse extraordinaire de parfum ; fruit rond, côtes blanchâtres, marbrées de vert ; chair de couleur orange, fondante, sucrée ; maturité intermédiaire. Il y a plusieurs nuances de Melons Prescott, depuis le vert jusqu'à l'argenté, et à côtes plus ou moins galeuses).

—   —   Prescott galeux (fruit déprimé, souvent très-gros ; côtes d'un vert grisâtre, chargées de verrues ; chair rouge-orange, fondante sucrée).

—   —   petit Prescott (à fond noir ou brun, un peu aplati aux extrémités, couronné, avec un point saillant au centre de la couronne ; côtes galeuses ; hâtif, un des meilleurs pour châssis).

—   —   boule de Siam (très-bonne qualité, différant seulement du Prescott par la forme qui est plus aplatie).

—   —   d'Alger (fruit arrondi, de moyenne grosseur ; côtes d'un vert foncé ; gales assez nombreuses ; chair rouge, un peu grossière, mais vineuse ; rustique et productif).

—   —   de Portugal (plus gros que le Prescott ; écorce noire ; excellent de goût).

TROISIÈME RACE. — *Melons de Malte ou à écorce lisse.*

Melon de Malte à chair blanche (fruit de moyenne grosseur, de forme allongée ; chair fondante, parfumée et sucrée ; hâtif).

— à chair rouge (même forme ; saveur sucrée et aromatisée ; très-hâtif).

— Muscade des États-Unis (fruit petit, oblong ; fond vert, chair verte, fondante, excellente).

— d'hiver à chair blanche (fruit petit ; écorce lisse ; chair d'un blanc verdâtre, un peu cassante, juteuse, d'une saveur fine et assez relevée ; très-cultivé et estimé en Italie, à Malte, à Marseille, d'où on en expédie à Paris ; se conserve jusqu'en mars).

— d'hiver à chair rouge (analogue au précédent par ses qualités, mais moins facile à cultiver et se conservant moins longtemps).

— de Perse ou d'Odessa (fruit vert rayé de jaune, allongé ; chair verte, fondante ; de bonne garde en hiver).

— de Salonique (fruit gros comme un Concombre ; peau jaune et fine ; chair blanche, ferme, cassante, d'un goût exquis ; de tous les Melons d'hiver celui qui se conserve le plus longtemps).

— de Tiflis (fruit gros, peau fine ; chair blanche, plus fondante que dans l'espèce précédente).

Durée de la faculté germinative des graines. Plus de douze ans ; les semis faits avec des graines de cinq à six ans donnent des produits plus francs et moins sujets à dégénérer que ceux faits avec des graines de l'année.

Observations. Quand on veut avoir des Melons bien francs, il faut n'en cultiver qu'une seule variété, et loin de toutes les plantes de la famille des Cucurbitacées, telles que Potirons, Courges, Concombres, parce que, dit-on, les hybridations sont on ne peut plus fréquentes parmi ces végétaux, et les dégénérescences très-faciles.

Quand on veut conserver la graine d'un Melon, on la détache de la pulpe, on la lave pour en enlever le liquide visqueux qui la couvre, et on l'étend à l'air pour la faire sécher promptement.

On peut utiliser les jeunes fruits des Melons, ceux qu'on supprime, pour ne laisser sur le pied que les plus beaux et les mieux faits, en les préparant comme les Cornichons. C'est également ce qu'on peut faire pour les fruits d'arrière-saison qui n'ont pas le temps d'arriver à maturité ; mais il faut pour cela choisir ceux des petites espèces plutôt que ceux des grosses, ou bien les prendre aussitôt qu'ils sont noués. Les jeunes Melons, cueillis avant que la chair soit formée et que l'écorce ait acquis une trop grande dureté, sont supérieurs aux Concombres, surtout si l'on prend des variétés à peau fine. Les Melons à écorce lisse et les Melons brodés valent mieux pour cet usage que les Cantaloups.

Melon de Malabar.

Cucurbita lagenaria Var. (*Cucurbitacées*.) — Annuel.

C'est une espèce de Courge qui se cultive comme fruit d'agrément ; elle a la peau dure et d'un beau vert jaspé de blanc, la chair sèche et fibreuse, ce qui lui permet de se conserver très-longtemps. On en fait d'excellentes conserves, à peine connues en France, mais très-recherchées en Portugal.

On cultive le Melon de Malabar comme les Courges d'agrément, en laissant sur chaque pied autant de fruits qu'il en peut porter.

Pastèque, Citrouille-pastèque, Melon d'eau (Pl. XXVI, fig. 4 et 5).

Cucurbita citrullus Lin. (*Cucurbitacées*.) — Annuel.

Cette espèce de Melon se distingue : par ses feuilles très-profondément laciniées, placées dans une direction verticale, et d'une consistance ferme et cassante ; par son fruit orbiculaire ou ovale, lisse, marbré ou moucheté de taches étoilées ; par sa chair rouge ou blanche, très-fondante, sucrée, rafraîchissante, mais un peu fade ; par ses semences noires ou rouges. Le Pastèque (ou la Pastèque, comme disent la plupart des grammairiens et des lexicographes, contrairement à certains botanistes), assez peu cultivé en France, même en Provence, est très-recherché dans le midi de l'Europe et dans tous les climats chauds. Il se traite absolument comme les Melons sous cloches et réussit parfaitement en buttes. On le taille comme les Melons, et lorsque les pieds sont garnis d'un nombre suffisant de bras, on les laisse courir en liberté, sans arrêter ni supprimer de fruits. Il suffit de donner des arrosements copieux et souvent.

Tomate comestible, **Pomme d'amour** (Pl. XXIV, fig. 4 et 6).

Solanum lycopersicum Lin. *Lycopersicum esculentum* Dunal. (*Solanées.*) — Annuelle.

Cette plante, originaire de l'Amérique tropicale, présente une tige rameuse de 1 mètre ; des feuilles très-découpées, des fleurs petites et jaunâtres, un fruit déprimé, succulent, marqué de cônes irréguliers.

CULTURE FORCÉE.

Première saison.

Semis. En septembre, sur couche et sous panneaux.

Plantation. En janvier, planter sur couche quatre pieds de Tomates par panneau. Couvrir, la nuit, pour garantir du froid ; proportionner les arrosements aux besoins et donner de l'air au milieu du jour quand il fait beau.

Culture et *récolte.* Quand les plantes ont acquis un certain développement, on choisit les branches les plus fortes et on leur donne une position horizontale, également loin du verre et du sol, en les maintenant avec de petits piquets. Ce choix fait, on supprime toutes les autres branches, et l'on pince l'extrémité de toutes celles qui se développent dès que la plante est chargée de fleurs. Le seul soin à prendre, est d'empêcher le développement de toutes les branches nouvelles. Lorsque les fruits commencent à tourner, on enlève les feuilles qui les entourent pour en hâter la maturité. Cette première saison donne ses fruits au commencement d'avril.

Deuxième saison.

Semis. On sème en janvier, pour repiquer à la fin du mois et mettre en place dans le courant de février, ou bien en mars.

Troisième saison.

Semis. On sème en février et mars. On replante sur une couche moins chaude et l'on couvre chaque plant d'une cloche. On donne de l'air et l'on enlève les cloches dès que les gelées ne sont plus à craindre.

Culture. On laisse à cette époque plus de branches à fruits, c'est-à-dire qu'on en prend quatre des plus belles, qu'on fixe à un échalas, et l'on supprime les autres. Dès que la plante a acquis une hauteur de 80 centimètres, et qu'elle est chargée de fleurs, on en pince les extrémités pour obliger les ovaires à nouer. Si elles n'ont pas encore fleuri, on laisse la plante se développer encore, et l'on commence seulement alors à rabattre. Les soins ultérieurs consistent à pincer les bourgeons qui se formeraient ultérieurement, à effeuiller quand le fruit est formé et à enlever toutes les feuilles qui l'entourent dès qu'ils commencent à rougir.

PLEINE TERRE. — *Semis, repiquage, plantation*. On sème sur couche et sous châssis, en février et mars. On repique, en pépinière, également sur couche. Quand les gelées ne sont plus à craindre, on relève le plant en motte pour le mettre en pleine terre. On ne met que deux rangs de Tomates par planche, en laissant entre elles une distance de 80 centimètres.

Culture et *récolte*. On donne des arrosements copieux pendant les chaleurs; le reste de la culture s'opère comme il a été dit précédemment. On récolte depuis juillet jusqu'en septembre.

Conservation. On conserve les Tomates en un lieu sec, sur les tablettes d'un fruitier. On peut récolter les Tomates encore vertes en ne les détachant pas de la plante. On les attache la tête en bas dans un lieu exempt d'humidité et pas trop froid, et elles y mûrissent successivement.

Durée de la faculté germinative des graines. La graine plate et réniforme des Tomates peut être employée jusqu'en sa cinquième année.

VARIÉTÉS CULTIVÉES.

Tomate rouge hâtive (bonne à forcer).
— grosse rouge (Pl. XXIV, fig. 6; la plus cultivée).
— petite rouge.
— grosse jaune (Pl. XXIV, fig. 3; très-belle sous-variété de la rouge, un peu moins acide).
— petite jaune.
— en Poire.
— Cerise.
— à tige roide (elle peut se passer de tuteur et de palissage; son fruit est gros et très-plein).
— des anthropophages (*Solanum anthropophagorum*).

FIN DU JARDIN POTAGER.

HORTICULTURE

THÉORIQUE ET PRATIQUE

LE JARDIN FRUITIER.

LE JARDIN FRUITIER.

NOTIONS PRÉLIMINAIRES

POUR

LA DISPOSITION ET LA CULTURE DU JARDIN FRUITIER, LA CONSERVATION
DES FRUITS, ET LA TAILLE DES ARBRES.

Disposition du jardin.

Le jardin fruitier, proprement dit, diffère du verger, en ce que dans ce dernier les arbres sont abandonnés à eux-mêmes et plantés dans un sol gazonné, tandis que les arbres du premier sont l'objet de soins particuliers qui se renouvellent tous les ans; on les taille, ébourgeonne, palisse; et le sol est, chaque année, ameubli par des labours, binages, etc.

L'emplacement destiné à l'établissement d'un jardin fruitier est, en général, semblable, pour la figure, au jardin potager, mais il en diffère par l'orientation, c'est-à-dire par le choix des expositions, qui sont calculées pour l'avantage des cultures qu'on y fait. Il faut avant tout des abris et des murs construits avec soin pour qu'on puisse y établir des espaliers.

Le rectangle et le parallélogramme ne sont cependant pas les plus avantageux, parce que ces deux figures géométriques ne présentent franchement au soleil qu'un de leurs côtés pendant un certain nombre d'heures de la journée, tandis que la forme en trapèze, proposée par Dumont de Courset, est la meilleure. Le plus grand des côtés parallèles, où est pratiquée l'ouverture principale, est au midi, et les côtés divergents sont les plus larges. Il résulte de cette disposition, que ces deux côtés, le long desquels sont établis les espaliers, ont le soleil, l'un le matin, l'autre le soir; et que dans le milieu de la journée, moment où les murs de figure régulière sont entièrement dans l'ombre, ceux-ci reçoivent le soleil obliquement.

On peut, si l'on veut multiplier les surfaces propres à l'établissement d'espaliers, faire élever dans l'intérieur du jardin, à des distances calculées de telle sorte qu'ils ne se portent pas mutuellement ombre, des murs parallèles entre eux et perpendiculaires à l'axe du jardin.

Le crépi des murs doit être fait avec du plâtre de préférence à de la chaux, parce qu'ainsi il facilite le palissage à la loque et prend mieux les clous; il doit avoir au moins deux centimètres d'épaisseur.

On a parlé des murs de pisé, qui sont en usage dans certaines parties de la France, mais qui sont presque inconnus à Paris. On les a abandonnés, malgré leur supériorité, à cause de leur peu de durée et des dégradations qu'y cause le palissage.

La hauteur des murs doit être de 3 à 4 mètres; et le bord du chaperon doit former une saillie d'au moins 25 centimètres. Non-seulement cette saillie garantit les murs de la pluie qui les dégrade, mais elle protége, en même temps, le fruit, et forme contre la pluie verticale un abri d'une haute utilité.

L'intérieur du jardin fruitier est divisé comme celui du jardin potager; il en diffère en ce que le long des murs et sur le bord des carrés il y a une plate-bande qui leur est parallèle.

Les murs portent des espaliers; la plate-bande établie le long des murs doit avoir 1^m,30; les plates-bandes situées le long des carrés sont plantées en quenouille, et en arbres de diverses formes, tels que Pommiers nains, et Groseilliers en buissons, qu'on place entre les quenouilles; ces plates-bandes, larges de 4^m,50, peuvent être bordées de Pommiers dirigés en cordons horizontaux, à 25 ou 30 centimètres du sol.

Le choix de l'emplacement pour un jardin fruitier est plus facile que pour un jardin potager, parce qu'il exige moins d'eau. Si l'on trouve un coteau en pente douce exposé au midi ou au sud-est, il faut le choisir de préférence pour y établir un jardin fruitier, parce que les arbres y sont à l'abri des vents du nord, et que les fruits y sont de meilleure qualité que dans les plaines; on peut, si la pente est rapide, y établir des terrasses, qui sont d'un charmant effet. Les expositions du nord et du levant sont particulièrement préjudiciables aux arbres à fruits à noyau; dans la première ils sont violemment tourmentés par les vents froids qui en outre dessèchent les fleurs; et à l'exposition du levant ils reçoivent dès le matin le soleil qui détruit les fleurs ou les jeunes fruits encore couverts de verglas. L'exposition du couchant n'offre pas ces inconvénients; les vents sont moins froids en général que ceux du nord.

Les soins que réclame le jardin fruitier consistent à donner, chaque année, à la terre un labour à la bêche, et, dans le courant de la saison, cinq à six binages à la houe.

Si l'on est obligé de disposer soi-même le terrain propre à l'établissement d'un jardin fruitier, il faut défoncer le sol bien plus profondément que pour un jardin potager, les racines plongeantes des arbres fruitiers exigeant un sol plus profond; il faut, en général, fouiller la terre à 1 mètre au moins. Il est bon de faire ses trous plusieurs mois avant la plantation, car la terre se bonifie par suite des influences atmosphériques; on dépose d'un côté du trou la terre de la couche superficielle, et de l'autre celle de la couche inférieure moins fertile. Au moment de planter, on remplit le trou à moitié avec la terre de la couche supérieure, et, si l'on peut, on garnit le fond de quelques lits de gazon retournés.

Quand on a affaire à une terre de peu d'épaisseur avec un sous-sol impropre à la végétation, il faut faire des trous moins profonds mais plus larges; si l'on veut faire des plantations sans épargner les frais, on ouvre des tranchées de 2 mètres de largeur, profondes de 1 mètre, en rejetant toujours sur un bord la terre végétale et sur l'autre la terre du fond; au moment de la plantation on jette au fond la terre de dessus et on remplit avec la terre provenant du fond. Si la terre est décidément mauvaise, on l'enlève et la remplace par une autre, composée de deux tiers de terre franche et d'un tiers de terre de prairie. Un des principes sur lesquels il faut le plus insister, c'est de ne jamais entamer le sous-sol quand il est contraire à la végétation. On le couvre d'une épaisse couche de bonne terre afin de fournir aux racines la nourriture dont elles ont besoin. Quant à la bonification du sol, on doit s'en occuper en plantant. Il faut que le terrain soit complétement fumé, pour ménager les engrais annuels qui influent sur la saveur des fruits; il vaut mieux renouveler la terre qui est au pied des arbres, en y substituant celle qu'on enlève dans les bois ou sur les grandes routes. Les engrais trop consommés et ceux qui ont une odeur de putréfaction sont préjudiciables à la santé des arbres et au parfum des fruits. Les meilleurs engrais sont ceux qui se décomposent le plus lentement; on en peut mettre une certaine quantité au-dessous du point où repose la racine de l'arbre, et par leur décomposition successive ils fournissent à l'arbre une nourriture susceptible de durer pendant plusieurs années. On a beaucoup vanté le guano; mais cet engrais est trop fugitif; son action ne dure qu'une seule année. Il peut convenir aux plantes herbacées, et non aux arbres.

La plantation d'un arbre fruitier est une opération très-importante, à laquelle, cependant, on n'apporte pas toujours les soins qu'elle réclame. L'existence et le degré de fertilité d'un arbre dépendent en partie de la manière dont il est planté; on ne saurait donc prendre trop de précautions. La première condition de réussite est le choix des sujets; il faut rejeter tout arbre dont la tige est chancreuse ou couverte de mousses, et dont les racines sont ridées ou offrent une teinte noirâtre. Les jardiniers mal habiles plantent les arbres tels qu'ils les reçoivent des pépiniéristes; ils négligent de visiter les racines qui, généralement, sont meurtries ou brisées par les instruments d'arrachage; il arrive, dans ce cas, que ces meurtrissures engendrent des moisissures qui gagnent tout le corps des racines, et que l'arbre meurt peu de temps après sa plantation. Il faut toujours rafraîchir, avec un instrument bien tranchant, l'extrémité de toutes les racines et même du chevelu, et retrancher toutes celles qui sont trop endommagées par la pioche de l'arracheur ; c'est cette opération qu'on appelle *habillage*. L'arbre, ainsi préparé, est placé dans le trou, de telle sorte que le collet, ou le point qui se trouvait au niveau du sol de la pépinière, se retrouve également au niveau du sol de la plate-bande, en tenant compte du tassement de la terre, qui varie entre 10 et 15 centimètres suivant la nature du terrain. En général le point d'attache des racines supérieures ne doit pas être recouvert de plus de 5 centimètres. Avant de remplir le trou, on étale bien les racines, et la terre rendue aussi meuble que possible, est rejetée en pluie par un mouvement particulier de la main, de manière à ce qu'elle pénètre dans les intervalles des ramifications radiculaires. Dans les terrains légers on plombe, quand le trou est à peu près rempli, en commençant, non au pied de l'arbre, mais en piétinant de distance en distance à 40 ou 50 centimètres tout autour, et en se rapprochant de l'arbre. Dans les terrains compactes, il faut plomber très-faiblement.

DES EXPOSITIONS.

L'emploi des diverses expositions est facile à déterminer.

Au midi et en espalier.

Les Pêchers précoces, Avant-Pêche blanche et rouge, Pavie de Pomponne.
Les Cerisiers hâtifs, tels que Royale hâtive, Belle de Choisy.
Les Pruniers Reine-Claude, Monsieur hâtif.
   —   —   blanche, Mirabelle, Drap-d'Or.
Les diverses variétés d'Abricots, surtout l'Abricot-Pêche.
Les Poiriers Bon-Chrétien d'hiver, Citron des Carmes.
   —   —   d'Espagne, Doyenné d'été.
   —   —   d'été, Épargne.
   —   —   turc, Saint-Germain d'hiver.
   —   Colmar.
   —   Crassane.
   —   Saint-Germain.
   —   Bergamote d'Alençon.
Les Pommiers Apis.
   —   Calville blanc.
   —   Reinette hâtive.
Les Raisins Chasselas.
   —   Barbarossa
   —   Bandalès.
   —   de Palestine.
   —   Cailhaba.

Au levant.

Les Poiriers Beurré Capiaumont.   Les Poiriers Beurré rance,
—   —   Bosc.   —   Colmar d'hiver.
—   —   d'Amanlis.   —   Belle angevine.
—   —   gris.   —   Martin sec.

Au couchant.

Les Pêchers.
Tous les Abricotiers qui se contentent du midi et du couchant.
L'Abricot angoumois veut le couchant franc.
Les Cerisiers de Prusse.
—   de Spa.
—   Griotte de Portugal.
Les Pruniers, qui s'accommodent aussi du midi.

CALENDRIER

DU JARDIN FRUITIER.

JANVIER.

Si l'on veut établir un jardin, il faut défoncer profondément le sol.

Pour les plantations, on a dû faire les trous à l'automne. On plante à cette époque si le terrain est sec et léger ; mais les plantations de printemps conviennent mieux dans les terrains froids et humides.

On continue à tailler les Poiriers et les Pommiers de vigueur moyenne. Quant aux arbres vigoureux, on les taille au printemps seulement.

On délivre les arbres de leur bois mort et on les nettoie avec soin, soit avec un instrument à tranchant obtus, soit avec de l'eau de chaux, pour faire périr les mousses et les lichens établis sur leur écorce ainsi que les insectes qu'ils abritent.

Si l'on ne peut mettre immédiatement en place, à cause des gelées, des arbres qui ont été arrachés, on les met en jauge, et l'on en couvre les racines pour les soustraire à l'action du froid.

Dans l'intérieur et pendant la suspension de tous les travaux, on prépare des treillages, de l'osier, des clous et des loques, pour être prêt à faire toutes les opérations ultérieures.

FRUITIER.

Le Raisin qui peut, avec des soins, avoir été conservé jusqu'à cette époque.

Poires : Saint-Germain.	Poires : Beurré bronzé.
— Alexandre Bivort.	— Colmar.
— Bergamote de Pâques.	— Doyenné d'hiver.

Poires : Joséphine de Malines.	Pommes : Reinette d'Angleterre.
— Rousselet d'hiver.	— — grise.
— Suzette de Bavay.	— — de Cantorbéry.
— Triomphe de Jodoigne.	— Fenouillet doré.
— Passe-Colmar.	— Belle d'Angers.
— Bon chrétien d'hiver.	— Api.
— Beurré d'Aremberg.	— Calville rose.
— de Rans.	— — royal.
— Bezi Chaumontel.	— Gros faros.

FÉVRIER.

On se hâte de terminer les plantations.

On continue de tailler les Pommiers et les Poiriers, et on taille entièrement la Vigne.

On rabat la tête des Framboisiers, pour les faire ramifier.

On coupe les rameaux propres à faire des greffes au printemps et on les fiche en terre au pied de l'arbre qui les a produits, pour éviter les erreurs.

Vers la mi-février on donne un labour général.

On sème les pepins de Poires et de Pommes.

FRUITIER.

Raisin. Encore quelque peu.	Poires : Belle angevine.
Poires : Colmar.	— Royale d'hiver.
— Bergamote Espéren.	— Orange d'hiver.
— Beurré Rans.	Pommes : Fenouillet rouge.
— Bon chrétien d'hiver.	— Calville blanche d'hiver.
— Calebasse de Bavay.	— Reinette de Canada.
— de Curé.	— — d'Anjou.
— Doyenné d'Alençon.	— — franche.
— — d'hiver.	— Blenheim Pippin.
— Jaminette.	— Golden Drop.

MARS.

Le plus grand soin qu'on doive avoir est d'achever de tailler tous les arbres fruitiers en espalier. On en excepte toutefois ceux qui sont trop vigoureux, parce qu'il est convenable de les laisser s'épuiser par la production de leurs premiers bourgeons.

Il ne faut pas tailler trop tôt les Pêchers, pour ne pas en avancer la floraison.

Dans le courant du mois on taille les contre-espaliers et les quenouilles, puis les tiges.

Il faut attacher, immédiatement après la taille, tous les rameaux qui doivent l'être; plus tard, on risque, en palissant, de casser les bourgeons qui se sont développés.

Après la taille on donne un dernier labour, et l'on répand un bon paillis au pied des arbres.

On marcotte et butte les racines des Coignassiers, des Paradis et de tous les arbres qui se multiplient de cette manière.

On sème les derniers pepins de Pommier et de Poirier.

On plante les boutures préparées le mois précédent et on les paille aussitôt après la plantation.

Déterrer les Figuiers et les délivrer du bois mort.

FRUITIER.

Poires : Catillac.	Pommes : Doux d'argent.
— Colmar d'hiver.	— Fenouillet rouge.
— Bergamote de Pentecôte.	— Impériale.
— Muscat Lallemand.	— Mignonne d'hiver.
— Rousselon.	— Newton Pippin.
— Suzette de Bavay.	— Rambour d'hiver.
— Vingt mars.	— Reinette grise.
— Vauquelin.	— — du Canada.
— Zéphirin Grégoire.	— — franche.
— Léon Leclere de Laval.	— — rousse.
— Saint-Germain.	— Calville blanc.
— Orange d'hiver.	— Court-pendu.
— Bon-Chrétien d'hiver.	— Pearson's plate.
— Élisa d'Heyst.	— Api.

AVRIL.

On achève de tailler les arbres vigoureux qu'on a réservés pour les derniers, et c'est l'époque où l'on soumet à cette opération les Pêchers dont on avait craint d'avancer la floraison par une taille prématurée.

L'horticulteur soigneux doit profiter de ce moment, qui est celui de l'évolution végétale, pour commencer à surveiller la forme de ses arbres à fruits, et empêcher un développement exagéré d'en détruire la régularité. Déjà les bourgeons ont acquis un développement qui permet de juger du rôle qu'ils sont appelés à jouer dans l'harmonie des parties de l'arbre ou dans la production du fruit. On supprime, dès cette époque, tous ceux qui ne sont pas nécessaires et qui menacent de troubler l'équilibre de l'arbre. C'est ce qu'on appelle l'*ébourgeonnement à œil poussant*.

Si les gelées tardives menacent les espaliers en fleur, il faut les protéger par des toiles ou des paillassons, et les préserver surtout des effets du soleil levant, dont la chaleur subite, succédant au froid de la nuit, fait fondre la glace et grille ensuitela fleur.

S'il reste quelques travaux de labour à faire, on se hâte de les terminer, ainsi que les plantations.

On fait les boutures et les couchages ; si on le peut, on répand partout une couche épaisse de paillis pour empêcher l'action du hâle.

On greffe en fente les Cerisiers, Pruniers, Pommiers, Poiriers, etc.

On met en place les Amandes qu'on a fait stratifier.

Retrancher sur les Figuiers l'œil à bois qui accompagne le fruit.

FRUITIER.

Poires :		Pommes :	
	Catillac.		Belle fleur.
—	Muscat Lallemand.	—	Grain d'or.
—	Bergamote de Hollande.	—	Mignonne d'hiver.
—	— de Pâques.	—	Narthern Spy.
—	— de la Pentecôte.	—	Princeesse royale.
—	de Soulers.	—	Reinette franche.
—	Bon-Chrétien d'hiver.	—	— lisse.
—	Bellissime d'hiver.	—	— verte.
—	Élisa d'Heyst.	—	— grise.
—	Fortunée.	—	— de Caux.
—	Lieutenant Poitevin.	—	Calville blanc.
—	Rousselon.	—	— rouge.
—	Simon Bouvier.	—	Court-pendu.
—	Prévost.	—	Api.

MAI.

L'énumération des travaux de ce mois est courte, mais elle n'en est pas moins d'une haute importance ; car ces travaux laissent peu de loisirs au jardinier. Il faut qu'il visite ses espaliers, et en général tous ses arbres fruitiers, pour surveiller le développement du fruit, et qu'il apporte une attention soutenue à maintenir l'équilibre de ses arbres ; car l'accroissement anormal des branches de certaines parties ne nuirait pas seulement à la régularité de l'arbre, mais encore à la fructification. Si l'on remarque dans un Pêcher qu'une branche destinée à porter fruit n'en a aucun, il faut la supprimer, afin de permettre à la branche de remplacement de prendre plus de vigueur.

On continue l'ébourgeonnement pour supprimer les jeunes branches mal placées ou nuisibles.

C'est le moment de greffer en flûte et en écusson à œil poussant.

On ne doit pas perdre de vue les greffes en fente faites le mois précédent.

PRODUITS.

Le fruitier est presque entièrement dégarni.

Poires. Quelques-unes de celles du mois précédent.
Pommes. Id.
Les Cerises commencent à paraître :

Bigarreau hâtif petit rouge.
Cerise nain précoce.
— Werder's early black heart.
— rouge de mai.

JUIN.

Ce mois est pour le jardinier l'époque où toute son intelligence doit s'exercer. Si dans l'opération de la taille il a fait preuve d'une parfaite connaissance des lois qui président à la production du fruit, il lui faut à cette époque de l'année, où la végétation est arrivée à son apogée de luxuriance, visiter ses espaliers avec le soin le plus scrupuleux pour en maintenir l'équilibre dans toutes les parties et porter sur-le-champ remède au mal qui tendrait à se produire par défaut d'équilibre.

Le palissage, le pincement, la suppression des bourgeons inutiles et des branches gourmandes, sont les opérations qui peuvent seules assurer la belle végétation des arbres à fruits et en garantir les produits ultérieurs.

Si l'on négligeait ces soins importants, certaines parties de l'arbre l'emporteraient sur d'autres. Il en résulterait des déviations auxquelles il ne serait pas, plus tard, possible de porter remède, si ce n'était par des opérations qui amènent toujours du trouble dans la production et causent à l'horticulteur un préjudice réel.

C'est dans ce mois que commence le palissage de la Vigne et celui des arbres en espaliers, qui doit être continué jusqu'à la fin de la saison.

Dans les premiers jours de ce mois, on pince le bourgeon terminal des Figuiers pour en assurer la fructification.

A la fin de ce mois on taille les Mûriers dont les feuilles ont été récoltées pour le besoin des magnaneries.

Époque de floraison du Noyer tardif.

PRODUITS.

Framboises, à partir de la mi-juin.
Guignes, les dernières ne passent guère le 15.
Cerises, les variétés précoces, les autres à la fin de ce mois.
Bigarreaux, pendant tout le mois.
Groseilles à grappes.
—   à maquereau.

JUILLET.

On continue les travaux indiqués pour les mois précédents, et qui doivent durer depuis le moment où se développent les premiers bourgeons jusqu'à la fin de la saison ; car si la taille est nécessaire, les soins qui maintiennent l'équilibre de l'arbre ne le sont pas moins. On procède donc, dans ce mois, plus strictement au palissage qui est devenu indispensable ; mais il n'est pas complet. Cette opération appartient encore au mois suivant.

Quand on remarque qu'une branche tend à s'emporter, on la pince pour l'arrêter.

Si l'on en voit d'utilement placées qui manquent de vigueur, on les met en avant pour les soumettre à l'influence des agents de la végétation.

On commence à découvrir les fruits qui approchent de leur maturité en enlevant les feuilles qui les ombrent : mais il ne faut pas dégarnir l'arbre de feuilles avec imprudence.

On arrose les arbres quand le temps est sec, et l'on donne des bassinages sur les fruits pour les attendrir et les rendre plus accessibles à l'action du soleil.

C'est à la fin de ce mois qu'on commence à greffer en écusson *à œil dormant*, les Abricotiers, Pêchers, Pruniers, Cerisiers, Poiriers et Pommiers, et tous les arbres dont la séve s'arrête de bonne heure. On continue, au contraire, la greffe en écusson *à œil poussant* sur les arbres dont la végétation dure jusqu'aux gelées, tels que les Amandiers.

On ébourgeonne aussi les jeunes sujets qu'on veut disposer à faire des quenouilles.

FRUITS.

Figues en pleine maturité.	Prune Saint-Pierre.
Abricots, la plus grande partie des variétés.	Poires : Rousselet hâtif.
Cerise anglaise tardive.	— Blanquette.
— Belle de Choisy.	— Auguste Jurie.
— Reine Hortense.	— Muscat-Robert.
— Royale tardive.	— Épargne.
Bigarreaux.	— Citron des Carmes.
Avant-Pêche blanche.	— Doyenné d'été.
Prunes : Royale de Tours.	— Beurré Giffart.
— Jaune hâtive.	Pommes : Calville d'été.
— De Montfort.	— Api d'été.
— Monsieur hâtif.	— Passe Pomme d'été.
— Pêche.	— Blanche précoce.

AOUT.

Ce mois est l'époque du dernier palissage ; cette opération a pour objet de donner sur-le-champ, à toutes les branches, la position qu'elles devront occuper, parce que plus tard elles auraient acquis une rigidité qui s'opposerait à ce qu'on leur imposât une direction. On ne laisse en liberté que les branches faibles, auxquelles on permet de se développer ; mais dès qu'elles ne poussent plus on les palisse.

On continue l'ébourgeonnement; mais cette opération ne laisse que peu de chose à faire, si on l'a conduite avec soin dans le courant des mois précédents.

Il faut découvrir les fruits pour leur donner de la couleur et hâter leur maturité, mais ne le faire qu'avec prudence.

On continue de greffer en écusson à œil dormant.

On ébourgeonne les arbres en pépinière qu'on destine à recevoir certaines formes pour en équilibrer les parties, et l'on a soin de veiller à ce qu'ils soient solidement fixés à leurs tuteurs.

PRODUITS.

Cerises de Planchoury.
— de Kleparow.
— de Spa.
— Griotte du Nord.
— d'Allemagne.
Abricots, les dernières espèces, surtout les Alberges.
— de Jacques.
— de Versailles.
— Royal.
Figues en plein rapport.
Pêches : Avant-Pêche.
— Belle Beauce.
— Chevreuse hâtive.
— Desse.
— Mignonne grosse.
— — petite hâtive.
— Pourprée hâtive.
Prunes : Reine-Claude.
— Damas de Montgeron.
— Musquée.
— Mirabelle.
— Pêche.

Prunes : Monsieur hâtif.
— Ponds Seedling.
— d'Agen.
— Drap-d'Or d'Esperen.
Poires : Bellissime d'été.
— Épargne.
— Épine rose.
— Madeleine.
— Saint-Jean.
— Beurré Goubault.
— — Seringe.
— d'Ange.
— de Stuttgard.
— Notre-Dame.
— Duchesse de Berry.
— Bon-Chrétien Williams.
Pommes : Rambour d'été.
— Passe-Pomme rouge.
— — blanche.
— De Jérusalem.
Amandes.
Noix en cerneaux.

SEPTEMBRE.

L'horticulteur commence à respirer : partout la végétation des arbres est suspendue, et il ne reste plus, si l'on a exercé une surveillance attentive pendant toute la période de développement, qu'à visiter les Pêchers pour les empêcher de se déformer. On pincera les branches qui tendraient à s'emporter, et on rapportera en avant les plus faibles.

C'est à cette époque qu'on peut découvrir les fruits sans craindre que l'effeuillaison ne nuise aux arbres. Cette opération contribue à les faire mûrir, et leur donne plus de saveur et de couleur.

On greffe les arbres qui végétaient encore trop vigoureusement le mois précédent.

La préservation des fruits contre les insectes, les petits rongeurs et les oiseaux, doit être l'objet de l'attention de l'horticulteur. On met les raisins en sacs, pour les soustraire à ces premières causes de destruction ainsi qu'aux premières gelées.

Dans la pépinière, tous les travaux se bornent à un dernier binage.

On rabat les branches des Figuiers sur l'œil devenu bourgeon ou sur le bourgeon le plus élevé.

PRODUITS.

Pêches : Admirable jaune.
— Belle Chevreuse.
— Belle de Vitry.
— Bourdine.
— Chevreuse tardive.
— Grosse Madeleine.
— Brugnons.
Figues d'automne, si l'on a eu soin de pincer l'extrémité des branches.
Prunes : Reine-Claude violette.
— — diaphane.
— — de Bavay.
— Damas de septembre.
— Surpasse-Monsieur.
— Diaprée rouge.
— Sainte-Catherine.
— Dame-Aubert, rouge et blanche.
— Couëtche d'Allemagne.
— — d'Italie.
— Tardive de Châlons.
— Perdrigon.
— Reine Victoria.
Poires : Beurré gris.

Poires : Beurré d'Amanlis.
— — d'Angleterre.
— — Capiaumont.
— Bon-Chrétien d'été.
— — William.
— Épine d'été.
— Amiral.
— Barbancinet.
— Beau présent d'Artois.
— Bezé de Montigny.
— Fondante charneuse.
— — de Malines, etc.
— Gros Rousselot.
— Doyenné.
Pommes : Reinette d'Espagne.
— — de Hollande.
— Belle-Fontaine.
— Passe-Pomme d'Amérique.
— Rambour d'été.
— Transparente d'Astrakhan.
Cerises griottes du Nord, exposées au nord.
Noisettes.

OCTOBRE.

Les arbres n'exigent plus aucune sorte de soin, jusqu'au moment où il faudra les tailler. On se borne, si l'on a des transplantations à faire, à marquer les arbres qui sont destinés à être changés de place.

On peut profiter de la liberté que laisse le jardin fruitier pour défoncer et fumer les terrains qu'on destine à des plantations.

C'est le moment de la récolte : on ne peut apporter trop de soin à cette opération, si l'on veut que les fruits se conservent. On choisit le moment où le temps est sec, et l'on commence par les arbres dont la végétation vient de cesser. On cueille les fruits un à un, on les dépose dans les paniers qui doivent servir à les transporter ; là on les laisse se ressuyer pendant cinq ou six jours avant de les rentrer dans le fruitier. Si l'on veut conserver longtemps ses fruits, il ne faut pas les cueillir lorsqu'ils sont arrivés à une maturité complète ; il convient de le faire une huitaine de jours auparavant. Ils achèveront de se perfectionner dans le fruitier, et l'on peut ajouter à la durée de leur conservation tout le temps qu'ils auront mis à acquérir leur perfection. (Voir le chapitre du *Fruitier*).

FRUITS.

Les Figues d'automne jusqu'aux gelées.

Pêches : Admirable jaune.
— Sanguine.
— Pavie de Pomponne.
— Persèque jaune et rouge.
— Tetons de Vénus.

Prunes : Mirabelle d'octobre.
— Reine-Claude d'octobre.
— Waterloo.
— Bifère.
— De la Saint-Martin.
— Coe's Golden Drop.

Poires : Crassane.
— Verte-longue.
— Culotte Suisse.
— Doyenné.
— Beurré Capiaumont.
— d'Hardenpont.

Poires : Bonne d'Ézée.
— — de Malines.
— — Louise d'Avranche.
— Napoléon.
— Saint-Michel Archange.
— Délices de Jodoigne.
— Duchesse d'Angoulême.
— Hardy.
— Six.
— Rose.
— Aurore.
— Dumortier.
— Bergamote d'automne.

Coings.

Pommes : Rambour d'été.
— Gros-Pigeonnet.
— Reinette d'Espagne.
— de Hollande.

Pommes . Figue.
— Golden Drop.
— Grand Alexandre.
Nèfles. Cueillies pour être mises sur la paille.
Cormes.

Framboises des quatre saisons.
Amandes.
Châtaignes et Marrons.
Noisettes.
— Avelines.
Noix.

NOVEMBRE.

On arrache les arbres qu'on veut supprimer et l'on renouvelle sur-le-champ la terre dans laquelle ils ont végété, pour pouvoir procéder sans retard à de nouvelles plantations.

On défonce les terrains qu'on veut planter en arbres fruitiers.

Si l'on a à replanter des terrains qui ont déjà porté des arbres à fruits, on fera bien d'attendre une couple d'années au moins, pour laisser à la terre le temps de se rétablir de son épuisement ; encore faudra-t-il avoir soin de ne pas planter les mêmes espèces.

On enterre les Figuiers pour les défendre contre les gelées, ou bien on les enveloppe de paille.

On commence à tailler les arbres vieux ou faibles, pour empêcher que la sève, en en venant gonfler les yeux, n'achève de les épuiser.

Dans les terres calcaires, légères et sablonneuses, où les plantations d'automne réussissent le mieux, on peut commencer à planter des arbres fruitiers.

On met en pot les arbres fruitiers destinés à être chauffés au printemps.

Pour conserver du raisin jusqu'au mois de janvier, on établit des panneaux devant les Vignes en espalier afin de les défendre contre le froid et l'humidité.

Dans la pépinière, on couvre les plants et les semis qu'on veut préserver de la gelée.

FRUITS.

Ce n'est plus au jardin mais au fruitier qu'il faut s'adresser. Les principaux fruits qu'il renferme et doit conserver jusqu'au printemps, sont :

Le Chasselas, dans toute sa fraîcheur.
Poires : Crassane.
 —   Sylvange.
 —   Martin sec.
 —   Duchesse d'Angoulême.
 —   Dumas.
 —   Dupuy Charles.
 —   Colmar d'Aremberg.
 —   Beurré d'Aremberg.
 —   —   Six.
 —   —   des Béguines.
 —   —   Diel.
 —   —   Clairgeau.
 —   Bergamote Sageret.
 —   Bézy d'Échasserie.
 —   Doyenné d'Alençon ou Gris.
 —   —   Sieulle.

Poires : Délices d'Hardenpont.
 —   Joséphine de Malines.
 —   Saint-André.
 —   Soldat laboureur.
 —   Gille ô Gille.
 —   Orpheline d'Enghien.
Pommes : Reinettes.
 —   Api.
 —   Calvilles, et presque toutes
         les variétés qui n'ont pas,
         comme les Poires, une
         courte durée.
Nèfles.
Cormes.
Noix.
Amandes.
Coings.

DÉCEMBRE.

On continue les plantations quand le temps est beau et le terrain favorable.

Dans les terres fortes, argileuses ou humides, on se contente de faire les trous pour laisser la terre mûrir ou se ressuyer, et l'on ne plante qu'au printemps.

On défonce, laboure et fume.

Quand il ne gèle pas trop fort, on taille les Pommiers, les Poiriers et les fruits à pepins ; on en excepte ceux qui poussent avec trop de vigueur.

On attend jusqu'en février pour tailler les arbres à noyau qui, ayant le bois plus tendre, pourraient souffrir de la gelée.

On peut au reste labourer au pied des arbres et y répandre des fumiers.

A la fin du mois, on met en place les serres mobiles sur la Vigne et les arbres fruitiers qu'on veut chauffer.

FRUITS.

Chasselas.
Toutes les Poires d'automne et d'hiver ; les principales sont :
Poires : Crassane.

Poires : Bonne de Malines.
 —   Marquise d'hiver.
 —   Bergamote Sageret.
 —   Passe-Colmar.

Poires. Saint-Germain.
— Belle de Noël.
— Beurré Diel.
— — de Ranse.
— Douillart.
— Orpheline d'Enghien.
— Fondante de Noël.
— Doyenné d'Alençon.
— Angleterre d'hiver.
— Colmar.
— Louise bonne ancienne.
— Royale d'hiver.
— Bezy Chaumontel.
— — Goubault.

Poires. Virgouleuse.
— Soldat laboureur.
— Messire Jean.
Pommes. Calville blanc.
— Fenouillet gris.
— Rambour d'hiver.
— Châtaignier.
— Api, les deux variétés.
— Les Reinettes.
— De Saulgé.
— Ribston Pippin.
— Rivière.
— Princesse Royale.

DU FRUITIER.

La conservation des fruits, à laquelle on attache avec raison une si haute importance, est souvent compromise par le peu de soin qu'on met à disposer le lieu où on les garde de manière à les soustraire à l'action des agents ambiants qui en sont les destructeurs.

On ne doit pas choisir pour fruitier le premier endroit venu : il faut un emplacement dans des conditions telles que la température en soit la plus égale possible, qu'on puisse en intercepter à volonté l'air et la lumière, et au besoin chauffer en n'y laissant pénétrer qu'une douce chaleur, à moins qu'on n'ait un local à une exposition septentrionale. Pour compléter la disposition du fruitier, il faut en faire boiser les murs ou les couvrir de paillassons ou de nattes, afin d'empêcher la température intérieure de s'équilibrer avec celle de l'extérieur ; en un mot, il faut l'entourer de corps mauvais conducteurs du calorique pour en prévenir la déperdition. Il importe d'avoir dans son fruitier un thermo-hygromètre pour pouvoir en régler la température, et si l'hygromètre annonce qu'il y a un excès d'humidité, on chauffe doucement pour dessécher l'air, et l'on peut mettre, sur les tablettes, des morceaux de chaux vive pour absorber l'humidité surabondante. L'hygromètre doit toujours indiquer un peu de sécheresse plutôt que de l'humidité. Un fruitier souterrain, creusé dans un terrain sec, assez profondément enterré pour que la température y soit constante, muni d'un large soupirail qui laisse pénétrer à volonté l'air et la lumière et auquel on appliquerait la disposition ci-dessus indiquée, conviendrait mieux que tout autre.

On établit autour des murailles du fruitier des tablettes à rebord, larges de 50 centimètres. On peut les couvrir de son bien sec ou de sable quartzeux, ce qui vaut mieux que de la paille, pour y déposer les fruits. On dit que le duvet qui forme la tête des Massettes ou Roseaux à mèches est excellent pour la conservation des fruits. On en met un lit assez épais sur lequel on place les fruits.

Les fruits destinés à être conservés doivent être cueillis à la main avec le plus grand soin quelques jours avant leur maturité (surtout pour les fruits à pepins) ; il faut qu'ils cèdent sans qu'il soit nécessaire de les arracher violemment de la branche. On doit faire deux récoltes : celle des fruits du bas et du milieu de l'arbre qui sont les premiers mûrs, celle des fruits du sommet qui sont mûrs les derniers. La cueillette des fruits tardifs doit avoir lieu avant que le froid tombe au-dessous de zéro, ce qui nuirait à la conservation. On les essuie avec un linge fin; on les laisse trois ou quatre jours étendus sur une table bien sèche, afin qu'ils perdent une partie de l'humidité attachée à leur surface, puis on les range par ordre dans le fruitier.

Quand les fruits sont rentrés et rangés, on intercepte l'air et la lumière et l'on visite ses tablettes une fois ou deux par semaine.

On conserve les Raisins, soit suspendus au plafond, soit sur des tablettes, mais il leur faut absolument un endroit exempt d'humidité.

Les cultivateurs de Thomery ont un procédé fort simple qui leur permet de conserver très-verts et très-frais les Raisins jusqu'au mois de juin. Dans le courant du mois d'octobre, on rogne le sarment un peu au-dessus de la grappe, et avec de la cire à greffer on enduit la cicatrice; puis on coupe le sarment et on introduit sa portion inférieure dans une fiole pleine d'eau, à laquelle on ajoute un peu de poudre de charbon pour empêcher la putréfaction; on bouche ensuite la fiole avec de la cire à greffer. Ainsi préparées, les grappes se conservent très-fraîches avec la rafle aussi verte qu'au moment de la récolte. On suspend toutes les fioles au bord des tablettes du fruitier; comme elles sont hermétiquement fermées, il n'y a pas à craindre l'évaporation qui pourrait produire de l'humidité.

C'est là surtout le secret de la conservation des fruits : avec une température égale, plutôt sèche qu'humide, la pourriture n'attaquera aucun des fruits déposés dans le fruitier.

La nature du sol où les fruits ont été récoltés joue un grand rôle dans leur conservation. Les fruits qui se conservent le mieux sont ceux qui ont été récoltés dans un terrain léger et caillouteux ; ceux provenant d'un terrain froid et humide se conservent moins bien. Il en est de même des fruits récoltés dans une année pluvieuse.

DE LA TAILLE DES ARBRES FRUITIERS.

Rien de plus varié que les opinions des horticulteurs les plus habiles sur les principes et la pratique de la taille. Cette opération, d'une haute importance, et dont la théorie repose sur la connaissance des lois de la physiologie végétale, est encore livrée à l'empirisme, c'est-à-dire à des théories irrationnelles qui font plus de tort aux jardins fruitiers que si l'on abandonnait à eux-mêmes les arbres qu'ils renferment. On ne peut donc trop recommander des cours publics de taille, sous la direction d'horticulteurs praticiens (car eux seuls possèdent l'habileté manuelle nécessaire) assistés de botanistes qui connaissent la physiologie et appliquent à chaque fait son explication, autant que le peut permettre l'état de la science. Sans la taille, nos jardins fruitiers ne contiendraient que des arbres dépourvus de grâce, démesurément développés, donnant des fruits par caprice et ne comportant que les hautes tiges. Ainsi plus d'arbres à fruits le long de nos murs, plus de quenouilles dans nos plates-bandes, et partant plus de jouissances pour le petit propriétaire ou l'amateur qui n'a que quelques mètres carrés à consacrer aux loisirs de la culture.

Nous ne nous étendrons pas longuement sur les opérations successives de la taille. Nous ne donnerons dans ce préambule que des principes généraux, ou la partie purement axiomatique : on en trouvera les détails aux Pêchers pour les fruits à noyau et aux Poiriers pour ceux à pepins ; ces deux arbres étant ceux qui réunissent à un plus haut degré les conditions qui les rendent propres à la culture artificielle.

Examinons l'arbre à l'état sauvage et voyons quelles sont ses fonctions normales. Comme individu, l'arbre sauvage pousse du bois, des branches, des feuilles, ne donne que des fruits petits, d'une saveur acerbe ou parfois insipide, tantôt en nombre considérable, d'autres fois peu et souvent pas; les fleurs avortent, parce que la séve est employée à la production du bois; les fruits, s'ils nouent, tombent dès qu'ils sont formés; et s'ils viennent à bien, ils sont petits, secs, cassants, mais ils renferment des graines bien formées, qui servent à la reproduction de l'espèce. Le premier besoin de toute individualité est donc de se conserver, sans se préoccuper de sa progéniture, et l'arbre sauvage obéit à cette loi : la nature a bien donné aux arbres des formes définies qui les distinguent entre eux; mais elle ne s'occupe pas d'une symétrie minutieuse et les abandonne à eux-mêmes dès qu'ils sont assez forts pour résister aux chances de destruction. Suivant le sol dans lequel ils végètent, si leurs racines trouvent une veine de terre qui leur convient, elles s'y plongent sans s'occuper de l'équilibre de la tige et des branches; de telle sorte que l'arbre, fort et vigoureux d'un côté, est grêle et presque atrophié de l'autre. Suivant les alternatives de sécheresse ou d'humidité, il se développe peu ou beaucoup, toujours sans parler du fruit, qui vient quand il peut; et toutes les influences atmosphériques le tourmentent, le mutilent et en font souvent un arbre fort laid, qui vit, et voilà tout. Transportez maintenant cet arbre sauvage dans nos jardins et abandonnez-le à lui-même, il ne donnera pas plus de fruits, ou tout au moins ils ne seront pas meilleurs; il profitera de la richesse du sol pour se développer en branches, et n'en sera pas plus régulier pour cela.

Que se propose-t-on dans la culture des fruits ? D'avoir des arbres bien faits, produisant des fruits beaux, donnant une récolte chaque année, qui n'occupent que la place que le jardinier leur a consacrée et qui cèdent à tous les caprices, en conservant entre leurs parties un équilibre auquel la nature ne les a pas destinés.

La taille se propose donc de répartir, avec le plus d'égalité possible, la séve dans toutes les parties de l'arbre, de manière à établir entre le bois et le fruit un équilibre parfait. Trop de bois empêche le développement du fruit; trop de fruit épuise l'arbre et empêche le développement du bois. Ce dernier est indispensable à la production du fruit; mais l'attention du jardinier consiste à ne lui en laisser produire que ce qu'il faut pour que l'arbre soit maintenu en santé, sans qu'il nuise par son excès à la fructification.

Deux principes généraux dominent toute la théorie de la taille :

1° *Tailler long pour avoir du fruit.*

Mais l'excès de fruit fatigue l'arbre, l'épuise, et souvent, quand on a abusé de ce moyen, la stérilité remplace l'abondance.

2° *Tailler court pour avoir du bois.*

Mais une taille trop courte empêche la production du fruit, car la séve se porte avec exubérance dans tous les bourgeons et les fait produire du bois.

C'est la moyenne qu'il faut observer entre ces deux excès, et c'est là la grande difficulté de cette opération ; elle dépend d'une foule de circonstances accessoires qui exigent de l'observation et de la pratique.

Les instruments sont : la *serpette,* qui coupe net, mais est d'un maniement difficile ; le *sécateur,* d'un usage plus commode, qui sert aussi bien à couper des brindilles qu'à démonter de grosses branches, mais qui meurtrit le point où le jardinier prend son appui, s'il n'y fait une grande attention et s'il n'a pas l'habitude de se servir de cet instrument ; on ajoute à ces deux instruments la *scie à main,* qui sert à couper les plus grosses branches (Pl. LV).

Le moment où l'on commence à tailler est le courant de décembre, et l'opération dure jusqu'en mars. Il n'y a pas de règles précises pour déterminer l'époque la plus favorable à la taille, elle est subordonnée à l'exposition, à la température et à l'état des arbres ; il faut en général commencer par les arbres faibles et terminer par les plus vigoureux. Le principe qui domine toute l'opération est de tailler avant l'époque du grand mouvement de la séve, qui fait développer les yeux ; si l'on attendait jusque-là, on nuirait à la végétation, et les branches produites sous cette influence seraient faibles et sans vigueur.

Le grand soin à apporter dans la taille des arbres est de faire une coupe oblique dont l'inclinaison soit opposée à l'œil et qui partant au-dessus du point d'insertion de l'œil arrive juste à la hauteur de son extrémité, afin que la cicatrisation s'opère le plus promptement possible. Si la plaie est grande, il faut la recouvrir avec un enduit résineux qui empêche l'influence désorganisatrice de l'atmosphère sur le bois dénudé.

On commence la taille, non pas dans l'ordre du développement de la végétation, mais par les arbres les moins sensibles à la gelée; tels sont les Poiriers et les Pommiers. Pour les autres, on commence en février et l'on termine à la fin de mars, ou dans les premiers jours d'avril pour les arbres vigoureux et les Pêchers.

Des diverses formes auxquelles on peut soumettre les arbres fruitiers.

La pyramide ou quenouille (Pl. XXXIX).

C'est celle qui convient surtout aux arbres à fruits à pepins, surtout au Poirier. Parmi les arbres à noyau, ceux qui s'y prêtent le mieux sont l'Abricotier, le Prunier et le Cerisier.

Il faut avoir soin de choisir de jeunes arbres suffisamment garnis de branches latérales sur toute la longueur de leur tige et bien équilibrées, sans quoi l'on perdrait beaucoup de temps à rétablir celles qui seraient dégarnies par la base.

Eventail (Pl. XXIV, XXXV, XL).

Cette forme convient surtout aux fruits à noyau; c'est une disposition élégante ayant la forme d'un V, mais plus difficile à conduire que la palmette, et qui exige des soins attentifs. C'est une de celles aussi dont on conserve l'équilibre avec le plus de peine, et qui réclame une surveillance non interrompue.

L'éventail s'applique également aux contre-espaliers.

La palmette (Pl. XLI, XLII).

La palmette convient à tous les arbres: la palmette simple diffère de la pyramide sous le rapport de la taille; c'est, à proprement parler, une pyramide à branches distiques appliquée contre un mur. On peut faire une palmette double, dont la forme est celle d'un U, avec une pyramide de deux ans, ou, à son défaut, avec des greffes d'un an, qu'on rabat à 30 centimètres de terre pour obtenir deux bourgeons, avec lesquels on établit des tiges ou flèches parallèles.

Elle fructifie plus promptement et plus abondamment que les autres formes; les branches se prêtent mieux à une disposition symétrique, et la végétation en est plus égale.

C'est au Poirier surtout que cette forme convient.

Le cordon (Pl. XLVIII).

Le cordon est une tige simple qui porte directement les petites branches à fruits.

On peut appliquer aux Pêchers, principalement à ceux cultivés dans les terrains médiocres, une disposition unilatérale, qu'on appelle *coup de vent* ou *cordon oblique*. Pour l'obtenir on plante ses arbres de manière à incliner sous un angle de 45° les tiges d'un même côté. Par ce moyen on obtient un espalier bien garni et qui fructifie au bout de peu d'années. Le *cordon vertical* convient particulièrement à la Vigne et au Poirier. Le *cordon horizontal* est appliqué à la Vigne et au Pommier pour faire des bordures dans les jardins fruitiers; on obtient ces bordures en plantant des jeunes sujets d'un an de greffe à 1^m 50 ou 2 mètres les uns des autres, et on les couche sur un fil de fer ou une tringle en bois, disposé à 30 centimètres du sol; au fur et à mesure que chaque extrémité atteint le coude du Pommier voisin, on la greffe sur lui, et au bout de quelques années on obtient ainsi une bordure d'une seule pièce : ces cordons sont très-productifs.

De l'entonnoir.

Forme peu usitée, qui convient aux Pommiers sur Doucin et Paradis. Les Poiriers sur Coignassier s'y prêtent également bien.

Plein-vent, ou haute tige.

Ce sont les arbres destinés aux vergers qu'on dispose de cette sorte. Cette forme s'applique aussi bien aux arbres à noyau qu'à ceux à pepins; ils ne diffèrent entre eux que par la longueur des branches, qui doivent être au nombre de 3 ou 4 au plus. Il faut tailler court les arbres à pepins, l'Abricotier et le Prunier; tailler long le Cerisier. Les arbres dits plein-vent ne demandent à être taillés que pendant les quatre ou cinq premières années; passé cette époque on les abandonne à eux-mêmes.

DES DIVERS PERFECTIONNEMENTS APPORTÉS A LA CULTURE DES ARBRES FRUITIERS.

RESTAURATION DES ARBRES FRUITIERS ÉPUISÉS PAR LA VIEILLESSE.

D'après M. Dubreuil.

Les arbres fruitiers les mieux cultivés finissent toujours par se couvrir de nodus formés par les cicatrices produites par les tailles réitérées. Le tronc devient difforme, les bourgeons s'amaigrissent, et les fleurs, ne recevant que peu de séve, ne peuvent plus nouer leurs fruits.

Arrivé à cet état, l'arbre doit être arraché ou restauré. Dans ce dernier cas on supprime toutes les branches, en les coupant à quelque distance du tronc, et on enlève la vieille écorce, celle seulement qui est tout à fait morte. Bientôt de nouveaux bourgeons se développent ; vers le mois de juin on conserve ceux qui sont les mieux disposés, et on supprime tous les autres, en les cassant à 10 ou 15 centimètres de longueur pour en obtenir des productions fruitières.

Dès la troisième année, si le travail est bien fait, on obtient une nouvelle et abondante récolte, que ne peut pas produire un jeune arbre à sa troisième année de plantation. Comme complément de ce rajeunissement, il faut renouveler la terre autour de l'arbre ; car cette terre épuisée ne peut plus fournir assez abondamment l'élément nutritif aux nombreuses racines qui naissent à la suite du développement des vigoureux rameaux. On ouvre en conséquence une tranchée circulaire à 1 mètre environ du pied de l'arbre, large de 80 centimètres au moins sur autant de profondeur, et on la remplit avec une bonne terre franche ou de prairie très-meuble, dans laquelle les racines se développeront et puiseront une séve abondante.

Quelques praticiens préfèrent à ce rajeunissement par recepage le rajeunissement par la greffe en couronne théophraste, en posant autant de greffes qu'on veut avoir de branches mères. Ce procédé nous a toujours mieux réussi que le recepage ; les greffes se développent plus régulièrement et avec une vigueur extraordinaire ; quand elles sont appliquées sur un tronc presque au niveau du sol, elles produisent des flèches plus vigoureuses que celles des jeunes plants, et desquelles on peut obtenir rapidement des branches latérales pour former des palmettes simples ou doubles, et même des pyramides.

Pour le rajeunissement par la greffe des arbres en pyramide, les branches latérales sont taillées d'autant plus long qu'elles sont plus rapprochées de la base, de manière à conserver à l'arbre sa forme pyramidale. Celles de la base sont coupées à 0^{m}60 de leur naissance, et celles du sommet à 0^{m}15 seulement. Il y a, nous le répétons, plus d'avantage à greffer en couronne chacune de ces branches, parce que l'action de la séve, répartie sur une plus grande étendue de tige, ne fait pas toujours développer les bourgeons là où ils sont nécessaires.

Les arbres à fruits à pepins et les Groseilliers sont ceux qui présentent le plus de chance de succès : ceux à fruits à noyau se comportent moins bien, parce que leur vieille écorce développe moins facilement de nouveaux bourgeons que celle des premiers, et que d'ailleurs la greffe n'y réussit pas toujours. Il est surtout, parmi ces derniers, une espèce pour laquelle le recepage présente rarement de bons résultats, c'est le Pêcher. Il est en effet très-rare de voir percer de nouveaux bourgeons sur la vieille écorce de ces arbres après le recepage. Aussi ne conseillons-nous cette opération, pour cette espèce, que dans le cas seulement où il existerait vers la base des branches des rameaux tout formés. Alors on devra couper les branches immédiatement au-dessus de ces rameaux.

Il est encore une autre espèce d'arbre fruitier dont nous n'avons pas parlé, et qui peut être également rajeunie : c'est la Vigne.

Le remplacement successif des coursons sur les cordons de la Vigne détermine aussi, à la longue, des exostoses, des nodosités plus ou moins prononcées. Lorsque la Vigne est arrivée à ce point, il n'y a aucun avantage à la conserver dans cet état, et il convient de la rajeunir. Pour cela on coupe les cordons de manière à obtenir un sarment vigoureux. On le laisse se développer librement. L'année suivante, au printemps, on couche chacune des tiges portant ainsi un sarment, et l'on fait ressortir l'extrémité des sarments au pied du mur, précisément au point où doit s'élever la nouvelle tige. On opère ensuite comme s'il s'agissait de former une treille avec de jeunes Vignes.

Toutefois, il devient nécessaire de remplacer une partie du terrain épuisé par la végétation prolongée de cette treille. Dans ce but, immédiatement avant le couchage des nouvelles tiges, on enlève 0^m12 à 0^m15 de la surface de la plate-bande, en prenant bien soin de mutiler le moins possible les anciennes racines. On remplace ce sol appauvri par une autre couche de terre bien amendée avec un terreau consommé. C'est dans ce nouveau terrain qu'on pratique le couchage des tiges.

M. J.-L. Snow, de Swinton-Garden, a parfaitement réussi à rajeunir un vieux Prunier de l'espèce appelée en anglais Green-gage, dont le tronc, presque complétement excavé, ne portait plus que quelques branches maladives, en l'entourant, jusqu'à la hauteur d'un mètre, d'un mélange de bonne terre végétale, de sable et de fumier de vache frais. Cette opération, qui avait eu lieu en avril, réussit assez bien pour qu'en été l'arbre ait poussé de toutes parts de vigoureuses racines ; le jeune bois se développpa, et le vieux Prunier recommença à donner des fruits aussi beaux que ceux qu'il portait à l'époque de sa plus grande vigueur. Ce moyen ne peut être recommandé que dans le cas où l'on serait menacé de perdre une espèce de fruit de qualité rare et difficile à remplacer.

De l'incurvation des rameaux dans les arbres à fruits.

Un procédé employé pour provoquer, dans les arbres, la production du .fruit, et qu'on applique surtout au Poirier, est la courbure, dans le but d'empêcher la séve de tourner au profit des rameaux à bois, et de l'obliger à favoriser la nutrition des fruits. Rien de plus simple que cette méthode ; elle consiste à attacher la branche qu'on veut arquer, vers la moitié de sa longueur, avec un lien quelconque, assez gros toutefois pour ne pas entamer l'écorce, et l'on fixe en terre ou à une branche inférieure l'autre extrémité du lien. On comprend les résultats physiologiques de cette méthode : la séve a pour tendance naturelle d'affluer vers l'extrémité des rameaux, puisque l'élongation est la première loi de l'accroissement des végétaux ; contrariée dans sa marche par l'obstacle que lui impose l'inflexion des rameaux, elle se porte sur tous les bourgeons latéraux, et, ainsi partagée sur plusieurs points, elle concourt à la formation des productions fruitières.

Il ne faut l'appliquer toutefois qu'avec mesure, et de préférence à des arbres dont la stérilité vient d'un excès de vigueur. Une éducation intelligente des arbres à fruits convient mieux que l'emploi de tous les moyens artificiels, et a l'avantage de les laisser parcourir toutes les périodes de leur vie sans l'avoir troublée dans son cours et avoir risqué de précipiter leur mort.

Du développement artificiel des bourgeons dans les arbres à fruits.

On pratique avec succès des incisions transversales pour faire développer des branches là où elles sont nécessaires à la charpente des arbres. Cette opération consiste, lors de la taille, à faire immédiatement au-dessus ou au-dessous d'un œil que l'on veut faire développer, une incision transversale qui enlève l'écorce et qui pénètre de 2 à 3 millimètres dans le corps ligneux, suivant la grosseur du bois sur lequel on opère, et aussi suivant la force que l'on veut donner au bourgeon qui doit se développer. A l'aide de cette incision on obtient à volonté un bourgeon à bois ou un bourgeon à fleurs. L'incision pratiquée au-dessus de l'œil provoque son développement en bourgeon à bois, par l'abondance de séve qu'il reçoit, cette séve étant arrêtée dans son mouvement ascensionnel par l'incision située au dessus. Au contraire, par l'incision au dessous, l'œil ne recevant plus de nourriture ne peut que produire un faible bourgeon qui se couvre de fleurs. Quant aux incisions longitudinales, elles ne provoquent pas, comme les transversales, le développement immédiat de l'œil; mais, une fois développées, elles favorisent l'extension des bourgeons en dilatant les écorces et en permettant à la séve d'affluer dans cette partie plutôt que dans toute autre.

Plantation d'arbres fruitiers sur un sous-sol artificiel en briques.

Victor Paquet a fait connaître ce mode de plantation qui, avant lui, était tout à fait inconnu en France. En Angleterre, et principalement en Écosse, on emploie pour établir ces sous-sols des briques allongées, que l'on place au fond des rigoles ou voies d'écoulement. Ces briques sont nommées *semelles,* et c'est sur elles que portent des tuiles placées de champ, et dont l'effet est d'empêcher que les terres, qui s'amollissent graduellement sous l'action combinée de l'air et de l'eau courante, ne viennent obstruer une tranchée éminemment utile pour l'assainissement des terres humides. Cette méthode, très-recommandable sous tous les rapports, a donné l'idée d'employer les briques à un autre usage non moins digne d'imitation chez nous : à la plantation des arbres fruitiers.

Tout le monde sait qu'un mauvais sous-sol fait périr les arbres fruitiers aussitôt que les principales racines viennent à s'y enfoncer. L'arbre dont le feuillage jeune encore jaunit, dont les pousses se couronnent, indique que les racines arrivent à une terre ou sous-sol qui leur est contraire, soit par une humidité stagnante, soit par une porosité excessive. Empêcher, par un travail quelconque, les racines de l'arbre d'arriver à ce sol destructeur, c'est assurer sa vie et garantir au propriétaire la jouissance d'abondants produits. C'est ce que nous nous proposons de procurer à tout le monde le moyen de faire.

Du mur d'espalier, jusqu'à la distance de 2 mètres environ, on ouvre une tranchée de 25, 30, 40, 50, 60 centimètres, ou davantage si le terrain le permet; on nivelle parfaitement le fond de cette

tranchée, puis on y établit, à plat et à sec, mais se touchant, une
aire de briques ; on recouvre ce pavage à sec de quelques centimètres de terre ou d'une couche plus épaisse, si toutefois la profondeur de la tranchée le permet ; on place l'arbre sur cette couche de
terre, en supprimant préalablement les racines pivotantes, et l'on
dispose les autres le plus horizontalement possible ; on recouvre
ensuite le pied de l'arbre selon l'usage ordinaire, avec de la terre
aussi substantielle que possible, aussi mouvante que la nature et la
force des arbres l'exigent ; on donne les arrosages aussi fréquents
et aussi copieux que le besoin de l'arbre, la nature du sol et la température de la saison le nécessitent ; un bon paillis d'herbes vertes
entretient la fraîcheur au pied des arbres ; de bons fumiers gras (si
le terrain est sec et brûlant) leur envoient les sucs nourriciers qu'ils
contiennent en abondance ; et enfin des seringages sur le feuillage
le préservent des immondices et de l'attaque des insectes : avec ces
soins assidus une jeune plantation prospérera. Les racines, s'allon-
geant et grossissant, ne tardent pas à approcher du mauvais sous-
sol ; mais une couche de briques placées comme il a été dit plus
haut, les oblige à s'étendre horizontalement ; l'obstacle qu'elles
rencontrent les force à se fixer dans la partie supérieure du sol ; elles
y développent un épais chevelu qui s'approprie utilement les sucs
nourriciers que contient cette couche labourable, dont la fertilité
est entretenue par des binages, des engrais et des paillis, dont les
sucs sont entraînés dans le sol par l'eau des pluies dans les années
humides, et par celle des arrosages dans les années sèches.

Nous avons adopté quatre divisions à mettre à la suite des notions préliminaires pour le jardin fruitier. Ce sont :

1° Arbres et arbustes à fruits à noyau;
2° Arbres et arbustes à fruits à pepins;
3° Arbres et arbustes à fruits en baies ou baccifères;
4° Arbres à fruits à fleurs en chaton.

Dans ces quatre divisions, nous avons compris les arbres et arbustes qui, bien que ne produisant pas de fruits ou même ne pouvant pas supporter la pleine terre sous le climat de Paris, sont néanmoins cultivés à l'air libre et donnent des fruits dans plusieurs de nos départements méridionaux.

Quant aux plantes fruitières de serre froide, de serre tempérée et de serre chaude, sous le climat de Paris, nous en avons fait l'objet d'un appendice à la suite du jardin fruitier. Dans cet appendice nous comprenons les plantes herbacées et les plantes ligneuses, et nous donnons la culture en serre de certains végétaux fruitiers, même de quelques-uns de ceux dont nous aurons pu parler précédemment, comme étant de pleine terre dans le midi de la France. Tels sont les Orangers et les Grenadiers si communs en Provence, ainsi que dans l'ancien comté de Nice, et qui sont des plantes de serre sous le climat parisien.

CHAPITRE PREMIER.

ARBRES ET ARBUSTES A FRUITS A NOYAU.

Abricotier.

Prunus Armenica Lin.; *Armeniaca vulgaris* Lam. (*Rosacées-Amygdalées.*)

L'Abricotier se rapporte, d'après la plupart des botanistes, au genre Prunier. On le regarde généralement comme originaire de l'Arménie, quoique quelques auteurs, entre autres Allioni, prétendent en avoir observé à l'état sauvage dans certaines contrées de l'Europe méridionale. L'Abricotier constitue un arbre de force moyenne, à cime naturellement arrondie, formée de rameaux tortueux et revêtus d'un épiderme brun. Ses feuilles, d'un vert gai, sont ovales ou ovales–arrondies, presque en cœur, acuminées, doublement dentées, glabres, portées sur un pétiole glanduleux. Ses fleurs, qui ont la blancheur de l'albàtre, avec un calice rougeàtre, sont de grandeur moyenne, solitaires ou géminées, à cinq pétales arrondis, concaves, brusquement retrécis en onglet à leur base; elles naissent irrégulièrement le long des branches, plus serrées sur les plus courtes, plus rares sur les plus allongées; elles s'ouvrent avant le développement des feuilles et sont d'une durée très-courte. Comme elles se montrent de bonne heure, elles sont très-exposées à souffrir des gelées tardives. Le fruit, ou Abricot, est une drupe charnue, succulente, à péricarpe velouté, à noyau lisse, plus ou moins comprimé, qui n'est ni sillonné ni poreux, ayant l'un de ses bords obtus et l'autre relevé de trois saillies aiguës longitudinales. Selon les variétés, l'Abricot est marqué d'un côté d'un sillon plus ou moins profond, presque toujours plus large que long. C'est surtout le fruit qui caractérise, par l'époque de sa maturité, par son volume, etc., les variétés assez nombreuses de l'Abricotier. Ce fruit est à bon droit l'un des plus estimés; mais sa saveur ne se développe que suivant la chaleur du sol et celle du climat. Aussi les Abricots de nos départements déjà un peu méridionaux sont-ils plus recherchés que ceux des environs de Paris ou du nord de la France, pour faire des confitures, parce qu'ils demandent une bien moindre adjonction de sucre. Les Abricotiers de plein vent donnent des fruits beaucoup plus succulents que ceux d'espalier pour lesquels l'art est obligé de suppléer à l'insuffisance du climat. Il se consomme annuellement des quantités considérables d'Abricots, soit qu'on les mange crus, soit qu'on les prépare en compotes, en confitures, en conserves à l'eau-de-vie, ou encore desséchés au soleil ou au four, après les avoir ouverts en deux. L'Amande, tantôt douce, tantôt amère, selon les variétés, et même le noyau qui l'enveloppe, servent à la préparation de certaines liqueurs de table, dont la plus connue et la plus recherchée est l'*Eau de noyau*. Le bois de l'Abricotier est de couleur grise, veiné de jaune et de rouge; il est assez estimé pour le tour et la tabletterie.

PLEINE TERRE. — *Choix du terrain, exposition, multiplication.* L'Abricotier s'accommode de tous les terrains. Dans les terres fortes, il donne beaucoup de bois et produit peu de fruit; quand on ne peut lui procurer qu'une terre de cette nature, il faut le greffer sur le Prunier; il y végète moins et fructifie davantage. Dans les terrains légers, secs, brûlants, on doit le greffer sur Amandier.

Les expositions qui conviennent le mieux aux Abricotiers sont le midi et le couchant.

Quoique les diverses espèces d'Abricotiers puissent se reproduire de graines choisies avec soin parmi celles des plus beaux fruits, on ne multiplie guère cet arbre de noyau, excepté l'Alberge : on le reproduit de greffe faite sur Prunier ou sur Amandier, comme il vient d'être dit.

Culture. Tous les Abricotiers réussissent parfaitement en plein vent, s'ils sont suffisamment abrités du froid, et leurs fruits sont beaucoup plus parfumés que ceux des arbres en espalier; mais il faut, pour les empêcher de se dégarnir, les soumettre à une taille raisonnée. En plein vent, on les plante à 5 ou 6 mètres de distance, pour leur permettre d'acquérir tout leur développement. Pour espalier, lorsqu'ils sont greffés sur Amandier, il faut une distance de 7 mètres. Pour les sujets greffés sur Prunier, la distance de 5 mètres suffit.

Chaque année on taille les Abricotiers pour les empêcher de se dépouiller du bas. On supprime toutes les branches qui se développent dans l'intérieur, afin de laisser entre les rameaux assez d'espace pour que l'air et la lumière y circulent facilement. La taille a pour but de forcer la séve à se porter sur la partie inférieure des branches et non à leur extrémité. Quand l'Abricotier vieillit et ne présente plus à l'œil qu'un arbre sans grâce, dont les branches nues sont couronnées au sommet par un maigre bouquet de feuilles, on le renouvelle en rabattant les grosses branches, que l'on remplace par les plus vigoureux des jeunes rameaux. Du reste, l'Abricotier est un arbre dont la conduite est facile et qui ne demande que peu de soins.

On peut le cultiver en quenouille, mais, quoiqu'il s'y prête volontiers, cette forme tout à fait artificielle ne lui convient qu'à demi.

Après la haute tige, l'espalier est la forme la plus usitée. Presque toutes les variétés se soumettent à ce genre de culture, qu'on n'applique que dans les localités où les plein-vent réussissent mal, ou que quand on veut avoir des fruits plus précoces.

Récolte. On récolte les Abricots depuis le commencement de juillet jusqu'au commencement de septembre suivant les variétés, et aussi suivant les climats. Les Abricots qu'on envoie de Lyon et surtout de Clermont-Ferrand à Paris, et qui sont surtout destinés à faire des confitures, sont presque toujours cueillis, en raison de la distance, et par crainte de pertes en voyage, avant maturité; on ne les possède donc pas, en général, à Paris, avec toute la saveur qui leur est propre.

CULTURE FORCÉE. — On ne force que difficilement les Abricotiers. Quand on veut les cultiver en primeur, il faut commencer à les chauffer au mois de février et ne leur donner qu'une chaleur modérée.

CHOIX DES VARIÉTÉS PAR ÉPOQUE DE MATURITÉ.

Juin.

Abricot Millet (assez gros d'un rouge orange, mi-fondant).
— précoce, Abricot hâtif musqué, Abricotin (petit, rond, jaune pâle et rouge foncé ; chair jaune clair, un peu musquée ; de qualité inférieure, mais recherché pour sa précocité).
— blanc (petit, rond, un peu duveteux, blanc du côté de l'ombre et jaune clair du côté du soleil ; chair fine, mais peu savoureuse).

Juillet.

Abricot Albergier de Montgamet (sous-variété de l'Abricot Alberge, dont elle ne diffère que par la précocité).
— Angoumois (petit, jaune ambré et rouge foncé, à chair juteuse d'un goût agréable).
—   — d'Oullins (moyen, jaune orange, à chair ferme juteuse).
— Comice de Toulon (gros, duveteux, jaune orange, à chair fine sucrée et aromatisée).
— commun (gros, jaune rougeâtre, à chair ferme parfumée).
— d'Alexandrie (gros, couleur jaune orange ; variété délicate ; craint les gelées).
— de Hollande, Amande Aveline (petit, jaune taché de rouge, à chair excellente d'un goût relevé).
— de Provence (aplati, rouge vif du côté du soleil, à chair jaune très-foncé).
— de Syrie, Abricot Kaïska (petit, jaune, à chair fondante).
— du Clos, Abricot Luizet (très-gros, ovoïde, d'excellente qualité).
— Musch, Musch-Musch, Abricot Musch de Turquie (moyen, jaune orangé, à chair transparente musquée, d'excellente qualité).
— Laujoulet (gros, jaune orange, pointillé de rouge, à chair très-juteuse).
— Pêche, Abricot de Nancy (très-gros, rougeâtre ou jaune fauve, à chair très-fondante, vineuse).
— gros précoce, Abricot hâtif de la Saint-Jean, Abricot orange précoce (moyen, jaune orange, taché de rouge, à chair très-fine, d'excellente qualité).
— Royal (très-gros, à chair jaune fondante, excellente qualité).
— Tachard (de moyenne grosseur, jaune orange, à chair très-fine et très-juteuse).

Août.

Abricot Alberge, Albergier ; Albergier de Tours (petit, galeux, à chair jaune rougeâtre vineuse fondante).
— de Jacques (de grosseur moyenne, jaune rougeâtre, de très-bonne qualité).
— de Portugal (diffère de l'Abricot de Provence par sa forme ronde, sa couleur jaune clair, et l'époque de maturité plus tardive).
— de Versailles (gros, jaune lavé de rouge, à chair fondante, d'excellente qualité).
— Pourret (diffère de l'Abricot-Pêche, par sa chair plus ferme, plus vineuse, et son époque plus tardive de maturité).

Septembre.

Abricot Beaugé (gros, jaune pâle, marbré de lilas, à chair un peu cassante, d'un goût très-agréable).
— de Noor (moins gros que l'Abricot-Pêche, de forme ovale, à chair rouge clair, d'un goût très-agréable).

Amandier (Pl. L, fig. 4 et 4 *a*).

Amygdalus communis Lin. (*Rosacées-Amygdalées.*)

L'Amandier, originaire de l'Asie et du nord de l'Afrique, est aujourd'hui naturalisé et cultivé dans tout le midi de l'Europe, y compris le sud, le sud-est et le sud-ouest de la France. C'est un arbre de moyenne grandeur, dont la tige, haute de 6 à 8 mètres, est droite, couverte d'une écorce brun cendré, d'abord lisse et brillante, plus tard rugueuse et gercée; il en découle un suc gommeux, connu sous le nom de *Gomme du pays*. Les jeunes rameaux sont allongés, dressés, minces, flexibles, couverts d'une écorce lisse, vert clair, un peu glauque. Les feuilles sont alternes, pétiolées, lancéolées, aiguës, finement dentées, glabres, d'un beau vert. Les fleurs, qui naissent toujours sur les pousses de l'année précédente, sont grandes, blanches ou rosées, presque sessiles, solitaires ou réunies par deux ou trois. Le calice est rougeâtre à l'extérieur, à tube turbiné, à limbe partagé en cinq lobes obtus, étalés. La corolle est à cinq pétales arrondis, retrécis à la base en un onglet court, étalés et insérés au sommet du tube du calice, ainsi que les étamines, qui sont au nombre de vingt-cinq à trente sur plusieurs rangs. L'ovaire est globuleux, un peu comprimé, à sillon interne, uniloculaire, velu-cotonneux. Le fruit est une drupe verte, ovoïde, allongée, comprimée, pointue au sommet, à chair peu épaisse, dure, coriace et presque sèche, s'ouvrant et se détachant aisément après la maturité. Le noyau, rugueux, crevassé, renferme une graine ou amande (rarement deux) à tégument brun, rugueux et à cotylédons très-volumineux. L'Amandier présente deux variétés fort distinctes, l'une à graines douces, l'autre à graines amères; ces deux variétés se subdivisent en sous-variétés, à coque dure, ligneuse et épaisse, ou mince et fragile.

Les Amandes amères, qui se trouvent souvent mêlées aux Amandes douces dans le commerce, constituent un des poisons les plus violents que l'on connaisse, non-seulement parce qu'elles forment de l'acide cyanhydrique au contact de l'eau, mais encore parce qu'elles produisent de l'essence d'Amande amère, substance des plus énergiquement dangereuses. Les Amandes amères, avec les Amandes douces, servent néanmoins à préparer le looch blanc, le sirop d'orgeat, les amandés, les émulsions. Pour toutes ces préparations, on prive les Amandes de leur épisperme, par l'immersion dans l'eau froide ou chaude : la pellicule se détache alors par simple pression entre les doigts. Le lait d'Amandes douces est un excellent adoucissant, rafraîchissant ou calmant (voir la *Flore médicale du XIXe siècle*, t. I, p. 59 à 61). Quant aux Amandes douces elles-mêmes, on les mange sur nos tables, fraîches ou sèches.

Plaine terre. — *Choix du terrain, exposition, multiplication, culture.* Une terre sèche et chaude est celle qui convient à cet arbre originaire des climats méridionaux et qui réussit assez médiocrement sous la latitude de Paris.

L'Amandier est un des arbres qui fleurissent au premier printemps; c'est pourquoi il lui faut une bonne exposition. Dans les pays et les localités où les froids tardifs du printemps sont à redouter, il convient de le planter en espalier. C'est dans cette circonstance seulement qu'il faut le tailler dans la culture en plein vent. Il n'exige d'autres soins que d'en enlever les branches mortes et de conserver à l'arbre une forme agréable. L'Amandier sert à greffer les diverses variétés de Pêcher et d'Abricotier, quand on les plante dans des terrains profonds et brûlants. On multiplie l'Amandier de graines qu'on met stratifier à l'automne et que l'on confie à la terre au printemps (voir pour le surplus de la culture, la *Flore agricole et sylvicole* qui fait partie du **Règne végétal**).

Récolte et *Conservation.* C'est au mois d'août qu'apparaissent les premières Amandes, qu'on sert sur les tables avant leur maturité complète et quand le brou est encore vert. Les Amandes destinées à être conservées se récoltent en septembre et octobre. Les Amandes douces et amères se trouvent dans le commerce avec ou sans coques. On connaît plusieurs sortes des unes et des autres; elles nous viennent d'Afrique, d'Espagne, d'Italie, de Provence, de Languedoc, etc., etc. Rien de plus facile que la conservation des Amandes; elles ne demandent qu'à être déposées dans un lieu sec.

Amandier commun à petits fruits, Amandier doux, Amandier franc (le plus robuste, convient dans les climats froids ; Amande douce à coque dure).

—   à gros fruits et à coque dure (le plus cultivé dans les départements méridionaux; Amande douce, coque dure et renflée, produit abondamment; sous-variété à fruit amer).

—   à coque dure et à gros fruits (fleurs grandes ; Amande douce et coque dure).

—   à coque demi-dure (sous-variété du précédent).

—   à coque tendre, *Abvilan* des Provençaux, Amande des dames (fruit plus petit, aplati, coque tendre ; fleurit tard ; à coque plus dure dans les pays méridionaux : la fleur est sujette à couler).

—   à coque très-tendre, à la Princesse, à la Sultane (gros à coque tendre, pétales larges, parfois échancrés ; fruit plus gros et plus délicat).

—   pistache (fruits plus petits encore).

—   amer à coque dure (fleur plus grande ; fruit allongé ; Amande amère).

—   à coque tendre (sous-variété du précédent).

—   pêche (fruits de deux sortes : les uns à brou sec, les autres à brou charnu, épais, amer, bon seulement en compote : l'Amande est douce).

Bigarreautier.

Voir ci-après *Cerisier*.

Cerisier (Pl. XXVIII, fig. 4 et 5).

Cerasus vulgaris Mill. et Lin.; *Cerasus caproniana* De Cand. (*Rosacées-Amygdalées.*)

Le Cerisier passe pour être originaire de l'Asie Mineure, où il habite surtout les bords de la mer Caspienne. On attribue généralement l'introduction en Europe des Cerisiers cultivés à Lucullus (soixante-huit ans avant J.-C.), qui les aurait apportés de Cérasonte (aujourd'hui Keresoun), ville de l'ancien royaume de Pont; c'est même de là que vient le nom de Cerisier. Mais il paraît probable, que le célèbre général romain n'a importé en Europe que des variétés supérieures à celles qu'on y possédait auparavant; car il est certain que le Merisier a existé de tout temps en Italie et dans les Gaules. Dans tous les cas, c'est à Lucullus que l'on doit la culture de cet arbre précieux. Le Cerisier commun est un arbre dont la tige, haute de 8 à 10 mètres, droite, cylindrique, couverte d'une écorce lisse et luisante, se divise en rameaux un peu étalés, dont l'ensemble forme une cime arrondie. Les feuilles sont alternes, pétiolées, ovales, aiguës, dentées, glabres, d'un beau vert. Les fleurs sont blanches, longuement pédonculées, groupées en petits fascicules ou bouquets, entourées à leur base par les écailles persistantes qui formaient les boutons ; elles présentent un calice campanulé, à cinq lobes courts et arrondis, une corolle à cinq pétales, des étamines nombreuses, un ovaire simple, ovoïde et libre. Le fruit est une drupe globuleuse ou un peu oblongue, ombiliquée à la base, charnue, très-glabre, renfermant un noyau presque globuleux et lisse, marqué latéralement d'un angle un peu saillant. Les usages des fruits des Cerisiers et des variétés de ceux-ci sont nombreux. On consomme beaucoup de ces fruits exquis en nature. En outre, on en fait d'excellentes confitures, des conserves par la dessiccation, ou dans l'eau-de-vie ; on en fait aussi des liqueurs de table fort estimées, telles que le ratafia, le marasquin, le *kirschenwasser*, etc. Le bois des Cerisiers est d'un grain serré, susceptible de prendre un beau poli, d'une couleur rougeâtre, qui, avivée par une immersion de vingt-quatre ou trente heures dans un bain d'eau de chaux, ressemble assez à celle de l'Acajou. Aussi l'emploie-t-on à faire des meubles. Le bois du Cerisier mahaleb ou Cerisier odorant (*Prunus Mahaleb* Lin. ; *Cerasus Mahaleb* Mill.), connu aussi sous le nom d'arbre de Saint-Lucie, qui lui vient de ce qu'il abonde dans les Vosges, près de l'ancienne abbaye de Sainte-Lucie, est surtout très-recherché par les ébénistes et les tourneurs. Il ne faut pas le confondre avec un bois du commerce de couleur rouge, nommé pareillement bois de Saint-Lucie, à raison de sa provenance de l'île de Sainte-Lucie, l'une des Antilles.

Deux espèces distinctes ont donné naissance aux variétés de Cerisiers cultivés dans nos jardins.

L'une est le Cerisier des bois, vulgairement Merisier (*Prunus avium* Lin. ; *Cerasus avium* Mœnch.), espèce commune dans les grandes forêts, dans les pays montagneux de l'Europe, qui forme un bel arbre, à branches dressées ; à rameaux étalés, mais non pendants ; à feuilles grandes, pendantes, obovales-oblongues, acuminées, doublement dentées, légèrement pubescentes en dessous ; à fleurs blanches, longuement pédicellées, sortant par deux ou trois trous de chaque bouton ; à fruits petits, de forme un peu oblongue, rouges, à pulpe adhérente au noyau et à l'épicarpe, à suc coloré. L'autre est le Cerisier commun (*Cerasus vulgaris*), espèce qu'on ne connaît pas en Europe à l'état sauvage, qui est le type des Guigniers et des Bigarreautiers.

PLEINE TERRE. — *Choix du terrain*. Le Cerisier croît dans tous les terrains quand ils ne sont ni trop secs ni trop humides. Il aime les terres légères, franches et profondes, et donne d'excellents fruits dans les terrains calcaires.

Multiplication. On multiplie les Cerisiers par la greffe, soit en fente, soit en écusson à œil dormant, sur de jeunes plants de Merisier, si l'on veut des arbres à haute tige, et sur des plants de Cerisier Mahaleb, vulgairement Cerisier de Sainte-Lucie, si l'on veut des pyramides ou des espaliers qu'on met dans des terrains calcaires. Quelle que soit, au reste, l'espèce choisie pour la greffe, elle n'influe en rien sur la qualité du fruit.

Culture en plein vent. Le plein vent est la seule forme sous laquelle les Cerisiers soient réellement productifs. On ne prend d'autre soin que d'enlever de l'arbre le bois mort ou les branches inutiles.

Le Cerisier réussit fort bien en pyramide et donne beaucoup de fruits, quand on a soin de choisir des variétés fertiles.

Culture en espalier. Le Cerisier Griottier réussit en espalier à toutes les expositions; mais surtout à une exposition chaude qui lui fait produire des fruits précoces. L'inconvénient du Cerisier en espalier, est qu'il occupe inutilement un emplacement susceptible d'être consacré à des fruits qui donnent davantage et qui ne s'accommodent pas d'une autre culture.

Récolte et *Conservation*. La récolte des Cerises se fait de la mi-mai au mois de septembre. Ces fruits se gardent à peine quelques jours. On ne les conserve au-delà de ce temps qu'en les faisant sécher ou en les mettant dans du sucre ou de l'eau-de-vie.

Observations. On peut cultiver, si l'on a un grand emplacement, quelques pieds du Merisier des bois; il donne une grande abondance de fruits noirs, qui fournissent, par la distillation, la liqueur connue en Allemagne sous le nom de *kirschenwasser* et en France sous le nom de *kirsch*. On sait aujourd'hui qu'on obtient partout, quand l'opération est bien conduite, du kirsch aussi bon que celui de la forêt Noire.

Il y a dans le genre Cerisier trois races distinctes :

Guignes.

Fruits en cœur à chair molle et juteuse, très-foncée, mais manquant de parfum. Les Guignes sont exclusivement cultivées en plein vent et non autrement.

Bigarreaux.

Fruits en cœur, marqués d'un sillon profond, chair ferme, croquante et très-agréable. Les Bigarreaux ont l'inconvénient d'être presque toujours verreux. Comme les Guignes, les Bigarreaux se cultivent en plein vent. Ce sont de grands et beaux arbres à rameaux dressés et fort élégants.

Cerises.

Les fruits du Cerisier sont sphériques, rouges ou cramoisis, à chair fondante, juteuse, sucrée avec une acidité plus ou moins prononcée. Ces arbres diffèrent des précédents par leur forme en tête, leurs feuilles plus petites et d'un vert plus obscur. Les Cerisiers se cultivent en plein vent, en pyramide et en espalier.

CHOIX DE VARIÉTÉS PAR ORDRE DE MATURITÉ.

Fin de mai.

Cerise de mai hâtive, grosse Guigne noire, Guigne nouvelle hâtive (grosse, de première qualité).
— rouge de mai, Cerise précoce de mai, Duc de mai, Angleterre hâtive (assez grosse, rouge noirâtre à chair tendre, sucrée).
— Elton, Bigarreau Elton (assez grosse, très-belle, rose clair, à chair douce, ferme).
Guigne rose hâtive, Cerise de mai rose (moyenne, rouge foncé, très-juteuse).
Bigarreau de mai (gros, rose).
Griotte naine précoce, Précoce de Montreuil (petite, rouge clair, à chair d'abord blanche, acidulée ; arbre pour espalier).

Juin.

Guigne noire précoce ou Early Black, Cœur noir ou Black-heart (grosseur moyenne, noire, à chair douce, très-tendre).
— noire de Tartarie, Guigne noire de Circassie, Guigne noire de Russie, Tartarion noir, en anglais Tartarion-Black (gros, noir luisant, à chair douce très-tendre, pourpre foncé).
— royale, Double royale (grosse, très-bonne).
— blanche (moyenne, blanche, à chair très-sucrée, très-tendre).
— rouge (moyenne grosseur, rouge, à chair tendre, douce).
— d'Adam (moyenne grosseur, rouge pâle, à chair très-tendre, douce).
— Beauté de l'Ohio ou Ohio beauty (grosse, rose, à chair douce).
— de Buxeuil (grosseur moyenne, rose clair ambré, à chair douce).
— Lucie (petite, rose, à chair tendre).
— Guindole (grosse, rose, à chair tendre ; arbre très-fertile).
— précoce de Tarascon (grosse, rouge, à chair très-tendre ; arbre très-fertile).
Bigarreau noir à gros fruit (gros, noir pourpré, à chair ferme).
— noir précoce, Bigarreau hâtif petit (petit ou moyen, à chair rouge foncé).
— Jaboulay (gros, rouge foncé, à chair ferme.
— petit rouge hâtif (petit, rose, à chair ferme).
— Cleveland (gros, rose ambré, picté de rose transparent).
— Coé transparent (gros, rouge, à chair tendre).
— Rockport (gros, rose).
— monstrueux de Mézel (très-gros, rouge vermillon, à chair rose, sucrée, ferme).

Cerise rouge Muscat, Cerise Guigne (grosse, rouge foncé, à chair rouge).
— impératrice Eugénie (grosse, rouge foncé, à chair ferme, douce, très-légèrement acidulée).
— duchesse de Palluau, Cerise docteur Bretonneau (grosse, rouge foncé, à chair très-
   tendre, douce, un peu acidulée).
— de Montmorency à longue queue (assez grosse, déprimée, rouge à longue queue, à
   chair blanche, sucrée, mais un peu acidulée).

Juillet.

Cerise de Montmorency à courte queue, Gros Gobet, Gobet à courte queue, Cerise la
   Reine, Cerise de Kent) (grosse très-déprimée, rouge vif, à queue courte, à chair
   fine d'un blanc pâle, douce, un peu acidulée; mûrit quinze jours après la Montmorency à longue queue).
— Montmorency de Bourgueil (grosse, déprimée, rouge vif, à chair douce peu acidulée).
— Amarelle royale, Cerise admirable de Soissons (très-grosse, rouge clair, d'excellente
   qualité).
— royale (grosse, un peu comprimée, rouge brun très-foncé, à chair rouge très-tendre).
— Griotte douce royale, Cerise du Docteur, Griotte de Portugal, Cerise portugaise, royale
   de Hollande, courte-queue de Bruges (grosse, très-aplatie, rouge très-brun, à chair
   rouge foncé, très-juteuse, un peu acidulée).
— épiscopale (grosse, rouge foncé, un peu acidulée, très-belle).
— Reine Hortense, Monstrueuse de Bavay, Reine des Cerises, belle Audigeoise, Belle
   suprême, etc. (très-grosse, rose foncé, à chair douce, excellente).
— de Planchoury (grosse, cordiforme, rouge vif ponctué de rouge clair, à chair sucrée,
   acidulée).
— belle d'Orléans (grosse, rouge foncé, à chair juteuse acidulée).
— belle de Choisy, Cerise doucette (de moyenne grosseur, rouge clair, ambrée, douce,
   acidulée; très-bonne).
Bigarreau Downton, Cerise Downton (gros, en cœur arrondi, rose clair, à chair ferme,
   douce).
— Princesse (gros, noir, à chair ferme).
— Napoléon, Bigarreau royal, Gros Bigarreau de princesse de Hollande, grosse Cerise
   de princesse (très-gros, en cœur, rose vif marbré de rose clair, à chair succulente sucrée).
— commun, Grafflon, Cerise croquante (gros, marbré de rouge, à chair très-tendre).
— de Reverchon (gros, rouge brun presque noir, à chair rose douce).
— à gros fruit rouge, gros Bigarreau (gros, rouge noirâtre, à chair ferme, douce).
— d'Esperen, Bigarreau des Vignes (gros, rouge clair et chamois, à chair sucrée
   excellente).
— Gros-Cœuret, Cœur de Pigeon, Marcelin, Bigarreau de Hollande (gros, rouge clair,
   très-bon).
— blanc, Bigarreau d'Espagne (assez gros, rouge clair, à chair sucrée).
— jaune (petit, chair peu parfumée).
Guigne marbrée (grosse, panachée de rouge).
— toupie (de grosseur moyenne, en cœur aigu, rose foncé).

Août.

Guigne rival (de grosseur moyenne, rouge très-foncé noirâtre, à chair acidulée).
— jaune, Cerise à soufre, Cerise espagnole jaune (de grosseur moyenne, couleur d'ambre, à chair douce).
Cerise Lemercier (assez grosse, arrondie déprimée, rouge foncé, à chair rougeâtre très-juteuse, sucrée, un peu acidulée).

Cerise Guindoux de Provence, Guigne douce de Provence (grosse, ronde, rouge noirâtre, très-juteuse, sucrée, acidulée).

— Fisbach, Cerise Malacord (très-grosse, rouge vif et rouge ambré, à chair douce sucrée).

— Belle de Chatenay, Belle de Sceaux, Belle magnifique, Cerise de Spa (grosse, rouge clair, à chair douce acidulée).

— Anglaise tardive, véritable Cerise anglaise, Late duke, en français Feu le duc (grosse, rouge vif, à chair ferme douce).

Septembre.

Bigarreau de septembre, Merveille de septembre (petit ou moyen, rouge, de médiocre qualité).

Octobre.

Cerise belle Agathe (de grosseur moyenne, rouge clair marbré de pourpre foncé, à chair très-juteuse, douce, la meilleure, dit-on, de cette saison).

— à l'eau-de-vie, Grosse Cerise à plomb longue, Cerise Picarde, Griotte du Nord, Griotte seize à la livre (grosse, rouge foncé, à chair ferme très-acide ; très-bonne pour confiture, mais peu mangeable crue).

— Morello de Charmeux (grosse, rouge foncé, presque noirâtre, à chair juteuse peu acide, assez agréable).

— de la Toussaint, Cerise de la Saint-Martin (de grosseur moyenne, rouge à chair très-acide ; convient seulement pour confiture).

Chalef argenté ou à feuilles étroites ; Olivier de Bohème.

Elæagnus angustifolia Lin.; *Elæagnus orientalis.* (*Éléagnées.*)

Le genre Chalef, qui est le type de la famille des Éléagnées, a pour principaux caractères : feuilles alternes, couvertes de petites écailles brillantes ; ramules souvent spinescents ; fleurs axillaires pédicellées ; fruit de l'apparence d'une Olive ou d'une petite Prune oblongue. Ce fruit est couvert d'une peau épaisse, d'un jaune rougeâtre, rempli d'une pulpe agréable et farineuse ayant le goût de la Datte ; il jouit d'une grande réputation en Orient et particulièrement en Perse. Le genre Chalef renferme environ une vingtaine d'espèces connues. Ce sont des arbres ou des arbrisseaux croissant dans l'Europe centrale, l'Asie tempérée, et surtout dans le Japon. Le bois en est tendre et ne peut guère servir que pour le chauffage. Une espèce fort intéressante est le Chalef réfléchi (*Elæagus reflexus*), qui a été décrite par M. Decaisne, et qui est sans contredit la plus belle du genre ; elle a des feuilles d'un vert foncé en dessous et parsemées de petites verrues blanches, et d'un roux ferrugineux plus ou moins vif en dessous ; les fleurs sont nombreuses, ponctuées, d'une pourpre pâle, et d'une odeur agréable (voir l'*Horticulture, Végétaux d'ornement*, p. 265). Le Chalef se multiplie de boutures et réussit dans les terrains sablonneux.

Cornouiller mâle (Pl. XXIX, fig. 6).

Cornus mascula Lin. (*Cornées.*)

Le Cornouiller mâle, ou Cornier, est un petit arbre dont la tige, haute de 4 à 5 mètres, couverte d'une écorce ridée, se divise en nombreux rameaux opposés, presque glabres, portant des feuilles opposées, courtement pétiolées, ovales, aiguës, entières, luisantes en dessus, glabres ou légèrement pubescentes en dessous. Les fleurs, qui paraissent avant les feuilles, sont jaunes et groupées en petites ombelles entourées d'un involucre à quatre folioles ; elles présentent un calice très-petit, à quatre dents, une corolle à quatre pétales, quatre étamines, à anthères ovoïdes, un ovaire simple, ovoïde, biloculaire, surmonté d'un style court terminé par un stigmate obtus. Le fruit, appelé Cornouille ou Corne, est une drupe ovoïde, rouge ou jaunâtre, ombiliquée, à pulpe acidule, renfermant un noyau osseux. On en fait des confitures, des marmelades et des boissons vineuses. Quoique aigrelet, il est, pour certaines personnes, agréable à manger. On le fait quelquefois confire pour le servir en guise d'Olive. Le bois est dur, tenace, d'un grain fin, susceptible d'un beau poli ; il est employé par les ébénistes et les tourneurs.

Le Cornouiller sanguin (*Cornus sanguinea* Lin.), désigné vulgairement sous le nom impropre de Cornouiller femelle, se distingue du précédent par sa taille moins élevée, ses branches ordinairement rougeâtres, par ses fleurs blanches, assez grandes, paraissant après les feuilles, et groupées en corymbes rameux, dépourvus d'involucre, enfin par son fruit noir, petit, globuleux, couronné par le limbe du calice et à saveur amère. Ce fruit est fort inférieur à celui du Cornier mâle.

Ces deux espèces sont indigènes de presque toutes les régions de l'Europe ; la première habite surtout les bois, et la seconde les haies (voir, pour les autres espèces de Cornouillers, la *Flore médi-*

cale du XIXe siècle, t. I, pp. 395 à 397 ; l'*Horticulture*, *Végétaux d'ornement*, p. 262; et la *Flore agricole et sylvicole*, famille des Corniers).

PLEINE TERRE. — *Choix du terrain*. Le Cornouiller à fruit comestible est un arbre robuste qui croît dans tous les terrains et ne redoute pas une exposition ombragée.

Multiplication et *Culture*. Quand on veut propager les Cornouillers dans les jardins, on emploie la semence, qui doit être mise en terre aussitôt après la récolte; elle lève au printemps suivant. On laisse le plant pendant deux ans sans y toucher, en se bornant à de simples sarclages. Dans la troisième année, on le met en pépinière à 30 centimètres de distance, et ce n'est que quand il est assez fort, c'est-à-dire trois ou quatre ans après, qu'on le met en place. Les rejetons sont fort nombreux : on les lève en automne et on les met en pépinière pendant une année ou deux, puis on les met en place. Les marcottes se font à l'automne. Elle reprennent dans le courant de l'année et peuvent être levées à l'automne suivant pour être mises en pépinière. Les boutures se font au mois de mars ou d'avril, quand l'arbre est en fleurs. On a soin d'y laisser un talon de bois de deux ans. On les met dans un terrain frais et ombragé, et on les lève à l'automne suivant pour les mettre en pépinière pendant deux ou trois ans. On greffe les variétés en fente sur l'espèce, et on transplante au premier printemps.

La culture est nulle. La taille se borne à supprimer les branches mortes et à régulariser la forme de l'arbre en maintenant l'équilibre des rameaux. On peut, si l'on ne veut pas consacrer trop de place à ces arbres, de mérite inférieur, les cultiver en haie : car le Cornouiller supporte fort bien le ciseau.

Récolte et *Conservation*. A l'automne on récolte les fruits, mais seulement quand ils sont bien mûrs. Leur conservation est de peu de durée : il faut les consommer le plus tôt possible à leur maturité. Néanmoins l'auteur du *Jardinier français* dit avoir fait confire des Cornouilles au sel, et les avoir fait passer pour des Olives de Vérone. Il assure que la couleur et le goût en sont peu différents. Pour cela il les cueillait au moment où elles commencent à rougir; il les mettait dans des pots remplis d'eau salée, y ajoutait du Fenouil ou du Laurier, bouchait le vase et n'y touchait que trois mois après.

Cornouiller à fruits jaunes.   Cornouiller à fruits blancs.
—   à gros fruits ou Acurnier.

Ginkgo à deux lobes; arbre aux quarante écus.

Ginkgo biloba Lin.; *Salisburia adianthifolia* Smith. (*Taxinées.*)

Le genre Ginkgo a été établi par Kœmpfer pour un grand arbre de la Chine et du Japon, à tige droite, de 25 à 30 mètres, à rameaux étalés, formant une cime pyramidale; à feuilles cunéiformes, en éventail, bilobées, fasciculées sur les vieux bois, alternes sur les pousses de l'année, vert jaunâtre, caduques; à fleurs mâles, en petits chatons jaunâtres; le fruit est une drupe d'un jaune verdâtre d'abord, jaune à maturité, assez semblable à une Prune de mirabelle, contenant une amande blanche, savoureuse, que les Chinois et les Japonais mangent crue ou rôtie, et qui rappelle à peu près le goût de la Châtaigne.

PLEINE TERRE. — *Culture* et *Multiplication*. On cultive, depuis plus d'un demi-siècle, le Ginkgo dans nos jardins d'agrément à cause de son port élégant et de son feuillage singulier. Il y réussit fort bien et résiste à nos hivers les plus durs; mais nous n'avons rien fait pour rapprocher les deux sexes de cet arbre, dont on pourrait avoir un individu mâle au milieu d'un groupe de femelles, et dont on pourrait même chez nous obtenir des fruits. Peut-être est-ce plutôt par suite de l'ignorance où l'on est de l'excellence de ce fruit qu'on ne le cultive pas dans nos jardins autrement que pour l'ornement. Dès qu'on s'en occupera, on obtiendra des fruits édules.

Il faut au Ginkgo une terre franche, légèrement humide, profonde, car sa racine est pivotante, et une exposition chaude et ombragée. On le multiplie de rejetons et de marcottes, ou de boutures faites à la fin de février, en terre douce et à l'ombre, avec des branches de l'année ayant un talon de bois de deux ans. On multiplie aussi de semis en terre franche, mélangée de terreau ou de terre de bruyère ; on repique la troisième année.

Guignier.

Voir au mot *Cerisier*.

Jujubier commun.

Rhamnus Zizyphus Lin.; *Zizyphus vulgaris* Lam. (*Rhamnées.*)

Le genre Jujubier se compose d'arbres de 12 à 16 mètres, réduits à l'état d'arbrisseaux rameux de 6 à 10 mètres; on en connaît une vingtaine d'espèces qui habitent principalement les contrées qui bordent la Méditerranée, les régions voisines des tropiques et aussi l'Amérique intertropicale. Pline nous apprend qu'au temps de la république romaine, le Jujubier n'existait pas en Italie, et qu'il y fut apporté de Syrie sous le consulat de Sextus Papirius, c'est-à-dire aux premiers jours de l'ère vulgaire, et qu'il ne tarda pas à se répandre à cause de la beauté de sa tige et du feuillage brillant qui le décore. C'est ce qui a fait dire, en général, qu'il appartient à d'autres contrées. Sa tige tortueuse, rude, crevassée, se garnit dès la base de nombreuses branches à écorce d'un brun rougeâtre, émettant des rameaux annuels, verts, grêles, filiformes, flexueux, épineux. Les feuilles sont alternes, brièvement pétiolées, ovales-oblongues, acuminées, arrondies à la base, dentées, assez fermes, d'un vert clair et brillant, et marquées de trois à cinq nervures longitudinales fortement saillantes. Les fleurs, d'un jaune pâle, petites, sont solitaires à l'extrémité de courts pédoncules axillaires; elles présentent un calice à cinq sépales, une corolle à cinq pétales, cinq étamines à filets courts, à anthères d'un beau rouge vif, un pistil composé de deux carpelles et inséré sur un disque globuleux. Les fruits, appelés Jujubes, et dans le Bas-Languedoc *Guindulos,* qui succèdent à ces fleurs, sont des drupes de la force et de la grosseur des Olives, à peau lisse, coriace, d'abord verte, puis jaune, enfin rouge, à chair jaunâtre, molle et visqueuse à la maturité, à noyau allongé, ligneux, rugueux, très-dur, divisé en deux loges dont chacune renferme une graine aplatie, arrondie, lenticulaire et jaunâtre. Ces fruits, d'un goût assez agréable, même avant parfaite maturité, sont fermes, sucrés, très-nourrissants quand ils sont arrivés à point. Ils ont pour propriétés de calmer un peu la soif, d'amortir la force des fièvres ardentes, de soulager les personnes affectées de toux et de catarrhes. Séchées au soleil, les Jujubes constituaient, avec les Dattes, les Figues et les Raisins, ce qu'on nommait les fruits béchiques ou mucoso-sucrés. Le docteur Reveil (*Flore médicale*, t. I, p. 186) se plaint, avec raison, que l'on ait supprimé le fruit du Jujubier de la pâte dite de Jujube, qui n'est plus, dit-il, qu'une préparation de sucre et de gomme aromatisée avec un peu d'eau de fleurs d'Oranger. Le bois du Jujubier commun est dur, de couleur roussâtre; il est susceptible d'un beau poli, ce qui le fait assez souvent employer pour le tour, n'étant pas assez gros pour un autre usage.

PLEINE TERRE. — *Multiplication* et *Culture*. Le Jujubier peut être multiplié facilement par graines et par drageons. Il se plaît surtout dans les terrains légers, sablonneux et secs. Dans le midi de la France, on le cultive en plein vent; dans le nord, il demande une exposition au midi, contre un mur, et il doit même être couvert pendant l'hiver. Il végète lentement et pousse tard. Dans le midi, on a raison de le propager de semences; dans le nord, comme cette voie est fort lente, il vaut mieux déraciner, pour les replanter, les jeunes pieds qui sortent de terre autour du tronc. En plantant les Jujubiers près les uns des autres et en inclinant les jeunes branches, on peut obtenir des haies à la fois impénétrables et productives.

Observations. Une espèce de Jujubier fort célèbre est celui des Lotophages ou Jujubier Lotos (*Zizyphus Lotus* Lam.; *Zizyphus sativa* Gærtn; *Zizyphus Lotos* Desf.; *Rhamnus Lotus* Lin.), que l'on croit originaire de la chaîne de l'Atlas et des plaines arides et incultes de l'Afrique méditerranéenne. On en voit en Sicile, en Portugal, etc. C'est un arbuste de 2 à 4 mètres, dont les nombreux rameaux, d'un gris blanchâtre, tantôt se dressent, tantôt se courbent vers la terre, et sont munis, dans leur jeunesse, de deux piquants à chaque nœud. Les feuilles, alternes, ovales, obtuses, crénelées, trinervées, glabres, un peu rudes, sont pourvues d'un pétiole très-court. Les fleurs, petites, d'un blanc pâle, solitaires ou glomérulées et situées aux aisselles des feuilles, s'épanouissent au printemps. Le fruit, de la grosseur d'une Prune sauvage, d'abord vert, puis safrané dans la maturité, est de forme sphérique et renferme un noyau petit, osseux, arrondi, biloculaire. C'est ce fruit qui, dans l'antiquité, était l'aliment favori des Lotophages, ancien peuple de l'Afrique occidentale, qui habitait plus particulièrement l'île dite des Lotophages, autrement Menynx, aujourd'hui Zerbi ou Gerby. Selon ces peuples, l'effet des fruits du Lotos était de faire oublier la patrie aux étrangers et de les attacher invinciblement au pays où on les recueillait. Au rapport de Polybe, les Lotophages les broyaient et les renfermaient dans des vases pour les manger en conserve. Ils en faisaient aussi une liqueur qui ne se conservait pas au-delà d'une décade. De nos jours, les habitants du nord de l'Afrique mangent ces fruits, les vendent sur les marchés et en préparent encore une liqueur. Leur saveur se rapproche beaucoup de celle des Dattes et des Figues. On en fait aussi une sorte de pain ressemblant assez, par l'odeur et la couleur, aux pains d'épices les plus délicats. Le Jujubier Lotos souffre beaucoup du froid. Il serait pourtant susceptible d'être cultivé en Corse et même dans certaines parties de nos départements méditerranéens, en ayant soin de le mettre à l'abri des vents du nord.

Le Jujubier des Ignanes (*Zizyphus Ignaneus*), que l'on pourrait aussi cultiver, en bonne exposition, dans nos départements méridionaux, croît aux Antilles, particulièrement dans l'île de Curaçao, où, sous le nom de *Cerise sauvage,* on mange son fruit jaunâtre, pulpeux et assez agréable au goût.

On distingue encore le Jujubier des Chinois (*Zizyphus sinensis*), arbuste plus élégant que le précédent et que l'on cultive dans nos jardins botaniques. En Cochinchine, on mange les fruits du Jujubier agreste (*Zizyphus agrestis* Lour.).

Le Napka des Égyptiens modernes et des Arabes (*Zizyphus Napeca* Lam.), appelé par Linné *Rhamnus spina Christi* parce que, dit-on, la couronne d'épines qui figure dans la Passion fut faite avec ses rameaux, appartient aussi au genre Jujubier. Il est de la taille d'un gros Poirier; sa manière de se ramifier et la forme de ses feuilles, ont, avec cet arbre, une assez grande ressemblance pour qu'on puisse s'y méprendre à première vue. Ses fruits mûrissent successivement; ils sont d'un vert jaunâtre, un peu colorés en rouge du côté qui regarde habituellement le soleil, et leur parfum est le même que celui de la Pomme reinette; ils contiennent un noyau oblong et à deux loges. Le bois de Napka est souvent employé, en raison de sa force et de sa dureté, pour la construction des barques qui naviguent sur le Nil.

Leprieur et Perrotet signalent une espèce de Jujubier du Sénégal (*Zizyphus bardei*) dont les fruits sont vénéneux, mais dont les racines passent, auprès des nègres, pour avoir des usages médicinaux.

Merisier.

Voir au mot *Cerisier*.

Olivier commun. (Pl. XXIX, fig. 4.)

Olea Europæa Lin. (*Oléinées-Oléées.*)

Quoique l'Olivier appartienne à la *Flore agricole et forestière* du *Règne végétal,* où il en est traité (voyez à la famille des *Oléinées,* Tribu et Genre II *Oléées*), et qu'il en soit aussi assez largement question dans la *Flore médicale du XIX° siècle* (t. II, p. 452 à 456), nous en parlerons encore ici à cause de ses fruits, qui sont si recherchés sur les tables, et qui nous procurent des huiles préférées à toutes les autres.

L'Olivier est un arbre dont la tige, susceptible de s'élever à 10 ou 15 mètres, est couverte d'une écorce lisse, cendrée; elle se divise en branches et en rameaux tortueux, dont l'ensemble forme une cime irrégulière. Les feuilles sont opposées, courtement pétiolées, oblongues, étroites, lancéolées, aiguës, entières, fermes, dures et coriaces, lisses, persistantes, d'un vert grisâtre en dessus, blanchâtres en dessous. Les fleurs, petites, d'un blanc jaunâtre, forment des grappes courtes et serrées à l'aisselle des feuilles de l'extrémité des rameaux.

Le fruit est une drupe ovoïde, à noyau dur et osseux, ou chartacé et fragile, divisé intérieurement en deux loges qui devraient renfermer chacune deux semences, mais dont l'une avorte toujours; cette drupe, verte d'abord, devient d'un violet noirâtre à sa maturité.

L'Olivier n'est pas indigène de l'Europe, comme semblerait l'indiquer la dénomination spécifique d'Olivier d'Europe. Il croît spontanément en Afrique dans la chaîne de l'Atlas, en Asie, dans la Syrie, l'Arabie, la Perse. Il semblerait que d'abord il aurait été transporté d'Asie en Grèce à une époque très-reculée, puisque, d'après la mythologie, Minerve en aurait doté Athènes naissante. Il est probable que ce fut vers le septième siècle avant J.-C. qu'il fut introduit par les Phocéens dans leurs colonies gauloises. L'Olivier d'Europe est une des plus importantes cultures des départements de la Vaucluse, du Var, du Gard, des Basses-Alpes, des Alpes-Maritimes, de l'Hérault, de l'Aude, des Pyrénées-Orientales; il ne descend guère en France plus bas qu'Orange d'un côté, et que Castelnaudary de l'autre. En Italie, il ne descend pas en deçà du lac de Garde, et ne se trouve pas en Afrique au-delà de l'Atlas, ce qui prouve qu'il n'est propre ni aux climats trop froids, ni aux climats trop chauds. Il gèle à 12 degrés centigrades, mais il redoute les gelées du printemps. « On peut, dit Duhamel de Monceau, en élever dans les jardins (sous le climat de Paris), moyennant quelques précautions, mais simplement pour la curiosité. Ils y supportent les hivers ordinaires sans être couverts, et l'on peut en élever en buisson, pourvu qu'on mette un peu de litière sur les racines; si alors les gelées très-fortes font périr les branches, les souches repoussent de nouveaux jets. » Le même auteur ajoute qu'il en avait, en espalier, à sa campagne (près de Pithiviers), et que même il en recueillait quelques fruits dans les années chaudes et sèches.

PLEINE TERRE. — *Choix du terrain.* L'Olivier s'accommode de tous les terrains, excepté quand ils sont marécageux; mais on ne le plante pas dans les terres riches et fertiles, parce qu'alors il pousse en bois et donne peu de fruits. On choisit les coteaux arides et sablonneux exposés au midi ou au levant et abrités contre les vents froids. On est généralement d'avis, en Provence, qu'un terrain mêlé de cailloux est le plus favorable, et que l'huile, provenant des Olives, est alors beaucoup plus fine et se conserve plus longtemps.

Multiplication. On multiplie l'Olivier de drageons, qu'on laisse se développer pendant deux ou trois années avant de les enlever; on emploie, outre les éclats de racines, les marcottes et les boutures, qui fructifient au bout de cinq à six ans. On ne le sème que très-rarement, parce que de cette manière il croît avec trop de lenteur, et qu'il lui faut alors douze années avant de donner assez de fruits pour récompenser le cultivateur de ses soins; cependant les arbres venus de semence sont réputés les meilleurs. Dans ce cas, on sème en avril, et, pour hâter la germination, on casse le noyau, en ayant soin de ne pas blesser l'amande.

Plantation. On plante les Oliviers à peu près en toute saison, mais plus généralement au printemps dans les sols humides, et en automne dans les terres sèches. On les met dans des trous larges et profonds ou des tranchées dont la terre ne peut être trop remuée. Il faut laisser entre chaque pied 15 mètres dans les bons terrains, et 12 dans les mauvais. La plantation en quinconce est la meilleure; on les plante cependant aussi en allée, et quelquefois même dans les haies ou bien autour des habitations.

Greffe. On greffe les bonnes variétés sur l'Olivier franc. On greffe en fente sur les vieilles branches, en écusson sur les jeunes. Cette opération a lieu au printemps.

Culture. La culture de l'Olivier demande beaucoup de soins, si l'on veut obtenir des produits abondants. Ordinairement on donne trois labours croisés, accompagnés de binages, en février, mai et août; mais on ne fouille pas trop le sol de peur de blesser les racines; 27 centimètres de profondeur suffisent, et l'on évite même de passer la charrue sur la partie la plus rapprochée du pied des arbres, que l'on remue seulement avec la houe. Au dernier labour, on fait un buttage et l'on met du fumier consommé de cheval, de mouton ou de chèvre, à une certaine distance des trous, pour agir sur les radicules.

On ne laisse jamais l'Olivier atteindre sa hauteur naturelle, parce que la récolte des fruits est plus difficile; qu'il donne plus de prise au vent qui casse ses branches, et que plus les branches sont près du sol, plus ses fruits mûrissent facilement.

Taille. Quoiqu'on puisse abandonner l'Olivier à lui-même, on fait néanmoins mieux de le tailler, parce que par cette opération l'on obtient plus de fruit.

La taille a pour but d'enlever les branches mortes, celles qui sont trop faibles; d'arrêter le développement des gourmands; d'empêcher l'arbre de trop s'élever, et de diminuer la surabondance de ses rameaux. Il ne faut pas tailler trop court pour ne pas ralentir la production, car si l'on rabattait les branches, on aurait des rameaux seulement la seconde année et des fruits la troisième. Dans la taille ordinaire, on a des produits tous les deux ans, et c'est la loi ordinaire pour les Oliviers abandonnés à eux-mêmes.

L'époque la plus favorable pour la taille est mars et avril; on peut néanmoins tailler pendant tout le cours de l'hiver.

Récolte. Le moment le plus convenable pour cueillir les Olives est le mois de novembre, quoiqu'elles ne soient pas complétement mûres à cette époque; mais elles donnent une huile de meilleure qualité. Le docteur Reveil a néanmoins pu dire, dans la *Flore médicale,* que, pour l'extraction de l'huile, on cueillait les Olives à leur parfaite maturité, c'est-à-dire lorsqu'elles sont d'un violet tellement foncé qu'elles paraissent noires; car beaucoup de cultivateurs ne font la récolte qu'en février et mars. On cueille les Olives à la main dans certains cantons, on les gaule dans d'autres. Cette dernière méthode, plus expéditive, en meurtrit un grand nombre et les fait s'altérer plus promptement. Quant aux Olives vertes destinées à être servies sur nos tables, on les cueille quelquefois dans les mois de juin et juillet.

Conservation. Les Olives ne se conservent pas *fraîches* au-delà de quelques jours. Celles que l'on cueille pour être conservées sont mises, pendant huit ou dix jours, dans de l'eau que l'on renouvelle toutes les 24 heures. Après ce temps on cesse de renouveler l'eau et on les sale fortement. Au bout de quelques jours on en peut faire usage. On les garde plus longtemps si elles ont été soumises pendant quelques jours à l'action d'une lessive faiblement caustique.

C'est la préparation propre aux Olives Picholines. Les Olives confites les plus délicates sont celles qui sont privées de leur noyau au sortir de la saumure, et qu'on met dans de l'huile fine : elles se conservent ainsi pendant deux ou trois ans.

Elles sont meilleures lorsqu'elles restent quelque temps exposées à la chaleur après avoir été tirées de la saumure, d'où vient l'habitude de les tenir dans la poche pour les *pocher,* comme on dit vulgairement.

VARIÉTÉS CULTIVÉES.

Olivier à gros fruit long (*Olea fructu majusculo et oblongo* Tournefort, *O. angulosa* Gouan), qui porte les noms vulgaires d'Olivière, Oulivière, Galiningue, Gallinenque, Laurine. (Cette variété est surtout cultivée aux environs de Béziers. Selon Magnol, elle est peu estimée près de Montpellier. Gouan dit que l'huile qui en provient est médiocre. Mais le fruit, gros, rougeâtre, à long pédoncule, est excellent confit. L'arbre est rustique et résiste bien au froid; son feuillage est ordinairement maigre.)

— à petit fruit rond (*Olea fructu minore et rotundiore* Tournefort, vulgairement Aglandau, Aglandou, Caïanne (variété cultivée surtout dans les environs d'Aix : fruit petit et arrondi, très-amer, donnant une huile excellente et abondante).

— à fruits en forme d'Amande (*Oliva sativa major, oblonga, angulosa, Amygdali forma* Magnol ; *O. amygdalina* Gouan), vulgairement Amellou, Allemengou, Amellenco. (L'une des variétés les plus répandues en Provence et en Languedoc, estimée pour ses fruits gros, ovoïdes, et de forme un peu analogue à celle de l'Amande, arrondis à la base, aigus au sommet, noirâtres, piquetés. On confit ces fruits plus souvent qu'on n'en extrait de l'huile, quoique celle-ci soit très-bonne. L'arbre, très-fertile, croît dans tous les terrains.)

— pleureur ou à fruit de Cornouiller (*Olea media, oblonga, fructu corni* Magnol ; *O. cranimorpha* Gouan), appelé Cormeau, Cornian, en Languedoc Oulibié Courniaou, de Grasse, Plant Salon, Courgnale (variété très-productive, à branches inclinées vers la terre, à fruit petit, arqué, pointu, très-noir, porté sur un pédoncule court, donnant une huile fine).

— à fruit sphérique (*O. sphærica* Gouan), en Provence Aulivoredouno ; en Languedoc Ampoullaou; appelé aussi Baralengue (à fruit plus arrondi que celui des autres variétés, gros noir, donnant une huile délicate).

— à petit fruit oblong (*Olea fructu oblongo minori* Tourn.; *O. oblonga* Gouan), vulgairement Picholine, Saurine. (Variété cultivée principalement en Provence, à fruit allongé, ovale-oblong, à noyau bombé d'un côté, le plus estimé pour confire, donnant néanmoins une huile fine et douce. — Cette Olive a été nommée Picciolini, de ce qu'un Italien de ce nom inventa la manière de la préparer.)

— verdale (*Olea media, rotunda, viridior* Magnol ; *O. viridula* Gouan), appelé aussi Verdaou, Pourridale, Pourriale (variété des environs de Montpellier, médiocrement productive, à fruit ovoïde, tronqué à la base, à long pédoncule, restant longtemps vert, pourrissant souvent à la maturité, d'où lui viennent ses noms de Pourridale et Pourriale).

— à bouquets ou Olivier bouquetier (*Olea minor, rotunda, racemosa* Magnol ; *O. racemosa* Gouan), vulgairement en Languedoc, Oulibié Bouteillaou, Rouget; en Provence, Rapugan, Caïon à grappe; et aussi Boutiane, Ribière, etc. (Variété moins sensible au froid que les autres ; produit variant d'une année à l'autre, quelquefois abondant ; fruit arrondi, noir, à noyau court, en bouquets, donnant une bonne huile , mais qui dépose beaucoup. D'après Garidelle , cette Olive ne serait pas différente de l'*Olive précoce à fruit rond.* « J'ai cru pendant longtemps, avec l'illustre Magnol, dit cet auteur dans son *Histoire des plantes qui naissent aux environs d'Aix*, que c'était ici une espèce particulière ; mais j'ai observé dans plusieurs Oliviers de ma métairie au Tholonet, etc., que ce n'était qu'un jeu de la nature ; car les mêmes Oliviers qui avaient porté ces petites Olives en grappe, en portaient, les années suivantes, de rondes tout à fait semblables à la *Barralenquo*, à la grosseur près. »)

Olivier précoce à fruit rond (*Olea media, rotunda, præcox* Magnol ; *O. e. præcox* Gouan) appelé vulgairement Aulivo barralenquo, Moureau, Mouraoû, Mourette, Mourescale, Négrette (fréquemment cultivé en Provence et Languedoc ; fruit de grosseur moyenne, ovoïde, de couleur très-foncée à sa maturité, à noyau très-petit, porté sur un court pédoncule ; feuilles épaisses, larges, nombreuses).

— Salierne (*Olea minor, rotunda, rubro-nigricans* Magnol ; *Atro-rubens* Gouan), appelé aussi Sagerne et Sayerne (variété cultivée surtout en Languedoc, restant ordinairement basse, sensible au froid, à feuilles petites, à fruit violet-noirâtre, revêtu d'une couche de poussière glauque, arrondi inférieurement, aigu au sommet, donnant une huile très-fine).

— à petit fruit panaché (*Olea minor, rotunda, ex rubro et nigro variegata* Magnol ; *O. e. variegata* Gouan), en Languedoc Oulibié, Pigaoû ou Pigale (fruit de grosseur et de forme variables, passant du vert au rouge, et du rouge au violet, toujours tiqueté de blanc).

— à fruit odorant (*Olea minor lucensis, fructu odorato* Tournefort), appelé aussi Olivier de Lucques et Lucquois (variété à feuilles larges et nombreuses; à fruit très-allongé, courbé en bateau, rougeâtre, tiqueté de blanc, à odeur agréable, des meilleurs à confire, mais de peu de conservation).

— à gros fruit ou d'Espagne (*Olea fructu maxima* Tournefort ; *O. e. Hispanica* Rozier), appelé aussi Espagnol, Plant d'Eiguières de la grosse espèce (variété cultivée surtout en Provence, à fruit plus gros que celui d'aucune autre espèce de nos pays, quoique bien inférieur encore en volume à celui de certaines variétés exotiques, comme celle de Lima, estimé pour confire, mais donnant une huile amère).

— royal (*Olea fructu majori, carne crassa* Tourn.; *O. regia* Cesalpin), appelé en Provence Aulivo Tripardo, Triparde, Triparelle (variété à feuilles petites, étroites, allongées ; à fruit gros, moins cependant que celui de la variété précédente, bon à confire, mais donnant une huile mauvaise).

— à fruit pointu ou à bec (*Olea fructu oblongo, atro-virens* Tournefort), vulgairement Aulivo becu, Ponchudo, Rougette (variété à feuilles étroites, à fruit en pointe à ses deux extrémités, prenant à la maturité une couleur rouge foncé, donnant une bonne huile).

— à fruit blanc (*Olea fructu albo* Tourn.; *O. Alba* Magnol), vulgairement Olive blanche, Blancane, Vierge. (Cette variété, toujours chétive et à peu près inutile, est néanmoins remarquable parce que son fruit ne noircit ni ne rougit à la maturité ; il reste très-petit, avec une chair blanche, semblable à de la cire ; le noyau est proportionnellement très-gros. Les feuilles sont courtes et larges ; les rameaux sont faibles et effilés. Cet Olivier ne se voit guère qu'aux environs de Nice et sur quelques points de la Provence.)

— Pardiguière de Cotignac (produit des fruits en abondance, donne une huile des plus fines).

— à fruit doux. (Variété des environs de Naples, donnant des fruits de moyenne grosseur et assez hâtifs. On les mange quelquefois sans préparation sur l'arbre même. L'huile qu'on en tire est excellente.)

Pêcher. (Pl. XXX à XXXVI.)

Amygdalus Persica Lin.; *Persica vulgaris* Mill. et De Cand. (*Rosacées-Amygdalées.*)

Le Pêcher passe pour être originaire de la Perse. C'est un arbre de moyenne grandeur, dont la tige, couverte d'une écorce brune, lisse, se divise en rameaux allongés, dressés, d'un vert clair, portant des feuilles alternes, pétiolées, lancéolées, étroites, aiguës, dentées en scie, d'un vert glauque sur leurs deux faces, offrant souvent à la base du limbe des glandes de formes diverses qui servent à distinguer les variétés. Les fleurs, d'un beau rose le plus souvent pâle (Pl. XXX, fig. 4), paraissent avant les feuilles, sont rapprochées et presque sessiles; elles présentent un calice tubuleux, rougeâtre en dehors, à tube turbiné, à limbe divisé en cinq lobes ovales-lancéolés, étalés ; une corolle à cinq pétales arrondis, entiers, courtement onguiculés; des étamines insérées sur le tube du calice ; un ovaire simple, libre, ovoïde, uniovulé, surmonté d'un style et d'un stigmate simples. Le fruit est une drupe arrondie (Pl. XXXI), à chair épaisse et succulente, à noyau presque arrondi, pointu, sillonné renfermant une graine à cotylédons charnus et volumineux.

Les botanistes sont divisés sur la question de savoir si les nombreuses variétés de Pêchers que l'on cultive en Europe appartiennent à une seule espèce ou à deux espèces distinctes. Les uns, parmi lesquels on compte MM. de Candolle et Seringe, admettent deux espèces différentes : le Pêcher commun (*Persica vulgaris* Miller.) à fruit duveté, et le Pêcher à fruit lisse (*Persica lœvis* De Cand.). Les autres, en plus grand nombre, croient à l'existence d'une espèce unique dans laquelle ils admettent deux ou trois races, subdivisées en variétés. On verra, dans les quelques mots qui précèdent la nomenclature des Pêches, ce qu'on doit penser de cette division.

Pleine terre. — *Observations préliminaires.* L'éducation du Pêcher est l'écueil des horticulteurs et à plus forte raison celui des amateurs. Il faut, pour bien conduire cet arbre et en tirer tout le parti qu'on en peut espérer, une habileté qui ne dépend que de l'habitude et ne reçoit rien de la théorie. C'est donc aux plus habiles praticiens qu'il faut s'adresser, et parmi les plus experts il faut citer les habitants de Montreuil, près Paris, ce riche village dont toute la fortune vient de la bonne culture de ses Pêchers.

Cette culture, qui renferme tant de problèmes restés longtemps sans solution, a été, depuis l'introduction de cet arbre, qui remonte à 1562, l'objet d'études non interrompues de la part des horticulteurs. Le Pêcher méritait à tous égards qu'on s'occupât ainsi de lui, car il est peu d'arbres dont les fruits soient aussi brillants et aussi exquis, ce qui lui fera toujours occuper la première place dans nos jardins. Après avoir fait les délices des vergers de nos rois et orné de ses fruits leurs festins splendides (la Quintinie en avait établi des espaliers dans quinze des jardins qui entourent le grand carré du potager de Versailles), il s'est répandu chez les petits propriétaires, dont il a récompensé le labeur par ses produits parfumés; puis des cultivateurs, lui consacrant exclusivement toute leur industrie, y ont trouvé une honnête aisance. Mais il s'en fallait de beaucoup que la bonne éducation du Pêcher fût à la portée de tous, et qu'elle pût promptement arriver à la perfection; il était nécessaire pour cela que de longues générations de cultivateurs vinssent, par des essais multipliés, simplifier les méthodes et remédier aux défauts des procédés antérieurs.

Pourtant le Pêcher, écueil de tant de jardiniers, croît avec une vigueur à laquelle atteignent peu d'arbres à fruits; depuis les premiers jours du printemps jusqu'à la moitié de l'automne, il ne cesse de végéter avec une exubérance qui tournerait à son détriment, si la main patiente du jardinier n'était là pour tempérer son ardeur et en équilibrer les différentes parties, afin d'en obtenir des produits assurés en rapport avec sa force.

Après avoir succinctement parlé des meilleures conditions de plantation du Pêcher, telles que le choix du terrain, l'exposition, les murs, abris, etc., nous examinerons en peu de mots les avantages et les défauts de la taille à la Montreuil; nous traiterons, avec tous les développements que comporte le sujet, de l'éducation sous la forme carrée, qui est universellement reconnue pour la plus parfaite.

quoique le désir immodéré d'avoir de rapides produits lui fasse aujourd'hui préférer la disposition oblique; nous terminerons par la description de toutes les variétés de Pêchers qui ont trouvé place dans les vergers.

Du terrain qui convient le mieux au Pêcher.

Il ne faut pas attribuer le succès des jardiniers de Montreuil à l'excellence de leur sol : il est, au contraire, comme celui de la plupart des environs de Paris, d'assez médiocre qualité et bien loin d'avoir partout une nature et des qualités identiques ; mais le Pêcher n'est pas aussi difficile qu'on le pense sur le choix du terrain ; il vient à peu près partout et ne doit sa réussite qu'aux soins attentifs dont il est l'objet. Une terre ayant une profondeur suffisante pour qu'il puisse y plonger ses longues racines pourra, quelle qu'en soit la nature, lui fournir les matériaux d'une végétation vigoureuse. Toutefois, on doit dire qu'il se plaît mieux dans un sol léger reposant sur un fond perméable qui laisse filtrer les eaux pluviales et permet à l'arbre de chercher partout, sans obstacle, la nourriture qui lui est nécessaire.

Il faut ajouter néanmoins que, si l'on plantait les Pêchers dans un terrain qui en aurait précédemment nourri d'autres, il faudrait avoir soin de faire de très-bonne heure des trous profonds, et de substituer à la terre usée par les arbres détruits, un sol neuf pris sur un autre point de jardin. Cette condition est de la plus haute utilité, si l'on ne veut pas échouer dans une plantation qui récompensera de ces premiers ennuis d'établissement par de longues années de durée, d'autant plus qu'elle n'exige que peu de main-d'œuvre.

Des expositions.

Quoique les expositions ne soient pas, dans les jardins déjà établis, toujours à la disposition du planteur, il est convenable de dire que les plus favorables sont le levant et le couchant. On plante cependant encore des Pêchers au midi et au nord. Ceux plantés au midi ont plus tôt des fruits mûrs ; mais cette exposition brûlante est cause qu'ils se dépouillent quelquefois prématurément de leur feuillage, qu'ils se dégarnissent souvent du bas, et qu'ils perdent parfois quelque branche, inconvénient très-grave, auquel il faut ajouter les dangers des pluies printanières et l'action dévorante du soleil sur de jeunes feuilles ou de tendres bourgeons frappés par les gelées blanches. Le couchant n'a pas le même inconvénient : il est plus favorable que le midi, qu'on fait mieux de consacrer à d'autres cultures, par exemple celle des Cerises précoces. On peut planter souvent avec avantage des Pêchers à l'exposition du nord, quand on destine à cet emploi des espèces franches comme la Grosse Mignonne. Les Pêchers y acquérant moins de développement, il faut les planter de 5 à 6 mètres de distance, au lieu de 8, qui est celle qu'on leur donne aux autres expositions. Il est bien entendu qu'il s'agit ici de la forme carrée; car pour les cordons obliques, on plante à 80 centimètres ou 1 mètre au plus.

Des murs et de leur mode de construction.

Il en est des murs comme des expositions : il faut utiliser ceux qu'on a ; mais quand on est maître de les faire élever ou qu'on établit un jardin, il est bon de se conformer aux habitudes des jardiniers de Montreuil, qui ont des murs d'une construction et de dimensions appropriées à leur emploi.

Ces murs ont 2 mètres 76 centim. de hauteur; leur fondation est de 50 centim. quand le sol qui les porte est solide; leur épaisseur à la base est de 58 centimètres, et ils diminuent de manière à n'avoir plus que 32 centimètres d'épaisseur au sommet. On forme, pour les élever, une chaine en pierre et en plâtre longue de 1 mètre ; les 2 mètres suivants sont en pierre et en mortier préparé avec la terre même du sol ; de sorte que ces murs sont composés d'un tiers de chaines en pierre et en plâtre, et de deux tiers de pierres liées par du mortier de terre.

Lorsque le mur est arrivé à sa hauteur, on le termine par un chaperon dont la saillie est de 16 centimètres. Cette saillie est proportionnée à la hauteur de 2 mètres 76 centimètres. Si les murs ont plus d'élévation, la saillie du chaperon doit être plus grande. Comme le but qu'on se propose en établissant un chaperon est de garantir le Pêcher contre l'égouttement de l'eau pluviale et de protéger les jeunes rameaux contre l'effet des gelées printanières en empêchant l'effet direct du rayonnement, il serait plus avantageux de leur donner encore plus de saillie ; mais on remédie à leur brièveté en faisant sceller sous le chaperon, au midi et au couchant, de 70 en 70 centimètres, des supports longs d'environ 50 centimètres à partir du mur, en leur donnant une inclinaison légère. Ces supports sont destinés à recevoir de petits paillassons, ou tout autre abri, qui augmentent les avantages résultant des chaperons et garantissent complétement les Pêchers contre les pluies et les gelées de printemps.

On fait ensuite crépir le mur sur ses deux faces, si c'est un de ces murs de refend dont nous parlerons plus loin ; l'enduit dont on le revêt doit avoir environ 27 millimètres d'épaisseur, pour qu'on puisse pratiquer le palissage, qui a invariablement lieu, à Montreuil, au moyen de clous et de loques ; la coutume des treillages n'étant répandue que dans les jardins particuliers, mais nullement pratiquée dans ce pays, comme offrant moins d'avantages que la première méthode, bien que ce système de palissage ne présente aucune économie.

Les personnes qui voudraient néanmoins couvrir leurs murs de treillages les feraient en lattes dont les mailles auraient 24 centimètres sur 22. On ne doit guère y avoir recours que dans les localités où le plâtre, la meilleure substance à faire le crépi, est rare ou trop cher.

Les murs de clôture ne sont exclusivement destinés à recevoir des espaliers que dans les propriétés bourgeoises, ou dans celles où la culture du Pêcher n'est pas une spécialité ; mais là où l'on se propose de tirer de cette culture un parti avantageux ou de spéculation, comme à Montreuil, on divise les jardins au moyen de murs de refend dirigés, autant que cela est possible, du nord au sud, et distants entre eux de 10 mètres. Ils sont isolés de chaque côté des murs de clôture d'au moins 1 mètre 30 centimètres, afin de n'apporter aucun obstacle à la circulation. Ces murs de refend forment un réseau de parallélogrammes qui servent de brise-vent, concentrent la chaleur et permettent d'établir des espaliers sur chacune de leurs faces.

Leurs frais de construction ne sont pas très-élevés; ils reviennent dans ce pays, où le sol même fournit souvent une partie des matériaux, à 14 ou 15 francs le mètre de long, sur une hauteur de 2 mètres 76 cent. Lorsqu'ils sont construits sans parcimonie et que les matériaux employés sont de bonne qualité, ils peuvent durer trente ans sans réparation.

Des plates-bandes.

Lorsqu'on fait une plantation nouvelle ou qu'on veut donner aux Pêchers le sol et l'espace dont ils ont besoin pour végéter sans entraves, on ménage le long du mur une plate-bande, large d'environ 1 mètre 30 cent., qui sert d'allée pour faire les travaux que nécessitent les arbres en espalier.

Il faut, pour ne nuire en aucune manière à la végétation des Pêchers, ne jamais rien planter dans ces plates bandes, pas même des salades; car ces plantations ont pour effet d'appauvrir la terre, de porter préjudice aux espaliers par les travaux de labour qu'elles nécessitent et qui ont l'inconvénient de blesser les racines des Pêchers; de plus, elles attirent des insectes de toutes sortes, qui ne peuvent manquer, dans les cas d'insuffisance de nourriture, d'aller s'attaquer aux Pêchers et à leurs fruits. Tout le travail qu'on peut se permettre de donner au sol dans les temps ordinaires est un petit binage avec un crochet à deux dents, et des ratissages pour détruire les mauvaises herbes.

La conduite des Pêchers nécessitant des travaux incessants, et tous les soins de l'horticulteur ayant pour objet d'en favoriser la végétation, on comprend l'importance qu'il y a de ne pas embarrasser les plates-bandes par des cultures qui gênent la circulation et qui privent les espaliers des bénéfices des éléments nutritifs que recèle le sol.

Des fumiers.

Lorsqu'on se propose de faire de nouvelles plantations ou qu'on a des espaliers plantés depuis deux ou trois années, il faut répandre sur le sol et y enfouir du fumier de cheval ou de vache bien consommé, quand on peut s'en procurer; mais comme tous les engrais animalisés conviennent aux besoins de la végétation, et qu'à Montreuil ces fumiers sont fort rares, on les remplace par des boues de Paris, dont on étend sur les plates-bandes une couche de 8 centimètres qu'on laisse mûrir sur le sol avant de l'enterrer ; on l'apporte en général en automne et on l'enfouit au printemps, quand il a perdu sa crudité. Si cependant le fumier était consommé, il n'y aurait aucun inconvénient à l'enterrer immédiatement.

Il ne faut pas perdre de vue que le Pêcher, soumis aux exigences de la domesticité et dont on n'entretient la vigueur que pour en tirer des produits, a besoin de stimulants réparateurs ; c'est pourquoi il ne faut pas négliger, tous les deux ou trois ans, d'entretenir la puissance nutritive du sol au moyen de fumiers.

Des abris nécessaires aux Pêchers.

Nous avons, en parlant des murs, fait mention des paillassons qui viennent en aide à la brièveté des chaperons ; il nous reste, pour compléter ce sujet, à parler des dimensions de ces abris. On emploie ordinairement des paillassons de 50 centimètres de largeur, que l'on place à la fin de janvier et qu'on retire dans les premiers jours du mois de mai. Nous avons déjà dit quels avantages on en peut attendre, et nous ajouterons qu'on peut les remplacer par de minces planchettes ou des feuilles de métal.

On peut joindre à ces abris de grands paillassons de jardiniers, ou même des toiles, dont on garantira la face des espaliers en ayant soin qu'ils n'y soient pas appliqués et n'en fassent pas tomber les fleurs. Leur but est, comme pour les premiers, d'empêcher l'effet destructeur des gelées au printemps et des variations inattendues de température, si communes à cette époque. Il ne faut néanmoins avoir recours à l'emploi des paillassons verticaux que dans les circonstances où la constitution de l'atmosphère l'exigerait ; car, dans les temps ordinaires, il n'est pas nécessaire d'en faire usage, les paillassons ou abris horizontaux suffisant pour défendre les espaliers contre l'intempérie des saisons.

Des instruments nécessaires à la taille du Pêcher.

Les instruments nécessaires pour la taille du Pêcher sont en petit nombre; ce sont : la serpette, le sécateur et l'égohine ou scie à main.

La serpette, à laquelle on préfère actuellement le sécateur, donne une coupe ou section plus nette que celui-ci, et jamais son emploi n'engendre de chancre, ce qui a quelquefois lieu quand on se sert du sécateur pour toutes les opérations de la taille.

Le sécateur, devenu aujourd'hui d'un usage général, a été bien longtemps à triompher des préventions qui l'ont accueilli à son apparition dans la pratique horticole. Il est adopté par tous les jardiniers, à cause de la rapidité avec laquelle il permet d'expédier le travail; mais, si l'on ne sait pas s'en servir avec dextérité ou si l'on a un instrument défectueux, il meurtrit les branches et cause à l'arbre des maladies qui le font périr.

La scie à main sert à démonter une grosse branche tout près de son point d'insertion. Quand on a fait usage de cet instrument, il faut parer la plaie avec la serpette pour en faire disparaître les aspérités, et, pour que la cicatrisation ait lieu le plus promptement possible, on la recouvre avec de l'onguent de Saint-Fiacre.

Le palissage à la loque exige pour appareil un petit panier d'osier dans lequel on met des clous à palisser, un marteau et des loques de drap. On s'en sert pour faire les membres de l'arbre et en palisser les branches.

Du choix des arbres et de leur plantation.

On doit, avant de faire sa plantation, savoir si le Pêcher est greffé sur Prunier ou sur Amandier. Dans le premier cas, la terre qui convient n'a besoin que d'une profondeur médiocre; mais il faut de l'humidité. Les racines de cet arbre, rampant sous le sol, ont besoin de moins de fond. Le Pêcher greffé sur Amandier, au contraire, a des racines plongeantes; c'est pourquoi il lui faut une terre qui ait du fond et qui soit plutôt sèche qu'humide.

En général, on doit toujours donner la préférence au Pêcher greffé sur Amandier, parce qu'il produit un arbre plus vigoureux et d'une plus grande étendue.

Il faut, dans le choix de la variété qu'on veut planter, s'attacher aux sujets dont l'écorce est lisse et de couleur claire, qui aient été greffés l'année précédente à une hauteur de 18 à 20 centimètres, et n'ayant qu'une seule tige bien garnie d'yeux dans sa partie inférieure, car c'est sur le développement de ces yeux qu'on fonde tout l'espoir et l'avenir de l'arbre.

Une autre condition non moins importante est de faire arracher le jeune arbre avec des précautions assez minutieuses pour que les racines soient dans le plus parfait état de conservation. Un chevelu bien fourni, et qui n'a éprouvé aucune détérioration, contribue puissamment, comme on doit le penser, à assurer la reprise de l'arbre et à en développer la vigueur. C'est pour satisfaire à cette exigence qu'il vaut toujours mieux planter des arbres sortant de la pépinière que ceux qui sont restés en jauge, où leurs racines ont souffert quelque détérioration.

On plante aussi des arbres formés, c'est-à-dire des arbres ayant déjà deux, trois et même quelquefois quatre années de plantation. Ces arbres ont l'avantage de procurer au propriétaire la jouissance d'un mur presque immédiatement couvert, et des fruits la première ou la deuxième année de plantation ; mais ils n'atteignent jamais, en général, un développement considérable. Aussi est-il préférable, si l'on veut obtenir des arbres vigoureux, de planter dans un terrain neuf de jeunes arbres de dix-huit mois de greffe.

Pour utiliser l'emplacement consacré à la culture du Pêcher dans un terrain neuf, en attendant qu'il ait acquis son développement, on plante entre deux Pêchers un Poirier qui donne du fruit pendant que les murs se garnissent ; et quand les Poiriers ont envahi la place qui leur avait été assignée, on les supprime, et on laisse aux Pêchers la faculté de s'étendre autant que le permet la vigueur de leur végétation.

Il faut, avant de procéder à la plantation, ouvrir les trous destinés à recevoir les Pêchers. Ils doivent avoir, pour le moins, un mètre carré sur un demi-mètre de profondeur.

Quand on forme un espalier au levant, au midi et au couchant, on établit ses trous à 8 mètres de distance l'un de l'autre; mais si c'est au nord, on ne les écarte que de 5 à 6 mètres. Il faut mêler à la terre tirée du trou une hottée de fumier consommé ou de gadoue; quand le mélange est bien fait, on rejette la terre dans le trou.

On plante le Pêcher depuis la fin d'octobre jusqu'au commencement de mars. Si la terre est sèche et légère, il faut planter de bonne heure; si, au contraire, elle est froide et compacte, il ne faut planter qu'au mois de février ou mars. En général, il y a avantage à planter de préférence tard que tôt. Quand la terre est trop humide ou le temps pluvieux, il vaut mieux retarder la plantation; on l'avance, si l'on peut prévoir quelque changement atmosphérique qui y soit contraire.

«Lorsque le moment de la plantation est arrivé, dit M. Malot dont nous développons ici la théorie, on rouvre un petit trou au milieu du grand trou que l'on a fait ouvrir précédemment et remplir avec de la terre mêlée de fumier; on habille l'arbre, c'est-à-dire qu'on supprime le chicot de la greffe; on l'étête à 22 centimètres environ (Pl. XXXII, fig. 1 et 2); on rafraîchit l'extrémité des racines en les coupant en biseau, de manière à ce que la coupe repose sur la terre au fond du trou. Les racines cassées doivent être supprimées. Quand ces premiers préparatifs sont faits, on présente l'arbre devant le trou pour voir s'il est assez profond et si les racines s'y développeront à leur aise, et l'on fait les changements réclamés par le volume des racines du sujet à planter. Le collet de l'arbre doit être à la distance de 15 à 18 centimètres du mur vers lequel il est incliné.

« Il faut donc, comme on vient de le dire, en plaçant l'arbre dans le trou, ne s'occuper que de la position des yeux, sans s'embarrasser ni de la difformité causée par la greffe, ni de la position des racines. Toutefois, il est bien entendu qu'il est préférable (quand il est possible d'avoir un œil de chaque côté de l'arbre, c'est-à-dire

un à droite et un à gauche) que la plaie résultant de la suppression
du chicot de la greffe soit tournée du côté du mur et que la plupart des racines soient dirigées du côté de la plate-bande; mais ces
trois conditions ne se rencontrent pas toujours. C'est donc à celle
des yeux qu'il faut donner la préférence.

« On doit apporter la plus grande attention, quand on veut élever
ses Pêchers sous la forme carrée, à ce que les meilleurs yeux non
développés qui se trouvent au bas de la tige soient placés de telle
sorte qu'ils puissent, en se développant, s'épanouir un à droite et
un à gauche.

«Quand on a pris toutes les précautions qui viennent d'être indiquées, on coule de la terre fine entre les racines de manière à les
recouvrir complétement; on soulève l'arbre légèrement, à plusieurs
reprises et par saccades, en le prenant par la tige, pour ne pas laisser
de vide entre les racines et les mettre en rapport le plus immédiat
possible avec la terre. On doit veiller à ce que l'arbre ne soit pas
plus enterré qu'il ne l'était dans la pépinière, et à ce que la greffe
ne soit pas à moins de 10 ou 12 centimètres hors de terre. On
achève de remplir le trou et l'on forme au pied de l'arbre un petit
bassin, puis on y répand une légère couche de paillis ou de grand
fumier.

« Il est une précaution à laquelle on n'a pas assez égard et qui
s'oppose à la réussite des plantations du reste les mieux entendues :
c'est de déterminer, au moment où l'on fait une plantation, sous
quelle forme on élèvera ses Pêchers ; car, chaque forme ayant ses
principes, il faut que, dès le moment de la plantation, elle soit
suivie avec la plus scrupuleuse attention.

« Les formes le plus en usage sont celles en éventail, en palmette,
en cordons obliques et en U; mais la forme carrée (Pl. XXXII,
XXXIII, XXXIV et XXXV) est celle qui convient le mieux aux murs de
Montreuil, parce qu'ils ont peu d'élévation et que, sous cette forme,
la hauteur d'un Pêcher n'est que du tiers de sa largeur. Cette forme
est regardée comme supérieure à toutes les autres, partout où les
murs ne sont pas plus élevés que ceux de Montreuil, parce qu'elle
est la seule qui permette de couvrir complétement un mur et qu'on

en obtient des fruits en plus grande quantité, plus espacés et plus beaux. Un exposé succinct des diverses opérations nécessaires pour mettre ce système d'éducation en pratique, permettra de diriger soi-même, et sans autre guide, les arbres qui se trouvent dans les conditions requises pour réussir sous la forme carrée. »

De la taille (Pl. XXXII à XXXV).

Le but qu'on se propose, par la taille, est de raccourcir la plus grande partie des branches et d'en supprimer d'autres, conformément à certains principes ou suivant la forme à laquelle on se propose de soumettre l'arbre.

De tous les arbres fruitiers, le Pêcher est celui qui a le plus besoin du secours de la taille, surtout lorsqu'il est palissé contre un mur. C'est à l'opération de la taille, et à l'abri dont cet arbre jouit de la part du mur le long duquel il est palissé, qu'il doit l'abondance des fruits qu'il produit.

Si l'on négligeait de le tailler, les bourgeons inférieurs périraient successivement, par suite de la tendance de la séve à se porter vers l'extrémité des rameaux ; toute la partie inférieure de l'arbre se dégarnirait, et les fruits ne se trouveraient plus qu'au sommet des branches qui auraient bientôt franchi le chaperon du mur; il en résulterait que, privés de la protection dont ils auraient joui et de la chaleur dont le mur concentre et conserve les rayons, ils n'atteindraient ni la grosseur, ni le riche coloris, ni le parfum qui est leur principal mérite et fait regarder la Pêche comme un des fruits les plus délicieux de nos climats.

Un autre effet de la taille raisonnée est de faire produire au Pêcher du nouveau bois chaque année, ce qui retarde l'époque de son dépérissement et en accroît la longévité.

Il a été longuement discuté sur la longueur qu'on doit, en les taillant, laisser aux branches du Pêcher; mais toutes les règles qu'on a présentées à cet égard ne sont fondées que sur des données théoriques et arbitraires, et l'absolu ne peut pas plus être appliqué à cette opération importante qu'à toute autre de l'horticulture. L'âge de l'arbre, son état de santé, sa vigueur, doivent être pris en considération pour juger si l'on doit tailler long ou court, et il faut, pour cela, étudier les conditions dans lesquelles se trouve l'arbre ; ce qui exige de la pratique et de l'intelligence.

La seule règle générale qu'on puisse poser est de donner aux branches qui doivent former la charpente de l'arbre une longueur de 33 à 96 centimètres, et de 5 à 20 centimètres aux branches à fruits. Entre ces limites, il y a une multitude de degrés dépendant des conditions énoncées plus haut et qui guident le praticien dans le mode de tailler qu'il devra adopter.

La première opération que l'on fait subir au jeune Pêcher (Pl. XXXII, fig. 1) est d'en couper la tige à 20 centimètres environ au-dessus de la greffe (Pl. XXXII, fig. 2 et 3); mais il faut consulter pour cela la position des yeux.

On commence à tailler dès les premiers jours de février et l'on continue jusqu'en mars. Les arbres exposés au levant et au midi séront taillés les premiers, et l'on finira par ceux qui sont au couchant et au nord. Pour profiter de toute la végétation, il est préférable de tailler de bonne heure, surtout les vieux arbres qui manquent de séve et qui sont aux expositions du levant et du midi ; c'est encore une règle générale qu'il convient de ne pas perdre de vue.

Avant de parler de la taille proprement dite, c'est-à-dire de la série des opérations destinées à donner à l'arbre la forme carrée, il convient de faire connaître, avec détail, les différentes parties de l'arbre, pour que cela serve de guide aux horticulteurs et fasse comprendre le système généralement suivi pour obtenir cette forme, si supérieure à toutes les autres.

Le *tronc* du Pêcher est la partie comprise depuis le point où l'arbre sort de terre jusqu'à la bifurcation des branches-mères ; cette longueur n'excède généralement pas 30 centimètres.

Les *branches-mères*, au nombre de deux, ont reçu ce nom parce que ce sont celles qui doivent former la charpente de l'arbre et qui donnent naissance à toutes les autres. Ce sont donc elles qui jouent le rôle le plus important et méritent toute l'attention.

Les branches qui se développent, par suite de l'art de l'horticulture, sur les parties latérales des *branches-mères,* à des distances déterminées, ont reçu le nom de *membres.* On en favorise la végétation pour leur faire acquérir autant de force qu'aux branches-mères et prolonger leur durée.

Dans un Pêcher cultivé sous la forme carrée, les *branches à bois* sont celles qui terminent les branches-mères et les membres.

On donne le nom de *bourgeons* aux jeunes branches herbacées qui n'ont pas encore passé leur première année ou qui ne se sont pas encore ramifiées (Pl. XXX, fig. 1). Au-delà de cette époque, ces bourgeons deviennent des branches à bois ou à fruit.

Nous donnons le nom de *bourgeons anticipés,* bien plus logique que celui de *faux bourgeons* ou de *rédrujeons,* aux bourgeons qui se développent prématurément. Voici comment ils se produisent : dans le Pêcher, les yeux ne se développent que dans l'année qui suit leur naissance; mais lorsqu'une branche à bois se développe dans la partie supérieure de l'arbre, les yeux qui se trouvent sur le tiers de sa hauteur, au lieu de dormir comme les autres jusqu'au printemps suivant, se développent et se convertissent en petites branches. On doit, lors du palissage en vert, attacher toutes ces petites branches, excepté celles qui sont placées sur le devant et le derrière de la branche principale; elles doivent être pincées à un œil.

Le nom significatif de *gourmand* a été appliqué de temps immémorial aux branches qui se développent avec une vigueur insolite aux dépens des branches voisines, ou quelquefois même de toutes celles de l'arbre. Si l'on a affaire à un jardinier inexpérimenté, il ne saura pas prévenir à temps l'influence destructive des gourmands, qui ruineront promptement les arbres dont ils épuisent inutilement la séve, tandis qu'avec de la pratique et de l'expérience on en prévient le développement et l'on modère leur excès de vigueur; on peut même, à l'aide du pincement, les forcer à changer de nature, et l'on peut aussi s'en servir pour rajeunir des arbres épuisés et défectueux; mais jamais il ne doit y avoir de gourmands sur les arbres bien conduits.

Il est une sorte particulière de branches qu'on rencontre quel-

quefois sur le Pêcher et qu'on a nommées, à cause de leur développement anormal, *branches adventices*, qui, au lieu de sortir
comme les autres d'un bourgeon, sortent inopinément et sans qu'on
ait pu les prévenir, sur le tronc ou les branches de l'arbre, en perçant la vieille écorce; on peut quelquefois utiliser ces branches avec
avantage.

Les *branches à fruits* n'ont jamais les formes vigoureuses et co-
lossales des gourmands; elles sont au contraire petites ou moyennes,
tant sous le rapport de la grosseur que de la longueur; elles sont
flexibles et ne se ramifient pas à leur extrémité comme les branches
à bois (Pl. XXX, fig. 2 et 5). Leur écorce est verte et lisse. Dans
un arbre bien conduit, elles occupent les parties latérales des branches-mères et des membres dans toute leur longueur, et elles garnissent les intervalles qui se trouvent entre les branches-mères et
les membres. Il faut avoir soin de les palisser avec le plus d'ordre
et de symétrie possible, parce que c'est sur elles que se fondent
les espérances de l'horticulteur, puisqu'elles sont destinées à produire le fruit. Comme elles ne doivent donner du fruit qu'une
seule fois au même endroit, il faut les empêcher de se développer
outre mesure; le talent du jardinier est de leur préparer chaque
année des successeurs auxquels on donne le nom de branches de
remplacement.

Les branches à fruits portent à leur base un certain nombre
d'yeux à bois, suivis de boutons à fleurs, simples (Pl. XXX, fig. 2),
doubles, ou triples (Pl. XXX, fig. 5), et puis d'autres yeux à bois.
C'est de ces derniers qu'il ne faut pas permettre le développement,
et ce sont eux qu'on supprime par le moyen de l'opération appelée
pincement.

On a donné le nom de *bouquets,* et plus improprement de *co-
chonnets,* à des branches à fruits d'autre sorte qui se développent
sur l'arbre déjà en rapport; elles ont de 5 à 8 centimètres de long,
se couvrent d'un grand nombre de fleurs et sont constamment terminées par un petit bouquet de feuilles (Pl. XXX, fig. 3).

Nous joignons à la description des huit opérations successives
auxquelles nous soumettons le Pêcher pour l'amener à la forme

carrée, des figures simples (Pl. XXXII à XXXV), ne représentant que les branches-mères et les membres de l'arbre. Nous n'y avons pas compris les branches à fruits, ce qui rend ces figures plus intelligibles, parce qu'elles montrent la place que doivent occuper les branches-mères et les membres pendant les huit tailles pour arriver à établir dans toute la perfection désirable un arbre ayant la forme carrée. Au demeurant, rien de plus facile que d'obtenir des branches à fruits, puisque chaque fois qu'on fait développer un membre ou un prolongement de membre, il se couvre de plus de branches à fruits qu'il n'est possible d'en conserver.

Nous savons par expérience qu'il serait difficile de montrer par des figures le retranchement successif des branches à fruits et leur remplacement par d'autres branches ; nous nous bornerons à dire que les opérations qu'exige la conduite de l'arbre sous ce rapport ne présentent aucune difficulté naturelle, mais qu'elles demandent seulement l'étude des ressources offertes par la végétation.

Nous commencerons par faire observer que, chaque fois qu'on veut tailler un arbre, il faut le dépalisser entièrement ; que, dès que la taille est faite, il faut le nettoyer afin de détruire les insectes et leurs œufs ; et qu'il est bon quelquefois d'y ajouter, comme complément de précautions, le lavage des arbres ainsi que celui du mur avec de la lessive et un lait de chaux.

Première taille.

Il faut, avant de commencer à tailler un Pêcher, être fixé sur la forme qu'on veut lui donner.

Si nous voyons des Pêchers si difformes, c'est que ceux qui les gouvernent n'ont pas suivi de plan dans la forme à leur donner, ou que ces arbres, en passant par différentes mains, ont été soumis à plusieurs régimes.

Quoique la conduite du Pêcher, pour l'amener à la forme carrée, ne présente pas de difficultés, il faut néanmoins y apporter de grands soins, parce que cet arbre, malgré la facilité avec laquelle il se plie à toutes les formes, végète avec tant d'activité, qu'il s'écarte en peu de temps de la forme à laquelle on veut le soumettre, si on ne le surveille pas de près, pour maintenir l'équilibre entre toutes ses parties.

Il ne faut pas compter pour une première taille le ravalement de la tige d'un jeune Pêcher lorsqu'on le plante (Pl. XXXII, fig 1), car cette opération n'a d'autre but que de faire développer deux yeux (Pl. XXXII, fig. 3) sur la partie que l'on conserve, et d'obtenir deux bourgeons (Pl. XXXII, fig. 4) destinés à devenir les branches principales de l'arbre.

La première taille (Pl. XXXII, fig. 5) mérite une attention scrupuleuse, lorsqu'on veut donner à son Pêcher la forme carrée; car les membres inférieurs doivent prendre naissance à 40 centimètres environ au-dessus du sol et provenir d'un œil placé en dehors. L'œil qui est le plus voisin de la coupe est destiné au prolongement de la branche-mère; l'œil qui est immédiatement au dessous et au dehors est destiné à donner naissance au premier membre inférieur.

Deuxième taille.

Une année après la première taille, c'est-à-dire au mois de février suivant, la charpente du jeune arbre a pris la forme indiquée par la fig. 6 de la planche XXXII. Les deux premiers membres se sont développés; les deux branches-mères se sont allongées; celles-ci ont été un peu ouvertes, et les membres inférieurs ont été un peu élevés pour en favoriser la vigueur. Comme l'arbre a poussé plus vigoureusement que la première année, on peut, après l'avoir dépalissé, tailler les branches-mères sur une longueur d'environ 64 centimètres, toujours sur un bon œil situé en dedans ou en devant, pour continuer d'allonger les branches-mères; il faut qu'il y ait immédiatement au dessous et en dehors un autre œil également choisi dans des conditions favorables, pour donner naissance au second membre inférieur placé en dehors (Pl. XXXII, fig. 7).

Les premiers membres doivent être taillés sur un œil de dessus ou de devant, et un peu plus court que les branches-mères. En les palissant, il faut les ouvrir légèrement pour arriver à leur donner le degré d'ouverture représenté par la figure 8 de la Pl. XXXII. Il faut favoriser, par tous les moyens possibles, la vigueur de l'arbre et l'allongement des membres inférieurs. On arrive à ce résultat en les palissant tous. On peut même encore en tirer la pousse terminale en avant, et l'attacher à un échalas à 15 ou 20 centimètres du mur. Ce moyen est applicable à toutes les branches qu'on fait grossir plus que les autres.

Troisième taille.

En février suivant, la charpente doit avoir la forme figurée sous le numéro 8 de la planche XXXII. Les quatre membres inférieurs commencent à se dessiner; les deux du dessous, ainsi que les branches-mères, sont garnis sur les côtés de branches à fruits qui, dès cette année, commenceront à se mettre en rapport.

Pour continuer les opérations qui serviront à en perfectionner la forme, on dépalisse, on nettoie l'arbre pour le délivrer des insectes qui y sont établis et ne manqueraient pas de se développer au printemps, et on le taille comme il est indiqué sur la figure 9 de la planche XXXII, en procédant de la même façon, c'est-à-dire sur un œil terminal qui doit guider pour asseoir la taille; c'est l'œil qui se trouve en dehors et immédiatement au-dessous qui doit toujours guider; car c'est de lui que dépend la réussite des membres inférieurs.

Une fois la taille terminée, on repalisse l'arbre en lui donnant plus d'ouverture.

Il faut avoir la même attention que l'année précédente, et favoriser le développement des membres pour les protéger. C'est alors qu'il faut veiller aux branches à fruits et à leur remplacement, et surtout à ce que les branches ne prennent pas trop de développement et de volume. On est obligé quelquefois d'avoir recours au pincement et à un palissage sévère pour obtenir le plus possible l'équilibre dans les petites branches.

Quatrième taille.

Au moment de la quatrième taille, le Pêcher doit être parvenu à représenter la figure 1 de la planche XXXIII et être pourvu de ses six membres inférieurs, trois de chaque côté, qui suivront la direction presque horizontale indiquée par des traits, et qu'ils ne quitteront plus, quoique les deux branches-mères doivent s'écarter encore; celles-ci et les quatre plus vieux membres inférieurs, sont garnis des deux côtés de branches à fruits qui auront déjà pu donner quelques produits pour encourager la main qui les a soignées, et dont la prévoyance sait leur ménager des successeurs sous le nom de *branches de remplacement*. Après avoir examiné si un côté de l'arbre n'a pas besoin d'être redressé et l'autre abaissé temporairement afin d'établir l'équilibre, on le dépalissera pour tailler ses branches-mères de la même manière que précédemment, c'est-à-dire à la longueur de 55 à 65 centimètres, et les membres un peu plus courts; car quelques centimètres de plus ou de moins, selon la nécessité de maintenir ou de rétablir l'équilibre, ne dérangent pas du tout le système. Les branches à fruits seront taillées à la longueur de 5 à 25 centimètres, selon leur force, le nombre et la place qu'occuperont les boutons à fleur; mais, parmi ces branches à fleurs, il faudra en choisir deux des mieux placées et de moyenne grosseur dans le bas de l'intérieur de l'arbre, une sur chaque branche-mère, pour les disposer à former les deux premiers membres supérieurs dans le courant de la campagne. Ces deux membres supérieurs devront prendre naissance plus bas que les deux premiers membres inférieurs sur les branches-mères; de manière que, quand tous les membres seront formés, les supérieurs alterneront avec les inférieurs, et seront tous placés à environ 65 centimètres l'un de l'autre, sur chaque côté des branches-mères, afin qu'il y ait de la place entre eux pour palisser toutes les branches à fruits dans le meilleur ordre possible. Après l'opération, l'arbre devra présenter l'aspect de la figure 2 de la planche XXXIII.

Cinquième taille.

A l'époque de la cinquième taille, les deux premiers membres supérieurs devront commencer à garnir l'intérieur de l'arbre entre les branches-mères qui auront été successivement écartées depuis leur première année, et qui le seront encore de plus en plus jusqu'à la huitième. Plus l'arbre devient grand, plus il est nécessaire de le dépalisser, avant de le tailler, pour le brosser et pour détruire les insectes. Les deux membres supérieurs seront taillés, comme les membres inférieurs, à la longueur de 40 à 50 centimètres, et les deux branches-mères à la longueur de 35 à 70 centimètres. Les branches à fruits seront, comme de coutume, taillées, selon leur force, de 5 à 25 centimètres de longueur; mais il faudra en choisir sur chaque branche-mère pour former les deuxièmes membres supérieurs, à environ 66 centimètres au-dessus des deux premiers. Les branches à fruits se trouvent naturellement de 8 à 15 centimètres de distance; il sera facile d'en choisir une des mieux placées et de force moyenne pour la convertir en membre.

Mais si bien tailler un arbre est une chose nécessaire, indispensable, cette opération ne suffirait pas si, dans le cours du printemps et de l'été, on négligeait de revoir très-souvent son arbre pour prévenir les désordres susceptibles de s'y développer. On a d'abord à s'occuper de l'ébourgeonnement lors de la pousse, puis de favoriser le développement des branches de remplacement, puis des pincements, puis des palissages, puis du maintien de l'harmonie, puis encore du soin des fruits, etc., etc.; de sorte qu'il ne se passe pas une huitaine de jours de printemps et d'été sans qu'un Pêcher en espalier ait besoin de quelque opération, qui ne demande, à la vérité, que très-peu de temps chaque fois.

Sixième taille.

Après avoir dépalissé et brossé l'arbre, s'il en a besoin, on taillera les branches-mères et les membres à la longueur indiquée par les principes établis. Ces tailles peuvent s'allonger ou se raccourcir de quelques centimètres, selon le plus ou moins de vigueur de l'arbre, sans que la régularité en souffre. Les branches à fruits seront toujours taillées à la longueur précédemment indiquée; mais il faudra, comme dans les deux années précédentes, en choisir une, à environ 66 centimètres du second membre, pour la convertir en un troisième et dernier membre du côté supérieur de l'arbre; après quoi, on le repalissera et l'on attendra qu'il pousse pour lui donner tous les soins indiqués précédemment pendant le printemps, l'été et une partie de l'automne.

Septième taille.

On doit retrouver, à ce moment, le Pêcher muni de tous ses membres, sept de chaque côté, y compris les deux branches-mères, comme dans la planche XXXIV. Il a presque toute l'étendue qu'il doit acquérir, et l'on pourrait diminuer un peu les tailles de ses branches-mères et de ses membres. Une fois taillé, l'arbre doit présenter l'aspect de la figure 2 de la planche XXXIV. Quant à ses branches à fruits, on les taillera toujours de même, en raison de leur force ou de leur faiblesse, et aussi en raison du nombre et de la position des boutons à fleur qu'elles porteront. Depuis la troisième taille, l'arbre a augmenté le nombre de ses fruits en raison de l'étendue de ses membres et de la multiplication de ses branches à fruits.

Huitième taille.

Quand on aborde son Pêcher pour le tailler, on trouve sa charpente entièrement formée, comme la représente la planche XXXV; tous ses membres, dirigés en ligne droite, laissent entre eux un espace suffisant pour palisser sans gêne toutes les branches à fruits; celles-ci sont nombreuses et peuvent rapporter, chaque année, 500 belles Pêches, sans compter celles que l'on a dû supprimer pour leur faire de la place. Les arbres étant maintenant suffisamment garnis de branches, on doit raccourcir la taille des membres chaque année, afin de ne pas les affaiblir et de leur conserver la vigueur nécessaire à la production des branches à fruits.

La hauteur des murs des jardins de Montreuil n'étant que de 2 mètres 83 centimètres, nous avons dû avoir égard à cette hauteur en essayant de former des Pêchers qui représentent un carré long; et, calculant la vigueur de cet arbre, on a dû prendre la résolution de le conduire de manière à ce que, quand il aurait acquis tout son développement, il eût deux fois plus de largeur que de hauteur, c'est-à-dire qu'il arrivât à 2 mètres 66 centimètres de haut, en même temps qu'il arriverait à 8 mètres d'envergure. Comme ces Péchers, d'après le même calcul, sont plantés à 8 mètres l'un de l'autre, il arrive aussi que, quand ils sont formés, tous les membres inférieurs touchent à leur extrémité les membres de même ordre des deux Pêchers de droite et de gauche, et que tous les membres supérieurs arrivent à la même hauteur sous le chaperon. C'est de cette manière qu'on peut parvenir à former des arbres carrés; que les murs se trouvent entièrement couverts, et qu'on évite le reproche fait à la plupart des autres méthodes, qui ont le défaut de laisser les vides au-dessous et au-dessus de leurs arbres, de ne pas couvrir le mur, et d'y laisser en pure perte des places non couvertes, où de bons fruits pourraient mûrir au profit du propriétaire. D'ailleurs, un Pêcher à forme carrée, bien plein, sans lacune, est plus productif et plus agréable à l'œil que celui qui ne s'étend que sur deux longues ailes, et qui laisse toujours des vides regrettables au-dessus et au-dessous de ses ailes.

Observations essentielles.

Un des points essentiels et presque infaillibles pour diriger sans difficulté des Pêchers sous la forme carrée et bien pleins, suivant la méthode indiquée, c'est de ne jamais tailler son arbre sans avoir examiné sur le dessin comment il doit l'être, et de ne jamais tailler une branche de charpente sans avoir auparavant examiné si la branche parallèle peut l'être à la même longueur.

Au moment de la végétation, il faut examiner comment l'arbre sera formé l'année suivante; par ce moyen, on est certain de ne laisser sur son Pêcher que les bourgeons nécessaires pour former la charpente de l'arbre, à laquelle on donne de la vigueur autant que possible. En supprimant les bourgeons inutiles, on est sûr de n'avoir jamais sur ses arbres de branches gourmandes, lesquelles consomment en pure perte une grande quantité de séve; d'ailleurs, règle générale, un arbre bien conduit ne doit jamais avoir de branches gourmandes, lesquelles ne vivent qu'aux dépens des autres. Si, malgré l'attention (ou plutôt si faute d'attention), un bourgeon se développait avec trop de vigueur, il faudrait le ravaler presque en entier; mais un moyen bien meilleur encore, c'est

de ne pas en laisser pousser, ou bien de le pincer de près, même
plusieurs fois s'il le faut.

*Des opérations ayant pour objet de maintenir le Pêcher sous la
forme normale et d'assurer sa fructification.*

De la taille d'été ou en vert. La taille d'été consiste dans la suppression des branches qui avaient des fleurs, mais dont le fruit n'a
pas noué. On taille ces branches sur l'un des yeux les plus inférieurs, et duquel on espérait une branche de remplacement, qui,
au moyen de cette taille, se développe mieux et plus tôt. On taille
quelquefois, dans le même but, les branches qui ont porté des
fruits, aussitôt qu'ils sont cueillis sur la branche de remplacement qu'elles ont ou devraient avoir à leur base, afin d'éclaircir
et nettoyer l'arbre, et de faire profiter la branche de remplacement du reste de la végétation. L'observation des branches de
remplacement est le point de mire sur lequel le jardinier doit avoir
toujours l'œil ouvert.

De l'ébourgeonnement à sec ou à la pousse. Après que la tige du
jeune Pêcher est rabattue à la longueur voulue, les yeux, qui sont
au nombre de quatre à six ou huit sur la partie restante, et qui ne
seraient jamais développés si la tige n'eût pas été rabattue, ne tarderaient pas, au printemps, à se développer la plupart en branches
plus ou moins vigoureuses, si on ne les surveillait pas exactement.
Quand ils ont environ 27 millimètres de longueur, on en choisit
deux des mieux venants, un à droite et l'autre à gauche, à la moindre distance possible l'un de l'autre, que l'on destine à former les
deux branches-mères de l'arbre, et l'on abat tous les autres en les
poussant à gauche avec le pouce. C'est cette dernière opération que
l'on appelle ébourgeonnement à sec ou à la pousse; cet ébourgeonnement a pour caractère de s'exécuter à la pousse avant que
les bourgeons aient pris un certain développement, avant qu'ils
aient épuisé de la séve en pure perte, et d'éviter de petites plaies
qui auraient lieu si l'on attendait pour les supprimer qu'ils aient
poussé et soient devenus nuisibles. L'ébourgeonnement à sec ou
à la pousse est une opération très-importante, pas assez appréciée,

trop négligée, et qui éviterait beaucoup de plaies aux arbres lors du palissage d'été.

Des entailles. Depuis quelque temps l'usage s'est établi de pratiquer des entailles ou crans au bas des branches qui prennent trop de vigueur, ou au-dessus d'un œil, pour favoriser son développement. Dans cette opération, on enlève un morceau triangulaire d'écorce et de bois, jusqu'à la profondeur de 2 ou 3 millimètres, en raison de la grosseur de la branche.

De l'ébourgeonnement d'été ou en vert. Si l'ébourgeonnement à sec ou à la pousse pouvait s'effectuer sur tous les yeux dont les bourgeons deviennent inutiles ou nuisibles, on aurait peu de chose a supprimer au premier palissage ; mais, dans la crainte de faire des vides, on ébourgeonne peu à sec sur les branches d'un arbre formé, et lorsque les bourgeons mal placés ou nuisibles sont développés, et qu'il s'agit de palisser, c'est une opération longue et difficile pour conserver les bourgeons bien placés. Aussi les personnes qui n'ont pas ébourgeonné à sec, ou de bonne heure en vert, font, en palissant, un abatis considérable de bourgeons inutiles, dont la séve, dépensée en pure perte, aurait été utilement employée au bénéfice des rameaux bien placés et au développement de l'arbre. C'est donc une chose très-utile, économique, quoique minutieuse en apparence, de surveiller le développement des yeux et de supprimer tous ceux qui sont mal placés ou inutiles, avant qu'ils aient atteint la longueur de 24 à 27 millimètres, pour l'ébourgeonnement à sec ou éborgnage des yeux, ou à la longueur d'environ 11 centimètres pour l'ébourgeonnement en vert. On sent bien que les yeux qui se développent en avant et en arrière sont au nombre des mal placés.

Du pincement. Le pincement consiste à couper entre les ongles l'extrémité d'un rameau ; il s'exécute sur les rameaux qui ont une tendance à trop pousser, à trop s'allonger, et à détruire l'harmonie que l'on a intérêt de conserver entre toutes les parties d'un Pêcher. Le pincement a pour effet de troubler la marche trop rapide de la séve dans le rameau pincé, et de suspendre son cours pendant une huitaine de jours. Après ce temps, le rameau recommence à pous-

ser : mais on peut le repincer une seconde, une troisième, et même
une quatrième fois ; ce qui suspend autant de fois la séve pendant
une huitaine de jours et contribue puissamment à ralentir la vigueur du rameau. Les auxiliaires du pincement sont un palissage rigoureux et une direction inclinée à droite ou à gauche ;
avec ces trois moyens, on peut mater un rameau des plus vigoureux.

Des branches de remplacement. Les branches-mères et les membres d'un Pêcher se garnissent assez facilement de branches à fruits
sur les deux côtés ; mais ces branches, après avoir rapporté, resteraient nues à la base et feraient un mauvais effet si, chaque année,
on ne les supprimait pas à la taille pour les remplacer par d'autres
branches à fruits dont on a provoqué et favorisé le développement
l'année précédente. Ce sont ces nouvelles branches à fruits qu'on
appelle branches de remplacement et qui doivent être remplacées
à leur tour, et ainsi de suite. Il y a des branches de remplacement
qui se développent naturellement toutes seules, mais le plus souvent il faut les provoquer, et c'est ce qu'on ne fait pas assez généralement dans la pratique ; c'est une prévoyance qu'il faudra établir
en nécessité pour la perfection de la taille du Pêcher. Entrons
dans quelques détails à ce sujet.

Le Pêcher est organisé de manière qu'une branche à fruits donne
son fruit la seconde année de sa naissance et n'en donne qu'une
fois ; si, pendant l'année qu'elle porte son fruit, on la laisse s'allonger d'une nouvelle pousse, ce sera cette nouvelle pousse qui
portera du fruit l'année suivante, et ainsi de suite ; et les pousses
de la première et deuxième année, etc., ne pouvant plus rapporter
de fruits, il en résulte des vides aussi contraires aux intérêts du
propriétaire que désagréables à l'œil et nuisibles à la production ;
pour remédier à ces inconvénients, il suffit de savoir en profiter. En
effet, toute branche destinée à porter des fruits, a plusieurs yeux à
sa base (Pl. XXX, fig. 1), et il s'agit de favoriser le développement
de l'un de ces yeux le plus près du talon et de supprimer les autres,
pour qu'il se développe en une branche assez forte et assez longue
pour porter du fruit l'année suivante, et permettre de supprimer à

la taille celle qui est en rapport et de la remplacer par la nouvelle
branche, qui subira le même sort à son tour, et ainsi de suite. Il
faut, pour obtenir ce résultat, surveiller les branches à fruits dès
le moment de la défloraison, examiner si l'œil le plus près de la
base est en bon état, favoriser son développement en faisant une
petite entaille à la branche qui le porte au-dessus de cet œil, et en
supprimant tous ceux qui sont au-dessus de lui jusqu'au premier
bouton à fleur. Quand le fruit commence à venir et les feuilles à se
développer, il faut apporter une attention extrême à pincer le jeune
rameau qui se développe naturellement au bout de la branche à
fruits, mais en lui laissant toujours quelques feuilles, parce qu'elles
sont très-utiles à la perfection et au succès des fruits; et si la branche pincée, à la longueur d'environ 27 centimètres, venait à repousser, on la repincerait encore une ou deux fois. Entre deux
fleurs, il y a ou il peut y avoir un œil à bois (Pl. XXX, fig. 5), qui
se développe en branche pendant que le fruit grossit; il faut aussi
pincer cette branche et ne lui laisser que quelques feuilles, par la
même raison, c'est-à-dire pour que la séve ne soit pas trop attirée
dans la branche à fruits, afin que la branche de remplacement
qui est à sa base prenne de l'accroissement. Si, par accident, la
branche à fruits n'en conservait aucun, il faudrait, aussitôt qu'on
n'a plus d'espoir, la rabattre sur la branche de remplacement;
celle-ci en profitera davantage. Enfin, l'art du remplacement est
la partie la plus savante, comme la plus utile, dans la conduite du
Pêcher en espalier, et cependant c'est la plus négligée.

Du dressage. Par ce mot, on entend l'opération par laquelle on
étend et l'on attache à droite et à gauche les branches-mères et les
membres d'un Pêcher en espalier en lignes parfaitement droites,
quoique dirigées elliptiquement; on sent bien que, pour la régularité et la santé de l'arbre, ses deux côtés doivent avoir une égale
obliquité; mais il y a des cas où cette égalité est temporairement
dérangée : c'est quand d'un côté un membre prend plus ou moins
de force que l'autre; dans ce cas, l'on incline le plus fort et l'on redresse le plus faible jusqu'à ce que l'équilibre soit rétabli. On aide
encore puissamment au rétablissement de l'équilibre en palissant

rigoureusement les branches du membre le plus fort, et en laissant
en liberté celles du membre le plus faible.

Le dressage doit se faire tous les ans, tant qu'un Pêcher n'a pas
atteint la taille à laquelle on le juge parfait. Dans un Pêcher dirigé
sous la forme carrée, le dressage n'est terminé qu'en huit ans, et
jusque-là ses membres inférieurs se rapprochent chaque année de
la ligne horizontale, et, chaque année, ses membres supérieurs s'é-
loignent peu à peu de la ligne verticale, en suivant obliquement la
direction que l'on donne aux branches-mères en les abaissant peu
à peu, sans leur faire perdre la ligne droite qu'elles doivent toujours conserver ainsi que les membres.

Le dressage se fait en février et en juin, immédiatement après la
taille : au moment de la taille d'hiver, il n'est peut-être pas sans
danger ; à cette époque, le bois du Pêcher offre de la rigidité, et
ses membres ne se prêtent pas aussi aisément aux nouvelles directions qu'on veut leur donner. Il vaut mieux attendre que les Pêchers soient en séve pour les dresser, dans la crainte de les faire
éclater.

Du palissage d'hiver. Cette opération s'exécute immédiatement
après la taille d'hiver, et fait suite à celle du dressage ; elle consiste
à attacher au mur, dans un ordre et une direction convenables,
toutes les branches à fruits taillées qui existent sur les deux côtés
des branches-mères et des membres.

Du palissage d'été en vert. Les jardiniers qui raisonnent peu ou
point s'empressent de palisser entièrement leurs Pêchers dès la fin
de mai, et sont fiers de présenter un beau tapis de verdure, semblable à une glace, à ceux qui ont l'ingénuité de l'admirer. Le praticien éclairé par l'expérience, au contraire, ne voit dans ce palissage uniforme et anticipé qu'une préparation à la production d'une
infinité de défauts, qui accélèrent la difformité et la ruine des arbres. En effet, si le palissage a pour but apparent de donner de la
propreté et de la beauté aux arbres, il a pour effet certain de modifier la végétation en mettant les bourgeons dans une espèce de
gêne qui les empêche de remplir complétement leurs fonctions ; et,
comme dans un arbre où l'on doit entretenir l'harmonie dans

toutes les parties il y a toujours des bourgeons vigoureux qui ont
besoin d'être matés, et d'autres qui sont faibles et ont besoin d'être
favorisés dans leur croissance, il est clair qu'en les palissant tous
de bonne heure et à la même époque, les plus faibles s'affaibliront
de plus en plus et finiront par périr. C'est, en effet, ce que l'on
voit toujours dans les arbres mal conduits.

En thèse générale, les bourgeons supérieurs d'un Pêcher sont
toujours plus vigoureux que les inférieurs ; ceux du côté supérieur
des membres sont plus forts naturellement que ceux du côté inférieur ; et, pour rétablir l'équilibre, il faut palisser les bourgeons
supérieurs quinze jours ou trois semaines avant les inférieurs ;
pincer ceux des premiers que le palissage ne modérerait pas suffisamment, et tirer en avant ceux des inférieurs qui resteraient encore trop faibles. Il résulte de cette nécessité, qu'il ne doit y avoir
de palissage complet que vers la fin de la saison, et que jusque-là
on ne doit exécuter que des palissages partiels.

Le palissage consiste à attacher au mur, avec une loque et un clou
(selon l'usage de Montreuil), toutes les jeunes pousses d'un arbre
dans la direction et aux places les plus convenables ; celles qui terminent les branches-mères et les membres se placent toujours en
ligne droite avec ces mêmes branches-mères et ces mêmes membres. Les branches à fruits se placent obliquement entre les membres, le plus régulièrement qu'il est possible. Si quelqu'une de ces
branches à fruits a besoin d'être pincée ou raccourcie, on le fait.

Si à l'ébourgeonnement on avait oublié ou négligé de supprimer
une branche mal placée ou inutile, on la couperait au ras du
membre.

De l'abaissement. On abaisse tout un côté d'un arbre en espalier
quand ce côté prend plus de force que l'autre et que l'équilibre
paraît prêt à se détruire ; on abaisse une branche qui paraît vouloir prendre trop de développement ; mais les abaissements ne doivent être que temporaires, parce qu'ils sont toujours désagréables
à l'œil.

Du redressement. Par une raison toute différente de celle qui fait
recourir à l'abaissement, on redresse le côté d'un arbre qui ne

pousse pas assez vigoureusement pour conserver l'équilibre ; on redresse une branche pour lui donner de la vigueur ; et, quand ses parties sont rentrées dans l'équilibre, on remet toute chose à sa place.

Des incisions. Quelquefois l'écorce des branches-mères et des membres se durcit au point de gêner la circulation de la séve ; quelquefois aussi il se forme des engorgements de séve qui produisent de la gomme, ce qui est presque toujours funeste aux arbres ; on remédie souvent à ces deux inconvénients en faisant quelques incisions longitudinales dans l'écorce, avec la pointe d'une serpette, sans entamer l'aubier, aux endroits affectés.

Après cette légère esquisse des différentes opérations qui s'exécutent ou peuvent s'exécuter, chaque année, sur un Pêcher en espalier pendant sa vie, il faut rappeler les noms que l'usage a donnés aux différentes pousses d'un Pêcher conduit sous la forme carrée.

De l'éclaircie. Le Pêcher produisant souvent plus de fruits qu'il ne convient à la conservation de sa santé, il est aussi souvent nécessaire d'en supprimer une partie, et c'est cette opération qu'on appelle l'éclaircie. Il peut arriver qu'en somme un arbre n'ait pas trop de fruits, mais que ceux-ci soient mal distribués, qu'il y en ait peu dans un endroit et trop dans l'autre. Dans ce cas, il faut en ôter là où ils se nuisent réciproquement : car, des Pêches qui n'ont pas crû en liberté, ne sont jamais aussi bonnes ni aussi belles que celles qui n'ont pas été gênées. L'époque où l'éclaircie doit s'exécuter est quand le noyau se forme, c'est-à-dire en juin : mais il est quelquefois prudent d'attendre un peu pour éclaircir, parce que le Pêcher se débarrasse souvent de lui-même d'une partie de ses Pêches au moment de la formation de leur noyau, époque qui est une espèce de crise pour tous les fruits à noyau.

De l'effeuillaison. Environ trois semaines avant la maturité des Pêches, ou quand leur peau commence à jaunir, on découvre avec prudence et peu à peu celles qui ne sont pas exposées au soleil, en enlevant une partie des feuilles qui se trouvent au devant. Cette opération ne doit se faire que par un temps couvert ou pluvieux ;

elle s'exécute en saisissant la feuille, à l'endroit où l'on veut la rompre, entre l'index et le pouce, et, en faisant un mouvement en remontant; elle se casse net et laisse le fruit à découvert. Il faut se garder de tirer les feuilles par en bas, car elles se détacheraient entièrement, et le bouton qu'elles ont dans leur aisselle en souffrirait. L'effet de l'effeuillaison est de faire prendre de la couleur aux Pêches, ainsi que de leur faire acquérir le parfum qui les rend si délicieuses et que le soleil seul peut leur donner.

De la cueillette. La maturité des Pêches ne se juge pas tout à fait au brillant coloris qu'elles ont du côté exposé au soleil : il faut aussi que le côté de l'ombre n'ait plus rien de vert et qu'il ait pris une légère teinte jaunâtre partout; alors on prend la Pêche avec les cinq doigts, et, en la tournant un peu, elle tombe dans la main ; si elle résiste, c'est qu'elle n'est pas mûre : il faut alors attendre un jour ou deux. Quand on cueille des Pêches, on doit prendre quelque précaution pour ne pas les froisser. Il faut avoir un panier garni d'une tapisserie ou d'un linge doux, dans lequel on pose légèrement chaque Pêche après l'avoir enveloppée d'une feuille de Vigne non humide. Arrivé à la maison, on brosse les Pêches avec une brosse douce pour enlever leur duvet et les rendre plus brillantes encore ; dans cet état, on peut les manger de suite ou les conserver quelques jours dans l'office.

Du Pêcher en éventail.

L'éducation en éventail ne diffère de la précédente que par les changements que l'on apporte à la direction des branches.

Pour obtenir un bon résultat, on trace sur le mur un demi-cercle dont les rayons serviront à donner à chaque membre la place qu'il doit occuper.

Première année.

On coupera la tige en biseau à 20 centimètres au-dessus de la greffe et en tournant la plaie du côté du mur. Cette première opération a pour objet de déterminer le développement de plusieurs bourgeons.

On choisira parmi ces bourgeons les deux plus vigoureux, un de chaque côté, pour former les deux branches-mères, et l'on supprimera les autres. On aura soin de les palisser pour éviter tout accident, et l'on donnera à ces deux branches une égale inclinaison si elles sont également vigoureuses; on inclinera le plus celle qui est la plus forte pour en arrêter le développement et l'équilibrer avec l'autre.

Deuxième année.

Après avoir dépalissé l'arbre, on commence par couper le chicot qui est entre les deux membres et l'on rabat les branches-mères à une longueur de 50 centimètres et sur deux yeux; un de devant pour prolonger les branches-mères, et l'autre en dehors et au dessous pour former les premiers membres. On donnera à ces deux branches, en les palissant, une ouverture de 15°.

L'ébourgeonnement et le palissage sont les opérations subséquentes.

Troisième année.

On coupera les branches-mères à 40 centimètres de long, toujours en ayant soin que l'œil sur lequel on taillera soit placé de manière à les prolonger le plus facilement possible.

Les premiers membres seront taillés plus court que les mèresbranches; les branches qui se développeront dans l'intérieur seront taillées courtes, et l'on taillera à deux ou trois yeux de leur insertion les faux bourgeons : car ce sont les yeux sur lesquels on aura taillé qui produiront des branches à fruits.

Les branches inférieures seront taillées plus long que les branches supérieures.

Pour la symétrie de l'arbre, on supprimera toutes les branches mal placées.

En palissant les Pêchers, on donnera aux mères-branches une ouverture de 30°.

L'ébourgeonnement et le palissage se feront comme l'année précédente; la première de ces opérations ayant pour but de maintenir l'équilibre de l'arbre.

Quatrième année.

On taillera les membres et les branches de manière à laisser l'œil, qui facilitera leur prolongement. On rabattra les branches à fruits sur celles de remplacement; celles-ci le seront à 5 ou 6 yeux, selon leur force, dans le but d'obtenir un bourgeon de remplacement le plus près possible de leur insertion. Les faux bourgeons seront taillés à 2 ou 3 yeux.

On donnera aux branches-mères une ouverture de 35 à 40°.

L'ébourgeonnement devient plus nécessaire que jamais, si l'on veut maintenir l'équilibre de l'arbre et veiller surtout à ce qu'il ne se développe pas de gourmands.

Le palissage est exécuté toujours d'après les mêmes principes.

Cinquième année.

La taille de cette cinquième année a pour but de donner à l'arbre tout son développement et d'arrêter d'une manière définitive la forme qui a fait le but de son éducation. Les principes sont les mêmes : on raccourcit les branches terminales; on taille les branches à fruits de manière à y laisser du fruit, les faux bourgeons sur 2 ou 3 yeux, et l'on ne donne plus aux branches-mères qu'une ouverture de 45 à 50°.

On favorisera le prolongement des branches de bifurcation et celui des bourgeons convenablement placés pour en faire par la suite de nouvelles branches de bifurcation.

Tout le reste de la conduite de l'arbre consiste à ramener toutes les parties de l'arbre à un équilibre parfait.

Du Pêcher en cordon oblique.

M. Dubreuil a fait connaître, pour le Pêcher, une forme des plus simples, qu'il a nommée cordon oblique, et qui permet d'obtenir des fruits beaucoup plus rapidement que par la forme compliquée du Pêcher en éventail, etc.

On choisit, à cet effet, de jeunes Pêchers d'une année de pépinière, et dont le scion soit bien constitué. On plante à 80 centimètres ou 1 mètre de distance, soit obliquement, soit perpendiculairement, comme dans la plantation ordinaire. Dans le premier cas, on taille la tige à 60 ou 80 centimètres, pour obtenir, la même année, des petites brindilles qui, l'année suivante, pourront déjà donner quelques fleurs, mais sur lesquelles on commencera la taille pour les transformer en branches coursonnes, qu'on traitera ensuite comme toutes les productions fruitières d'un Pêcher formé.

Dans le second cas, c'est-à-dire dans la plantation perpendiculaire, on rabat le scion au-dessus du deuxième ou troisième œil de la base, placé du côté de la direction vers laquelle on veut faire obliquer les Pêchers; et, au moment du développement des bourgeons, on supprime tous ceux qui se trouvent au-dessous de ce bourgeon supérieur, lequel, placé sur le côté, doit former la tige oblique. Ce moyen fait perdre une année, mais l'arbre se trouve dans de meilleures conditions de plantation.

Chaque année on allonge la taille de cette tige, qui doit rester simple, et que l'on conduit comme une branche mère d'un Pêcher en éventail. On ne peut établir ces plantations de Pêchers en cordon oblique que là où les murs ont au moins 3 mètres de hauteur, car le développement de ces arbres, conduits sur une tige, est très-rapide.

Pêcher en plein vent.

Le Pêcher en plein vent ne réussit guère en deçà de Paris, en prenant du sud au nord; il ne donne, dans des conditions de température froide, que des fruits petits et souvent amers. Sa conduite ne coûte aucun soin : on le plante à une exposition aussi chaude que le pays le comporte, abritée, et on se borne à supprimer les branches mortes.

Du chauffage des Pêchers.

Pour avoir des Pêches de primeur, on choisit les espèces hâtives et surtout les espaliers qui sont exposés au levant ou au couchant. Au mois de janvier, on établit devant les Pêchers une serre mobile dont les châssis ont 2 mètres de long. Ils sont en haut soutenus par des chevrons scellés dans le mur, et par le bas ils s'appuient sur un soubassement de planches de 85 centimètres de haut.

Après avoir taillé les arbres, on leur donne une température de 12°, qu'on élève jusqu'à 18 au maximum. Quand le soleil frappe sur les châssis, on donne de l'air. On couvre la nuit. On bassine les feuilles.

Les fruits sont mûrs en avril. Après la cueillette on enlève les châssis.

On peut chauffer les Pêchers tous les ans; mais il vaut mieux ne les chauffer que tous les deux ans et les laisser reposer une année.

CHOIX DE VARIÉTÉS CULTIVÉES.

On peut évaluer à 150, au moins, le nombre des variétés de Pêches, qui ont été successivement cultivées. Quelques auteurs ont voulu classer ces fruits en plusieurs groupes, comme on a essayé d'établir une classification pour les Poires, afin d'en faciliter l'étude. Mais, dans les deux cas, ces classifications sont purement théoriques; elles sont d'une application impossible dans la pratique, et ne peuvent aider en rien à la connaissance des fruits. Ainsi, pour les Pêches, la première division repose sur la grandeur des fleurs : 1° *fleurs grandes*; 2° *fleurs moyennes*; 3° *fleurs petites*. Outre que la valeur de ces mots ne peut être appréciée que relativement, cette division ne peut s'appliquer que pour la classification des arbres et non des fruits. Les subdivisions sont établies sur des caractères très-inconstants : la présence, l'absence et la forme des glandes situées à la base du limbe des feuilles. Dans certaines variétés on trouve, en effet, des feuilles glanduleuses et d'autres qui ne le sont pas. Les autres caractères sont empruntés aux fruits : *peau duveteuse* ou *lisse; chair adhérente* ou *non adhérente au noyau*. On voit de suite l'impossibilité d'appliquer pratiquement cette classification à l'étude des fruits. Comment savoir par exemple, à l'époque de la fructification, si la fleur est petite, grande ou moyenne? Une classification des Pêches est donc aussi impossible que celle des Poires. La seule réellement rationnelle est celle qui repose sur l'époque des maturités. Dans le Pêcher, il faut distinguer néanmoins trois races parfaitement distinctes :

Les *Pêches* proprement dites, à la peau duveteuse, à la chair non adhérente au noyau.
Les *Pavies*, à la peau duveteuse, et à la chair adhérente au noyau.
Les *Brugnons* ou *Nectarines*, à la peau lisse.

La maturité des différentes variétés de Pêches s'opère de la fin de juillet à la fin d'octobre ; on peut donc avoir des Pêches pendant trois mois.

Juillet.

Pêche à Bec (assez grosse avec une petite pointe au sommet, rouge ; n'a de mérite que par sa précocité).

— Avant-Pêche blanche (petite, terminée en pointe, blanche ; chair blanche, très-sucrée).

— Avant-Pêche rouge, Avant-Pêche de Troyes (petite ronde, jaune clair, teintée de rouge, à chair fondante sucrée et musquée).

Août.

Première quinzaine.

Pêche mignonne hâtive, Grosse mignonne hâtive (grosse, bosselée, colorée de rouge vif au soleil, à chair très-juteuse et sucrée).

— Galande pointue, Galande Dormeau (en forme de toupie ou arrondie, et déprimée au sommet, à chair blanc jaunâtre, rouge autour du noyau).

Deuxième quinzaine.

Pêche mignonne, Grosse mignonne, veloutée de Merlet (grosse, ronde, à large sillon rouge foncé du côté du soleil, à chair fondante sucrée : Pl. XXXI, fig. 1).

— Vineuse de Fromentin (plus grosse, plus foncée que la Pêche mignonne, et à chair plus vineuse).

— Desse, Desse hâtive (de grosseur moyenne, presque ronde, rouge foncé du côté du soleil, à chair blanc verdâtre, mais rougeâtre gris du noyau, très-juteuse, sucrée, vineuse).

— Pucelle de Malines (de grosseur moyenne, presque ronde, fortement colorée de rouge, à chair blanche, mais rouge foncé près du noyau, juteuse, sucrée, acidulée).

— Alberge jaune, Pêche jaune (moyenne grosseur, colorée de rouge foncé, à peau adhérente à la chair, qui est jaune, mais rouge foncé autour du noyau, sucrée, vineuse).

— Galande Bellegarde, grosse noire de Montreuil (grosse, ronde, colorée de rouge pourpre presque noire, à chair blanche, rougissant autour du noyau, fondante, sucrée, vineuse).

— belle de Doué (très-grosse déprimée, fortement colorée de rouge, à chair blanche, un peu rosée autour du noyau, très-juteuse, sucrée).

Brugnon hâtif d'Angervilliers, Pêche violette d'Angervilliers (petit ou moyen, jaune pâle, fortement coloré de violet foncé, à chair blanc jaunâtre, rose près du noyau, très-juteuse, fondante, musquée).

— Newington hâtif (gros, rond, luisant, rouge carminé, fortement coloré de pourpre brunâtre, à chair blanc rosé, plus rouge autour du noyau).

Septembre.

Première quinzaine.

Brugnon violet de Courson, Pêche grosse violette hâtive (gros, presque rond, blanc jaunâtre, coloré en rouge violet du côté du soleil, à chair blanche fondante, un peu vineuse).

— violet hâtif, Pêche violette hâtive, petite violette hâtive (de grosseur moyenne presque rond, blanc jaunâtre, coloré de rouge violet du côté du soleil, à chair blanc jaunâtre, rougissant autour du noyau, fondante, sucrée, vineuse, très-parfumée).

Brugnon de Standwick, Pêche Standwick nectarine (gros, ovoïde, blanc, teinté de violet, à chair très-sucrée).

— Chanvière (plus gros que le précédent et supérieur en qualité).

— Pitmaston orange, Pêche Pitmaston orange (de grosseur moyenne, ovale-oblong, pourpre noirâtre, à chair jaune, et d'un rouge violacé autour du noyau, excellent).

Pêche Belle Bausse (ressemble beaucoup à la grosse Mignonne, à chair très-parfumée, rouge autour du noyau).

— de Malte Belle de Paris (de grosseur moyenne, marbrée de rouge foncé, à chair blanche, musquée).

— Madeleine rouge, Madeleine de Courson (grosse, ronde, striée de rouge pourpre et colorée de rouge foncé, à chair blanche veinée de rouge).

— Chevreuse hâtive (assez grosse, un peu allongée, terminée par un mucron, colorée de rouge vif, à chair blanche, rouge autour du noyau, sucrée).

— Willermoz (grosse, plus large que haute, jaune orange, pointillée de rose et de carmin, à chair jaune d'Abricot, rouge vif autour du noyau, fondante; cette variété se reproduit de noyau).

— Reine des Vergers (très-grosse, jaune rougeâtre, d'excellente qualité).

Deuxième quinzaine.

Pêche Clémence Isaure (grosse, presque ronde, jaune orange foncé, colorée de rouge vermillon, à chair fondante, jaune abricot, violacée autour du noyau).

— admirable (grosse, ronde, jaune paille, colorée de rouge vif, à chair blanche, rouge pâle autour du noyau).

— Belle de Vitry, admirable tardive (grosse, presque ronde, jaune, lavée et marbrée de rouge clair, à chair blanche).

— Bon ouvrier (grosse, plus large que haute, pourpre clair, lavée de pourpre plus foncé, à chair blanc jaunâtre, parfumée).

— Siéulle (très-grosse, presque ronde ou un peu conique, rouge foncé du côté du soleil, à chair blanc jaunâtre, rouge violacé autour du noyau, très-juteuse, parfumée).

— Madeleine rouge tardive, Madeleine à moyennes fleurs (moyenne, sphérique, très-colorée de rouge, à chair blanche fondante, rouge autour du noyau).

— Bourdine, Pêche Bourdin, Pêche de Narbonne (grosse, presque ronde, colorée de rouge foncé, à chair blanche sous la peau, très-rouge autour du noyau, juteuse, vineuse et sucrée).

— Teton de Vénus (très-grosse, plus haute que large, terminée par un mamelon pointu, peu colorée, marbrée de rouge, à chair blanche, très-juteuse, sucrée, violacée autour du noyau).

— Nivette veloutée (grosse, ronde ou peu allongée, peau adhérente à la chair, jaune verdâtre, colorée de rouge vif, à chair blanche verdâtre veinée de rouge très-vif autour du noyau).

— Royale (grosse, presque ronde, mamelonnée au sommet, lavée de rouge clair, sur jaune verdâtre, à chair blanche sous la peau, rouge autour du noyau, sucrée).

— Chevreuse tardive (assez grosse, ovale-arrondie, pourprée et verdâtre, à chair blanche très-succulente).

— de Syrie, Pêche de Tullins, Pêche d'Égypte (moyenne grosseur, oblongue, déprimée sur les côtés, blanc verdâtre, colorée de rouge carmin, à chair blanche fondante, vineuse).

— Pavie Madeleine, Pavie blanc (grosse, ronde, blanc un peu marbré de rouge vif, à

, chair blanche, rougeâtre autour du noyau, ferme, succulente, juteuse, très-vineuse).

Pêche Bonneuil (moyenne, presque ronde, souvent mamelonnée au sommet, faiblement colorée de rouge, à chair blanche coriace sucrée ; mûrit difficilement sous le climat de Paris; convient au Midi).

—   Alberge Pêche jaune, Persais d'Angoulême, Persèque jaune (très grosse, arrondie, jaune, colorée de rouge, à chair jaune, tachée de rouge autour du noyau, ferme, sucrée).

—   Persique, Persèque, gros Persèque (grosse, oblongue, bosselée, colorée de rouge, à chair blanche, rouge autour du noyau, ferme, aigrelette; variété pour le Midi).

Octobre.

Pêche abricotée, Pêche de Burray, Pêche d'Orange, grosse jaune (très-grosse, arrondie, jaune, rougissant un peu au soleil, à chair jaune, rougeâtre autour du noyau, ferme; ne mûrit bien que sous le climat du Midi).

—   Chancelière (grosse, un peu allongée, mamelonnée au sommet; chair fine, blanche, rouge autour du noyau, fondante sucrée).

—   Tardive d'Oullins (très-grosse, bosselée, colorée de rouge au soleil, à chair blanche).

—   Sanguine (Pl. XXXI, fig. 3; moyenne grosseur, ronde, d'un rouge obscur, à chair rouge, un peu sèche, de médiocre qualité ; ne mûrit qu'en espalier au midi).

—   Pavie rouge de Pomponne, Pavie Camu (très-grosse, ronde, blanc verdâtre, colorée de rouge clair, à chair dure, vineuse, blanche dans le milieu, rouge sous la peau et autour du noyau; bonne dans le Midi).

—   Pavie tardif, Pavie royale (très-grosse, mamelonnée au sommet, jaune, pointillée de rouge, à chair jaune, ferme, juteuse ; ne convient qu'au climat du Midi).

—   Brugnon jaune lisse, jaune abricoté, Pêche lissée jaune (moyenne grosseur, rond, jaune, luisant, marbré de rouge, à chair jaune, ferme, juteuse).

Pistachier franc ou **Pistachier cultivé** (Pl. XLIX, fig. 4 et 4 a).

Pistacia vera Lin. (Térébinthacées-Pistaciées.)

Le Pistachier franc est un grand arbrisseau ou un petit arbre originaire de l'Asie Mineure, d'où il fut emporté en Italie par Vitellius. Depuis cette époque, il s'est répandu dans presque toute la région méditerranéenne. Sa tige, haute de 4 à 5 mètres, se divise en rameaux portant des feuilles alternes, pétiolées, imparipennées, à cinq folioles ovales, obtuses, coriaces et glabres. Les fleurs sont petites, dioïques et dépourvues de corolle. Le fruit est une drupe ovoïde, allongée, de la grosseur d'une moyenne Olive, jaunâtre, ponctuée de blanc vers l'époque de la maturité, teintée de rouge du côté directement éclairé par le soleil, s'ouvrant en deux valves à la maturité; renfermant une graine à deux cotylédons volumineux, charnus, d'un beau vert gai, d'une saveur agréable, délicate et parfumée, connue sous le nom de Pistache. La substance de cette graine recouverte d'une pellicule mince et rougeâtre, est nourrissante et renferme une assez forte proportion d'huile grasse. Les Pistaches constituent un aliment agréable, mais toujours d'un prix assez élevé. On les mange en nature, ou bien on les fait entrer dans diverses préparations de friandises. En médecine, on en prépare des émulsions et des sirops adoucissants (voir la *Flore médicale du XIX° siècle*, t. III, p. 86 et 87).

PLEINE TERRE. — *Choix du terrain, multiplication, culture, récolte.* Le Pistachier ne mûrit guère ses fruits sous le climat parisien, que quand il est mis en espalier à une exposition des plus favorables. Mais dans nos départements méridionaux, il supporte très-bien la pleine terre. Il lui faut un terrain graveleux et sec. On multiplie de marcottes, ou mieux de graines semées sur couche et sous châssis ; sous le climat parisien, on met en place après avoir élevé les jeunes plantes en orangerie pendant deux, trois ou quatre ans. Le Pistachier étant dioïque, c'est-à-dire ayant les organes mâles et femelles portés sur deux pieds distincts, il faut avoir soin de placer des pieds mâles à côté des femelles ; un seul pied mâle suffit même pour plusieurs femelles ; ou, mieux encore, on greffe sur chaque pied femelle un rameau mâle. Il est prudent de couvrir les Pistachiers, racines et branches, pendant les hivers un peu rudes ; car ils gèlent à — 7° centigrades ; on dit que, greffés sur Térébinthe, ils supportent — 10°. Les Pistachiers fleurissent en avril et mai ; on récolte leurs fruits dans le courant de septembre. On les conserve, comme les Noisettes, en un lieu sec.

Observations. Le Pistachier de Narbonne (appelé par Willdenow *Pistacia reticulata*) n'est qu'une simple variété du Pistachier franc, de même que le Pistachier de Marseille (*Pistacia massiliensis* de Miller) n'est autre que le Pistachier lentisque.

(Voir pour le Pistachier lentisque (*Pistacia Lentiscus* Lin.) et pour le Pistachier térébinthe (*Pistacia Terebinthus* Lin.) aux mots *Lentisque* et *Térébinthe*, dans la *Flore médicale du XIX° siècle*. Voir aux mots *Pistachier* et *Lentisque* dans l'*Horticulture, Végétaux d'ornement*, ainsi que la *Flore agricole* et *sylvicole*, à la famille des *Térébinthacées*.)

Plaqueminier d'Europe ou **d'Italie**, ou **Plaqueminier faux Lotier**. — **Plaqueminier de Virginie**. — **Plaqueminier caque**.

Diospyros Lotus Lin. — *Diospyros virginiana* Lin. — *Diospyros kaki* Lin. fils.
(*Ébénacées.*)

Les Plaqueminiers en général sont des arbres de troisième grandeur ou des arbrisseaux propres aux contrées chaudes et tempérées des deux hémisphères. Les feuilles sont simples et alternes, très-entières; les fleurs, mâles et femelles, sont séparées sur deux individus différents, quelquefois aussi portent des fleurs monoïques sur les pieds femelles; ces fleurs présentent un calice persistant, dont les divisions profondes varient, selon les espèces, de quatre, cinq à six, une corolle monopétale urcéolée, attachée au fond du calice, partagée en son limbe en quatre, cinq et six découpures réfléchies. Le fruit est une sorte de drupe globuleuse, charnue, dont le noyau est à 8 ou 12 loges, renfermant chacune une graine très-dure, comprimée latéralement, amincie en angle à sa face intérieure. D'après l'étymologie grecque du nom scientifique du Plaqueminier (*Diospyros,* qui signifie proprement froment, blé, fruit de Jupiter ou des dieux), on pourrait croire que les fruits de toutes les espèces, très-nombreuses, de ces végétaux sont agréables à manger; il n'est cependant que peu d'entre ces espèces qui, sous ce rapport, méritent qu'on s'y arrête. Nous en citerons trois :

1° Le Plaqueminier Faux Lotier, appelé aussi Plaqueminier d'Europe et Plaqueminier d'Italie (par Gaspard Bauhin Lotier d'Afrique, par Matthiole Faux Lotus, par Jean Bauhin et Tournefort Gualacana).C'est la seule espèce qui s'avance naturellement dans le midi de l'Europe et même de la France où on la regarde comme naturalisée. Ce Plaqueminier est un arbre de 12 à 14 mètres de haut, droit, à branches et à rameaux horizontaux, recouverts d'une écorce jaunâtre, quelquefois pendants, de forme pyramidale lorsqu'il croît librement; ses feuilles ovales-oblongues, ou oblongues-lancéolées, acuminées, sont d'un vert foncé en dessus, pâles et glauques en dessous, cilées sur les bords. Les fleurs, partant de l'aisselle des feuilles, petites, solitaires, naissent sur les jeunes pousses de l'année, et s'épanouissent en juin et juillet. Les fruits qui leur succèdent sont d'un jaune orangé un peu obscur, presque globuleux, de la grosseur des Cerises, partagés intérieurement en huit loges contenant chacune une graine, et accompagnés à la base par le calice persistant, divisé en quatre parties égales, un peu plus longues que les lobes roussâtres et enroulés de la corolle. Ce sont ces fruits, d'une saveur âpre, très-astringents, que, par une erreur peu explicable, on confondit longtemps avec ceux du Jujubier, qui faisaient les délices des Lotophages de l'antiquité (voir au mot *Jujubier*, p. 464 et 465 de ce volume). Toutefois, soumis à la cuisson et sucrés, les fruits du Plaqueminier Faux-Lotier sont mangeables, et pourraient être améliorés par la culture.

Tout terrain pour ainsi dire est favorable à cette espèce qui vient facilement en pleine terre, même sous le climat de Paris, et résiste aux hivers les plus froids, quoiqu'elle soit originaire des contrées chaudes; elle a l'inconvénient d'être d'une croissance très-lente. On la multiplie de semences ou de rejetons. Les semences se mettent en pleine terre, ou mieux en terrine tenue sur couche. L'année suivante, on plante, en pépinière, à une exposition chaude. Le plant y reste deux ans, et ensuite on le met en place.

2° Le Plaqueminier de Virginie, originaire des États-Unis d'Amérique, particulièrement de la Virginie, de la Louisiane, du Maryland, où il est vulgairement nommé *Pishamin* et *Persimon*. Cette espèce, de 6 à 10 mètres de hauteur, à cime arrondie, à rameaux et feuilles distiques, donne un fruit comestible, rond, lisse, à peu près du volume d'une Prune, à chair molle, visqueuse, un peu acerbe avant sa parfaite maturité, s'adoucissant lors de celle-ci. Ce fruit est fort estimé des Américains. Avant de le cueillir, on lui laisse souvent subir l'action de quelques légères gelées. Après l'avoir cueilli, on l'étend sur de la paille ou sur des tables, pour qu'il achève de mûrir et de s'adoucir, de la même manière que les Nèfles, sur lesquelles il l'emporte en ce qu'il se conserve longtemps mou et bon à manger sans pourrir. En Amérique, on le mange en nature;

on en fait du cidre, du vinaigre ; par distillation, on en obtient une
eau-de-vie ; quand on a retiré le noyau, on prépare avec la pulpe
écrasée, passée au tamis et séchée au four ou au soleil, des gâteaux et
des sortes de confitures sèches qui se conservent pendant une année.
En France, le fruit du Plaqueminier de Virginie reste toujours inférieur à ce qu'il est dans son pays natal. Néanmoins, dans nos départements méridionaux, il est déjà d'assez bonne qualité. Le bois
de cette espèce est d'une couleur brune et d'une contexture qui
permet de l'employer aux ouvrages de tour, à faire des brancards
de voiture, etc. Dans la Pensylvanie, le Maryland et la Virginie, on
s'en sert pour faire des poulies, des maillets et des montures de
fusils et d'outils. On dit que son écorce est astringente et possède
des propriétés fébrifuges.

Le Plaqueminier de Virginie réussit en Europe, et dans le midi
de la France, en pleine terre, à une exposition un peu chaude.
On reproduit de semis fait au printemps, dans un sol léger, et à
l'ombre en recouvrant les graines d'à peu près deux centimètres de
terre. Quelques arrosements suffisent. Au bout de six semaines,
rarement plus, le plant paraît ; s'il a fait quelques progrès durant l'été, on peut le repiquer l'année suivante. Dans le département des Basses-Alpes, où il est cultivé depuis assez longtemps,
on connaît le Plaqueminier de Virginie sous le nom de Néflier d'A-
mérique.

3° Le Plaqueminier caque, originaire du Japon, ressemble beaucoup aux deux précédents par son port ; ses jeunes rameaux se re-
vêtent d'un léger duvet ; ses feuilles, pointues aux deux extrémités,
sont plus grandes, ovales, luisantes en dessus, cotonneuses en dessous ; ses fleurs, réunies par deux sur des pédoncules solitaires,
sont retombantes et velues ; les fruits, que l'on connaît dans le commerce sous le nom de *Figues caques,* sont gros comme des Prunes,
d'un beau rouge cerise et d'une saveur agréable. On cultive ce Plaqueminier en pleine terre dans quelques jardins de nos départements méridionaux. Dans nos départements du Nord et sous le climat de Paris, on ne le cultive qu'en caisse, à cause de la nécessité
où l'on est de le mettre en orangerie pendant l'hiver.

Prunier domestique ou **cultivé**. — **Prunier entier** ou **Pruneautier**. — **Prunier de Briançon** (Pl. XXXVI, fig. 1 à 5).

Prunus domestica Lin. — *Prunus insititia* Lin. — *Prunus Brigantiaca* Willd.
(*Rosacées-Amygdalées.*)

Le Prunier domestique ou Prunier cultivé est un petit arbre ou un grand arbrisseau, dont la tige, haute de 3 à 7 mètres, couverte d'une écorce d'un brun cendré, se divise en rameaux nombreux, étalés, glabres, portant des feuilles alternes, pétiolées, ovales ou oblongues, aiguës, crénelées ou dentées, un peu rugueuses, légèrement pubescentes en-dessous, accompagnées de stipules linéaires, pubescentes. Les fleurs sont blanches, solitaires sur des pédicelles pubescents. Elles donnent naissance à des fruits qui sont des drupes, de forme, de grosseur et de couleur diverses selon les variétés, penchées, lisses, glabres, marquées d'un sillon longitudinal, couvertes d'une efflorescence glauque et fugace appelée *fleur*, et renfermant, sous un noyau oblong, ovale, comprimé, rugueux, une amande ovoïde, comprimée, pointue au sommet, à cotylédons charnus et assez volumineux.

Le Prunier enté ou Pruneautier (*Prunus insititia*), que l'on croit originaire de l'Orient, se distingue du précédent, dont il est d'ailleurs si voisin, par sa taille inférieure, qui n'est que de 2 à 3 mètres, par ses jeunes rameaux pubescents veloutés, et ses fruits plus arrondis.

Le Prunier de Briançon (*Prunus Brigantiaca*) est un petit arbre, dont la tige, haute de 2 à 5 mètres, se divise en rameaux étalés, lisses, portant des feuilles ovales, acuminées, dentées, glabres, luisantes, à nervure médiane ciliée. Les fleurs sont petites et portées sur des pédoncules glabres, assez longs, groupés au nombre de deux à cinq. Le fruit, du volume d'une petite noix, est globuleux, un peu aigu, jaunâtre, glabre, à pulpe verdâtre et acerbe; il renferme un noyau lisse. C'est à ce genre qu'appartiennent le Prunellier ou Prunier épineux (*Prunus spinosa* Lin.), et la Coccumiglia (*Prunus cocomilla* Ten.).

Les variétés de Pruniers les plus estimées passent pour être originaires de l'Orient, et particulièrement de Syrie, quoique cela ne soit appuyé que de preuves insuffisantes. Le Prunier de Briançon croît naturellement dans les Hautes-Alpes.

Les fruits de la plupart des Pruniers (*Prunes*) comptent parmi les plus beaux, les plus savoureux, les plus exquis dont une culture intelligente ait doté nos tables. Aussi la consommation qui s'en fait annuellement est-elle considérable. La chair aqueuse et sucrée des Prunes est peu nutritive, mais elle est d'une facile digestion; néanmoins, prise indiscrètement par des personnes à estomac faible, elle est susceptible de donner des diarrhées opiniâtres. Outre l'excellence du fruit mangé frais et en nature, la Prune se recommande par les préparations nombreuses qu'on en peut faire; on en fait des confitures de diverses sortes, des accompagnements délicieux pour la pâtisserie, des conserves à l'eau-de-vie fort recherchées, des liqueurs alcooliques telles que le *Raki* et le *Zwetschenwasser*. Par une dessiccation, opérée alternativement au four et au soleil, ou dans des fours et des appareils spéciaux qui donnent un résultat plus prompt et plus sûr, on prépare les Prunes en *Pruneaux,* qui sont pour la Touraine et l'Agénois un commerce important; c'est particulièrement dans les cantons de Clairac et de Sainte-Livrade que se font les Pruneaux dits d'Agen. Dans ces localités, la culture du Prunier prime toutes les autres, et elle porte spécialement sur les deux variétés connues dans le pays sous les noms de *Prune robe de sergent* ou *Prune d'ente*, et *Prune de roi.* Les Pruneaux se mangent en nature, ou cuits, et forment un aliment de facile digestion pour les estomacs délicats ou malades. Ceux qu'on prépare avec la Prune de Petit-Damas noir ont une légère acidité et agissent comme laxatifs; aussi sont-ils d'un usage médicinal.

Pleine terre. — *Choix du terrain.* Le Prunier s'accommode assez bien de tous les terrains. Il faut pourtant en excepter ceux qui sont arides et brûlants, ou constamment humides, ou glaiseux. Dans tous les cas, il réussit mieux dans une terre légère que dans aucune autre.

Multiplication. On multiplie les Pruniers : 1° de rejetons que l'on arrache après la chute des feuilles, pour les greffer dans le courant de l'été suivant; 2° de noyaux que l'on sème après leur maturité parfaite pour obtenir quelque nouvelle variété, ou mieux encore pour se procurer des sujets propres à servir aux espèces et variétés que l'on veut conserver; 3° par la greffe qui se fait en fente, au mois de février, sur les gros sujets, et en écusson à œil dormant ou à œil poussant, depuis la mi-juillet jusqu'au milieu d'août, sur les jeunes. Cette dernière sorte de greffe est la plus usitée et la plus sûre.

Culture, taille, plein vent, pyramide, espalier. Le plein-vent est la forme qui convient le mieux au Prunier; tous les soins se bornent à le délivrer, chaque année, de son bois mort et de ses branches inutiles. Il faut, pendant les trois premières années qui suivent la plantation, rabattre les nouvelles branches de l'arbre, pour l'obliger à former de jeunes bois sans qu'il étende trop loin ses rameaux. On arrache, soit lors de leur apparition, soit à l'automne, les drageons qui se forment au pied et épuisent la séve sans profit. Les Pruniers venus de semis drageonnent moins.

La forme pyramidale convient aussi fort bien au Prunier qui se soumet sans résistance à la direction qu'on lui donne, et produit des fruits plus gros.

Quoiqu'on ne cultive guère en espalier un arbre dont les fruits sont plus savoureux quand ils proviennent du plein-vent, on peut néanmoins soumettre le Prunier à cette culture, qui accélère la maturité des produits. On se contente alors des expositions d'est, d'ouest et du nord, celle du midi étant trop brûlante. On ébourgeonne chaque année, mais avec modération; le travail a lieu au déclin de la première séve, et durant tout le temps que la marche de cette liqueur est ralentie, ce qui a lieu ordinairement en juillet et août. L'ébourgeonnement se borne à la suppression des bourgeons surnuméraires et des branches gourmandes; de cette suppression, bien entendue, l'arbre tire sa forme avantageuse, sa vigueur, sa fécondité et sa durée.

CHOIX DE VARIÉTÉS CULTIVÉES.

On connaît environ 300 variétés de Prunes; mais les pépiniéristes n'en cultivent guère qu'une centaine; nous indiquerons seulement les variétés les plus recommandables :

Juillet.

Prune de Lamotte (de moyenne grosseur, allongée, violet foncé).
— de Montfort (assez grosse, ovale, violet foncé).
— de Saint-Pierre (moyenne grosseur, presque ronde, jaunâtre).
— de Monsieur (grosse, presque ronde, violette).
— de Monsieur hâtive (Pl. XXXVI, fig. 5 ; grosse presque ronde, violet foncé).
— Pêche (très-grosse, ovale, rouge brun).
— royale hâtive (grosseur moyenne, ronde, violet clair).
— royale de Tours (Pl. XXXVI, fig. 2 ; grosse, ovoïde ou presque ronde, violet clair).

Août.

Prune belle de Louvain (grosse, ovale, pourpre violet).
— grosse de Cooper (grosse, ovale, rouge pourpre).
— Damas musquée, Prune de Chypre, Prune de Malte (petite, arrondie, violet foncé).
— Damas noir tardive (petite, ronde, noire).
— gros Damas blanc (moyenne grosseur, un peu allongée, d'un vert jaunâtre).
— Damas d'Italie (moyenne grosseur, presque ronde, violet clair).
— Damas de Tours (moyenne grosseur, arrondie, violet foncé).
— Damas Mongeron (grosse, presque ronde, violet clair et ponctuée).
— Damas violet (Pl. XXXVI, fig. 4 ; moyenne grosseur, allongée, d'un violet rouge).
— d'Agen, Prune robe de Sergent, Prune datte, Prune à Ente, Datte violette (grosse, ovoïde, rouge violacé ; très-estimée pour faire les Pruneaux. L'arbre se propage de drageons, et se reproduit de graines).
— de Jérusalem (grosse, allongée, rouge foncé ; pour Pruneaux).
— des Béjonnières (grosse, ovale, jaune teinté de lilas).
— diaprée violette (moyenne grosseur, ovale-allongée, violette).
— diaprée noire (petite, allongée, noire).
— drap d'or d'Espéren (grosse, ovale, arrondie, jaune d'or, pointillée).
— Impériale gage (très-grosse, ovale, jaune verdâtre, pointillée de gris).
— Impériale violette, Prune d'œuf (grosse, ovale, violet clair).
— Mirabelle, petite Mirabelle (Pl. XXXVI, fig. 3 ; petite, un peu allongée, jaune, pointillée de rouge).
— grosse Mirabelle, Mirabelle double, Prune drap d'or (moyenne grosseur, presque ronde, jaune clair, pointillée de rouge).
— de Monsieur jaune (assez grosse, ovale-arrondie, jaune, teintée et pointillée de pourpre).
— Reine Victoria, Queen Victoria, Aldenton (grosse, ovale-arrondie, rouge violet, ponctuée de gris roux).
— Quetsche, Couetche hâtive (moyenne grosseur, ovale, violet cendré).
— Reine blanche (petite, ronde, jaune clair verdâtre).
— Reine Claude, Reine Claude Dauphine, grosse Reine Claude, Reine Claude dorée, Abricot vert, Verte bonne (Pl. XXXVI, fig. 1 ; grosse, arrondie, verte, maculée de gris).
— Reine Claude d'Oullin (grosse, arrondie, vert jaunâtre, teintée de rose).
— Royale (grosse, presque ronde, violet clair).
— Washington, Washington jaune (très-grosse, ovale-arrondie, jaunâtre, teintée de rose).

Septembre.

— belle de septembre (grosse, ovale allongée, rouge brun).

Prune Boulouf (très-grosse, rouge foncé, teintée de violet, maculée de brun roux).
—　Columbia (très-grosse, pourpre brunâtre).
—　Comte Gustave d'Egger (moyenne grosseur, ovale, jaune d'or, marquée de lignes et stries rouges).
—　Dame Aubert, Dame Aubert jaune, Grosse luisante, Impériale blanche (très-grosse, ovale, jaune, et vert jaunâtre).
—　d'automne de Schamal (grosse, ovale, rouge terne).
—　de Brignole (assez grosse, ovale-arrondie, jaune d'or, pointillée de rouge).
—　diaprée rouge, Prune Roche-Corbon, Impératrice diadème (moyenne grosseur, un peu en Poire, rouge cerise, pointillée de brun).
—　Impériale de Milan (moyenne grosseur, ovale-arrondie, violet foncé, pointillée de gris).
—　Impériale de Sharp (grosse, ovale, jaune d'ambre, teintée de rouge terne, et de rouge brun).
—　jaune tardive (de moyenne grosseur, ovoïde, jaune d'ambre, pointillée de blanc).
—　Jefferson (assez grosse, ovale-arrondie, jaune d'or, pointillée de rouge violacé, et marbrée de pourpre).
—　de Kirchou, Kirche's (grosse, arrondie, violet foncé, pointillée de roux).
—　Mirabelle tardive (petite, ronde, jaune mat, pointillée de rose).
—　Perdrigon blanc (petite, ovale-arrondie, vert blanchâtre, pointillée de rouge).
—　Perdrigon rouge (petite, ovale-arrondie, rouge violacé pointillé de couleur fauve).
—　Perdrigon violet (moyenne grosseur, un peu allongée, violette).
—　Pond's Seedling (très-grosse, ovale, rouge violacé, pointillé de noir).
—　Quetsche, Couëtche, Quetsche d'Allemagne, Quetsche de Metz (moyenne grosseur, ovoïde, rouge violacé).
—　grosse Quetsche nouvelle de Dorrel (grosse, ovale, violet rougeâtre).
—　Reine Claude de Bavay (grosse, ovale-arrondie, vert jaunâtre, pointillée de violet).
—　Reine Claude diaphane, Prune diaphane (grosse, ronde, jaune ambré, nuancée de rose).
—　Reine Claude violette (assez grosse, arrondie, violette, pointillée de roux).
—　royale de Vilvorde (très-grosse, oblongue, verte et rouge foncé).
—　Sainte-Catherine (moyenne grosseur, ovoïde-allongée, jaune pâle, ou fauve pointillé de rouge).
—　Étendard d'Angleterre ou Standard of England (assez grosse, ovale allongée, rouge violacé).
—　surpasse Monsieur (très-grosse, arrondie, violet très-foncé).
—　Tardive musquée (assez grosse, oblongue, violet très-foncé cendré).

Octobre.

Prune gage d'Automne, en anglais Autumn gage (assez grosse, ovale-arrondie, jaune clair, pointillée de gris).
—　Coé, Prune Goutte d'or, en anglais Golden drop (grosse, oblongue, jaune d'or, pointillée de pourpre).
—　Coé à fruit violet (grosse, oblongue, lilas violacé).
—　Decaisne (grosse, oblongue, d'un vert opaque, teintée de rose, et pointillée de gris).
—　Quetsche d'Italie (grosse, oblongue, violet très-foncé).
—　de Saint-Martin (assez grosse, oblongue, violette ; la plus tardive).

CHAPITRE II.

ARBRES A FRUITS DITS VULGAIREMENT A PEPINS [1].

Alisier à fleurs blanches, Alouchier.

Sorbus aria Crantz ; *Cratægus aria* Lin. *Pyrus aria* Ehrh. (*Rosacées-Pomacées.*)

On a donné le nom d'Alouchier, dans les parties de la France où il abonde le plus, à l'Alisier à fleurs blanches, parce qu'on emploie son bois, très-dur, à faire des aluchons de moulin et des vis de pressoir. C'est un arbre indigène de nos contrées où il croît dans les montagnes boisées, parmi les rochers, et d'une hauteur d'environ 7 à 8 mètres. Son écorce est grisâtre ; ses feuilles sont ovales, dentées, cotonneuses, blanches en dessous. Les fleurs sont blanches et à cinq pétales comme celles des Poiriers, disposées en corymbes ou fausses-ombelles au sommet des rameaux. Les fruits qui leur succèdent sont charnus, d'un brun rouge à leur parfaite maturité. On les mange crus après les avoir fait blettir comme les Nèfles, pour qu'ils perdent leur âpreté. Les enfants les recherchent à cause de leur acidité. On en fait des conserves, et quelquefois une boisson légère.

PLEINE TERRE. — *Choix du terrain.* Les terres légères et quelque peu humides sont celles qui conviennent le mieux aux Alouchiers, qui ne s'accommodent guère des terres fortes.

[1] Nous écrivons dits *vulgairement* à pepins, parce que, scientifiquement, plusieurs des fruits dont nous parlerons dans ce chapitre sont les uns considérés en botanique comme pourvus de noyaux, ainsi les Nèfles, etc. ; les autres considérés comme fruits en baie, ainsi les Grenades, les Oranges, etc. Nous avons cru devoir dans ce volume, essentiellement de pratique horticole, suivre les divisions d'usage ; mais on trouvera quelques considérations de classification scientifique pour les fruits dans le deuxième volume du TRAITÉ DE BOTANIQUE GÉNÉRALE qui fait partie du RÈGNE VÉGÉTAL.

Multiplication. On reproduit par semis à l'automne, aussitôt après la maturité des fruits. Il faut laisser ces fruits entiers, et arroser assez copieusement, ce qui n'empêche pas que la plus grande partie de la graine ne lève que la seconde année. Il vaut mieux mettre les graines stratifier, soit dans des fosses à l'air libre, soit dans des caisses à la cave, et ne les semer que la seconde année. La graine ne doit être enterrée que de 1 à 2 centimètres.

On multiplie aussi les Alouchiers de marcottes et de rejetons; on y gagne au moins deux années, mais les arbres sont moins beaux que ceux venus de semence. Les marcottes se font à l'automne ou au commencement du printemps. On les lève, ainsi que les rejetons, au bout d'une année, et on les met en place.

Mais le moyen le plus rapide est la greffe à œil dormant sur Poirier, Cognassier, Néflier ou Aubépine; trois ans après on a des arbres bons à mettre en place, mais qui ne durent pas longtemps. Les Alouchiers greffés sur Aubépine forment une tête arrondie.

Culture. On sarcle le jeune plant, on bine et l'on arrose quand le temps est sec. Il reste deux années en place, puis on le repique en pépinière à 20 ou 25 centimètres de distance. Deux années après on le relève pour l'espacer de 40 à 50 centimètres : on l'y laisse deux ou trois ans. Il ne faut ni le raccourcir, ni le tailler, ni en tourmenter les racines.

Récolte et conservation. On récolte avant les gelées, on conserve, dans un grenier, sur la paille, pendant deux mois au plus.

On connaît deux variétés d'Alouchier :

Alouchier, Alisier blanc (*Pyrus aria*; fruits rouges, acerbes, vendus sur les marchés de Bourgogne et de Franche-Comté sous le nom d'Alizes).
— de Bourgogne, Alisier à longues feuilles, fruits en forme de poires de la grosseur du pouce, qui ne se mangent qu'après avoir été déposés sur la paille, comme les Nèfles. Ils blettissent et sont alors comestibles).

Arbousier, Arboise, Arbre à fraise.

Arbutus unedo Lin. (*Éricinées.*)

Les Arbousiers sont des arbrisseaux, des arbustes et même des arbres dont on connaît une vingtaine d'espèces, les unes propres aux climats méridionaux de la France, les autres indigènes de l'Asie Mineure, des îles de la Grèce, de la Grèce elle-même ; d'autres encore croissant spontanément sur les montagnes les plus hautes de l'Europe et dans les contrées les plus septentrionales.

L'espèce la plus commune, du moins en France, est l'Arbousier commun ou des Pyrénées (*Arbutus unedo* Lin., de *unum edo*, qui signifie j'en mange assez d'un), appelé aussi Arboise, Arbre à Fraise, Fraisier en arbre. Le plus souvent il forme un arbuste de 2 à 4 mètres ; quelquefois c'est un arbre de 7 à 10 mètres. Il croît spontanément dans les forêts du midi de la France, de l'Italie, de l'Espagne, et particulièrement sur les dunes de sable qui s'étendent de l'embouchure de la Gironde aux pieds des Basses-Pyrénées, autour du bassin de la Méditerranée, etc. Son tronc est gercé ; ses feuilles sont persistantes, alternes, ovales-oblongues, dentées, d'un vert brillant, sur lequel tranche agréablement le pétiole qui est rouge ; les fleurs sont blanches ou rosées, en forme de petits grelots et disposées en grappes courtes et renversées ; le fruit est une baie globuleuse, tuberculeuse, à cinq loges polyspermes, ressemblant à une Fraise, jaune d'abord, puis d'une belle couleur rouge ou rosée à parfaite maturité, d'une saveur aigrelette qui le fait fort rechercher par les enfants et par les oiseaux.

En 1807, l'Espagnol Juan Armesto retira de la pulpe jaune et mucilagineuse des fruits de l'Arbousier commun, un alcool de 16 à 20 degrés, et un sucre liquide prêt à se cristalliser. Pour obtenir ces résultats, il paraît essentiel de n'opérer que sur des fruits d'une entière maturité ; on recueille d'abord ceux qui sont tombés par l'effet du vent ou par suite de légères secousses de la main ; puis on prend ceux qui cèdent sans efforts au simple contact du doigt ; après les avoir pressés dans des sacs sous l'action de la meule, on les traite comme le moût de Raisin dont on veut obtenir du sucre. L'eau-de-vie d'Arbouse, comme celle du Raisin, est le produit de la fermentation spiritueuse et de la distillation du fruit. On fait aussi, avec adjonction de sucre, des confitures d'Arbouses. Les pauvres mangent crue et au naturel l'Arbouse qui, par elle-même, est fade et indigeste. Assaisonnée d'eau-de-vie et de sucre, elle a un goût agréable et elle est très-recherchée des Arabes. Comme le

Citronnier, l'Arbousier porte à la fois des fleurs et des fruits.

Pleine terre. — *Choix du terrain.* Tous les sols conviennent à l'Arbousier ; mais il vient mieux dans des terres pierreuses et légères qui s'échauffent facilement. Il supporte volontiers le climat de Paris, mais ses fruits y mûrissent rarement. En tirant seulement un peu vers le sud-ouest, à Angers, par exemple, il donne des fruits abondants et susceptibles d'être mangés.

Multiplication. L'Arbousier se multiplie de graines que l'on sème au printemps en pépinière. On repique le plant dans sa deuxième année. Dans le midi, les drageons qu'il produit en abondance servent à sa propagation. Les Provençaux ont encore l'habitude de multiplier l'Arbousier commun en éclatant les branches de dessus une vieille souche.

Culture et *récolte.* Duhamel du Monceau conseillait de couvrir le pied des Arbousiers avec de la litière, parce que s'il arrivait que les branches gelassent, la souche en repousserait de nouvelles. Mais en général les soins se bornent à débarrasser la plante de son bois mort. La récolte des fruits a ordinairement lieu à la fin de décembre.

Observations. — L'Andrachné ou Arbousier à panicules (*Arbutus andrachne* Lin.), arbrisseau formant naturellement pyramide, est originaire de l'Asie Mineure, des îles de la Grèce, de la Grèce elle-même, pays où il porte des fruits deux fois par an. Il subsiste très-bien en pleine terre dans le midi de la France ; mais plus haut il est sujet à périr. On tire également de cette espèce une eau-de-vie d'un goût agréable, sans odeur empyreumatique et qui est propre à faire une liqueur de table. La culture de l'Andrachné est difficile ailleurs que dans son climat natal.

L'Arbousier des Alpes (*Arbutus alpina*) est, avec la Ronce arctique, le dernier arbuste à fruits comestibles que l'on rencontre sur les plus hautes montagnes de l'Europe. Sa tige rampante est garnie de feuilles oblongues, dentées, ridées, ciliées ; ses baies noirâtres, d'un goût agréable, sont très-précieuses pour les Lapons, les Samoïèdes, les Kouriles, et autres habitants du cercle polaire.

L'Arbousier raisin d'Ours (*Arbutus uva ursi*) habite aussi les montagnes les plus hautes, mais diffère de l'Arbousier des Alpes par ses feuilles assez semblables à celles du Buis, ce qui l'a fait appeler quelquefois Busserolle, et par ses baies d'un beau rouge, en grappes, d'un goût désagréable, ce qui n'empêche pas les Ours d'en faire leurs délices (voir d'autres détails dans la *Flore médicale du XIX° siècle*, t. I, p. 97 à 98).

Azerolier, Épine azarolière (Pl. XXIX, fig. 5).

Cratægus azarolus Lin. (*Rosacées-Pomacées.*)

L'Azerolier est un arbre d'environ 10 à 12 mètres de hauteur, qui croît spontanément dans les forêts du midi de la France. Son tronc est fendillé. Ses feuilles sont petites, cunéiformes, à trois lobes obtus, grossièrement dentées, duveteuses en dessous. Les fleurs ressemblent à celles de l'Aubépine, et, comme elles, sont disposées en petits bouquets corymbiformes. Les fruits sont gros, globuleux, de couleur rouge ou jaunâtre ; ils ont une saveur qui paraît agréable aux habitants de nos départements méridionaux ; ils sont acidules, légèrement sucrés, rafraîchissants ; pour les manger crus, on les laisse blettir ; on en fait des confitures et des conserves.

PLEINE TERRE. — *Choix du terrain*. Un sol sec, exposé à toutes les influences du soleil, est nécessaire pour amener les fruits à leur perfection.

Multiplication. On multiplie par semis aussitôt après la maturité des fruits, absolument comme pour l'Alouchier. On greffe souvent l'Azerolier sur l'Aubépine commune.

Culture. On ne sarcle le semis que la seconde année, époque où l'on peut lever le plant pour le mettre en place. On fait la plantation pendant les journées tempérées de l'hiver ; il faut avoir grand soin de ne pas casser les racines, si l'on ne veut pas s'exposer à perdre beaucoup de plants. L'Azerolier n'a pas besoin de la main de l'homme pour végéter vigoureusement.

Récolte et *conservation*. On récolte tout à fait à l'arrière-saison. La manière de conserver est celle qu'on emploie pour des Nèfles.

VARIÉTÉS.

Nous citerons pour mémoire les espèces suivantes :

Épine pinchaw (*Cratægus tomentosa*; originaire de l'Amérique septentrionale; arbuste de
   1 mètre à 1 mètre 50 cent.; à fruits plus gros que ceux de l'Épine azarolière ordinaire et d'un goût agréable).
— azerole d'Orient (*Cratægus aronia*; dont le fruit est fort estimé en Orient).
— à feuilles de Tanaisie (*Cratægus tanacetifolia*; à fruits très-gros).
— à feuille écarlate (*Cratægus coccinea*; dont les fruits comestibles sont connus sous le
   nom d'Azeroles d'Amérique).

Bibassier, Néflier du Japon, Ériobotrye du Japon.

Eriobotrya japonica Lindl.; *Mespilus japonica* Thunb. (*Rosacées-Pomacées.*)

On connaît quatre espèces d'Ériobotryes ou de Bibassiers, croissant dans la Chine, le Japon et le Népaul. Ce sont des arbrisseaux
de 2 à 3 mètres, à rameaux tomenteux; à feuilles grandes, lancéolées, cotonneuses, persistantes; à fleurs petites, d'un blanc verdâtre
ou jaunâtre, disposées en panicule terminale, s'épanouissant en octobre et novembre, quelquefois en mai, exhalant une forte odeur d'a-
mande amère; à fruits d'un beau jaune, ombiliqués, ressemblant à
des Prunes de Mirabelle, et ayant une saveur qui se rapproche de
celle de l'Abricot.

Le Bibassier du Japon fructifie en pleine terre dans le midi de
la France. Ce qui empêche sa fructification sous le climat parisien,
c'est qu'il y fleurit en octobre ou en novembre, et que, par suite,
ses fruits n'ont pas le temps de mûrir; on a beau rentrer la plante
dans l'orangerie, les fruits, qui n'ont pas eu le loisir de se développer, restent petits et acides. Néanmoins le Bibassier peut, même
sous le climat de Paris, passer l'hiver en pleine terre, pourvu qu'on
le mette à bonne exposition, et qu'on lui donne une couverture de
litière bien sèche. Il commence à souffrir sous l'influence d'une
gelée de 10 à 12 degrés Réaumur.

Multiplication, culture. Le Bibassier résiste d'autant mieux à la
gelée qu'il est greffé sur Aubépine; on peut néanmoins aussi le
cultiver franc de pied. Il demande une terre franche et légère, et une
exposition chaude. On l'obtient aussi de semis en pots, qu'on rentre
l'hiver en orangerie; on repique en pépinière; on attend que le

jeune plant soit assez vigoureux pour le mettre en place; on couvre le pied de litière bien sèche dans les hivers rigoureux.

Bigaradier.

Voyez à l'article *Oranger*.

Cédratier.

Voyez *Oranger*.

Citronnier.

Voyez *Oranger*.

Cognassier commun (Pl. XXXVII, fig. 4 et 5).

Cydonia vulgaris Rich.; *Pyrus cydonia* Lin. (*Rosacées-Pomacées.*)

Le Cognassier commun est originaire de l'Asie Mineure, ce qui n'implique pas qu'il ne le soit pas également, comme on l'a écrit dans la *Flore médicale*, de l'île de Crète, aujourd'hui Candie. Il est depuis longtemps d'ailleurs naturalisé dans presque toutes les parties de l'Europe; il croît à l'état à peu près spontané dans le midi de la France. Son tronc est tortueux; ses jeunes pousses sont couvertes d'un duvet grisâtre. Les feuilles sont alternes, ovales ou en cœur, cotonneuses en dessous. Les fleurs sont assez grandes, blanches, solitaires et presque sessiles. Le fruit est pyriforme raccourci, ou presque globuleux, couvert d'un duvet floconneux. Quoique ce soit plus particulièrement dans les départements du midi et du centre que l'on cultive, en France, le Cognassier pour ses fruits, il n'en est pas moins vrai que sous le climat même de Paris, on récolte beaucoup de Coings. Dans plusieurs endroits on le cultive spécialement pour obtenir des sujets propres à greffer des Poiriers. On le voit jusque dans nos haies. On fait avec les fruits du Cognassier des marmelades, des conserves, des confitures aussi exquises qu'elles sont salutaires dans certains cas, des sirops, des liqueurs (voir au surplus la *Flore médicale*, t. I, p. 366 et 367).

Pleine terre. — *Choix du terrain.* Le Cognassier est un arbre robuste qui vient partout, mais qui préfère toutefois les terrains légers et frais.

Multiplication. On multiplie de graines semées dès que le fruit est mûr, en terre meuble, afin d'avoir des sujets au printemps. On multiplie aussi par marcottes ou de drageons qu'on obtient en buttant les vieux pieds. Quant au Cognassier de Portugal, dont il sera parlé ci-après, aux variétés, il se multiplie de greffe appliquée sur le Cognassier commun.

On a proposé pour la multiplication de cet arbre, qui sert à greffer les Poiriers, de ne pas perdre les petites branches qui sont supprimées du jeune sujet lorsqu'on le prépare à recevoir la greffe. On les ramasse en juillet et aoùt; on les coupe à 30 centimètres, et on les met à demi couchées dans une jauge, à 8 centimètres de distance. On les recouvre de terre meuble, et on les arrose de temps à autre. A la fin de la saison, ou au printemps, on plante ces boutures, qui sont enracinées et garnies de branches ayant souvent acquis la longueur de 20 à 30 centimètres. Ce mode de multiplication est applicable à tous nos arbres à fruits.

Taille. On se borne à débarrasser le Cognassier de son bois mort.

Récolte et *conservation.* La récolte des Coings a généralement lieu en octobre. On conserve dans le fruitier avec les autres fruits.

VARIÉTÉS.

Cognassier commun, Cognassier à fruit maliforme, ou à fruits en forme de Pomme, en anglais *Aple quince*, Cognassier à fruit en Orange, en anglais *Orange quince* (le fruit est rond, de la forme d'une pomme, d'un beau jaune d'or; il demande à être cueilli à parfaite maturité; sans quoi il cuit difficilement).

— pyriforme, en anglais *Pear quince* (le fruit est en forme de Poire, jaune foncé, à chair ferme et sèche, mais de haut goùt; il reste plus dur et ne se colore pas à la cuisson comme les précédents; il est mùr à la fin d'octobre). Pl. XXXVII, fig. 4.

— de Portugal, en anglais *Portugal quince* (à fruit allongé comme la Poire, Pl. XXXVII, fig. 5, un peu plus précoce que le précédent, moins âpre, cuisant fort bien et prenant une couleur cramoisie, plus pâle que celle du Coing en forme de Pomme).

— de Fontenay, Cognassier vertical, en anglais *New-Upright quince* (variété qui se distingue des autres, en ce que l'arbre pousse verticalement; son fruit n'a pas de qualité qui puisse le faire préférer à celui des autres Cognassiers).

Cormier, Sorbier domestique.

Sorbus domestica Lin.; *Pyrus sorbus* Gærtn.; *Cormus domestica* Spach.
(*Rosacées-Pomacées.*)

Le Cormier ou Sorbier domestique croît spontanément dans les forêts des montagnes de l'Europe méridionale et dans l'Afrique septentrionale. Il est haut de 12 à 16 mètres. Ses feuilles sont composées de 13 à 19 folioles ovales, cotonneuses blanches en-dessous. Les fleurs sont petites, blanches comme celles du Poirier, disposées en corymbes ou petits bouquets touffus paniculés. Le fruit est pulpeux, de 2 centimètres environ de diamètre, d'un rouge vif, tantôt presque globuleux, tantôt affectant la forme d'une petite Poire.

On fait avec les fruits du Cormier une boisson supérieure au cidre de Pomme et au cidre de Poire, mais beaucoup plus capiteuse. A leur complète maturité, ils perdent leur saveur acerbe, et deviennent comestibles; toutefois il faut les faire blettir sur la paille à la manière des Nèfles.

Pleine terre. — *Choix du terrain.* Toute terre convient au Cormier. Néanmoins il vient mieux et croît plus rapidement dans une terre substantielle et profonde; car un des grands inconvénients de cet arbre, plus à priser encore pour son bois que pour son fruit, c'est la lenteur de sa croissance.

Multiplication. On multiplie de graines semées aussitôt après leur maturité, ou, au printemps, avec des graines conservées, en stratification, pendant l'hiver, dans une planche bien préparée à l'exposition du Levant. Lorsque le plant a deux ans et 8 à 9 centimètres, on le repique; il en périt beaucoup dans cette première opération. Lorsqu'il a quatre ans et environ 35 centimètres de haut, on le repique encore, en mettant les pieds à 40 centimètres les uns des autres. On le taille et on le façonne; puis, à huit ans et quand il a 3 mètres de haut, on le relève une troisième fois pour le mettre définitivement en place. Dans ces deux dernières opérations, il périt encore beaucoup de pieds. Il faudrait pouvoir élever les Cormiers en place; mais ils croissent si lentement et ils sont sujets à tant d'inconvénients, qu'on en perdrait presque autant par le repiquage. Le mieux est peut-être de le semer dans une haie et de l'abandonner à lui-même.

On le multiplie aussi par greffe sur Aubépine et sur Poirier. Il croît alors plus vite, mais les arbres qui en proviennent sont moins beaux et de moindre durée. Toutefois, sous le rapport des fruits à obtenir, il y a tout avantage à adopter la greffe.

Culture. Lorsque le Cormier a franchi les premières années de sa vie, et qu'il a survécu aux diverses transplantations, on n'a plus à s'en occuper; il résiste à toutes les influences locales.

Récolte. On récolte les Cormes ou fruits du Cormier en octobre.

VARIÉTÉS.

Cormier à Cormes-Pommes, ou Sorbier à Sorbes-Pommes (à fruits arrondis; ces fruits son ceux que l'on doit préférer pour faire de la boisson).
— à Cormes-Poires, ou Sorbier à Sorbes-Poires (à fruits allongés; ce sont les meilleurs pour manger, surtout quand ils sont venus à une exposition chaude).

Grenadier (Pl. LI, fig. 4).

Punica granatum Lin. *(Granatées)*.

Le Grenadier commun est un arbre de moyenne grandeur. Sa tige, haute de 5 à 7 mètres, irrégulière et tordue, se divise, presque dès la base, en nombreux rameaux opposés, tétragones, épineux, portant des feuilles opposées, courtement pétiolées, lancéolées, entières, glabres et luisantes. Les fleurs, d'un beau rouge, sont presque solitaires et sessiles au sommet des rameaux; elles présentent un calice en entonnoir, épais et charnu, coloré, à tube adhérent avec l'ovaire, à limbe partagé en cinq divisions triangulaires, obtuses; une corolle à cinq pétales sessiles, arrondis, entiers, un peu chiffonnés, insérés au sommet du tube calicinal, ainsi que les étamines qui sont très-nombreuses, à filets rouges et subulés, à anthères réniformes; l'ovaire est infère, adhérent avec la base du tube du calice, à plusieurs loges disposées sur deux étages superposés, renfermant un grand nombre d'ovules attachés à des placentas gros et saillants qui occupent la base et le côté interne de chaque lobe; il est surmonté d'un style simple, renflé à la base, terminé par un stigmate glanduleux, discoïde et aplati. Le fruit est globuleux, de la grosseur du poing, couronné par les dents du calice; son péricarpe, dur, coriace, d'un jaune rougeâtre, est partagé intérieurement en un grand nombre de loges disposées sur deux étages, séparées par des cloisons membraneuses et renfermant des graines polyédriques, irrégulières, à tégument charnu et succulent.

Le Grenadier est indigène de la Mauritanie, d'où il fut importé dans l'Europe australe et dans toutes les régions tropicales du globe. Il croît en pleine terre et porte des fruits mûrissant parfaitement bien dans le midi de la France. On le cultive même en pleine terre à bonne exposition, et à l'aide de certains soins, dans quelques jardins sous le climat de Paris.

On connaît deux espèces de Grenadiers : le Grenadier commun (*Punica granatum* Lin.) et le Grenadier nain (*Punica nana* Lin.). Ce dernier croît principalement aux Antilles et à la Guiane, où l'on en fait des haies et des clôtures ; il n'a que 60 à 80 centimètres de hauteur, et produit un fruit plus acide que celui du Grenadier commun duquel seulement nous nous occupons ici.

Le fruit du Grenadier demande à rester sur l'arbre jusqu'à maturité complète ; c'est l'enveloppe des graines, le tégument, que l'on mange ; elle est en général d'une saveur aigrelette, agréable et rafraîchissante. Le bois du Grenadier est fort dur et susceptible d'être employé dans les arts. Nous renvoyons à la *Flore médicale du XIXe siècle* (t. Ier, p. 117 à 120) pour ce qui est des mérites médicinaux du Grenadier.

PLEINE TERRE. — *Multiplication, culture.* Le Grenadier se multiplie par greffes, boutures, et surtout par drageons. Il lui faut une terre substantielle et une exposition chaude. On le cultive soit en espaliers, soit en arbre à tête. Sous cette dernière forme, on le voit figurer dans les plates-bandes des allées des jardins de nos départements méridionaux. Nous en parlerons plus loin pour la culture en serre dans le Nord. Livré à lui-même dans le midi de l'Europe, il forme de superbes buissons où la fleur brille à côté du fruit. Le Grenadier donnant beaucoup de sujets, il importe de pincer souvent les jeunes pousses, surtout durant l'été.

Limetier.

Voyez à l'article *Oranger*.

Limonier.

Voyez à l'article *Oranger*.

34

Néflier (Pl. XXXVII, fig. 3).

Mespilus germanica Lin. (*Rosacées-Pomacées.*)

Le Néflier est un petit arbre, indigène de l'Europe, au tronc et aux rameaux tortueux. Ses feuilles sont ovales-oblongues, velues en dessous. Les fleurs, assez grandes, sont blanches, presque sessiles, et naissent isolément au centre d'un bouquet de feuilles, qui termine les rameaux. Le fruit est presque globuleux, déprimé, ombiliqué au sommet, couronné par les folioles allongées et persistantes du calice, divisé intérieurement en 2 ou 5 loges, contenant chacune une semence, et se séparant à la maturité en autant de nucules (ou *osselets*) blanchâtres, dures, osseuses; la chair de ce fruit, d'abord dure et acerbe, devient molle et acidule à parfaite maturité, laquelle n'a lieu le plus souvent que quand on a mis la Nèfle blettir sur un lit de paille. Les meilleures Nèfles que l'on mange en France appartiennent à nos départements méridionaux; celles de Naples et du midi de l'Italie sont peut-être encore préférables. Le bois du Néflier est dur, compacte, d'une teinte rougeâtre avec des veines assez bien marquées, d'un grain fin, susceptible d'un beau poli. On l'emploie pour armer les fléaux, parce qu'à la pesanteur il joint l'avantage de ne pas casser. Avec les branches on fait de bons manches de fouet.

PLEINE TERRE. — *Choix du terrain.* Le Néflier s'accommode assez bien de tous les terrains et de toutes les expositions. Toutefois il préfère une terre grasse, humide, avoisinant les eaux. Il languit dans les terres sèches où le soleil darde en plein ses rayons. Dans les terres fortes, argileuses, il se charge de Lichens.

Multiplication, culture. On multiplie les Néfliers de semences, de marcottes, de rejetons et de greffes. La voie des semences est la meilleure en ce qu'elle donne des tiges vigoureuses, mais elle est là plus lente : les graines sont deux années à lever. La voie la plus prompte est celle de la greffe, qui dépouille le Néflier d'une grande partie de ses épines et l'amène à donner des fruits plus gros et plus agréables. On greffe en fente ou en écusson, sur Aubépine, Azerolier, Poirier, Coignassier, Néflier des bois. On a conseillé la greffe en fente sur Coignassier au printemps pour les terres humides, et sur l'Azerolier pour les terres sableuses. Les arbres greffés depuis trois ans sont les meilleurs pour la transplantation.

Récolte et *conservation*. On récolte les Nèfles d'octobre à novembre. Elles ne sont pas mangeables au moment de la récolte. Il faut les laisser blettir sur la paille. On peut les conserver dans le fruitier jusqu'au mois de décembre.

VARIÉTÉS.

Néflier commun, Meslier à fruits petits (fruits allongés, précoces, appelés autrefois Saint-Lucas, parce que la Saint-Luc, 18 octobre, passait pour être le moment opportun de les cueillir).
— à gros fruits.
— à très-gros fruits (sous-variété du précédent).
— sans noyaux.

Oranger (Pl. LII, fig. 1 à 5).

Citrus. (*Aurantiacées* ou *Hespéridées.*)

Nous donnons deux articles Oranger dans ce volume, l'un à la culture de pleine terre, l'autre à la culture des plantes de serre. Nous tâcherons de ne pas trop nous répéter.

Le genre Oranger ne comprend pas seulement les arbres qui produisent les Oranges : il renferme un grand nombre d'espèces et de variétés que le langage vulgaire désigne sous le nom de Bigaradiers, Limetiers, Limoniers, Citronniers et Cédratiers.

L'*Oranger* proprement dit (*Citrus aurantium*) est un arbre à feuilles articulées sur un pétiole ailé. Le fruit est globuleux, jaune d'or, à écorce peu épaisse plus ou moins relevée de petits tubercules qui sont des vésicules remplies d'huile essentielle ; la pulpe est composée de poils vésiculaires qui contiennent un jus doux et sucré.

Le *Bigaradier* (*Citrus vulgaris*) diffère de l'Oranger par ses fruits lisses, rarement raboteux, à écorce d'un rouge orange foncé, mince, très-odorante, et par le jus de la pulpe qui est un peu acide et légèrement amer.

Le *Limetier* (*Citrus limetta*) a ses fruits globuleux, d'un jaune pâle verdâtre, couronné d'un mamelon arrondi chiffonné ; l'écorce est assez épaisse, d'un goût insipide, et le jus de la pulpe est doux et fade.

Dans le *Limonier* (*Citrus limonum*), le fruit est oblong, jaune safran, terminé par un mamelon conique régulier, et l'écorce, mince, compacte, est adhérente à la pulpe qui est remplie d'un jus très-acide. Ce sont les fruits des différentes variétés de cette espèce qui sont vendus dans le commerce sous le nom impropre de *Citron*. C'est de *Limon* que viennent les mots *limonade, limonadier*.

Le *Citronnier* vrai, est le *Cédratier* (*Citrus medica*), dont les feuilles ont le pétiole non ailé. Les fruits sont très-gros, tout mamelonnés, d'un rouge violet dans le jeune âge et devenant d'un beau jaune à la maturité; l'écorce est très-épaisse, spongieuse, d'une odeur suave, adhérente à la pulpe qui a un goût acidulé.

De tous les arbres fruitiers, il n'en est pas de plus beaux, de plus agréables, de plus utiles que toutes ces espèces du genre Oranger. Leur feuillage procure un ombrage perpétuel dans les pays où ils sont cultivés; ils parfument l'atmosphère de la plus suave odeur par leurs fleurs, desquelles on extrait de l'huile essentielle appliquée dans les arts et la médecine; enfin les Oranges viennent étancher la soif du voyageur, rafraîchir le palais du malade; le citadin se fait préparer une agréable boisson avec les fruits du Limonier, et le gourmet savoure la chair fine et délicate du Cédrat glacé au sucre.

L'histoire de l'introduction de ces arbres si précieux, dans les cultures européennes, est assez obscure. On ne sait rien de bien positif sur la patrie de l'Oranger proprement dit; on croit assez généralement qu'il est originaire du Japon. D'après Théophraste, la Perse et la Médie seraient le berceau du Cédratier. Quelques auteurs donnent comme pays originaire du Bigaradier les Indes orientales, et ce serait aux Arabes que l'Europe méridionale en devrait l'introduction. Le Limonier serait passé de l'Égypte en Europe à l'époque des Croisades. Quelques auteurs des quinzième et seizième siècles, parlent déjà de cette culture sur les rives de la Méditerranée, et si l'on doit s'en rapporter au nom français vulgaire de certaines Oranges, il ne serait pas douteux que ces fruits ne nous fussent venus des côtes du Portugal.

Pleine terre. — Quelles que soient l'origine et l'époque d'introduction des Orangers, Limoniers, etc., il est incontestable que ces arbres fruitiers sont acquis à la grande culture des pays tempérés de l'Europe et de l'Afrique méditerranéennes. L'expérience a démontré, en effet, que cette culture exige non seulement une certaine température, mais encore le voisinage de la mer. Ainsi l'Oranger en pleine terre ne prospère plus dans l'intérieur des terres au-delà de 80 kilomètres (environ 20 lieues de France); et sa production cesse, dans les régions maritimes, à 400 mètres au-dessus du niveau de la mer.

Au début de cette culture, et grâce au dauphin Humbert II, dernier dauphin du Viennois, qui en avait fait venir de Nice, en 1336, on voyait les Orangers s'avancer jusqu'aux portes de Lyon, à Vienne; il y a disparu depuis longtemps, car il ne produisait rien.

Choix du terrain et *de l'exposition.* Il faut absolument à ces arbres les régions maritimes, et une exposition abritée des vents du nord. Les terrains argileux et compactes conviennent plus particulièrement aux Orangers et Bigaradiers; les terres friables sablonneuses sont préférées par les Limoniers. Dans le midi de la France, c'est dans les ravins creusés par la retraite de la mer, où la température ne descend que rarement à zéro, que le *Cédratier à gros fruits* prospère le mieux, et que ces fruits acquièrent le plus beau développement.

Multiplication et *plantation.* La multiplication des Orangers se fait par semis, par boutures, par marcottes et par la greffe. Jusqu'au 44ᵉ degré de latitude septentrionale, les semis peuvent être faits en pleine terre, dans un terrain bien ameubli et bien uni; on recouvre avec une bonne terre riche en humus; au bout de quinze jours la germination est opérée. L'année suivante on repique le plant en pépinière; trois ou quatre ans après on replante encore en pépinière, ou l'on met tout de suite en place. Les graines de l'Oranger sauvage doivent être préférées; elles produisent des sujets plus robustes, qui résistent mieux aux froids et donnent plus rapidement leurs fruits. Plus tard on peut les greffer avec d'autres variétés, qui se mettent plus vite en rapport, donnent une plus abondante récolte, et des fruits plus exquis que ceux qui sont greffés sur Bigaradier.

Pour la multiplication par bouture, on choisit de préférence les bourgeons gourmands.

Le marcottage ne produit que des sujets malingres.

On greffe en écusson à œil poussant et à œil dormant. Cette opération peut se faire sur les sujets en pépinière, ou sur les sujets mis en place, ordinairement deux ans après le repiquage ou la transplantation. Pour la greffe à œil poussant qui s'opère en avril, mai et juin, on fait, sur le sujet, une incision en ⊥ renversé ; pour celle à œil dormant l'incision est faite en T dressé, et c'est en août jusqu'en octobre qu'on la pratique.

La plantation se fait en février et mars : pour la culture en espalier, on plante à 2 mètres de distance ; pour celle en contre-espalier à 3 mètres ; pour le plein vent, la distance est de 6 mètres. La première fructification a lieu généralement à l'âge de dix-huit ou vingt ans.

Taille. L'Oranger demande à être taillé ; mais si une taille bien faite est favorable à l'arbre, la taille mal faite est des plus nuisibles. C'est en mars et avril qu'on pratique cette opération. Elle consiste à retrancher les pousses chétives, les branches et rameaux morts ou superflus et surtout ceux du centre ; car il est très-important de dégarnir l'intérieur de l'arbre pour favoriser la circulation de l'air ; les pousses trop vigoureuses doivent être coupées vers leur moitié. La taille ne se pratique que tous les deux ou trois ans, et toujours par un temps clair.

Culture. Deux labours sont nécessaires chaque année : le premier au printemps, l'autre à l'automne ; dans les terrains légers ils doivent être moins profonds que dans les terres compactes.

Vers le mois de mars on donne une bonne fumure avec des engrais soit animal, soit végétal ; mais ceux qui sont le plus en usage dans le midi de la France proviennent des râpures de cornes ou des débris de laine. On pratique autour de l'arbre, à la distance de 30 à 40 centimètres du tronc, une fosse circulaire de 20 à 30 centimètres de profondeur dans laquelle on dépose les engrais, et on les recouvre de terre.

Les arrosements doivent être donnés avec beaucoup de discernement, car en général l'Oranger n'aime pas l'humidité ; il faut entretenir seulement le sol en état constant de fraîcheur ; dans les terrains légers, pendant la sécheresse, on arrose tous les six ou huit jours; et dans les terres compactes tous les dix à quinze jours.

Récolte. La récolte varie suivant les espèces : celle de l'Orange proprement dite se fait en trois fois : d'abord en octobre, les fruits sont encore un peu verts et peuvent être envoyés à de grandes distances; la seconde récolte a lieu en décembre, les fruits sont à moitié mûrs et peuvent encore voyager; la troisième, pour les fruits en parfaite maturité, se fait au printemps.

Les Limons ou vulgairement Citrons, se récoltent toute l'année, car ces arbres sont constamment en fleurs et en fruits.

On récolte les Cédrats en août jusqu'au mois de janvier.

L'Oranger en plein rapport donne, par an, de 10 à 30 kilogrammes de fleurs, et une innombrable quantité de fruits. Le Citronnier est plus productif encore.

CHOIX DES VARIÉTÉS.

Orange franche, Orange douce (Pl. LII, fig. 2) moyenne grosseur, jaune d'or à vésicules saillantes).
- — de Chine (moyenne grosseur, arrondie, ferme, peau lisse et luisante; cette variété est rustique, moins sujette à geler, et convient aux pays placés en dehors de la région habituelle des Orangers).
- — de Gênes (surface chagrinée, beau jaune rouge).
- — de Nice (sphérique, déprimée aux deux pôles, beau jaune foncé, à écorce épaisse, à pulpe jaune foncé).
- — de Malte, Orange rouge de Portugal, Orange Grenade (sphérique, à peau chagrinée, jaune passant au rouge, à pulpe rouge surtout à la circonférence, à petits pepins; fruits juteux très-doux).
- — à pulpe rouge (diffère de la précédente par la peau plus fine, plus lisse, toujours jaune; très-cultivée en Algérie.)
- — Majorque (Pl. LII, fig. 5, peau mince, jaune d'or).
- — Mandarine (*Citrus nobilis*; petite, mais d'un goût exquis; demande beaucoup de chaleur).

Toutes ces variétés, moins la Mandarine, sont confondues dans le commerce de Paris, qui appelle Orange de Malte toutes celles à pulpe rouge, et Orange de Portugal, toutes celles à pulpe jaune.

Limon ordinaire (Pl. LII, fig. 1), ⎫
- — Bignette, ⎬ Citrons de Paris.
- — — à gros fruits, ⎭

Cédrat à gros fruit (Pl. LII, fig. 3).
- — de Salo.
- — de Florence.
- — à fruit à côtes.

Bigarade ordinaire (fruit d'un beau jaune, jus acide. Pl. LII, fig. 4).
- — cornue (dont les fruits singuliers succèdent à des fleurs très-recherchées pour leur parfum, et dont on fait l'*eau de Bigarade*).

Poirier (Pl. XXXVIII à XLIV).

Pyrus communis Lin. (*Rosacées-Pomacées.*)

Le Poirier est originaire de toutes les parties tempérées de l'ancien continent. Sa circonscription générique a été envisagée de manières extrêmement différentes par les botanistes. Tournefort avait admis comme genres distincts les *Pyrus*, *Malus* et *Cydonia*. Linné n'en fit qu'un seul genre auquel il conserva le nom de *Pyrus*. Ant.-Laurent de Jussieu a, comme Tournefort, distingué les Poiriers d'avec les Pommiers et les Coignassiers ; M. Spach (*suites à Buffon*) en a fait de même. Lamarck, Persoon, de Candolle (*Flore française*), n'ont adopté cette division que partiellement : ils ont conservé les Pommiers en genre distinct et séparé (*Malus*), mais ils ont réuni sous le nom de *Pyrus* les Poiriers proprement dits et les Coignassiers (*Cydonia*). Lindley, d'autre part, a non-seulement confondu sous le nom commun de *Pyrus*, les *Pyrus* et les *Malus* de Tournefort, mais encore les *Sorbus* de Tournefort et de Linné, tandis qu'il a conservé comme génériquement distincts les Coignassiers ou *Cydonia*. Il a été suivi par de Candolle dans son *Prodromus* (t. II, p. 629-633), et par Endlicher (*Genera plantarum*). Enfin, Smith a été plus loin encore et a fait entrer toutes les Pomacées dans deux genres seulement : les *Pyrus* qui ont l'endocarpe mince, cartilagineux et membraneux, et les *Mespilus* pour toutes les espèces qui ont l'endocarpe osseux. Au milieu de cette divergence d'opinions, le plus sage semble être d'adopter comme distincts et séparés les groupes des Coignassiers, des Poiriers, des Pommiers et des Sorbiers, surtout quand il s'agit de pratique horticole.

Le Poirier, qui croît à l'état sauvage dans presque tous les bois de la France, est, dans cet état, un arbre de forme pyramidale, haut de 10 à 15 mètres, à branches étalées, garnies de quelques petits rameaux courts, terminés en pointe piquante. Les feuilles sont ovales ou arrondies, longuement pétiolées, glabres et luisantes ; les yeux qui se trouvent à leur aisselle sont glabres. Les fleurs sont blanches, disposées par 6 à 12, en corymbes simples ; elles offrent un ovaire infère à 5 loges ; 5 pétales ; 20 étamines et

plus; 5 styles. Les fruits sont petits, globuleux et turbinés, durs,
très-acerbes; mais, par des semis multipliés, on est parvenu à obtenir des fruits à chair tendre et juteuse, à eau douce et sucrée,
qui constituent nos bonnes Poires de table. Il n'est personne qui ne
connaisse les usages des Poires, soit qu'on les mange au couteau,
ou cuites, soit qu'on en fasse des compotes, des conserves tapées ou
séchées, soit qu'on en fasse une boisson, etc.

PLEINE TERRE. — *Choix du terrain*. Les terres franches et un
peu fraiches, celles qui sont fortes et riches en humus, conviennent
le mieux au Poirier. Il végète cependant aussi dans les terres maigres et arides; mais il s'y déforme et n'y donne que peu de fruits.
Il redoute par-dessus tout les terres froides et humides, et celles
dont le sous-sol est impénétrable à ses longues racines pivotantes.

Exposition. Le Poirier croît indifféremment à toute exposition;
mais pour la maturation des fruits il lui faut celle du levant, quoique beaucoup de variétés s'accommodent du couchant. Le Bon-
Chrétien aime le midi et le couchant; mais le plus petit nombre
s'accommode du nord; on peut citer, parmi celles auxquelles cette
exposition convient, les Beurré d'Arenberg, d'Hardenpont, Gris
d'hiver, le Passe-Colmar, le Soldat laboureur, etc.

Multiplication. Peu d'arbres à fruits sont plus indépendants que
le Poirier des soins du cultivateur; les semis faits avec les pepins
provenant des meilleures espèces, donnent des individus qui retournent le plus souvent à l'état sauvage. Ce n'est que par la greffe
qu'on perpétue les bonnes variétés. On a pour cela trois sortes
de sujets sur lesquels on greffe en fente, ou bien en écusson à œil
dormant. Ces sujets sont :

1° le *Sauvageon*, provenant des graines du Poirier sauvage; il est
robuste, vit longtemps et donne beaucoup de fruits. Les inconvénients qu'il présente sont de ne se mettre que tardivement à fruit,
de ne donner des fruits que de qualité médiocre, et de ne pas
fructifier tous les ans.

2° Le *Poirier franc*, venu de la semence des Poiriers cultivés. Il
est moins vigoureux que le Sauvageon, croît plus vite et se met
à fruit plus promptement, quoique moins vite que le Coignassier.

Les fruits qu'il produit sont gros et savoureux. Une fois à fruit, ces arbres vivent très-longtemps. On peut les planter greffés de l'année.

3° Le *Coignassier*. Cet arbre ne fournit que des sujets peu développés et n'ayant pas une longue durée; mais il a l'avantage de se mettre à fruit dès la deuxième année, et de produire des fruits plus savoureux. Il réussit dans les terrains humides, avantages que n'ont ni le Sauvageon, ni le Franc; mais, en revanche, il ne vient pas dans les terrains secs. Il ne faut planter les Coignassiers qu'après dix-huit ou vingt mois de greffe.

Le *Sauvageon* convient donc exclusivement aux vergers; le *Franc* aux arbres en plein vent ou en quenouille et aux espaliers pour les terres profondes et sableuses, et le *Coignassier* pour les terres fortes, humides, de peu de profondeur. On greffe aussi certaines variétés sur d'autres variétés vigoureuses greffées elles-mêmes sur Coignassier, et l'on en obtient de bons résultats.

Il ne faut pas choisir des arbres trop vieux, mais de jeunes sujets vigoureux, de deux ou trois ans, au plus, à écorce lisse et n'ayant aucune altération. On gagnera plus de temps qu'en plantant de vieux arbres.

De la taille et de la direction des Poiriers (Pl. XXXVIII).

C'est ici le lieu d'établir la différence qui existe entre les arbres à noyau et ceux à pepin, sous le rapport du développement, non des branches à bois, qui ont des caractères semblables, mais des bourgeons destinés à porter des fleurs et des fruits.

Dans les arbres à pepins, l'*œil à bois* est celui qui, par son développement, produit un bourgeon garni de feuilles seulement; c'est un petit corps conique, pointu, écailleux, qui termine les rameaux, ou qui se trouve à l'aisselle d'une feuille; les *boutons à fleurs* sont renflés, arrondis au sommet et enveloppés dans un plus grand nombre d'écailles (Pl. XXXVIII, fig. 5).

On distingue plusieurs sortes de rameaux :

Le *rameau proprement dit*, ou *rameau à bois* (Pl. XXXVIII, fig. 3), qui est long, généralement de la grosseur d'un crayon, et sur lequel les feuilles sont plus ou moins espacées les unes des autres;

ces rameaux sont destinés à fournir les branches de la charpente de l'arbre ; on les taille plus ou moins longs, pour faire développer leurs yeux, soit en autres bourgeons à bois, soit en petits bourgeons raccourcis destinés à porter des fruits. Quand ces rameaux sont très-vigoureux, et qu'ils se développent sur le corps d'une grosse branche, on les appelle *gourmands* (fig. 2) ; généralement ces rameaux gourmands sont dépourvus d'yeux à leur base ; dans l'opération de la taille il faut le supprimer radicalement, car ils absorbent la séve. Quand les rameaux à bois sont grêles, comme le montre comparativement la figure 1, on les appelle *Brindilles*. Par le peu de nourriture qu'ils reçoivent, ils tournent très-facilement à fruit ; c'est-à-dire que l'œil terminal se gonfle sans s'allonger, et vers la troisième année il produit des fleurs. Au moment de la taille, on les conserve intacts, s'ils ne sont pas trop longs ; mais lorsqu'ils dépassent 10 cent. de longueur, on les casse, au lieu de les tailler, à 7 ou 8 cent. de leur point d'insertion : l'œil, au-dessus duquel on a pratiqué le cassement, se gonfle comme l'œil terminal normal, et se transforme en deux ou trois ans en bourgeon à fruits.

Quelquefois il se développe, sur le bourgeon à bois nouvellement taillé, des petits rameaux très-courts et très-pointus, qu'on nomme *dards* (Pl. XXXVIII, fig. 3) ; pendant l'été suivant, ces dards ne s'allongent pas, mais ils donnent naissance à quelques feuilles très-rapprochées qui forment une espèce de rosette ; et la seconde ou troisième année ils portent des fruits. Il ne faut donc pas les tailler, à moins qu'on n'ait besoin d'un bourgeon à bois à leur lieu et place ; dans ce cas on les rabat presque au niveau du rameau qui les porte, et, des yeux de la base, sortent des bourgeons à bois.

La *lambourde* (Pl. XXXVIII, fig. 6) est généralement un petit rameau, comme le dard, mais chez lequel l'œil terminal est arrondi, plus gros ; elle se couronne de rosette de feuilles sans s'allonger, et fleurit la troisième année. On ne la taille jamais. Après la première fructification, la lambourde se gonfle, et donne naissance à plusieurs autres petits rameaux qui se mettent à fruits à la troisième année de leur apparition ; elle devient alors *Bourse*.

Les *bourses* sont des lambourdes qui ont déjà fructifié, et sur lesquelles naissent constamment des boutons à fruits ; il ne faut tailler ces bourses que le moins possible, seulement quand elles sont très-âgées et qu'elles portent un trop grand nombre de petites productions fruitières.

Taille. Le Poirier se prête, avec la plus admirable docilité, à toutes les formes qu'on veut lui imposer ; on ne le cultive plus aujourd'hui que sous trois formes : la quenouille ou pyramide, l'espalier et le plein vent, ou à haute tige.

Du Poirier en quenouille ou pyramide.

Les Poiriers en quenouille sont ceux qui conviennent le mieux dans les plates-bandes ; car ils produisent beaucoup sans occuper trop de place : c'est la forme la plus gracieuse qu'on puisse adopter ; cependant il y a des variétés qui ne s'y prêtent nullement ; telles sont les Bon-Chrétien d'été, d'hiver, de Bruxelles, le Beurré Chaumontel, l'Épargne, le Beurré rance, la Crassane, etc.; mais ce sont des exceptions. Ce qu'il faut éviter en élevant ces Poiriers en pyramide, c'est de les laisser produire une trop grande quantité de branches, qui nuisent à la fertilité de l'arbre et sont désagréables à la vue.

Dans le cours de la première année, on taille le rameau terminal qui doit former la *flèche* sur le sixième ou le huitième œil pour obtenir la production de branches latérales qui constituent la *charpente*, et l'on choisit pour cela l'œil qui favorise le plus le développement vertical de la tige. A la seconde taille, l'extrémité du rameau terminal est également taillée de manière à obtenir le développement de nouvelles branches latérales, et les premières branches de charpentes sont taillées de manière à laisser plus de longueur aux branches inférieures. On supprime sur chaque branche les rameaux qui feraient confusion, et l'on taille très-court tous ceux qui ne concourent pas à la forme de l'arbre. Ce sont les yeux inférieurs de ces rameaux qui donneront naissance aux brindilles, aux dards et aux lambourdes, qu'il faut se garder d'enlever, puisqu'ils sont destinés à produire du fruit.

Si l'on juge nécessaire d'établir une *branche charpentière*, pour donner à l'arbre une forme symétrique, en l'absence d'un bourgeon, on en obtient une, soit en posant un écusson, soit en cernant l'œil le plus près du point où l'on veut établir la branche. Cette opération consiste à enlever, au moment de la taille, une partie de l'écorce qui se trouve au-dessus de l'œil, ce qui lui donne une force de développement extraordinaire. On obtient le même résultat en faisant une simple incision, ou en donnant un coup de scie au-dessus de cet œil.

Pincement. Par la taille d'un rameau, on détermine l'évolution des trois ou quatre yeux supérieurs; on pince les deux ou trois bourgeons les plus rapprochés du bourgeon terminal pour favoriser le développement de ce dernier, et l'on choisit parmi les autres ceux qui concourent le mieux par leur développement à la forme symétrique de la charpente de l'arbre; il faut les choisir en alternant avec les branches déjà formées, de manière à faire décrire à l'ensemble de toutes les branches une sorte de spirale qui s'élève de la base et tourne autour de la tige.

A la taille suivante, on rabat les bourgeons pincés qui se trouvent au-dessous du bourgeon terminal de chaque bras, en les taillant sur l'empâtement, de manière à en faire sortir de petits rameaux fructifères, qu'on pince pendant la végétation suivante, quand ils tendent à trop s'emporter; et on raccourcit les brindilles, en les cassant, de manière à ne leur donner que 8 à 10 centimètres de long.

Il ne faut pas oublier que, dans la taille de la flèche et des branches latérales ou charpentières, il faut toujours choisir l'œil le mieux placé pour les prolonger symétriquement.

On doit veiller à l'établissement des branches fruitières, et l'on empêche le développement de celles qui tenteraient de s'emporter et de produire des gourmands.

L'éducation de la seconde année est en tout semblable à celle de la première. Ce n'est qu'une répétition des mêmes opérations, à cette différence près, que chaque année elles sont plus longues, plus compliquées, et d'autant plus indispensables, qu'on ne réussit à conserver à une quenouille sa forme symétrique qu'en en surveillant la végétation avec la plus scrupuleuse rigueur et en prévenant ses écarts. C'est par l'ébourgeonnement et le pincement, qu'on parvient à maintenir l'équilibre des arbres fruitiers.

Le jardinier qui veut non-seulement avoir des arbres dont la forme soit agréable à l'œil, mais qui produisent des fruits en abondance, doit empêcher les branches de charpente de la quenouille de prendre une direction verticale; ces branches doivent se rapprocher le plus possible de la direction horizontale. Pour obtenir ce résultat, qui présente des difficultés sérieuses dans les arbres jeunes, on a recours à des procédés très-variés et fort arbitraires pour obliger les branches à abandonner leur verticalité pour prendre une direction horizontale. Des cercles attachés au corps de l'arbre et sur la circonférence desquels on fixe les branches qui tendent à se redresser, sont le moyen le plus simple et le meilleur.

Du Poirier en espalier (Pl. XL, XLI, XLII).

L'éducation du Poirier en espalier ne présente pas les mêmes difficultés que celle du Pêcher. Rien de facile comme de lui imprimer une direction. Comme il a la faculté de produire des rameaux sur le vieux bois, il est toujours aisé de substituer une branche nouvelle à celle qui a péri. Les branches de remplacement, si nécessaires dans le Pêcher, où leur vie n'est que d'une année, n'occupent pas tant l'horticulteur dans le Poirier, car les branches à fruit vivent plusieurs années.

La *forme en éventail* (Pl. XL) est absolument semblable pour les principes à celle du Pêcher. On plante les Poiriers à 6 ou 8 mètres de distance suivant la hauteur des murs, et l'on choisit de préférence les arbres greffés de l'année, bien vigoureux, et dont les bourgeons inférieurs soient très-constitués. Ils donneront dans l'année des pousses de plus de 50 centimètres, tandis que si l'on plante des arbres greffés depuis deux ou trois ans, ils ne poussent que des rameaux étiolés, longs à peine de quelques centimètres.

On donne aux Poiriers en éventail la même direction qu'au Pêcher. On les rabat de manière à obtenir quatre bourgeons, deux de chaque côté, pour former la charpente de l'arbre, et l'on établit deux branches principales ouvertes à angle droit les premières

années et qu'on ferme plus tard un peu plus. Ce sont ces mêmes
branches qui fournissent des branches secondaires et tertiaires. A
mesure que les bourgeons se développent, on les palisse et les dispose aussi régulièrement que possible en regard les uns des autres. Pour maintenir l'équilibre de la végétation, on pince l'extrémité de ceux qui poussent trop vigoureusement, et l'on supprime
les bourgeons qui se développent devant et derrière.

Il est convenable d'appeler ici l'attention sur la réussite de l'é-
bourgeonnement du printemps, pour faire disparaître les bourgeons
qui se développent intempestivement ou avec exubérance, afin d'é-
viter l'opération si préjudiciable de la taille d'août. Cette taille irrationnelle a pour objet de faire développer des bourgeons qui ne
devraient paraître qu'au printemps.

A chaque taille, on établit sur chaque membre des branches de
bifurcation pour remplir les vides.

Si l'on a planté des arbres tout disposés pour la forme en éventail, on n'a plus qu'à tailler les branches sur un œil disposé de manière à prolonger ces branches dans la direction que réclame la
forme de l'arbre. On supprime celles qui sont inutiles, en ayant
soin, toutefois, de ménager les lambourdes et les brindilles.

Quand on a affaire à des éventails négligés et qui se sont entièrement déformés, on rétablit les branches de charpente qui ont
disparu ou qui manquent, en greffant par approche sur les points
où l'on veut en établir. On peut sans inconvénient multiplier ces
greffes, qui ne présentent dans leur application aucune difficulté.

Pour la *palmette simple* (Pl. XLI), forme plus gracieuse que l'éventail et plus fructifère, on modifie l'opération première en rabattant la
tige de manière à obtenir à droite et à gauche quelques bourgeons
dont on forme les premières branches charpentières. Il faut laisser
entre elles au moins 35 centimètres de distance. Il doit y avoir al-
ternance dans la disposition des branches, c'est-à-dire qu'entre deux
branches de gauche il y a une branche à droite. On les incline
d'autant plus qu'on veut en favoriser ou en restreindre le développement, mais sans leur donner, toutefois, une horizontalité parfaite.

Chaque année, on abaisse les branches davantage; on taille de manière à obtenir un prolongement de la tige et des branches, et l'on pince les bourgeons mal placés.

Il faut continuer cette opération jusqu'à ce que le mur entier soit tapissé, de la base au sommet; le nombre des branches se trouve alors déterminé par l'élévation du mur.

Les branches doivent être taillées sur une longueur d'environ 15 à 30 centimètres, suivant la vigueur de l'arbre, et sur un œil placé de manière à les prolonger le plus directement possible.

Pour la *palmette double*, ou *en* U (Pl. XLII) on rabat le sujet au-dessus du deuxième œil inférieur, pour obtenir deux bourgeons qui constitueront les deux branches verticales de la lettre U; l'année suivante on taille chaque branche comme dans la palmette simple, pour obtenir les branches latérales.

Tous les autres soins consistent à maintenir l'équilibre de l'arbre; pour cela il faut en surveiller avec soin la végétation, et l'empêcher, par un ébourgeonnement attentif, de perdre sa symétrie. C'est dans le palissage qu'on rétablit l'équilibre compromis : quand un bourgeon est plus vigoureux que le bourgeon parallèle, on l'incline de manière à l'empêcher d'épuiser la séve à son profit.

Des Poiriers à tiges.

On plante les Poiriers à tiges en plein vent, à 5 ou 6 mètres de distance, et l'on n'a plus à les surveiller que pendant deux années. On les taille de manière que les branches qui en forment la charpente soient également exposées, et l'on en maintient l'équilibre jusqu'à ce qu'on reconnaisse qu'on peut les abandonner.

Nous avons indiqué, d'après l'excellent ouvrage de M. H. Dubreuil, le moyen de rajeunir les arbres épuisés par la vieillesse. Cette méthode, justifiée par l'expérience, est applicable surtout au Poirier, et présente des difficultés pratiques qui peuvent en empêcher le succès. On restaure les Poiriers épuisés ou ne donnant plus de fruits, en les rabattant et les greffant en couronne. On pose un nombre de greffes d'autant plus grand que l'arbre est plus vigoureux. Quand elles sont bien reprises, on choisit celles qui sont le plus développées et l'on en forme la nouvelle charpente de l'arbre.

Un autre genre de greffe très-avantageux est la greffe des boutons à fruits. Quand un arbre vigoureux ne porte pas de productions fruitières, on lui en applique en greffant des lambourdes. L'opération a lieu vers le mois de juillet. On pratique sur les branches charpentières des incisions en T, comme pour la taille en écusson; on enlève des lambourdes sur un arbre qui en porte abondamment; on la taille en biseau d'un côté, et on l'introduit dans l'incision; avec de la laine on fixe la greffe qui, l'année suivante, porte ses fruits.

Récolte et *conservation.* On récolte les Poires, selon les variétés, depuis la mi-juillet jusqu'aux gelées. On les conserve dans le fruitier, suivant les variétés, jusqu'aux mois d'avril et mai.

CHOIX DE CENT VARIÉTÉS.

Plus de 4,000 variétés sont sorties du type du Poirier indigène; mais les pépiniéristes n'en cultivent guère que cinq à six cents, et ce nombre peut être encore de beaucoup réduit, en éliminant toutes les variétés de qualités inférieures. Nous avons donc fait un choix parmi les meilleures, ne voulant offrir que les Poires les plus recommandables à divers titres.

Différents auteurs ont cherché à classer toutes ces Poires, en donnant à chacun des groupes qu'ils établissaient un nom particulier. C'est ainsi que sont venus tous ces noms de *Doyenné*, *Beurré*, *Bergamote*, etc., qui désignaient autant de genres de fruits ayant certains caractères, propres seulement aux fruits de chaque groupe. Par exemple, toutes les Poires dites *Beurrés* devaient avoir la chair très-fine, et fondante comme du beurre; on voulait distinguer les *Doyennés* par une forme, les *Bergamotes* par une autre, etc. Cette classification, comme toutes les classifications du reste, était théoriquement d'une admirable simplicité; mais, quand on en vint à l'application, les formes intermédiaires firent brèche aussitôt à l'édifice, et, le charlatanisme aidant, il devint impossible de donner une définition rigoureuse des différents groupes établis.

Ainsi, certaine Poire, des plus pierreuses, est nommée *Beurré*, pour faire croire à une qualité supérieure de la chair; et d'autres sont classées parmi les Doyennés par les uns, et dans les Beurrés par les autres; telle est, par exemple, la *Poire double Philippe*, qui est à la fois le *Doyenné Boussoch* et le *Beurré de Mérode*.

Il ne faut donc tenir aucun compte de ces appellations génériques de *Beurré, Doyenné, Bon-chrétien*, etc., qui ne désignent ni une qualité, ni une forme. M. Decaisne a pensé qu'il convenait de faire disparaître tous ces noms de la nomenclature, et dans son bel ouvrage intitulé *le Jardin fruitier du Museum*, il supprime les mots *Doyenné, Beurré*, etc., qui précèdent les noms particuliers de certaines Poires.

Ainsi, la *Poire Beurré Clairgeau* des pépiniéristes est la *Poire Clairgeau* de M. Decaisne; la *Poire Doyenné du Comice* devient la *Poire du Comice*; la *Poire Bon-chrétien Napoléon* est tout simplement la *Poire Napoléon*.

Cette rectification des noms de Poires, jettera peut-être un peu de trouble, pour commencer, dans la nomenclature pomologique; mais nous la croyons bonne et utile, en ce qu'elle fait disparaître des noms trompeurs; tôt ou tard, certainement elle sera adoptée par tous les hommes qui s'occupent de la culture des arbres fruitiers, et elle passera ensuite dans le langage vulgaire. C'est cette nomenclature rectifiée que nous suivons dans notre choix des variétés, en faisant suivre, toutefois, ces nouveaux noms des noms anciens, pour en faciliter l'étude et l'application.

Quant à la classification par époques de maturité, elle n'est pas non plus, nous devons le dire, d'une rigoureuse exactitude; elle peut guider assez sûrement pour les Poires d'été; mais pour les variétés d'hiver, il faut faire une large part aux éventualités, et tenir compte de la maturation irrégulière et successive des fruits d'une même variété. Par exemple, la *Poire de Rance* commence à mûrir, au fruitier, au mois de décembre, mais tous les fruits ne mûrissent pas à la fois; on en retrouve encore à la fin de février. Les premières *Passe-Crassanes* mûrissent dès décembre et les dernières en mars; les *Poires Espéren* mûrissent successivement de décembre à avril, etc. Les époques indiquées ici, pour les Poires d'hiver, sont donc celles de la maturité des premières Poires de chacune des variétés citées.

Juillet.

Poire André Desportes (grosseur moyenne, chair ferme, juteuse).
- Auguste Jury (moyenne grosseur, en forme de toupie raccourcie; chair fine sucrée, demi-fondante).
- de juillet, doyenné de juillet, doyenné d'été (petite, en forme de toupie obtuse, jaune clair; chaire demi-fine, ayant une eau abondante et aromatisée).
- gros blanquet (moyenne grosseur, chair cassante, juteuse; arbre très-fertile pour verger, greffé sur franc).
- petit blanquet (petite, à chair cassante, juteuse; arbre estimé pour sa précocité).
- épargne, beurré de Paris, Poire seigneur (moyenne grosseur allongée, à longue queue; chair fondante. C'est la meilleure des Poires précoces).
- Giffard, beurré Giffard (moyenne grosseur, régulière de forme, pointillée et lavée de rouge; chair fine, ayant une eau abondante sucrée. Excellent fruit; arbre de haute tige préférable).

Août.

Poire Goubault, beurré Goubault (moyenne grosseur ou petite, raccourcie ayant plutôt la forme d'une pomme que d'une poire, d'un vert jaunâtre, à chair très-fondante, très-juteuse et sucrée; arbre pour plein vent).
- Monsaliard, Épine rose, Épine fondante, Épine d'été (moyenne grosseur, allongée, arrondie aux deux extrémités, à chair fondante très-juteuse, sucrée).
- d'Ange (grosseur moyenne, ventrue, verte, pointillée de grisâtre, très-fondante et juteuse, ayant une eau sucrée acidulée).
- Duchesse de Berry (moyenne grosseur, en forme de toupie arrondie, jaune clair à la maturité; chair fondante très-juteuse, ayant une eau sucrée et parfumée : excellente).
- Henry Desportes (grosse, à chair fondante beurrée, très-juteuse sucrée : très-bonne).
- Marie-Anne de Nancy (moyenne grosseur, à chair demi-fondante, mais très-bonne).
- Milan blanc, Bergamote d'été, Mouille-bouche (moyenne grosseur, en forme de toupie, un peu ventrue, verte, pointillée de couleur fauve, à chair fondante demi-beurrée, ayant une eau sucrée un peu aigrelette, très-agréable).
- Williams, Bon-chrétien Williams (grosse, en forme de toupie ventrue, d'un beau jaune d'or à la maturité, à chair fine fondante, juteuse, ayant une eau sucrée et musquée).
- Belle de Bruxelles sans pepin, Belle d'août, Poire Fanfareau, Bergamote sans pepin (grosse, à chair tendre, juteuse, mais devenant pâteuse à son extrême maturité).
- Briffaut (grosse, à chair fondante, mais blettissant très-vite : délicieuse).
- Bellissime d'été (petite, à chair tendre; très-avantageuse pour la vente; arbre très-fertile).
- Seringe, Beurré Seringe (moyenne grosseur, ovoïde, à longue queue, jaune pâle pointillée de brun; chair très-fine ayant une eau abondante sucrée).
- de Stuttgard (moyenne grosseur, régulière, à chair demi-fondante, très-juteuse).
- superfine, Beurré superfin (Pl. XLIV, fig. 2; grosse, presque ronde, à chair beurrée très-fine, très-juteuse, sucrée).

Septembre.

Poire Amanlis, Beurré d'Amanlis (grosse, en forme de toupie ventrue, jaune et rouge brun, à chair fine fondante, ayant une eau agréable sucrée acidulée, mais blettissant vite).

Poire d'Angleterre, Beurré d'Angleterre (moyenne, en forme de toupie allongée, à chair beurrée, très-juteuse, blettissant assez vite ; arbre pour verger, ne réussissant que greffé sur franc).

— arbre courbé, Poire amirale (grosse, oblongue ou en forme de toupie, à grosse queue, vert jaunâtre, maculée de couleur fauve ; chair très-fondante, ayant une eau sucrée et parfumée).

— Barbancinet (moyenne grosseur, à chair fondante beurrée ; excellente).

— Defays, Doyenné Defays (moyenne grosseur, de forme arrondie, bosselée autour de la queue, jaune vif lavée de rouge, à chair fine, fondante, très-juteuse, ayant une eau sucrée parfumée).

— double Philippe, Beurré de Mérode, Doyenné Boussoch (grosse, ventrue, arrondie aux deux bouts, à chair tendre fondante, blettissant vite).

— de Fontenay, Jalousie de Fontenay-Vendée, Belle d'Esquermes (moyenne grosseur, vert clair pointillée de gris, à chair fine, dont l'eau abondante a une saveur particulière sucrée acidulée).

— de Charneu, Fondante de Charneu, Duc de Brabant (assez grosse, oblongue ventrue, vert pointillé de gris, à chair fine fondante sucrée).

— Beau présent d'Artois, Présent royal de Naples (grosse, à chair tendre, juteuse ; recommandable par la beauté, la bonté du fruit et la fertilité de l'arbre).

— Fondante des bois, Beurré Davy, Beurré Spence (moyenne grosseur ou grosse, elliptique, arrondie aux deux bouts, à chair fondante très-juteuse ; excellente).

— Thompson (grosse, oblongue ou ventrue, bosselée, jaune verdâtre marbrée de fauve, à chair fondante, très-fine et très-juteuse, sucrée).

— Bonne d'Ezée (grosse, ovale obtuse, vert jaune pointillé de brun, à chair fine, fondante, faiblement parfumée).

— Bonne Louise d'Avranches ou Louise Bonne d'Avranches (Pl. XLIII, fig. 3 ; assez grosse, oblongue, vert clair nuancé de rouge, à chair fondante, très-juteuse, sucrée, agréablement parfumée).

— Beurré, Beurré gris, Poire d'Amboise, Beurré doré (grosse, fortement teintée de rouge sur fond jaunâtre, à chair demi-fondante, juteuse, exquise ; c'est une des meilleures parmi les anciennes, et ses qualités n'ont guère été dépassées par les nouvelles variétés).

— d'Albret, Beurré d'Albret (moyenne grosseur, en forme de toupie, obtuse, jaune d'ocre, à chair fondante, fine, très-juteuse, et dont l'eau abondante est sucrée acidulée).

— Duchesse d'Angoulême, Poire Duchesse ((Pl. XLIII, fig. 1 ; grosse, en forme de toupie obtuse, bosselée, verte marbrée de brun, à chair ferme, onctueuse, demi-fondante, juteuse, sucrée).

— Grésilier, Poire seigneur d'Espéren, Bergamote Fiévé (moyenne grosseur, en forme de toupie ramassée, à chair très-fine, très-sucrée, parfumée et musquée).

— Six, Beurré-Six (grosse, ovale ramassé, bosselée, à chair très-fine, très-juteuse, et dont l'eau est sucrée acidulée).

— Aurore, Beurré Aurore, Beurré Capiaumont (grosseur moyenne, pyriforme allongée, jaune clair un peu roux, à chair ferme, fine, sucrée, un peu vineuse).

— Bon-chrétien d'été, Gracioli (grosse, à chair cassante, juteuse).

Octobre.

Poire Diel, Beurré Diel, Beurré magnifique, Beurré du roi, Beurré incomparable, Beurré Lombard, etc. (grosse, en forme de toupie ou oblongue obtuse, jaune verdâtre, pointillée de roux, à chair ferme, demi-fondante, très-juteuse, sucrée ; la meilleure).

— de Doyenné, Bonne Ente, Poire de Saint-Michel (grosseur moyenne, en forme de toupie déprimée, jaune et rouge, à chair très-fine, juteuse, sucrée acidulée, agréablement parfumée).

— Conseiller de la cour, Maréchal de cour (grosse, pyriforme, obtuse, à queue courte, jaune terne teintée de rouge, à chair granuleuse, ferme, juteuse, sucrée, parfumée).

Poire Délices d'Angers, Délices d'Hardenpont d'Angers (grosse, oblongue obtuse, à grosse queue, verte pointillée de gris, à chair ferme, très-juteuse, sucrée, un peu musquée).

— Doyenné gris, Doyenné roux, Doyenné doré (Pl. XLIII, fig. 2; moyenne grosseur, arrondie obtuse, déprimée, de couleur rouille, à chair très-fine, très-juteuse, sucrée et très-agréablement parfumée).

— Épine du Mas, Belle épine du Mas (moyenne grosseur, oblongue, vert jaunâtre, pointillée de gris, à chair ferme, très-juteuse, sucrée acidulée).

— Baronne de Mello (moyenne grosseur, ventrue, jaune terne et brun, à chair très-fine, très-fondante, juteuse, sucrée, d'un goût très-relevé; excellente).

— Clairgeau, Beurré Clairgeau (grosse, allongée, souvent arquée, jaune vif et rouge, à chair fine, un peu ferme, très-juteuse, sucrée, un peu musquée).

— Délices d'Hardenpont, Délices d'Hardenpont belge, Archiduc Charles (grosse, en forme de toupie, obtuse, jaune paille pointillé de gris, à chair un peu rosée sous la peau, fine, fondante, très-juteuse sucrée acidulée).

— Napoléon, Bon-chrétien Napoléon, Poire médaille, Poire Liart (moyenne grosseur, de forme variable, mais toujours un peu étranglée vers le milieu, d'un vert clair, à chair fine, fondante, très-juteuse, sucrée, plus ou moins parfumée).

— Nec plus Meuris, Beurré d'Anjou (assez grosse, oblongue, vert clair et pointillée de fauve, à chair fine, fondante, et dont l'eau abondante a un goût vineux et un parfum agréable).

— de Saint-Waast, Bézi Vast, Bézi de [Saint-Waast, Beurré Beaumont (moyenne grosseur, arrondie ou en forme de toupie, un peu bosselée, rouge vif et rouge brun, à chair demi-fondante, très-juteuse, sucrée).

— Sucrée de Montluçon (grosse, en forme de toupie, ventrue, irrégulière, jaune, à chair demi-fondante, sucrée, mais un peu astringente, comme celle de la Crassane).

— Van Mons de Léon Leclerc (grosse, ovale allongée, vert jaunâtre marbrée de brun, à chair fine, fondante, très-juteuse, sucrée et d'un agréable parfum).

— d'Arenberg, Colmar d'Arenberg, Kartoffel (grosse, ventrue, à courte queue, vert jaunâtre marbrée de couleur fauve, à chair demi-fondante).

— Bergamote, Bergamote d'automne (moyenne grosseur, de forme arrondie, déprimée aux deux bouts, d'un vert pâle, à chair fondante, très-juteuse, sucrée, parfumée).

— Verte longue, Mouille-bouche, de Duhamel (petite, verte, à chair fondante, très-juteuse; ce n'est qu'un fruit de marché).

— Culotte suisse, Verte longue suisse, Verte longue panachée (diffère de la verte longue par la panachure blanc verdâtre de sa peau).

Novembre.

Poire Bachelier, Beurré Bachelier (grosse, ventrue, un peu bosselée, à courte queue oblique, jaune verdâtre tachée de fauve, à chair fine très-fondante, très-juteuse, d'un goût relevé).

— Crassane, Cressane, Bergamote Crassane (Pl. XLIV, fig. 1; moyenne grosseur, verdâtre maculée de brun, à chair fondante, sucrée, astringente; arbre peu fertile, ne fructifie bien qu'en espalier au midi).

— Fondante de Malines (assez grosse, en forme de toupie ou oblongue ventrue, jaune, tachée de brun, à chair fondante, un peu granuleuse, très-juteuse, sucrée, faiblement musquée).

— du Comice, Doyenné du Comice (moyenne grosseur, en forme de toupie ou oblongue, jaunâtre, largement taché de couleur fauve, à chair très-fine, un peu ferme, très-juteuse, sucrée acidulée, parfumée).

— Triomphe de Jodoigne (Pl. XLIV, fig. 3; grosse, pyriforme, allongée, obtuse au sommet, jaune rouge, tiquetée de brun, à chair fondante, très-juteuse, sucrée, parfumée, avec un petit goût d'amande amère).

Poire Colmar, Poire Manne (grosse, en forme de toupie, verte, tiquetée de brun, à chair granuleuse, demi-fondante, très-juteuse, sucrée, un peu acidulée, parfumée).
— de Curé, Comice de Toulon, Belle de Berry, etc. (grosse, allongée, un peu arquée, vert clair, piquetée de gris, à chair fondante ; bonne seulement dans les terrains légers et chauds).
— Joséphine de Malines (moyenne grosseur, en forme de toupie, aussi large que haute, vert clair, teinté de brun, à chair rosée, très-fine, fondante, très-juteuse, dont l'eau sucrée et vineuse est agréablement parfumée).
— Orpheline d'Enghien, Beurré d'Arenberg des Belges (assez grosse, ovale obtuse, à courte queue oblique, verte, tiquetée de gris, à chair ferme, fondante, très-juteuse, sucrée, acidulée, parfumée).
— Passe-Colmar (moyenne grosseur, pyriforme obtus, jaunâtre, piquetée de roux, à chair fondante, très-juteuse, sucrée, un peu citronnée).
— Sylvange, Bergamote Sylvange, Sylvange verte (moyenne grosseur, presque rond, jaunâtre, pointillée de gris, à chair fine, fondante, sucrée, acidulée, agréablement parfumée).
— Goulu morceau, Beurré d'Hardenpont, Beurré d'Arenberg français (grosse, oblongue, bosselée, vert clair, pointillée de gris).
— Saint-Germain, Saint-Germain gris (Pl. XLIV, fig. 4 ; assez grosse, allongée, arrondie vers l'œil, verte pointillée de brun, à chair fine, quelquefois granuleuse, fondante, très-juteuse, sucrée, acidulée).

Décembre.

Poire Bonne de Malines, Colmar Nélis (moyenne grosseur, en forme de toupie, verte, fortement maculée de brun, à chair jaunâtre, fine ferme, très-juteuse, sucrée, parfumée).
— Belle alliance, Beurré Sterckmans (grosse, en forme de toupie raccourcie, jaune verdâtre, fortement colorée en rouge, à chair fine, fondante, très-juteuse, sucrée, d'un goût vineux, assez parfumée).
— Bronzée, Beurré Bronzé (grosse, oblongue, à peine ventrue, de couleur bronzée, à chair fine, sucrée, acidulée).
— de Luçon, Beurré de Luçon, Beurré gris d'hiver nouveau (assez grosse, obtuse, renflée à la base, largement tachée de couleur fauve, à chair fine, fondante, juteuse, sucrée, parfumée).
— Fondante de Noël (moyenne grosseur, en forme de toupie, nuancée de rouge vif, à chair demi-fondante, fine, très-juteuse, sucrée, parfumée).
— Nouvelle Fulvie (grosse, en forme de toupie, bosselée, jaune citron, fortement nuancée de rouge vif et pointillée de roux, à chair fine fondante, très-juteuse, sucrée).
— de Rance, Beurré de Rance, Bon-chrétien de Rance, Beurré de Noirchain (grosse en forme de toupie obtuse, vert clair, pointillée de brun, à chair verdâtre sous la peau, granuleuse, ferme, très-juteuse, sucrée, acidulée, un peu astringente).
— d'Alençon, Doyenné d'Alençon, Doyenné d'hiver, etc. (moyenne grosseur, ovale obtuse, verte, pointillée de gris, à chair fine fondante).
— Virgouleuse (moyenne grosseur, ovoïde, bronzée, maculée de brun, à chair fine, fondante, très-juteuse, sucrée, acidulée, parfumée, très-parfumée).

Poires mûrissant de janvier à mai.

Poire Amoselle, Bergamote de Hollande, Bergamote d'Alençon (moyenne grosseur, arrondie déprimée, verte, pointillée de brun, à chair demi-cassante, très-juteuse, sucrée).
— de Chaumontel, Bezi de Chaumontel, Beurré de Chaumontel (Pl. XLIII, fig. 4 ; grosse, pyriforme, bosselée, fortement teinte de rouge vif, à chair demi-cassante, granuleuse, juteuse, sucrée, acidulée).
— Bon-chrétien d'hiver (assez grosse, en forme de gourde, jaune pâle, lavée de rouge, pointillée de brun, à chair cassante sucrée).

Poire d'Angleterre d'hiver (Pl. XLIII, fig. 5; moyenne grosseur, pyriforme, verte, pointillée de brun, à chair fondante, juteuse, sucrée).

— Monseigneur Affre (moyenne grosseur, ovoïde, à longue queue, jaune terne, marbrée de couleur fauve, à chair fine, un peu granuleuse, très-succulente, sucrée, acidulée, parfumée).

— Non Pareille, Bezi incomparable (moyenne grosseur, arrondie, à chair ferme, très-sucrée).

— Passe-Crassane (grosse, arrondie, déprimée, souvent plus large que haute, jaune clair, pointillée de couleurs noire et rousse, à chair fine, très-fondante, très-juteuse, sucrée, parfumée, un peu acidulée).

— de Pentecôte, Doyenné d'hiver, Bergamote de Pentecôte (grosse, arrondie, ventrue, vert clair, pointillée de gris, à chair fine, fondante, juteuse, sucrée, parfumée).

— Vauquelin, Saint-Germain Vauquelin (assez grosse, ovale ou allongée, à courte queue, vert clair, largement maculée de gris-roux, à chair demi-fine, fondante, très-juteuse, sucrée, acidulée, parfumée).

— Espéren, Bergamote Espéren (grosse, arrondie, vert clair, pointillée de couleur fauve, à chair fine, ferme, très-juteuse, sucrée, astringente; se conserve jusqu'au mois d'avril).

— Suzette de Bavay (moyenne grosseur, arrondie, vert foncé, pointillée de gris roux, à chair un peu grossière, assez juteuse).

Poires à cuire.

Poire Amadote (moyenne grosseur, mûrissant en août; arbre très-fertile).

— Messire-Jean (assez grosse, en forme de toupie, d'un gris roussâtre, mûrit en octobre et novembre).

— Martin-Sec, Poire de Saint-Martin (moyenne grosseur, pyriforme, de couleur brun clair, teintée de rouge, à chair sucrée, d'un goût particulier assez agréable; mûrit en novembre).

— Bellissime d'hiver, Vermillon des dames (très-grosse, presque ronde, amincie vers la queue, d'un beau rouge, pointillée de gris, et couleur fauve).

— Catillac (très-grosse, ventrue, obtuse, jaune pâle; se conserve jusqu'en mai).

— Belle-Angevine, Duchesse de Berry d'hiver, etc. (très-grosse, ovale très-allongée, vert clair, lavée de rouge vif; sert surtout d'ornement sur les tables, car sa chair est très-fade).

— de Lèvre, Gros Rateau (très-grosse, superbe, mûrissant en janvier et février).

<h2 align="center">Pommier (Pl. XLV).</h2>

Malus communis Lamck; Pyrus malus Lin. (Rosacées-Pomacées.)

Le Pommier sauvage croît dans toutes les forêts de l'Europe, particulièrement dans les bois dont le sol est calcaire, et un peu frais. C'est un arbre de moyenne grandeur. Deux variétés se rencontrent dans la nature : une à fruit acerbe, et une autre à fruit doux; c'est de cette dernière que sont sorties, à la suite de nombreux semis opérés avec soin, toutes les excellentes Pommes dites Pommes à couteau.

Le Pommier cultivé est un arbre qui peut s'élever jusqu'à 10 et 12 mètres; ses branches sont presque toujours étalées, et forment une cime arrondie. Les feuilles sont alternes, pétiolées, pubescentes-blanches en dessus, et velues en dessous. Les fleurs sont blanches ou faiblement teintées de rose, disposées en corymbes sur les rameaux raccourcis; l'ovaire est infère, à 5 loges, surmonté par les 5 divisions du calice, par les 5 pétales, et d'étamines nombreuses, au centre desquelles sont 5 styles un peu soudés entre eux inférieurement. Le fruit est charnu, à chair plus ou moins juteuse, acide ou sucrée, de forme globuleuse plus ou moins aplatie vers les deux pôles.

Un assez bon nombre de Pommes sont de très-bons fruits à couteau, en état de figurer sur nos tables pendant la moitié de l'année, et jusqu'à l'époque où les fruits rouges peuvent les remplacer. Cuites elles sont excellentes. On en fait des marmelades, des compotes, des gelées exquises, des gâteaux. En les faisant sécher au four, on en peut avoir d'un bout de l'année à l'autre. C'est un des aliments les plus agréables, les plus rafraîchissants. On en fait un sirop simple et un sirop composé ; on en prépare des limonades. Avec le jus de la Pomme acide des champs, on obtient la boisson généralement connue sous le nom de cidre, qui est celle d'une notable partie des habitants de l'Europe.

PLEINE TERRE. — *Choix du terrain*. Les Pommiers s'accommodent de tous les terrains et de toutes les expositions, à l'exception de celle du sud.

Multiplication. On greffe les Pommiers à haute tige sur Aigrin, et les Pommiers nains sur Doucin et sur Paradis. Ces derniers sont préférés dans les jardins, parce qu'ils sont très-précoces, fertiles, et n'occupent que peu de place. Le Pommier sur Doucin est celui qu'il faut choisir de préférence quand on a un terrain brûlant, parce que ses racines, plongeant plus profondément en terre, y cherchent la fraîcheur. Les racines des arbres greffés sur Paradis rampent presque à la surface du sol et s'élèvent fort peu. Les Pommiers ainsi greffés ont l'avantage de donner beaucoup de fruits d'excellente qualité. Mais quand on veut avoir des produits abondants et de longue durée, il faut donner la préférence aux arbres à tige.

Culture, plantation, taille. La culture et la taille du Pommier sont en tout semblables à celles du Poirier. La docilité de cet arbre est très-grande, et l'on peut lui donner toutes les formes.

Quand on plante des arbres à haute tige, on met entre eux de 8 à 10 mètres de distance pour laisser à leurs branches assez d'espace et d'air. Il faut, pour assurer le succès d'une plantation de Pommiers, ne pas l'abandonner à elle-même pendant les premières années, mais la soumettre à une taille raisonnée qui lui donne une forme régulière et l'empêche de se déformer par une végétation capricieuse.

Les Pommiers nains se plantent à 2 mètres au plus l'un de l'autre, et sont susceptibles de se prêter à toutes les formes imaginables. On regarde la forme en gobelet comme la plus convenable, et comme celle qui permet à ce végétal de produire le plus abondamment. Ce n'est, au reste, qu'un buisson dont on évide le centre, en laissant à la circonférence un petit nombre d'yeux vigoureux qui servent à établir la charpente du gobelet, et qu'on palisse sur des cerceaux pour en régulariser le développement. Une fois la charpente établie, il ne reste plus qu'à empêcher les branches-mères de produire, à l'intérieur ou à l'extérieur, des gourmands qui nuiraient à la régularité de l'arbre. On taille de manière à obliger les branches nouvelles à suivre une direction symétrique, et, pendant le cours de la végétation, on pince court tous les bourgeons qui s'emportent et tendent à détruire l'équilibre que la main attentive de l'horticulteur doit chercher à conserver.

Pommiers en haie. On a proposé de cultiver des Pommiers en haie comme on l'a fait des Coignassiers. Cette forme, très-agréable à l'œil, n'est praticable que quand on veut séparer, sans perdre de terrain, des parties de jardin l'une de l'autre. On choisit pour cela des arbres greffés sur Doucin, qu'on plante à un mètre de distance. On en courbe les branches, non pas à angle droit, mais à angle ouvert, de manière à former des losanges ; et, pour les obliger à conserver cette position, on greffe, par approche, les branches principales. Les soins ultérieurs, tant pour la taille que pour l'ébourgeonnement consistent à remplir les vides en favorisant le développement des bourgeons intérieurs, et à éviter surtout que les arbres ne se dégarnissent du bas.

Récolte et *conservation*. Les Pommes se récoltent, suivant les variétés, depuis la fin de juillet ou le commencement d'août, pour les plus précoces, jusqu'à la fin de l'automne.

Moins aqueuses que les Poires, les Pommes se conservent plus facilement. Elles doivent être cueillies quelques jours avant leur parfaite maturité ; car, une fois le fruit complétement développé, la maturation est un phénomène purement chimique, qui a lieu tout aussi bien sur les tablettes du fruitier que sur l'arbre. Il faut laisser les Pommes se ressuyer au grand air ; ensuite on les dispose une à une sur les tablettes d'un fruitier à température constante, et on les visite souvent pour enlever celles qui sont atteintes de pourriture.

CHOIX DES CINQUANTE MEILLEURES VARIÉTÉS.

Les variétés de Pommes sont très-nombreuses ; on évalue à environ 2,500 à 3,000 le nombre des variétés connues actuellement, tant pommes à cidre, que pommes à couteau ; pour ces dernières, d'après le dernier catalogue de la société d'horticulture de Londres, le chiffre s'élèverait à 1620.

Nous ferons donc, comme pour les Poires, nous donnerons un choix ; mais ici, par suite de la longue conservation de ses fruits, il est impossible d'établir de catégories par époque de maturité ; nous suivrons l'ordre alphabétique, et nous indiquerons l'époque de la maturation de chaque variété.

Pomme Api (Pl. XLV, fig. 3 ; petite, aplatie, lisse, blanc jaunâtre, nuancée de rouge vif ; mûrissant de décembre à mai).

— Barbarie (grosse, très-belle et très-bonne, mûrissant de janvier à mars).

— Beauty of Kent, Beauté de Kent (grosse, ovale, arrondie, jaune, flagellée de rouge, mûrissant d'octobre à février).

— Belle d'Angers (grosse et belle pomme de toute première qualité).

— Belle Dubois, Belle du Bois, Pomme Louis XVIII (très-grosse, arrondie, déprimée, parfois côtelée, jaune citron, pointillée de blanc et de brun clair, mûrit à la fin de l'automne).

— Belle fleur, double fleur, Monsieur, etc. (grosse, un peu conique, jaune verdâtre, colorée en rouge sang ; mûrissant en novembre).

— Bleinheimpippin, Orange Pippin (grosse, presque ronde, plus large que haute, jaune, pointillée de rouge ; mûrit en novembre et se conserve jusqu'en mars).

— Bonne de Mai (assez grosse, blanc verdâtre, nuancée de rouge carmin, se conservant jusqu'au printemps).

Pomme Batovitsky (grosseur moyenne, déprimée, côtelée, jaune clair, nuancée et marbrée de rouge vif; mûrit fin d'août).

— Calville blanche d'hiver, Calville blanc, Reinette à côtes (Pl. XLV, fig. 5; grosse, large à la base, relevée de côtes saillantes vers l'œil, d'un blanc jaunâtre, faiblement nuancée de rose pâle; mûrit en décembre et se conserve jusqu'en mai).

— Calville rouge (assez grosse, allongée, relevée de côtes saillantes au sommet, rouge plus ou moins foncé, pointillée de jaunâtre; mûrit en novembre et décembre).

— Calville Saint-Sauveur, Reinette Saint-Sauveur (très-grosse, allongée, mais plus large à la base, relevée de côtes au sommet, vert clair et jaunâtre, pointillée de grisâtre; mûrit en novembre et se conserve jusqu'en février).

— Calville du Roi (grosse, à chair très-tendre, mûrissant en janvier et se conservant jusqu'en avril).

— Calville des Femmes (excellente, de grosseur moyenne, mûrissant de mars à mai).

— Châtaignier (moyenne grosseur, un peu plus haute que large, vert clair, teintée de jaune et plus ou moins largement colorée de rouge vif; mûrit en décembre et n'est pas de longue garde).

— Court-Pendu, Capendu (de moyenne grosseur, arrondie, aplatie, gris foncé, teintée en rouge foncé; mûrit en décembre et peut se conserver jusqu'en mars).

— Reinette Orange de Cox, Cox's Orange Pippin, des Anglais (de grosseur moyenne, déprimée, jaune orange foncé, panachée et pointillée de rouge pâle et de carmin; mûrit en novembre et ne se conserve pas au-delà de décembre).

— d'Ève (grosse, déprimée, jaune, pointillée de blanc et un peu teintée de rose; mûrit en décembre et se conserve jusqu'en février).

— Doux d'Argent, Doux d'Angers (excellente, assez grosse, un peu aplatie, jaune citron pointillée de rouge et de brun clair; mûrit en novembre et se conserve tout l'hiver).

— Petit Fenouillet, Fenouillet gris, Pomme anis (petite, arrondie, plus large à la base, rude, grise, légèrement teintée de rosée; mûrit de décembre à février).

— Gros Fenouillet gris (de moyenne grosseur, d'un vert grisâtre, marbrée de rouge foncé; mûrissant en décembre).

— Fenouillet jaune, Fenouillet doré, Pomme Gorge de pigeon, Pomme Drap d'or (petite, arrondie, un peu aplatie, d'un beau jaune doublé de gris fauve, et nuancée de rouge; mûrit en novembre et se conserve tout l'hiver).

— Grand Alexandre, Gros Alexandre, Aporta (très-grosse, ronde, aplatie, relevée de côtes vers l'œil, vert jaunâtre, teintée et striée de rouge; mûrit en octobre et décembre).

— Reinette de l'Ohio, Green Ohio's Pippin (assez grosse, ronde, aplatie, vert jaunâtre, marbrée de rouge clair; mûrissant de décembre à février).

— Joséphine, Belle Joséphine (très-grosse, irrégulière, aplatie, ronde, relevée de côtes au sommet, d'un blanc jaunâtre, uniforme; mûrit en novembre et ne se conserve pas au-delà de décembre).

— Gros Faros (grasse, très-bonne; mûrissant de décembre à février).

— Impériale (excellente, de moyenne grosseur, mûrissant en décembre et se conservant jusqu'en mars).

— Newtown, Newtown Pippin (assez grosse, arrondie, aplatie, relevée de côtes peu saillantes au sommet, jaune clair, marbrée de roux et de rose; mûrit en décembre et se conserve jusqu'en mai).

— Northern Spy (grosse, de première qualité; mûrissant de janvier à avril).

— Pigeonnet de Rouen, Gros Pigeonnet, P. Pigeon d'hiver (assez grosse, un peu allongée mais déprimée au sommet, jaune citron, pointillée et marbrée de rouge vif; mûrit en décembre.

— Princesse noble, Reinette princesse, Reinette d'Orléans (assez grosse, presque ronde, un peu aplatie, jaune d'or, pointillée de brun et marbrée de rouge; mûrit en novembre et décembre).

Pomme Princesse d'Orange (de moyenne grosseur, un peu longue, relevée de quelques côtes au sommet, jaune, pointillée de gris; mûrit en novembre et se conserve tout l'hiver).

— Rambour d'hiver (grosse, très-aplatie, vert blanchâtre et jaune, pointillée et striée de rouge; mûrit en décembre).

— Rambour d'été, Rambour franc (Pl. XLV, fig. 2; grosse, ronde, aplatie, souvent bosselée, blanchâtre et jaune clair, striée de rouge).

— Reine des Reinettes (assez grosse, très-aplatie, plus large que haute, vert passant au jaune d'or, marbrée de rouge vif, et pointillée de gris; mûrit en janvier).

— Reinette d'Angleterre, Pomme d'Or (de moyenne grosseur, aplatie, vert jaunâtre et jaune vif, marbrée de rouge clair, maculée de rouge sang, et pointillée de roux; mûrit en novembre et se conserve jusqu'en janvier).

— Reinette d'Allemagne, Reinette bâtarde (grosseur moyenne, arrondie, aplatie, jaune foncé, panachée de rouge clair, et pointillée de gris; mûrit en décembre et janvier).

— Reinette de Bretagne (de grosseur moyenne, à peu près arrondie, à peau rude, jaune rougeâtre, striée de rouge; mûrit de novembre à janvier).

— Reinette du Canada (Pl. XLV, fig. 4; très-grosse, arrondie, aplatie le plus souvent, jaune clair, pointillée de brun et de roux; mûrit en décembre et se conserve jusqu'en mars).

— Reinette grise du Canada, Canada gris (très-grosse, rugueuse, de couleur grise, nuancée de gris clair; mûrit en novembre et se conserve jusqu'en mars).

— Reinette de Caux (grosse, arrondie, irrégulière, aplatie, lisse, verte ou jaune d'or, pointillée de gris et de blanc, et marbrée de rouge; mûrit en novembre, et se conserve jusqu'en février).

— Reinette de Hollande (assez grosse, ovale, lisse, jaune verdâtre, pointillée de gris, et striée de carmin; mûrit vers novembre).

— Reinette dorée, Reinette jaune tardive (de moyenne grosseur, arrondie, aplatie, d'un beau jaune d'or, tachée de rouge et pointillée de gris clair; mûrit en décembre et se conserve jusqu'en mars).

— Reinette du Vigan (assez grosse, variable quant à la forme, souvent conique, jaune citron, nuancée de rose et pointillée de roux; mûrit en février, et se conserve jusqu'en avril).

— Reinette franche (de grosseur moyenne, arrondie, aplatie, vert clair et jaune pâle, nuancée de rouge et pointillée de brun; mûrit en février et se conserve jusqu'en mai).

— Reinette grise (Pl. XLV, fig. 1; assez grosse, arrondie, aplatie, rugueuse, grise ou jaune rougeâtre; mûrit en décembre, et se conserve jusqu'en mai).

— Reine grise de Grandville, Reinette de Grandville (assez grosse, arrondie, aplatie, jaune, doublée de couleur tauve et pointillée de gris roux; mûrit en novembre et décembre).

— Robin (assez grosse, arrondie, un peu aplatie, vert clair et jaune d'or, maculée de vermillon vif; mûrit en décembre et se conserve jusqu'en mai).

— Sucrin (moyenne grosseur, arrondie, aplatie, relevée de côtes au sommet, vert tendre et jaune clair, uniforme, sans ponctuations; mûrit en mars et se conserve jusqu'en juin).

— Violette des quatre goûts, Reinette des quatre goûts (de moyenne grosseur, arrondie, d'un beau rouge violacé; mûrit en novembre et décembre).

CHAPITRE III.

ARBRES, ARBUSTES ET ARBRISSEAUX A FRUITS

VULGAIREMENT DITS EN BAIES OU BACCIFÈRES [1].

Airelle ou Vaccinier.

Vaccinium Lin. (*Ericinées-Vacciniées.*)

Les Airelles ou Vacciniers sont des arbrisseaux dont on connaît environ quarante espèces, les unes provenant de l'Europe, les autres de l'Asie septentrionale, le plus grand nombre de l'Amérique du Nord; sous les tropiques ils ne se montrent qu'à une certaine hauteur des montagnes. Leurs caractères généraux sont : feuilles alternes, simples, entières, dentées ou crénelées, courtement pétiolées, quelquefois coriaces, persistantes, dans quelques-unes parsemées de points glanduleux, dans quelques autres terminées par une pointe calleuse; fleurs solitaires ou groupées en grappes; baies de plusieurs, notamment d'espèces communes en Europe, comme l'Airelle Myrtille ou Raisin des bois ou Airelle Anguleuse (*Vaccinium Myrtillus* Lin.), l'Airelle ponctuée (*Vaccinium Vitis idæa* Lin.), l'Airelle veinée (*Vaccinium uliginosum* Lin.), contenant du mucilage, du sucre, des acides malique et citrique associés à une substance astringente. Ces baies se mangent crues ou cuites dans certaines con-

---

[1] Nous faisons pour le caractère scientifique des espèces contenues dans ce chapitre sous le titre général de fruits en baies, les mêmes réserves qui sont indiquées dans la note du chapitre II, page 519.

trées, ainsi que plusieurs autres de provenance exotique ; elles fournissent aussi une boisson fermentée. Nos bois sont remplis d'Airelles qui donnent, en été, des fruits acides pouvant être mangés frais, et se conservant toute l'année après avoir été séchés au soleil ou au four. On en fait du sirop, des confitures, des conserves ; on peut s'en servir comme condiment pour assaisonner les viandes. En Allemagne et dans les Vosges, on distille les baies d'Airelle et l'on en fait une eau-de-vie. Enfin les baies d'Airelle sont employées dans la teinture.

Pleine terre. — *Multiplication, culture.* Les Airelles d'Europe s'accommodent de toutes les expositions et croissent sans culture sur la pente septentrionale des montagnes ; elles fleurissent au printemps, et donnent en été des fruits abondants.

Toutes les espèces ne sont pourtant pas d'une si facile et spontanée venue : il leur faut une terre légère, et les espèces d'Amérique demandent la terre de bruyère. La multiplication se fait par marcottes, rejetons et semences. On a souvent conseillé de planter dans les massifs des parcs anglais des espèces à fruits comestibles.

VARIÉTÉS INDIGÈNES.

Airelle Myrtille, Vaccinier Myrtille, Airelle anguleuse, Raisin des bois (*Vaccinium Myrtillus* Lin. ; petit sous-arbrisseau rameux, haut de 3 à 4 décimètres, à rameaux anguleux ; à feuilles ovales, aiguës, dentées en scie, tombantes ; à petites fleurs d'un blanc rosé, solitaires sur des pédoncules courts et penchés ; à fruits de la grosseur d'un gros Pois, d'un noir blanc, qui rappellent les baies du Myrte, d'où le surnom de Myrtille donné à cette espèce ; ces fruits sont connus sous les noms vulgaires de Bleuets, Maurets, etc. L'Airelle Myrtille est la plus commune en France et n'est pas pour cela la plus facile à cultiver. On la trouve en abondance dans les bois frais, les bruyères d'une grande partie de l'Europe ; aux environs de Paris, dans la forêt de Montmorency. On la cultive dans quelques jardins).

— ponctuée, Vaccinier ponctué (*Vaccinium vitis idæa* Lin. ; arbuste toujours vert, dont les rameaux ont la propriété de s'attacher à la terre lorsqu'ils y touchent et de produire de nouveaux individus ; feuilles persistantes, ponctuées en dessous ; fleurs rosées formant des grappes pendantes ; fruits d'un beau rouge, un peu acerbes, dont on peut faire des confitures comme de ceux du précédent ; abondant dans les Vosges et sur les Alpes ; culture facile).

— veinée, Airelle des Marais, Vaccinier ponctué, Vaccinier des Marais (*Vaccinum uliginosum* Lin. ; habite les tourbières, les lieux humides ; elle est commune en Auvergne ; les fruits petits, quoique moins agréables que ceux du Myrtille, sont néanmoins utilisés de la même manière. On la cultive aussi, comme plante d'ornement, dans les jardins).

— Canneberge (Voyez ce mot).

VARIÉTÉS EXOTIQUES.

Airelle ou Vaccinier de Pensylvanie (*Vaccinium pensylvanicum*; espèce qui n'a pas plus de
60 centimètres de haut; on la cultive dans les jardins, en terre de bruyère, à une
exposition fraîche et couverte).

— résinifère (*Vaccinium resinosum*; espèce du Canada, à fruits excellents, les meilleurs
du genre; on cultive aussi en terre de bruyère, à une exposition fraîche et couverte).

Argousier, Griset, Hippophaé.

Hippophaé rhamnoides (*Elæagnées.*)

Les Argousiers sont des arbustes indigènes de l'Europe centrale,
susceptibles de s'élever en arbres de 4 ou 5 mètres de haut, mais le
plus souvent formant des buissons d'un mètre à un mètre et demi,
épineux à l'extrémité des rameaux, qui sont garnis de feuilles alternes, persistantes, couvertes en dessous d'écailles blanchâtres ou
roussâtres; à fleurs unisexuées, petites et vertes, les mâles sessiles,
disposées en petits chatons, les femelles axillaires et solitaires; à
fruits d'un jaune orange, globuleux, disposés en chapelets le long
des branches. Les fleurs paraissent en avril et mai. Les fruits dont
l'arbuste est chargé en septembre, quoique très-désagréables au
goût à l'état frais, servent dans le Nord pour accommoder du poisson. On en tire de l'eau-de-vie par distillation. La racine longue et
traçante de l'Argousier distille un suc gommeux, très-amer, que les
anciens employaient dans la médecine vétérinaire.

L'Argousier n'exige aucune culture.

Camarine.

Empetrum. (*Empétrées.*)

Les Camarines (dont le nom scientifique *Empetrum* vient du
grec ἔμπετρος, signifiant qui croît sur les rochers) sont de petits arbrisseaux à tiges couchées, très-rameuses, à feuilles alternes, serrées, linéaires ou oblongues-linéaires, obtuses, planes en dessus,
d'un vert sombre, luisant, roulées au bord, convexes en dessous,
dépourvues de stipules; à fleurs petites, axillaires, solitaires, sessiles,
unisexuées, quelquefois hermaphrodites, d'un rouge sanguin foncé;
le fruit est une drupe noire ou rouge suivant l'espèce. Ces arbrisseaux
croissent naturellement dans des régions froides, soit par leur latitude,

soit par leur hauteur, tant en Europe qu'en Asie et en Amérique. La Camarine à fruits noirs ou plutôt d'un bleu noirâtre (*Empetrum nigrum*) croît sur les hautes montagnes de l'Europe centrale, et se trouve jusque sous le pôle. Ses fruits acidules se mangent cuits, dans le Nord; ce sont les seuls dont les Groënlandais fassent usage; ils en préparent, par fermentation, une boisson alcoolique. On en fait des tartes.

PLEINE TERRE. — *Culture, multiplication.* Il faut aux Camarines une terre légère, sablonneuse, une exposition ombrée. La multiplication se fait par semences mises en terre, aussitôt après la récolte des fruits.

Observations. La Camarine blanche de Linné (*Empetrum album* Lin.) a été proposée comme genre par Don (*Edinb. New Phil. Journ.*, t. II, p. 63), sous le nom de Corema. C'est un petit arbrisseau croissant sur les côtes maritimes du Portugal, très-ramifié; à feuilles éparses, étalées, linéaires, obtuses, planes en dessus, roulées aux bords; à fleurs blanchâtres, assez grandes, polygames, agglomérées, terminales; à fruits blancs, d'une saveur plus agréable que celle des fruits de Camarine noire, mûrissant en août et septembre. Sous le climat parisien, il faut à cette plante une exposition très-chaude, et, en hiver, un abri. Elle ne vaut pas la peine d'être cultivée en orangerie, ce qui serait cependant le seul moyen d'en obtenir des fruits sous ce climat.

Canneberge ou Vaccinier oxycoccos.

Vaccinium oxycoccus Pers. (*Ericinées-Vacciniées.*)

Canneberge est le nom vulgaire du *Vaccinium oxycoccus*, arbuste qui croît dans nos forêts marécageuses, et dont la baie acide a la propriété de nettoyer et de blanchir l'argenterie. Les baies des deux espèces de Canneberge que l'on cultive dans nos jardins ne jouissent pas d'une haute réputation; elles ne sont pourtant pas désagréables; leur acidité les rend surtout propres à faire des tartes, mais elles varient de qualité suivant la station où la plante est cultivée.

Il faut aux Canneberges, cultivées pour leurs fruits, un marais artificiel, comme l'avait établi le célèbre botaniste anglais J. Banks.

On a soin d'empêcher le mouvement des eaux de déchausser le pied de la plante qui doit être de 12 centimètres dans le sol et de 20 centimètres environ au-dessus de la surface de l'eau. Quand une plantation a réussi, elle donne des récoltes régulières, indépendantes de la saison et de la température, et n'ayant rien à craindre des insectes.

ESPÈCE D'EUROPE.

Canneberge des Marais, Airelle coussinette, Vaccinier Oxycoccos (*Oxycoccus palustris ;* à baies cramoisies, fortement acides, mais ayant une saveur particulière, agréable, qui les fait rechercher de tout le monde dans les pays où elles croissent ; on en expédie de Russie en Allemagne).

ESPÈCES EXOTIQUES.

Canneberge à gros fruits (*Oxycoccus macrocarpus ;* espèce originaire de l'Amérique du Nord).
— dressée (*Oxycoccus erectus ;* originaire de Virginie, à baie écarlate, transparente, d'excellent goût).

Épine-Vinette, Vinettier, Berberis (Pl. XLIX, fig. 3).

Berberis vulgaris Lin. (*Berbéridées.*)

L'Épine-Vinette est un arbrisseau buissonnant, indigène de l'Europe, où il croît dans les bois, les haies, les lieux incultes et sauvages. Les tiges, hautes de 1 à 2 mètres ou plus, dressées, couvertes d'une écorce gris cendré, se divisent en rameaux diffus épineux, portant des feuilles d'abord fasciculées, plus tard alternes, pétiolées, ovales-obtuses, fortement dentées en scie, glabres, d'un vert glauque, plus pâle en dessous. Les fleurs, d'une odeur repoussante, d'un beau jaune, portées sur des pédicelles minces munis d'une petite bractée à la base, sont groupées en grappes axillaires, simples, allongées et pendantes. Le fruit est une petite baie, ovoïde-allongée, ombiliquée au sommet, d'un beau rouge, plus rarement violette ou blanchâtre, contenant deux ou trois graines oblongues.

Avec les fruits mûrs de l'Épine-Vinette on fait des confitures, des conserves, des sirops ; les fruits verts, confits au vinaigre, tiennent lieu de câpres ; fermentés avec de l'eau de miel, ils procurent une boisson aigrelette rafraîchissante.

Pleine terre. — *Multiplication, culture.* On multiplie, en automne, de rejetons, de boutures et de marcottes ; ces dernières sont deux années à s'enraciner. On peut aussi multiplier de semences, aussitôt après maturité, soit en place, soit en terrines. Les soins ont beau n'être pas indispensables à cet arbrisseau, il est plus beau et plus vigoureux quand on le cultive. Pour en obtenir du fruit comestible, il faut lui donner une exposition chaude, l'empêcher de pousser des rejetons et le mettre sur un brin.

Récolte. On récolte les fruits en novembre, c'est-à-dire le plus tard possible. Ils ne se conservent, comme toutes les baies en général, que peu de jours.

VARIÉTÉS D'EUROPE.

Épine-Vinette commune, Vinettier (*Berberis vulgaris;* fruits rouges à saveur très-acide).
—   —   à fruits blancs (moins acides).
—   —   à fruits violets.
—   —   à fruits noirs.
—   —   à gros fruits.
—   —   à fruits sans pepins (vient sur de vieux pieds provenant de marcottes ; variété très-recherchée).

VARIÉTÉS EXOTIQUES.

Épine-Vinette du Népaul (*Berberis Nepaulensis ;* fruits plus gros et moins acides).
—   —   du Canada (*Berberis Canadensis ;* baies plus acides que celles de l'espèce européenne).
—   —   de Chine (*Berberis Sinensis ;* mêmes qualités que l'espèce vulgaire).

Figuier (Pl. XXXVII, fig. 1 et 2).

Ficus carica Lin. (*Morées.*)

Le Figuier est originaire de l'Asie ; on en a trouvé des espèces en Amérique, mais elles ne sont pas comestibles. Il nous est venu des contrées de l'Orient, et paraît avoir été introduit par les Phocéens dans le midi de la France, où il est cultivé en grand depuis un temps immémorial. Il fait même partie de la culture en plein champ sous le climat de Paris, à Argenteuil. Dans nos départements du Sud-Ouest, dans ceux de l'Ouest, particulièrement sur les côtes maritimes, dans les départements de Maine-et-Loire, d'Indre-et-Loire, etc., les Figuiers sont de la plus belle venue, pourvu qu'ils soient un peu abrités. Le Figuier est un arbre dont la tige peut atteindre la hauteur de 10 mètres, mais qui, en général, reste beaucoup plus bas dans nos cultures. Cette tige se divise en nombreux rameaux, terminés par des bourgeons très-pointus, portant des feuilles alternes très-grandes, à pétiole cylindrique et pubescent, à limbe large, échancré en cœur à la base, à cinq lobes arrondis et obtus, épais, ferme, d'un vert foncé et luisant à la face supérieure, plus clair à l'inférieure, qui est couverte de poils rudes et courts. Les fleurs, monoïques, très-petites, blanchâtres, pédicellées, sont renfermées dans un conceptacle pyriforme charnu, dont elles occupent toute la surface interne, et qui est muni, à la base, de deux ou trois petites écailles, tandis que le sommet est percé d'un trou (œil) bouché par de nombreuses écailles scarieuses disposées sur plusieurs rangs. Les fleurs mâles, situées à la partie supérieure, présentent un calice à trois divisions et trois étamines saillantes. Les fleurs femelles, beaucoup plus nombreuses, occupent le milieu et le fond du conceptacle, et présentent un calice à cinq divisions, un ovaire à une seule loge, muni d'un style latéral terminé par un stigmate filiforme et bifide. L'inflorescence, fécondée et parvenue à maturité, forme l'espèce de fruit appelé *Figue :* c'est une fausse baie composée du conceptacle, devenu épais, charnu, succulent, et de nombreux akènes très-petits (véritables fruits, vulgairement appelés *graines*), adhérents par des pédicelles charnus à la paroi intérieure de ce conceptacle. Tout le monde connaît l'excellence et les usages des Figues ; elles sont saines et agréables, peu nourrissantes à l'état frais, beaucoup plus nourrissantes quand elles sont sèches. Elles font partie, avec la Datte, le fruit du Jujubier et le Raisin, des quatre fruits pectoraux qui entrent dans la composition des sirops et des pâtes pectorales. Elles sont la base de la nourriture des habitants des îles de l'Archipel et de certaines populations africaines. On en mange beaucoup en Italie, en Espagne, dans le midi de la France ; dans le Nord, on les sert plus volontiers sèches, en hors-d'œuvre ou au dessert. Dans certaines contrées, on en prépare, par fermentation, un vin qui produit à la distillation une eau-de-vie agréable. Le suc de la Figue, élaboré, perfectionné, raffiné pendant douze heures, après que le fruit a été cueilli, se convertit en un sirop délicieux.

PLEINE TERRE. — *Choix du terrain et de l'exposition.* Quoique le Figuier s'accommode de toutes sortes de terres, il préfère cependant un sol sablonneux et doux. Il est bon, sous le climat parisien et sous celui du Nord, de le planter au midi, ou, si l'on peut, dans un angle formé par la réunion de deux murs, car il redoute les hivers excessifs, et gèle à 12° centigrades. Duhamel du Monceau dit que le fruit est plus sucré et le goût plus fin quand l'arbre est dans un terrain sec, et même entre des rochers.

Multiplication. Le Figuier se multiplie de rejetons, de boutures, de marcottes et de tronçons de racines ; mais le mode par rejetons est le plus court et le plus facile.

Pour ce dernier mode, on laisse sur le pied-mère quelques rejetons destinés à la multiplication ; les Figuiers en produisent beaucoup. Pour ne pas épuiser l'arbre, on enlève les rejetons au bout de la première année, et on les met en pépinière. A la cinquième ou sixième année, ils commencent à donner des fruits.

Les marcottes ne s'emploient que faute de rejetons.

Les boutures ne sont bonnes que dans certaines circonstances, c'est-à-dire quand on veut expédier au loin et sur-le-champ une variété digne d'être reproduite. Il faut pour cela choisir des branches de deux ou trois ans. On enterre les boutures de 30 centimètres, à l'ombre, dans une terre ferme et non humide, en les arrosant au besoin. Au printemps suivant, on relève les boutures et on les met en pépinière.

Quand on veut multiplier certaines variétés par la greffe, il faut préférer celle en sifflet. On peut aussi, avec des chances diverses, employer la greffe en écusson. Quant à la greffe en fente, elle ne réussit pas ou réussit mal ; aussi ne l'emploie-t-on pas.

Quel que soit le moyen de multiplication, il ne peut faire produire des fruits à l'arbre avant quatre ou cinq ans.

Enfin on peut multiplier de semences ; mais ce mode n'a guère été employé que par curiosité et pour obtenir des variétés nouvelles. Duhamel du Monceau dit qu'on peut tenter de se procurer ces variétés en semant les graines qui se trouvent dans les Figues sèches, ces semences se conservant très-saines dans les fruits qui n'ont été desséchés que par l'ardeur du soleil. « Si, dans la vue d'obtenir de nouvelles espèces, ajoute Duhamel, on veut semer la graine des Figues de son jardin, il faut laisser celles-ci mûrir sur l'arbre jusqu'à ce qu'elles soient extrêmement flétries. On les cueille dans cet état, et on les écrase dans un bassin rempli d'eau fraîche; on ramasse la bonne graine qui tombe au fond de l'eau, et, après l'avoir un peu desséchée sur un linge, on la sème dans des terrines, en la répandant sur la superficie de la terre, et on ne la recouvre qu'avec un peu de terre passée au crible. Si l'on tient ces terrines sur une couche chaude, et si l'on a l'attention de les défendre de la grande ardeur du soleil avec des paillassous, on aura la satisfaction de voir en peu de jours les jeunes Figuiers sortir de terre. » (*Traité des arbres et arbustes qui se cultivent en France en pleine terre*. Paris, 1755. t. 1, p. 239.)

Plantation. On plante le Figuier au printemps mieux qu'à l'automne. On l'élève en cépée que l'on forme au moyen d'un ou deux pieds de chevelu, qui se couchent dans une fosse demi-circulaire, à une profondeur d'environ 50 centimètres. On le recouvre de 30 centimètres de terre seulement, de manière à pouvoir, chaque année, au printemps, rehausser le sol. On relève l'extrémité des plants, auxquels on ne laisse que deux ou trois yeux au plus hors de terre. Dans la troisième année, on rabat le Figuier au ras du sol, dans le but de faire développer des bourgeons qui formeront les branches de la cépée ; on n'en laisse que cinq ou six, qu'on bifurque plus tard, suivant le volume qu'on veut donner à sa cépée, la seule règle à suivre étant de ne pas faire un buisson confus, dont la conduite serait difficile. « Il vaut mieux, dit Duhamel du Monceau, planter les Figuiers en buisson qu'en espalier, parce que, dans la première de ces conditions, ils donnent des Figues plus nombreuses et plus mûres. Si l'on se contente, ajoute le même auteur, de tenir ainsi les Figuiers à une bonne exposition, il arrivera de temps en temps que les branches gèleront, à la vérité, la souche repoussera ; mais les nouveaux jets ne donneront des Figues que dans la troisième année. Pour prévenir ces accidents (il s'agit ici du climat de Paris), il faut tenir les Figuiers très-nains. » Un autre auteur recommande de ne pas les tenir, sous ce même climat, hauts de plus de 2 mètres.

Culture. Le Figuier redoute avant tout le sécateur et la serpette, et demande à être tourmenté le moins possible. C'est une des raisons pour lesquelles il ne produit pas plus en espalier que quand on le laisse en arbre ou en buisson. Ce qu'il lui faut, c'est la liberté. Au mois d'avril, on voit apparaître le fruit, qui est accompagné d'un bourgeon à bois, qu'il faut supprimer pour empêcher ce fruit de couler; on ne réserve un œil dans le bas de la tige que quand la symétrie de l'arbre exige une branche de plus pour le compléter. Les cultivateurs ajoutent à cette opération le pincement du bourgeon terminal, en juin, pour hâter la maturité du fruit. En septembre, on rabat la branche sur le bourgeon destiné à fournir une bifurcation. Pendant tout le cours de l'été, il faut supprimer les branches ou bourgeons surnuméraires, afin d'en prévenir le développement, puisqu'ils épuisent le pied. On donne deux ou trois binages par an; on arrose dans les trop grandes chaleurs, s'il en est besoin; on nettoie l'arbre de son bois mort. On fume le sol tous les trois ans avec des engrais bien consommés, ou bien on y met des terres neuves; il faut toutefois ménager le fumier, car s'il donne la quantité, il nuit à la qualité des Figues.

Quand une fois le Figuier a donné ses fruits, on n'a plus d'autre soin à en avoir que de le coucher en terre ou de l'empailler à la fin de l'automne pour le soustraire à la gelée. Quoiqu'une enveloppe de paille doive suffire pour empêcher l'action du froid, l'hivernage en terre convient mieux : la fructification de l'arbre en est plus précoce et plus belle; mais il faut pour cela qu'il y ait été accoutumé. Cette opération, qui se pratique dans la culture en grand d'Argenteuil, près Paris, consiste à enterrer complétement la cépée, après en avoir enlevé les feuilles et les débris étrangers, qui deviendraient une cause de pourriture. La couche de terre en ados qui recouvre le Figuier doit avoir de 25 à 30 centimètres d'épaisseur, pour que le froid ne puisse traverser le sol et atteindre le bois. Au mois de mars, on déterre le Figuier, et on le débarrasse du bois mort. Quand il s'agit de former une cépée, on supprime les bourgeons terminaux, excepté pour les Figuiers rouges et violets, et l'on peut encore supprimer les branches inutiles, qui font confusion ; on supprime également tous les rejetons inutiles.

La culture du Figuier dans les pays méridionaux et même sur nos côtes maritimes de l'Ouest, ne demande pas les précautions employées sous le climat parisien pour garantir la plante du froid. A cela près, elle est la même.

Récolte. Il y a deux sortes de Figues, la *Figue-fleur* ou de printemps, et la *Figue d'été*. La première mûrit dans nos départements du Midi, selon les variétés plus ou moins hâtives, depuis le commencement de juin jusqu'au mois de juillet, et un peu plus tard dans les contrées au Nord ; elle naît sur les rameaux de l'année précédente ; elle est d'ordinaire très-grosse. La seconde, ou d'automne, ne tarde pas à lui succéder depuis le mois d'août jusqu'en septembre et octobre ; elle est plus petite, plus succulente ; si les gelées ne venaient pas en arrêter la production, elle donnerait encore durant tout le mois de novembre. Pour obtenir, sous le climat parisien, une récolte d'automne, après celle d'été, on a conseillé de sacrifier les Figues d'été de quelques arbres, lorsqu'elles sont formées, en cautérisant la plaie faite au bout de la branche au moyen d'un onguent agglutinatif. Les branches s'allongent, les Figues d'automne apparaissent plus tôt ; on pince la branche fructifère dès qu'elle porte quelques fruits, et le plus souvent les Figues mûrissent avant les gelées, si l'année est chaude et si la chaleur se prolonge.

Pour obtenir des Figues d'automne sur des Figuiers de petite taille, un habile horticulteur, M. Lemon, coupait, au mois de juin, des branches de Figuier longues de 25 à 30 centimètres, et les mettait avec leurs feuilles sous une cloche à boutures ; au bout d'un mois elles étaient enracinées, avaient conservé leurs feuilles et se chargeaient de fruits de seconde saison qui mûrissaient parfaitement. Ces arbres nains, car ils n'avaient pas plus de 35 à 45 centimètres de hauteur, résistaient mieux au froid que les grands arbres.

Caprification. Il est une autre manière de mûrir les Figues qui était connue dès le temps d'Aristote, et dont Tournefort parle dans son *Voyage du Levant*. C'est la caprification qui consiste à suspendre aux branches des Figuiers cultivés des chapelets de fruits de Caprifiguier ou Figuier sauvage, souche de nos Figuiers cultivés, et qui produit, au lieu de fruits doux et sucrés, des sycônes secs et farineux, toujours remplis d'insectes hyménoptères appelés Cynips. On attribue à ces insectes la propriété de faire mûrir les Figues, en pénétrant dans leur intérieur chargés de poussière fécondante, ou bien, en y déterminant, par leur piqûre, un afflux considérable de séve qui en accélère la maturité. Cette opération, fort controversée, est considérée par quelques botanistes comme absolument inutile, tandis que d'autres, s'en déclarent les partisans. Tournefort et, après lui, Duhamel du Monceau ont décrit, avec beaucoup de détails curieux, la caprification telle qu'on la pratique dans les îles de l'Archipel et à Malte. Le docteur Lindley en démontre l'utilité sur les Figues tardives pour en accélérer la maturation, et dit que dans tous les lieux où elle se pratique, les arbres donnent dix fois plus de fruits.

Autres moyens de maturation. Les Égyptiens prétendent obtenir des résultats analogues à ceux de la caprification en cernant l'œil de la Figue. Duhamel du Monceau parle de l'usage déjà ancien de mettre, avec un pinceau, un peu d'huile d'Olive à l'œil des Figues, c'est-à-dire à l'ouverture que l'on aperçoit à l'extrémité du fruit. Il avait vu faire cette opération à Bercy chez le savant docteur Geoffroy. On choisissait sur une même branche deux Figues de même grosseur, et qui étaient parvenues aux deux tiers de celle qu'elles devaient avoir. On mettait avec un pinceau un peu d'huile d'Olive à l'une des deux ; celle-là grossissait plus que l'autre, et parvenait plus tôt à sa maturité sans rien perdre de sa bonté. Quelques auteurs, ajoute Duhamel, ont aussi conseillé de piquer l'œil de la Figue avec une plume ou une paille graissée d'huile. Enfin on conseille encore de piquer l'œil de la Figue quand elle a atteint les deux tiers de sa grosseur simplement avec un poinçon, une épingle, une aiguille trempée dans l'huile, ou d'y déposer une goutte de ce liquide. Cette opération a pour résultat d'introduire l'air dans le fruit et de hâter ainsi la conversion de la fécule en sucre.

Conservation. Les Figues fraîches demandent, pour ainsi dire, à être mangées aussitôt après avoir été cueillies. Elles ne peuvent supporter le transport que quand on les cueille avant la maturité complète, et dans cet état elles ne sont pas bonnes à manger. Dès qu'elles sont mûres, elles ne peuvent supporter le plus petit transport sans altération. Souvent une seule journée suffit pour les faire passer à l'état acide et les rendre désagréables au goût. Dans le Midi on opère en grand la dessiccation des Figues qui forme une branche de commerce assez considérable. On les divise alors en trois classes : la Figue grasse, la violette et la petite. Cette dernière est la meilleure. Les Figues sèches se prennent parmi les variétés hâtives; on les place sous l'action la plus forte des rayons solaires, et lorsqu'elles sont à point, on les met dans des corbeilles que l'on dépose en un lieu bien sec. Les Figues que l'on fait sécher au four sont les plus communes; on les destine aux bestiaux.

VARIÉTÉS CULTIVÉES.

On range les Figues, selon la couleur, en deux catégories, les blanches (Pl. XXXVII, fig. 2) jaunâtres et vertes d'une part; les violettes (Pl. XXXVII, fig. 1), rouges, brunes ou noirâtres de l'autre.

Figue blanche, ronde ou Grosse blanche (la meilleure de toutes et la plus commune).
— longue (plus grosse que la précédente, mais plus délicate et moins productive).
— jaune, Angélique, Mélette (fruits moyens, jaunes, à pulpe rougeâtre, très-sucrés).
— grosse longue pyriforme (d'un rouge violacé; de bonne qualité).
— grosse superfine de la Saussaye (obtenue par M. Croux; à chair d'un vert jaunâtre et d'une saveur douce et sucrée; elle mûrit sous le climat parisien).
— perpétuelle de Lée.
— poire, ou de Bordeaux (fruit rouge-brun, chair fauve, manquant de délicatesse).
— marseillaise (moyenne, à chair blanchâtre; d'un excellent goût; mûrit tard; c'est la meilleure des variétés cultivées en France, tant fraîche que sèche).
— grosse jaune, ou Aubique blanche (très-grosse et très-sucrée).
— Concourelle blanche, Cordelière, Servantine (délicieuse, surtout en première saison).
— brune (n'est estimée que par ce qu'elle est hâtive; assez grosse).
— grosse blanche longue, ou Marseillaise longue (la récolte d'automne est la meilleure pour ces Figues qui viennent en abondance).
— petite blanche ronde, de Lipari, Blanquette, Esquillarelle (fruit petit, rond, doux comme du miel).
— monissoune, moissonne, mouissone (très-petite; à peau d'un bleu violacé, très-fine, souvent crevassée; hâtive et délicate; on en fait deux récoltes dans le sud-est).
— grosse violette longue, Aubique noire (à peau d'un pourpre obscur et couverte d'une poussière purpurine, transparente; chair d'un beau rouge; d'une saveur douceâtre).

Figue Cuou de Muelo, Rose noire (fruit ovale, d'un rouge-noir, à chair blanche et douce).
— Barnissotte ou grosse Bourjassotte (à peau bleuâtre; à chair rouge de sang; une des
meilleures; demande une exposition chaude).
— verte, de Cuers (d'un vert foncé tirant sur le bleu, très-brune, rouge en dedans, portée
sur un long pédoncule; excellente).
— Bargemont (allongée, d'un violet faible sur un fond jaunâtre; excellente, fraîche et
sèche).
— Bellonne grise (oblongue, aplatie à sa partie inférieure; à chair rouge; demande de
l'eau).
— du Levant, de Smyrne, de Turquie (très-gros fruit, très-sucré).

On ne cultive guère sous le climat brumeux et inconstant de Paris que cinq des variétés précédentes : la blanche ronde, la blanche longue, la violette, la jaune angélique, et la Figue-poire de Bordeaux, parce que seules elles y mûrissent habituellement; les autres exigent plus de chaleur et demandent l'espalier.

Voir pour d'autres espèces du genre Figuier la *Flore médicale du XIXe siècle*, t. II, p. 52 à 54; l'*Horticulture, Végétaux d'ornement*, p. 268, 269, 316, et la *Flore agricole et forestière*, à la famille des Morées.

Framboisier, Ronce-Framboisier (Pl. XLIX, fig. 1 et 2).

Rubus Idæus Lin. (*Rosacées.*)

Le Framboisier, ou la Ronce-Framboisier, comme son nom latin l'indique, a été donné comme originaire du mont Ida, dans l'Asie Mineure. Le fait est que la Ronce-Framboisier, comme la Ronce sauvage ou des haies (*Rubus fruticosus* Lin.), croît spontanément dans toute l'Europe méridionale et centrale, où elle recherche l'ombre et le frais; on en trouve sur les Alpes et sur les montagnes du département de la Drôme. C'est un sous-arbrisseau traçant, à tiges droites, de 1 à 2 mètres, se renouvelant tous les deux ans, frêles, couvertes de petits aiguillons légèrement piquants; à feuilles inférieures quinquéfoliées, trifoliolées vers le haut de la tige, vertes en dessus, blanchâtres et pubescentes en dessous; à fleurs blanches, en grappes, à pédoncules velus et rameux, composées de cinq pétales réguliers, d'étamines nombreuses ayant leur point d'insertion sur le calice; à ovaires nombreux. Le fruit est globuleux, multiple, de couleur variable, juteux, formé d'une réunion de petites drupes, charnues, succulentes, renfermant chacune une seule graine.

Ce fruit, connu sous le nom de Framboise, que sa saveur fraîche et parfumée, sa richesse en sucre, ont fait de tout temps rechercher, se mange au naturel et en confiture; on en fait des conserves, des sirops, un vinaigre dit *sirop de vinaigre framboisé;* on le mêle à la confiture de Groseille pour la parfumer; on en aromatise des glaces; on peut, par fermentation, en tirer un alcool; les habitants du Midi le mêlent au vin, et en font de l'hydromel; en Allemagne on en fait une liqueur recherchée, appelée *Himbur brandwein.*

PLEINE TERRE. — *Choix du terrain et de l'exposition.* Le Framboisier vient dans tous les terrains; il préfère néanmoins les sols pierreux et frais; il lui faut une exposition où, bien qu'à demi ombragé, il reçoive l'air et la lumière. Comme il appauvrit la terre et nuit aux autres plantes, on le cultive à part.

Multiplication et *plantation.* La multiplication se fait au moyen des nombreux drageons qui poussent de la racine, et qu'on plante depuis la fin d'octobre jusqu'à la fin de mars. Cette plantation se fait dans des rigoles, disposées à 1 mètre de distance les unes des autres, et ayant de 25 à 30 centimètres de profondeur sur 40 de largeur. On met un seul rang de Framboisiers dans chaque rigole, et on laisse entre ceux-ci une distance de 30 à 40 centimètres.

Culture. Dans la première année qui suit la plantation, on taille le Framboisier très-court; les années suivantes, on le taille, suivant la force des sujets, de 40 à 65 centimètres de terre. Chaque année on remplit les rigoles pour forcer les plantes à produire des racines. Le Framboisier exige des fumures et des labours, si l'on ne veut pas voir le volume du fruit diminuer peu à peu. Dans le même but et aussi parce qu'il appauvrit la terre, comme on l'a déjà dit, on le change de place tous les quatre ou cinq ans.

Récolte et *conservation.* On récolte les Framboises, suivant les variétés, de juin en novembre. Il vaut mieux les cueillir le matin, de très-bonne heure; elles ont plus de parfum que si on les cueille au milieu du jour. Elles ne se conservent fraîches qu'un ou deux jours, et c'est en cet état qu'on les sert sur nos tables mêlées aux Fraises et aux Groseilles, qu'elles parfument agréablement.

On compte de 20 à 30 variétés de Framboisier.

Framboisier à fruit rouge ordinaire (pl. XLIX, fig. 2).
— à fruit blanc ordinaire (pl. XLIX, fig. 2).
— à fruit couleur de chair.
— à gros fruits rouges obtus.
— — — allongés.
— du Chili (pl. XLIX, fig. 1 ; à gros fruits jaunes).
— des Alpes ou des Quatre saisons (à fruits rouges ; de juin jusqu'en novembre).
— Falstoff (variété anglaise à gros fruit pourpre, de haut goût, mûrissant successivement pendant longtemps).
— Emily (fruit gros, jaune pâle).
— Cushing (variété obtenue de graines par le docteur Brinckle, de Philadelphie ; fruit gros, cramoisi et d'une saveur délicate. Il mûrit de bonne heure et donne souvent une seconde récolte).
— Cope (gros fruit cramoisi, à épines rouges).
— Belle de Fontenay (variété naine et remontante à gros fruits rouges).
— des Quatre saisons ou Bifère (à gros fruits rouges).
— Gambon (à fruit rouge, gros, allongé, conique, très-sucré et parfumé).
— Franconia (variété tardive; à fruits rouges, ayant des qualités mixtes entre Falstoff et le Red Antwerp).
— à fruit orange (plus tardif que le F. d'Anvers; à fruits jaune orange, gros et très-abondants).
— Merveille des quatre saisons (à gros fruit rouge et franchement remontant).
— Knevett's giant (d'origine anglaise; donne abondamment des fruits rouges de haut goût. Cette variété a la chair ferme, et se laisse facilement transporter dans les marchés).
— d'Anvers à fruits rouges, True red Antwerp, Burley, Late bearing Antwerp (fruit gros, conique, d'un rouge obscur, d'une saveur aromatique. Il mûrit dans la première quinzaine de juillet).
— d'Anvers à fruits jaunes (fruit gros, jaune pâle, de saveur douce; donne une longue succession de fruits).
— Monthly, Large fruited Monthly, River's large (fruit moyen, rouge, d'une saveur très-fine; variété fertile).
— Walker (variété peu connue au-delà de Philadelphie; à gros fruit cramoisi obscur, supportant bien le transport; qualité appréciable pour le producteur).
— Barnet (fruit gros, ovale arrondi, rouge noir, de première qualité).
— blanc de Souchet (fruit gros, blanc, sucré, très-bon; variété fertile et dont le fruit mûrit successivement).

Gaulthérie shallon.

Gaultheria Lin. (*Ericinées*.)

Les Gaulthéries sont des arbrisseaux croissant dans les deux Amériques; à feuilles alternes; à fleurs axillaires et terminales, disposées en grappes; à fruits de couleur variable, suivant l'espèce. La Gaulthérie shallon qui, dans l'Amérique du Nord, son pays natal, croît à l'ombre des Pins, sur des points où toute autre végétation est impossible, mériterait beaucoup plus d'être cultivée, comme arbrisseau baccifère, que la Gaulthérie couchée, ou Thé de montagne, Thé de Terre-Neuve (*Gaultheria procumbens*). Les fruits en sont excellents, et susceptibles d'être mangés soit crus, soit en conserves. On en fait de très-bons pouddings.

Pleine terre. — *Multiplication*. On multiplie les Gaulthéries de graines semées à l'ombre et au frais, le plus tôt possible après leur récolte; on les multiplie aussi de marcottes ou de boutures. Il leur faut une terre légère et substantielle.

Groseillier à grappes. — Groseillier cassis. — Groseillier épineux ou à maquereau (Pl. XLVI).

Ribes rubrum et album Lin. — *Ribes nigrum* Lin. — *Ribes uva crispa* Lin.
(*Ribésiées*.)

Les espèces du genre Groseillier, indigènes des contrées montueuses de l'Europe, de l'Asie (Sibérie), de l'Amérique septentrionale et de l'Amérique méridionale (Chili), sont toutes des sous-arbrisseaux buissonnants, inermes ou épineux, à feuilles éparses, digitées, lobées ou incisées, dont le pétiole, dilaté à sa base, est semi-amplexicaule; à pédoncules axillaires ou s'échappant des bourgeons, portant une ou plusieurs fleurs disposées en grappes, verdâtres, blanches, jaunâtres ou rouges, rarement unisexuées par avortement. Le fruit est une baie plus ou moins grosse, globuleuse, isolée, ou plusieurs disposées en grappes, de diverses couleurs, renfermant un petit nombre de graines mucilagineuses.

Les Groseilles en grappes sont recherchées, surtout quand leur acidité est mitigée par le sucre, pour l'usage de la table. On en fait des tartes, des gelées exquises et saines, des sirops, des boissons acidules et rafraîchissantes, des glaces; et, par la méthode Appert, des conserves excellentes. Dans quelques contrées du Nord, on fait sécher les Groseilles dans un four légèrement chauffé, et on les met ensuite, pour l'usage, dans des boîtes de fer-blanc ou des bocaux hermétiquement fermés. Le Groseillier noir ou Cassis (*Ribes nigrum*) se distingue du Groseillier ordinaire par ses feuilles glanduleuses, aromatiques; par ses fleurs verdâtres, rougeâtres en dedans; par son fruit noir et aromatique, dont on fait une liqueur très-recherchée sous le nom de Cassis. Le Groseillier à maquereau ou épineux (*Ribes uva-crispa*) tire son surnom de l'usage que l'on fait de son fruit, en Angleterre, pour accommoder le poisson nommé maquereau. On fait aussi de ce fruit des confitures, des tartes, et un vin assez agréable quand il est préparé avec soin.

PLEINE TERRE. — *Considérations générales.* Le Groseillier à grappes joue un grand rôle dans nos jardins et nos vergers. Les fruits tiennent sur nos tables et dans nos offices une place assez distinguée pour qu'on apporte, dans sa culture et dans le choix des variétés productives et de qualité supérieure, l'attention la plus scrupuleuse. Rien pourtant n'est plus négligé que la culture du Groseillier. Sa végétation vigoureuse, sa rusticité, ont fait, à tort, croire aux amateurs qu'il n'exige aucun soin et qu'il peut impunément être abandonné à lui-même. Aussi l'art de la taille ne lui est-il pas assez généralement appliqué. Il semblerait qu'on le juge indigne de tant de soins. Il arrive de là que l'arbuste abandonné à lui-même ne porte que des fruits chétifs, aigrelets, espacés entre eux par suite de la coulure des fleurs. Pourtant l'abondance, la régularité et la qualité des fruits du Groseillier cultivé avec intelligence payent largement la peine que causent les soins qu'on lui donne. Les Hollandais ont les premiers cultivé le Groseillier avec la méthode familière à ce peuple laborieux et patient, et les résultats ont démontré l'avantage de cette culture.

C'est pour prémunir contre ce préjugé que nous croyons devoir faire précéder la description des diverses variétés de Groseilles de quelques détails sur la culture du Groseillier.

Les habitants de Louveciennes, de Marly, de la Celle-Saint-Cloud, qui se livrent en grand à cette culture, et en tirent un grand produit, sont récompensés de manière à convaincre les plus incrédules de la nécessité de donner au Groseillier des soins attentifs, et de le soumettre à un système régulier de taille. Ce sont les meilleurs guides à suivre dans la conduite de cet arbuste, car ils ont pour eux la sanction de l'expérience; et l'on sait qu'en fait de culture, l'empirisme joue un grand rôle et remplace souvent la science.

En suivant avec attention les phases du développement du Groseillier, on remarque que lorsque l'œil terminal s'allonge, il sort communément près de sa base, sur les rameaux de l'année précédente, une ou plusieurs grappes accompagnées de leurs deux rosettes foliacées (on entend par ce nom les boutons du centre desquels s'échappe une grappe accompagnée de chaque côté de petits faisceaux de trois feuilles inégales). Les yeux placés en dessous se développent comme bois, rosettes ou feuilles. Le Groseillier porte quelques fruits vers le haut du rameau de la dernière pousse ; pendant le cours de la saison, les yeux qui sont à la base des feuilles des rosettes sur ce rameau deviennent, ainsi que les autres, des boutons à fleurs qui s'épanouiront au printemps suivant. Dès que les feuilles sont tombées, on aperçoit les boutons que les feuilles ont nourris, et qui promettent une abondante récolte pour l'année suivante ou pour la troisième année de la formation de cette portion de la branche ; à la quatrième année, cette même partie de la branche donnera une récolte encore plus abondante ; passé cet âge, elle tend à se dénuder et à devenir stérile.

Multiplication, plantation, taille, culture, récolte, conservation. La multiplication, la plantation et la conduite du Groseillier exigent les soins suivants :

Le Groseillier demande à être pris sur des pieds vigoureux, non sujets à la coulure et portant de longues grappes garnies de grains transparents ou espacés. On doit le planter dans une terre douce, sablonneuse et fraîche, ce qui lui fait produire des fruits plus gros et plus doux, bien qu'il se contente de tout terrain et de toute exposition. Il faut le planter en automne ou en février, à l'air libre, en massif et le long des plates-bandes. Cette dernière méthode ne peut convenir qu'aux personnes qui ont un petit jardin et quelques pieds de Groseilliers ; mais elle n'est jamais à suivre pour ceux qui veulent cultiver le Groseillier en grand et en obtenir des produits abondants. La distance entre les pieds est de 1 mètre 30 centimètres en tout sens. On a l'habitude de les planter plus près, souvent à 1 mètre seulement ; c'est une mauvaise pratique, qui ne peut avoir que de fâcheux résultats. Quand le plant du Groseillier est bien enraciné, on le rabat sur trois ou quatre yeux, afin d'obtenir des bourgeons qui seront le commencement des premières branches, et l'on détruit tous les bourgeons qui prennent naissance sur souche.

A l'époque de la taille, qui a lieu en février, on raccourcit sur le premier œil les jeunes rameaux destinés à la formation de la touffe. Ce seront des rosettes qui donneront l'année suivante une abondante récolte, car les grappes sont toujours plus belles et plus nombreuses au sommet de la branche qu'à sa base; en taillant trop long, les yeux inférieurs seraient improductifs. Il faut donc faire naître le fruit près de terre, à environ 25 à 30 centimètres du sol. Si les yeux réservés par cette taille se convertissent en bourgeons, on en fait des coursons ou branches à fruits, et l'on continue chaque année de la même manière à étendre les prolongements des branches, sans y laisser établir de ramifications. Cette prescription n'est cependant pas absolue; car, pour remplir des vides au bout des branches, on est obligé de favoriser le développement de branches nouvelles. On élève, si l'on veut, les Groseilliers en espalier et en contre-espalier sous forme de candélabres et de palmettes; et l'on obtient, par la taille, des fruits plus gros, quoique beaucoup moins nombreux. Le nombre des branches destinées à établir la charpente de l'arbuste, et qui se formeront successivement d'après les principes ci-dessus, ne doit pas excéder neuf ou dix, pour éviter que faute d'air les produits ne s'étiolent, et la disposition générale du Groseillier doit affecter la figure d'un gobelet. Il faut six ou sept années pour qu'un Groseillier soit arrivé à cet état de perfection. Pour maintenir le Groseillier dans les conditions physiologiques les plus favorables à sa fructification, il ne faut pas laisser de bois inutile en surcharger les branches, et pour cela on les supprime avant qu'il s'en établisse. En pratique raisonnée, on ne laisse pas subsister de branches au-delà de cinq années, six au plus, pour ne pas épuiser, au détriment du fruit, un arbre qui ne produirait plus que du bois. La conduite du Groseillier doit, en un mot, être dirigée de telle sorte que chaque branche soit composée successivement de six pousses superposées, et l'on supprime les branches nouvelles avant leur septième pousse. Quand une portion de branche a atteint le maximum de sa fécondité, elle se charge de fleurs et de grappes avec une telle profusion, que la formation des feuilles s'altère; elles avortent, le fruit est petit, sans jus; la masse des grappes engendre l'humidité, et l'abondance ne tarde pas à se convertir en pénurie.

Quelques personnes cultivent le Groseillier en tête, sur une seule tige, de 1 mètre 30 centimètres à 1 mètre 60 centimètres, ou bien en quenouille; d'autres en font des palissades et des éventails, et c'est d'après ce dernier système que l'on voyait des Groseilliers séculaires cultivés au potager de Versailles; mais la meilleure méthode est de les cultiver en touffes composées de trois pieds plantés en triangle.

On multiplie le Groseillier de boutures choisies avec soin sur des touffes franches, non sujettes à la coulure, à feuilles larges et d'un beau vert, à pousses élancées, à grappes longues, à grains transparents, gros et bien espacés. On avait coutume de faire les boutures au printemps; mais on a reconnu qu'il valait mieux les faire au mois d'août avec du bois aoûté. On les laisse deux années en pépinière avant de les mettre en place. Il faut toujours, pour avoir de beaux produits, planter les Groseilliers à l'air libre, et ne pas les reléguer à l'ombre des arbres d'un verger, où ils ne produisent que des fruits de seconde qualité. Une des plus détestables coutumes est de propager le Groseillier par des éclats pris sur de vieilles souches épuisées et qui ne végètent plus que dans une terre dont elles ont détruit les propriétés nutritives. On a beau planter ces éclats dans une terre neuve, ils n'en portent pas moins un germe d'infécondité et de destruction. On multiplie encore le Groseillier de marcottes et de semences; mais ce dernier moyen ne s'emploie que pour obtenir des variétés nouvelles.

Mme Aglaé Adanson, dans sa *Maison de Campagne*, dit, à l'article *Groseillier*, que quand on veut avoir de très-grosses Groseilles, on arrose les Groseilliers depuis l'époque où la fleur noue jusqu'à celle de la maturité du fruit. Si l'on coupe avec des ciseaux les trois ou quatre dernières fleurs de quelques grappes, les baies deviendront grosses comme de petits raisins.

Ce qui vient d'être dit, comme culture, des Groseilliers à grappes se rapporte aussi bien aux Cassis qu'aux Groseilliers à maquereau.

Récolte, conservation. C'est, en général, de juin en juillet que le Groseillier donne ses fruits; ils se conservent frais quatre à cinq jours après qu'on les a cueillis; le transport les fane beaucoup; mieux vaut pour les conserver les garder sur l'arbrisseau; lorsqu'on veut en faire de la gelée, et qu'on ne possède que des variétés à fruits acides, on empaille la plante, lors de la maturité, par un temps sec; on peut conserver ainsi les Groseilles en grappes jusqu'aux froids.

Quelques personnes ont l'habitude d'effeuiller les Groseilliers qu'elles empaillent; mais il est prudent de s'abstenir de cette méthode, dans la crainte de développer l'acidité des fruits.

VARIÉTÉS DU GROSEILLIER ROUGE ET BLANC A GRAPPES.

(Ribes rubrum et album.)

Groseillier commun à fruits rouges — — blancs (les fruits sont petits et acides; on les délaisse généralement pour les variétés à gros fruits: fin de juin).

— à feuilles panachées (simple variété de collection; fin de juin).

— perlé ou ambré) fin de juin).

— à gros fruits rouges — — blancs (Pl. XLVI, fig. 2 et 3; fruits plus gros et moins acides; fin de juin).

— — couleur de chair (variété tardive).

— — hâtif de Bertin (à fruits rouges).

— de Hollande à fruits rouges — — blancs (grains gros, très-espacés sur de longues grappes, moins acides, peau tellement fine que le fruit supporte à peine le transport; fin de juin).

— White grappe, groseillier à grappe blanche (diffère peu du précédent; le grain est seulement un peu plus gros).

— Knight's sweet red, douce rouge de Knight (diffère du Hollande rouge par la couleur de son fruit, qui est plus pâle, et par un peu moins d'acidité; variété à gros fruits).

— Gondouin (feuillage étoffé; grains très-gros réunis à l'extrémité de la grappe; deux variétés, une rouge et l'autre blanche).

— Cerise (pl. XLVI, fig. 6; fruits très-gros, d'un beau rouge, au nombre de 15 à 20 sur chaque grappe; comme ils sont très-acides, il ne faut les cueillir que quand ils sont parfaitement mûrs; commencement de juillet : cette variété est attaquée de préférence par les limaçons; il faut la visiter souvent pour la délivrer de ce mollusque).

— Reine Victoria, Queen Victoria (les fruits, au nombre de 20 à 25, sont fort gros, d'un rouge vif et d'un goût un peu acide; les graines en sont très-petites. Cette variété n'est pas propre à figurer sur les tables, mais elle convient parfaitement pour faire des confitures et fournit une grande quantité de gelée : commencement de juillet).

Groseillier fertile de Bertin (à fruits rouges).
— très-précoce (variété répandue en Allemagne).
— Painau (fleurit tard, et produit en abondance des fruits moins acidules que les autres variétés à fruits rouges).
— la Versaillaise (à gros fruits rouges).

VARIÉTÉS DE GROSEILLIER NOIR A GRAPPES OU CASSIS.

Groseillier Cassis à fruit noir, Poivrier (*Ribes nigrum*; fruit de juillet; pl. XLVI, fig. 7).
— — de Virginie (fin de juillet).
— — à fruits bruns.
— — à fruits panachés (cultivé depuis longtemps à Montmorency, près Paris).
— — à feuilles d'Érable (arbuste vigoureux, grappes longues, grains gros; c'est le géant des Groseilliers : variété à feuilles de Vigne).
— — Noir de Naples ou Blak-Naples (variété très-productive, à fruits très-gros).
— — à fruit jaune (fruit jaunâtre, plus petit que celui des précédents; variété encore peu répandue).

Observations. Parmi les Groseilliers à grappes, figurent encore : le Groseillier vineux, Groseillier des roches, ou Groseillier Corinthe (*Ribes vinosum; Ribes petræum*), originaire de l'Auvergne, cultivé dans le département du Pas-de-Calais, produisant des grappes courtes, peu chargées de fruits, d'un beau rouge, assez acides et sucrés, que l'on emploie dans le poudding où ils remplacent le raisin de Corinthe; et le Groseillier doré (*Ribes aureum*) trouvé au commencement du dix-neuvième siècle, par Pursh, sur les bords du Missouri et de la Colombia, dans l'Amérique du Nord, dont les baies ovales, noirâtres, aromatiques, sont mangeables, même sans le secours de la culture.

VARIÉTÉS DE GROSEILLIER ÉPINEUX OU A MAQUEREAU.

Les principales variétés des Groseilliers épineux (*Ribes uva-crispa*), arbrisseaux à tiges courtes, ramassées et chargées d'épines, et semblant appartenir à deux types différents, l'un à fruits lisses, l'autre à fruits hérissés, sont les suivantes qui, pour la plupart, sont empruntées à l'horticulture anglaise.

Variétés à fruits blancs.

Groseillier Abraham New Land (fruit moyen, de bonne qualité).
— Vénus brillant, bright Venus (fruit moyen, excellent).
— Fille de Cheshire, Cheshire Lass (très-précoce, fruit gros, bonne qualité).
— Cristal (tardif, fertile; fruit petit, bon).
— Blanc précoce, Carly white (fruit moyen, bonne qualité).

Groseillier Fleur de Lis (fruit gros, de très-bonne qualité).
— Gouvernante, Governess (fruit moyen, bon).
— Gros blanc précoce, large early white (très-précoce, fruit gros, verdâtre, bonne qualité).
— Autruche, Ostrich (fruit gros, bonne qualité).
— Fille du moulin, Maid of the mill (fruit moyen, bon).
Miss Walton (fruit moyen, bon).
— Reine Charlotte, Queen Charlotte (fruit moyen, verdâtre, bonne qualité).
— Reine de Saba, Sheba Queen (fruit gros, bon).
— Noix blanche, Walnut white (fruit gros, jaunâtre, très-bonne qualité).
— Gloire de Wellington, Wellington's Glory (fruit délicieux, gros).
— Ours blanc, white Bear (fruit gros, très-bonne qualité).
— Lion blanc, white Lion (tardif; fruit gros, très-bonne qualité).
— blanc Smith, white Smith (fertile; fruit gros, excellent).
— Miel blanc, white Honey (fruit moyen, très-bonne qualité).

Variétés à fruits rouges.

Groseillier à Groseille à maquereau commun (Pl. XLVI, fig. 4).
— rouge de Beaumont, Beaumont's red (fruit gros, très-bonne qualité).
— rouge de Champagne, Champagne red (très-fertile; fruit petit, bonne qualité).
— lady Cheshire, Cheshire lady (fruit moyen, tardif, excellent).
— Commodore (fruit gros, très-bonne qualité).
— Compagnon, Companion (fruit gros, très-bonne qualité).
— Couronne bob, Crown bob (fruit très-bon, très-gros).
— Écho (fruit gros, très-bon).
— Empereur Napoléon, Emperor Napoleon (fertile; fruit gros, de très-bonne qualité).
— Forester (fruit gros, très-bonne qualité).
— Rejeton d'Hougton, Hougton's seedling (très-productif, à fruit moyen, rouge pâle).
— Marchand de fer, Iron monger (fruit petit, velu, de saveur délicate).
— Enfant du Lancashire, Lancashire lad (fruit gros, d'assez bonne qualité).
— Lotterie, Lottery (fertile; fruit gros, bon).
— Magistrale (fruit gros, bonne qualité).
— Miss Bold (précoce; fruit très-gros, d'excellente qualité).
— rouge pâle, pale red (le plus productif de tous, ressemble au rejeton d'Hougton; fruit moyen).
— grosse-ovale-rouge, red-oval-large (fruit gros, de très-bonne qualité).
— Warrington rouge, red Warrington (une des meilleures variétés tardives; fruit gros, d'excellent goût).
— Rifleman (tardif, fertile; fruit gros, de très-bonne qualité).
— Lion rugissant, Roaring red (fruit petit, de bonne qualité et de bonne garde).
— Chêne royal, royal Oak (fruit moyen, bonne qualité).
— peintre Sally, Sally painter (fruit moyen, bonne qualité).
— Limon parfumé, scented Lemon (fruit gros, très-bon).
— Shakespeare (fruit gros, de très-bonne qualité).
— Smolensko (fertile; fruit très-gros, assez bon).
— Tantrarara (fruit moyen, bonne qualité).

Variété à fruits roses.

Groseillier Héros de Melbourn, Melbourn hero (fruit moyen, bonne qualité).

Variété à fruits rosés.

Groseillier conseiller Brougham, (fertile, tardif, médiocre qualité).

Variétés à fruits jaunes.

Groseillier à Groseille grosse ambrée (Pl. XLVI, fig. 5; fruit gros et très-bon).
— Bunkers-Hill (fruit gros, bonne qualité).
— jaune de Champagne, Champagne yellow (fruit petit, excellent).
— Orange de Chine, China Orange (fruit gros, bonne qualité).
— Aile de canard, Duck wing (fruit gros, bon).
— Effrayant, Fearful (fruit très-gros, d'excellente qualité).
— Beauté souriante, Smiling beauty (fertile; fruit très-gros, très-bon).
— Souverain, Sovereign (fruit gros, excellent).
— Soufre précoce, early Sulphur (fertile, précoce, fruit moyen bonne qualité).
— Trafalgar (très-fertile, fruit gros, de bonne qualité).
— Lion jaune, yellow Lion (Pl. XLVI, fig. 5; très-gros fruit rond).

Variétés à fruits verts.

Groseillier à Groseille verte commune (Pl. XLVI, fig. I).
— Gloire du fermier, farmer's Glory (fruit gros, bonne qualité).
— vert Glenton, Glenton green (fruit moyen, excellent).
— Gloire de Ratcliff, Glory of Ratcliff (fruit moyen, bonne qualité).
— Gage vert, green Gage, Pitmaston's (fruit gros, clair, très-sucré, excellent).
— Prince vert, green Prince (fruit moyen, bonne qualité).
— Rejeton vert, green Seedling (fertile; fruit petit, bonne qualité).
— Bois vert, green Wood (fertile; fruit très-gros, pâle, de bonne qualité).
— Cœur de chêne, heart of Oak (fertile; fruit gros, bonne qualité).
— vert prolifique Hebburn, Hebburn green prolific (fruit moyen, excellent).
— Invincible (fruit très-gros, bon).
— Prune irlandaise, irish Plum (fruit moyen, foncé, de bonne qualité).
— Joyeux pêcheur, jolly Angler (tardif; fruit gros et bon).
— rejeton de Keen, Keen's seedling (fertile, fruit moyen, bonne qualité).
— Keepsake (fruit très-gros, de bonne qualité).
— Laurier, Laurel (fruit gros et bon).
— Faisan, Peacocke (fruit gros et bon).
— Perfection de Gregory, Perfection Gregory (fruit gros et bon).
— Providence (fruit gros, de très-bonne qualité).
— Reine Adélaïde, Queen Adélaïde (fruit gros, de bonne qualité).
— Vert lisse (très-fertile; fruit moyen, bonne qualité).
— Noix verte, green Walnut (très-fertile; fruit moyen, bon).
— Warrington (gros fruit vert, long).

Micocoulier austral, Micocoulier de Provence, Bois de Perpignan, Fabrecaulier, Fabreguier.

Celtis australis Lin. (*Ulmacées.*)

Les Micocouliers sont des arbres indigènes des régions les plus chaudes de l'hémisphère boréal. On en connaît une trentaine d'espèces, parmi lesquelles une seule, le Micocoulier austral, vulgairement Micocoulier de Provence, Bois de Perpignan, Fabrecaulier,

Fabreguier, croit naturellement dans le midi de la France. Celui-ci est un arbre de 15 à 16 mètres de hauteur, à feuilles ovales, lancéolées, obliques à la base, dentées en scie, d'un vert foncé ; à fleurs petites, verdâtres, éparses sur des pédoncules souvent simples, les mâles à la base des rameaux, les hermaphrodites au dessus, dans les aisselles des feuilles. Le fruit que l'on considère vulgairement comme une baie, est une drupe noirâtre, charnue, lisse, en forme d'une petite cerise, renfermant un noyau qui fournit une huile capable de lutter pour la douceur avec celle de l'Amande douce. Ce fruit, quand il est parvenu à maturité, est d'une saveur sucrée, assez agréable. Le bois de l'arbre est dur et incorruptible. Les luthiers l'emploient pour faire des instruments à vent ; on s'en sert aussi pour en faire des brancards, des manches de fouet, de la menuiserie, de la marqueterie.

Toutes les espèces du même genre, le *Micocoulier de Virginie*, le *Micocoulier à feuilles en cœur*, dont les fruits sont plus gros, mériteraient également d'être cultivées dans les jardins paysagers, où l'on veut joindre l'utile à l'agréable.

Pleine terre. — *Multiplication*. On multiplie les Micocouliers de semences mises en terre dès qu'elles sont mûres.

Mûrier noir.

Morus nigra Lin. (*Morées.*)

Le Mûrier noir est depuis si longtemps introduit dans l'Europe méridionale qu'on pourrait l'en croire indigène. On s'accorde néanmoins à le regarder comme originaire de la Perse où il existe à l'état sauvage ; mais quelques auteurs admettent comme probable qu'il y avait été transporté de la Chine. C'est un arbre, à tige haute de 10 à 12 mètres, irrégulière, couverte d'une écorce rude et grisâtre, à suc laiteux ; cette tige se divise en rameaux nombreux, longs, étalés, portant des feuilles alternes, pétiolées, ovales-aiguës, profondément échancrées en cœur à la base, dentées, quelquefois lobées, assez épaisses, velues, rudes au toucher, d'un vert sombre. Les fleurs monoïques, petites, verdâtres, sont groupées en chatons axillaires pédonculés. Le fruit est une sorose ovoïde, pourpre noirâtre (Pl. XXIX, fig. 7), formée de l'ensemble des sépales charnus succulents, au milieu desquels se trouvent de petits akènes ; mais chaque fruit, en particulier, est un akène enveloppé par 4 sépales charnus. La Mûre est en usage comme aliment et comme substance médicinale. On peut la manger au vin et au sucre ; on la met dans des tartes ; on en compose un sirop rafraîchissant très-agréable ; on en fait aussi, par la fermentation, un vin de difficile conservation, que l'on peut transformer en vinaigre ; on en fait même de l'eau-de-vie. Dans les contrées du Nord et même du Centre, le Mûrier noir, quoique résistant parfaitement en pleine terre, n'a qu'une végétation peu vigoureuse ; ses fruits restent assez acides et mûrissent difficilement, s'il n'est pas placé en bonne exposition contre un mur.

Pleine terre. — *Choix du terrain, exposition, multiplication, plantation, culture*. Le Mûrier noir s'accommode de tous les terrains, pourvu qu'il soit à une exposition qui le protége contre les vents du nord. Toutefois, les sols substantiels et profonds lui conviennent mieux que les autres. On multiplie cet arbre de semences, mises en terre en mars ou avril, et l'on ne met en place que lorsque le plant a au collet la grosseur d'une plume d'oie, c'est-à-dire la deuxième année. On multiplie aussi de boutures et de marcottes faites en été ou en automne. Les plantations doivent se faire, de préférence, au printemps, comme cela a lieu pour tous les arbres à racines charnues. Si, par circonstance, on plante en automne ou en hiver, il faut entourer les racines de terre meuble et légère, ou sablonneuse. Un autre moyen de multiplication, c'est la greffe en flûte et en écusson sur franc, ou sur Mûrier blanc. On ne taille les Mûriers que pour les délivrer de leur bois mort. On les rabat quand ils ne portent plus que de petits fruits.

Récolte et *conservation*. — Les fruits, très-abondants et mûrs en juillet, se conservent sur l'arbre jusqu'en septembre. Il faut les cueillir au moment où ils se détachent de la branche sans secousse ; plus tôt ils sont acerbes, plus tard ils ont perdu leur saveur.

Mûrier d'Italie, Mûrier rose.

Morus italica Poir.; *Morus rosea* Lamk. (*Morées.*)

Cette espèce que l'on a longtemps regardée comme une simple variété du Mûrier noir, paraît en être distincte. Elle a en effet beaucoup de ressemblance avec celui-ci par le port, par le feuillage; mais elle en diffère par son écorce lisse, d'un vert pâle, par le duvet cotonneux qui couvre légèrement ses jeunes rameaux, par ses feuilles constamment entières, cordiformes et dont les nervures de la face inférieure sont très-saillantes, et pubescentes. Le Mûrier d'Italie, qui tire son nom de ce qu'il nous est venu de ce pays, bien qu'on le croie originaire d'Asie, s'élève rarement au-dessus de 8 mètres. Son fruit a les mêmes usages que celui du Mûrier noir. Sa multiplication et sa culture sont les mêmes.

Mûrier de Constantinople.

Morus constantinopolitana Poir. (*Morées.*)

Cette espèce a été également confondue avec le Mûrier noir. C'est un arbre médiocrement élevé, à cime très-large et étendue sur toute sa périphérie; ses feuilles sont largement dentées, alternes, souvent rapprochées par touffes, d'un très-beau vert luisant, à pétiole assez long, légèrement canaliculé en dessus. Le Mûrier de Constantinople croît partout, même sur les coteaux rocailleux et résiste à l'effeuillement annuel le plus complet, ce qui est de la plus grande importance, car ses feuilles sont recherchées pour les vers à soie. Son fruit peut être employé comme celui des deux précédentes espèces.

Mûrier rouge.

Morus rubra Lin. (*Morées.*)

Cette espèce nous est venue de la Virginie, de la Louisiane, et d'auprès de Montréal. Elle est haute de 15 mètres environ. Son tronc est revêtu d'une écorce noirâtre, et garni de rameaux portant des feuilles assez grandes, très-rudes au toucher, d'un vert sombre en dessus, pâles et velues en dessous. Les fleurs sont dioïques, rarement polygames, distantes les unes des autres, disposées en épis longs, pendants, cylindriques, peu fournis. Les fruits qui leur succèdent sont d'un rouge assez vif, légèrement velus dans leur jeunesse, et très-bons à manger.

Mûrier multicaule ou à tiges nombreuses.

Morus multicaulis Perrot. ; *M. tatarica* Desf ; *M. cucullata* Bonaf. (*Morées.*)

Cette espèce paraît être descendue du nord de la Chine et même de la Tatarie, où le célèbre voyageur Pallas la trouva jusque dans les plaines basses voisines de la mer des Indes, et de là dans les îles de l'Archipel d'Asie. M. Perrotet, en l'apportant des îles Philippines en Europe, vers 1823, avait été précédé depuis assez longtemps par l'intendant des îles de France et de Bourbon, d'abord par le grand bienfaiteur de l'humanité, Poivre, dont le nom sera immortel dans nos colonies de la mer des Indes, et ensuite par Pallas. Le Mûrier multicaule n'a que peu d'élévation et ne forme, à proprement parler, aucun tronc. C'est un grand arbrisseau à racines traçantes d'où s'élèvent ordinairement plusieurs tiges presque droites, rameuses dès la base, minces et flexibles, dont l'écorce est parsemée de lenticelles blanchâtres ; les feuilles sont d'un vert clair, arrondies à la base ou largement cordiformes, brièvement acuminées au sommet, irrégulièrement dentées, longues de 2 à 3 décimètres, larges de 15 à 20 centimètres, flasques, minces et tendres, bulbées ou comme crépues, glabres sur leurs deux faces, pourvues d'un pétiole long d'environ 1 décimètre, large, un peu comprimé et comme triangulaire à sa base, accompagnées de deux stipules blanchâtres, lancéolées, scarieuses. Le fruit comestible, d'abord blanc, devient rouge, et finalement noir ; il est oblong ou turbiné, petit, de saveur aigrelette et agréable.

Mûrier blanc.

Morus alba Lin. (*Morées.*)

Cette espèce, la plus renommée de toutes pour ses feuilles qui sont l'aliment le plus goûté des vers à soie, ne paraît exister à l'état sauvage qu'en Chine. Les chroniques de l'empire chinois disent que sous le règne de Hong (ce qui correspond à 2700 ans avant Jésus-Christ) l'impératrice Si-Ling-Chi remarqua que les vers à soie se nourrissaient des feuilles du Mûrier, et songea à tirer parti de la soie qu'ils produisaient. Dès cet instant, ajoutent ces chroniques, l'industrie séricicole prit naissance en Chine. En quelques siècles, elle acquit un développement immense qui, peu à peu, s'étendit au monde entier. De la Chine elle passa dans les Indes orientales, des Indes orientales en Perse et en Arabie. L'Europe fut la dernière à la connaître et paya pendant bien longtemps un grand tribut de luxe à l'Asie; la soie s'y vendait au poids de l'or, si ce n'est plus. Ce ne fut qu'en 555 après J.-C., que deux missionnaires ayant apporté à Constantinople des œufs de vers à soie qu'ils s'étaient procurés au péril de leur vie, on rechercha le Mûrier et on commença d'en entreprendre la culture en Europe. Au huitième siècle, les Arabes, ces grands civilisateurs d'autrefois, depuis si absurdement stationnaires, répandirent l'industrie séricicole en Espagne et dans les pays voisins; mais ils ne s'appliquèrent qu'à la culture du Mûrier noir. Cela dura jusqu'à l'an 1130, où Roger II, roi de Sicile, issu de la maison normande de Tancrède de Hauteville, introduisit en Sicile le Mûrier blanc, qu'il avait apporté de la Grèce, et en seconda la culture; de là, cet arbre passa dans l'Italie méridionale, puis en France, où vers la fin du quinzième siècle, il commença à se propager. Toutefois, le progrès fut lent dans notre pays. François Traucat, jardinier à Nîmes, fit, en 1564, une grande pépinière de Mûriers blancs, qui approvisionna le midi de la France. En 1601, d'après l'ordre de Henri IV, le célèbre agriculteur Olivier de Serres en fit faire des plantations importantes à Paris, dans le jardin même des Tuileries. Plus tard, Colbert voulut contraindre tous les propriétaires à planter un certain nombre de Mûriers sur leurs terres; mais sa mesure n'ayant pas eu les résultats qu'il désirait, il y substitua une prime de 24 sous par chaque pied de Mûrier planté depuis trois ans. Par suite de cet encouragement, les plantations de Mûrier blanc se répandirent rapidement dans presque toute la France, et l'industrie séricicole devint l'une des plus considérables de notre pays. Mais la culture de cet arbre n'y devait pas réussir partout également; repoussée par l'inconstance du climat de Paris et de ses environs, elle trouva un abri plus sûr dans nos provinces méridionales où elle prit une extension immense et durable.

Le Mûrier blanc, ordinairement d'une taille médiocre, est susceptible de s'élever à 15 mètres. Son écorce est peu épaisse, rude, gercée. Ses branches sont diffuses et éparses, garnies de feuilles alternes, minces, glabres, échancrées en cœur à leur base, dentées inégalement, découpées en plusieurs lobes profonds, irréguliers. Les fleurs sont en chatons axillaires, portés sur de longs pédoncules. Les fruits qui leur succèdent, petits, globuleux, sont le plus souvent blanchâtres, rarement teintés d'un rouge pâle; ils sont fades et de peu de valeur, au moins sous notre climat.

PLEINE TERRE. — *Choix du terrain, exposition, multiplication, culture.* Le Mûrier blanc aime les terres légères, et même les lieux élevés, exposés aux vents; là, sa feuille est excellente, et la soie des vers qui s'en nourrissent, est abondante, nerveuse, très-pure et très-belle. Il se multiplie facilement par graines, boutures et marcottes. Les semis donnent des pieds plus vigoureux et de meilleure venue; aussi préfère-t-on souvent ce genre de reproduction. Dans ce cas, on sème les graines immédiatement après leur maturité. On les stratifie, si on ne doit les mettre en terre qu'au printemps suivant, ce qui a lieu dans les pays un peu septentrionaux. On recommande de choisir les graines fournies par des arbres sains, d'âge moyen, et qui n'aient pas été effeuillés dans l'année pour la nourriture des vers à soie. Les jeunes plants qui en proviennent et qui portent vulgairement le nom de *pourrettes*, doivent être abrités contre le froid de l'hiver pendant les deux ou trois premières années. Assez souvent on les greffe dès qu'ils ont pris un peu de force, mais les avis sont partagés relativement aux avantages de cette opération qui se fait d'ordinaire en flûte. Les régions habituellement froides ne conviennent pas à la culture du Mûrier blanc, qui réussit parfaitement dans nos départements méridionaux et même dans ceux qui sont moins favorisés par le soleil, tels que Saône-et-Loire, le Rhône, la Drôme, l'Ardèche, l'Aveyron, etc.

Ronce frutescente, Ronce des haies.

Rubus fructicosus Lin. (*Rosacées.*)

La Ronce est un arbrisseau, indigène de l'Europe, à rameaux sarmenteux, généralement armés d'aiguillons, quoiqu'il y ait des variétés qui en sont dépourvues; ses feuilles, simples ou composées, sont très-polymorphes, accompagnées de stipules adnées au pétiole. Ses fleurs, blanches ou rosées, généralement assez grandes, quelquefois même assez belles pour en faire, par la culture, des plantes qui produisent un ornement des jardins, sont rarement solitaires, le plus souvent réunies en grappes simples ou composées; leur calice est très-ouvert et aplani, quinquéfide, non accompagné de bractées, persistant; leurs cinq pétales sont insérés sur le calice qui les dépasse; leurs étamines sont très-nombreuses et insérées également sur le calice; leurs pistils sont nombreux, libres et distincts, portés sur un réceptacle convexe, et chacun d'eux est composé d'un ovaire uniloculaire, uni-ovulé, auquel s'attache, un peu au-dessous du sommet, un style terminé par un stigmate simple ou presque en tête. A ces pistils succèdent tout autant de petites baies, d'un pourpre très-foncé, presque noires ou plutôt de petites drupes agrégées, charnues, succulentes, renfermant des graines. On cultive très-rarement la Ronce dans nos jardins au point de vue du fruit; c'est un tort: la Ronce, améliorée par la culture, donne des fruits excellents, susceptibles de lutter avec ceux du Framboisier qui lui-même n'est qu'une espèce de Ronce. On peut manger ces fruits, vulgairement appelés Mûres sauvages, au naturel et avec du sucre; on en peut faire des confitures, des sirops, et, par fermentation, un vin agréable.

PLEINE TERRE. — *Choix du terrain, multiplication, culture.* Tout terrain convient aux Ronces, mais elles prospèrent mieux dans celui qui est gras et humide. Le semis de graines est le moyen de multiplication le plus lent et même le plus incertain. On doit préférer les plants enracinés, que l'on arrache dans les haies ou dans les bois: on rabat les drageons à quelques centimètres des racines, et l'on peut compter sur une prompte reprise. On fait cette opération au commencement de l'hiver ou au commencement du printemps. On multiplie aussi par marcottes et boutures. Les Ronces croissent avec une grande rapidité; quelquefois, pendant la première année, elles donnent des tiges de 4 à 5 mètres de long sur 2 centimètres et plus de diamètre. Il en résulte qu'un seul pied suffit pour couvrir une étendue de terrain considérable. On peut planter les Ronces dans un terrain préparé par un simple labour avec une demi-fumure. Tous les soins se bornent à des sarclages et à débarrasser la plante de son bois mort, car les tiges qui ont porté des fruits périssent, et l'on doit ménager celles de l'année précédente, qui, à leur tour, en porteront.

Récolte et *conservation*. Les Ronces fleurissent à la fin du printemps et ne donnent de fruits mûrs qu'à la fin de l'été. Il faut avoir soin de les cueillir au moment où ils ont une saveur acidule; car si on les laisse trop longtemps sur la plante, ils finissent par devenir fades à force de maturité. A l'état sauvage, la récolte se prolonge, parce que les fruits mûrissent successivement et sont souvent très-petits. Au contraire les fruits de la Ronce cultivée mûrissent presque simultanément, et donnent des fruits plus abondants et plus volumineux. Les fruits de Ronce ne se conservent pas plus longtemps que ceux du Framboisier.

VARIÉTÉS.

Ronce commune à fruits noirs.
—   —   à fruits blancs (obtenue par la culture).
—   —   sans épines (également obtenue par la culture; il lui faut une exposition ombrée).

Observations. On doit signaler ici d'autres espèces de Ronces frutescentes :

1° la Ronce odorante (*Rubus odoratus* Lin.), quelquefois appelée Framboisier du Canada, originaire de l'Amérique septentrionale, arbuste à tige dressée, rameuse, inerme; à grandes feuilles simples, quinquélobées, bordées de dents inégales; à pétioles, pédoncules et calices chargés de poils glanduleux qui sécrètent une substance agréablement odorante; à belles fleurs roses, odorantes, portées en assez grand nombre au sommet des rameaux; à fruits semblables aux Framboises. On en possède une variété à fleurs blanches, plus grandes que dans le type. La Ronce odorante se multiplie aisément par semis et par rejets. Elle demande une terre fraîche et une exposition un peu couverte.

2° La Ronce hispide (*Rubus fruticosus*) qui remplace dans l'Amérique du Nord le *Rubus fruticosus* d'Europe et dont les fruits sont plus gros et plus savoureux que ceux de ce dernier.

3° La Ronce Rochester ou Lawton black-berry (Mûre de Lawton), variété américaine cultivée à Boston, si fertile et si productive qu'un seul scion porte de cinq cents à mille fruits, assez gros pour que soixante à soixante-dix de ceux-ci suffisent, dit-on, pour remplir un litre. Leur diamètre moyen est de 3 centimètres. Leur saveur est fine et relevée. Ce qui rehausse le mérite de cette plante, c'est qu'elle brave les hivers les plus rigoureux.

4° La Ronce à feuilles de Rosier (*Rubus coronarius* de Sims) à jolies fleurs blanches et odorantes, qui a produit une variété à fleurs doubles.

5° La Ronce des îles Mascareignes (*Rubus Mascarinensis*) indigène des îles de ce groupe (îles de France, Bourbon, Rodriguez, etc.), belle espèce à gros fruits rouges, très-savoureux et très-parfumés.

Enfin, nous indiquerons les Ronces à tiges absolument herbacées des contrées septentrionales de l'Europe, telles que la Ronce du Nord (*Rubus arcticus* Lin.), dont le petit fruit, de la couleur, de l'odeur et du goût de la Framboise, est très-recherché en Suède, en Laponie, en Finlande; la Ronce des marais (*Rubus chamœmorus* Lin.) à fruit jaunâtre comestible; la Ronce des rochers (*Rubus saxatilis*) qui donne aussi des fruits bons à manger.

Vigne (Pl. XLVII et XLVIII).

Vitis Lin. (*Ampélidées* ou *Viticées*.)

Le genre Vigne est formé d'arbrisseaux qui croissent spontanément dans les parties moyennes de l'Asie et dans l'Amérique septentrionale. On a dit que la Vigne avait été apportée d'Asie en Europe où elle se serait dans tous les cas si bien naturalisée, surtout en France, qu'on croirait volontiers qu'elle s'y trouve dans sa vraie patrie et sur un sol de prédilection; car les produits des Vignes de

France sont les plus recherchés du monde entier. Le tronc de la
Vigne est sarmenteux, susceptible de s'élever à une grande hauteur, à écorce se détachant longitudinalement des vieux pieds sous
forme de filasse. Les feuilles sont alternes, simples, en cœur,
entières ou lobées, parfois même incisées plus ou moins profondément. Les fleurs sont hermaphrodites dans les espèces de l'ancien continent, dioïques ou polygames dans celles du Nouveau-
Monde ; elles forment des panicules ou grappes opposées aux feuilles, desquelles panicules un grand nombre restent d'ordinaire entièrement ou presque entièrement stériles, et dégénèrent alors en
vrilles ; ces fleurs ont pour caractères : calice libre, très-court, à
cinq angles et à cinq dents rudimentaires ; corolle de cinq pétales
insérés à l'extérieur d'un disque hypogyne, concaves, se soudant
entre eux par leur sommet infléchi, de manière à former une seule
pièce qui se détache tout entière, au moment de l'épanouissement,
en une sorte d'étoiles à cinq rayons tronqués ; cinq étamines insérées de même que les pétales, auxquels elles sont opposées, à anthères biloculaires, s'ouvrant longitudinalement ; ovaire libre, entouré à sa base d'un disque à cinq lobes, creusé de deux loges, qui
renferment chacune deux ovules collatéraux, ascendants, fixés à la
base de la cloison ; cet ovaire porte un stigmate sessile, déprimé,
presque pelté. A ces fleurs succèdent des fruits qui sont des baies
(Pl. XLVII) de couleur variable, plus ou moins sphériques ou
allongées selon les variétés.

Nous n'énumérerons pas tous les usages de ces fruits exquis et
délicats qui, sur nos tables, tiennent, dans leur fraîcheur, ou desséchés, une place si importante. Ce n'est guère que des Raisins de
table que nous nous occuperons ici, quoique le principal mérite
du fruit de la Vigne soit dans les variétés nombreuses et plus ou
moins exquises du vin qu'il produit.

La Vigne croît partout, pourvu que la latitude lui convienne.
C'est pourquoi en-deçà du 51° degré de latitude boréale, mais plutôt
du 49° comme limite naturelle de l'ancien monde, du 38° pour l'A-
mérique du Nord, et au-delà du 40° degré de latitude australe,
c'est-à-dire dans la Nouvelle-Hollande, on ne cultive plus cet ar-

buste. Chez nous, la culture de la Vigne destinée à donner du Raisin de table est artificielle ; c'est pourquoi elle exige certaines conditions inutiles pour les Vignes dont les fruits sont destinés à la production du vin.

PLEINE TERRE. — *Choix du terrain*. Les terrains secs, chauds et calcaires conviennent à la Vigne ; elle s'accommode au reste fort bien du sol de nos jardins.

Multiplication. On emploie, pour multiplier cet arbuste, les marcottes couchées dans des paniers ou des pots, les chevelées ou sarments avec racines, les crossettes ou sarments non enracinés. Dans la culture purement fruitière, on préfère les marcottes soit en panier, soit en pots, aux chevelées, et celles-ci aux crossettes. Ces dernières ne conviennent que pour la multiplication en grand.

On peut encore reproduire les variétés d'élite par la greffe en fente sur le vieux bois ; cette opération a lieu au printemps, au moment où la séve entre en mouvement. Il faut couper quinze jours à l'avance les sarments qu'on veut greffer, et les conserver à demi enterrés dans un lieu frais. Ce moyen n'est applicable que quand on veut, dans la culture fruitière, substituer une variété à une autre.

Voici sur cette question ce que contenait l'*Horticulteur pratique* de 1844. M. Méline, jardinier en chef du jardin botanique de Dijon, écrivait :

« En 1838, le jardin botanique de Dijon possédait un pied de la Vigne nommé *Verjus*, taillé en cordon et planté le long d'un mur exposé au midi. Cette espèce de Raisin mûrit fort rarement dans notre climat. Je résolus de chercher le moyen de remplacer l'espèce sans perdre mon pied de Vigne, qui était déjà fort ; je lui substituai donc, au moyen de la greffe, une autre variété dont les fruits mûrissent mieux : je choisis la variété connue sous le nom de *Malaga*. Le 22 avril, à l'époque où la séve était assez abondante, et où les bourgeons paraissaient vouloir se développer, je commençai mon opération : je plaçai quatre greffes sur les pousses de l'année précédente. La greffe que je mis en pratique fut celle en fente au milieu du bois. Je coupai chaque tige, en leur laissant seulement deux ou trois bourgeons (car il est nécessaire de placer des greffes aussi bas que possible); alors je pratiquai entre les deux nœuds supérieurs une fente longitudinale, dans laquelle j'introduisis chaque greffe, que j'avais choisie, autant que possible, de la même grosseur que les tiges qui servaient de sujet; j'amincis en forme de navette les deux extrémités de mes greffes, en ménageant de toute altération le bourgeon placé au centre; j'inoculai mes greffes dans les fentes pratiquées pour les recevoir; ensuite je ligaturai chacune avec de l'écorce d'Osier, en ayant soin de ne pas couvrir l'œil. Je mis alors un engluement de poix ou de cire à greffer. Les autres coursons de mon pied de Vigne furent taillés comme cela se pratique ordinairement. Au bout d'un certain temps, la séve étant devenue plus abondante, les tailles sur lesquelles je n'avais pas placé des greffes développèrent les bourgeons, qui poussèrent avec force. Je pinçai les pousses, afin de faire refluer une plus grande quantité de séve dans les coursons où j'avais pratiqué mes greffes. Alors, vers le 22 juin, deux de mes greffes commencèrent à pousser un peu : les deux autres ne développèrent que quelques feuilles. Ayant toujours eu soin d'équilibrer la séve, mes quatre greffes produisirent plus tard des tiges qui traversèrent sans altération l'hiver suivant. Mais je dois dire aussi qu'une chose importante à faire, c'est de ménager avec soin le bourgeon qui termine le sujet; car son action principale est d'attirer la séve à lui et de la faire circuler autour de l'œil de la greffe, chez laquelle elle entretient ainsi la vie en facilitant la reprise.

« Depuis 1838, mon pied de Vigne végète bien; les greffes que j'y ai faites produisent de bons Raisins chaque année, et forment un contraste aussi curieux qu'intéressant avec le Verjus, dont je n'ai pas supprimé toutes les pousses.

« En 1840, j'ai fait, dans un jardin à Dijon, une opération analogue à celle dont je viens de parler; mais le sujet, quoique de même nature, était beaucoup plus vieux, et couvrait une plus grande étendue. Aussi, au lieu d'y placer quatre greffes, j'en ai placé une vingtaine, dont la plupart ont assez bien réussi. Cette année, ce pied portait des grappes de Chasselas blanc, de Chasselas rose, de Chasselas doré, etc. »

Cette greffe est une pure curiosité ; celle qu'on emploie usuellement, est la *greffe à cheval*. Pour la pratiquer on déchausse le pied de la Vigne, pour pouvoir en couper la tige au-dessous du niveau du sol, et on amincit le tronçon en bec de flûte. La greffe est fendue longitudinalement à sa base dans l'axe de la moelle, et c'est dans cette fente, qu'on entre le bec du sujet. On la fixe avec de la laine, puis on recouvre de terre.

La multiplication par semences n'a d'autre objet que celui d'obtenir des variétés nouvelles, ce qui est pratiqué en Amérique, où l'on croise avec la Vigne d'Asie les espèces indigènes.

Plantation. On plante la vigne aux mois de mars, d'avril ou de novembre. Pour établir une treille, on doit planter à 1 mètre 33 du mur. Pour faire cette plantation, on ouvre une tranchée à cette distance du mur ; on y met de l'engrais (les meilleurs sont, outre les fumiers consommés et la boue des villes, les engrais qui, comme la laine ou la raclure de corne, se décomposent lentement), et l'on plante les jeunes pieds de Vignes verticalement ; on les rabat ensuite à deux yeux. L'année suivante on supprime un des deux sarments, le moins vigoureux, et l'autre est couché et enterré à 30 centimètres environ, dans toute sa longueur, dans la direction du mur, en redressant seulement l'extrémité. Si lors de ce couchage les sarments ne sont pas assez longs pour arriver jusqu'au pied du mur, on les recouche une seconde fois. Ainsi plantés on obtient des sarments vigoureux qui servent à établir les cordons d'espalier, et qu'on taille, l'année suivante, plus ou moins longs, suivant la forme à donner.

Des divers modes de culture de la Vigne.

Culture à la Thomery (Pl. XLVIII). La Vigne exigeant de la chaleur, il faut, sous notre latitude, préférer l'espalier, parce que le Raisin arrive plus sûrement à parfaite maturité. On ne doit pas se contenter d'un seul cordon : il faut tapisser le mur tout entier, en adoptant le système dit à la Thomery, qui est le plus avantageux quand on veut obtenir de beaux produits. Les succès obtenus par les cultivateurs de Thomery nous engagent à décrire avec quelque détail ce genre de culture.

Les murs de Thomery ont environ 2 mètres 50 de hauteur, et sont garnis d'un chaperon en saillie d'environ 25 centimètres, pour garantir la vigne de la gelée et de l'action des pluies. On le garnit de treillages dont les mailles ont 40 centimètres de côté. Le premier cordon est établi à 16 ou 18 centimètres du sol.

On substitue aujourd'hui aux treillages, des fils métalliques galvanisés tendus horizontalement et soutenus de distance en distance par des barres de bois verticales, ce qui est préférable à l'ancien système.

Pour un mur de 2 mètres 50, on établit 5 cordons et 4 seulement s'il n'a que 2 mètres. Ces cordons sont distants entre eux de 50 centimètres.

On taille le cep destiné au cordon du bas en un point où il ait un œil double ; dans le cas contraire, on taille au-dessous en favorisant le développement de deux yeux qui produiront deux branches destinées à former les bras de gauche et de droite du cordon. Quand le bois est aoûté, on couche les deux bras le long du treillage, en les y appliquant le plus immédiatement possible. Si l'un des bras avait pris naissance trop au-dessous du point où il doit être palissé, on le fait monter verticalement jusqu'à la hauteur du treillage, puis on le courbe avec précaution, de telle sorte que les deux bras présentent une ligne parfaitement horizontale, comme s'ils sortaient du même point.

Le deuxième cordon est établi de la même manière, puis le troisième, et ainsi de suite.

Les premiers bras doivent, la première année, être taillés à 35 centimètres, ce qui représente trois bourgeons ; l'élongation ne doit avoir lieu que dans des proportions semblables, c'est-à-dire de 35 centimètres seulement chaque année, et l'on arrête définitivement leur croissance quand ils ont 1 mètre 30 centimètres de longueur.

On comprend facilement l'emploi de ces trois bourgeons ; les deux premiers sont taillés en coursons destinés à porter des fruits en supprimant tous les bourgeons intermédiaires, et le dernier sert à l'allongement des bras.

L'année suivante, les coursons sont taillés sur un œil ou sur deux yeux, et les bras sur trois. Les années suivantes on fait le même travail, de manière à obtenir un mur entièrement tapissé de Vigne.

Pour arriver à ce résultat, il faut de cinq à six années, pendant lesquelles on ne doit avoir d'autre but que de faire remplir par les bras et les coursons tout l'espace réservé pour cela et de former un ensemble comme celui de notre planche XLVIII, qui représente une portion de mur garni de Vignes à la Thomery.

Dans le cours de l'été, on palisse verticalement les bourgeons des coursons, et l'on étend horizontalement la pousse destinée à allonger le cordon ; on doit se rappeler que chaque cordon doit avoir huit coursons, tous placés à la partie supérieure du cep. Le résultat de cette disposition est de fournir, pour chaque surface de mur de 2 mètres 50 centimètres, quatre-vingts coursons qui pourront produire plus de trois cents grappes, ou 30 kilogrammes de raisin.

Un soin qu'il ne faut négliger en aucune circonstance, c'est de tailler les coursons très-courts, c'est-à-dire à 6 millimètres au plus, pour faciliter le développement des petits bourgeons qui se trouvent à la base de chaque branche verticale.

Vigne en palmette simple, ou en *cordon vertical*. Pour obtenir cette forme, il faut tailler les pieds de Vigne sur le troisième ou quatrième œil au-dessus du sol. Quand les bourgeons sont développés, on choisit le plus vigoureux, qu'on dirige verticalement, et l'on pince tous les autres pour favoriser son développement.

La seconde année, on rabat les tiges plus ou moins, suivant leur vigueur ; on choisit ensuite le bourgeon le plus nourri pour prolonger la tige, et l'on palisse horizontalement les bourgeons de droite et de gauche, en supprimant les bourgeons placés devant et derrière, ainsi que les faux bourgeons.

La conduite de la Vigne en palmette n'est que la répétition du même acte, c'est-à-dire qu'on rabat le bourgeon horizontal de la tige jusqu'à ce qu'on ait successivement atteint la hauteur du mur, et les branches latérales sont rabattues sur deux yeux jusqu'à ce que le mur soit garni latéralement.

Contre-espalier. La Vigne en contre-espalier ne diffère de la Vigne à la Thomery que parce qu'elle se compose de deux cordons seulement, et qu'au lieu d'être palissée contre un mur, elle est attachée le long de quatre lignes de fils de fer tendus horizontalement, et soutenus de distance en distance par des échalas, après lesquels les ceps sont attachés. La Vigne, ainsi conduite, produit beaucoup et présente une disposition convenable pour être chauffée.

De la Vigne en pyramide. La conduite de la Vigne en pyramide de 2 mètres paraît convenable pour les vignobles des pays tempérés et méridionaux ; on peut même l'introduire dans les jardins, où on l'alternerait avec des arbres fruitiers en quenouille, et elle ne serait pas sans élégance. Ce procédé est très-simple : lorsque le cep planté a bien repris, on fiche à son pied un tuteur haut de 2 mètres ; on y attache le maître brin, on le taille de manière à permettre le développement de tous ses yeux en rameaux latéraux, et en peu d'années il a atteint la hauteur de son tuteur. On taille les branches latérales convenablement ; on n'en laisse que le nombre suffisant pour que la tige soit bien garnie du haut en bas, sans qu'elles soient assez rapprochées pour empêcher l'air de circuler et le soleil de pénétrer entre elles, afin que les grappes jouissent de l'influence de ces deux agents. Ces branches latérales sont taillées et ébourgeonnées tous les ans, mais ne sont jamais attachées en faisceau ; elles doivent se diriger en liberté vers toute la circonférence de la pyramide, et les grappes doivent être facilement accessibles à l'air et au soleil.

Culture horizontale de la Vigne. Un horticulteur de la Meuse cultive ses Vignes horizontalement au-dessus des murs de son jardin, et dispose ses fils métalliques de la manière suivante : « De mètre en mètre, et dans toute la longueur du mur, on place de chaque côté, et à 12 centimètres des tuiles, une patte coudée dont le crochet est tourné en bas ; on fixe à chacune de ces pattes un bout de gros fil de fer qui passe par-dessus la largeur du toit et est soutenu par un petit morceau de bois de chêne, de 21 à 30 centimètres de longueur sur 15 à 20 centimètres de hauteur, posé sur deux tuiles. À chaque extrémité du mur, on fixe trois autres petites pattes également distantes, auxquelles on attache trois autres fils de fer plus petits qu'on conduit le long du mur en les tournant autour du gros chaque fois qu'on le rencontre. On construit ainsi un treillage horizontal assez solide pour résister à l'impétuosité des vents, et sur lequel on fait courir les sarments, de telle sorte que les Raisins reçoivent la réverbération du toit sans le toucher, ce qui les fait promptement mûrir et leur donne une qualité supérieure. »

Culture de la Vigne en général. Quel que soit le mode de palissage adopté pour la Vigne, il faut avoir soin d'enlever tous les bourgeons qui se développent sur les branches, contrarient par leur présence la disposition de la Vigne, et s'opposent au développement du fruit, dont ils absorbent une partie de la nourriture.

Il faut, quand le Raisin est formé, en avancer la maturité en le dégarnissant des feuilles qui l'ombragent.

On doit aussi, si l'on veut de beaux produits, supprimer une partie des grappes pour ne laisser sur l'arbre que les plus belles et éclaircir les grains de celles conservées; c'est par ce moyen que les cultivateurs de Thomery obtiennent des grappes énormes, dont les grains sont très-gros et réguliers.

En hiver, on donne une façon à la terre en ayant soin de ne pas blesser les racines, qui sont peu profondément plongées dans le sol ; on y ajoute des engrais semblables à ceux dont il a été parlé au commencement de cet article ; et si l'on a employé ceux à décomposition lente, il faut ne les renouveler que quand ils sont décomposés. Pendant le cours de l'été, on donne deux ou trois binages : un avant la floraison, un second lorsque les grains sont à la moitié de leur grosseur, et le troisième lorsqu'ils commencent à mûrir.

Dans les temps arides, on se trouve bien des bassinages fréquents sur les feuilles, après la floraison, et surtout pendant la maturation.

Chauffage de la Vigne. La Vigne en espalier est forcée au moyen de panneaux établis de manière à former au-devant du mur une serre mobile qu'on chauffe soit par des réchauds, soit au moyen d'un thermosiphon.

Si elle est en contre-espalier, on commence par disposer autour un réchaud de fumier, qu'on renouvelle chaque fois qu'il est besoin, et l'on pose les panneaux ; mais il est préférable d'avoir recours au chauffage au thermosiphon, qui exige moins de surveillance et permet de régler plus facilement la température.

C'est de la fin du mois de décembre jusque dans le courant de février qu'on chauffe la Vigne ; on la taille préalablement comme si l'on était en saison. Dans le commencement de l'opération, on maintient la température à 15° ou 16° centigrades. On augmente successivement jusqu'à 20°, et on laisse se développer la grappe sous l'influence de cette température. Pendant la floraison, on doit donner un peu d'air dans les journées éclairées par le soleil, pour favoriser la fécondation ; quand les grains sont formés, on élève la température à 25° ou 30° jusqu'à complète maturité du Raisin.

La conduite de cette culture est facile : on couvre les panneaux la nuit pour empêcher l'action du froid ; si la température intérieure s'élève trop, on donne de l'air, et l'on bassine fréquemment pour entretenir sous les châssis une atmosphère humide, en ayant soin de ne pas arroser avec de l'eau glacée ; c'est pour cela qu'on doit déposer l'eau vingt-quatre heures d'avance dans la bâche pour qu'elle s'y échauffe.

La Vigne traitée de cette manière donne des Raisins mûrs au bout de quatre mois à quatre mois et demi.

Récolte et *conservation*. On récolte les Raisins suivant les variétés, depuis les plus hâtifs en juillet jusqu'en septembre, ce qui est, sous le climat de Paris, la véritable époque de la maturité des Raisins.

Les variétés précoces et à peau fine ne se conservent pas aussi longtemps que celles de maturité plus tardive. En les déposant dans un fruitier, sur des tablettes bien sèches, après les avoir fait ressuyer, mais mieux encore en les suspendant, on les conserve jusqu'en janvier. Il faut avant tout éviter l'humidité ; c'est pourquoi on a imaginé de les enfouir dans des matières sèches et pulvérulentes. Mais le mieux est de couper les grappes avec une partie du sarment, dont la base est introduite dans une petite fiole remplie d'eau pure et d'un peu de poudre de charbon de bois, pour empêcher la corruption du liquide; avec de la cire à greffer on enduit l'extrémité du sarment, et on ferme l'ouverture de la fiole. Le Raisin se conserve vert, ainsi que la rafle, jusqu'en avril et mai.

CHOIX DES MEILLEURES VARIÉTÉS DE RAISINS DE TABLE.

Les variétés de la Vigne d'Asie (*Vitis vinifera*) sont très-nombreuses, et il serait difficile de les énumérer toutes. La belle collection du Luxembourg, dans l'année 1865, en renfermait 1,500 variétés; mais toutes ne produisent pas des raisins de table; les plus remarquables à ce point de vue sont les suivantes :

Raisin d'Angers rouge (grains moyens, ovales-arrondis, rouge clair, très-sucrés; mûrissant fin d'août).

— Aspiran noir, Verdal, Piran, etc. (grains moyens, un peu oblongs, violets, très-juteux; mûrissant en septembre, à Montpellier, plus tard dans le centre de la France).

— Chasselas bifère, Muscat bifère (grains gros, ronds, jaunes; mûrissant fin août; variété donnant deux récoltes par an dans le midi de la France).

— Chasselas Cioutat, Ciotat, Raisin d'Autriche, Persillade (grains moyens, arrondis, blanc jaunâtre; mûrissant en septembre).

— Chasselas doré, Chasselas de Fontainebleau (grains assez gros, ronds, jaune clair, parfois dorés, très-sucrés; mûrissant fin d'août, commencement de septembre, Pl. XLVII).

— Chasselas gros Coulard (grains assez gros, blancs, à un seul pepin).

— Chasselas hâtif (variété mûrissant de huit à dix jours plus tôt que le Chasselas doré).

— Chasselas musqué (grains ronds, moyens, d'un blanc verdâtre, très-juteux et sucrés, un peu musqués; mûrissant fin d'août dans le Midi).

— Chasselas rose (grains moyens, ronds, rose clair; mûrissant en septembre).

— Chasselas rose de Falloux (grains gros, presque ronds, roses; mûrissant au commencement de septembre.

— Chasselas rose de Négrepont (grains d'un beau rouge clair à la maturité qui arrive vers la mi-août dans le Midi).

— Chasselas rouge, Chasselas violet (grains ronds, d'abord roses, puis rouges, croquants, mais bons; mûrissant en septembre).

— Corinthe (grains petits, ronds, d'un jaune clair et de couleur ambrée, sucrés; mûrissant en septembre).

— Fendant vert, Fendant blanc, Fendant jaune (grains assez gros, ronds, vert jaunâtre ou jaune clair; mûrissant en septembre).

— Fendant roux, Tokay (grains assez gros, ronds, rose clair; mûrissant au commencement de septembre, et se conservant assez longtemps).

— Fintindo (grains gros, un peu ovales, d'un violet noir, à peau épaisse; mûrissant au commencement de septembre dans le Midi, et demandant une bonne exposition).

— Frankenthal, Chasselas bleu (grains gros, ovoïdes, d'un violet noir, très-fleuri, croquants, sucrés et d'un goût particulier; mûrissant en septembre ou octobre à bonne exposition).

Raisin gros Damas (grains ovoïdes, très-gros, rouge violet foncé, très-juteux et sucrés ; mûrissant en septembre en espalier bien exposé,'dans le centre de la France).

— gros Gromier du Cantal (grains très-gros, ronds, rose foncé, très-juteux et sucrés ; mûrissant en octobre à bonne exposition).

— gros Ribier du Maroc (grains très-gros, ovoïdes, noirs, avec fleur violette ; mûrissant en octobre en espalier bien exposé au midi, dans le centre de la France).

— Joannène charnu, Marvoisier (grains assez gros, allongés, jaune d'or ou ambrés, croquants ; mûrissant fin juillet dans le Midi, seulement en août, et en espalier bien abrité et bien exposé, dans le centre de la France).

— Madeleine blanche de l'Isère, grosse Madeleine blanche (grains moyens, ovoïdes, d'un blanc jaunâtre, sucrés, un peu musqués ; mûrissant dans la première quinzaine d'août).

— Madeleine précoce de Malingre, Précoce blanc (grains moyens, oblongs, blanc verdâtre, jaunissant un peu à la maturité qui arrive à la fin de juillet).

— Madeleine violette (grains petits, presque ronds, violet noir, très-fleuris, mûrissant fin d'août).

— Malvoisie blanche de la Drôme (grains moyens, un peu allongés, blanc jaunâtre, croquants ; mûrissant à la mi-septembre).

— Morillon hâtif, Raisin de la Madeleine, Madeleine noire, Plant de juillet (grains petits, ovales-arrondis, violet noir, très-fleuris, croquants, peu sucrés ; mûrissant fin de juillet).

— Morillon panaché (variété du précédent, offrant dans la même grappe des grains noirs et blancs, ou des grains panachés de noir et de blanc).

— Muscat blanc (grains assez gros, presque ronds, d'un blanc verdâtre, sucrés et musqués ; mûrissant en septembre en espalier bien exposé).

— Muscat blanc hâtif du Jura, Muscat blanc de Frontignan (grains moyens, blanc jaunâtre tachetés de marron).

— Muscat de Syrie, Muscat de Smyrne (grains gros, jaunes, dorés, ovoïdes, croquants, sucrés et musqués ; mûrissant en septembre dans le Midi ; variété pour espalier dans le Nord).

— Muscat rouge, Muscat gris (grains assez gros, très-ronds, d'un rouge gris, sucrés et musqués ; mûrissant en septembre en espalier).

— Muscat violet, gros muscat violet (grains ovales-arrondis, violet foncé, musqués ; mûrissant en septembre, en espalier).

— Noir précoce de Gênes, Raisin d'Ischia (grains petits, ovales-arrondis, violet foncé, noirâtre, très-sucré et parfumé ; mûrissant fin de juillet).

— de la Palestine, Raisin de Jéricho (grappes énormes, mesurant plus de 60 centimètres de longueur, sur 20 à 30 de diamètre, à grains moyens, allongés, d'un vert clair ou jaune bronzé ; mûrissant en octobre dans le Midi. Variété plutôt curieuse par ses grappes volumineuses que par la bonté de son grain ; dans le centre de la France elle ne mûrit pas même en espalier ; mais on la force très-bien en serres ou sous châssis.

— Panse jaune, Raisin des Dames, Chasselas Napoléon (grains très-gros, ou moyens, ovoïdes, jaunes, dorés, transparents, sucrés mûrissant en septembre et octobre, mais en espalier au midi).

— Pineau gris, Malvoisie gris (grains petits, ovales, gris ou violet clair, très-sucrés ; mûrissant en septembre).

— Pineau noir (grains moyens, ronds, noirs, très-bons ; mûrissant en septembre).

— Précoce musqué (grains moyens, ronds, blancs, croquants, très-sucrés, musqués ; mûrissant fin d'août).

— Primavis Muscat (grains moyens, ronds, jaune ambré, mûrissant commencement d'août).

— Schiras (grains gros, ovoïdes, longuement pédonculés, rouge violet, recouverts d'une fleur bleuâtre, un peu croquants, sucrés ; mûrissant fin de septembre, en espalier bien exposé, et se conservant longtemps au fruitier).

Variétés américaines.

Ces variétés sont issues du *Vitis labrusca* et du *Vitis cordifolia*.

Catawba, Arkanson, Red Muncy, Catawba Tokay, Lebanon Seedling, Singleton (rouge pâle,
grains gros et ronds, goût aromatique et sucré).

Diana, ressemble au Catawba.

Isabella (grains gros, noirs, sucrés, musqués, rustiques et très-productifs) : ses sous-variétés
Troy Grappe, Pensylvanie, Marion, Lee's Seedling, ne valent pas le type.

Missouri, Missouri Seedling (grains petits, presque noirs, excellents : on en fait un vin qui rappelle le madère).

Ohio, Segar box (grains petits, noirs ; bon Raisin de table).

Herbemont (grains petits, pourpre ; excellent pour Raisin de table ; on en fait un vin qui ressemble au Manzanella : la variété dite Lenoir diffère à peine de l'Herbemont).

Bland, Powel (grains moyens, rouges pâles, portés sur de longs pédicelles ; un peu tardif, est
excellent pour le transport, et se conserve facilement).

Elsinburgh (grains petits, noirs, sucrés, de bonne qualité ; excellent Raisin de table, un peu
plus hâtif qu'Isabella).

Gerhard Schmitz (ressemble à l'Isabella, un peu plus tardif ; variété nouvelle).

Scuppernong, Roanoke, Bull, Bulln, Fox Grape dans le Sud (c'est une espèce distincte, le
Vitis vulpina, très-estimée dans les Etats du Sud, mais trop délicate pour ceux du Nord).

CHAPITRE IV.

ARBRES A FRUITS ET A FLEURS EN CHATON

OU A ENVELOPPE LIGNEUSE [1].

Araucaria du Chili et **Araucaria du Brésil.**

Araucaria Chilensis Lamk; *Araucaria imbricata* Ruiz et Pav.; *Columbea quadrifaria* Salisb. — *Araucaria brasiliensis* Lamb. (*Conifères-Abiétinées.*)

Les vraies Araucaria, ou Araucaria américains, qui tirent leur nom des Araucans (dont le vrai nom est Aucas ou Molouches, principale nation indigène de la famille chilienne, qui se distingue par sa civilisation et sa haine implacable contre la race espagnole), sont de très-grands arbres du Brésil et du Chili, à tige droite, portant, comme les Sapins, des branches rapprochées en faux verticilles très-réguliers. Ces branches, surtout dans l'espèce du Brésil, se détruisent vers le bas de la tige; celles qui sont voisines du sommet, persistent, s'allongent, et retombent en partie, de manière à donner à l'arbre un port très-remarquable. Les rameaux sont couverts de larges feuilles lancéolées, aiguës, beaucoup plus longues et étalées dans l'espèce brésilienne que dans celle du Chili, plus courtes et lâchement imbriquées dans cette dernière espèce, dont on trouvera une belle représentation dans l'Atlas des *Plantes agricoles et forestières* qui fait partie du RÈGNE VÉGÉTAL. Ces feuilles sont coriaces, très-dures, sessiles, et ne tombent que très-tard par suite de leur destruction. C'est à l'extrémité même des rameaux que se dévelop-

---

[1] Nous rappelons pour ce chapitre les réserves faites à la note du chapitre II, p. 519.

pent sur des individus différents, cas fort rare dans les Conifères,
les fleurs mâles et les fleurs femelles. Les chatons mâles sont simples, très-volumineux, composés d'écailles nombreuses très-rapprochées, terminées par un appendice subulé ; chacune d'elles porte
à sa face inférieure 12 à 20 anthères étroites, linéaires, disposées
sur deux rangs superposés, et fixées par leur extrémité opposée
à l'axe de la partie élargie de l'écaille. Les chatons femelles ou les
jeunes cônes terminent de même les rameaux ; chaque écaille présente une cavité formée par la réunion de l'écaille proprement dite
et de la bractée, et dans cette cavité ouverte supérieurement se trouve
contenue une seule graine réfléchie, c'est-à-dire fixée par la chalaze
vers l'extrémité de l'écaille, et dont le micropyle est dirigé vers
l'axe du cône. Les cônes mûrs sont très-gros ; ils égalent presque le
volume de la tête d'un enfant ; les écailles renfermant chacune une
gaine, sont caduques, terminées par un appendice subulé. La
graine cylindrique, plus grosse que celle du Pin pignon, renferme
un albumen très-épais, doux et bon à manger. L'embryon cylindrique, présente deux cotylédons appliqués l'un contre l'autre, et
qui, dans la germination, ne sortent pas de la graine. Par ce caractère, les Araucaria du Brésil et du Chili se distinguent de toutes les
Conifères dont la germination est connue, et surtout des *Eutassa* ou
Araucaria de l'Australie qui ont quatre cotylédons foliacés portés
sur une longue tigelle (Ad. Brongniart). Dans les Andes, le fruit
d'Araucaria est une des bases de la nourriture des indigènes ; l'abondance de ses graines est telle qu'un seul cône en contient deux à
trois cents, et qu'un seul rameau porte souvent de vingt à trente
cônes. Les graines, recouvertes d'une peau assez fine, sont aussi
grosses que des Amandes communes. Leur goût est bon. Elles peuvent être mangées crues ou rôties ; elles produisent de l'huile.

Les deux Araucaria américains, tous deux propres aux parties
australes et tempérées de l'Amérique méridionale, seraient néanmoins susceptibles de prendre place dans nos forêts avec nos essences utiles. Ils supportent impunément nos hivers les plus rigoureux. Leur bois est de très-bonne qualité. On a pu être découragé
par la lenteur avec laquelle ils croissent les premières années ; mais

ils se développent ensuite avec rapidité. Les graines, recueillies en temps opportun, c'est-à-dire en mars, époque où elles jonchent le sol, et stratifiées avec soin, peuvent arriver d'Amérique dans des conditions de reproduction excellentes.

Châtaignier (Pl. L, fig. 2 et 6).

Castanea vulgaris Lamk; *Castanea vesca* Gærtn. (*Cupulifères.*)

Le Châtaignier, indigène de nos contrées, est un arbre très-élevé, d'un diamètre souvent considérable, à rameaux étalés, à feuilles oblongues, pointues, fermes, un peu luisantes, profondément dentées en scie. Les fleurs sont monoïques ; fleurs mâles, disposées parfois en chatons minces très-longs et entourées d'écailles ; étamines au nombre de 8 à 15, longuement saillantes ; fleurs femelles renfermées dans un involucre accrescent à 4 lobes, hérissé extérieurement d'épines dures, rameuses ; ovaire à 6 loges dispermes, dont cinq avortent, couronnés par 6 styles cartilagineux ; fruit formé d'une noix à péricarpe coriace, tomenteux et fibreux à la face interne, lisse à la face externe, plane sur une face, formant une convexité sur l'autre, ou irrégulièrement anguleux ; cotylédons charnus, volumineux. Les bonnes variétés de fruits de Châtaigniers qui prennent alors le nom de Marrons (Pl. L, fig. 2) au lieu de celui plus vulgaire de Châtaignes (Pl. L, fig. 6), sont un excellent dessert ; on les mange rôtis ; on les associe volontiers aux viandes et aux ragoûts ; on s'en sert pour farcir des volailles ; ou les glace au sucre. Les modestes Châtaignes de nos bois se mangent en général bouillies dans de l'eau ; de leur farine on fait des purées, des gâteaux. Elles servent à la nourriture des habitants de certains de nos départements pendant une partie de l'année, tant dans leur état de fraîcheur qu'après avoir été séchées et dégagées de leur enveloppe. Les Châtaigniers qui produisent nos meilleurs Marrons sont surtout cultivés dans la France centrale et dans les environs de Lyon.

Pleine terre. — *Choix du terrain.* Il faut au Châtaignier, dont les racines sont pivotantes, une terre franche, légère et profonde.

Les sols calcaires, argileux et humides ne lui conviennent pas.

Multiplication et *plantation*. On multiplie de semis par des fruits qu'on met stratifier pendant l'hiver dans du sable et dans un lieu à l'abri de la gelée. A la fin de février et dans la première quinzaine de mars, on met en terre les Châtaignes qui ont déjà des germes longs de plusieurs centimètres, en rayons distants entre eux d'environ 1 mètre, laissant entre chaque trou un espace de 50 centimètres. Il faut mettre deux Châtaignes dans chaque trou, à 10 centimètres d'éloignement. A la fin de la saison, on laboure le sol ; pendant l'été, on se contente d'un seul binage, et l'on continue ces soins jusqu'à ce que les arbres aient acquis une force suffisante pour qu'on les transplante. Le semis en place ne présente aucune différence, si ce n'est qu'il faut plus de soin dans la plantation.

Le Châtaignier venu en pépinière est bon à planter quand il a au moins 5 à 6 centimètres de diamètre. On peut le planter à l'automne en ayant soin de maintenir de l'humidité au pied au moyen de mousse ou de paille. Si le plant n'a pas été greffé, on remet l'opération au printemps de la seconde année, et on le greffe en flûte ou en écusson au moment où la séve entre en mouvement. L'avantage de la greffe est de faire fructifier l'arbre plus tôt, car ceux venus de semence croissent lentement et ne donnent pas de fruits avant la vingt-cinquième année.

Culture. Pendant la jeunesse du Châtaignier, on supprime les branches surabondantes, pour donner à celles qui doivent former le corps de l'arbre le moyen de se développer ; plus tard, on se borne à en enlever le bois mort ou desséché. Le Châtaignier est un arbre rustique qui, une fois en rapport avec le sol, ne réclame plus le secours de l'homme. Comme il occupe une place considérable, il ne peut trouver accès que dans des vergers de grande étendue ou bien dans des jardins d'agrément spacieux, où il tient sa place comme arbre d'ornement beaucoup mieux que certains arbres exotiques. Sous le climat de Paris, le Châtaignier fleurit en juillet ; mais ses fruits se développent rapidement.

Récolte et *conservation*. On récolte au mois d'octobre, lorsque les fruits se détachent naturellement de l'arbre. On laisse ceux-ci s'ouvrir à l'abri d'un hangar, où leur maturité s'achève. On en tire les Châtaignes, qu'on laisse ressuyer au soleil. On conserve jusqu'au printemps, si les fruits sont déposés dans un lieu sec, car la Châtaigne pourrit facilement. Parmentier conseillait, pour les conserver, de les faire bouillir dans l'eau pendant un quart d'heure, et de les faire sécher ensuite dans un four.

VARIÉTÉS FRANÇAISES.

Châtaignier commun (à fruit petit et farineux (Pl. L, fig. 6).
— à fruit printanier (son seul mérite est dans sa précocité).
— à Marrons de Lyon (*Castanea sativa*, arbre vigoureux, peu fertile, craignant les températures froides ; à fruit plus rond que dans les autres variétés, gros de 4 centimètres de diamètre ; de qualité supérieure (Pl. L, fig. 2) : on le connaît aussi sous les noms du Luc, d'Aubray, du Var, d'Agen, du Vivarais, pays où on le cultive).
— Pourtalonne (arbre fertile ; fruits gros, de bonne qualité).
— à Châtaigne verte du Limousin (arbre productif ; fruits gros, de goût agréable, de bonne qualité, de bonne garde).
— Exalade (arbre très-fertile, de moyenne taille ; rameaux étalés presque horizontalement ; fruit excellent ; la variété la plus recommandable suivant Bosc, cependant elle s'épuise promptement par excès de production).
— de Cars (à fruit tardif, petit, mais de bon goût et surtout de garde).
— vrai Marron (le meilleur de tous, n'ayant pas, comme les autres, de zeste dans sa chair).
— Royale blanchire (hâtif ; fruits gros, mais de peu de garde).
— Corive (fruit petit, mais de longue garde).
— de Châlons (fruit gros et hâtif).
— à Marron Nouzillard (fruits gros ; qualités du Marron de Lyon).
— Combale (arbre très-fertile ; fruits gros et de bonne qualité).

VARIÉTÉS ÉTRANGÈRES.

Châtaignier Cantorberry.
— Devonshire.
— Downton.
— Maters's.
— Prolific (la *Castanea glauca* des jardiniers).
— Prolific de Knight.
— *Vesca* des Américains.
— Lewis (sous-variété du précédent).
— Chincapin (*Castanea pumila* ; variété américaine, à fruits fort petits).
— prince's Chinquepin (sous-variété du précédent).

Coudrier.

Voyez ci-après : *Noisetier*.

Marronnier.

Voyez : *Châtaignier*.

Noisetier (Pl. L, fig. 1, 3, 3ᵃ).

Corylus. (Quercinées.)

Les Noisetiers ou Coudriers sont des végétaux ligneux, dont les dimensions varient depuis celles d'arbrisseaux peu élevés jusqu'à celles d'arbres de taille moyenne. Ils croissent naturellement dans les parties tempérées de l'Europe et de l'Amérique septentrionale ; on en a découvert dans le nord des Indes orientales. Leurs feuilles, simples, alternes, se montrent après les fleurs qui sont monoïques ; les fleurs mâles forment des chatons cylindriques à bractées écailleuses imbriquées sur toutes les faces ; chacune d'elles en particulier porte deux écailles symétriques, soudées par leur base entre elles et à la bractée, à la face supérieure de laquelle elles sont placées ; le long de la suture de ces deux écailles s'attachent 8 étamines, généralement en deux rangées, à filets simples, très-courts, à anthères ovales, uniloculaires, terminées par des soies ; les fleurs femelles, groupées en petit nombre (1 ou 2), sont entourées d'un involucre à 2-5 folioles petites, déchirées, velues, soudées entre elles par leur base ; chaque fleur présente un périanthe à limbe supère, très-petit, denticulé, velu ; un pistil à ovaire adhérent, biloculaire, dont chaque loge renferme un ovule unique, anatrope, suspendu ; 2 stigmates allongés, filiformes. Le fruit est une noix (Pl. L, fig. 1, 3 et 3ᵃ) enveloppée par l'involucre très-accru et devenu foliacé, tuberculeux à sa base, plus ou moins déchiré vers son bord.

L'histoire botanique des Noisetiers cultivés pour leur fruit présente quelque divergence dans les auteurs. En effet, les botanistes français, et, en Angleterre, Loudon, etc., les considèrent comme formant une seule espèce, le *Corylus avelana,* tandis que les auteurs allemands, Willdenow en tête, en font deux espèces distinctes : le *Corylus avellana* et le *Corylus tubulosa.* C'est cette dernière manière d'apprécier que nous adoptons ici et d'après laquelle nous établissons nos distinctions en traitant des variétés.

Les Noisettes franches et les Noisettes Avelines sont des fruits de dessert fort agréables, qui se mangent à l'état frais et sec, et fournissent une huile excellente.

PLEINE TERRE. — *Choix du terrain.* Le Noisetier réussit dans tous les terrains et s'accommode de toutes les expositions ; il aime surtout l'exposition du nord, et demande de l'air et de l'espace pour pouvoir développer ses branches vigoureuses.

Multiplication. Le Noisetier se multiplie de semences mises en terre aussitôt après la récolte ou conservées pendant l'hiver en stratification. Comme elles ne reproduisent pas franchement la variété dont elles sortent, on préfère la reproduction de marcottes faites en automne sur du bois de deux ans au plus. Elles sont en général bonnes à planter au bout de la deuxième année. La multiplication par drageons est le plus communément pratiquée. On l'effectue en automne, et l'on met sur-le-champ en place les plants qui reprennent la première année, mais n'ont acquis toute leur vigueur que la seconde.

On ne greffe que rarement le Noisetier.

Culture, récolte, conservation. Les soins à donner au Noisetier, une fois qu'il est en place, sont absolument nuls. On récolte les Noisettes en août et septembre. On les conserve en un lieu sec, et mieux dans du sable en lieu aéré, ou dans une cave saine.

VARIÉTÉS.

Noisetier Avelinier (*Corylus avellana* Lin., vulgairement Noisetier, Coudrier ; c'est un grand arbrisseau à tiges droites, rameuses, revêtues d'une écorce brunâtre intérieurement, grisâtre sur les rameaux, parsemée de lenticelles, pubescente sur les jeunes pousses ; à feuilles pétiolées, ovales, presque arrondies, souvent en cœur à leur base, acuminées au sommet, doublement dentées, marquées, sur chacune de leur moitié, de nervures et de plis parallèles entre eux, pubescentés ; à chatons mâles, naissant par trois ou quatre ensemble, dont les écailles sont obovales-cunéiformes ; à fruit, vulgairement connu sous les noms de Noisette, d'Aveline, variant beaucoup de grosseur et de forme, généralement ovoïde, souvent anguleux, couvert dans sa partie supérieure d'un léger duvet satiné et roussâtre, enveloppé dans un involucre campanulé de même longueur que lui ou un peu plus long, mais toujours ouvert et étalé à son bord qui est denté ou déchiré : le tégument de sa graine est jaunâtre ou blanchâtre, mais non rouge ; la race dite de la Cadière est fort estimée).

— à gros fruits (Pl. L, fig. 3 et 3ª).

— à grappes (*Corylus racemosa* ; variété à fruits très-gros et d'excellente qualité).

— à Noix striée (Noix presque globuleuse, striée de brun et de blanc).

— franc ou tubulé, à fruits longs (*Corylus tubulosa* ; diffère de l'Avelinier par une taille plus haute, des feuilles plus grandes, plus lisses, surtout par un involucre fructifère beaucoup plus long, qui dépasse fortement le fruit, se prolonge en tube resserré vers son orifice, incisé-denté à son bord : le fruit lui-même est de forme plus allongée que le précédent. Pl. L, fig. 1).

Noisetier à fruits blancs (Amande recouverte d'une pellicule blanche, variété la plus estimée).
— à fruits rouges (Amande recouverte d'une pellicule rouge).
— à feuilles pourpres (fruits violets, dont l'Amande est très-bonne).

Noyer (Pl. L, fig. 5, 7, 7ª, 8).

Juglans. (Juglandées.)

Le Noyer est un arbre de première grandeur, dont la tige, haute de 15 à 20 mètres, couverte d'une écorce gris cendré, se divise en branches et en rameaux à écorce blanchâtre, portant des bourgeons bruns et des feuilles alternes, pétiolées, articulées, imparipennées, composées de 7 ou 9 folioles ovales aiguës, grandes, glabres, coriaces, d'un vert sombre. Les fleurs, qui paraissent avant les feuilles, sont monoïques. Le fruit ovoïde renferme, dans une enveloppe verte et charnue, nommée vulgairement *brou*, un noyau ou coque (*Noix*) à deux valves ligneuses, renfermant une seule graine divisée en quatre lobes très-irréguliers (Pl. L, fig. 5, 7, 7ª, 8).

Les Noyers communs et à feuilles de Frêne sont originaires de la Perse et de l'Asie Mineure ; les autres espèces appartiennent à l'Amérique du Nord. Le Noyer commun (*Juglans regia*) est cultivé en grand chez nous, comme arbre fruitier. Les congénères ne se trouvent encore, en Europe, que dans les jardins botaniques et les parcs d'agrément.

Les Noix fraîches sont très-recherchées, et sont en effet un fruit très-agréable. A l'état de *Cerneaux*, c'est-à-dire un peu avant leur maturité, elles sont fort goûtées dans nos desserts. Dépouillées de la pellicule qui les revêt, leur amande constitue un aliment sain ; mais, en séchant, les Noix deviennent indigestes, et prennent même souvent une rancidité qui les rend nuisibles. Lorsqu'elles sont encore jeunes et avant que leur noyau soit formé, on en fait une liqueur stomachique, appelée *Ratafia de Noix*, en les mettant à infuser dans de l'eau-de-vie. On en fait aussi une bonne confiture. On en extrait des quantités considérables d'huile, connue sous le nom d'*huile de Noix*. Le Noyer est précieux dans l'industrie et dans les arts. On emploie les racines et le *brou* pour faire des teintures brunes très-solides; les menuisiers font avec le *brou* pourri dans l'eau une teinture qui donne au bois blanc une belle couleur de Noyer. Le bois de Noyer est liant, assez plein, facile à travailler, gracieusement veiné, et recherché pour faire des meubles. Quant aux usages médicinaux du Noyer, ils sont longuement énumérés dans la *Flore médicale du XIXe siècle* (t. II, p. 435-438).

PLEINE TERRE. — Le développement considérable qu'acquiert le Noyer, l'étendue parcourue et stérilisée par ses racines dévorantes, l'ombre épaisse qu'il projette autour de lui et qui arrête la végétation des plantes qu'on cultive dans le voisinage, empêchent d'introduire dans nos jardins l'espèce commune, à moins que ces jardins ne soient assez spacieux pour qu'on puisse accorder à l'arbre l'espace de terrain qu'il réclame.

Choix du terrain, multiplication, culture. Quand on cultive le Noyer pour ses fruits, il lui faut une terre substantielle et moins légère que quand on vise à la qualité du bois. Il faut choisir l'exposition d'ouest et de nord-ouest.

Le meilleur moyen de multiplication est par les semences; car la transplantation exige des soins qui en empêchent quelquefois le succès. On choisit pour le semis les fruits les plus beaux; à l'automne, on les met en place, ou bien, si l'on préfère les planter au printemps, on les met stratifier dans du sable. Au bout de sept à huit ans de soins, les jeunes Noyers commencent à porter des fruits. Si l'on préfère avoir recours à la transplantation, il faut faire cette opération avec soin, et surtout éviter de rabattre les jeunes arbres au moment de la plantation, ce qui retarderait leur végétation.

On greffe le Noyer seulement lorsqu'on veut reproduire identiquement une espèce. Cette opération a lieu au printemps sur de jeunes sujets d'environ un mètre de hauteur. On peut indifféremment leur appliquer la greffe en fente, en flûte, à écusson, à œil poussant et en anneau. Cette dernière est particulière au Noyer. Les Noyers greffés s'élèvent beaucoup moins que les arbres francs de pied.

Le Noyer ne se taille pas : une fois planté, on l'abandonne à lui-même ; toutefois, quand on voit mourir l'extrémité des branches, maladie assez commune à cet arbre, on les rabat à 50 centimètres du tronc.

Récolte et *conservation*. Les Noix sont mûres à la fin de septembre, et on les récolte dans les premiers jours d'octobre. Dès la fin de juillet on peut les manger en cerneaux. Les Noix ne se conservent fraîches que peu de temps. On conseille, comme un moyen de les conserver en cet état, de les mettre dans un pot de terre hermétiquement bouché et de les enterrer profondément. Les Noix sèches se conservent jusqu'à la fin de l'hiver ; mais elles perdent leur qualité à mesure que la saison avance.

De la maturation des fruits du Noyer par stratification. Feu Camuzet constata sur les fruits du Noyer cendré un fait déjà consigné par Duhamel, dans sa *Physique des arbres* (Paris 1758, Guérin et Delatour, 2 vol. in-4°), et qui mérite d'être signalé.

Les fruits de cet arbre tombent tous avant leur maturité, et ne contiennent, à cette époque, que la gelée visqueuse qu'on trouve dans tous ces fruits au moment où l'amande commence à se former. Camuzet fit ramasser des fruits du Noyer cendré dans cet état d'imperfection, et les jeta dans un trou qu'il recouvrit de terre. Ayant eu au printemps besoin de cet emplacement pour y planter un arbre, il examina les Noix qui y avaient passé l'hiver, et, les ayant trouvées parfaitement conservées, il en cassa quelques-unes dont les amandes étaient parfaitement formées, au point que, en ayant semé, presque toutes germèrent ; il n'en manqua pas dix sur cent. L'expérience de Duhamel avait d'avancé confirmé cette observation : car il dit qu'ayant souvent récolté des Noix dont l'amande ne faisait que commencer à se former, il les mettait en tas à la cave, et elles y mûrissaient aussi bien que si elles fussent restées sur l'arbre. Cette observation fut mise à profit par Camuzet : il appliqua ce moyen à des Amandes, des Glands, des Marrons d'Inde, des Pavies et autres fruits susceptibles d'être reproduits de semences, et réussit toujours à conserver leur amande dans un parfait état de faculté germinative.

VARIÉTÉS.

Noyer commun (*Juglans regia* ; type de toutes les variétés européennes ; fruit de grosseur
moyenne, assez plein, Pl. L, fig. 7 et 7ª).
—   —   variété de Périgord (fruit gros et très-plein).
— à coque tendre ou Mésange, de la Lande (Pl. L, fig. 8 ; variété à fruit très-plein et à
coque très-tendre, excellent pour dessert).
— à feuilles variables (excellent fruit à coque tendre et précoce).
— à gros fruit long (variété très-fertile et bonne à cultiver).
— à Bijoux, à très-gros fruit, Noix de Jauge (Pl. L, fig. 5 ; fruit gros comme un œuf de
poule, Amande petite et de qualité moyenne).
— tardif, ou de la Saint-Jean (*Juglans serotina* ; ne fleurissant qu'à la fin de juin).
— fertile (*Juglans præparturiens* ; espèce à cultiver dans les jardins ; elle a l'avantage de
donner des fruits dès la deuxième année du semis. Elle est si fertile que des sujets
cultivés en pots et n'ayant pas 1 mètre de hauteur, se chargent de fruits. La Noix est
de grosseur ordinaire ; mais très-pleine et à coque tendre).
— à grappes (variété très-productive ; Noix de la grosseur de celles du Noyer commun, et
réunies au nombre de dix à vingt-cinq ; se reproduisant de semis).
— de Barthère (à fruit très-long, très-beau, à coque peu dure, bien pleine ; variété fertile,
obtenue vers 1835, par MM. Barthère, de Toulouse).
— Mayette longue ou rouge (arbre vigoureux, prospérant dans toutes les expositions, celle
du nord exceptée ; à fruits ordinairement réunis au nombre de deux).
— Mayette blanche (variété très-voisine de la précédente ; à fruit plus tendre, d'un jaune
clair et souvent taché ; chair blanche, souvent avariée ou vineuse).
— Gautheron (à fruit de forme et de grosseur un peu variables, ovale ou ovale-allongé ;
variété rustique et vigoureuse, plus fructifère que la Mayette dont elle se rapproche).
— Chaberte (fruit ovale-arrondi, bien plein à la maturité ; variété la plus tardive de toutes,
rustique, cultivée surtout pour l'huile qu'on en retire).
— Franquette, Noix de Vinay (variété abondante en fruits assez gros, allongés, déprimés
ou arrondis à la base, bien pleins, d'un goût très-agréable ; recherchés pour dessert).
— Parisienne (arbre rustique, s'accommodant facilement de presque tous les sols ; à fruit
mesurant de 40 millimètres de hauteur sur 35 millimètres de large ; déprimé aux
deux bouts, agréable au goût ; léger comparativement à son volume ; la rugosité de
sa coque nuit un peu à sa vente).
— Noir (*Juglans nigra* Lin. ; belle espèce très-répandue dans l'Amérique septentrionale ;
arbre superbe qui atteint de 20 à 25 mètres de haut, et dont le tronc a jusqu'à 2 mètres de diamètre ; fruit agréable à manger, mais inférieur à celui des espèces d'Europe).
— en Olive ou Pacanier (*Juglans olivæformis* ; appartient aussi à l'Amérique, fructifie
abondamment ; la Noix a une coque lisse semblable à une Olive ; elle est très-pleine
et d'un excellent goût ; sa peau intérieure est rougeâtre).

FIN DU JARDIN FRUITIER.

HORTICULTURE

THÉORIQUE ET PRATIQUE

PLANTES FRUITIÈRES

D'ORANGERIE, DE SERRE TEMPÉRÉE ET DE SERRE CHAUDE

SOUS LE CLIMAT DE PARIS.

PLANTES FRUITIÈRES

DE SERRE TEMPÉRÉE ET DE SERRE CHAUDE

SOUS LE CLIMAT DE PARIS [1].

Notions préliminaires.

Nous ne saurions mieux faire, pour commencer, que de répéter ici ce que nous avons déjà dit dans les Notions générales pour les *Végétaux d'Ornement* (p. LXVI), d'après MM. Decaisne et Naudin. « Rien ne fait mieux comprendre, disent ces deux savants observateurs, l'influence de la chaleur souterraine, que le contraste observé entre la végétation du midi et celle du nord de la France. Tant qu'on ne tient compte que des températures atmosphériques, on ne s'explique pas ces différences. Comment comprendre, en effet, que 2, 3 ou 4 degrés de température moyenne annuelle en plus, suffisent pour rendre productive (en pleine terre) la culture de l'Olivier, du Jujubier, de l'Oranger, pour rendre possible celle de quelques Palmiers et de beaucoup d'autres plantes de provenance subtropicale? Tout cela néanmoins s'explique sans peine lorsqu'on se rappelle que le midi de la France, surtout aux alentours de la Méditerranée, est un pays riche en soleil, que le sol s'y échauffe fortement et profondément, et que, comme il est en même temps très-sec, la chaleur s'y conserve longtemps. Dans le Nord, en l'absence du soleil, le sol n'a guère en été que la température de l'air, c'est-à-dire

---

[1] Le nombre des plantes fruitières de serre s'augmente chaque année. Il doit être bien entendu que nous n'en donnons ici qu'une partie. La *Flore médicale, usuelle et industrielle du XIXe siècle* en mentionne beaucoup d'autres.

de 15 à 20 degrés centigrades, et cette température s'abaisse encore
par l'évaporation dont il est le siége, à la suite des pluies qui sont
fréquentes en cette saison. Les racines des plantes y trouvent donc
une chaleur totale incomparablement moins forte que dans le Midi,
et, sans méconnaître l'influence directe des rayons solaires sur les
parties aériennes des plantes, il est permis d'attribuer à cette température souterraine une partie notable de la supériorité des climats
du Midi sur ceux du Nord. »

Nous avons déjà dit ailleurs que les végétaux souffrent plus encore de la mobilité presque incessante de la température de certaines régions, que du froid lui-même. De là vient que les plantes
originaires de l'Amérique du Nord, où elles résistent à des hivers
très-rigoureux, ne peuvent supporter les transitions brusques si communes à la France, à l'Angleterre et à l'Allemagne, et qu'il faut des
moyens artificiels pour les garantir.

Nous avons encore dit (*Notions générales pour les Végétaux d'Ornement*, p. LXVII) qu'il ne fallait cependant pas croire que plus on
donne de chaleur à un végétal et plus on le soustrait aux agents extérieurs, plus sa croissance est rapide, plus ses produits en fruits ou
en fleurs sont abondants et beaux. Il faut consulter les nécessités
imposées par chaque végétal, et proportionner les soins qu'on lui
donne à ses exigences spéciales. Si on lui impose à la fois trop de
chaleur et d'abri, il s'étiole ou ne rend que des productions anormales. S'il ne perd pas toutes ses qualités dans cette atmosphère
étouffée, il devient si délicat que le moindre courant d'air, la plus
légère variation dans la température le font périr; on en fait un
être absolument artificiel.

De là vient que pour certaines plantes il faut la serre chaude,
que pour d'autres il faut la serre tempérée, et qu'il y en a auxquelles, même sous le climat de Paris, l'Orangerie et la serre froide
ou serre flamande suffisent.

Nous renvoyons aux *Notions générales* du volume consacré aux
Végétaux d'Ornement (pages LXX à LXXV) pour la description de ces
diverses serres.

PLANTES FRUITIÈRES DE SERRE

SOUS LE CLIMAT DE PARIS.

Ananas (Pl. XLVII, fig. 3).

Bromelia Ananas Lin., *Ananassa* Lindl., *Ananas* Tourn. (*Broméliacées.*) —
Vivace.

Ce fruit légumier, dont la patrie originaire n'est pas parfaitement connue, mais que l'on suppose être parti de l'Amérique méridionale, est dans tous les cas naturalisé aux Indes orientales et en Afrique. Aussi élégant que délicieux, il a été longtemps cultivé d'une manière assez irrationnelle pour n'avoir pas donné les produits qu'on en a obtenus depuis, tant pour la maturation que pour l'excellence de la qualité. Aujourd'hui nos jardiniers primeuristes sont arrivés à en faire un objet de commerce qui a acquis une importance remarquable.

Les Ananas se multiplient par œilletons, par couronne et par graines. On n'use guère de la multiplication par graines qu'en vue d'obtenir des variétés.

Pour élever les Ananas, il est indispensable, sous notre climat, d'employer des châssis et des coffres, de même que pour faire fructifier, il faut avoir une serre bien exposée, à une ou deux pentes, mais peu élevée, de telle sorte que les plantes soient très-rapprochées du vitrail.

Établissement des couches. C'est au commencement de mai qu'on établit les couches destinées à la culture des Ananas ; elles se com-

posent de proportions égales de fumier neuf et de fumier vieux, mé-
langées avec soin. On leur donne une épaisseur de 50 centimètres,
plus les coffres ; on charge la couche de 20 centimètres de terre de
bruyère, on garnit extérieurement les coffres de fumier, d'autant
plus neuf que la saison est plus froide, et l'on recouvre le tout de
panneaux.

Plantation. C'est en été, de mai à septembre, qu'on fait ses plantations avec le plus d'avantage ; car, en hiver, on ne tient aucun
compte des œilletons et des couronnes des Ananas. Les œilletons se
détachent à la base des pieds-mères ; on leur enlève quelques feuilles, on coupe net le talon (il en est de même des couronnes), et on
les plante sur la couche qui ne doit pas marquer plus de 35 degrés
centigrades, et qui doit être dans un état suffisant d'humidité. On
ne les enfonce pas à plus de 6 centimètres, et on les met à 15 centimètres de distance. Après la plantation, on bassine et on couvre
les châssis avec des paillassons pour faciliter la reprise des jeunes
plantes. Il ne faut pas craindre de leur donner des mouillages.

Au bout d'une quinzaine de jours, temps suffisant pour que les
plantes soient enracinées, on donne de l'air et on ombre de moins
en moins jusqu'à ce qu'elles n'aient plus rien à redouter de l'influence de la lumière.

Vers la mi-octobre, on prépare une nouvelle couche à laquelle
on mêle au moins moitié de feuilles d'arbres, et qu'on recouvre
de tannée, de sciure de bois ou de mousse au lieu de terre. Quand
la chaleur est à 30 degrés, on procède à la transplantation, opération qui a lieu dans les premiers jours de novembre.

Transplantation. On arrache les plants avec précaution, en leur
laissant une petite motte ; on enlève quelques feuilles à la base,
puis on les met dans des pots proportionnés à leur force, et dont le
diamètre est de 10 à 15 centimètres ; on les enfonce dans la
tannée par rang de taille, c'est-à-dire qu'on place les plus grands
dans la partie la plus élevée des coffres ; attention dont on comprend la nécessité. Après la plantation, on tient les châssis fermés
pour faciliter la pousse des nouvelles racines ; on entoure les coffres
de réchauds qu'on remanie suivant les besoins, afin d'entretenir

toujours la température intérieure à 15 ou 20 degrés, et l'on couvre de paillassons.

Pour faire passer l'hiver à ses Ananas sans qu'ils aient rien à redouter de la rigueur du froid, on fait à la mi-décembre une nouvelle couche composée de 2/3 feuilles et 1/3 fumier bien mélangés, et à laquelle on donne une épaisseur plus considérable ; on les charge de tannée et y transporte ses plantes par un beau jour.

Arrosements. En hiver, on arrose les plantes avec ménagement, car il faut éviter d'en mouiller le cœur, dans la crainte d'engendrer la pourriture ; puis l'eau destinée aux arrosements doit s'être réchauffée dans un endroit abrité et dont l'atmosphère soit tiède.

Tous les soins consistent à renouveler ou remanier les réchauds pour conserver à l'intérieur des coffres une température de 12 à 18 degrés, et l'on continue de couvrir de paillassons pour empêcher le froid de pénétrer. On ne découvre que quand il fait du soleil ou qu'il ne gèle pas.

Au mois de mars, on établit des couches nouvelles, composées comme les précédentes ; on place dessus des coffres de 90 centimètres par derrière, et de 75 par devant ; on les recouvre de 25 centimètres de terre de Bruyère ; on pose les châssis, on les entoure de fumier sec ou de feuilles, et quand la température est tombée à 35 degrés, ce qui a lieu environ un mois après, on plante ses Ananas au printemps, à 12 Ananas par châssis. On comprend qu'il faut procéder à cette transplantation avec un soin minutieux. Il faut enlever le plant en motte, après avoir détaché de sa base quelques feuilles destinées à faciliter la production de nouvelles racines ; puis on dépose la plante dans un trou où on l'affermit par une pression modérée, et on la recouvre de quelques centimètres de terre. Tout le sol de la couche doit être couvert de paille, pour empêcher l'eau des arrosements de battre la terre et de retomber le long du coffre, sans profit pour la végétation. On termine cette opération par un copieux bassinage, et cette fois on ne couvre pas les châssis.

Tous les soins consistent à arroser pour empêcher la terre de se dessécher, et à bassiner ses plantes fréquemment. L'aération, si nécessaire à la végétation, est subordonnée à l'état de la température extérieure et intérieure, ce dont avertira un thermomètre placé dans les coffres ; règle générale, on donnera de l'air dès que le température s'élèvera à 30 degrés, et la quantité d'air sera proportionnée à la température. Dans les chaudes journées d'été, on ouvrira les châssis de 50 centimètres, depuis huit heures du matin jusqu'à quatre heures du soir, et l'on donnera les bassinages pendant que les châssis sont ouverts. Au bout d'une année, les plants traités de cette manière pourront porter fruit l'année suivante.

Au commencement du mois d'octobre, on prépare une couche de 50 centimètres d'épaisseur, composée de feuilles et de fumier mélangés, et on les couvre de 25 centimètres de tannée. On enlève les plantes avec précaution, c'est-à-dire qu'on prend garde de briser les racines ; on enlève quelques feuilles, puis on les met dans des pots de 20 centimètres de diamètre, qu'on plonge dans la tannée et on les traite comme les boutures étouffées pendant une quinzaine de jours ; on les ombre le jour pour les garantir de l'action dévorante du soleil, et pendant les nuits on les couvre de paillassons pour les garantir du froid. Quand on les arrose, on a soin de ne pas verser d'eau dans le cœur, ce qui produirait infailliblement de la pourriture. Lorsque les plants sont repris, on les met dans la serre à fruits, et on les place en pleine terre dans une bâche chauffée en dessous par les tuyaux-gouttières du thermosiphon. On fait arriver dans le sol de la vapeur d'eau pour entretenir la terre à une température de 25 à 30 degrés.

On commence à planter en janvier ou dans les premiers jours de février, et l'on choisit pour cela les plus beaux plants de deuxième année, levés de la pleine terre dans le mois d'octobre précédent. On prépare la bâche, en mettant sur le plancher des détritus de racines et de tiges de Bruyère, qu'on recouvre de 25 centimètres de terre de Bruyère ; on chauffe pendant deux jours, puis on plante ses Ananas à 80 centimètres de distance entre eux et sur des rangs espacés de 50 centimètres. On a soin d'enlever quelques feuilles pour faciliter la production de nouvelles racines. Les autres soins consistent à maintenir la chaleur du sol à 25 ou 30 degrés, et celle de l'atmosphère de 15 à 20.

On bassine trois fois par jour avec une seringue à trous fins, pour favoriser le développement des plantes avant qu'elles marquent.

Vers la mi-mai, les plus précoces marquent fruit, et mûrissent dans l'espace d'un mois à six semaines. Les autres se succèdent sans interruption jusqu'en septembre et même jusqu'en décembre. Il faut pour cela en cultiver plusieurs variétés, afin que les fruits ne mûrissent pas en même temps.

On peut, à mesure qu'on récolte, remplacer les Ananas qu'on arrache par des plants conservés en pots; il faut avoir soin de renouveler la terre dans un espace de 25 à 30 centimètres. On peut aussi prendre pour cela des plants levés en motte, sous les châssis où se trouvent les sujets de première année. Une douzaine de châssis suffisent pour récolter dans une année de 80 à 100 Ananas.

On écrase la Cochenille qui attaque l'Ananas à l'aide d'une petite spatule de bois, on brosse les feuilles ou on les lave avec de l'eau et du savon noir.

De la culture des Ananas sans feu. Il est des horticulteurs qui ont trouvé le moyen de cultiver les Ananas d'une manière moins dispendieuse. Tel était M. Heynderycx, de Destelberghen, près de Gand. On fait creuser une fosse d'environ 70 centimètres de profondeur, sur une largeur de 50 centimètres et une longueur de 5 mètres. La terre est remplacée par 30 centimètres de feuilles sèches, recouvertes d'une couche de fumier neuf de semblable épaisseur. On place sur cette sorte de couche un coffre ayant 1 mètre 70 centimètres sur le derrière, et 1 mètre 25 centimètres par devant, et l'on achève de charger la couche de 50 centimètres de terreau. Les Ananas sont plantés à nu dans ce terreau. D'un côté, sont les pieds d'un an, de l'autre ceux à fruit, qui mûrissent sans autre chaleur que celle du fumier placé sous le terreau, et qui ne sert qu'à favoriser la végétation dans les premiers temps; car, pendant deux années, les Ananas portant fruit sont restés sans être dérangés.

Quand la récolte est faite, on renouvelle la couche et l'on plante les jeunes pieds qui ont déjà passé un an en pot.

Il faut donc pour cette culture économique un an en pot et deux ans en plein terreau; en tout trois ans et même trois ans et demi.

Le coffre est garanti à l'extérieur par un revêtement épais, composé de feuilles sèches et de gazons.

Pendant les gelées, on couvre les châssis avec des planches, ou, à leur défaut, avec d'épais paillassons.

Une autre méthode était également suivie chez le même amateur; il cultivait des Ananas dans une bâche froide, protégée extérieurement par du terreau de feuilles. Ces plantes étaient dans des pots percés latéralement, sur trois points, de trous en forme de croix, et le fond du pot était percé d'un trou plus large qu'à l'ordinaire, pour permettre la sortie et le développement des racines. Le terreau du fond de la bâche était préparé depuis trois ans, et les plantes se mettaient à fruit de deux à quatre ans.

La bâche avait 12 mètres de longueur, 3 de largeur, et contenait sept rangées d'Ananas disposés en quinconce par rang de taille.

Ces cultures ont prouvé que les plants venus de couronnes ne portent fruit que la troisième année, tandis que ceux provenant des œilletons fructifient quelquefois au bout de dix-huit mois. Au reste, le développement du fruit est toujours en rapport avec l'âge du plant, et s'il porte à dix-huit mois, le fruit est plus faible.

Autre méthode pour cultiver les Ananas sans feu. Dans le printemps de 1846, M. Barnes commença à cultiver les Ananas sans feu, dans une bâche remplie d'une couche tiède de feuilles. Les Ananas y prirent un grand développement, et restèrent exposés à l'air libre jusqu'à l'arrivée des premiers froids. Alors les panneaux de la bâche furent replacés, et la couche fut renouvelée de manière à entretenir une température suffisante pour empêcher la gelée d'y pénétrer. Au printemps suivant les pots contenant les Ananas, qui presque tous avaient fleuri ou étaient sur le point de fleurir, furent enterrés dans une plate-bande au pied d'un mur au midi; cette plate-bande avait été défoncée, et l'on avait remplacé la terre par des feuilles fortement tassées qui remplissaient tous les intervalles existant entre les pots.

Les Ananas, ainsi traités, végétèrent aussi bien qu'on pouvait le désirer, quoique moins vite que dans la bâche fortement chauffée. Ceux qui étaient le plus avancés au commencement de la belle saison, donnèrent au mois de septembre des fruits aussi mûrs et d'aussi bonne qualité que les Ananas chauffés. Leur poids varie de 2 à 3 kilogrammes. L'expérience fut continuée en 1848 : M. Barnes mit également en plein air, au mois de mai, des Ananas qu'il avait fait hiverner sans feu et qui venaient de fleurir. L'été de 1848 fut peu favorable, les pluies furent presque continuelles dans le comté de Devon ; dans les premiers jours de juillet, il y eut des nuits très-froides, la température descendit au-dessous de zéro, et M. Barnes trouva de la glace dans son jardin. Les Ananas n'en mûrirent pas moins ; seulement, leur poids moyen resta un peu au-dessous de celui des Ananas cultivés de la même manière l'année précédente. Dans les premiers jours de septembre, il survint des gelées blanches assez fortes pour faire périr les Balsamines, et quelques plantes un peu délicates. Les Ananas ne parurent pas en souffrir, ceux dont le fruit avait été cueilli et livré à la consommation donnèrent un grand nombre de rejetons très-vigoureux, employés immédiatement pour la multiplication ; ils ont produit, toujours sans feu et avec la seule chaleur d'une couche de feuilles, des plantes vigoureuses qui ont été réservées pour la saison de 1856.

Les Ananas de M. Barnes ont été comparés avec des Ananas venus directement des îles Lucayes, où cette plante croit naturellement ; ils leur ont été trouvés supérieurs, sinon en volume, du moins en qualité.

VARIÉTÉS CULTIVÉES.

Ananas de la Martinique, ou commun, à feuilles panachées de jaune.
—   —   à feuilles panachées de jaune et à fruit rose.
—   —   à feuilles panachées de blanc.
—   —   à feuilles lisses (plante recommandable par la qualité de son fruit).
—   Comte de Paris, variété de l'Ananas martinique (plante dont le port et le fruit ressemblent en tout au commun, mais venant beaucoup plus gros et d'une culture plus facile, parce qu'il produit beaucoup moins d'œilletons).
—   de la Providence (très-long, fruit rond).
—   —   à feuilles lisses ou Providentia magna.
—   de Cayenne, à feuilles lisses, ou Maïpouri (l'un des meilleurs de ce pays, gros fruit pyramidal).
—   —   à feuilles épineuses.
—   —   Neuman.

Ananas de Cayenne, Charlotte-Rothschild.
   —   de la Jamaïque, noir.
   —   —   violet (plante remarquable par la couleur de ses feuilles et de son
                  fruit, qui atteint toujours 30 centimètres de hauteur).
   —   —   à feuilles lisses (variété du précédent, à fruit pyramidal, couleur
                  bronze, très-gros).
   —   —   aurore.
   —   de Java, à feuilles rayées.
   —   —   à feuilles lisses.
   —   —   à feuilles épineuses.
   —   de Saint-Domingue, en pain de sucre (beau port et beau fruit).
   —   de Sumatra (fruit rond, blanc à la maturité).
   —   de Malabar (gros fruit, cylindrique).
   —   d'Antigoa, noir (gros fruit rond).
   —   —   vert (gros fruit, première qualité).
   —   —   blanc (gros fruit rond).
   —   —   (variété de l'Antigoa, à fruit jaune orangé).
   —   de la Havane, doux, à feuilles lisses, à fruit vert.
   —   —   doux, à feuilles lisses, à fruit rose.
   —   —   en pain de sucre (très-gros fruit).
   —   du Brésil, à feuilles épineuses.
   —   —   à feuilles lisses (fruit pyramidal).
   —   demi-épineux, couleur paille.
   —   —   couleur orange.
   —   de Sainte-Lucie (gros fruit cylindrique; feuilles épineuses).
   —   du Mont-Serrat (l'un des plus gros fruits).
   —   de la Trinité (gros fruit pyramidal).
   —   d'Otaïti (gros fruit rond).
   —   —   à feuilles lisses.
   —   de la Guadeloupe, à feuilles lisses (gros fruit rond).
   —   —   variété dite dans le pays *Gros Cœur* (gros fruit à chair jaune).
   —   Duchesse d'Orléans (fruit en pain de sucre).
   —   Enville (fruit en pain de sucre très-gros).
   —   Pelvillain (gros fruit pyramidal).
   —   Prince d'Esling (gros fruit cylindrique).
   —   Gontier (gros fruit cylindrique).
   —   Princesse royale (fruit pyramidal, à grains saillants).
   —   Hémisphérique (gros fruit).
   —   Roi (plante dont le port et la couleur semblent faire une espèce : feuilles lisses d'un
              vert clair; gros fruit cylindrique).
   —   Pain de sucre brun.
   —   à feuilles rayées, brun.
   —   couleur bronze.
   —   poli blanc (fruit pyramidal).
   —   Pomerel (gros fruit cylindrique).
   —   Reine Barbude (gros fruit mi-sphérique).
   —   Reine Pomaré (belle plante qui ressemble par son port à l'Enville; gros fruit de la
              forme et de la saveur de l'Ananas commun).
   —   Reine des fruits (plante à feuilles lisses et à gros fruit).
   —   Princesse de Russie.
   —   Princesse d'Essling (gros fruit pyramidal).
   —   Madame Gontier (variété de l'Enville, à gros fruit pyramidal).

Avocatier, Laurier-avocat, Poirier-avocat.

Laurus persea Lin.; *Persea gratissima* Gærtner fils. (*Laurinées.*)

L'Avocatier est un bel arbre, de 12 à 15 mètres de hauteur, qui croît spontanément dans l'Amérique tropicale, et que l'on cultive avec profusion aux Antilles et dans quelques îles de la mer des Indes, à cause de son beau port et de l'excellence de son fruit. Son tronc grisâtre, crevassé, d'un bois blanc et tendre, soutient une vaste cime dont les branches sont anguleuses, couvertes dans leur jeunesse de poils blancs et cotonneux. Ses feuilles, qui ont de 10 à 20 centimètres de longueur sur 5 à 8 de largeur, sont rapprochées les unes des autres à l'extrémité des jeunes rameaux, elliptiques, acuminées, vertes et lisses en dessus, blanchâtres en dessous. Ses fleurs, hermaphrodites et réunies en petites grappes axillaires, se composent d'un calice à 6 divisions et de 12 étamines disposées sur deux rangs. Le fruit qui leur succède et qui renferme un noyau très-gros, ovoïde, inégal, est gros, pyriforme, allongé, longuement pédonculé; sous une sorte d'écorce mince, mais résistante, d'abord verdâtre, puis d'un violet pourpre à parfaite maturité, il présente une pulpe abondante, grasse au toucher, d'une consistance butyreuse, très-fondante, sans odeur, d'une saveur particulière approchant de celle de la Noisette et de l'Artichaut.

Les fruits de l'Avocatier, connus aux colonies sous le nom de *Poires avocates*, se mangent ordinairement en hors-d'œuvre, coupés en tranches comme les Melons et assaisonnés d'un peu de sel. Les Européens qui mangent pour la première fois de ces fruits si estimés des Américains, les trouvent fades, y ajoutent du sucre, et les assaisonnent avec du Citron ou des aromates; mais peu à peu ils s'y accoutument et les recherchent autant que les colons.

Sous le climat parisien et dans le Nord, l'Avocatier exige la serre chaude.

Bananier.

Musa Lin. (*Musacées.*)

Les Bananiers passent pour être originaires de la partie de l'Asie méridionale que l'on connaît, en géographie botanique, sous la dénomination de région des Musacées et des Scitaminées. On suppose que c'est de là qu'ils ont passé en Afrique et en Amérique.

Ce ne sont point des arbres, comme on le croit vulgairement en Europe : ce sont des plantes herbacées, vivaces seulement par leurs drageons, et dont les tiges périssent aussitôt qu'elles ont donné leurs fruits. Ils ont une analogie remarquable avec les plantes de la famille des Liliacées : un plateau charnu, semblable à un bulbe, émet des racines fibreuses en dessous et des feuilles en dessus ; ces feuilles, longues de 2 à 3 mètres sur 60 à 80 centimètres à peu près de large, se succèdent rapidement ; leurs pétioles qui s'engaînent les uns dans les autres, forment une sorte de tige atteignant de 3 à 5 mètres de hauteur. Elle est traversée, dans son centre et dans toute sa longueur, par une hampe qui naît sur le milieu du bulbe, et va sortir au sommet, à côté de la feuille terminale ; là, cette hampe se recourbe, se penche vers la terre, et se termine par une espèce de grappe, nommée *régime*, portant les fleurs. Les caractères botaniques sont : feuilles pourvues d'un long pétiole élargi, entières et roulées en cornet à leur naissance, d'un vert tendre, lisses et comme satinées en dessus, marquées, surtout en dessous, d'une grosse nervure ou côte médiane, de laquelle partent un grand nombre de nervures transversales très-fines et parallèles ; fleurs jaunâtres, grandes, réunies plusieurs à l'aisselle de spathes ou bractées colorées, disposées en un long spadice solitaire et pendant ; fruits à peu près triangulaires, longs, jaunâtres, terminés en pointe irrégulière à leur sommet (Pl. XXIX, fig. 1), à chair épaisse, un peu pâteuse, disposées en longues grappes ou *régimes,* ayant chacun 3 loges qui contiennent un grand nombre de graines, lesquelles avortent toujours dans les variétés à fruits comestibles.

Dans les climats chauds, toutes les évolutions du Bananier s'accomplissent en un an ou dix-huit mois, et la plante périt, comme on l'a dit, quand ses fruits sont mûrs ; mais dans nos serres il n'en est pas ainsi, et l'on y a vu des Bananiers vivre plus de douze ans.

Les fruits de ces plantes sont plus ou moins estimés suivant les espèces. La *Figue banane, Bacove, Banane courte,* qui est produite par le *Bananier – Figuier* ou *Bananier des sages* (*Musa sapien-tium* Lin.), ainsi appelé de ce que les sages Hindous vont, dit-on, philosopher sous son ombrage, figure avec distinction au dessert sur la table des riches colons; sa chair est délicate, molle, fraîche, excellente; elle n'a besoin d'aucun assaisonnement et on la mange toujours crue. Au contraire la Banane longue, produite par le Ba-nanier du Paradis (*Musa Paradisiaca* Lin.), appelé aussi Plantanier, Figuier d'Adam, est généralement abandonnée aux pauvres et aux nègres; elle demande à être cueillie un peu avant sa maturité, c'est-à-dire au moment où sa couleur, d'abord verte, commence à passer au jaune; une peau un peu rude recouvre une chair molle, d'une saveur douce et agréable; on la mange rarement crue; on la fait cuire au four ou sous la cendre, ou dans l'eau avec de la viande salée; ainsi préparée, la Banane longue est très-sucrée, très-nour-rissante, d'une facile digestion; quelquefois, après l'avoir pelée, on la coupe en longues tranches qu'on enveloppe d'une pâte légère et qu'on fait frire comme des beignets.

On cultive le Bananier des sages et le Bananier Paradis, ainsi que leurs variétés, dans les serres d'Europe, quoique leur dévelop-pement gigantesque y ait fait un peu renoncer.

Le Bananier des Troglodytes (*Musa Troglodytarum* Lin.; *Musa uranoscopus* Rumph) qui croît aux Moluques, donne des fruits petits, irrégulièrement tachés de rouge et striés de noirâtre.

Le Bananier de la Chine (*Musa sinensis* Sweet.), celui qui convient le mieux à nos serres, parce qu'il n'atteint guère plus de 2 mètres de hauteur, et que ses fruits y mûrissent très-bien, donne des fruits excellents, petits, qui ressemblent assez à des Poires de Beurré bien mûres. On peut obtenir d'une seule plante jusqu'à 300 fruits par ré-gime, en la cultivant en saison, c'est-à-dire à une époque où elle ait le temps de fleurir avant les froids.

Les Bananes vertes contiennent beaucoup de fécule; mûres, elles n'offrent plus que du sucre, mais en telle abondance, que sous ce rapport elles le disputent à la Canne et à la Betterave. Elles ne peu-vent se garder longtemps, et pour les conserver on a imaginé de les couper en tranches minces et de les faire sécher. Quelquefois on les râpe après les avoir dépouillées de leur peau ; on les met à la presse, et on les fait cuire ensuite dans une poêle, à la manière du Manioc. Ce procédé les convertit en une farine longtemps saine et bonne, de laquelle on peut faire une bouillie agréable et nourrissante. Le cœur du Bananier, nommé *diantong,* se prépare comme un légume. Les feuilles du Bananier, quoique fragiles et souvent déchiquetées par les vents, servent à couvrir les habitations du pauvre dans les pays où il croît en pleine terre. On utilise, en les filant, les fibres extrèmement ténues qui composent en grande partie le pétiole des feuilles, et l'on en forme des tissus très-fins, connus sous le nom de *Nipis.*

Les plantations en grand de Bananiers ou les Bananeries s'établissent ordinairement dans les terrains frais et ombragés, sur le bord des rivières, des ruisseaux, des ravins, au fond des vallées les plus profondes, pour les préserver des ouragans qui les renversent et les déracinent. On plante les pieds à 2 ou 3 mètres de distance en tous sens, et, une fois arrivés à un certain degré de force, ils ne demandent aucun soin.

Il n'en est pas de même dans nos serres où ils sont l'objet d'une culture particulière.

Le Bananier du Paradis, le Bananier des sages et le Bananier de la Chine se multiplient par œilletons, que l'on plante dans une terre composée des débris de la terre épuisée en partie par les Ananas, à laquelle on mêle une certaine quantité de terreau neuf pour lui rendre des principes nutritifs. La profondeur du sol doit être d'environ 40 centimètres, la température ambiante de 18 à 20 degrés centigrades, et celle du sol de 25 degrés, en faisant côtoyer ou parcourir la bâche, dans la partie inférieure, par les tuyaux d'un thèrmosiphon, appareil très convenable pour ce genre de culture, car il élève jusqu'à 30 degrés la température de la terre. L'appareil à air chaud de M. Delaire convient surtout pour cette culture, qui exige plutôt une température soutenue qu'élevée. Pour obtenir des fruits mûrs dans l'espace d'une année, et même de dix mois, il faut prendre des œilletons robustes et déjà assez développés, les mettre en terre au mois de février ou de mars, donner des arrosements quand le sol tend à se dessécher, et des bassinages pour entretenir l'atmosphère dans un état constant d'humidité. Le Bananier fleurira vers le mois de septembre et donnera des fruits en février. On peut, en culture artificielle, planter à toutes les époques et compter un an entre la mise en terre et la récolte; mais l'époque ci-dessus indiquée est la plus favorable. Il vaut mieux que la température extérieure soit élevée au moment où le Bananier forme son régime.

Cactier opontie (Pl. LI, fig. 5).

Cactus opuntia Tourn. (*Cactées.*) — Vivace.

Les plantes appelées Cactées à cause de la ressemblance plus ou moins exacte de leurs fleurs avec celles du Chardon épineux (*Carduus ferox*), qui croît abondamment en Sicile, et parce que Théophraste avait employé le mot *cactos* (κάκτος) pour désigner une plante armée d'aiguillons dont la piqûre est susceptible d'exciter une douleur brûlante, sont toutes originaires de l'Amérique, où elles habitent surtout entre les tropiques, quoiqu'elles s'avancent dans les régions tempérées jusqu'au 49° degré de latitude boréale, et au 30° de latitude australe. Elles ne craignent néanmoins pas trop le froid, puisqu'on les rencontre sur les hautes montagnes presque à la limite des neiges éternelles. Il en est même une espèce, celle qui fait plus spécialement l'objet de cet article, qui s'est répandue et naturalisée dans toutes les contrées méditerranéennes, à ce point que plusieurs auteurs ont prétendu, mais sans preuves, qu'elle en était indigène. On ne saurait se faire une idée exacte, même dans les plus belles serres, des formes étranges des Cactées, quand on ne les a pas vues dans leur pays natal. Sous les tropiques, elles rivalisent en hauteur, en puissance, avec les végétaux les plus robustes, les arbres les plus élevés.

Une espèce devenue très-rustique en Europe, qui prospère à 325 mètres au-dessus du niveau de l'Océan, sur la montagne de Toringos, dans l'île de Madère, que l'on rencontre sur tous les rivages de la Méditerranée et sur les roches maritimes de nos départements des Alpes-Maritimes, du Var, des Bouches-du-Rhône, de l'Hérault, de l'Aude et des Pyrénées-Orientales, c'est le Cactier en raquette ou Cactier opontie (*Cactus opuntia* ou *opuntiacus*), dont on connaît chez nous plusieurs variétés. Il s'élève à 3 mètres, et même jusqu'à 6 à 7 mètres, sur le littoral méditerranéen. Au Mexique, il atteint quelquefois plus de 20 mètres de hauteur. La tige, d'un vert glauque, se compose d'un grand nombre d'articulations ou raquettes ovales, plus ou moins épaisses, portant des épines grêles et roides comme des soies de sanglier, rousses, disposées par petits paquets autour desquels sont trois, quatre et cinq aiguillons solides, aigus, tantôt étalés en étoile, tantôt en houppe, très-dangereux par leurs piqûres. Du centre de ces défenses sort une fleur solitaire, inodore, jaune; les premières fleurs commencent à s'épanouir en avril, les autres se succèdent jusqu'au mois de juin. En août apparaît un fruit succulent, bon à manger, quoique un peu fade, que l'on a vulgairement appelé, à cause de sa forme, *Figue d'Inde,* ou *Figue de Barbarie.* On peut aussi manger, à la manière des Asperges, la fleur et les bourgeons du *Cactier opuntie,* quand ils ont de 27 à 54 centimètres de hauteur. Dans le sud de l'Italie, les bœufs se nourrissent volontiers des enveloppes du fruit; les chèvres et les moutons mangent les articles de la plante, coupés par tranches et dépouillés de leurs épines. On se sert quelquefois de ces mêmes articles à la place de cantharides et de sinapismes, et, dans quelques pays, on les regarde comme un spécifique contre les affections goutteuses et rhumatismales; dans l'île de Minorque on les emploie en cataplasmes, pour les dysenteries et autres inflammations. Le *Cactus opuntia* a la propriété d'engraisser, au bout de dix-huit à vingt ans, le sol qui l'a porté. On en forme des haies impénétrables autour des habitations. On l'emploie à chauffer les fours. A l'état ligneux, il sert, en ce même état, aux naturels de quelques parties du continent américain, et, dans certaines des Antilles, à faire des planches, des rames, des assiettes, etc.

Le *Cactus cochenillifer* (dont on trouve la représentation dans l'Atlas de nos *Plantes agricoles et forestières*), nourrit la galle-insecte ou cochenille, qui fournit la couleur écarlate.

Le Cactus opuntie est la seule espèce de Cactées qu'on puisse cultiver pour ses fruits. Les Siciliens mangent beaucoup de ceux-ci soit à l'état frais, soit à l'état sec. Le seul inconvénient du fruit de

Cactus est d'être couvert d'épines d'une extrême petitesse, qui entrent dans la peau et causent des démangeaisons fort incommodes. Il faut une certaine précaution pour les manger. Leur chair est jaune et contient un grand nombre de graines; elle a la propriété de colorer l'urine en rouge.

A l'état indigène ou de naturalisation, presque tous les Cactiers croissent dans les forêts ou sur les rochers, d'autres sur le tronc des vieux arbres; ils demandent les rayons directs du soleil et redoutent l'humidité.

Tous les Cactiers se multiplient de boutures que l'on enfonce de 8 centimètres dans le sol. On les arrose légèrement pour que la terre presse la bouture de toutes parts, et l'on ne donne ensuite que rarement de l'eau, jusqu'à ce que la plante nouvelle soit enracinée, ce qui se reconnaît aux pousses qu'elle commence à former. Dans nos serres, cette évolution a lieu après trente à quarante jours.

La maturation du fruit du Cactier opontie exige, sous le climat parisien, l'abri d'une serre tempérée.

Carambolier, Averrhoa.

Averrhoa carambola Lin.; *Averrhoa Bilimbi* Rumph. (*Oxalidées.*)

Le Carambolier ou l'Averrhoa, qui tire ce dernier nom du célèbre médecin arabe Averrhoès, est un arbre élégant, petit, originaire des Indes orientales, qui présente les caractères suivants : feuilles alternes, composées, imparipennées, à folioles ovales, lancéolées, très-entières; fleurs peu remarquables, disposées en grappes paniculées, terminales; calice persistant à la base du fruit qui est une baie allongée, d'un beau jaune, exhalant un parfum très-agréable, marquée de cinq angles saillants, correspondant à autant de loges renfermant chacune de 2 à 5 graines, dont l'embryon, dressé au milieu d'un albumen charnu, offre une radicule courte et des cotylédons comprimés. Ce genre ne comprend que deux espèces. Le Carambolier fleurit de juillet en septembre, et se charge trois fois par an de fruits qui continuent de grossir depuis le moment où ils nouent jusqu'à leur maturité. La moyenne de son existence est de cinquante ans, et c'est à partir de sa troisième année qu'il fructifie. Il a donné des fruits, pour la première fois, en Angleterre, dans les serres de M. Bateman. Le vase qui le contient demande à être enterré ; mais il ne faut pas que ce soit dans une tannée soumise à l'action de la chaleur. Sa culture est simple et facile. Ce serait peut-être de tous les arbres des Indes orientales celui qui fructifierait le plus volontiers chez nous.

Corossole, Anone.

Anona Lin. (*Anonacées.*)

Le Corossole, Corossolier, Sapadille, ou Anone, dont on trouve la figure dans l'Atlas de la *Flore médicale du XIX° siècle*, est un petit arbre ou un arbrisseau des régions tropicales de l'ancien et du nouveau monde. Sa tige est couverte d'une écorce brune. Ses feuilles sont alternes, longues et larges, ovales-lancéolées, pointues, entières, lisses, d'un vert sombre et luisant, persistantes, à l'aisselle desquelles se trouvent des bourgeons d'un jaune orange. Les fleurs, grandes, vertes au dehors, jaunes au dedans, odorantes, se succédant pendant toute l'année, sont portées par des pédoncules solitaires. Le fruit est très-gros, charnu, en forme de cœur, couvert d'une écorce mince, vert-jaunâtre, hérissée de pointes molles ; il renferme des graines ovoïdes à test coriace et crustacé. On peut manger tous les fruits du genre *Anona ;* mais on recherche surtout ceux de l'*Anona muricata*, vulgairement Corossol à fruits hérissés, Cachiman épineux, Cachimentier, fruits en cœur, verts, hérissés de pointes molles, pesant jusqu'à 4 kilogrammes, d'un goût délicat et parfumé ; ceux de l'*Anona cherimolia* ou *Anona tripetala*, vulgairement Corossol du Pérou, Cherimolier, qui ont la grosseur d'une forte Pomme, et dont la saveur est délicieuse ; ceux de l'*Anona squamosa*, vulgairement Corossol à fruit écailleux, Pomme de sucre, Pomme de Cannelle, Hattier, Attier, Alocire, Alte, Halte, qui sont d'un goût relevé par un parfum d'Ambre et de Cannelle.

Les Anonacées ne réussissent guère dans le midi de la France, mais on en a vu croître et fructifier en plein air dans le sud de l'Espagne. En Angleterre on a essayé d'en cultiver quelques individus à l'air libre, à chaude exposition, le long d'un mur; mais c'était simplement une fantaisie d'amateur.

C'est, en réalité, sous nos climats, une plante de serre chaude.

On multiplie le Corossol par des boutures faites de rameau aoûté et par des semences : il faut que ces semences soient fraîches et stratifiées. Les boutures reprenant lentement, on préfère le semis qui produit des plantes susceptibles de fructifier au bout de trois ou quatre ans. Il faut aux Corossols une bonne terre franche mêlée de terre de Bruyère, et une température de 12 à 20 degrés centigrades.

Chrysobalane.

Voyez plus loin *Icaquier*.

Eugénie ou Eugenia de Micheli, Cerisier de Cayenne.

Eugenia Micheli Lamk; *Eugenia uniflora* Lin. (*Myrtacées.*)

Les Eugenia forment un genre établi par Micheli pour des arbres et des arbrisseaux de l'Asie et de l'Amérique tropicale, à feuilles opposées, stipulées, pellucido-ponctuées, très-entières; à fleurs sessiles à l'aisselle des feuilles, ou pédonculées, solitaires ou en cymes, bibractéolées, blanches; baies noires ou rouges.

L'Eugénia de Micheli, appelé aussi Roussaille, Cerisier de Cayenne, qui est l'espèce la plus connue, est cultivée pour ses bons et beaux fruits aux colonies françaises des Antilles et de la mer des Indes. Il est aussi l'objet de soins persévérants en Algérie, où il devra réussir puisqu'il n'exige qu'une température moyenne.

Avec cette température, il demande un sol doucement pénétré de la chaleur, mais pas de manière à dessécher la terre. Il ne lui faut jamais plus de 20 degrés centigrades et moins de 15. Pendant la végétation, il demande de l'eau en abondance et des bassinages quand le temps est beau. On cesse d'en faire pendant la floraison et quand le fruit noue; mais on les reprend dès que le fruit commence à grossir. Pendant la période de maturation, on mouille l'arbre le moins possible et on lui donne beaucoup d'air chaque jour, ce qui aoûte complétement les fruits.

La multiplication se fait de semences, de boutures et de marcottes.

Observations. L'*Eugenia ugni* est une petite espèce, à fruit délicieux, mais qui n'est pas plus gros qu'un grain de raisin. Cette espèce, d'introduction assez récente, est de simple serre froide.

Euphoria.

Euphoria Comm. (*Sapindacées.*)

Le genre Euphoria est originaire de l'Asie tropicale et produit des fruits fort estimés.

On a obtenu des produits abondants de l'*Euphoria-Longana,* ou Longan et Long-Yen, arbuste de 7 à 9 mètres, cultivé en Chine de temps immémorial pour son fruit, qui est de la grosseur d'une Prune moyenne, de couleur brune et à écorce réticulée; à pulpe incolore et semi-transparente; le centre occupé par un noyau dont la grosseur diffère suivant les variétés; la saveur en est douce, légèrement acide et fort agréable, surtout dans les climats chauds. Il a fructifié en Europe d'une manière parfaite dans des serres disposées pour l'éducation des arbres à fruits tropicaux.

L'*Euphoria-Litchi* ou simplement le Li-tchi, est un arbuste de 5 à 6 mètres, à fruits disposés en panicules, oblongs, réticulés, rouges à l'époque de la maturité, du volume d'une grosse Prune, à pulpe transparente et à gros noyau. Lorsque ces fruits sont bien mûrs, ils sont, dit-on, supérieurs à ceux du Mangoustier; le goût en est à la fois doux et acide. On les fait sécher comme des Pruneaux, et les Chinois s'en servent pour édulcorer le thé.

L'*Euphoria Nephelium,* vulgairement le Ramboutan, originaire des Indes orientales, donne un fruit ordinairement géminé, inférieur, comme qualité, à ceux des deux premières espèces.

La culture des Euphoria n'est pas difficile. Elle doit se faire en serre chaude, sous notre climat. Il leur faut beaucoup d'eau pendant la végétation, peu pendant la période de repos. On peut les planter en pots ou en caisses, mais mieux entre des planches renfermant de la terre légèrement sablonneuse, et dont les éléments ne soient pas trop divisés, mais plutôt en morceaux assez gros. Le drainage est, pour ces plantes, une opération de la plus haute importance, pour empêcher que les racines ne souffrent de la stagnation de l'eau ; c'est pourquoi il faut mettre un grand nombre de tessons au fond des caisses où on les cultive.

L'exposition est une des premières conditions du succès de la culture des Euphoria. Il importe qu'ils ne soient pas plantés à l'ombre d'autres arbres qui les priveraient des rayons du soleil. Il convient de les placer, dans les serres, de manière à ce que ces rayons frappent dessus obliquement durant la chaleur du jour.

On multiplie les Euphoria de boutures de rameaux aoûtés, et tenues étouffées.

Glycosme.

Glycosmis Corr. (*Aurantiacées* ou *Hespéridées*.)

Les Glycosmes appartiennent à la famille des Aurantiacées ou Hespéridées, et ont été rangés par Endlicher dans la section des Limonées, dont les caractères généraux sont : étamines doubles des pétales, un seul ovule ou deux ovules collatéraux. On cultive depuis longtemps dans nos serres ces arbustes qui pourraient être autant d'utilité que d'agrément. Ils se recommandent par l'abondance de leurs fleurs, en panicules odorantes, et par celle de leurs fruits.

Le Glycosme à feuilles de Citronnier (*Glycosma citrifolia* Lindl., *Limonia citrifolia* Willd., *Limonia parvifolia* Sims), est un arbuste de 1 mètre 50 centimètres à 2 mètres, originaire de la Chine, et introduit en Europe au commencement du dix-neuvième siècle. Il se couvre de petites fleurs en panicules, presque inapparentes, mais répandant une odeur suave ; il leur succède une quantité considérable de petites baies rouges d'un suc à la fois doux et sucré. C'est un des arbustes exotiques qui donnent le plus de fruits, en serre.

La terre qui convient le mieux aux Glycosmes est un mélange de moitié terre franche, un quart terreau de feuilles et un quart fumier consommé. Il leur faut beaucoup d'air, des arrosements et des bassinages suivis. L'air est nécessaire surtout au moment de la floraison, si l'on veut obtenir de nombreux fruits.

On multiplie ces végétaux de graines, de boutures et de marcottes. Les semences sont mises en terre au printemps ; on rempote quand elles sont levées. Les boutures sont coupées à toutes les époques de l'année et prises sur des rameaux aoûtés. On les plante dans le sable et on les couvre d'une cloche. Elles s'enracinent au bout de six semaines. Les marcottes réussissent parfaitement par un simple couchage, sans qu'il soit besoin d'incision ; cependant l'incision facilite l'émission des racines, ou bien on marcotte à la manière des œillets.

Ce sont des plantes d'Orangerie.

Goyavier ou **Gouyavier** (Pl. LI, fig. 1).
Psidium Lin. (*Myrtacées.*)

Le genre Goyavier se compose d'arbres et d'arbrisseaux originaires de l'Asie orientale et de l'Amérique. Ils sont de taille moyenne ; quelquefois cependant, ils s'élèvent à 8 ou 10 mètres ; leurs rameaux sont opposés ; leurs feuilles, également opposées, sont simples, entières, marquées de points glanduleux ; leurs fleurs sont blanches, accompagnées de deux bractées, portées sur des pédoncules axillaires ; elles ont pour caractères : calice presque pyriforme, à 4 ou 5 lobes irréguliers et profonds ; 4 à 5 pétales ; étamines très-nombreuses, à anthères déhiscentes longitudinalement ; ovaire infère portant un style et un stigmate. A la fleur succède une baie couronnée par le calice, offrant de 1 à 5 loges polyspermes, contenant des graines réniformes, osseuses, nichées dans une pulpe succulente.

L'espèce la plus intéressante du genre est le Goyavier Poire ou Goyavier blanc (*Psidium pyriferum* Lin.), arbrisseau ou petit arbre de 2 mètres 30 centimètres environ, fort commun à la Guyane et aux Antilles, à tronc droit, à écorce unie, verdâtre, tachée de rouge et de jaune ; à rameaux quadrangulaires, portant des feuilles ovales-allongées, aiguës, lisses en dessus, veloutées en dessous ; à fleurs blanches, assez semblables à celles du Coignassier ; à fruits en forme de Poire (Pl. LI, fig. 1), de la grosseur d'un œuf de poule, jaunes au dehors, rouges, blancs ou verdâtres à l'intérieur, dont la pulpe est charnue, succulente, et la saveur douce, agréable, très-parfumée. Les habitants des Antilles font une grande consommation de ces fruits, soit qu'il les mange crus, soit qu'il les mange cuits. Astringentes avant leur entière maturité, les Gouyaves sont relâchantes dès qu'elles sont mûres ; elles reprennent leur qualité astringente quand on les cuit. En gelées, en confitures, en pâtes, les Gouyaves pyriformes sont extrêmement estimées.

Le Goyavier Pomme (*Psidium pomiferum* Lin.), appelé aussi Goyavier rouge et Goyavier des savanes, est un arbrisseau ou petit arbre du Mexique, haut de 3 à 4 mètres. Son fruit est de la grosseur du précédent, mais arrondi comme une Pomme ; il est plus acide et moins agréable ; la couleur de sa chair lui a fait aussi donner le nom de Gouyave rouge.

Le Goyavier polycarpe (*Psidium polycarpum* Lamb.) est un arbrisseau de 1 mètre, originaire des Antilles, à fruit globuleux, de la grosseur d'une Prune et de couleur jaune. Le Goyavier de Cattley (*Psidium Cattleyanum* Sabin.) est un arbre de 8 à 10 mètres, dont le fruit est savoureux, pourpre et de la grosseur d'une Prune.

La culture des Goyaviers est des plus faciles dans les pays chauds ; ils s'y reproduisent si aisément et avec tant d'abondance, que souvent on en extirpe des pieds comme des plantes inutiles. Sous le climat parisien, ils demandent une exposition chaude, l'abri d'un mur contre les vents du nord, même en été, et l'Orangerie, sinon la serre chaude, pendant l'hiver. Mais en Espagne, en Italie, et même dans nos départements du Midi, on est parvenu à les cultiver en pleine terre à l'air libre et à leur faire porter des fruits.

On multiplie les Goyaviers de semences ou de boutures, ou bien par la greffe.

Grenadier.

Nous avons parlé précédemment, avec des développements suffisants, du Grenadier (pages 528 et 529 de ce volume). Il ne nous reste plus qu'à dire quelques mots ici de la culture de cet arbre dans nos serres.

Dans le nord de la France, le Grenadier se cultive rarement en pleine terre, parce qu'il faut le mettre au midi en espalier, et avoir encore la précaution de le couvrir pendant les fortes gelées, ce qui n'empêche pas les fruits d'être mauvais, faute de maturité suffisante. C'est pourquoi on ne donne communément de soins, sous le climat de Paris, qu'aux variétés à fleurs, dont plusieurs sont des plus délicates. Pour les conserver plus facilement, on les plante en pot et en caisse, quand les pieds commencent à devenir grands. On en orne, pendant la belle saison, certaines places dans les jardins, et on les rentre, pendant l'hiver, dans l'orangerie, dont on ne les sort que quand on n'a plus à craindre les gelées. Cependant, moins délicats que les Orangers, les Grenadiers peuvent être exposés à l'air huit ou dix jours plus tôt que ces derniers, c'est-à-dire dans les derniers jours d'avril ou dans les premiers jours de mai, suivant la température.

Les Grenadiers en pot ou en caisse doivent être plantés dans une terre substantielle, dans laquelle la terre franche entre au moins pour moitié; celle qu'on donne ordinairement aux Orangers leur convient bien. Comme ils poussent beaucoup de racines, ils usent promptement leur terre, et il faut avoir soin de les changer, selon la grandeur des vases dans lesquels ils sont plantés, tous les ans pour les petits, et tous les trois à quatre ans pour les grands. En été, ils exigent des arrosements fréquents et abondants; si on les néglige sous ce rapport, ils ne donnent que peu de fleurs, ou elles tombent avant de s'épanouir.

Ce n'est qu'en ayant très-exactement le soin de tailler les Grenadiers en caisse qu'on parvient à les élever sur une seule tige et à leur former une tête régulière. Le temps le plus favorable pour les tailler est la fin de l'hiver ou le commencement du printemps, avant qu'ils aient poussé de nouvelles feuilles. Naturellement il pousse de leurs racines une multitude de rejets qu'il faut leur retrancher toutes les fois qu'on les voit se multiplier; autrement ils ne formeraient que des buissons.

Les Grenadiers vivent longtemps. On croit que ceux de l'Orangerie de Versailles ont deux à trois cents ans. Dans leur vieillesse, ils sont sujets à se carier et à devenir difformes; mais cela ne les empêche pas de se charger, chaque année, d'une grande quantité de fleurs.

Les fruits qu'on obtient en serre sont généralement mûrs en octobre. On les conserve sur des tablettes. Leur enveloppe coriace protége longtemps contre l'action de l'air extérieur.

VARIÉTÉS FRUITIÈRES POUR SERRES.

Grenadier commun.
—   à fruits doux rouges.
—   à fruits doux blancs (les Grenades blanches sont plus douces que les rouges).

Grenadille.

Voyez plus loin : *Passiflore*.

Icaquier, Chrysobalane-icaquier.

Chrysobalanus icaco Lin. (*Chrysobalanées.*)

Le genre Icaquier ou Chrysobalane se compose d'arbrisseaux ou d'arbres peu élevés, qui croissent spontanément dans l'Amérique tropicale, et dans les parties septentrionales de ce continent qui avoisinent le tropique.

L'espèce la plus intéressante du genre est le Chrysobalane-Icaquier, qui donne un fruit comestible, nommé vulgairement *Icaque, Prune icaque, Prune d'Amérique*. C'est un petit arbre ou plutôt un arbrisseau de 2 ou 3 mètres, qui croît particulièrement aux Antilles, à la Guyane, et aussi au Sénégal, où l'on ne sait pas s'il a été transporté, ou s'il y était de toute origine. Son tronc est tortueux; ses feuilles sont presque arrondies ou obovées, échancrées, à très-court pétiole, entières, glabres et luisantes; ses fleurs sont petites, inodores, blanchâtres, disposées en panicules axillaires ou terminales; les étamines sont velues. Le fruit est une drupe de la grosseur et à peu près de la forme d'une Prune moyenne; sa couleur varie beaucoup : jaune, blanche, rouge ou violette, suivant la variété; sa chair est un peu molle, blanche, d'une saveur douce et agréable, quoique un peu astringente; l'amande qui est contenue dans la drupe est très-bonne à manger, et généralement préférée à la chair même du péricarpe. On prête, en Amérique, aux diverses parties de l'Icaquier des propriétés médicinales, qui les font employer fréquemment aux Antilles et à la Guyane, bien que les médecins d'Europe ne paraissent leur en accorder aucune

41

et ne comprennent même pas cette plante dans la nomenclature de la *Flore médicale*. L'écorce renferme beaucoup d'acide gallique et de tannin, qui la rendent astringente. Les mêmes propriétés astringentes se retrouvent, dit-on, dans la racine, dans les feuilles, dans le fruit auquel on a recours dans les diarrhées. Dans les mêmes pays, on fait avec les graines une émulsion antidysentérique. On en retire aussi une huile dont on use aux colonies pour quelques préparations pharmaceutiques. On fait avec les fruits de l'Icaquier des confitures que l'on expédie souvent des Antilles en Europe.

La culture de l'Icaquier est celle de l'Eugenia de Micheli et du Jambosier (Voir ces mots). C'est une plante de serre chaude sous notre climat.

On a remarqué que quand cette espèce croît dans des endroits humides, son fruit ne devient pas pulpeux et reste sec.

Jambosier.

Jambosa vulgaris Dec. ; *Eugenia Jambos* Lin. (*Myrtacées.*)

Le genre Jambosier, que l'on a séparé du genre Eugenia, habite les mêmes contrées que celui-ci. Il se compose d'arbres ou d'arbrisseaux à feuilles longues, lancéolées, d'un beau vert brillant, à fleurs grandes, d'un blanc jaunâtre, en panicules; à fruits également jaunâtres, d'un goût agréable, parfumés, que l'on appelle vulgairement Jambos ou Pommes de Rose, parce qu'ils ont le parfum de cette fleur.

Le Jambosier commun, Pomme de Rose (*Eugenia Jambos* Lin.; *Jambosa vulgaris* De Cand.), dont on a représenté la fleur dans la planche XLIV, fig. 4 de l'atlas des *Végétaux d'ornement,* est un arbre de 10 mètres environ de haut, qui a donné des fruits dans les serres d'Europe. Une chaleur moyenne lui suffit; une température trop élevée le rend bientôt la proie des pucerons, qui résistent à tous les moyens de destruction.

Le Jambosier à feuilles amplexicaules (*Jambosa amplexicaulis*) est un arbuste originaire des Indes orientales, qui a aussi donné des fruits dans les serres d'Europe.

Le Jambosier de Malacca (*Jambosa Malaccensis* De Cand.), dont la fleur est aussi représentée dans la planche XLIV, fig. 5, de l'atlas des *Végétaux d'ornement*, est un grand arbre à feuilles larges, à fleurs rouges, en fascicules, à fruits ovales de 5 centimètres de diamètre, blancs d'un côté, rouges de l'autre, d'une saveur très-agréable, très-délicate, d'un parfum exquis.

Le Jambosier pourpré (*Jambosa purpurascens* De Cand.) est une espèce cultivée aux Antilles, particulièrement dans l'île de la Trinité, et qui donne des fruits excellents.

Il faut beaucoup d'emplacement aux Jambosiers, leurs racines s'étendant au loin. Il vaut donc mieux les cultiver en pleine terre, quoique dans une serre, qu'en caisse. Ils demandent une température moyenne ; un sol doucement pénétré de chaleur, de 35 degrés centigrades au plus et de 20 degrés centigrades au moins. Le Jambosier commun (*Jambosa vulgaris*) n'a cependant pas besoin d'autant de chaleur. Un sol riche et bien drainé est nécessaire aux Jambosiers. Pendant la végétation, qui est rapide, il leur faut de l'eau en abondance, et des bassinages chaque fois que le temps est beau. On cesse pendant la floraison et quand l'ovaire noue, mais on recommence dès que le fruit a acquis un certain volume. Pendant la période de maturation, il faut mouiller l'arbre le moins possible et lui donner beaucoup d'air chaque jour, ce qui aoûte complétement les fruits. Pour que ceux-ci ne deviennent pas cotonneux et insipides, il faut les cueillir avec soin deux ou trois jours avant leur maturité complète, et les exposer ensuite à la chaleur du soleil, jusqu'à ce qu'ils soient entièrement mûrs ; ils sont ainsi plus sucrés et la chair en est fondante.

n multiplie les Jambosiers de boutures étouffées.

Mammé, Mamei, Abricotier d'Amérique, Abricotier de Saint-Domingue.

Mammea americana Lin. (*Guttifères.*)

Le Mammé ou Mamei, connu sous ces noms des Anglais et des Espagnols, appelé par les colons français Abricotier d'Amérique ou Abricotier de Saint-Domingue, est, dit Jacquin dans son *Histoire*

des plantes d'Amérique (Selectarum stirpium Americanarum historia,
p. 268), un des plus majestueux et des plus élégants entre les plus
beaux arbres de l'Amérique. Il atteint jusqu'à 25 à 30 mètres de hauteur, et sa tige, revêtue d'une écorce grisâtre et crevassée, se termine
par une cime pyramidale ample et touffue. Ses jeunes rameaux sont
quadrangulaires; ils portent des feuilles ovales ou obovales, opposées, fermes, coriaces, d'un vert foncé, très-luisantes, sillonnées
de veines transversales et parallèles, parsemées de points ou de
vésicules transparentes, à court pétiole, longues de 15 à 20 centimètres. Les fleurs, grandes, blanches, d'une odeur suave, naissent
éparses, solitaires ou géminées au sommet de courts pédoncules
sur les anciens rameaux; elles sont hermaphrodites, mais quelquefois unisexuées par l'avortement d'un des organes. Le calice est
coloré, composé de deux folioles coriaces; la corolle a quatre
pétales larges, arrondis, concaves, entièrement ouverts; les étamines sont nombreuses, à filets courts, terminés par des anthères
minces et oblongues, au milieu desquelles est l'ovaire surmonté
d'un style et d'un stigmate simples. Le fruit, presque rond, généralement de la grosseur d'un gros Coing, renferme quatre noyaux;
il est recouvert d'une enveloppe double, qui protége une chair
délicate; la première enveloppe se détache aisément; la seconde
adhère fortement à la pulpe; on a grand soin de l'enlever, car
elle est d'une amertume et d'une âcreté repoussantes pour le
palais. La partie succulente, assez semblable, pour la couleur,
à nos Abricots d'Europe, est ferme, aromatique, d'une saveur
douce et agréable. Coupé par tranches et macéré dans le vin sucré,
afin de lui ôter les particules résineuses qu'aurait pu laisser sa seconde enveloppe, le fruit de Mammé est goûté sur les tables des
colons. On tire des fleurs, par distillation, la liqueur connue à la
Martinique sous le nom d'*eau des créoles.*

Cet arbre mériterait d'être cultivé dans les serres, non comme
plante d'ornement ou de collection, mais comme arbre à fruit. Il
n'exige pas de soins particuliers, et se multiplie facilement soit de
drageons, soit de semences qu'il faut tirer d'Amérique en stratification. On pourrait surtout cultiver le *Mammea humilis.*

Mangoustan ou Mangostan.

Garcinia mangostana Lin.; *Mangostana indica* Rumph. (*Guttifères*.)

Le genre Mangoustan se compose des végétaux arborescents, originaire des îles Moluques, renfermant, comme la plupart de ceux de la famille des Guttifères, un suc jaune qui coule lorsqu'on incise leur tronc. Ils portent des feuilles opposées, à pétiole renflé, à limbe ovale-lancéolé, aigu, entier, ferme, assez épais, d'un vert lisse et brillant en dessus, olivâtre en dessous, marqué de nervures latérales parallèles. Les fleurs, de moyenne grandeur, rouge aurore, sont solitaires, à l'extrémité de courts pédoncules axillaires et terminaux ; elles présentent un calice à 4 divisions, une corolle à 4 pétales arrondis et concaves, 16 étamines à anthères arrondies, un ovaire globuleux, offrant 5 à 8 loges uniovulées, surmonté d'un style court terminé par un stigmate étoilé et divisé en lobes dont le nombre égale celui des loges. Le fruit est sphérique, charnu, du volume d'une Orange moyenne ; la chair, ou péricarpe, est épaisse de près d'un centimètre, vert jaunâtre en dehors, rouge en dedans, et n'adhère pas au noyau ; l'intérieur, qui est divisé en 5 à 8 loges, est rempli d'une pulpe blanche, molle, très-fondante, d'une saveur sucrée accompagnée d'une légère acidité, d'une odeur qui rappelle celle de la Framboise ; dans cette pulpe, très-rafraîchissante, et même un peu laxative, que l'on mange après avoir enlevé la partie péricarpienne, se trouve une graine de la forme et de la grosseur d'une Amande et ayant le goût de la Châtaigne. Ce fruit, nommé Mangouste, est très-estimé dans les Indes orientales, à la Chine, et dans toutes les contrées intertropicales où l'arbre qui le porte est répandu.

Il faut au Mangoustan une terre composée de deux parties de terre de jardin, d'une partie de terreau mêlé d'un peu de terre forte et de sable de rivière. Sa culture est celle de la plupart des végétaux originaires des régions tropicales.

On le cultive en serre chaude sous notre climat.

Manguier de l'Inde, Arbre de Mango.

Mangifera indica Lin. (*Térébinthacées-Pistaciées.*)

Cet arbre, originaire des Indes orientales, d'où il a été transporté à la Guiane et aux Antilles, a une tige haute de 10 à 15 mètres, couverte d'une écorce épaisse, rugueuse et noirâtre, divisée en branches nombreuses, dont l'ensemble forme une cime large et étalée. Ses feuilles sont alternes, oblongues-lancéolées, entières, fermes et coriaces. Ses fleurs, petites, blanches, teintées de rouge, quelquefois polygames par avortement, sont disposées en grappes, dont la réunion constitue une large panicule terminale ; elles présentent un calice profondément divisé en 5 lobes égaux et caducs, une corolle à 5 pétales oblongs, sessiles, étalés, alternant avec les divisions du calice, 5 étamines, un ovaire pourvu d'un style latéral terminé par un stigmate obtus, globuleux. Le fruit, appelé Mangue, et qui se mange vert ou mûr, est une drupe presque ronde, acquérant depuis le volume de l'Abricot ou d'une Poire ordinaire jusqu'à celui d'une grosse Pomme, à peau lisse, quelquefois verte, d'autres fois jaune, mais toujours colorée de jaune ou de rouge du côté de la lumière ; à chair jaune orangé, succulente, quoique filandreuse ; renfermant un noyau large et aplati qui lui-même contient une Amande charnue et amère. Il n'y a presque pas de noyau dans les Mangues cultivées. La saveur du fruit cultivé varie depuis celle de la Prune, jusqu'à celle de l'Abricot et de la Pêche. Pour l'odeur du fruit du Manguier sauvage elle a de l'analogie avec celle de la Térébenthine ; il n'en est pas ainsi de la Mangue cultivée.

Dans les colonies, on cultive les Manguiers en grand, à cause du peu de soin qu'ils demandent et de l'excellence de leurs fruits. Il leur faut un compost de moitié terre franche et moitié terre de bruyère. Ils exigent un sol dont la chaleur est au plus bas de 15 à 20 degrés, et, dans nos serres chaudes, si on veut leur faire produire des fruits, il convient de les mettre en pleine terre. On voit souvent sur une seule panicule, cinq ou six fruits qui acquièrent la grosseur de nos plus belles Pommes de Rambour.

On peut multiplier les Manguiers de semence ; mais comme ils tendent ainsi à retourner au type primitif, il convient de les greffer par approche en choisissant parmi les nombreuses variétés (on en connaît plus de cent cinquante) les plus estimées. Les arbres greffés de la sorte fleurissent et mûrissent la première année.

Melicocca bijugué, Knepier, Mammon.

Melicocca bijuga Lin.; *Melicocca carpoodea* Juss. (*Sapindacées.*)

Les Melicocca (*bijuga* et *Olivœformis*), appelés Mammons par les indigènes, et aussi Knepier, sont des arbres de l'Amérique méridionale, dont les caractères principaux sont : Fleurs blanches polygames; calice quadripartit, ouvert, persistant; 4 pétales alternant avec les divisions du calice, égaux, onguiculés, squammeux; disque hypogyne, orbiculaire, très-entier; ovaire presque biloculaire, à 2 ovules; un style très-court; stigmate presque pelté, large; drupe à écorce épaisse, presque globuleuse, couronnée par le style, uniloculaire, à une graine, très-rarement à deux ou trois graines; feuilles alternes, composées de 4 folioles très-brièvement pétiolées, opposées par paires, elliptiques-oblongues, aiguës, très-entières, un peu coriaces, glabres, d'un vert gai, clair en dessus, assez pâle en dessous. Les fruits du Melicocca bijugué et ceux du Melicocca oliviforme ont environ 3 centimètres de diamètre; ils sont pourvus d'une peau coriace, lisse, verdâtre, qui protége une pulpe douce, légèrement acide et astringente. On en mange les graines rôties comme des Châtaignes.

Les Melicocca peuvent se cultiver et fructifier, dans nos contrées, en serre, dans une pleine terre composée d'un mélange de terre substantielle et d'un tiers de sable. On multiplie ces arbres de boutures, de marcottes et de graines.

Mombin ou Monbin, Spondias.

Spondias Lin. (*Térébinthacées.*)

Ce genre est formé d'arbres propres aux contrées intertropicales, à tige haute de 10 à 12 mètres; à feuilles alternes, pennées avec foliole impaire; à fleurs polygames, blanches ou rouges, formant

des panicules axillaires et terminales ; calice petit, coloré, quinquéfide ou quinquédenté ; 5 pétales étalés, insérés sur le bord d'un disque légèrement crénelé ; 10 étamines insérées de même ; un ovaire
sessile, à 5 loges uniovulées, surmonté de 5 styles épais et très-courts
terminés chacun par un stigmate obtus. Le fruit est une drupe
charnue, à 5 noyaux ligneux monospermes, soudés entre eux le
long de l'axe, ou seulement à leur base, et garnis, sur leur face
externe, de fibres ou de pointes.

Le Mombin blanc ou Mombin à fruits jaunes (*Spondias lutea*
Lin., ou *Spondias myrobolanus* Jacq.) est d'une végétation vigoureuse, et s'élève, dans son pays natal, à 12 ou 15 mètres. Les fleurs
jaunes, en panicules, s'épanouissent en mai dans les serres d'Europe. Cet arbre donne, en septembre, dans ces mêmes serres, un
fruit jaune, teint d'orangé, quelquefois pourpré du côté du soleil,
ayant le volume et la forme d'une Prune un peu ovoïde ; sa chair
est fondante, agréablement acide, et douée d'un parfum particulier ;
au centre se trouve un noyau fibreux et très-volumineux quand la
maturité du fruit est parfaite.

Le Mombin à fruits rouges ou pourpres (*Spondias Mombin* Lin.,
ou *Spondias purpurea* Miller), vulgairement Prunier d'Espagne, est
un arbre un peu plus petit que le précédent, à fleurs en grappes
simples, petites, de couleur rouge-pourpre ; à fruits ovales, d'un
rouge foncé, parfois rayé de jaune, d'un goût aussi agréable que
celui du précédent.

Le Mombin de Cythère ou Arbre de Cythère (*Spondias Cytherea*
Sonnerat, ou *Spondias dulcis* Lamk.) est très-abondant aux îles de
la Société, d'où il a été transporté à l'île de France (Maurice) et à
l'île Bourbon (la Réunion). Son fruit, en grappes, à peu près de la
grosseur d'un Citron moyen, est vulgairement appelé *Pomme de
Cythère* ; sa saveur agréable, un peu aigrelette, a été comparée à
celle de la Pomme de reinette. On le mange soit cru, en ayant
soin de ne pas y mordre, à cause des pointes qui hérissent son
noyau, soit cuit ou en confitures.

Le Mombin zanzé (*Spondias zanze* G. Don) est originaire de la
Guinée. C'est un arbuste de 5 à 6 mètres, dont les fruits ressem-

blent, par la forme, le volume et la couleur, à ceux de nos Prunelliers ; ils ont le goût des fruits des autres Mombins.

Le Mombin oghigée (*Spondias oghigee* G. Don) est un grand arbre de Guinée, dont le fruit comestible a la grosseur d'un œuf de pigeon.

Les fruits de différentes espèces du genre Spondias sont arrivés à maturité dans les serres d'Europe.

Il faut aux Mombins ou Spondias une chaleur modérée dans nos serres, où ils réussissent mieux en pleine terre qu'en caisse. La terre qui leur convient est celle que préfèrent la plupart des plantes tropicales. Pendant la période de végétation, ils exigent des arrosements abondants et des bassinages quand le temps est beau ; mais, en hiver, il convient de ne leur donner que la quantité d'eau nécessaire pour qu'ils ne souffrent pas. Il leur faut un drainage qui empêche l'humidité d'être stagnante à leur pied, afin de ne pas laisser les racines pourrir. On ne taille pas ces arbres, si ce n'est pour qu'ils ne nuisent pas aux végétaux voisins par le développement excessif de leurs branches ; toutefois on en peut rectifier la forme. On les multiplie de boutures étouffées.

Oranger (Pl. LII, fig. 1 à 5).

Citrus. (Aurantiacées ou Hespéridées.)

Nous avons déjà amplement traité de l'Oranger dans la culture des Arbres fruitiers de pleine terre (p. 531 à 535 de ce volume). Nous n'avons plus à nous occuper ici que de sa culture comme plante de serre. Les différentes variétés du genre *Citrus* ne supportent pas une température au-dessous de 5 à 6 degrés centigrades, ce qui, sous le climat parisien, oblige à leur donner, en hiver, l'abri d'une serre froide qui a reçu le nom d'Orangerie.

De la terre à mettre dans les caisses. La terre qui convient le mieux à l'Oranger en caisse, doit être substantielle, allégée par un bon terreau, et additionnée d'une petite quantité de terre de bruyère, si l'on en a. Depuis assez longtemps, on a renoncé à ces composts dont on faisait une sorte d'arcane et qui n'étaient autres qu'une terre meuble et légère, quand tous les éléments qui entraient dans la composition avaient été réduits par la maturation à une sorte d'unité. Une bonne terre de jardin, mêlée par moitié de terreau de vache et de cheval, suffit à tous les besoins de l'Oranger ; mais comme ces terres légères sont sujettes à la dessiccation, il leur faut des arrosements abondants. Une terre trop forte nuit à la végétation de l'Oranger, dont les racines souffrent dans un sol compacte ; et ce qui prouve jusqu'à quel point, sous notre climat, ces arbres, peu difficiles sur le choix du terrain dans les climats chauds, réclament une terre substantielle et légère, c'est que les jeunes Orangers qui ont souffert d'un milieu trop dense, se rétablissent dans une couche de terreau pur.

Multiplication par semences, par greffes, par boutures. On multiplie l'Oranger de semences, quand on veut tenter la fortune des variétés nouvelles, et l'on choisit pour cela les pepins de toutes les espèces (en donnant toutefois la préférence au Bigaradier sur le Citronnier) ; on met en terre de février en avril, soit dans des terrines, soit graine à graine dans des pots de 6 à 8 centimètres, remplis d'une terre légère et recouverts de 15 millimètres de terre. On les plonge dans le terreau d'une couche marquant au moins 18 degrés, et l'on recouvre de panneaux. Dans la quinzaine, les graines lèvent et l'on entretient la chaleur par des réchauds, et l'humidité par des arrosements. On défend le jeune plant par des paillassons, et l'on ne donne d'air que vers la fin du mois de juin.

En août, les plus forts plants peuvent être greffés.

En octobre on les rentre sous une bâche, ou, à défaut de cet abri, on les met sous des châssis préparés comme ceux de l'année précédente, et entretenus par des réchauds.

Au mois de mai suivant on rempote les jeunes plantes dans de plus grands pots, et on les met sur couche, en ayant soin de donner un peu d'air.

Vers le mois de juillet et pendant tout le mois d'août, on greffe les sujets assez forts pour supporter cette opération. Pendant tout le cours de cette année, et même l'année suivante, on les tient sous châssis, en augmentant toutefois la quantité d'air qui leur est donnée. Ce n'est que pendant l'été de la quatrième année qu'on les expose à l'influence de l'air extérieur.

Quand les Orangers ont passé deux années en pot, on les met dans une caisse, parce qu'ils y réussissent mieux.

On peut greffer les Orangers depuis trois mois jusqu'à douze à quinze ans; on adopte pour les jeunes plantes la greffe dite à la Pontoise, qui consiste à appliquer l'une contre l'autre deux surfaces taillées en biseau; mais la greffe en fente la plus simple, sans perte de substance du sujet à greffer, réussit fort bien; la greffe Faucheux, variante de la précédente, ne lui est pas préférable. On a l'avantage, en employant ces greffes, de conserver sur le sujet greffé une branche chargée de feuilles et de fleurs qui continue de se développer, comme si elle n'avait pas été détachée du pied-mère.

Les gros pieds se greffent en écusson; c'est ainsi que nous les apportent les Italiens et les Provençaux. Le Citronnier vaut mieux pour cela que le Bigaradier.

Ce mode de multiplication ne peut convenir que dans le cas où l'on veut propager des variétés nouvelles, et il ne peut être mis en pratique que par les horticulteurs marchands. Il arrive à Paris des plants d'Orangers qui viennent du Midi tout greffés, ce qui dispense des soins qu'exige cet arbre dans sa première jeunesse.

La multiplication par boutures est peu pratiquée; car certaines variétés, telles que les Orangers et les Bigaradiers restent longtemps si faibles qu'on a renoncé à les multiplier par ce moyen.

Culture sous le climat parisien. L'Oranger est un arbre assez rustique si l'on excepte sa susceptibilité sous le rapport de la température, phénomène d'autant plus difficile à comprendre, que des végétaux appartenant à des régions beaucoup plus méridionales, réussissent parfaitement chez nous en pleine terre et résistent à nos hivers.

A partir du 10 au 15 mai, on sort les Orangers, et on les met à l'exposition la plus chaude et la plus abritée, après les avoir préparés depuis la mi-avril, par de l'air et des mouillages abondants, à changer de position. On laboure la terre des caisses, on la couvre de 5 à 6 centimètres de fumier gras, et l'on mouille abondamment. Le seul soin consiste à donner des arrosements quand les feuilles perdent leur fermeté. Au 15 octobre, on les rentre dans l'Orangerie.

Les soins consistent en des rencaissements successifs, tous les deux ou trois ans jusqu'à dix, et tous les cinq ou six lorsqu'ils sont plus avancés en âge. Il ne faut pas les mettre dans des caisses trop grandes parce qu'ils y languiraient. On leur donne à chaque changement de caisse une terre de plus en plus substantielle et consistante. Le rencaissement exige quelques précautions : il faut supprimer les racines brisées ou pourries, mettre à nu l'extrémité des racines saines pour que leur contact avec la terre neuve soit immédiat et qu'elles puissent produire de nouveaux chevelus. On arrose fortement la motte qui reste attachée à l'arbre, et l'on met au fond de la caisse des platras ou des coquilles d'huîtres pour drainer le sol ; on recouvre le tout d'une couche de bonne terre ; puis on place son arbre, et autour de la motte on met de la nouvelle terre en ayant soin de la bien tasser ; quand la caisse est pleine, on fait au pied de l'arbre un petit bassin destiné à recevoir les arrosements, et l'on donne de l'eau en abondance.

Les autres soins consistent à entretenir la propreté des feuilles par des bassinages réitérés.

On arrose abondamment pendant toute la durée de la fleur, et l'on proportionne les arrosements à l'élévation de la température.

Taille. L'Oranger se prête facilement à la taille. C'est au mois de septembre qu'on fait cette opération, destinée à donner à l'arbre une figure plutôt régulière qu'agréable. Au mois de mai, on pince les branches pour forcer l'arbre à développer de nouveaux bourgeons. Après la floraison l'on délivre l'Oranger de ses branches mortes ou superflues ; enfin on maintient par des soins incessants l'équilibre des différentes parties de la plante.

Quand l'Oranger cesse de pousser, on rapproche les branches sur le bois de cinq à dix ans, sans qu'il en souffre ; mais cette opération doit avoir lieu dans l'année qui suit celle où l'Oranger a été encaissé.

De l'Oranger en espalier. On dispose quelquefois les Orangers en espalier, sur les murs de fond des serres, ou bien on les palisse le long d'un mur à bonne exposition. A l'approche des froids, on éta-

blit devant une serre mobile que l'on enlève au mois de mai. Les arbres, dans le plus bel état de santé, se chargent de fruits à tous les
degrés possibles de maturité. Quand on veut jouir de la vue et du
parfum de l'Oranger, il faut le laisser à l'air libre pendant l'été,
ce qui peut, au reste, se concilier avec la serre tempérée.

De l'Oranger en quenouille et en pyramide. On a taillé en quenouille des Orangers de la variété dite Bigarade. Ces arbres, greffés à
la Pontoise ou en placage, ont une forme des plus élégantes. On greffe
dans la longueur et sur les côtés de la tige principale, de petites
branches garnies de leurs feuilles, ce qui avance beaucoup leur
développement. Il faut, pour la réussite, que les sujets greffés soient
mis pendant quelque temps sous un châssis chaud et privé d'air.

La forme en pyramide présente l'avantage de faire occuper à
l'Oranger moins de place que lorsqu'on le taille en boule. Les
caisses qui le contiennent peuvent être placées côte à côte dans
l'Orangerie sans que les branches se touchent et s'entre-nuisent par
leur voisinage.

Récolte des fleurs et des fruits. Les Orangers produisent sur le
jeune bois des fleurs qui sont l'objet d'un grand commerce pour la
parfumerie et la distillerie. C'est vers le milieu de juin qu'elles
sont le plus abondantes ; on les cueille alors tous les deux ou trois
jours.

Les Orangers de Portugal sont à peu près les seuls qui donnent,
dans nos Orangeries, des fruits comestibles. Les Limoniers et les
Bigaradiers y produisent des fruits bons seulement à entrer comme
condiments dans les préparations culinaires. Toutefois, on est
fondé à croire que si l'on cultivait, dans les serres, les Orangers
pour leurs fruits, on ne tarderait pas à y obtenir des produits susceptibles d'être mangés. On cueille les Oranges au fur et à mesure de
leur maturité, qui est successive. Quand on veut consommer les
Oranges sur place, on les laisse entièrement mûrir ; mais quand
on veut les garder dans le fruitier ou les expédier au loin, on les
cueille avant leur parfaite maturité. Il faut que les Oranges soient
déposées dans un fruitier bien sec et dont la température soit de la
plus grande égalité possible.

Passiflore, Grenadille (Pl. LI, fig. 2).

Passiflora Lin. (*Passiflorées.*)

Le genre Passiflore (contraction de *flos passionis*, fleur de la Passion, à cause de la ressemblance que les premiers navigateurs crurent trouver entre la forme des organes de cette plante et celle des instruments de la passion de Jésus–Christ, tandis que le nom français de Grenadille exprime que le fruit, principalement des deux espèces que l'on a connues les premières, a la forme d'une Grenade et que sa pulpe est bonne à manger), ce genre est devenu le type de la famille des Passiflorées, et se compose de plantes herbacées ou frutescentes, grimpantes au moyen de vrilles axillaires qui représentent un pédoncule dégénéré. Quelques-unes cependant, en très–petit nombre, telles que les *Passiflora glauca* Humb., sont arborescentes; celles–ci sont dépourvues de vrilles. La grande majorité des Passiflores croît dans l'Amérique tropicale; quelques-unes se trouvent en Asie. Les feuilles sont alternes, simples, entières, ou divisées de diverses manières, le plus souvent accompagnées à leur base de 2 stipules. Les fleurs, généralement grandes et assez brillantes pour assigner à plusieurs d'entre elles un rang distingué parmi nos plantes d'ornement, sont axillaires, solitaires ou portées sur des pédoncules articulés dans le haut, et munis de plusieurs bractées qui forment un involucre plus ou moins voisin de la fleur; le calice est à 5 sépales, et la corolle est composée de 5 pétales; le fond de cette fleur est occupé par un disque extrêmement développé, qui forme intérieurement un urcéole à parois épaisses, et qui se prolonge, par sa portion libre, en plusieurs rangées de filaments nommés *staminodes,* parmi lesquels les extérieurs sont parfois aussi longs que les pétales, tandis que ceux des rangées intérieures sont souvent réduits à de simples mamelons saillants; ces appendices, d'ordinaire vivement colorés et souvent annelés de teintes diverses, contribuent singulièrement à donner à ces fleurs la singularité d'aspect et l'élégance qui les distinguent; du centre de la fleur s'élève une longue colonne ou un gynophore terminé par le pistil, et 5, ou, plus rarement, 4 étamines opposées aux sépales, à anthères biloculaires, introrses, mais paraissant extrorses dans la fleur épanouie par l'effet de leur renversement ; le pistil se compose d'un ovaire uniloculaire, à ovules nombreux portés sur 3 placentas pariétaux, surmontés de 3 styles terminés chacun par un stigmate en tête. Dans presque toutes les espèces, les fleurs sont de peu de durée, mais se succèdent rapidement. Le fruit, très-variable dans la grosseur et la forme, mais le plus souvent ovoïde, offrant les plus vives couleurs, est, dans plusieurs espèces comestibles, rempli d'une pulpe sucrée, avec saveur acidulée ; les graines nombreuses et comprimées, sont enveloppées d'une arille et attachées sur 3 filets à la paroi interne du fruit (Pl. LI, fig. 2).

Une grande partie des Passiflores fructifient dans les serres ; les unes sont de serre tempérée ou d'Orangerie ; les autres sont de serre chaude.

Culture. La culture en est facile. Ces plantes demandent un sol rendu plus léger par l'addition de terre de bruyère non tamisée, mais simplement brisée en mottes. Il faut avoir soin de veiller à ce que la terre soit parfaitement drainée.

Multiplication. La multiplication des Passiflores a lieu par boutures plongées dans du sable et modérément étouffées.

Observation. Une remarque assez singulière faite sur les Passiflores que l'on cultive dans nos serres, c'est qu'à l'exception de la Passiflore édule, aucune d'elles ne se féconde naturellement ; il faut aider la nation en fécondant artificiellement, c'est-à-dire en portant le pollen sur les stigmates.

ESPÈCES DE SERRE TEMPÉRÉE OU D'ORANGERIE.

Passiflore ou Grenadille à fleur incarnat, Passiflore couleur de chair, ou Pomme de moi (*Passiflora incarnata* Lin.; espèce originaire de la Virginie et des montagnes du Pérou, qui réussit assez bien en pleine terre dans nos départements méridionaux, quoique sa tige gèle souvent l'hiver ; fleurs lilacées odorantes, lavées de pourpre ; fruits comestibles de la grosseur et de la couleur d'une Orange. Cette Passiflore est la première que l'on ait introduite en Europe ; le botaniste et médecin espagnol Nicolas Monardes, la décrivit en 1569. On la multiplie aisément de marcottes).

— — édule (*Passiflora edulis* Sims. Fruit pourpre, acide, d'une saveur particulière fort agréable ; convenant parfaitement pour faire des marmelades ou des confitures).

Passiflore ou Grenadille bleue (*Passiflora cærulea* Lin. Quoique originaire du Brésil et du Pérou, cette espèce vit très-bien en plein air, même aux environs de Paris, lorsque ses tiges, devenues ligneuses, sont appuyées contre un mur tourné vers le soleil du midi, pourvu que, durant l'hiver, on couvre ses racines de terreau, et qu'on abrite ses tiges de la gelée au moyen de nattes en paille ou d'un canevas étendu droit devant elle à quelques centimètres. Fleurs odorantes, nombreuses, larges de 7 à 8 centimètres, axillaires et solitaires, verdâtres en dehors, d'un bleu très-pâle en dedans ; les filaments de leur couronne sont purpurins à leur base, d'un bleu pâle ou blancs vers leur milieu, d'un bleu plus vif vers leur extrémité. Fruit comestible, ovoïde, de la grosseur d'un petit œuf, de couleur jaune orangée (Pl. LI, fig. 2), mûrissant à l'air libre dans le midi de la France et de l'Europe, et même sous le climat parisien); en Orangerie elle fructifie très-rarement).

<h3 style="text-align:center">ESPÉCES DE SERRE CHAUDE.</h3>

Passiflore ou Grenadille quadrangulaire (*Passiflora quadrangularis* Lin. Belle plante croissant naturellement à la Jamaïque et dans les parties chaudes de l'Amérique, où, de plus, on la cultive pour sa beauté et pour son fruit ; c'est aussi l'une des plus recherchées dans nos serres. Sa tige sarmenteuse acquiert 18 à 20 mètres de longueur ; ses rameaux ont quatre angles ailés, ce qui lui a valu son nom spécifique. Ses feuilles sont en cœur à leur base, ovales, acuminées au sommet, entières, glabres, grandes. Ses fleurs, très-odorantes, pourpres en dedans, avec les filaments de leur couronne épais, arqués, flexueux, mêlés de blanc, de pourpre et de violet, sont à peu près les plus grandes du genre. Le fruit est ovoïde, jaunâtre, luisant, de la grosseur d'un petit Melon, à pulpe odorante, d'une saveur douce, mêlée d'une légère acidité. Ce fruit est très-estimé des créoles, qui le mangent, comme nous faisons des Fraises, assaisonné de sucre, avec ou sans vin. Dans nos serres, on cultive cette Passiflore, comme la plupart de ses congénères, dans une bonne terre légère. Elle a besoin de chaleur souterraine et d'arrosements abondants pendant la floraison. On la rabat après la fructification et l'on renouvelle le sol avant qu'elle repousse. On la multiplie par boutures, par marcottes, et, plus habituellement, par greffe sur la Passiflore bleue, dans le but de rendre sa floraison plus abondante et plus prompte).

— — ailée (*Passiflora alata* Ait. Cette espèce, originaire du Pérou, est presque aussi belle que la précédente, dont elle a le port, et à laquelle elle ressemble à plusieurs égards. Ses rameaux ont également quatre angles longitudinaux ailés. Ses fleurs sont un peu plus petites, pendantes, du reste de couleur analogue et également odorantes. Elle fructifie abondamment dans les conditions ordinaires. On la cultive presque aussi fréquemment et de la même manière que la Passiflore quadrangulaire. Il est important qu'elle puisse étendre au loin ses racines).

— — Bonaparte (*Passiflora Bonapartea*. Il lui faut, comme à la précédente, de l'espace pour étendre ses racines, et il est nécessaire que la terre soit chauffée. Les fruits, de couleur orange et en forme de Poire, sont assez gros; la chair en est juteuse et d'un goût délicieux).

Passiflore ou Grenadille à feuilles de Laurier, Citron d'eau (*Passiflora laurifolia* Lin. Elle croît
à la Martinique et à Cayenne ; belles fleurs blanches, pourprées et
violettes ; fruits de couleur jaune-citron, de la grosseur d'un œuf
de poule, à pulpe aigrelette, d'un excellent goût).

—   —   pomforme, Calebasse douce (*Passiflora maliformis* Lin.; à fruit
comestible, jaune, de la grosseur et de la forme d'une forte
Pomme. L'enveloppe de ce fruit sert à faire de petites boîtes et des
tabatières.

—   —   à stipules dentelées (*Passiflora serratistipula* Sessé ; à fruit très-
doux et très-agréable.

—   —   à grappes (*Passiflora racemosa* Brotero ; brillante espèce, originaire
du Brésil, qui doit son nom à ses grandes et belles fleurs d'un rouge
écarlate, naissant en nombre et par grappes vers l'extrémité des
rameaux. Fruit oblong, d'un vert pâle, uni, à trois côtes, long d'environ 7 centimètres).

Poupartie.

Poupartia Comm. (*Térébinthacées*.)

Les Pouparties sont des arbres originaires des îles Moluques, des îles
de la Sonde, de l'île de la Réunion (Bourbon), et de plusieurs groupes
de l'Océanie ; à feuilles imparipennées ; à fleurs diclines par avortement et diplostémones ; à graine dépourvue de périsperme. Comme
la plupart des Spondiacées, ils portent des fruits comestibles, qui
sont des drupes avec un noyau à loges au nombre de 2 à 3, et procédant d'un ovaire surmonté d'autant de styles courts.

Le Poupartie à fruits doux (*Poupartia dulcis* Blume) est un arbre
assez élevé, dont les fruits, connus sous le nom de *Pommes de
Taïti*, de *Prunes douces de Java*, sont gros, de couleur jaune, et
contiennent une pulpe douce, aromatique, succulente, ayant le
parfum de l'Ananas.

Le Poupartie Mango, Daho, Prune de Mango (*Poupartia mangifera* Blume, ou *Spondias mangifera* Pers.), originaire de Java et
répandu dans plusieurs parties des Indes orientales, a été introduit dans les serres d'Europe, dans la première partie de ce siècle,
et mérite d'être cultivé pour son fruit d'un jaune verdâtre, ovale,
de la grosseur d'une Prune de Sainte-Catherine, d'une saveur délicieuse et d'un parfum agréable.

Le Poupartie de Bourbon, Bois Poupart, Prune de Bourbon
(*Poupartia borbonica* Lamk.), est un arbre de 12 à 15 mètres, à

fleurs petites, pourpres, auxquelles succède un petit fruit d'un jaune foncé, dont le parfum est fort agréable. Il a été introduit en 1825 dans les serres de l'Europe; mais on l'a négligé à cause de l'insignifiance de ses fleurs.

La culture des Pouparties est la même que celle des Mombins (voir ce mot).

Sapotillier comestible, sapotier Achras.

Sapota Achras Mill.; *Achras Sapota* Lin.; *Achras Zapota* Jacq. (*Sapotacées.*)

La famille des Sapotacées fournit plusieurs genres et espèces à fruits comestibles, entre autres : le Lucuma délicieux (*Lucuma deliciosa*) découvert en 1845 par M. Linden dans les montagnes de la Sierra-Nevada, à une hauteur de 3,000 mètres au-dessus du niveau de la mer, introduit en Europe par M. Schlim, dont le fruit, de la grosseur d'une Orange, gris en dehors, avec une écorce rugueuse, rose en dedans, est, dit-on, d'une saveur délicieuse; et le Sapotillier, ou Sapotier Achras, connu aux Antilles et sur le continent américain sous les noms de *Sapodillas, Zappodilla, Nispero, Sapota, Sapodilla Tree*, duquel nous allons nous occuper plus particulièrement ici.

C'est un des arbres des plus élégants et des plus utiles des contrées intertropicales du continent américain et des Antilles, où il s'élève à une hauteur qui varie depuis 2 jusqu'à 16 ou 17 mètres; arrivé à une certaine taille, il affecte la forme pyramidale. Les branches et les rameaux, généralement tri ou quadrichotomes, portent, vers leur extrémité, des feuilles épaisses, larges, longues, elliptiques, un peu aiguës, lisses, d'un vert foncé luisant en dessus, plus pâles en dessous, très-veinées, dont le pétiole est couvert d'un duvet ferrugineux, de même que le pédicelle et le calice. Les fleurs, qui commencent à paraître en mai et qui se succèdent pendant trois à quatre mois, forment une ombelle terminale entremêlée aux feuilles; leurs sépales sont ovales, un peu aigus; leur corolle est tubuleuse-campanulée, un peu plus longue que le calice. Des feuilles et des rameaux, quand on les rompt, dans leur jeune âge surtout, il sort en abondance un suc laiteux qui diffère de celui de la plupart des végétaux lactescents, en ce qu'il est presque dépourvu d'âcreté; ce suc, en se concrétant à l'air, forme une matière blanchâtre, d'apparence résineuse, qui dégage en brûlant une odeur d'encens. Le produit le plus important de ce Sapotillier est son fruit, appelé Sapotille, que les habitants de l'Amérique du Sud placent au rang des plus exquis dont la nature les ait dotés. Il varie de forme et de grosseur suivant la variété de l'arbre; il est ou ovoïde, ou globuleux, ou déprimé, à peau brune plus ou moins crevassée, intérieurement creusé de 10 à 12 loges renfermant chacune une graine noire, très-luisante; sa pulpe, d'abord âpre et laiteuse, a cela de commun avec nos Nèfles qu'elle ne devient comestible que lorsque le fruit est *blet;* aussi donne-t-on le nom de *Nèfle d'Amérique* à ce fruit, dont la chair, arrivée à maturité, est jaune, fondante, juteuse, très-sucrée, et se mange à la cuiller comme les crèmes. Lorsqu'on le laisse longtemps à l'arbre, il finit par y mûrir parfaitement; mais on préfère toujours le cueillir quelques jours avant qu'il soit en cet état. Les premiers fruits sont mûrs en septembre, et il s'en succède jusqu'en janvier. Il faut se garder de manger les graines, qui sont amères et dangereuses, quoiqu'on leur prête des propriétés médicinales, ainsi qu'à d'autres parties de l'arbre (voir la *Flore médicale du XIXe siècle*, t. III, au mot *Sapotillier*).

On multiplie les Sapotilliers, dans leur pays natal, de graines semées à l'ombre aussitôt après la maturité des fruits; c'est pourquoi les graines qu'on envoie en Europe ne germent pas si elles n'ont pas été expédiées en stratification. Les jeunes pieds qui proviennent des semences restent en place pendant cinq ou six ans, exigeant pendant tout ce temps des soins assidus. On les met ensuite en place dans une terre légère et profonde, en ayant l'attention de les transplanter avec une grosse motte, sans laquelle leur reprise serait très-difficile. On plante toujours, en Amérique, les Sapotilliers loin des habitations, soit à cause de l'odeur forte qu'ils dégagent le matin, surtout après les pluies, soit parce que leurs fruits attirent une grande quantité de chauves-souris, qui entrent ensuite dans les habitations. Le meilleur moyen de se procurer des Sapotilliers pour nos serres, c'est de faire venir d'Amérique de jeunes plants élevés dans des caisses.

On cultive plusieurs variétés de Sapotilliers, entre autres le Zappodilla, le Sapotillier à fruit rond, pointu au sommet, le Sapotillier à fruit rond aplati, le Sapotillier à fruit oblong, le Sapotillier à gros fruits (*Achras mammosa*), dont le suc sert à préparer une encre sympathique, et dont les fruits se mangent sous le nom d'*œuf végétal*, etc. Ces variétés diffèrent non-seulement par la forme, mais encore par la saveur.

Quelques espèces de Sapotilliers appartiennent à l'île de France (Maurice), à la Chine, aux îles Moluques, aux îles Philippines, où l'on trouve le *Sapotilla tchicomone*, dont le fruit, trois fois plus gros que celui de l'espèce commune, recouvert d'une peau rude, écailleuse, d'un gris cendré, ayant la forme d'un cône de Cèdre, a une chair jaunâtre, d'un goût exquis.

Voir, pour le surplus, la *Flore médicale du XIXe siècle*, t. III, et la *Flore agricole et forestière*, à la famille des *Sapotacées*.

TABLE

OU

CATALOGUE ALPHABÉTIQUE DES PLANTES

DONT LA DESCRIPTION ET LA CULTURE SONT DONNÉES DANS CE VOLUME.

Les noms latins ou scientifiques des plantes sont en *italique*; les noms français ou vulgaires en romain.

Abricotier.	449 à 452	
— d'Amérique ou de St-Domingue.	643	
Achras sapota.	658	
Ados.	17	
Agarics alimentaires cultivés.	319 à 335	
— aliment. non cultivés.	335 à 347	
Agaricus.	319 à 347	
— *campestris* ou *edulis.*	322	
Ail commun.	205, 300	
— d'Espagne.	206	
— d'Orient.	*ib.*	
Airelle.	523	
Alisier à fleurs blanches.	519	
Alkékenge jaune douce.	384	
Alléluia.	245	
Allium ampeloprasum.	206	
— *ascalonicum.*	208	
— *cepa.*	*ib.*	
— *fistulum.*	207	
— *porrum.*	213	
— *sativum.*	205	
— *schœnoprasum.*	207	
— *scorodoprasum.*	206	
Alouchier.	519	
Amandier.	453 à 455	
Amanita.	335	
Amanites alimentaires.	*ib.*	
Amarante.	245	
Amarantus.	*ib.*	
— *sinensis.*	246	
— *tricolor.*	*ib.*	
Amendements.	7	
Amygdalus communis.	453 à 455	
— *persica.*	473 à 509	
Ananas.	619 à 626	
— variétés d'.	625 à 626	
Ananassa.	619 à 626	
Aneth.	301	
Anethum fœniculum.	241	
— *graveolens.*	301	
Angelica archangelica.	300	
Angélique.	*ib.*	
Animaux nuisibles ou utiles aux plantes.	96 à 142	
Anis.	302	
Anona.	634	
Anone.	*id.*	
Ansérine.	246	
Anthriscus cærefolium.	305	
Apios tuberosa.	183	
Apium dulce.	230	
— *graveolens.*	171, 230	
— *petroselinum.*	313	
Arachide ou Pistache de terre.	376	
Arachis.	*ib.*	

Araucaria du Brésil. 603 à 605
— du Chili. *ib.*
Araucaria brasiliensis. *ib.*
— *chilensis.* *ib.*
— *columbea quadrifaria.* *ib.*
— *imbricata.* *ib.*
Arboise ou Arbousier. 520 à 523
Arbres et arbustes à fruits en baie. 557
— — à fruits en cha-
ton. 603
— — à fruits à noyau. 449
— — à fruits à pe-
pins. 519
Arbutus unedo. 520
Archangelica officinalis. 300
Argousier. 559
Arracacha comestible. 167
Arracacha esculenta. *ib.*
Arroche des jardins. 247
ARROSEMENTS. 11
Artemisia dracunculus. 308
Artichaut. 215
— variétés d'. 218
Asparagus officinalis. 220
Asperge. *ib.*
— variétés d'. 228
Astragale en hameçon. 258, 302
Astragalus hamosus. *ib.*
Aubergine. 377
Averrhoa. 633
Averrhoa bilimbi. *ib.*
— *carambola.* *ib.*
AVERTISSEMENT DE L'ÉDITEUR. 1
Avocatier. 627

Bananier. 627
— de la Chine. 629
— du Paradis. *id.*
— des Sages. 628
— des Troglodytes. 629
Bannette. 284
Barbarea vulgaris. 248
Barbarée. *ib.*
Barbarine. 389
Barbe de capucin. 259, 262
BAROMÈTRES. 52 à 56
Baselle. 248
Basella. *ib.*
Basilic. 302

Batate comestible. 188
— igname. 188, 195
Belle-Dame. 247
Berberis. 561
Berberis canadensis. 562
— *nepaulensis.* *ib.*
— *sinensis.* *ib.*
— *vulgaris.* 561
Beta vulgaris. 169, 242
Bette commune. 242
— à cordes. *ib.*
Betterave. 169
BINAGES. 10
Blanchette. 277
Blé de Turquie. 294, 310
Bois de Perpignan. 584
Bolets comestibles ou Ceps. 348
Boletus. *ib.*
Bonannia officinalis. 278
Bonne-Dame. 247
Borrago officinalis. 249
Bourrache. *ib.*, 303
Boursette. 277
BOUTURES. 25 à 29
Bibassier. 524
Bigaradier. 525
Bigarreautier. 455
Bigarreaux. 458 à 460
Brassica eruca. 282
— *gongyloides.* 173
— *napus.* 175
— *nigra.* 278
— *oleracea.* 173, 232
— — *acephala.* 232
— — *botrytis.* 237
— — *bullata.* 234
— — *capitata.* *ib.*
— — *castata.* 232
— *petsai.* 255
— *sinensis.* *ib.*
Brouseliana ananas. 619 à 625

Cactier opontie. 631
Cactus opuntia. *ib.*
Caladium comestible. 182
Caladium esculentum. *ib.*
Calebasse. 398
CALENDRIER DU JARDIN POTAGER. 150 à 164
— DU JARDIN FRUITIER. 421 à 433

Camarine. 559
Campanula rapunculus 178
Canneberge. 560
Cantharellus cibarius. 351
Capparis sativa. 303
— *spinosa.* ib.
Câprier. ib.
Capsicum annuum. 314
Capucine. 259, 304
— tubéreuse. 181
Carambolier. 633
Cardamine. 260
Cardamine pratensis. ib.
Cardon. 288
Carotte. 169
Carum bulbocastanum. 201
— *carvi.* 305
Carvi. ib.
— à bulbe de châtaigne. 201
Castanea glauca. 607
— *pumila.* ib.
— *sativa.* 607
— *vesta* ou *vulgaris.* 605
Cédratier. 525
Céleri. 230, 261
— Rave. 171
Ceps. 348
Cerasus avium. 456
— *caproniana.* 455 à 460
— *lauro-cerasus.* 309
— *Mahaleb.* 456
Cerfeuil. 305
— musqué ou d'Espagne. 306
— tubéreux ou bulbeux. 172
Cerises (variétés de). 458 à 460
Cerisier. 455 à 460
— de Cayenne. 635
— de Sainte-Lucie. 457
— des bois. 456
— Griottier. 457
— Mahaleb. ib.
Chalef. 460
Champignons. 319 à 375
— de couche. 322
Châtaigne d'eau. 399
Châtaignier. 605 à 607
Chayote. 378
Chenille ou Chenillette. 261
Chenopode. 246

Chenopodium. 246
— *quinoa.* 256
Chervis. 172
Chicons. 274
Chicorée endive. 261
— sauvage. 263
Choco. 378
Chærophillum sativum. 305
Chou. 232, 266, 306
— cabus. 237
— de Bruxelles. 234
— fleur. 237
— frisé. 234
— marin. 240
— Milan. 234
— Navet. 173
— non pommé. 232
— pancalier. 234
— pommé. ib.
— Rave. 234, 266
— variétés de. 233 à 239
— vert. 232
Chrysobalane-icaquier. 644
Chrysobalanus icaco. ib.
Ciboule commune. 207, 306
Ciboulette. 207, 307
Cicer aretinum. 298
Cichorium endiva ou *indivia.* 261
— *crispa.* ib.
— *latifolia.* ib.
— *intybus.* 263
Citronnier. 525
Citrouille. 379, 388
Citrus. 525
Civette. 207, 307
Clavaires. 352
Clavariæ. ib.
Claytonie perfoliée. 266
Claytonia perfoliata. ib.
CLIMATOLOGIE. 6
Cochlearia. 267
— *armorica.* 178
— *officinalis.* 267
Cocumiglia. 514
Coignassier. 525
Colocasia esculenta. 132
Coloquinelle. 387
Coloquinte. 384
Concombres. 380

Concombres variétés de. 383, 384
Convolvulus batatas. 188
Coqueret comestible. 384
Coriandre. 307
Coriandum sativum. ib.
Cormier. 526
Cormus domestica. ib.
Corne-de-Cerf. 267
Cornichon. 307, 384
Cornouiller. 461
Cornuelle. 399
Cornus mascula. 461
Corossole. 634
Corylus. 608
— *avellana.* 609
— *racemosa.* ib.
— *tubulosa.* ib.
COUCHES. 14
Coudrier. 608
Courges. 385 à 390
Crambé maritime. 240
Crambe maritima. ib.
Cratægus aria. 519
— *aronia.* 524
— *azarolus.* 523
— *coccinea.* 524
— *tanacetifolia.* ib.
— *tomentosa.* ib.
Cresson alénois. 267
— de fontaine. 268, 307
— vivace. 270
Criste marine. 280
Crithmum maritimum. ib.
CRYPTOGAMES ALIMENTAIRES. 319 à 375
Cucumis melo. 399
— *sativus* ou *vulgaris.* 380, 384
Cucurbita citrullus. 409
— *lagenaria.* 398, 409
— *latior.* 398
— *maxima.* 386
— *moschata.* 389
— *pepo.* 387
CULTURE DES ARBRES FRUITIERS. 442 à 447
CULTURE FORCÉE (notions générales de). 37 à 43
CULTURE GÉOTHERMIQUE. 17
Cydonia vulgaris. 525
Cynara cardunculus. 228
— *scolymus.* 215

Cyperus esculentus. 201

Daucus carota. 169
Dent-de-lion. 281
Développement artificiel des bourgeons des arbres à fruits. 443
Dioscorea batatas ou *japonica.* 184
Diospiros kaki. 513
— *lotus.* 511
— *virginiana.* 512
Dolichos unguiculatus. 284
Dolique à onglet. ib.
Doucette. 277
Dragone. 308
DRAINAGE. 19

Échalote. 208, 308
Echarbot. 399
Élæagnus angustifolia ou *orientalis* 460
Empetrum. 559
ENGRAIS. 94
Énothère. 174
ENVOI DES PLANTES EXOTIQUES. 68
Épinard. 250
— de la Nouvelle-Zélande. 257
— immortel. 253
Epine azarolière. 523
— vinette. 561
Eriobotrya japonica. 524
Ériobotrye du Japon. ib.
Ervum lens. 293
Erysimum præcox. 270
Erysium barbareum. 248
Escarole. 261
Estragon. 308
Eugenia ou Eugénie. 635
Eugenia Micheli ou *uniflora.* ib.
— *jambos.* ib.
— *ugni.* 636
Euphoria. ib.
Euphoria. ib.
— *Litchi.* ib.
— *Nephelium.* ib.
Exotiques (envoi des plantes). 68

Faba sativa. 284
— *vulgaris.* ib.
Fabrecaulier. 581
Fabreguier. ib.

Fargon. 308
Fenouil. 241, 309
FEUILLAISON. 70
Fève. 284
Ficus. 562 à 570
Figues (variétés de). 569, 570
Figuier. 562 à 570
FLORAISON. 70
Fœniculum officinale. 241
Follette. 247
Fougère musquée. 306
Fragaria vesca. 390 à 398
Fraise (arbre à). 520
Fraisiers. 390 à 398
— variétés de. 393 à 398
Framboises (variétés de). 572
Framboisier. 570 à 572
FRUITIER. 434 à 436
FRUITS LÉGUMIERS. 376 à 412

Garcinia mangostana. 643
Garvanche. 298
Gaultheria. 572
Gaulthérie Shallon. ib.
GÉOTHERMIQUE (culture). 17
Gesse cultivée. 286
— tubéreuse. 182
Ginkgo à deux lobes. 465
Ginkgo biloba. ib.
Giraumon. 387
Glycine tubéreuse ou Glycine apios. 183
Glycosme. 637
Glycosmis. ib.
— citrifolia. ib.
Gombaud ou Gombo, ou Guiabô. 287
Gougourdette. 389
GOUSSES LÉGUMIÈRES. 284 à 299
Goyavier ou Gouyavier. 638
— de Cattley. 639
— polycarpe. ib.
— Pomme. ib.
GRAINES LÉGUMIÈRES. 284
GREFFES (notions générales de). 29 à 37
Grenadier. 528, 639
Grenadille. 641
Griottes. 457 à 459
Griset. 538
Groseilles (variétés de). 578 à 581
Groseillier à grappes. 573 à 581

Groseillier à cassis. 581
— épineux ou à Maquereau. ib.
Guignes. 458 à 460
Gyrolle. 349

Haricot. 287
Hélianthe tubéreux. 302
Helianthus tuberosus. ib.
Helvelles. 353
Helvella. ib.
Herbe aux charpentiers. 248
— de barbe. ib.
— dragon. 308
HERBES POTAGÈRES. 243 à 258
Hibiscus esculentus. 287
Hippophaé. 559
Hippophaë rhamnoides. ib.
Houblon. 242
Humulus lupulus. ib.
Hydnes. 353 à 355
Hydnum. ib.
HYGROMÈTRES. 64 à 66

Icaquier. 641
Igname de la Chine ou du Japon. 184
Incurvation des rameaux dans les
    arbres à fruits. 444
INSECTES UTILES OU NUISIBLES AUX
    PLANTES. 96 à 142
INSTRUMENTS DE JARDINAGE. 10

Jambosa amplexicaulis. 642
— malaccensis. ib.
— purpurascens. 643
— vulgaris. ib.
Jambosier commun. 642
— à feuilles amplexicoles. ib.
— de Malacca. ib.
— pourpre. 643
JARDIN FRUITIER. 413 à 660
JARDIN POTAGER. 143 à 412
Juglans. 610
— nigra. 613
— olivæformis. ib.
— præparturiens. ib.
— regia. ib.
— serotina. ib.
Jujubier agreste. 466
— commun. 464

Jujubier des Chinois. 466
— des Égyptiens. ib.
— des Ignanes. ib.
— du Sénégal. 467
— Lotos. 465
Julienne jaune. 248

Ketmie comestible. 287

LABOUR. 9
Lactuca perennis. 277
— sativa. 271
Lagenaria vulgaris. 398
Laitue. 271
— pommée à couper. 274
— — de printemps. 271
— — d'été. 272
— — d'hiver. 273
— romaine. 274
— vivace. 277
Lathyrus sativus. 286
— tuberosus. 182
Laurier-cerise. 309
— d'Apollon, ou franc, ou noble, ou sauce. 310
Laurus nobilis. ib.
Lens esculenta. 293
Lentille. ib.
— d'Espagne. 286
Lepidium latifolium. 312
— sativum. 267
Limaçon ou Lupuline turbinée. 277
Limetier. 529
Limonier. ib.
Lotier comestible. 294
Lotus edulis. ib.
Lune rousse. 44
Lupuline turbinée. 277
Lycopersicum esculentum. 410

Mâche. 277
Macre. 399
Maïs. 294, 310
Majorana crassa. 311
— vulgaris. ib.
MALADIES DES VÉGÉTAUX. 7
Malus communis. 551 à 556
Mammé ou Mamei. 643
Mammea americana. ib.

Mangostana indica. 643
Mangoustan. ib.
Manguier de l'Inde. 646
MARCOTTES. 25
Marjolaine commune. 311
Marronnier. 603
Medicago tornata. 277
— turbinata. ib.
Melo. 399, 409
Melon d'eau. 409
— du Malabar ib.
Melons. 399, 409
— culture des. 400, 407
— variétés de. 407, 408
Mespilus germanica. 530
— japonica. 524
MÉTÉOROLOGIE. 43 à 70
Micocoulier. 584
Mithrophora. 355
Mithrophore. ib.
Mombin ou Monbin. 647
— à fruits rouges ou pourpres. 648
— blanc ou à fruits jaunes. ib.
— de Cithère. ib.
— Oghigée. 649
— Zanzé. 648
Mongette. 284
Morchella. 356
Morelle noire. 251
Morille. 356
Morus alba. 584
— Constantinopolita. ib.
— cucullata. ib.
— italica. ib.
— multicaulis. ib.
— nigra. 582
— rosea. 584
— rubra. ib.
— tatarica. ib.
Moutarde blanche. 278, 312
— de la Chine ou de Pékin. 279
— noire. 278, 312
— sauvage. 252
MULTIPLICATION DES PLANTES. 13, 23
Mûrier blanc. 585
— de Constantinople. 584
— d'Italie. ib.

Mûrier multicaule.   583
—   noir.   582
—   rose.   584
—   rouge.   ib.
Musa.   627
—   paradisiaca.   629
—   sapientium.   ib.
—   sinensis.   ib.
—   Troglodytarum.   ib.
Myrrhis odorata.   306

Napka.   466
Napo-Brassica.   173
Nasitor.   267
Nasturtium officinale.   268
Navet.   175
Néflier.   530
—   du Japon.   524
Nigelle aromatique.   312
Nigella sativa.   ib.
Noisetier.   608 à 610
—   à grappes.   609
—   à noix striée.   ib.
—   avelinier.   ib.
—   franc ou tubulé.   ib.
NOTIONS GÉNÉRALES D'HORTICUL-
   TURE POTAGÈRE ET FRUITIÈRE.   5 à 142
NOTIONS PRÉLIMINAIRES POUR LA
   DISPOSITION ET LA SUCCESSION
   DES CULTURES DU JARDIN PO-
   TAGER.   145 à 149
NOTIONS PRÉLIMINAIRES POUR LA
   DISPOSITION ET LA CULTURE DU
   JARDIN FRUITIER, LA CONSER-
   VATION DES FRUITS, LA TAILLE
   DES ARBRES.   415 à 420
NOTIONS PRÉLIMINAIRES POUR LA
   CULTURE DES PLANTES FRUI-
   TIÈRES DE SERRE.   617
Noyer.   610 à 613
—   variétés du.   613

Oca rouge.   186
Œnothera biennis.   174
Ognon ou Oignon commun.   208, 312
Oïdium.   81 à 88
Olea europæa.   467 à 472
Olives (variétés d').   471, 472
Olivier commun et ses va-
   riétés.   467 à 472

Olivier de Bohème.   460
Oranger.   534 à 535, et 649 à 653
Oranges (variétés d').   535
Origan.   314
Origanum majoranoides.   ib.
Orpin blanc.   283
Oseille.   252
—   à trois feuilles.   245
—   de bûcheron.   ib.
—   dioïque.   252
—   épinard.   253
Oxalide crénelée.   185, 253
—   rouge.   186
Oxalis acetosella.   245
—   crenata.   185
—   purpurea.   186

Pain à coucou.   245
Panais long.   173
Papaver somniferum.   254, 313
Passerage cultivée.   267
—   à larges feuilles.   312
Pastèque.   409
Pastinea sativa.   176
—   sylvestris.   ib.
Patate douce.   188
Patience des jardins.   253
Patissons.   387
Pavot.   254, 313
Pêcher.   473 à 593
—   culture du.   ib.
—   taille du.   484 à 508
Pêches (variétés de).   507 à 509
Pépons.   387
Perce-pierre.   280
Persica vulgaris.   473 à 509
Persil.   313
Petsaï.   255
Phaseolus.   287
Phytolacca decandra.   256
Phytolaque.   id.
Picotiane.   200
Picridie cultivée.   280
Picridium vulgare.   ib.
Piment.   314
Pimprenelle.   315
Pissenlit.   281
Pistacia vera.   509
Pistachier franc ou cultivé.   509

Pisum sativum.	295
Plantago coronopus.	267
Plantain.	*ib.*
PLANTATION D'ARBRES FRUITIERS.	446
PLANTES à bulbes alimentaires.	205 à 214
— à racines aliment.	167 à 180
— à tubercules aliment.	181 à 204
— condimentaires.	300 à 318
— de serre tempérée et de serre chaude.	615 à 660
— légumières à bourgeons et inflorescences alimentaires.	215 à 244
— pour salades.	239 à 283
Plaqueminier caque.	343
— d'Europe ou d'Italie ou faux Lotier.	511
— de Virginie.	512
Poireau ou Porreau.	213, 316
Poirée à cardes.	242
— commune.	*ib.*
Poires (variétés de).	547 à 551
Poirier.	536 à 551
— taille du.	538 à 545
Pois.	295
— chiche.	298
Poivre long.	314
Pomme d'amour.	410
— de terre.	195
Pommes (variétés de).	554 à 556
Pommier.	551 à 556
— culture du.	553
Pompinella anisum.	302
Portulacea oleracea.	281
Poterium sanguisorba.	315
Potirons.	386
Pourpier.	284, 315
Pronosticon.	66
PRONOSTICS ET PROVERBES.	46 à 54
Pruneautier.	514
Prunellier.	*ib.*
Prunes (variétés de).	517, 518
Prunier cultivé ou domestique.	514 à 518
— de Briançon.	514
— entier ou Pruneautier.	*ib.*
— épineux.	*ib.*
Prunus armenica.	449 à 452
— *arium.*	456
Prunus brigantiaca.	514
— *cocomilla.*	514
— *domestica.*	514 à 518
— *insititia.*	514
— *lauro-cerasus.*	309
— *Mahaleb.*	456
— *spinosa.*	514
Psidium.	638
— *Cattleyanum.*	639
— *polycarpon.*	*ib.*
— *pomiferum.*	*ib.*
Psoralea esculenta.	200
Psoralée comestible.	*ib.*
Punica granatum.	528, 529, 639
Pyrus aria.	519
— *communis.*	536 à 551
— *cydonia.*	523
— *malus.*	551 à 556
— *sorbus.*	526
Quinoa.	256, 316
Radis.	176
— variétés de.	177, 178
Raifort cultivé.	176
— sauvage.	178, 316
Raiponce.	178, 282
Raisin d'Amérique	256
Raisins de table (variétés de).	600 à 602
Raphanus oblongus.	176
— *radicula.*	*ib.*
— *sativus.*	*ib.*
Raves.	176
— variétés de.	178
RÉCHAUDS.	16
REPIQUAGE.	22
RESTAURATION DES ARBRES FRUITIERS.	442 à 444
Rhamnus lotus.	465
— *spinosa Christi.*	466
— *zizyphus.*	464 à 467
Rheum.	243
Rhubarbe.	243, 316
Ribes album.	573 à 581
— *nigrum.*	*ib.*
— *rubrum.*	*ib.*
— *uva.*	*ib.*
Rocambole.	206
Romaines.	274

Romarin. 316
Ronce des îles Mascaraignes. 590
— des marais. ib.
— des rochers. ib.
— du nord. ib.
— Framboisier. 570 à 572
— frutescente. 588
— hispide. 590
— odorante. 589
Rondolle. 248
Roquette. 282
Rosmarinus officinalis 316
Rubus arcticus. 590
— *chamærorus.* ib.
— *coronarius.* ib.
— *fruticosus.* 588, 590
— *Idæus.* 570 à 572
— *Mascarinensis.* 590
— *odoratus.* 589
— *saxatilis.* 590

Salades (plantes pour). 259 à 283
Salisburia adianthifolia. 463
Salsifis blanc. 179
— noir. 180
Sanve. 252
Sarclage. 10
Sarriette des jardins. 317
— vivace. ib.
Satureia hortensis. 317
— *montana.* ib.
Scandix cærefolium. 305
— *odorata.* 306
Scarole. 261, 263
Scolyme d'Espagne. 179
Scolymus hispanicus. ib.
Scorpiurus vermiculata. 261
Scorsonère d'Espagne. 180
Scorzonera hispanica. ib.
Sedum album. 283
Semis (notions générales de). 19
Sénevé. 278
Serpentine. 308
Sinapis alba. 278
— *arvensis.* 252
— *nigra.* 278
— *Pekinensis.* 279
Sisymbrium. 270
— *nasturtium.* 268

Sium sisarum. 172
Solanum lycopersicum. 410
— *nigrum.* 231
— *tuberosum.* 195
Sorbus aria. 519
— *domestica.* 326
Souchet comestible. 201
Soutenelle. 247
Spinacea oleracea. 250
Spondias ou Monbin. 647
— *Cytherea.* 648
— *lutea* ou *Myrobolanus.* ib.
— *oghigée.* 649
— *purpurea.* 648
— *zanze.* ib.
Surelle. 245

Taille des arbres fruitiers. 437 à 441
Taraxacum dens leonis. 281
Tétragone étalée, ou Cornue. 257
Tetragona expansa. ib.
Thermomètres. 56 à 64
Thermosiphon. 16
Thlaspi sativum. 267
Thym commun. 317
Thymus vulgaris. ib.
Tomate comestible. 410 à 412
Topinambour. 202
Toute-bonne. 247
Toute-épice. 312
Tragopogon porrifolium. 179
Trique-madame. 283
Tropæolum tuberosum. 181
Truffes. 339 à 373
Tuber. ib.

Ulluco tubéreux. 203
Ullucus tuberosus. ib.
Ulluque. 203, 258
Urtica dioica. 252

Vaccinier. 557
Vaccinium. ib.
— *oxycoccus.* ib.
Valeriana locusta. 277
Valerianella olitoria. ib.
Vents (direction des). 67
Vicia lens. 293
Vie végétale (variation dans les

phases de la*j*.   69

Vigne.   590 à 602

— culture de la.   594 à 600

Vinettier.   361

Vitis.   590 à 602

— *cordifolia*.   602

— *labrusca*.   *ib.*

— *vinifera*.   600

Zea mais.   274

Zizyphus agrestis.   468

— *bardei*.   467

— *Ignaneus*.   468

— *Lotus* ou *Lotos*.   465

— *Napeca*.   466

— *sativa*.   465

— *sinensis*.   466

FIN DE LA TABLE OU CATALOGUE ALPHABÉTIQUE.

CLEF

DES ABRÉVIATIONS DES NOMS D'AUTEURS

CITÉS DANS LE COURS DE CE VOLUME COMME AYANT DÉNOMMÉ DES
PLANTES POTAGÈRES ET FRUITIÈRES.

All.	Allioni.	G. Bauh.	Gaspard Bauhin.
		Gœrtn.	Gœrtner.
Bats.	Batsch.	Gouan	Gouan.
Bauh.	Bauhin.		
Blackw.	Blackwell.	Hoffm.	Hoffmann.
Bolt.	Bolton.	Hook.	Hooker.
Bosc.	Bosc.	H. P.	Hortus parisiensis (Jardin des plantes de Paris).
Bot. Mag.	Botanical Magazin.		
Bull.	Bulliard.	Humb.	Alexandre de Humboldt.
Cald.	Caldas.		
Champ.	Champion.	Jacq.	Jacquin.
Clus.	Clusius (de Lécluse).	J. Bauh.	Jean Bauhin.
Comm.	Commerson.	Juss.	Jussieu.
Crantz	Crantz.		
		Koch	Koch.
Dec., Dne, Decne.	Decaisne.	Kunth	Charles Sigismond Kunth.
D. C., De Cand.	De Candolle.		
Desf.	Desfontaines.	Lam.	Lamouroux.
Desv.	Desvaux.	Lamb.	Lambert.
Dod.	Dodoëns.	Lamk.	Lamarck.
Dodon	Dodon.	Lev.	Leveillé.
Don	G. Don.	Lindl.	Lindley.
Duch.	Duchesne.	Lin., Linn.	Linné.
Dun.	Dunal.	Lin. f.	Linné fils.
		Lois.	Loiseleur-Deslongchamps.
Ehrh.	Ehrhard.		
Fr.	Fries.		
Fuch.	Léonard Fuchsius.		

Lour. . . . . . Loureiro.

Magn. . . . . . Magnol.
Mill. . . . . . Miller.
Mœnch . . . . Mœnch.
Moris. . . . . Morison.

Naud. . . . . Charles Naudin.
Neck. . . . . Necker.
Nees. . . . . Nees d'Esenbeck.

Paul. . . . . Paulet.
Perrot. . . . Perrotet.
Pers. . . . . Persoon.
Poir. . . . . Pouret.
Presl . . . . Presl.
Pursh . . . . Pursh.

Rich. . . . . Richard.
Rob. Br., R. Br. . Robert Brown.
Roq. . . . . Roques.
R. P., R. et Pav. . Ruiz et Pavon.
Rump., Rumph. . Rumphius.

Salisb. . . . . Salisbury.
Schœf. . . . . Schœffer.
Scht. . . . . Schott.
Scop. . . . . Scopoli.
Ser. . . . . . Seringe.
Sibth. . . . . Sibthorp.
Sims. . . . . Simson.
Smith . . . . Smith.
Sonn. . . . . Sonnerat.
Spach . . . . Spach.
Swartz . . . . Swartz.
Swt. . . . . . Sweet.

Ten. . . . . . Tenore.
T., Tourn. . . . Tournefort.
Thore . . . . Thore.
Thunb. . . . . Thunberg.
Tuls. . . . . Tulasne.

Vent. . . . . Ventenat.
Vitt. . . . . Vittadini.

Wats. . . . . Watson.
Willd. . . . . Willdenow.

TABLE PAR ORDRE DE MATIÈRES

CONTENUES

DANS L'HORTICULTURE POTAGÈRE ET FRUITIÈRE.

	Pages.
AVERTISSEMENT	1
NOTIONS GÉNÉRALES D'HORTICULTURE POTAGÈRE ET FRUITIÈRE	5
De la multiplication des plantes	13
Des semis	19
Du repiquage	22
Des divers autres modes de multiplication	23
Des marcottes et des boutures	25
De la greffe	29
De la culture forcée des légumes et des arbres fruitiers	37
Essais de météorologie appliquée à l'agriculture et à l'horticulture. — Pronostics et Proverbes	43
Des instruments météorologiques nécessaires à l'horticulture	51
Des maladies des végétaux cultivés	70
Des engrais susceptibles de prévenir et d'arrêter les maladies	94
Des insectes et des animaux nuisibles en général	96
Des insectes nuisibles ou utiles selon leur ordre scientifique	102
Des mollusques	135
Des batraciens et des sauriens	138
Des oiseaux	138
Des mammifères	140

Pages.
Le jardin potager 143
Notions préliminaires pour la disposition et la succession des cultures du jardin potager 145
Calendrier du jardin potager 150
Culture particulière à chaque plante potagère. — Ordre adopté . . . 165
Chap. I. — Plantes à racines alimentaires 167
Chap. II. — Plantes à tubercules alimentaires 181
Chap. III. — Plantes à bulbes alimentaires 205
Chap. IV. — Plantes légumières à bourgeons, à inflorescences et autres parties alimentaires 215
Chap. V. — Herbes potagères 245
Chap. VI. — Plantes pour salades 258
Chap. VII. — Gousses et graines légumières 283
Chap. VIII. — Plantes condimentaires 299
Chap. IX. — Cryptogames alimentaires cultivés et non cultivés . . . 319
Chap. X. — Fruits légumiers 376

Le jardin fruitier 413
Calendrier du jardin fruitier 421
Du fruitier 434
De la taille des arbres fruitiers 437
Ordre adopté pour le jardin fruitier 448
Chap. I. — Arbres et arbustes à fruits à noyau 449
Chap. II. — Arbres à fruits dits vulgairement à pepins 519
Chap. III. — Arbres, arbustes et arbrisseaux à fruits, vulgairement dits en baies ou baccifères 557
Chap. IV. — Arbres et arbustes à fruits et à fleurs en chaton ou à enveloppe ligneuse 603

Plantes fruitières de serre sous le climat de Paris. 615

Catalogue par ordre alphabétique et des plantes dont il est traité dans ce volume 661
Clef des abréviations des noms d'auteurs cités dans ce volume . . . 674

FIN DE LA TABLE PAR ORDRE DE MATIÈRES.

Paris. — Imprimerie A. Lainé et J. Havard, rue des Saints-Pères, 19